Lista Preliminar da Família **Leguminosae**
na Região Nordeste do Brasil

(Série Repatriamento de Dados do Herbário de Kew para a Flora do Nordeste do Brasil, vol. 2)

Preliminary List of the **Leguminosae**
in Northeastern Brazil

(Repatriation of Kew Herbarium Data for the Flora of Northeastern Brazil Series, vol. 2)

Edgley A. César

Fabrício S. Juchum

Gwilym P. Lewis

2006

PLANTS PEOPLE
POSSIBILITIES

First published in 2006 by
Royal Botanic Gardens, Kew
Richmond, Surrey, TW9 3AB, UK
www.kew.org

ISBN 1 84246 142 7

British Library Cataloguing in Publication Data
A catalogue record for this book is available from the British Library

Typesetting and page layout: Margaret Newman
Cover design by Jeff Eden, Media Resources, Information Services Department, Royal Botanic Gardens, Kew

Printed in the United Kingdom by Lightning Source

For information or to purchase all Kew titles please visit
www.kewbooks.com or email publishing@kew.org

All proceeds go to support Kew's work in saving the world's plants for life

Conteúdo/Contents

Lista preliminar da Família **Leguminosae** na Região Nordeste do Brasil

(Série Repatriamento de Dados do Herbário de Kew para a Flora do Nordeste do Brasil, vol. 2)

Edgley A. César[1]
Fabrício S. Juchum[2]
Gwilym P. Lewis[3]

Instituições colaboradoras:
Royal Botanic Gardens, Kew
Universidade Estadual de Feira de Santana (HUEFS), Bahia, Brasil
Centro de Pesquisas do Cacau (CEPEC), Itabuna, Bahia, Brasil
Empresa Pernambucana de Pesquisa Agropecuária (IPA), Recife, Pernambuco, Brasil
Centro Nordestino de Informações sobre Plantas (CNIP), Recife, Pernambuco, Brasil

Editora da série: D. Zappi[3]

[1] Universidade Federal da Paraíba, Brasil
[2] Centro de Pesquisas do Cacau, CEPEC, Bahia, Brasil
[3] Herbarium, Royal Botanic Gardens, Kew, Richmond, Surrey, TW9 3AB, United Kingdom

Prefácio

Esta publicação é um resultado substancial do projeto de Repatriamento de Dados de Herbário de Kew para o Nordeste do Brasil, um conceito inovador, iniciado em 1999 dentro da estrutura do Programa *Plantas do Nordeste*, uma iniciativa multidisciplinar envolvendo colaboração entre o Royal Botanic Gardens, Kew e várias instituições botânicas no Nordeste do Brasil. O projeto de repatriamento foi criado sob iniciativa de Eimear Nic Lughadha e Daniela Zappi, como uma resposta direta de Kew ao lançamento do projeto *Flora of Bahia*. O conceito inicial surgiu da necessidade, por parte dos botânicos daquela região, de acesso à informação completa a respeito da biodiversidade. Trata-se de uma parte fundamental para o levantamento das espécies ocorrentes e de sua conservação, uma vez que todos os registros científicos de espécies vegetais são baseados na identificação correta de espécimes de herbário. Por motivos históricos, muitos dos registros antigos (especialmente aqueles datando do século XIX) baseiam-se em espécimes que existem apenas em herbários europeus, tais registros formam uma parcela significativa da informação total de biodiversidade atual.

O Herbário do Royal Botanic Gardens, Kew (K) possui um acervo importante de coleções do século XIX, contando com muitos espécimes do nordeste do Brasil, incluindo muitos espécimes-tipo coletados por exploradores botânicos como Gardner e Blanchet, por exemplo. Estes espécimes são frequentemente duplicatas, e existem muitos outros espécimes depositados em outros herbários europeus. De qualquer modo, o herbário de Kew abriga uma representação importante de espécimes que embasaram o conhecimento botânico do século XIX no nordeste do Brasil, e que são citados na *Flora brasiliensis*, iniciada por K. von Martius. O projeto de repatriamento de dados tem por objetivo transferir da maneira mais completa possível os dados sobre todos os espécimes da região Nordeste depositados no Kew para herbários locais.

Uma das características deste projeto é o envolvimento de jovens botânicos do nordeste do Brasil no papel de repatriadores, cada qual passando um ano no Kew, registrando dados de algumas famílias. Como as Leguminosae estão entre as maiores famílias, foi necessário o trabalho de dois repatriadores consecutivos, Fabrício Juchum e Edgley César, para completar a família, que vem sendo alvo de pesquisas no Kew por mais de um século. Desde o final dos anos 70 o nordeste do Brasil, e mais especificamente a Bahia, vem sendo um foco importante para a colaboração entre o especialista do Kew, Gwilym Lewis, e os botânicos brasileiros, André Maurício de Carvalho do Centro de Pesquisas do Cacau em Itabuna e Luciano Paganucci de Queiroz na Universidade Estadual de Feira de Santana. André, responsável por extensivas pesquisas botânicas e colaboração no estudo das plantas da Bahia, faleceu tragicamente cedo, e a sua perda continua a ser profundamente sentida pelos responsáveis na preparação deste volume. Ele certamente teria gostado de ver os resultados, baseados em dados que ele mesmo ajudou a obter.

A presente listagem baseia-se no conhecimento organizado por Gwilym Lewis no seu livro *Legumes of Bahia* (1987), em cuja preparação André também teve um papel importante. Este livro surgiu da primeira fase de envolvimento entre Kew na botânica no Nordeste do Brasil, iniciativa liderada por Raymond Harley, que compreendia um programa de coletas em colaboração entre o Centro de Pesquisas do Cacau em Itabuna, e que posteriormente veio a incluir também a Universidade de São Paulo e a Universidade de Feira de Santana. Os *Legumes of Bahia* foram na realidade uma versão expandida e melhorada das pesquisas desenvolvidas por Gwilym Lewis em 1979, A *preliminary checklist of the Leguminosae of Bahia*, um trabalho pioneiro, que iniciou uma série de publicações a respeito das plantas da Bahia envolvendo colaboração entre Kew e botânicos brasileiros.

Atualmente a pesquisa em botânica no Nordeste exibe um desenvolvimento acentuado em diversas famílias de plantas, mas também caracteriza-se pelo interesse particular em Leguminosae, a partir da publicação de Adolfo Ducke a respeito das Leguminosae do Ceará, até o trabalho de Dárdano de Andrade Lima e Afrânio Fernandes a respeito das leguminosas da caatinga, e mais recentemente culminando com pesquisas na família sendo desenvolvidas em muitos institutos dessa região.

Esta listagem, juntamente com o banco de dados a partir da qual foi gerada, e as imagens dos espécimes-tipo disponibilizadas para os herbários e num website, é uma contribuição importante para construir referências mais completas da diversidade vegetal do Nordeste. Embora tenha sido compilada por um pequeno grupo de pessoas, este trabalho dependeu do engajamento de muitos especialistas do Kew ou pesquisadores visitantes, que vem identificando material ao longo dos anos. No futuro, interações mais amplas baseadas no mesmo modelo serão certamente realizadas através de websites. De qualquer maneira, a importância da transferência rápida de informação por via eletrônica não é maior do que a geração de interligações humanas produzidas por este projeto. Espécimes e dados apenas podem ser coletados através do esforço e da colaboração de muitos indivíduos, representando um patrimônio comum para o qual muitas pessoas contribuem. Essa interação que tanto prezamos é fundamental para a geração deste conhecimento.

Simon Mayo, 8 de agosto de 2005

Agradecimentos

Gostaríamos de agradecer

– ao Dr André Maurício de Carvalho do Centro de Pesquisas de Cacau (CEPEC) pelo afastamento concedido ao bolsista Fabrício Juchum durante o primeiro ano deste projeto, no qual ele finalizou as subfamílias Caesalpinioideae e Mimosoideae.
– à Dra Maria Regina Vasconcelos Barbosa, pelo afastamento concedido ao bolsista Edgley César, durante o segundo ano deste projeto, no qual ele finalizou a subfamília Papilionoideae.
– à Elaine Miranda, que instruiu Fabrício nos primeiros estágios de seu trabalho.
– ao time regional da América Tropical, que apoiou tanto Fabrício como Edgley de maneiras diversas.
– ao Dr Simon Mayo, sem o estímulo de quem a publicação desta lista não teria sido possível.
– Dr Nicholas Hind, Simon Mayo e Brian Stannard pela assistência com a interpretação de manuscritos, localização de registros e acesso a bibliografia geral.
– Nicola Biggs por assegurar a salvaguarda dos dados produzidos e a sua disponibilização no website de repatriamento.
– à British American Tobacco pelo financiamento do projeto de 2001 a 2005.

Resumo

A presente lista representa o segundo volume da série Repatriamento de dados do herbário de Kew para a Flora do Nordeste do Brasil. Trata-se de um trabalho apoiado pela extensiva pesquisa realizada por Lewis entre 1981 e 1987, que culminou na produção do livro 'Legumes of Bahia' (Lewis, 1987). Uma grande quantidade de duplicatas de amostras de Leguminosae da Bahia está depositada no herbário de Kew, sendo que uma grande proporção das mesmas foi doada como resultado direto da duradoura colaboração entre o Centro de Pesquisas do Cacau, Itabuna, Bahia e Kew. Muitas coletas realizadas pelo Dr Raymond Harley e seus colaboradores, pelo Dr André Maurício de Carvalho e seu time e por Lewis et al. Um total de 9066 espécimes foi examinado, sendo que uma grande proporção dos mesmos foi estudada por especialistas mundiais nos gêneros aos quais pertencem. Outros espécimes foram identificados utilizando as revisões e monografias mais recentes, ou através da comparação com espécimes-testemunho devidamente identificados, especialmente tipos nomenclaturais, garantindo que os nomes utilizados neste trabalho estejam atualizados da melhor maneira possível. Enquanto a nomenclatura utilizada nos espécimes de Kew segue a literatura mais recente, devemos levar em conta que outras coleções podem estar utilizando nomenclatura defasada. Leitores devem acessar a listagem on-line do Nordeste do Brasil mantida pelo Centro Nordestino de Informações sobre Plantas e a Associação Plantas do Nordeste (**www.cnip.org.br**) para obter os sinônimos corretos de nomes desatualizados. A presente lista foi produzida usando apenas material depositado no Kew, sendo que a cobertura de coletas para a Bahia é adequada, especialmente devido às diversas expedições anglo-brasileiras realizadas entre 1970 e 1990. Para os demais estados do Nordeste, a representatividade das coleções de Kew é relativamente esparsa. Um total de 135 gêneros totalizando 869 espécies são listadas, subdivididas em três subfamílias (Caesalpinioideae, Mimosoideae e Papilionoideae), em ordem alfabética e organizadas por estado, localidade, coletor e número. Uma lista de exsicatas em ordem alfabética de coletor e número é apresentada com a finalidade de auxiliar a identificação de duplicatas depositadas em outras coleções. O banco de dados que possibilitou a geração desta lista encontra-se disponível em: (**http://www.rbgkew.org.uk/data/repatbr/homepage. html**), juntamente com imagens escaneadas de todos os tipos de Leguminosae do Nordeste do Brasil depositados no Kew. Cópias impressas dessas imagens também foram depositadas em quatro herbários brasileiros importantes.

Introdução

A família Leguminosae, de ocorrência mundial, apresenta 19,325 espécies situadas em 727 gêneros (Lewis et al., 2005) e é a terceira maior família de fanerógamas, menor apenas que as Orchidaceae e Asteraceae. Tal família encontra-se amplamente distribuída em diversos tipos vegetacionais do Nordeste do Brasil, particularmente importante como um componente da 'caatinga'. Alguns gêneros de Leguminosae (*Calliandra*, *Mimosa* e *Chamaecrista*) sofreram radiação explosiva nos 'campos rupestres'. Muitas espécies apresentam nódulos bacterianos nas raízes, capazes de fixar o nitrogênio da atmosfera, sendo que essa habilidade auxilia na colonização de solos muito pobres. Portanto, muitas vezes as espécies pioneiras em áreas abertas devido à sobre-explotação são Leguminosae. No seu trabalho intitulado 'Legumes of Bahia', Lewis (1987) registrou 741 espécies em 132 gêneros, mostrando a riqueza e diversidade de Leguminosae no estado. Desde então vários gêneros foram revisados, resultando em mudanças taxonômicas de delimitação genérica, e trabalho de campo intensivo resultou no descobrimento de novos táxons e de novos registros para o estado. No momento, encontra-se sob investigação um possível gênero novo na tribo Brongniartieae (subfam. Papilionoideae), endêmico para a Bahia, que irá provavelmente aumentar para quatro o número de gêneros de Leguminosae endêmicos para a Bahia. Os outros três, *Arapatiella*, *Brodriguesia* e *Harleyodendron*, foram todos discutidos em Lewis (1987). Enquanto as coleções de Leguminosae provenientes de outros estados brasileiros depositadas no Kew são relativamente poucas, fica evidente que o estudo detalhado de herbários regionais no Brasil irá revelar muitas outras espécies a serem incluídas na listagem produzida pelo CNIP/APNE. Certamente diversos estados do Nordeste ainda são muito pouco conhecidos do ponto de vista botânico, e existem sem dúvida muitas outras espécies interessantes de Leguminosae a serem descobertas, descritas e incluídas nos acervos.

O objetivo da presente listagem é de facilitar o acesso aos estudantes em taxonomia de Leguminosae à diversidade da família no Nordeste depositada no herbário de Kew, uma vez que imagens digitais dos materiais-tipo encontram-se disponíveis on-line (**http://www.rbgkew.org.uk/data/repatbr/homepage. html**) e também impressas em quatro herbários brasileiros (HUEFS, CEPEC, IPA e RB). Essas ferramentas têm como objetivo auxiliar na determinação de materiais recentemente coletados. Uma lista completa de exsicatas é apresentada com intuito de auxiliar curadores na atualização de seus acervos, levando à estabilização e uniformização da nomenclatura utilizada para a família em diferentes instituições.

Material e Métodos

Área de estudo e parâmetros do projeto

Para os fins deste projeto, foram incluídos os estados nordestinos do Piauí, Ceará, Rio Grande do Norte, Paraíba, Pernambuco, Sergipe, Alagoas e Bahia, que juntos formam uma unidade fitogeográfica denominada *'domínio das caatingas'*. O estado do Maranhão não faz parte dessa região fitogeográfica, tendo mais afinidades com a vegetação amazônica. Os resultados aqui apresentados foram obtidos de acordo com os parâmetros adotados por Zappi & Nunes (2002). A lista disponível através do CNIP/APNE (**www.cnip.org.br**) inclui o estado do Maranhão.

Metodologia adotada

O trabalho de repatriamento da família Leguminosae, devido ao seu porte e à excelente representação de coletas, principalmente da Bahia, demorou mais de um ano para ser completado. Os dois 'Brazilian Repatriation officers', Fabrício Juchum e Edgley César, dividiram o trabalho de banco de dados e digitalização dos tipos em subfamílias. Fabrício, que recebeu treinamento inicial por parte da 'Repatriation officer' anterior, Elaine Miranda, passou o primeiro ano trabalhando nas Caesalpinioideae e Mimosoideae, iniciando apenas a separar as Papilionoideae. Edgley passou os seis meses seguintes processando as Papilionoideae, e depois amalgamando os três bancos de dados resultantes, conferindo e uniformizando a taxonomia e a nomenclatura de maneira a garantir a integridade científica do trabalho.

A fase de coleta e compilação de dados seguiu os procedimentos descritos em Zappi & Nunes (2002). A família Leguminosae no herbário de Kew está organizada seguindo o sistema de Bentham & Hooker, e cada gênero está subdividido geograficamente, sendo que os espécimes brasileiros encontram-se na área 16. A totalidade dessa área foi varrida em busca de espécimes do Nordeste do Brasil, sendo que tal seleção foi orientada a partir de um banco de dados dos gêneros representados no herbário do Kew preparado por Neil Brummitt (Brummitt & Brummitt, in prep.). O trabalho de Lewis (1987) sobre 'Legumes of Bahia' também foi usado durante essa procura. Todos os espécimes foram extraídos para análise detalhada por Lewis, que conferiu a identificação de cada espécime e modificou a nomenclatura quando necessário. Muitos espécimes-tipo que não haviam sido anotados previamente foram descobertos durante esta fase do projeto. Todos os

espécimes-tipo foram rigorosamente conferidos. Os materiais-tipo tiveram seus protólogos, ou descrições originais, localizados e copiados através de uma busca da realizada por Edgley junto à Biblioteca do Royal Botanic Gardens Kew, e, em alguns casos, na biblioteca do Natural History Museum (BM). A partir desse momento cada espécime-tipo foi anotado com relação à sua categoria: holótipo, isótipo, lectótipo, isolectótipo, sintipo etc., e esses materiais foram escaneados. A descrição original foi xerocada, adicionada aos espécimes-tipo. Cada material registrado em banco de dados recebeu um código de barras e uma pequena etiqueta com a anotação: "Databased for the NE Brazil Repatriation Project". Além da disponibilização no website (**http://www.rbgkew. org.uk/data/repatbr/homepage.html**), quatro cópias do material preparado foram enviadas para herbários colaboradores, incluindo o Centro de Pesquisas do Cacau, Itabuna (CEPEC), Universidade Estadual de Feira de Santana (UEFS), Instituto de Pesquisa Agropecuária de Pernambuco (IPA) e para os pesquisadores de Leguminosae: Haroldo C. de Lima e Vidal Mansano, no Jardim Botânico do Rio de Janeiro (RB).

Epítetos genéricos foram uniformizados de acordo com Polhill (1994) e Lewis & Polhill (1994), juntamente com uma série de atualizações que seguem Lewis et al. (2005); nomes de espécies geralmente seguem aqueles aceitos por Lewis (1987), atualizados de acordo com revisões subsequentes de diversos gêneros feitas por pesquisadores em Leguminosae. Uma lista de bibliografia relevante (ver pág. xxii) posterior a 1987 foi incluída com intento de suplementar as referências apresentadas por Lewis (1987). O banco de dados 'International Legume Database and Information Service (ILDIS)', disponível em **http://www.ildis.org/**, e o 'International Plant Names Index (IPNI)', em **http://www.ipni.org/**, foram utilizados regularmente para conferir binômios. Autores foram abreviados de acordo com Brummitt & Powell (1992). O banco de dados final foi conferido manualmente pelos três autores.

Em algumas coleções a identificação é duvidosa. Nestes casos foram usados os códigos **cf.** ou **aff.** Houve o uso de **cf.** no caso de ser possível que o espécime pertença a uma determinada espécie, embora não houvesse certeza absoluta. Trata-se de coletas incompletas, ou de material imaturo, cuja identidade era impossível determinar com precisão. O uso de **aff.** foi restrito a coleções superficialmente semelhantes a uma determinada espécie, mas que provavelmente pertencem a outra espécie, nova ou desconhecida até o momento.

Resultados

Um total de 9066 espécimes de Leguminosae do Nordeste do Brasil foi registrado. Estes representam 986 táxons diferentes em 869 espécies distribuídas em 135 gêneros. O número total de espécimes-tipo foi 472 exsicatas, representando 291 nomes, todos anotados e escaneados. Além desses, 97 fotos de materiais-tipo depositados em outras instituições, representando 69 nomes, foram registrados (Tabela 1).

Subfamília:	Caesalpinioideae	Mimosoideae	Papilionoideae	Total
Espécimes	2515	2682	3869	9066
Gêneros	28	28	79	135
Espécies	215	251	403	869
Táxons	272	274	440	986
Espécimes-tipo (nomes representados)	159 (90)	182 (115)	131 (86)	472 (291)
Fototipos (nomes representados)	23 (13)	50 (38)	24 (18)	97 (69)

Tabela 1. Dados obtidos para as três subfamílias de Leguminosae. As estatísticas não incluem material determinado como **cf.**, mas incluem tanto o material determinado como **aff.** como as **sp. nov.** A categoria 'taxa' inclui categorias infra-específicas e um híbrido que ocorre na natureza.

A maioria dos espécimes (7424 = 82%) era originária da Bahia, enquanto os outros sete estados apresentaram um total de 1642 registros (18%; ver Diagrama 1), sendo que os estados do Piauí, Pernambuco e Ceará estavam relativamente bem representados em comparação com a Paraíba, Alagoas, Rio Grande do Norte e Sergipe. Os últimos dois estados são muito pouco representados em Kew, cada um deles com menos de 0,5% do total de espécimes examinados.

A nível de gênero, 92 gêneros (68%) ocorrem tanto na Bahia como em ao menos um outro estado do Nordeste, no entanto, 41 gêneros (30%) foram exclusivos da Bahia. Entre eles, oito são introduzidos ou cultivados no estado (*Flemingia, Gliricidia, Psophocarpus, Teramnus, Tipuana, Adenanthera, Leucaena* and *Pseudosamanea*). Esse número relativamente alto de gêneros da Bahia representados em Kew em comparação com outros estados do Nordeste reflete a falta de registros do 'domínio da caatinga' excluindo a Bahia no Kew. Apenas dois gêneros (Diagrama 2), *Ateleia* e *Dipteryx*, não estão representados na Bahia na coleção de Kew. Estes são *Ateleia guaraya* Herzog e *A. venezuelensis* Mohlenbr., do Ceará e *Dipteryx alata* Vogel coletado no Piauí e *D. odorata* Willd. originário do Pernambuco. O herbário do New York Botanical Garden (NY) possui um espécime estéril de *Dipteryx* coletado na Bahia, mas *Ateleia* não foi coletada na Bahia até o presente.

O banco de dados inclui 302 espécimes-tipo da Bahia, e 170 (36%) espécimes tipo dos outros sete estados (Diagrama 3). Além desses, das 97 fotos de espécimes-tipo foram incluídos no banco de dados, apenas duas das exsicatas fotografadas não foram coletadas na Bahia.

Discussão

Assim como na lista publicada para as Rubiaceae do Nordeste do Brasil (Zappi & Nunes, 2002), os dados obtidos ressaltam que o herbário de Kew é muito mais rico em coletas provenientes da Bahia do que de outros estados nordestinos. Do mesmo modo que Zappi & Nunes (2002), devemos mencionar que a alta diversidade florística na Bahia reflete a ocorrência de diferentes tipos de vegetação no estado. Um sumário dos diferentes tipos de vegetação na Bahia é apresentado nas páginas 3-10 de 'Legumes of Bahia' (Lewis, 1987), e descrições mais detalhadas encontram-se na introdução da 'Flora do Pico das Almas' editorada por Stannard (1995).

Embora o número de gêneros de Leguminosae registrados para o Nordeste do Brasil provavelmente não venha a sofrer grandes alterações no futuro, podemos prever que o número de espécies venha a crescer de modo significativo quando registros de herbários regionais forem adicionados à presente lista. Além do mais, certos estados do Nordeste ainda estão em fase inicial de exploração e esforços devem ser dedicados a estes no futuro. A partir dos dados compilados por Lewis na listagem do CNIP/APNE (**www.cnip.org.br**), que incluiu atualizações taxonômicas e nomenclaturais de acordo com revisões e monografias recentes, nós podemos perceber que o '*domínio das caatingas*' trata-se de uma região mais rica em espécies de Leguminosae do que a lista baseada em espécimes depositados em Kew sugere.

Lewis (1987) registrou para a Bahia 837 táxons de Leguminosae em 741 espécies. Tal publicação foi compilada utilizando a totalidade da literatura disponível no momento, bem como os espécimes depositados em Kew, e outros provenientes de herbários Brasileiros, Europeus e Norte Americanos. A presente lista contrasta com Lewis (1987) pois trata apenas dos espécimes locados no herbírio de Kew. Portanto é notável que esta lista apresente 191 táxons em 162 espécies de Leguminosae da Bahia não citadas em Lewis (1987). Devemos sobressaltar, no entanto, que esses números não representam um aumento absoluto no número de Leguminosae previamente não conhecidos para a Bahia. Isto se deve ao fato de que os táxons da Bahia que aparecem na presente lista e que estão ausentes de Lewis (1987) são uma mistura de plantas descritas recentemente, ou seja, nomes publicados a partir de 1987, novos registros para a Bahia baseados em novas coleções ou novas descobertas no herbário, **ou, em muitos casos**, o resultado de mudanças nomenclaturais, nos quais uma espécie foi transferida de um gênero para outro com base em nova evidência científica apresentada em monografias e revisões posteriores a 1987. Por exemplo, algumas espécies de *Pithecellobium* foram transferidas para *Abarema* com base na revisão de Barneby and Grimes (1996), que publicaram novas combinações em *Abarema* para acomodar tais espécies. Esta última categoria representa novos nomes de Leguminosae, mas não novas espécies ou registros de plantas para a Bahia. De qualquer modo, fica claro que descobertas interessantes a respeito das Leguminosae da Bahia tem sido feitas anualmente, especialmente por Luciano Paganucci de Queiroz e seus estudantes na Universidade Estadual de Feira de Santana.

BIBLIOGRAFIA

Brummitt, R. K. & Powell, C. E. (eds.) (1992). Authors of Plant Names. Royal Botanic Gardens, Kew. pp. 1–732.

Lewis, G. P. (1987). Legumes of Bahia. Royal Botanic Gardens, Kew. pp. i–xvi + 1–369.

Lewis, G. P. & Polhill, R. M. (1994). A situação atual da sistemática de Leguminosae neotropicais. In Fortunato, R. & Bacigalupo, N. (eds.), Proceedings of the VI Congresso Latinoamericano de Botánica, Monographs in Systematic Botany from the Missouri Botanical Garden 68: 113–129.

Lewis, G., Schrire, B., Mackinder, B. & Lock, M. (eds.) (2005). Legumes of the World, Royal Botanic Gardens, Kew, xiv + 577 pp.

Polhill, R. M. (1994). Complete Synopsis of Legume Genera. In Bisby, F. A., Buckingham, J. & Harborne, J. B. (eds.) Phytochemical Dictionary of the Leguminosae. Chapman & Hall. pp. xlix–lvii.

Stannard, B. L. (ed.) (1995). Flora do Pico das Almas, Chapada Diamantina, Bahia, Brazil. Royal Botanic Gardens, Kew. pp. i–xxiv + 1–853.

Zappi, D. & Nunes, T. S. (2002). Preliminary list of the Rubiaceae in Northeastern Brazil (Repatriation of Kew Herbarium data for the Flora of Northeastern Brazil Series, vol. 1.) Royal Botanic Gardens, Kew. pp. i–xxii + 1–50.

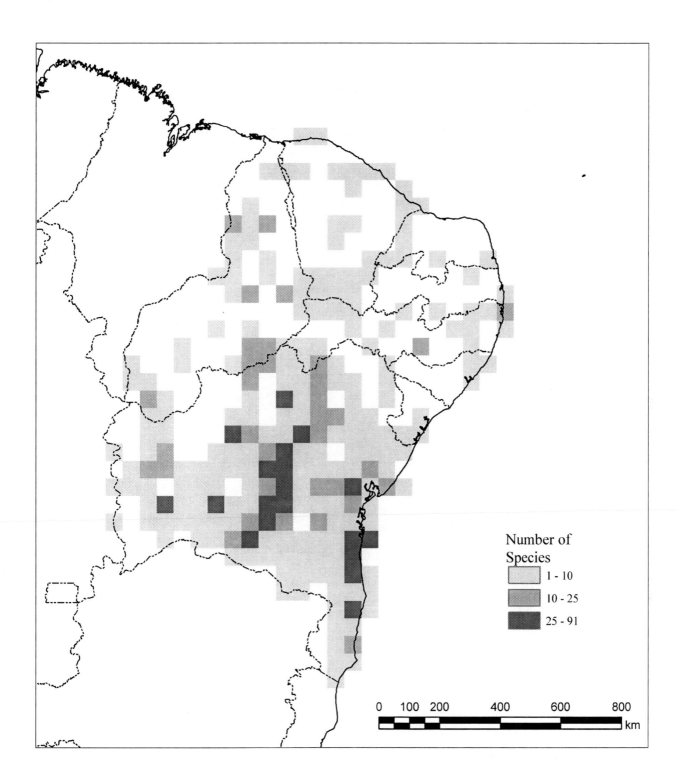

Figura 1. Mapa de cobertura de espécies de Leguminosae no Nordeste do Brasil com ênfase na Bahia.
Figure 1. Species and collection coverage of Leguminosae in Northeastern Brazil with emphasis in Bahia.

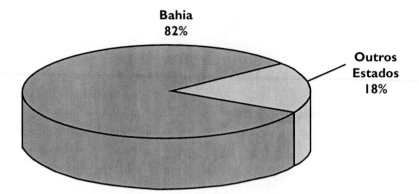

Gráfico 1. Representatividade dos registros de coletas de Leguminosae na Bahia em relação aos outros 7 estados catalogados.

Diagram 1. Proportion of legume records from Bahia compared with the other 7 states of Northeastern Brazil (outros estados)

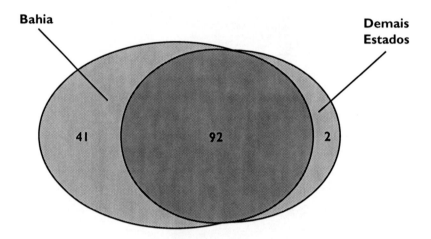

Gráfico 2. Ocorrência de gêneros de Leguminosae na Bahia e sobreposição com aqueles ocorrentes em outros estados.
Diagram 2. Comparison between legume genera occurring in Bahia and the ones found in the remaining states of Northeastern Brazil (demais estados).

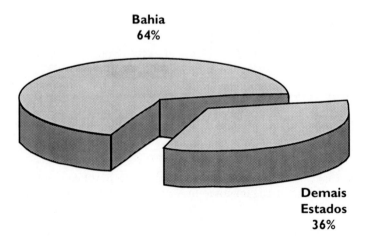

Gráfico 3. Relação do número de espécimes-tipo de Leguminosae na Bahia e os demais estados nordestinos (no herbário de Kew)
Diagram 3. Comparison between the number of type specimens of legumes from Bahia and other states of Northeastern Brazil (demais estados) in the Kew herbarium

Preliminary List of the **Leguminosae** in Northeastern Brazil

(Repatriation of Kew Herbarium data for the Flora of Northeastern Brazil Series, vol. 2)

Edgley A. César[1]
Fabrício S. Juchum[2]
Gwilym P. Lewis[3]

Collaborating Institutions:
Royal Botanic Gardens, Kew
Universidade Estadual de Feira de Santana (HUEFS), Bahia, Brasil
Centro de Pesquisas do Cacau (CEPEC), Itabuna, Bahia, Brasil
Empresa Pernambucana de Pesquisa Agropecuária (IPA), Recife, Pernambuco, Brasil
Centro Nordestino de Informações sobre Plantas (CNIP), Recife, Pernambuco, Brasil

Series editor: D. Zappi[3]

[1] Universidade Federal da Paraíba, Brasil
[2] Centro de Pesquisas do Cacau, CEPEC, Bahia, Brasil
[3] Herbarium, Royal Botanic Gardens, Kew, Richmond, Surrey, TW9 3AB, United Kingdom

Foreword

This publication represents a major result from an innovative Herbarium Data Repatriation project set up in 1999 under the framework of the *Plantas do Nordeste Programme*, a multidisciplinary initiative involving collaboration between the Royal Botanic Gardens, Kew and a wide variety of plant science institutes in NE Brazil. The Herbarium Data Repatriation project was created on the initiative of Eimear Nic Lughadha and Daniela Zappi, as a direct response from Kew to the founding of the *Flora of Bahia* project by a consortium of botanical institutes in the Northeast Brazilian state of Bahia. The project concept arose naturally from the need for botanists in that region to assemble more complete information on its plant diversity. This is fundamental for the success of biodiversity survey and conservation science in the region because all scientific species records ultimately rest on the correct identification of reference herbarium specimens. For historical reasons, many of the earlier records (especially 19th century ones) are based on specimens which exist only in European herbaria, and together these records make up a significant proportion of the total biodiversity information that exists.

The Herbarium of the Royal Botanic Gardens, Kew (K) is rich in 19th century specimens from Northeast Brazil, including many type specimens derived from such plant explorers as Gardner and Blanchet, to name only two. These are often duplicates and there are many specimens from Northeast Brazil deposited in other European herbaria but not at Kew. Nevertheless, the Kew Herbarium has a very substantial representation of the specimens on which 19th century botanical knowledge of Northeast Brazil was based, and which is presented in the monumental *Flora brasiliensis*, founded by K. von Martius. The Herbarium Data Repatriation project thus has as its objective the transfer of as complete a dataset as possible of all the specimens from this region which are deposited at Kew.

A key feature of the project is the involvement of young botanists from Northeast Brazil as project officers, each of whom spend a year at Kew, working up a range of families. The Leguminosae, being the largest family, required two successive project officers, Fabricio Juchum and Edgley César, to complete. The family Leguminosae has been the subject of an active research programme at Kew for well over a century. Since the late 1970s Northeast Brazil has been an important focus, due to the long-standing and highly successful collaboration between legume specialists Gwilym Lewis at Kew, André Maurício de Carvalho at the Centre for Cacau Research at Itabuna, and Luciano Paganucci de Queiroz at the State University of Feira de Santana. André, who was responsible for fostering so much botanical work and

collaboration on the plants of Bahia, died tragically young, and for those involved in the preparation of this volume in particular, his loss is a continuing and heartfelt sadness. He would certainly have been very happy to see these results, based on data which he played such a significant part in assembling.

The key foundation for this checklist, in the preparation of which André also played a critical role, is Gwilym Lewis's *Legumes of Bahia* (1987). This book emerged from the first phase of Kew's involvement in Northeast Brazilian botany, work led by Raymond Harley that focussed on a collaborative field collecting programme with the Centre for Cacau Research at Itabuna, later including the University of São Paulo and the State University of Feira de Santana. *Legumes of Bahia* was actually the second and much expanded version of Gwilym's A *preliminary checklist of the Leguminosae of Bahia* (1979), a truly pioneering initiative, which set in train a long series of publications on the plants of Bahia involving collaboration between Kew and Brazilian botanists.

Recent years have seen a tremendous flowering of botanical research in Northeast Brazil but a constant feature of Northeast Brazilian botany has always been a particular interest in the Leguminosae, from the publications of Adolfo Ducke on the legumes of Ceará, to the work of Dárdano de Andrade Lima and Afrânio Fernandes on the legumes of the caatinga vegetation down to the present day with legume research thriving at many research centres throughout the region.

This checklist, with its accompanying databases and type specimen images, is an important contribution to building up a more complete picture of the plant diversity of Northeast Brazil. Although assembled by a small team, it engages with and channels the work of many legume specialists, who name specimens at Kew on their frequent visits, towards a regional need. In the future, a wider international interaction based on this model will surely be carried forward via the worldwide web. Just as important, however, as the speedy transfer of information by electronic means, are the human bonds enabled by this project. Specimens and data are themselves garnered only by the effort and collaboration of many individuals and they represent a common heritage to which many people contribute. It is fundamental in this interaction that we cherish, in a truly generous spirit of enquiry, the knowledge thus created.

Simon Mayo, 8 August 2005

Acknowledgements

We would like to thank André Maurício de Carvalho from the Centro de Pesquisas de Cacau (CEPEC) for the secondment of Fabrício Juchum to Kew for one year, to work on the legume subfamilies Caesalpinioideae and Mimosoideae of this project, and Maria Regina Vasconcelos Barbosa of the Universidade Federal da Paraíba, for the secondment of Edgley César, to complete the legume project with subfamily Papilionoideae. We also thank Elaine Miranda who trained Fabrício in the early stages of his secondment, and all the Tropical America Regional team at Kew, who supported Fabrício and Edgley in so many ways. The legume list would not have been completed without the strong support and encouragement of Simon Mayo. We thank Nicholas Hind, Simon Mayo, and Brian Stannard for assistance with interpretation of handwriting, pin-pointing localities and accessing relevant bibliography, Nicky Biggs for ensuring safety of the data produced and for making them available to Kew's repatriation website. This project was sponsored by British American Tobacco from 2001 to 2005.

Summary

The present list is the second to be published in the series Repatriation of Kew herbarium data for the Flora of Northeastern Brazil. Underpinning this legume list is the work on the Leguminosae of Bahia undertaken by Lewis between 1981 and 1987, which culminated in the publication of Legumes of Bahia (Lewis, 1987). Many duplicate legume specimens from Bahia are deposited in the Kew herbarium, a large proportion having been added to the collections as a direct result of the long standing collaboration between the Centro de Pesquisas do Cacau, Itabuna, Bahia, Brazil and Kew. Many specimens are those of Raymond Harley and collaborators, André M. de Carvalho and his team, and Lewis et al. A total of 9066 specimens were examined. Many of these had been identified by the leading authority of the genus to which they belong. Others were identified using the most recently published revisions or monographs, and/or by comparison with authoritatively named herbarium vouchers, especially types. The names applied to specimens are thus as up-to-date as the current literature allows. While the nomenclature applied to the NE Brazilian legume specimens at Kew follows the most recent and comprehensive literature, it should be stressed that some legume specimens from the region in other herbaria might be housed under a more historical nomenclature. Readers should access the on-line NE Brazilian checklist produced by CNIP/APNE (**www.cnip.org.br**) when wishing to trace the correct name for a binomial which is suspected to be a synonym. The CNIP list has been compiled from the literature whereas the checklist published here was produced using only herbarium material deposited in the Kew herbarium. Coverage for Bahia in our list is comprehensive, largely because of all the collecting undertaken in that state by several Anglo-Brazilian collecting expeditions in the 1970s and 1990s. The legume representation at Kew for other NE Brazilian states is relatively sparse. In total 869 species are recorded in 135 genera for the whole of the Leguminosae (i.e., the three subfamilies: Caesalpinioideae, Mimosoideae and Papilionoideae). These are alphabetically arranged and sorted by state, collector and number. In addition to this main list, a full list of numbered exsiccatae (an alphabetical list of collector and collector's number) allows a duplicate collection lodged in any herbarium in the world to be checked against the determination of that collection at Kew. The database that underpins this checklist is available on the Internet at: (**http://www.rbgkew.org.uk/ data/ repatbr/homepage.html**), along with scanned images of all the NE Brazilian legume type specimens held at Kew. Hard copies of such images are also available at four major Brazilian Herbaria (HUEFS, CEPEC, IPA, and RB).

Introduction

The Leguminosae, with 19,325 species in 727 genera worldwide (Lewis et al., 2005) is the third largest flowering plant family after the Orchidaceae and Asteraceae. It is widely distributed within several different vegetation types in NE Brazil and is a particularly important component of the semi-arid 'caatinga' vegetation. A handful of legume genera (*Calliandra*, *Mimosa* and *Chamaecrista*) have undergone explosive radiation in the 'campos rupestres'. Many species have root nodules which house bacteria that fix atmospheric nitrogen and this ability allows them to encroach into barren areas with poor soils. They are thus often pioneer species of open terrain that has been left bare due to over-exploitation. In an account of the Legumes of Bahia, Lewis (1987) recorded 741 species in 132 genera showing the richness and diversity of legumes in that state. Since then several genera have been revised, resulting in new generic placements of several species, and more fieldwork has resulted in new findings, such as new species and new records for the state. There is one new genus currently under investigation in the papilionoid tribe Brongniartieae. It is apparently endemic to Bahia and thus increases the number of endemic legume genera in Bahia to four. The other three, *Arapatiella*, *Brodriguesia* and *Harleyodendron*, were all discussed in Lewis (1987).While collections of legumes from the other states of NE Brazil in the Kew herbarium are relatively few, it is apparent that detailed analysis of the many regional herbaria in Brazil will uncover many more legumes to add to the checklist produced by CNIP/APNE. It is also apparent that a number of states are poorly known and sparsely collected botanically, and that there are undoubtedly many more exciting legumes to be discovered, described and added to the herbarium collections.

The aim of this legume checklist is to assist students of legume systematics to gain a snapshot of legume diversity from Northeastern Brazil held in the Kew herbarium, while the scanned type specimens available on-line (**http://www.rbgkew.org.uk/data/repatbr/homepage. html**) and as hard copies in four Brazilian herbaria (HUEFS, CEPEC, IPA and RB) will assist in the identification of newly collected material. In addition, the full list of exsiccatae included in this volume will help herbarium curators to update the identification of their duplicate legume specimens, ultimately leading to the standardization of legume nomenclature across different institutions.

Material and Methods

Area covered

For this project we include in Northeastern Brazil the states of Piauí, Ceará, Rio Grande do Norte, Paraíba, Pernambuco, Sergipe, Alagoas and Bahia, which together form the 'caatingas dominium' phytogeographical region. The state of Maranhão was not included as it is not part of the 'caatingas dominium', and has vegetation more related to that of Amazonia. The list provided by CNIP/APNE (**www.cnip.org.br**) does include Maranhão.

Methodology adopted

The large family Leguminosae took more than one year to complete. The two Brazilian Repatriation officers, Fabrício Juchum and Edgley César, divided the database and scanning work by legume subfamily. Juchum, initially trained in herbarium and library procedures by the preceding repatriation officer, Elaine Miranda, spent the first year working on the Caesalpinioideae and Mimosoideae and commenced data gathering of the Papilionoideae. César spent the proceeding six months databasing the bulk of the Papilionoideae and then working with all three datasets, carrying out all the taxonomic and nomenclatural checks necessary to standardize the list and ensure scientific integrity.

Data collecting and compilation essentially followed the procedures set down by Zappi & Nunes (2002). At Kew, the legumes are arranged by the Bentham & Hooker system, and each genus is organised geographically with Brazilian species filed away under area 16. The whole of area 16 was checked for NE Brazilian legume specimens. Neil Brummitt`s (unpublished) list of genera represented at Kew served as an additional guide to regional geographic distribution. Lewis' Legumes of Bahia (1987) was also used to check that all genera already known to occur in Bahia had been surveyed in the Kew herbarium cabinets. All NE Brazilian legume specimens were extracted for further analysis by Lewis who checked the identity of each specimen and updated nomenclature where appropriate. Several type specimens not previously recognized as such at Kew were discovered during this phase of the project. All type specimens had their identification rigorously checked. The protologue referring to each type was tracked down in the Kew library, or in a few cases at the Natural History Museum (BM) library. Each type specimen was then annotated with the appropriate category of type: holotype, isotype, lectotype, isolectotype, syntype and so on, and the specimen scanned. The protologue (original description) was photocopied, added to the type specimen and a duplicate of the protologue added to each copy of the scan. All material databased has been barcoded and annotated with a small label: "Databased for the NE Brazil

Repatriation Project". In addition to the website, four hardcopy sets of the database and print-outs of the type images were sent to collaborating herbaria at CEPEC, UEFS, IPA and to Haroldo C. de Lima and Vidal Mansano, at RB.

Generic names have been standardized largely following Polhill (1994) and Lewis & Polhill (1994), together with a number of updates that follow Lewis et al. (2005); species names largely follow those accepted by Lewis (1987) with updates following subsequent revisions of several genera by many legume specialists. A list of relevant legume literature (see page xxii) that post-dates 1987 is included as a supplement to those references presented in Legumes of Bahia (Lewis, 1987). The International Legume Database and Information Service (ILDIS), at **http://www.ildis.org/**, and the International Plant Names Index (IPNI), at **http://www.ipni.org/**, were both regularly consulted to check binomials. Authors of names were checked against Brummitt & Powell (1992). The final dataset was checked manually by all three authors.

Results

A total of 9066 Kew specimens of NE Brazilian Leguminosae were databased. These represent 986 different taxa of 869 species in 135 genera. A total of 472 type sheets, representing 291 names, were annotated and scanned. In addition to this, 97 photographs of types, representing 69 names, were also included in the database. (Table 1).

The bulk of the specimens (7424 = 82%) dealt with come from the state of Bahia, while the seven other states together total 1642 records (18%; see Diagram 1), with the states of Piauí, Pernambuco and Ceará relatively well represented in comparison to Paraíba, Alagoas, Rio Grande do Norte and Sergipe. The latter two states are very poorly represented at Kew, each with less than 0.5% of the total specimens examined.

At the generic level, 92 genera (68%) were found both in Bahia and in at least one other state in the Northeast amongst the Kew material. However, 41 genera (30%) were found exclusively in Bahia at Kew. Amongst these, eight are introduced or cultivated in the state (*Flemingia, Gliricidia, Psophocarpus, Teramnus, Tipuana, Adenanthera, Leucaena* and *Pseudosamanea*). This relatively high number of genera that Kew has material of from Bahia, but not from the other northeastern states, is another reflection on Kew's poor holdings of legumes from the `caatingas dominum` outwith Bahia. Only two genera (Diagram 2), *Ateleia* and *Dipteryx*, are not represented from Bahia at Kew. The herbarium has specimens of *Ateleia guaraya* Herzog and *A. venezuelensis* Mohlenbr. only from Ceará and of *Dipteryx alata* Vogel from Piauí and *D. odorata* Willd. from Pernambuco. The New York Botanical Garden herbarium does house one sterile specimen of *Dipteryx* from Bahia, but *Ateleia* is totally unknown from the state.

Subfamily:	Caesalpinioideae	Mimosoideae	Papilionoideae	Total
Specimens	2515	2682	3869	9066
Genera	28	28	79	135
Species	215	251	403	869
Taxa	272	274	440	986
Type specimens (names represented)	159 (90)	182 (115)	131 (86)	472 (291)
Phototypes (names represented)	23 (13)	50 (38)	24 (18)	97 (69)

Table I. Data obtained for the three subfamilies of Leguminosae. The statistics do not include material determined as **cf.**, but they do include material determined as **aff.** and **sp. nov.** The category 'taxa' includes infraspecific categories (subspecies and varieties) and one naturally occurring named hybrid.

The database includes 302 type specimens from Bahia, and another 170 (36%) type specimens from the other seven states (Diagram 3). In addition to these, 97 photographs of type specimens were included in the database, and of these only two are images of plants not collected in Bahia.

Discussion

As in the published list of Rubiaceae for NE Brazil (Zappi & Nunes, 2002), our data gathering highlights that the Kew herbarium is far richer in collections from Bahia than for those of other states of the Northeast. As pointed out by Zappi & Nunes (2002), the floristic diversity of Bahia is in large part due to the very diverse vegetation types across the state. For a glossary of these vegetation types occurring in Bahia the reader's attention is drawn to pages 3–10 in Legumes of Bahia (Lewis, 1987), and for a more detailed account, to the introduction in the Flora of the Pico das Almas edited by Stannard (1995).

Although the number of legume genera recorded for Northeastern Brazil is unlikely to alter significantly, the number of species can be predicted to rise when material from Brazilian regional herbaria is added to this published list. In addition, some areas of the Northeast are simply under-collected and these should be targeted in the future. From data compiled by Lewis for the CNIP/APNE checklist of NE Brazil (**www.cnip.org.br**), that includes taxonomic and nomenclatural updates from recently published revisions and monographs of legume genera, we already

know that the 'caatingas dominium' as a whole is richer in legume species than our Kew-based list suggests.

Lewis, in Legumes of Bahia (1987), reported 837 legume taxa in 741 species for Bahia. That publication was compiled using all the legume literature then available, as well as all legume specimens in Kew, and those housed in several other European, North American and Brazilian herbaria. The present list, in marked contrast, is based solely on specimens lodged in the Kew herbarium. It is thus noteworthy that this list contains 191 taxa in 162 species of Bahian legumes that were not cited in the 1987 checklist. It must be stressed, however, that these figures cannot be added together to give an increase in the number of legumes now known from Bahia. This is because names of Bahian taxa appearing in this list that were not cited in 1987 are either newly described plants (i.e. names published since 1987), new records for Bahia based on new field collections or new herbarium discoveries, **or, in many cases,** the result of name changes where a species has been transferred from one genus to another based on new scientific evidence presented in revisions and monographs that post-date 1987. For example, some species of *Pithecellobium* have been transferred to *Abarema* based on the revisionary work of Barneby and Grimes (1996) who published new combinations in *Abarema* to accommodate them. The latter category represents new legume names, but not new plant species or records for the state of Bahia. Nevertheless, it is clear that new and exciting legume discoveries are being made each year in Bahia, especially by Luciano Paganucci de Queiroz and his students from the Universidade Estadual de Feira de Santana.

REFERENCES

Brummitt, R. K. & Powell, C. E. (eds.) (1992). Authors of Plant Names. Royal Botanic Gardens, Kew. pp. 1–732.

Lewis, G. P. (1987). Legumes of Bahia. Royal Botanic Gardens, Kew. pp. i–xvi + 1–369.

Lewis, G. P. & Polhill, R. M. (1994). A situação atual da sistemática de Leguminosae neotropicais. In Fortunato, R. & Bacigalupo, N. (eds.), Proceedings of the VI Congresso Latinoamericano de Botánica, Monographs in Systematic Botany from the Missouri Botanical Garden 68: 113–129.

Lewis, G., Schrire, B., Mackinder, B. & Lock, M. (eds.) (2005). Legumes of the World, Royal Botanic Gardens, Kew, xiv + 577 pp.

Polhill, R. M. (1994). Complete Synopsis of Legume Genera. In Bisby, F. A., Buckingham, J. & Harborne, J. B. (eds.) Phytochemical Dictionary of the Leguminosae. Chapman & Hall. pp. xlix–lvii.

Stannard, B. L. (ed.) (1995). Flora do Pico das Almas, Chapada Diamantina, Bahia, Brazil. Royal Botanic Gardens, Kew. pp. i–xxiv + 1–853.

Zappi, D. & Nunes, T. S. (2002). Preliminary list of the Rubiaceae in Northeastern Brazil (Repatriation of Kew Herbarium data for the Flora of Northeastern Brazil Series, vol. 1.) Royal Botanic Gardens, Kew. pp. i–xxii + 1–50.

BIBLIOGRAFIA RECENTE DE LEGUMINOSAE (PUBLICADA APÓS 1987) / RECENT LEGUME LITERATURE (PUBLISHED SINCE 1987)

Barneby, R. C. (1991). Sensitivae Censitae. A description of the genus *Mimosa* Linnaeus (Mimosaceae) in the New World. Mem. New York Bot. Gard. 65: 1–835.

Barneby, R. C. (1994). A new species of *Chamaecrista* Moench (Caesalpiniaceae) from interior Bahia, Brazil. Brittonia 46(1): 69–71.

Barneby, R. C. (1994). A new purpleheart (*Peltogyne*, Caesalpiniaceae) from south Bahian Atlantic forest (Brazil). Brittonia 46(4): 270–272.

Barneby, R. C. (1996). Neotropical Fabales at NY: asides and oversights. Brittonia 48(2): 174–187.

Barneby, R. C. (1998). Silk tree, guanacaste, monkey`s earring. A generic system for the synandrous Mimosaceae of the Americas. Part III. *Calliandra*. Mem. New York Bot. Gard. 74(3): 1–223.

Barneby, R. C. (1999). Increments to genus *Chamaecrista* (Caesalpiniaceae: Cassiinae) from Bolivia and from Atlantic and Planaltine Brazil. Brittonia 51(3): 331–339.

Barneby, R. C. & Grimes, J. W. (1996). Silk tree, guanacaste, monkey`s earring. A generic system for the synandrous Mimosaceae of the Americas. Part I. *Abarema*, *Albizia*, and allies. Mem. New York Bot. Gard. 74(1): 1–292.

Barneby, R. C. & Grimes, J. W. (1997). Silk tree, guanacaste, monkey`s earring. A generic system for the synandrous Mimosaceae of the Americas. Part II. *Pithecellobium, Cojoba, and Zygia*. Mem. New York Bot. Gard. 74(2): 1–149.

Bridgewater, S. G. M. & Stirton, C. H. (1997). A morphological and biogeographic study of the *Acosmium dasycarpum* complex (Leguminosae: Papilionoideae: Sophoreae). Kew Bull. 52(2): 471–475.

Carvalho, A. M. de (1989). Systematic studies of the genus *Dalbergia* L. f. in Brazil. PhD. Thesis, University of Reading, i–xiv + 1–374 pp.

Carvalho, A. M. de (1997). A synopsis of the genus *Dalbergia* (Fabaceae: Dalbergieae) in Brazil. Brittonia 49(1): 87–109.

Carvalho, A. M. de & Barneby, R. C. (1993). The genus *Zollernia* (Fabaceae: Swartzieae) in Bahia, Brazil. Brittonia 45(3): 208–212.

Conceição, A. de S., Queiroz. L. P. de & Lewis, G. P. (2001). Novas espécies de *Chamaecrista* Moench (Leguminosae-Caesalpinioideae) da Chapada Diamantina, Bahia, Brasil. Setientibus série Ciências Biológicas 1(2): 112–119.

Fernandes, A. (1996). O táxon *Aeschynomene* no Brasil. Universidade Federal do Ceará, 128 pp.

Funch, L. S. & Barroso, G. M. (1999). Revisão taxonômica do gênero *Periandra* Mart. ex Benth. (Leguminosae, Papilionoideae, Phaseoleae). Revta. Brasil. Bot. São Paulo 22(3): 339–356.

Ireland, H. & Pennington, R. T. (1999). A revision of *Geoffroea* (Leguminosae–Papilionoideae). Edin. J. Bot. 56(3): 329–347.

Irwin, H. S. & Barneby, R. C. (1987). Novelties in *Chamaecrista* section *Absus* (Caesalpiniaceae). Brittonia 39(1): 7–10.

Klitgaard, B. B. (1995). Systematics of *Platymiscium* (Leguminosae: Papilionoideae: Dalbergieae): taxonomy, morphology, ontogeny and phylogeny. PhD thesis, University of Aarhus, i–xii + 168 pp.

Klitgaard, B. B. (1999). A new species and nomenclatural changes in neotropical *Platymiscium* (Leguminosae: Papilionoideae: Dalbergieae). Kew Bull. 54(4): 967–973.

Klitgaard, B. B., Queiroz, L.P. de & Lewis, G. P. (2000). A remarkable new species of *Pterocarpus* (Leguminosae: Papilionoideae: Dalbergieae) from Bahia, Brazil. Kew Bull. 55: 989–992.

Klitgaard, B. B. (2005). *Platymiscium* (Leguminosae: Dalbergieae): biogeography, systematics, morphology, taxonomy and uses. Kew Bull. 60(3): 321–400.

Krapovickas, A. & Gregory, W. C. (1994). Taxonomía del género *Arachis* (Leguminosae). Bonplandia 8(1–4): 1–186.

Lavin, M. (1988). Systematics of *Coursetia* (Leguminosae-Papilionoideae). Syst. Bot. Monogr. 21: 1–167.

Lewis, G. P. (1988). A new species of *Poecilanthe* (Leguminosae: Papilionoideae) from Brazil. Kew Bull. 44(1): 167–169.

Lewis, G. P. (1988). A new species of *Acacia* (Leguminosae-Mimosoideae) from Brazil. Kew Bull. 44(1): 171–173.

Lewis, G. P. (1991). Five new taxa of *Piptadenia* (Leguminosae: Mimosoideae) from Brazil. Kew Bull. 46(1): 159–168.

Lewis, G. P. (1992). A new species of *Canavalia* (Leguminosae: Papilionoideae) from Brazil. Kew Bull. 47(2): 305–307.

Lewis, G. P. (1994). A new species of *Parapiptadenia* (Leguminosae: Mimosoideae) from Brazil. Kew Bull. 49(1): 99–101.

Lewis, G. P. (1996). Two new species of *Acacia* (Leguminosae: Mimosoideae) from Brazil. Kew Bull. 51(2): 371–375.

Lewis, G. P. (1996). A new large-fruited variety of *Acacia polyphylla* (Leguminosae: Mimosoideae) from Brazil. Kew Bull. 51(3): 591–594.

Lewis, G. P. (1998). *Caesalpinia* – a revision of the *Poincianella-Erythrostemon* group. Royal Botanic Gardens, Kew, 233 pp.

Lewis, G. P. & Delgado Salinas, A. (1994). *Mysanthus*, a new genus in tribe Phaseoleae (Leguminosae: Papilionoideae) from Brazil. Kew Bull. 49(2): 343–351.

Lewis, G. P. & Lima, M. P. M. de (1991). *Pseudopiptadenia* no Brasil (Leguminosae-Mimosoideae). Arquivos do Jard. Bot. Rio de Janeiro 30: 43–67.

Lima, H. C. de, Carvalho, A. M. de and Costa, C. G. (1990). Estudo taxonômica do gênero *Diptychandra* Tulasne (Leguminosae-Caesalpinioideae). Anais XXXV Cong. Nac. Bot. Brasil: 175–185.

Luckow, M. (1993). A monograph of the genus *Desmanthus* (Leguminosae: Mimoseae). Syst. Bot. Monogr. 38: 1–166.

Mackinder, B. A. (1989). A new species of *Chaetocalyx* (Leguminosae–Papilionoideae) from Brazil. Kew Bull. 45(3): 587–589.

Mansano, V. de F., Tozzi, A. M. G. de A. & Lewis, G. P. (2004). A revision of the South American genus *Zollernia* Wied-Neuw. & Nees (Leguminosae, Papilionoideae, Swartzieae). Kew Bull. 59(4): 497–520

Mansano, V. de F. & Lewis, G. P. (2004). A revision of the genus *Exostyles* Schott (Leguminosae: Papilionoideae). Kew Bull. 59(4): 521–529.

Müller, C. (1986). Espécies novas do gênero *Poiretia* Vent. – Leguminosae. Revista brasil. Bot. 9: 23–30.

Pennington, R. T. (1994). The taxonomy and molecular systematics of *Andira* (Leguminosae, Papilionoideae, tribe Dalbergieae). PhD thesis, University of Oxford, 254 pp.

Pennington, R. T. (2003). Monograph of *Andira* (Leguminosae-Papilionoideae). Syst. Bot. Monogr. 64: 1–143.

Pennington, T. D. (1997). The genus *Inga*, Botany. Royal Botanic Gardens, Kew. 844 pp.

Pennington, T. D. (1999). The genus *Inga* – a correction. Kew Bull. 54(4): 982.

Queiroz, L. P. de (1991). O gênero *Cratylia* Mart. ex Benth. (Leguminosae: Papilionoideae: Phaseoleae): revisão taxonômica e aspectos biológicos. Masters thesis, Universidade Estadual de Campinas. i–ix + 128 pp.

Queiroz, L. P. de (1994). *Cratylia bahiensis* (Leguminosae: Papilionoideae), a new species from Bahia, Brazil. Kew Bull. 49(4): 769–773.

Queiroz, L. P. de (1999). Sistemática e filogenia do gênero *Camptosema* W. J. Hook. & Arn. (Leguminosae: Papilionoideae: Phaseoleae). PhD thesis, Universidade de São Paulo, i–ix + 1–259.

Queiroz, L. P. de (2002). Distribuição das espécies de Leguminosae na Caatinga. In Sampaio, E.V.S.B., Giulietti, A. M., Virgínio, J. & Gamarra-Rojas, C. F. L. (eds.), Vegetação & Flora da Caatinga. Associação Plantas do Nordeste – APNE, Centro Nordestino de Informação sobre Plantas – CNIP. Recife. pp. 141-153.

Queiroz, L. P. de, Lewis, G. P. (1999). A new species of *Mimosa* L. (Leguminosae: Mimosoideae) endemic to the Chapada Diamantina, Bahia, Brazil. Kew Bull. 54(4): 983–986.

Queiroz, L. P. de, Lewis, G. P. and Allkin, R. (2000). A revision of the genus *Moldenhawera* Schrad. (Leguminosae-Caesalpinioideae). Kew. Bull. 54: 817–852.

Rico Arce, M. L. (1999). New combinations in Mimosaceae. Novon 9: 554–556.

Tozzi, A. M. G. de A. (1989). Estudos taxonômicos dos gêneros *Lonchocarpus* Kunth e *Deguelia* Aubl. no Brasil. PhD thesis, Universidade Estadual de Campinas, 341 pp.

Tozzi, A. M. G. de A. (1994). New species of *Lonchocarpus* Kunth (Leguminosae: Papilionoideae: Millettieae) from Brazil. Kew Bull. 50(1): 173–177.

Warwick, M. & Lewis, G. P. (2003). Revision of *Plathymenia* (Leguminosae-Mimosoideae). Edinburgh J. Bot. 60: 111–119.

Warwick, M. & Pennington, R. T. (2002) A revision of *Cyclolobium* (Leguminosae-Papilionoideae). Edinburgh J. Bot. 59: 247–257.

Wiersema, J. H. (1989). A new name for a Brazilian *Senna* (Leguminosae: Caesalpinioideae). Taxon 38(4): 652.

Lista da Família Leguminosae

Leguminosae – CAESALPINIOIDEAE

Apuleia grazielana Afr.Fern.
Ceará
Viçosa do Ceará: Chapada da Ibiapaba. 14/12/1985, Matos, A.F. s.n.

Apuleia leiocarpa (Vogel) J.F.Macbr.
Bahia
Caetité: On road BR-030, Brumado-Caetité. Ca. 5km before coming to Caetité, turning right by tile factory on dirt road km 0,5 on that road. 3/1/1994, Klitgaard, B.B. et al. 66.
Poções: km 10 da estrada que liga Poções (BR-116) ao povoado de Bom Jesus da Serra (ao W de Poções). 5/3/1978, Mori, S. et al. 9523.

Arapatiella emarginata R.S.Cowan
Bahia
Una: Km 50 da rodovia Ilhéus-Una. Estação da EMBRAPA (EDJAB). 15/9/1993, Jardim, J.G. et al. 294.

Arapatiella psilophylla (Harms) R.S.Cowan
Bahia
Camacã: Estrada a Mascote. 21/1/1971, Santos, T.S. 1386.
Itamaraju: Fazenda Guanabara, 5km NW de Itamaraju. 6/12/1981, Lewis, G.P. et al. 778.
Porto seguro: Parque Nacional de Monte Pacoal. 20/9/1989, Hatschbach, G. et al. 53496.
Porto Seguro: Reserva da Brasil Holanda de Indústrias S/A. Entrada no km 22 da rodovia Eunápolis-Porto Seguro. Ca. 9,5km da entrada. 7/4/1994, Jardim, J.G. et al. 408.
Prado: 8km west of Cumuruxatiba on road to Itamaraju. 20/10/1993, Thomas, W.W. et al. 9992.
Prado: Rodovia BA-248, trecho Prado-Itamaraju, ca. 65km a NW de Prado. 18/9/1978, Mori, S. et al. 10670.
Santa Cruz Cabrália: Estação Ecológica do Pau Brasil e arredores, ca. 16km a W de Porto Seguro. 26/7/1978, Mori, S. et al. 10319.
Santa Cruz Cabrália: Área da Estação Ecológica do Pau Brasil (ESPAB), ca. 16km a W de Porto Seguro, rodovia BR-367 (Porto Seguro-Eunápolis). Arboreto da ESPAB, quadra 111. 15/7/1987, Santos, F.S. et al. 621.
Santa Cruz Cabrália: Antiga rodovia que liga a Estação Ecológica do Pau Brasil à Santa Cruz Cabrália, 7km ao NE da estação. Ca. 12km ao NW de Porto Seguro. 14/8/1979, Mori, S.A. et al. 12711.
Santa Cruz Cabrália: Estação Ecológica do Pau Brasil e arredores, ca. 16km a W de Porto Seguro. 22/3/1978, Mori, S.A. et al. 9837.
Una: Reserva Biológica do Mico-leão (IBAMA). Entrada no km 46 da rodovia Ilhéus-Una. Coletas efetuadas na picada paralela ao rumo da reserva. 14/9/1993, Amorim, A.M. et al. 1387.
Una: Reserva Biológica do Mico-leão (IBAMA). Entrada no km 46 da rodovia Ilhéus-Una. 13/9/1995, Carvalho, A.M. et al. 6095.

Uruçuca: Ca. 14km NE de Uruçuca, Fazenda Santo Antônio. 13/12/1981, Lewis, G.P. et al. 825.
Mun.?: Entre Bom Gosto e Olivença. 15/3/1943, Fróes, R.L. 20024.
Untraced Locality
Near Esperança (?Paraíba). 1/1822, Riedel, L. 804, ISOTYPE, Tachigali psilophylla Harms.

Bauhinia aculeata L.
Bahia
Brumado: Ca. 35km na Rodovia Brumado-Caetité. 27/12/1989, Carvalho, A.M. et al. 2653.
Conceição do Coité: BA-409, entre Serrinha e Conceição do Coité, a 22km W de Serrinha. 16/11/1986, Queiroz, L.P. et al. 1109.
Livramento do Brumado: 3–6km da cidade na estrada para Rio de Contas. 5/12/1988, Harley, R.M. et al. 27069.
Manoel Vitorino: Rodovia BA-116, trecho Manoel Vitorino a Vitória da Conquista no km 20. 19/4/1983, Carvalho, A.M. et al. 1847.
Santa Bárbara: Ca. 18km N da cidade de Santa Bárbara, na BR-116. 29/12/1992, Queiroz, L.P. et al. 3034.
Serrinha: 22km NW of Serrinha. 16/11/1986, Webster, G.L. et al. 25693.
Tamburi: 10/1906, Ule, E. 7277, ISOTYPE, Bauhinia catingae Harms.
Ceará
Pereiro: Serra do Ereré. 2/5/1984, Sarmento, A.C. et al. 737.

Bauhinia acuruana Moric.
Bahia
Brejinho das Ametistas: Serra Geral de Caetité. 8,5km N of Brejinho das Ametistas, on the Caetité road. 12/4/1980, Harley, R.M. et al. 21272.
Caetité: Km 6 da estrada Caetité-Brejinho das Ametistas. 15/4/1983, Carvalho, A.M. et al. 1760
Caetité: CA. 3km SW Caetité, na estrada para Brejinho das Ametistas. 18/2/1992, Carvalho, A.M. et al. 3712.
Caetité: Serra Geral de Caetité ca. 3km from Caetité S along the road to Brejinho das Ametistas. 10/4/1980, Harley, R.M. et al. 21157.
Correntina: Chapadão Ocidental da Bahia. 12km N of Correntina on the road Inhaúmas. 28/4/1980, Harley, R.M. et al. 21894.
Correntina: Chapadão Ocidental da Bahia. 15km SW of Correntina on the road to Goiás. 25/4/1980, Harley, R.M. et al. 21723.
Gentio do Ouro: Ca. 4km NE from Gentio do Ouro along the road towards Central. 22/2/1977, Harley, R.M. et al. 18948.
Gentio do Ouro: Serra do Açuruá. 1838, Blanchet, J.S. 2825, ISOTYPE, Bauhinia acuruana Moric.
Ibotirama: Rodovia BR-242 (Ibotirama-Barreiras) km 86. 7/7/1983, Coradin, L. et al. 6639.
Ibotirama: Rodovia BR-242 (Ibotirama-Barreiras) km 86. 7/7/1983, Coradin, L. et al. 6621.

Morro do Chapéu: Chapada de Diamantina, rodovia para Utinga, ramal para a torre da TELEBAHIA. 8/9/1990, Lima, H.C. et al. 3887.

Morro do Chapéu: Rodovia BA-052, em direção a Utinga, entrada a 2km a direita. Morro da torre da EMBRATEL a 8km. 30/8/1990, Hage, J.L. et al. 2336.

Morro do Chapéu: Morro al sur de Morro do Chapéu. 28/11/1992, Arbo, M.M. et al. 5414.

Remanso: Bei Remanso. 12/1906, Ule, L. 7380.

Rio de Contas: 18km WNW along road from Rio de Contas to the Pico das Almas. 21/3/1977, Harley, R.M. et al. 19809.

Pernambuco

Buíque: Trilha das Torres. 16/3/1995, Rodal, M.J.N. et al. 501.

Buíque: Fazenda Laranjeiras. 5/5/1995, Rodal, M.J.N. et al. 540.

Buíque: Estrada Buíque-Catimbau. 6/5/1995, Figueiredo, L.S. 33.

Buíque: Estrada Buíque-Catimbau. 17/3/1995, Laurênio, A. et al. 23.

Piauí

Oeiras: Near Oeiras. 4/1839, Gardner, G. 2152.

Correntes: Rodovia Correntes-Bom Jesus km 34. 18/6/1983, Coradin, L. et al. 5811.

Bauhinia angulosa Vogel

Bahia

Ilhéus: Mata da Esperança. Entrada a 2km a partir da antiga ponte do Rio Fundão. 19/9/1994, Carvalho, A.M. et al. 4752.

Bauhinia* aff. *angulosa Vogel

Bahia

Ilhéus: Estrada entre Sururú e Vila Brasil, a 6–14km de Sururú. A 12–20km ao SE de Buerarema. 27/10/1979, Mori, S. et al. 12884.

Bauhinia baubinioides (Mart.) J.F.Macbr.

Piauí

Unloc.: 8/1839, Gardner, G. 2532.

Bauhinia breviloba Benth.

Piauí

Mun.?: Barra do Jardim. 12/1838, Gardner, G. 1937, SYNTYPE, Bauhinia breviloba Benth.

Bauhinia brevipes Vogel

Bahia

Barreiras: Proximidades do Hotel Barreiras. 16/6/1983, Coradin, L. et al. 5720.

Barreiras: Estrada para o aeroporto de Barreiras. Coletas entre 5 a 15km a partir da sede do município. 11/6/1992, Carvalho, A.M. et al. 3984.

Barreiras: Coleta efetuada no km 30 da BR-242, rodovia Barreiras-Ibotirama. 4/6/1991, Brito, H.S. et al. 338.

Bom Jesus da Lapa: Rodovia Igaporã-Caetité km 8. 2/7/1983, Coradin, L. et al. 6351.

Caetité: Serra Geral de Caetité, ca. 3km from Caetité, S along the road to Brejinhos das Ametistas. 10/4/1980, Harley, R.M. et al. 21157.

Caetité: Estrada Caetité-Bom Jesus da Lapa no km 22. 18/4/1983, Carvalho, A.M. et al. et al. 1828.

Correntina: About 9km SE of Correntina, on road to Jaborandi. 27/4/1980, Harley, R.M. et al. 21829.

Santa Rita de Cássia: Estrda para Santa Rita de Cássia-margem do Rio Preto, proximidades da cidade. 17/6/1983, Coradin, L. et al. 5749.

Piauí

Corrente: 7km from Corrente on the road to Barreiras (BR-135). 19/7/1997, Ratter, J.A. R 7713.

Mun.?: Banks Gurgéa. 8/1839, Gardner, G. 2530.

Bauhinia cheilantha (Bong.) Steud.

Bahia

Ipirá: Fazenda Macambira. 7/9/1994, Dutra, E.A. 39.

Serra Preta: Rodovia BA-052, 35km antes de Ipirá. 7/9/1990, Lima, H.C. 3878.

Xique-Xique: 2/1907, Ule, E. 7524.

Pernambuco

Sertânia: Fazenda Coxi. Trilhas da área. 22/11/1999, Figueirêdo, L.S. 545.

Sertânia: Fazenda Coxi. 28/11/1999, Figueirêdo, L.S. 571.

Piauí

São Raimundo Nonato: Vitorino, 12km E Fundação Ruralista (Sede) ca. 220km ENE de Petrolina, Fazenda Laboratório Vitorino. 17/1/1982, Lewis, G.P. et al. 1105.

Mun.?: Common between Ceará & Boa Esperança. 2/1839, Gardner, G. 2155.

Bauhinia* cf. *cheilantha (Bong.) Steud.

Bahia

Iraquara: Ca. 4km S de Água de Rega na estrada para Lagoa da Boa Vista. 22/7/1993, Queiroz, L.P. et al. 3391.

Piauí

Unloc.: 1914, Luetzelburg, Ph. von 362.

Bauhinia cupulata Benth.

Piauí

Mun.?: Banks of the Rio Gurgéa. 8/1839, Gardner, G. 2529, LECTOTYPE, Bauhinia cupulata Benth.

Bauhinia dubia G.Don

Piauí

Castelo do Piauí: Fazenda Cipó. 19/4/1994, Nascimento, M.S.B. 212.

Mun.?: Between Boa Esperança & Santa Ana das Merces. 3/1839, Gardner, G. 2153.

Bauhinia dumosa Benth.

Bahia

Juazeiro: Próximo ao Rio São Francisco, local inundável. Martius, C.F.P. von. s.n., SYNTYPE, Bauhinia dumosa Benth.

Piritiba: Ca. 25km N da BA-052 (estrada do feijão) na BA-421 (Piritiba-Jacobina). 19/8/1993, Queiroz, L.P. et al. 3469.

Queimadas: Martius, C.F.P. von. s.n., SYNTYPE – photo, Bauhinia dumosa Benth.

Bauhinia flexuosa Moric.

Bahia

Bom Jesus da Lapa: Basin of the upper São Francisco river. About 35km north of Bom Jesus da Lapa, on the main road to Ibotirama. 19/4/1980, Harley, R.M. et al. 21551.

Brumado: Ca. 15km na rodovia Brumado-Caetité. 27/12/1989, Carvalho, A.M. et al. 2645.

Dom Basílio: Ca. 60km na estrada de Brumado para Livramento do Brumado. 13/3/1991, Brito, H.S. et al. 302.

Gentio do Ouro: Serra do Açuruá. 1838, Blanchet, J.S. 2853, TYPE, Bauhinia flexuosa Moric.

Livramento do Brumado: 10km S of Livramento do Brumado on road to Brumado. 25/3/1991, Lewis, G.P. et al. 1878.

Livramento do Brumado: 21km S of Livramento do Brumado on road to Brumado. 21/3/1991, Lewis, G.P. et al. 1866.

Macaúbas: Subida Serra Poções, estrada para Canatiba. 18/1/1997, Hatschbach, G. et al. 65945.

Piauí

São Raimundo Nonato: Ca. 10km N da Fundação Ruralista (Sede) na estrada para São Raimundo Nonato. Fazenda Abacaxi, ca. 220km ENE de Petrolina. 21/1/1982, Lewis, G.P. et al. 1148.

São Raimundo Nonato: Vitorino, 12km E Fundação Ruralista (Sede) ca. 220km ENE de Petrolina, Fazenda Laboratório Vitorino. 17/1/1982, Lewis, G.P. et al. 1106.

Mun.?: Between Boa Esperança & Santa Ana das Merces. 3/1839, Gardner, G. 2157, TYPE, Bauhinia flexuosa Moric.

Bauhinia forficata Link
Alagoas

Viçosa: 3km da zona urbana. 25/11/1982, Lemos, R.P.L. et al. 761.

Bahia

Belmonte: Estação Ecológica Gregório Bondar. 29/11/1987, Santos, T.S. 4353.

Cachoeira: Vale dos Rios Paraguaçu e Jacuípe. Iguaçu. 11/1980, Pedra Cavalo, G. et al. 930.

Ilhéus: Área do CEPEC (Centro de Pesquisas do Cacau), km 22 do rodovia Ilhéus-Itabuna (BR-415). Reserva Botânica. Quadra D. 5/5/1981, Hage, J.L. et al. 651.

Itacaré: Estrada Itacaré-Taboquinhas, ca. 6km de Itacaré. Loteamento da Marambaia. 14/12/1992, Amorim, A.M. et al. 898.

Itamaraju: Ca. 5km a W de Itamaraju. 20/9/1978, Mori, S. et al. 10734.

Jequié: Km 20 da estrada Jequié para Contendas do Sincorá. 23/12/1981, Lewis, G.P. et al. 984.

Jequié: 20 Km na estrada Jequié para Contendas do Sincorá. 30/3/1986, Carvalho, A.M. et al. 2360.

Jequié: 20 Km na estrada Jequié para Contendas do Sincorá. 12/10/1983, Carvalho, A.M. et al. 1918.

Maraú: Rodovia BR-030, trecho Ubaitaba-Maraú, km 15. 5/2/1979, Mori, S. et al. 11335.

Maraú: Fazenda Água Boa, BR-030 a 22km a E de Ubaitaba. 25/8/1979, Mori, S. 12743.

Bauhinia cf. *forficata* Link
Bahia

Boa Vista do Tupim: Ca. 3km após a balsa para travessia do Rio Paraguaçu, para João Amaro, na estrada para Boa Vista do Tupim. 26/4/1994, Queiroz, L.P. et al. 3870.

Itaberaba: Fazenda Palmeiral, ca. 4km da variante partindo da BR-242, esta a ca. 3km W de Itaberaba. 28/4/1994, Queiroz, L.P. et al. 3894.

Bauhinia forficata var. *platypetala* (Burch. ex Benth.) Wunderlin
Piauí

Teresina: EMBRAPA/CPAMN. 13/4/1995, Nascimento, M.S.B. 1025.

Bauhinia forficata Link. *var. nov.*
Bahia

Ilhéus: Ramal que liga a rodovia BR-415 Ilhéus-Itabuna do povoado de Japú. Desvio à esquerda, coleta a 2km da entrada. Fazenda Sultão. 17/2/1982, Mattos Silva, L.A. et al. 1571.

Itamaraju: Fazenda Pau Brasil, ca. 5km a NW de Itamaraju. 3/7/1979, Mattos Silva, L.A. et al. 536.

Santa Cruz Cabrália: Arredores da Estação Ecológica do Pau Brasil (ca. 17km a W de Porto Seguro), estrada velha de Santa Cruz Cabrália, 4–6km a E da sede da Estação. 18/10/1978, Mori, S. et al. 10788.

Bauhinia aff. *forficata* Link
Bahia

Santa Luzia: Ca. 7,5km na estrada da BR-101 para Santa Luzia. 19/8/1994, Carvalho, A.M. 4582

Wenceslau Guimarães: Reserva Estadual. Coletas próximas ao Pico do Urubu. 2/4/1993, Mattos Silva, L.A. 2936.

Bauhinia glabra Jacq.
Ceará

Ubajara: Parque Nacional de Ubajara, próximo ao mirante. 28/1/1990, Vaz, A.M.S.F. 711.

Piauí

Teresina: Centro de Ciências Agrárias/UFPI. 5/1/1996, Campelo. J.E.G. 1100.

Bauhinia integerrima Mart. ex Benth.
Bahia

Cachoeira: Martius, C.F.P. von 2182, TYPE, Bauhinia interrigima Mart. ex Benth.

Ilhéus: Área do CEPEC (Centro de Pesquisas do Cacau), km 22 do rodovia Ilhéus-Itabuna (BR-415). Reserva Botânica. Quadra D. 12/1/1982, Hage, J.L. et al. 1598.

Ilhéus: Blanchet, J.S.(Moricand, M.E.) 2387, ISOTYPE - photo, Bauhinia odoratissima Moric.

Jussari: Ca. 4km na estrada Jussari para Palmira. 19/10/1990, Carvalho, A.M. et al. 3212.

Mun.?: Rodovia Banco Central a Ubaitaba. 19/3/1971, Raimundo, S.P. 1180.

Bauhinia cf. *integerrima* Mart. ex Benth.
Bahia

Camamu: Rodovia Travessão (BR-101) a Camamu, km 26. Em frente à entrada das Fazendas Agrobrahma e Alfa. 19/9/1988, Mattos Silva, L.A. et al. 2532.

Una: Rodovia from BR-101, junction 34km S Itabuna. 14/5/1991, Pennington, R.T. et al. 195.

Bauhinia maximilianii Benth.
Bahia

Porto Seguro: 5–10km O. 18/9/1989, Hatschbach, G. et al. 53466.

Una: Estrada Una-São José. Coletas efetuadas a ca. de 27km a partir de Una. 14–15/4/1993, Amorim, A.M. et al. 1265.

Una: Rodovia Una a Rio Branco. 16/6/1971, Pinheiro, R.S. 1363.

Una: Reserva Biológica do Mico-leão (IBAMA). Entrada no km 46 da rodovia BA-001 Ilhéus-Una. Coletas efetuadas na estrada que leva a sede da reserva. 8–10km na estrada que margeia o Rio Maruim. Ramal que leva à Faz. Jaqueiral ca. 8km da entrada. 1/5/1996, Jardim, J.G. et al. 811a.

Una: Km 27 da rodovia São José (entroncamento da BR-101)-Una, próximo à Fazenda Piedade. 20/7/1981, Mattos Silva, L.A. et al. 1296.

Una: Estrada que liga São José a Una, a 17km da BR-101. Ca. de 45km ao S de Itabuna. 2/6/1979, Mori, S. 11897.

Una: Reserva Biológica do Mico-leão (IBAMA). Entrada no km 46 da rodovia BA-001 Ilhéus-Una. 8–10km na estrada que margeia o Rio Maruim. 6/6/1996, Carvalho, A.M. et al. 6204.

Uruçuca: Escola Média de Agropecuária da Região Cacaueira, Reserva Gregório Bondar. 20/5/1994, Thomas, W.W. et al. 10412.

Uruçuca: Distrito de Serra Grande, 7,3km na estrada Serra Grande-Itacaré. Fazendo Lagoa do Conjunto Fazenda Santa Cruz. 19/7/1994, Carvalho, A.M. et al. 4568.

Uruçuca: Distrito de Serra Grande, 7,3 km na estrada Serra Grande-Itacaré, Fazenda Lagoa do Conjunto Fazenda Santa Cruz. 11–21/9/1991, Carvalho, A.M. et al. 3505.

Uruçuca: Reserva Biológica Gregório Bondar. Área da EMARC. 17/3/1994, Jardim, J.G. et al. 378.

Bauhinia microstachya (Raddi) J.F.Macbr.

Bahia

Itacaré: Rodovia para Itacaré. Entrada ca. 1km da BR-101. Ramal que leva às fazendas no sentido L, margem do Rio de Contas, ca. 2km da entrada. 23/5/1997, Jardim, J.G. et al. 1064.

Itiruçu: Saída de Itiruçu a Maracás. 19/5/1969, Jesus, J.A. et al. 438.

Maracás: Rodovia BA-250, Fazenda dos Pássaros a 24km a E de Maracás. 4/5/1979, Mori, S. et al. 11787.

Poções: Fazenda Boa Esperança. Rodovia BR-116 (Rio-Bahia), 9km ao sul de Poções. Ramal com entrada em frente ao Posto Atalaia-2. 5/4/1988, Mattos Silva, L.A. et al. 2326.

Porto Seguro: Rodovia Porto Seguro-Eunápolis at 41km W of Estação Ecológica do Pau Brasil (ESPAB). Vera Cruz, estrada de terra to Vale Verde km 17, entrada direita, estrada de terra 4km. 9/5/1991, Lewis, G.P. et al. 2026.

Unloc.: Blanchet, J.S. 1721.

Bauhinia monandra Kurz

Bahia

Ibicaraí: Lado norte. 4/3/1971, Pinheiro, R.S. 1054.

Bauhinia outimouta Aubl.

Bahia

Buerarema: Rodovia que liga Buerarema à Vila Brasil, km 14. 9/2/1982, Carvalho, A.M. et al. 1179.

Ilhéus: Pontal dos Ilhéus, saída para Buerarema. 17/5/1968, Belém, R.P. 3584.

Ilhéus: Blanchet, J.S. 1638.

Ilhéus: Moricand, M.E. s.n.

Porto Seguro: Reserva da Brasil Holanda de Indústrias S/A. Entrada no km 22 da rodovia Eunápolis-Porto Seguro. Ca. 9,5km da entrada. 7/4/1994, Jardim, J.G. et al. 400.

Uruçuca: Ca. 14km NE de Uruçuca, nova estrada BA-655 Uruçuca-Serra Grande, Fazenda Santo Antônio. 13/12/1981, Lewis, G.P. et al. 829.

Ceará

Crato: Near Crato. 9/1838, Gardner, G. 1566.

Mun.?: Serra de Baturité. 1910, Ule, E. 9052.

Paraíba

Areia: Mata de Pau Ferro, orla. 15/10/1980, Fevereiro, V.P.B. M 57.

Santa Rita: 20km do centro de João Pessoa, Usina São João, Tibirizinho. 12/12/1992, Agra, M.F. et al. 1502.

Pernambuco

Unloc.: 11/1837, Gardner, G. 987.

Sergipe

Santa Luzia do Itanhy: Entrada a 1km à esquerda da estrada Santa Luzia do Itanhy-Castro, ca. 1 km adentro. 29/11/1993, Sant'Ana, S.C. et al. 464.

Bauhinia pentandra (Bong.) Vogel ex Steud.

Bahia

Bom Jesus da Lapa: Basin of the upper São Francisco river. 4km N of Bom Jesus da Lapa, on the main road to Ibotirama. 20/4/1980, Harley, R.M. et al. 21598.

Sobradinho: Rodovia Sobradinho-Santa Sé km 20. 24/6/1983, Coradin, L. et al. 5984.

Ceará

Icó: 8/1838, Gardner, G. 1565, LECTOTYPE, Bauhinia heterandra Benth.

Quixadá: 12km SW of Quixadá. 16/2/1985, Gentry, A. et al. 50211.

Pernambuco

Buíque: Fazenda Laranjeiras, próximo à primeira porteira. 19/5/1995, Inácio, E. et al. 48.

Piauí

Boa Esperança: Near Boa Esperança. 2/1839, Gardner, G. 2156, SYNTYPE, Bauhinia heterandra Benth.

Oeiras: Common near Oeiras. 5/1839, Gardner, G. 2156, SYNTYPE, Bauhinia heterandra Benth.

Picos: East side of city of Picos. 6/3/1970, Eiten, G. et al. 10837.

São João do Piauí: Fazenda experimental Octávio Domingues. 2/3/1994, Nascimento, M.S.B. 425.

São João do Piauí: Fazenda experimental Guimarães Duque. 6/4/1995, Alcoforado Filho, F.G. et al. 493.

São Raimundo Nonato: Fundação Ruralista (Sede) ca 8–10km NNE de Curral Novo e 220km ENE de Petrolina. 23/1/1982, Lewis, G.P. et al. 1158.

Bauhinia pinheiroi Wunderlin

Bahia

Itamaraju: Fazenda Pau-Brasil. Entrada no km 5 da rodovia Itamaraju-Eunápolis. 3/11/1983, Carvalho, A.M. et al. 2036.

Itamaraju: Fazenda Pau-Brasil, ca. 5km ao NW de Itamaraju. 3/7/1979, Mattos Silva, L.A. et al. 529.

Itamaraju: Fazenda Nova Pau-Brasil located on dirt road turning W at ca. 4km N of junction of BR-101 and road to Prado at edge of Itamaraju. 18/2/1994, Kallunki, J.A. et al. 583.

Mun.?: Km 25 da rodovia Guaratinga-São Paulinho. 2/4/1973, Pinheiro, R.S. 2081, HOLOTYPE - photo, Bauhinia pinheiroi Wunderlin.

Mun.?: Km 25 da rodovia Guaratinga-São Paulinho. 2/4/1973, Pinheiro, R.S. 2081, ISOTYPE, Bauhinia pinheiroi Wunderlin.

Bauhinia aff. **platyphylla** Benth.

Bahia

Riachão das Neves: Cariparé. 16/12/1987, Filgueiras, T.S. 1316.

Bauhinia pulchella Benth.

Bahia

Abaíra: 16/4/1994. França, F. 966.

Abaíra: 10/4/1992. Ganev, W. 92.

Abaíra: Capão do mel. 13/5/1994. Ganev, W. 3359.

Abaíra: Vassouras, caminho para Tapera. 22/6/1994. Ganev, W. 3087.

Abaíra: Estrada nova Abaíra-Catolés. Harley, R.M. H-50106.

Abaíra: Caminho Boa Vista para Bicota. 9/7/1995. França, F. 1307.

Barreiras: Coleta efetuada a 6km depois de Barreiras, entrada à direita, 4km na estrada do aeroporto. 3/6/1991, Brito, H.S. et al. 326.

Barreiras: Estrada para o aeroporto de Barreiras. Coletas entre 5 a 15km a partir da sede do Município. 11/6/1992, Carvalho, A.M. et al. 4034.

Brejinhos das Ametistas: Serra Geral de Caetité, 1,5km S of Brejinho das Ametistas. 11/4/1980, Harley, R.M. et al. 21237.

Caetité: Km 6 da estrada Caetité-Brejinho das Ametistas. 15/4/1983, Carvalho, A.M. et al. 1732.

Campo Formoso: Localidade de Água Preta. Estrada Alagoinhas-Minas do Mimoso. 26/6/1983, Coradin, L. et al. 6064.

Gentio do Ouro: Serra do Açuruá. Blanchet, J.S. 2897.

Gentio do Ouro: Serra de Santo Inácio, ca. 18–30km na estrada de Xique-Xique para Santo Inácio. 17/3/1990, Carvalho, A.M. et al. 2897.

Rio de Contas: 2km S of Rio de Contas on estrada de terra to Livramento do Brumado. 2/4/1991, Lewis, G.P. et al. 1951.

Rio de Contas: Em direção ao Rio Brumado, 5km de Rio de Contas. 13/12/1984, Lewis, G.P. et al. CFCR 6800.

Rio de Contas: 18km WNW along road from Rio de Contas to the Pico das Almas. 21/3/1977, Harley, R.M. et al. 19810.

São Inácio: 1,5km S of São Inácio on Gentio do Ouro road. 24/2/1977, Harley, R.M. et al. 18995.

Utinga: Blanchet, J.S. 2897.

Umburanas: Lagoinha: 22km north-west of Lagoinha (which is 5,5km SW of Delfino) on side road to Minas do Mimoso. 6/3/1974, Harley, R.M. et al. 16858.

Mun.?: Serra de São Inácio. 2/1907, Ule, L. 7209.

Piauí

Correntes: Rodovia Correntes-Bom Jesus km 34. 18/6/1983, Coradin, L. et al. 5816.

Oeiras: Near Oeiras. 5/1839, Gardner, G. 2150.

Teresina: Centro de Ciências Agrárias, próximo ao aprisco. 22/8/1995, Nascimento, M.S.B. et al. 1080.

Bauhinia aff. **pulchella** Benth.

Bahia

Novo Remanso: Estrada Novo Remanso-Petrolina km 74. 22/6/1983, Coradin, L. et al. 5942.

Bauhinia rufa (Bong.) Steud.

Bahia

Bom Jesus da Lapa: Basin of thr upper São Francisco river. About 35km north of Bom Jesus da Lapa, on the main road to Ibotirama. 19/4/1980, Harley, R.M. et al. 21557.

Buerarema: Estrada Buerarema-Pontal de Ilhéus. 21/7/1980, Carvalho, A.M. et al. 298.

Cachoeira: Vale dos Rios Paraguaçu e Jacuípe. Barragem de Bananeiras. 7/1980, Pedra Cavalo, G. 356.

Correntina: Chapadão Ocidental da Bahia. Islets and banks of the Rio Corrente by Correntina. 23/4/1980, Harley, R.M. et al. 21677.

Correntina: Chapadão Ocidental da Bahia. Valley of the Rio Formoso, ca. 40km SE of Correntina. 24/4/1980, Harley, R.M. et al. 21707.

Ilhéus: Área do CEPEC (Centro de Pesquisas do Cacau), km 22 do rodovia Ilhéus-Itabuna (BR-415). Quadra F. 9/6/1981, Hage, J.L. 935.

Ilhéus: Área do CEPEC (Centro de Pesquisas do Cacau), km 22 do rodovia Ilhéus-Itabuna (BR-415). Quadra D. Parque Zoobotânico. 16/6/1987, Hage, J.L. 2175.

Ilhéus: Área do CEPEC (Centro de Pesquisas do Cacau), km 22 do rodovia Ilhéus-Itabuna (BR-415). Reserva Botânica. Quadra D. 12/8/1978, Mori, S. 10409.

Paulo Afonso: BR-110, road from Paulo Afonso to Jeremoabo, between Jeremoabo and Ribeira do Pombal, 26km S of first. 7/6/1981, Mori, S. et al. 14249.

Porto Seguro: Reserva Florestal de Porto Seguro. Aceiro com a CEPLAC, km 1000 lado esquerdo. 28/4/1988, Farias, G.L. 193.

Porto Seguro: Reserva Florestal de Porto Seguro. Próximo a estrada municipal, km 5200, lado esquerdo. 23/4/1991, Farias, G.L. 430.

Santa Maria da Vitória: Chapadão Ocidental da Bahia. Ca. 45km north of Santa Maria da Vitória, on the road to Serra Dourada. Roadside. 21/4/1980, Harley, R.M. et al. 21609.

Santa Cruz Cabrália: Estação Ecológica do Pau Brasil, ca. 16km a W de Porto Seguro. 29/8/1983, Santos, F.S. 41.

Santa Cruz Cabrália: ESPAB. Área de pouso. 16/7/1981, Brito, H.S. et al. 18.

Una: KM 37 da Rodovia São José (entroncamento da BR-101)-Una. 20/7/1981, Mattos Silva, L.A. et al. 1312.

Bauhinia smilacina Steud.

Bahia

Jacobina: Serra do Tombador, ca. 10km W de Curral Velho, este povoado a ca. de 1km W da BA-421 (Jacobina-Piritiba), entrando a ca. 14km S da BR-324. Fazenda Várzea da Pedra (ex. Fazenda São José). 21/8/1993, Queiroz, L.P. et al. 3501.

Porto Seguro: Reserva Florestal de Porto Seguro. Próximo ao aceiro com Ari no córrego Camorogi. 5/7/1990, Folli, D.A. 1196.

Bauhinia aff. **straussiana** Harms

Bahia

Lençóis: Estrada de Lençóis para BR-242, 5–6km ao N de Lençóis. 19/12/1981, Lewis, G.P. et al. 874.

Lençóis: 1km leste da estrada Lençóis-BR-242 (entrada no km 8). 5/7/1983, Coradin, L. et al. 6497.

Bauhinia subclavata Benth.

Bahia

Ibotirama: Rodovia (BR-242) Ibotirama-Barreiras km 30. 7/7/1983, Coradin, L. et al. 6597.

Piauí

Castelo do Piauí: Fazenda Cipó. 19/4/1994, Nascimento, M.S.B. 215.

Castelo do Piauí: Fazenda Cipó e Cima. 23/8/1995, Alencar, M.E. 1089.

Colônia do Piauí: Chapada. 14/6/1994, Alcoforado Filho, F.G. 369.

Colônia do Piauí: Paraguai. 20/4/1994, Alcoforado Filho, F.G. 339.

Correntes: Rodovia Correntes-Bom Jesus km 34. 18/6/1983, Coradin, L. et al. 5812.

Corrente: Fortaleza. 9/3/1994, Nascimento, M.S.B. 528.

Gilbués: Rodovia Correntes-Bom Jesus 2km leste da cidade de Gilbués. 18/6/1983, Coradin, L. et al. 5854.

Oeiras: Between the Rio Caumdé and the city of Oeiras. 4/1839, Gardner, G. 2154, TYPE, Bauhinia subclavata Benth.

São João do Piauí: Fazenda Experimental Octávio Domingues. 14/4/1994, Nascimento, M.S.B. et al. 473.

Mun.?: Felsen in der Serra Branca. 1/1907, Ule, L. 7162.

Bauhinia ungulata L.

Ceará

Crato: Common, Near Crato. 9/1838, Gardner, G. 1567.

Piauí

Oeiras: Common near Oeiras. 5/1839, Gardner, G. 2151.

Mun.?: Banky Gungêa. 10/1839, Gardner, G. 2531.

Bauhinia aff. **ungulata** L.

Bahia

Bom Jesus da Lapa: Ca. 16km na estrada Bom Jesus da Lapa para Ibotirama. 10/6/1992, Carvalho, A.M. 3958.

Bauhinia sp. nov 1.

Bahia

Barra da Estiva: Side road ca. 2km from Barra da Estiva, about 12km N of Senhor do Bonfim on the BA-130 to Juazeiro. 27/2/1974, Harley, R.M. et al. 16521.

Bauhinia sp. nov. 2

Bahia

Valença: 10km na estrada para Orobó, partindo da estrada BR-101-Valença. 10/1/1982, Lewis, G.P. et al. 1065.

Mun.?: Rodovia Rio Branco-Una. 15/6/1971, Pinheiro, R.S. 1350.

Bauhinia sp. nov. 2, **subsp. nov.**

Bahia

Caetité: Ramal a 29km na estrada Caetité-Brumado. Ca. 3km ramal adentro. 19/2/1992, Carvalho, A.M. et al. 3777.

Iraquara: Along road from Iraquara to BR-242, 12km S of Iraquara. 14/6/1981, Mori, S. et al. 14434.

Maracás: 26km na estrada Maracás-Tamburuí. 20/4/1983, Carvalho, A.M. et al. 1871.

Poções: Km 2-a 4 da estrada que liga Poções (BR-116) ao povoado de Bom Jesus da Serra (a W de Poções). 5/3/1978, Mori, S. et al. 9510.

Santa Inês: Propriedade Pedrão. 9/3/1958, Andrade-Lima, D 58-2913.

Bauhinia sp. nov. 3

Bahia

Morro do Chapéu: Ca. 2km SW of the town of Morro do Chapéu, on the Utinga road. 3/3/1977, Harley, R.M. et al. 19334.

Morro do Chapéu: Summit of Morro do Chapéu, ca. 8km SW of the town of Morro do Chapéu to the west of the road to Utinga. 30/5/1980, Harley, R.M. et al. 22815.

Morro do Chapéu: Ca. 16km along the Morro do Chapéu to Utinga road, SW of Morro do Chapéu. 1/6/1980, Harley, R.M. et al. 22966.

Umburanas: Lagoinha: 8km NW of Lagoinha (5,5km SW of Delfino) on the road to Minas do Mimoso. 5/3/1974, Harley, R.M. et al. 16804.

Bauhinia sp. nov. 4

Bahia

Lençóis: Serras dos Lençóis, ca. 7km NE of Lençóis, and 3km S of the main Seabra-Itaberaba road. 23/5/1980, Harley, R.M. et al. 22436.

Bauhinia sp. nov. 5

Bahia

Una: Km 5 da rodovia Núcleo Colonial de Una-São José (BR-101). Margem da rodovia. 4/8/1977, Mattos Silva, L.A. et al. 81.

Bauhinia sp. nov. 6

Bahia

Camamu: Rodovia Travessão-Camamu, km 33. Ramal à direita para a Fazenda Brahma. 15/6/1979, Mattos Silva, L.A. et al. 505.

Itacaré: Loteamento da Marambaia, ca. 6km SW de Itacaré, na estrada para BR-101. 16/2/1993, Carvalho, A.M. et al. 4126.

Bauhinia sp. nov. 7

Bahia

Porto Seguro: Parque Nacional de Monte Pascoal. On NW side of Monte Pascoal at low altitude between IBDF field hut and gates of Parque Nacional. 13/1/1977, Harley, R.M. et al. 17911.

Una: Estrada Ilhéus-Una, ca. 35km de Olivença. 2/12/1981, Lewis, G.P. et al. 735.

Bauhinia sp. nov. 8

Bahia

Bom Jesus da Lapa: Rodovia Igaporã-Caetité km 8. 2/7/1983, Coradin, L. et al. 6353.

Encruzilhada: Margem do Rio Pardo. 24/5/1968, Belém, R.P. 3628.

Encruzilhada: Margem do Rio Pardo. 24/5/1968, Belém, R.P. 3625.

Ibotirama: 14/4/1971, Santos, T.S. 1592.

Iraquara: Ca. 3km N de Água de Rega na estrada para Souto Soares, local conhecido como ladeira do Véio Dedé. 22/7/1993, Queiroz, L.P. et al. 3405.

Morro do Chapéu: 27km SE of the town of Morro do Chapéu on the BA-052 highway to Mundo Novo. 4/3/1977, Harley, R.M. et al. 19397.

Bauhinia sp. nov. 9

Bahia

Itacaré: Ramal a esquerda na estrada Ubaitaba-Itacaré, a 4km do Loteamento da Marambaia. 20/11/1991, Amorim, A.M. et al. 443.

Uruçuca: Distrito de Serra Grande. 7,3km na estrada
Serra Grande-Itacaré, Fazenda Lagoa do Conjunto e
Fazenda Santa Cruz. 28/2/1994, Carvalho, A.M. et
al. 4407.

Uruçuca: Distrito de Serra Grande. 7,3km na estrada
Serra Grande-Itacaré, Fazenda Lagoa do Conjunto
Fazenda Santa Cruz. 7/9/1991, Carvalho, A.M.
et al. 3610.

Bauhinia sp.
Bahia

Barreiras: Estrada para o aeroporto de Barreiras.
Coletas entre 5–15km a partir da sede do
município. 11/6/1992, Carvalho, A.M. et al. 4006.

Correntina: Fazenda Jatobá. 9/1/1991, Rezende, A.V.
et al. 119.

Correntina: Fazenda Jatobá. 9/1/1991, Rezende, A.V.
et al. 71.

Itacaré: Rodovia para Itacaré. Entrada ca. 1km da BR-
101. Ramal que leva às fazendas no sentido L,
margem do Rio de Contas, ca. 2km da entrada.
23/5/1997, Jardim, J.G. et al. 1053.

Jussari: Fazenda Teimoso. Km 9 da rodovia Jussari-
Palmira, lado esquerdo. 26/2/1987, Mattos Silva,
L.A. et al. 2151.

Porto Seguro: EstaçãoEcológica Pau-Brasil. Área
de pouso. Área de regeneração do experimento
com ca. 2 anos. 22/4/1982, Carvalho, A.M.
et al. 1305.

Riachão das Neves: Ca. 23km N da BR-242, na
estrada para Riachão das Neves (BR-135).
13/10/1994, Queiroz, L.P. et al. 4119.

Rio de Contas: Pico das Almas. 13km de Rio de
Contas. 14/12/1984, Lewis, G.P. et al.
CFCR 6902.

Santa Terezinha: Ca. 5km W da estrada Santa
Terezinha-Itatim, em uma estrada vicinal distando
ca. 14km E de Itatim. 26/4/1994, Queiroz, L.P.
et al. 3856.

Saúde: Caminho para Cachoeira Paiaió. 7/4/1996,
Guedes, M.L. et al. PCD 2901.

Paraíba

Camalaú: Estrada Monteiro-Camalau. 15/6/1984,
Collares, J.E.R. et al. 201.

Brodriguesia santosii R.S.Cowan
Bahia

Cairu: Rodovia Nilo Peçanha-Cairu, Km 2. 9/12/198-,
Carvalho, A.M. et al. 363.

Maraú: Rodoia BR-030, trecho Maraú-Porto de
Campinhos, a 24km de Maraú, ca. 19km a L do
entroncamento. 13/6/1979, Mattos Silva, L.A.
et al. 453.

Maraú: Estrada Ubaitaba-Ponta do Mutá, ramal no km
71. Estrada para o Sítio São Marcos. 2/2/1983,
Carvalho, A.M. et al. 1392.

Maraú: Km 1 da estrada para Maraú, entrada da
estrada Maraú-Porto de Campinhos. 6/1/1982,
Lewis, G.P. et al. 1018.

Maraú: BR-030, a 5km ao S de Maraú. 13/6/1979,
Mori, S. et al. 11995.

Maraú: 17/11/1971, Santos, T.S. 2168.

Valença: Estrada Valença-Guaibim, km 10 da estrada.
8/1/1982, Lewis, G.P. et al. 1038.

Caesalpinia bonduc (L.) Roxb.
Bahia

Porto Seguro: Parque Nacional de Monte Pascoal.
Along shore at Pistolaçu, north of Corumbau.
18/7/1997, Thomas, W.W. et al. 11645.

Prado: Cumuraxatiba, 47km N of Prado on the coast.
18/1/1977, Harley, R.M. et al. 18064.

São Bento: 7/1911, Luetzelburg, Ph.von 349.

Caesalpinia bracteosa Tul.
Bahia

Riachão das Neves: Estrada Barreiras-Corrente km 73.
16/6/1983, Coradin, L. et al. 5738.

Ceará

Aracati: 7/1888, Gardner, G. 1577.

Potenji: 21km SW of Potenji, on CE-090. 15/2/1985,
Gentry, A. et al. 50130.

Unloc.: 3/8/1978, Sakpov, O.A. 41.

Piauí

Boa Esperança: 3/1839, Gardner, G. 2146, TYPE,
Caesalpinia bracteosa Tul.

Santa Filomena: On road from Santa Filomena to
Gilbués. 23/7/1997, Ratter, J.A. et al. R-7751.

São Raimundo Nonato: Ca. 8km da Fundação
Ruralista (Sede) na estrada para Vitorino, ca.
220km ENE de Petrolina. 17/1/1982, Lewis, G.P.
et al. 1099.

São Raimundo Nonato: Back garden, Fundação
Ruralista. 28/11/1981, Pearson, H.P.N. 44.

São Raimundo Nonato: 5km da Fundação Ruralista
(Sede) na estrada para Vitorino, ca. 220km ENE de
Petrolina. 17/1/1982, Lewis, G.P. et al. 1095.

São Raimundo Nonato: 5km N da Fundação Ruralista
(Sede) na estrada para São Raimundo Nonato, ca.
220km ENE de Petrolina. 21/1/1982, Lewis, G.P. et
al. 1149.

Mun.?: Corurusu, Border of the Rio Canuida. 5/1839,
Gardner, G. 2144, TYPE, Caesalpinia bracteosa Tul.

Caesalpinia calycina Benth.
Bahia

Anagé: 26km de Anagé rumo Sussuarana. 27/1/1965,
Pereira, E. et al. 9763.

Brumado: Rod. para Caetité. 16/6/1986, Hatschbach,
G. et al. 50434.

Brumado: Rod. para Livramento do Brumado.
18/9/1989, Hatschbach, G. et al. 53353.

Brumado: Margem da estrada Brumado-Livramento.
18km de Brumado. 12/12/1984, Lewis, G.P. et al.
CFCR 6720.

Contenda do Sincorá: 10–15km O. 22/12/1985,
Hatschbach, G. et al. 50081.

Contenda do Sincorá: 15km O. 14/6/1984,
Hatschbach, G. et al. 47873.

Dom Basílio: Ca. 60km na estrada de Brumado para
Livramento do Brumado. 13/3/1991, Brito, H.S. et
al. 300.

Dom Basílio: CA. 17km S de Livramento do Brumado
na estrada para Brumado (BA-148). 29/10/1993,
Queiroz, L.P. et al. 3693.

Dom Basílio: Ca. 52km na Rodovia de Brumado para
Livramento do Brumado, local chamado
Fazendinha. 28/12/1989, Carvalho, A.M. et al.
2693.

Livramento do Brumado: 11–12km ao S da cidade, na estrada para Brumado. 23/11/1988, Harley, R.M. et al. 26985.

Livramento do Brumado: 34km on road from Livramento do Brumado to Brumado. 12/3/1991, Lewis, G.P. et al. 1858.

Livramento do Brumado: 20km S of Livramento do Brumado on road to Brumado. 20/3/1991, Lewis, G.P. et al. 1864.

Livramento do Brumado: 10km S of Livramento do Brumado on road to Brumado. 17/4/1991, Lewis, G.P. et al. 2000.

Livramento do Brumado: 20km S of Livramento do Brumado on road to Brumado, 2km past exit to Dom Basílio. 26/3/1991, Lewis, G.P. et al. 1885.

Pernambuco

Buíque: Fazenda Laranjeiras. 5/5/1995, Rodal, M.J.N. et al. 531.

Caesalpinia echinata Lam.

Bahia

Feira de Santana: Campus da UEFS. 14/5/1993, Queiroz, L.P. 3182.

Ilhéus: Área do CEPEC, km 22 da Rodovia Ilhéus-Itabuna (BR 415). Arboreto do CEPEC. 1/10/1991, Sant'Ana, S.C. et al. 36.

Ilhéus: Área do CEPEC, km 22 da Rodovia Ilhéus-Itabuna (BR 415). Arboreto do CEPEC. 29/9/1995, Sant'Ana, S.C. et al. 586.

Porto Seguro: Estrada from Itabela on the BR 101 to Trancoso on the coast. Córrego das Éguas, Fazenda Futurosa. 18/5/1987, Lewis, G.P. et al. 1639.

Santa Cruz Cabrália: Área da Estação Ecológica do Pau-Brasil (ESPAB). Ca. de 16km a W de Porto Seguro, rod. BR 367 (Porto Seguro-Eunápolis). 8/12/1987, Santos, F.S. 754.

Pernambuco

Recife: 3/1993, Guerra, M. s.n.

Caesalpinia ferrea Mart. ex Tul.

Bahia

Feira de Santana: Campus da UEFS. 10/5/1993, Queiroz, L.P. 3180.

Monte Santo: Ca. 11km E de Monte Santo na estrada para Euclides da Cunha. 24/8/1996, Queiroz, L.P. et al. 4607.

Monte Santo: Ca. 14km N de Monte Santo, na estrada para Uauá. 25/8/1996, Queiroz, L.P. et al. 4625.

Paulo Afonso: BR 110, road from Paulo Afonso to Jeremoabo, 57km S of Paulo Afonso. 7/6/1981, Mori, S. et al. 14244.

Remanso: 1907, Ule, E. 7197.

Saúde: Cachoeira do Paulista. Entrada no km 10 da estrada Saúde-Jacobina. Ca. 6km a partir da entrada. 23/2/1993, Amorim, A.M. et al. 1063.

Tucano: Ca. 7km na estrada Tucano para Araci. 28/2/1992, Carvalho, A.M. et al. 3825.

Ceará

Aracati: 7/1838, Gardner, G. 1576.

Irauçuba: Área do Propasta-Fazenda Barca do Missi. 13/6/1979, Coradin, L. et al. 1947.

Pernambuco

Buíque: Fazenda Laranjeiras. 9/7/1995, Figueiredo, L.S. et al. 119.

Petrolina: EMBRAPA, Centro de Pesquisas Agronômicas do Trópico Semi-árido (CPATSA). 4/5/1990, Queiroz, L.P. 2484.

Piauí

Picos: East side of city of Picos. 6/3/1970, Eiten, G. et al. 10834.

São João do Piauí: Fazenda Experimental Octavio Domingues. 14/4/1994, Nascimento, M.S.B. et al. 470.

São Raimundo Nonato: Fundação Ruralista. 1/12/1981, Pearson, H.P.N. 60.

São Raimundo Nonato: Fundação Ruralista (Sede), ca. 8–10km. NNE de Curral Novo, 220km ENE de petrolina. 18/1/1982, Lewis, G.P. et al. 1118.

São Raimundo Nonato: Fundação Ruralista (Sede), ca. 8–10km. NNE de Curral Novo, 220km ENE de petrolina. 18/1/1982, Lewis, G.P. et al. 1112.

Teresina: CPAMN/EMBRAPA. 5/9/1995, Nascimento, M.S.B. 1015.

Mun.?: Paranaguá. 9/1839, Gardner, G. 2524.

Caesalpinia ferrea Mart. ex Tul. var. ***ferrea***

Alagoas

Mun.?: Ilha de St. Pedro-Rio São Francisco. 2/1838, Gardner, G. 1277, TYPE, Caesalpinia ferrea Mart. ex Tul. var. ferrea.

Bahia

Aracatu: Rio Riachão. 14/5/1983, Hatschbach, G. 46395.

Cansanção: 17km SW of Cansanção, on the Queimadas road. 22/2/1974, Harley, R.M. et al. 16495.

Juazeiro: North end of Serra da Jacobina at Flamengo, 11km south of Barrinha (ca. 52km north of Senhor do Bonfim) at Fazenda Pasto Bom. 24/1/1993, Thomas, W.W. et al. 9639.

Muquém: Margem esquerda do Rio São Francisco, próximo a ponte de Ibotirama. 12/3/1991, Pereira, B.A.S. et al. 1641.

Saúde: Cachoeira do Paulista. Entrada no km 10 da estrada Saúde-Jacobina. Ca. 6km a partir da entrada. 23/2/1993, Amorim, A.M. et al. 1063.

Tucano: Ca. 7km na estrada Tucano para Araci. 28/2/1992, Carvalho, A.M. et al. 3825.

Mun.?: Estreito 4. Divisa das estradas MG-BA. Projeto de irrigação da CODEVASF. 4/1991, Brochado, A.L. 256.

Unloc.: Martius, C.F.P. von s.n., TYPE, Caesalpinia ferrea Mart. ex Tul. var. ferrea.

Ceará

Crato: Near Crato. 1/1839, Gardner, G. 1934, ISOTYPE, Caesalpinia ferrea Mart. ex Tul. var. megaphylla Tul.

Piauí

Oeiras: 1829, Gardner, G. 2147, ISOTYPE, Caesalpinia ferrea Mart. ex Tul. var. petiolulata Tul.

Caesalpinia ferrea Mart. ex Tul. var. ***glabrescens*** Benth.

Bahia

Iaçu: Rodovia Itaberaba-Milagres. Entre Iaçu e Milagres 10-20km a E de Iaçu. 25/12/1979, Mori, S. et al. 13236.

Itiúba: Serra de Itiúba about 6km E of Itiúba. 19/2/1974, Harley, R.M. et al. 16192.

Paraíba
Jaão Pessoa: Cidade Universitária, 6km. Sudeste do centro de Jaão Pessoa. 4/8/1992, Agra, M.F. 1537.
Piauí
São Raimundo Nonato: Fundação Ruralista (Sede) ca. 8–10km. NNEde Curral Novo, 220km ENE de Petrolina. 18/1/1982, Lewis, G.P. et al. 1111.
Sergipe-Alagoas
Banks of the Rio São Francisco about 70 miles up. 2/1838, Gardner, G. 1276, TYPE, Caesalpinia ferrea Mart. ex Tul. var. glabrescens Benth.

Caesalpinia ferrea Mart. ex Tul. var. ***parvifolia*** Benth.
Bahia
Cachoeira: Trecho superior do Rio Jacuípe. 2/1980, Pedra Cavalo, G. 1102.
Castro Alves: Ca. 9km E de Castro Alves na estrada de Sapeaçu a Santa Terezinha. 12/3/1993, Queiroz, L.P. et al. 3072.
Feira de Santana: Rodovia Feira-Rio de Janeiro, a 8km de Feira. Margem do Rio Jacuípe. 19/11/1981, Carvalho, A.M. et al. 585.
Iaçu: Fazenda Laranjo,ca. 14km do entrocamento para Iaçu na estrada para Jaão Amaro. Morro da Pedreira (Sonéia). 27/4/1994, Queiroz, L.P. et al. 3867.
Ipirá: Ca. 6km no ramal ao sul da estrada do feijão (BA 052) a ca. 34km da cidade de Ipirá. 2/4/1993, Queiroz, L.P. et al. 3124.
Itaberaba: 5/10/1966, Rizzini, C.T. et al. s.n.
Valente: Santa Bárbara, ca. 18km N da cidade, na BR 116. 29/12/1992, Queiroz, L.P. et al. 3027.
Vitória da Conquista: A 35km de Vitória da Conquista rumo Anagé. 26/1/1965, Pereira, E. et al. 9753.
Ceará
Mun.?: Serra do Besouro. 26/1/1958, Guedes, T.N. 498.
Pernambuco
Bodocó: 28km SE of city of Ouricuri (8,5km NW of village of Quixaba). 7/3/1970, Eiten, G. et al. 10860.

Caesalpinia gardneriana Benth.
Ceará
Irauçuba: Área do Proposto-Fazenda Barca do Missi. 13/6/1979, Coradin, L. et al. 1946.
Paraíba
Campina Grande: Distrito São José da Mata, Fazenda Pedro da Costa Agra, estrada para Soledade, 16km Oeste do centro de Campina Grande. 23/6/1990, Agra, M.F. 1134.
Campina Grande: Distrito São José da Mata, Fazenda Pedro da Costa Agra, estrada para Soledade, 16km Oeste do centro de Campina Grande. 25/6/1990, Agra, M.F. 1135.
Esperança: Lagoa de Pedra. Zona de Agreste. 1980, Fevereiro, V.P.B. et al. 714.
São Gonçalo: 30/1/1936, Luetzelburg, Ph.von 26827.
Piauí
Mun.?: Between Brejo Grande & Boa Esperança. 2/1839, Gardner, G. 2148, TYPE, Caesalpinia gardneriana Benth.
Rio Grande do Norte
Caraúbas: Estrada de Caraubas a Olho d'Água dos Borges. 1/6/1984, Collares, J.E.R. et al. 144.
Pau dos Ferros: Fazenda Torrão. 14/5/1984, Assis, J.S. et al. 375.

Caesalpinia laxiflora Tul.
Bahia
Aracatu: Arredores. 14/5/1983, Hatschbach, G. 46376.
Bom Jesus da Lapa: Rio das Rãs. 15/2/1991, Hatschbach, G. et al. 55159.
Brumado: Margem da estrada Brumado-Livramento, 15km de Brumado. 12/12/1984, Lewis, G.P. et al. CFCR 6718.
Brumado: 10km E de Brumado, camino a Sussuarana. 22/11/1992, Arbo, M.M. et al. 5669.
Brumado: Ca. 23km na Rodovia de Brumado para Livramento de Brumado. 28/12/1989, Carvalho, A.M. et al. 2667.
Brumado: Ca. 15km N de Brumado na BA 148 (D. Basílio-Brumado). 29/10/1993, Queiroz, L.P. et al. 3698.
Brumado: Ca. 15km na Rodovia Brumado-Caetité. 27/12/1989, Carvalho, A.M. et al. 2633.
Caculé: km 43 da estrada Brumado-Caetité. 14/4/1983, Carvalho, A.M. et al. 1696.
Contendas do Sincorá: 5–15km O. 19/9/1984, Hatschbach, G. 48370.
Gentio do Ouro: Serra Açuruá, estrada Rio Verde-Gentio do Ouro, 4–5km após Tiririca. 9/9/1990, Lima, H.C. et al. 3924.
Irecê: Rodovia Irecê-Xique-Xique (BA-052) km 80 29/6/1983, Coradin, L. et al. 6270.
Jacobina: Vila do Barra. 1840, Blanchet, J.S. 3146, ISOTYPE, Caesalpinia laxiflora Tul.
Jussiape: Estrada Jussiape-Caraguatai, km 10. 14/9/1992, Coradin, L. et al. 8624.
Jussiape: Estrada Jussiape-Capão da Volta, km 4. 16/9/1992, Coradin, L. et al. 8637.
Livramento: 26/6/1978, Araújo, A.D. 37.
Livramento do Brumado: 10km S of Livramento do Brumado on road to Brumado, left side of road, picada past small holdings to stream. 17/4/1991, Lewis, G.P. et al. 1998.
Livramento do Brumado: 10km S of Livramento do Brumado on road to Brumado. Beside picada from small holdings on left of road to quartzite outcrop. 25/3/1991, Lewis, G.P. et al. et al. 1873.
Livramento do Brumado: 21km S of Livramento do Brumado on road to Brumado. 24/4/1991, Lewis, G.P. et al. 2012.
Livramento do Brumado: 27km S of Livramento do Brumado on road to Brumado, near two hamlets of Fazendinha and Itapicurú. 22/4/1991, Lewis, G.P. et al. 2007.
Livramento do Brumado: 46km of Livramento do Brumado on road to Brumado. 13/3/1991, Lewis, G.P. et al. 1861.
Livramento do Brumado: Ca. 30km na estrada de Brumado para Livramento do Brumado. 12/3/1991, Brito, H.S. et al. 293.
Livramento do Brumado: Ca. 8km SW de Itanajé, na estrada para Maniaçu. 28/10/1993, Queiroz, L.P. et al. 3654.
Maracás: Martius, C.F.P. von s.n., HOLOTYPE - photo, Caesalpinia laxiflora Tul. var. pubescens Benth.
Maracás: Martius, C.F.P. von s.n., ISOTYPE - photo, Caesalpinia laxiflora Tul. var. pubescens Benth.

Senhor do Bonfim: 64km North of Senhor do Bonfim on the BA 130 highway to Juazeiro. 25/2/1974, Harley, R.M. et al. 16308.

Serra Preta: Rod. Ba 052, 35km antes de Ipirá. 7/9/1990, Lima, H.C. et al. 3879.

Sítio do Mato: Próximo do Sítio do Mato. 27/10/1965, Duarte, A.P. 9521.

Xique-Xique: Ca. 6km de Xique-Xique na estrada para Santo Inácio. 16/6/1994, Queiroz, L.P. et al. 3945.

Pernambuco

Petrolina: Rodovia Petrolina-Lagoa Grande (BR 122) km 3 23/6/1987, Coradin, L. et al. 7747.

Caesalpinia aff. ***laxiflora*** Tul.

Bahia

Itanhaçu: 52km E de Brumado, 8km W de Sussuarana. 22/11/1992, Arbo, M.M. et al. 5693.

Teofilândia: Lado direito da estrada indo para a Barreira, área da CVRD. 21/4/1992, Souza, V. 320.

Caesalpinia microphylla Mart. ex G. Don

Bahia

Gentio do Ouro: Serra do Açuruá, estrada Rio Verde-Gentio do Ouro, 4–5km após Tiririca. 9/9/1990, Lima, H.C. et al. 3927.

Gentio do Ouro: São Inácio: Between São Inácio and Xique-Xique, about 24 km N of São Inácio. 28/2/1977, Harley, R.M. et al. 19163.

Jacobina: Depois de Lajes. 2/9/1981, Ferreira, J.D.C.A. 77.

Jacobina: Serra de Jacobina. 1839, Blanchet, J.S.(Moricand, M.E.) 2684.

Jaguarari: Just after frontier to Mun. Juazeiro, 64km E of Juazeiro towards Senhor do Bonfim, between Maçaroca and Barrinha, between road and railway line. 8/1/1991, Taylor, N.P. et al. 1373.

Juazeiro: 11km south of Juazeiro. Eiten, G. et al. 10872.

Juazeiro: 7km south of Juazeiro on BR 407 to Senhor do Bonfim. Grounds of the Pousada Juazeiro. 24/1/1993, Thomas, W.W. et al. 9617.

Novo Remanso: Estrada Novo Remanso-Petrolina km 74. 22/6/1983, Coradin, L. et al. 5941.

Paulo Afonso: Estação Ecológica do Raso da Catarina. 24/10/1982, Guedes, M.L. 551.

Remanso: 1/1907, Ule, E. 7196.

Senhor do Bonfim: 64km North of Senhor do Bomfim onthe BA 130 highway to Juazeiro. 25/2/1974, Harley, R.M. et al. 16301.

Uauá: Ca. 51km N de Monte Santo na estrada para Uauá. 25/8/1996, Queiroz, L.P. et al. 4631.

Unloc.: Martius, C.F.P. von 2274, LECTOTYPE - photo, Caesalpinia microphylla Mart. ex G. Don.

Unloc.: Martius, C.F.P. von 2274, ISOLECTOTYPE - photo, Caesalpinia microphylla Mart. ex G. Don.

Pernambuco

Buíque: Fazenda Laranjeiras. 19/5/1995, Laurênio, A. 55.

Ibimirim: Estrada Ibimirim-Petrolândia. 22/7/1995, Laurênio, A. et al. 113.

Ibimirim: Estrada Ibimirim-Petrolândia. 19/7/1995, Rodal, M.J.N. et al. 602.

Ibimirim: Estrada Ibimirim-Petrolândia. 19/7/1995, Laurênio, A. et al. 87.

Ibimirim: Estrada Ibimirim-Petrolândia. 10/3/1995, Tschá, M. et al. 46.

Ibimirim: Estrada Ibimirim-Petrolândia. 5/6/1995, Zickel, C.S. et al. 21.

Ibimirim: Estrada Ibimirim-Petrolândia. 10/3/1995, Andrade, K. et al. 15.

Petrolina: Aeroporto de Petrolina. 7/9/1981, Orlandi, R.P. 525.

Petrolina: Divisa dos estados de Pernambuco e Piauí, BR-407. 7/4/1979, Coradin, L. et al. 1370.

Petrolina: Rodovia Petrolina-Lagoa Grande (Br-122) km 3. 23/6/1987, Coradin, L. et al. 7742.

Petrolina: Ca. 40km da rodovia BR 235 Petrolina para Casa Nova. 15/1/1982, Lewis, G.P. et al. 1072.

Piauí

São Raimundo Nonato: Fundação Ruralista. 1/12/1981, Pearson, H.P.N. 58.

São Raimundo Nonato: Fundação Ruralista, by the side of the road to Vitorino 24/11/1981, Pearson, H.P.N. 37.

Caesalpinia cf. ***microphylla*** Mart. ex G. Don

Pernambuco

Petrolina: Perto do Rio São Francisco, depois da Ilha de Nossa Senhora. 22/1/1970, Carauta, P. 998.

Caesalpinia pluviosa DC. var. ***cabraliana*** G.P.Lewis

Bahia

Porto Seguro: Reserva Florestal de Porto Seguro. Próximo ao aceiro. 19/11/1991, Souza, V. 254.

Porto Seguro: CEPLAC, Estação Ecológica do Pau-Brasil, ca. 12km west of Porto Seguro along the BR 367. 20/5/1987, Lewis, G.P. et al. 1644.

Santa Cruz Cabrália: Área da Estação Ecológica do Pau-Brasil (ESPAB), ca. 16km W de Porto Seguro, rod. BR 367 (Porto Seguro-Eunápolis). Área próxima ao escritório da ESPAB. 23/8/1983, Santos, F.S. 14.

Santa Cruz Cabrália: Área da Estação Ecológica do Pau-Brasil (ESPAB), ca. 16km W de Porto Seguro, rod. BR 367 (Porto Seguro-Eunápolis). Área próxima ao escritório da ESPAB. 10/2/1989, Santos, F.S. 930.

Santa Cruz Cabrália: Área da Estação Ecológica do Pau-Brasil, ca. 16km west of Porto Seguro, rod BR 367 (Porto Seguro-Eunápolis). 8/5/1991, Lewis, G.P. et al. 2019.

Santa Cruz Cabrália: Antiga rodovia que liga a Estação Ecológica do Pau-Brasil à Santa Cruz Cabrália, a 3km ao NE da Estação. Ca. 12km ao NW de Porto Seguro. 27/11/1979, Mori, S. et al. 13029, ISOTYPE, Caesalpinia pluviosa DC. var. cabraliana G.P. Lewis.

Caesalpinia pluviosa DC. var. ***intermedia*** G.P.Lewis

Bahia

Abaíra: Estrada para Jussiape. 15/2/1987, Harley, R.M. et al. 24326, ISOTYPE, Caesalpinia pluviosa DC. var. intermedia G.P.Lewis.

Tremendal: Estrada que liga Tremendal a Venda Velha. 14/3/1984, Brazão, J.E.M. 273.

Caesalpinia pluviosa DC. var. ***paraensis*** (Ducke) G.P.Lewis

Bahia

Itapetinga: 30/12/1965, Pinheiro, R.S. 04.

Itororó: Estrada a Rio do Meio. 13/1/1971, Santos, T.S. 1306.

Caesalpinia pluviosa DC. var. ***peltophoroides***
(Benth.) G.P.Lewis
Bahia
Ilhéus: Fazenda Theobroma, próxima a margem do
Rio Santana. Ramal com entrada no km 2 da
estrada Rio do Engenho-Santo Antônio. 30/4/1989,
Mattos Silva, L.A. 2732.
Ilhéus: Área do CEPEC (Centro de Pesquisas do
Cacau), km 22 rod. Ilhéus-Itabuna-BR 415. Próximo a
hospedaria. 25/10/1978, Mattos Silva, L.A. et al. 209.
Itabuna: Estrada Jussari-Palmeira. Fazenda Santo
Antonio. 28/10/1983, Callejas, R. et al. 1562.
Santa Cruz Cabrália: Área da Estação Ecológica do
Pau-Brasil (ESPAB), ca. 16km W de Porto Seguro,
rod. BR 367 (Porto Seguro-Eunápolis). Área
próxima ao escritório da ESPAB. 13/11/1985,
Santos, F.S. 532.
Santa Cruz Cabrália: Área da Estação Ecológica do
Pau-Brasil (ESPAB), ca. 16km W de Porto Seguro,
rod. BR 367 (Porto Seguro-Eunápolis). Área próxima
ao escritório da ESPAB. 16/10/1987, Santos, F.S. 645.
Pernambuco
Recife: 3/1993, Guerra, M. s.n.
Caesalpinia pluviosa DC. var. ***sanfranciscana***
G.P.Lewis
Bahia
Bom Jesus da Lapa: Ca. 8km da estrada Lapa-
Ibotirama. Carvalho, A.M. et al. 1806.
Bom Jesus da Lapa: Basin of the Upper São Francisco
River. Ca. 28km SE from Bom Jesus da Lapa, on the
Caetité road. 16/4/1980, Harley, R.M. et al. 21409.
Brotas de Macaúbas: Penedo, ca. 14km N do
entroncamento com a BR 242, na BA 156 (para
Brotas de Macaúbas). 23/7/1993, Queiroz, L.P. et
al. 3420.
Brumado: Ca. 35km na Rodovia de Brumado para
Caetité. 27/12/1989, Carvalho, A.M. et al. 2650.
Cafarnaum: Ca. 20km NW de Segredo na BR 122, em
dierção a Carfanaum. 24/7/1993, Queiroz, L.P. et al.
3427.
Correntina: 37km SE of Correntina, on the road to
Jaborandi. 24/4/1980, Harley, R.M. et al. 21695.
Guanambi: BR-122, 10km N de Guanambi.
15/3/1995, Hatschbach, G. et al. 61901.
Livramento do Brumado: 40km on road from
Livramento do Brumado to Brumado. 12/3/1991,
Lewis, G.P. et al. 1857.
Livramento do Brumado: 30km south of Livramento
do Brumado on road to Brumado. 13/3/1991,
Lewis, G.P. et al. 1860.
Livramento do Brumado: 20km S of Livramento do
Brumado on road to Brumado. 20/3/1991, Lewis,
G.P. et al. 1862.
Livramento do Brumado: 20km S of Livramento do
Brumado on road to Brumado. 20/3/1991, Lewis,
G.P. et al. 1865.
Livramento do Brumado: 10km S of Livramento do
Brumado on road to Brumado. 26/3/1991, Lewis,
G.P. et al. 1892.
Livramento do Brumado: 35km S of Livramento do
Brumado on road to Brumado. 1/4/1991, Lewis,
G.P. et al. 1932, ISOTYPE, Caesalpinia pluviosa DC.
var sanfranciscana G.P. Lewis.

Livramento do Brumado: Ca. 30km na estrada de
Brumado para Livramento do Brumado. 12/3/1991,
Brito, H.S. et al. 288.
Livramento do Brumado: 27km S of Livramento do
Brumado on road to Brumado, near two hamlets of
Fazendinha and Itapicurú. 22/4/1991, Lewis, G.P. et
al. 2008.
Livramento do Brumado: 27km S of Livramento do
Brumado on road to Brumado, near two hamlets of
Fazendinha and Itapicurú. 22/4/1991, Lewis, G.P. et
al. 2005.
Livramento do Brumado: 10km S of Livramento do
Brumado on road to Brumado, picada from small
holding on left of road to river. 26/3/1991, Lewis,
G.P. et al. 1896.
Morro do Chapéu: Distrito de Tamboril. 4/4/1986,
Carvalho, A.M. et al. 2411.
Paratinga: Estrada Paratinga-Bom Jesus da Lapa km
10. 1/7/1983, Coradin, L. et al. 6331.
Xique-Xique: Coleta efetuada no km 47 da Rodovia
que liga Xique-Xique a Irecê. 31/5/1991, Brito, H.S.
et al. 309.
Xique-Xique: 22,6km SE of Xique-Xique on the
highway BA 052 to Irecê. 28/2/1977, Harley, R.M.
et al. 19165.
Caesalpinia pulcherrima (L.) Sw.
Bahia
Itamaraju: Fazenda Guanabara, 5km NW de
Itamaraju. 6/12/1981, Lewis, G.P. et al. 785.
Caesalpinia pyramidalis Tul.
Alagoas
Cacimbinhas: 12/5/1982, Stavisski, M.N.R. 925.
Bahia
Anguera: Ca. 6km W da entrada de Serra Preta, na
estrada do feijão (BR 330). 30/11/1991, Queiroz,
L.P. 2518.
Boa Vista do Tupim: Ca. 14km da balsa para
travessia do rio Paraguaçu para João Amaro, na
estrada para Boa Vista do Tupim. 27/4/1994,
Queiroz, L.P. et al. 3884.
Bom Jesus da Lapa: Ca. 16km na estrada de Bom
Jesus da Lapa para Ibotirama. 10/6/1992, Carvalho,
A.M. et al. 3952.
Cachoeira: Estrada para o Rio Jacuípe. 4/1980, Pedra
Cavalo, G. 2.
Castro Alves: Povoado de Pedra Branca, ca. de 4km
N de Pedra Branca 12/3/1993, Queiroz, L.P. et al.
3084.
Castro Alves: Ca. 9km E de Castro Alves na estrada
para Sapeaçu. 12/3/1993, Queiroz, L.P. et al. 3076.
Conceição da Feira: Margem esquerda do Rio
Paraguaçu. 17/2/1981, Carvalho, A.M. et al. 542.
Feira de Santana: Serra de São José. 1/3/1985,
Noblick, L.R. et al. 3545.
Ipirá: Fazenda Santana, ca. 11km no ramal ao sul da
estrada do feijão (BA 052), este ca. 34km da cidade
de Ipirá. 2/4/1993, Queiroz, L.P. et al. 3122.
Itaeté: Rodovia Itaetê-Marcionílio Dias, km 29.
23/5/1989, Mattos Silva, L.A. et al. 2847.
Itiúba: Serra de Itiúba about 6km E of Itiúba.
19/2/1974, Harley, R.M. et al. 16188.
Ituaçu: Arredores do Morro da Mangabeira.
20/6/1987, Queiroz, L.P. 1627.

Ituaçu: Morro da Mangabeira. 22/12/1983, Gouveia, E.P. 66/83.

Jaguarari: Rodovia Juazeiro-Senhor da Bonfim (BR-407) km 100. 25/6/1983, Coradin, L. et al. 6016.

Juazeiro: Rodovia Juazeiro-Senhor da Bonfim (BR-407). 25/6/1983, Coradin, L. et al. 5990.

Juazeiro: Rodovia Juazeiro-Curuca km 12. 6/8/1994, Silva, G.P. et al. 2439.

Maracás-Tambarí: Entre Maracás e Tambarí. 24/1/1965, Pereira, E. et al. 9725.

Milagres: Estrada para Itaberaba, km 5 da BR 116, por Iaçu. 17/12/1981, Lewis, G.P. et al. 836.

Milagres: Estrada para Itaberaba, km 5 da BR 116, por Iaçu. 17/12/1981, Lewis, G.P. et al. 837.

Mina Caraíba: 17/3/1966, Castellanos, A. 25811.

Monte Santo: Ca. 5km N de Monte Santo, na estrada para Uauá. 25/8/1996, Queiroz, L.P. et al. 4613.

Monte Santo: By the Rio Cariaçá, a short distance SW of Monte Santo. 21/2/1974, Harley, R.M. et al. 16446.

Paulo Afons э: Bairro of Vila Nobre on the N outskirts of the city. 6/6/1981, Mori, S. et al. 14200.

Paulo Afonso: Bairro of Vila Nobre on the N outskirts of the city. 6/6/1981, Mori, S. et al. 14207.

Saúde: Ca. 11km S de Saúde, a 23km N da BR 324. 23/8/1993, Queiroz, L.P. et al. 3562.

Serrinha: 30km N of Serrinha. 2/11/1972, Ratter, J.A. et al. 2708.

Serrinha: 30km N of Serrinha. 2/11/1972, Ratter, J.A. et al. 2707.

Tucano: Distrito de Caldas do Jorro. Estrada que liga a sede do Distrito à estrada Araci-Tucano. 2/3/1992, Carvalho, A.M. 3879.

Tucano: Ca. 7km na estrada Tucano para Araci. 28/2/1992, Carvalho, A.M. et al. 3828.

Tucano: Ca. 19km N de Araci, na BR 116. 23/3/1993, Queiroz, L.P. et al. 3114.

Tucano: Distrito de Caldas do Jorro. Estrada que liga a sede do Distrito à estrada Araci-Tucano. 2/3/1992, Carvalho, A.M. et al. 3879.

Uauá: 1,7km ESE of Uauá towards Bendengó and Canudos. On both sides of brigde crossing Rio Vaza Barris. 6/1/1991, Taylor, N.P. et al. 1361.

Valente: Ca. 5km SW de Valente na estrada para São Domingos. 29/12/1992, Queiroz, L.P. et al. 3040.

Pernambuco

Mun.?: Barra Nova-Belém do São Francisco 20/10/1990, Fierro, A.F. et al. 2025.

Piauí

Agricolândia: Placa Paraíso. 19/3/1984, Silva, S.B. et al. 324.

Caesalpinia cf. *pyramidalis* Tul.

Bahia

Jacobina: Serra do Tombador, ca. 10km W de Curral Velho, este povoado a ca. de 1km W da BA 421 (Jacobina-Piritiba), entrando a ca. 14 km S da BR-324. Fazenfa Várzea da Pedra (ex. Fazenda São José). 21/8/1993, Queiroz, L.P. et al. 3508.

Caesalpinia pyramidalis Tul. var. *pyramidalis*

Alagoas

Maceió: Banks of the Rio São Francisco about 67 miles up. 2/1838, Gardner, G. 1278, ISOTYPE, Caesalpinia pyramidalis Tul. var. alagoensis Tul.

Caesalpinia pyramidalis Tul. var. *diversifolia* Benth.

Pernambuco

Ibimirim: Estrada Ibimirim-Petrolândia. 10/3/1995, Laurênio, A. et al. 12.

Cassia ferruginea (Schrad.) Schrad. ex DC.

Ceará

Crato: CE-090, 8km W of Crato. Chapada do Araripe. 15/2/1985, Gentry, A. et al. 50165.

Crato: 6/1839, Gardner, G. 1936.

Pernambuco

Garanhuns: Margem da estrada Garanhuns-Mucheila, próximo Campo de Aviação. 23/2/1953, Andrade-Lima, D. 53-1219.

Cassia ferruginea (Schrad.) Schrad. ex DC. var. *ferruginea*

Bahia

Andaraí: By Rio Paraguaçu near Andaraí. 25/1/1980, Harley, R.M. et al. 20670.

Caetité: Ca. 15km N de Caetité, na estrada para Maniaçu. 28/10/1993, Queiroz, L.P. et al. 3645.

Formosa do Rio Preto: Ca. 17 km E de Formosa do Rio Preto na BR-135 (Formosa do Rio Preto-Barreiras), a ca. 1km NW do povoado de Malhadinha. 13/10/1994, Queiroz, L.P. et al. 4140.

Santa Cruz Cabrália: Área da Estação Ecológica do Pau-Brasil (ESPAB), ca. 16km a W de Porto Seguro, Rodovia BR-367 (Porto Seguro-Eunápolis). 7/11/1984, Santos, F.S. et al. 449.

Cassia ferruginea (Schrad.) Schrad. ex DC. var. *velloziana* H.S.Irwin & Barneby

Paraíba

Unloc.: 10/1841, Gardner, G. 5439.

Cassia fistula L.

Bahia

Ilhéus: Área do CEPEC (Centro de Pesquisas do Cacau), km 22 da Rodovia Ilhéus-Itabuna (BR-415). Quadra D. Parque Zoobotânico. 28/8/1989, Santos, T.S. 4514.

Cassia grandis L.f.

Bahia

Feira de Santana: Campus da UEFS. 9/11/1992, Queiroz, L.P. 2878.

Feira de Santana: Campus da UEFS, próximo ao módulo de Educação Física. 3/11/1994, Queiroz, L.P. 4237.

Ilhéus: Área do CEPEC (Centro de Pesquisas do Cacau), km 22 da Rod. Ilhéus-Itabuna (Br 415). Quadra E. 14/10/1981, Hage, J.L. et al. 1455.

Ipiaú: km 3 do ramal que liga a Rod. BR 330 a Ibirataia. 17/10/1985, Santos, T.S. 3083.

Cassia javanica L.

Bahia

Ilhéus: Rod. Ilhéus-Itabuna, km 23 Fazenda Ponto dos Vianas, beira de estrada. 2/12/1976, Hage, J.L. 161.

Cassia javanica L. var. *indochinensis* Gagnep.

Bahia

Feira de Santana: Campus da UEFS. 9/11/1992, Queiroz, L.P. 2876.

Ilhéus: Área do CEPEC (Centro de Pesquisas do Cacau) km 22 da Rod. Ilhéus-Itabuna (BR-415). 29/12/1981, Lewis, G.P. 989.

Cenostigma gardnerianum Tul.

Bahia

  Barreiras: Ca. 25km W of Barreiras. Espigão Mestre. 3/3/1971, Irwin, H.S. et al. 31378.

  Barreiras: Ca. 25km W of Barreiras. Espigão Mestre. 3/3/1971, Irwin, H.S. et al. 31379.

  Barreiras: Rod. BR 020. 20/6/1986, Hatschbach, G. et al. 50518.

  Barreiras: Rio de Janeiro, próximo a Cachoeira do Acaba Vida, a ca. 19 km da BR 242 na estrada para Gotias, entrando na BR ? a ca. 70km W de Barreiras. 12/10/1994, Queiroz, L.P. et al. 4101.

  Formosa do Rio Petro: Ca. 40km Wdo entroncamento com a BR 135 (Formosa do Rio Petro-Barreiras), na estrada para Guaribas. 14/10/1994, Queiroz, L.P. et al. 4158.

  Gentio do Ouro: Ca. 3klm afetr Santo Inácio on Xique-Xique-Gentio do Ouro road, right side road. 1/6/1991, Pennington, R.T. et al. 260.

  Gentio do Ouro: Serra do Açuruá, estrada para Xique-Xique, 10 km antes de Santo Inácio. 10/9/1990, Lima, H.C. et al. 3950.

  Gentio do Ouro: Serra do Açuruá, estrada Rio Verde-Gentio do Ouro, 4–5km apos Tiririca. 9/9/1990, Lima, H.C. et al. 3928.

  Gentio do Ouro: Serra do Açuruá. 4/1838, Blanchet, J.S. 2798, SYNTYPE, Cenostigma angustifolium Tul.

  Gentio do Ouro: São Inácio, 1,5km S of São Inácio on Gentio do Ouro road. 24/2/1977, Harley, R.M. et al. 19005.

  Ibotirama: estrada Ibotirama-Bom Jesus da Lapa km 8. 1/7/1983, Coradin, L. et al. 6306.

  Ibotirama: Proximidades do Hotel Velho Chico. 9/9/1992, Coradin, L. et al. 8523.

  Ibotirama: Km 6 da Rodovia Ibotirama-Oliveira dos Brejos. 12/3/1991, Pereira, B.A.S. et al. 1645.

  Jacobina: Vila do Barra. 1840, Blanchet, J.S. 3144, SYNTYPE, Cenostigma angustifolium Tul.

  Remanso: 1906, Ule, E. 7155.

  Riachão das Neves: Ca. de 28km N de Riachão das Neves, para Formosa do Rio Preto (BR 135). 13/10/1994, Queiroz, L.P. et al. 4130.

  Xique-Xique: 17km S de Xique-Xique, camino a Santo Inácio. 27/11/1992, Arbo, M.M. et al. 5348.

Piauí

  Bom Jesus: Rodovia Gilbués-Bom Jesus 10 km oeste da cidade de Bom Jesus. 20/6/1983, Coradin, L. et al. 5872.

  Colonia do Piauí: km 32. 17/3/1994, Alcoforado Filho, F.G. 331.

  Corrente: Calumbi (estrada). 10/3/1994, Nascimento, M.S.B. 545.

  Cristino Castro: Rodovia Bom Jesus-Canto do Buriti km 44. 20/6/1983, Coradin, L. et al. 5902.

  Jaicós: 9km along trackway to Lagoa Achada, start of trackway is 9km south of Jaicós along BR 407 to Petrolina. 8/1/1985, Lewis, G.P. et al. 1342.

  Nazaré do Piauí: Border between Mun. de Nazaré do Piauí & São Francisco do Piauí 18km east of city of Nazaré do Piauí (or 5,4 km E of river & village of Tamborim) on road to Oeiras. 5/3/1970, Eiten, G. et al. 10829.

  Oeiras: Near Oeiras. 4/1839, Gardner, G. 2145.

  São Raimundo Nonato: Road from São Raimundo Nonato to Vazia Grande, just short of lalfer. 12/2/1982, Pearson, H.P.N. 63.

  Teresina: 36km northwest of Picos on BR316 to Teresina. 24/1/1993, Thomas, W.W. et al. 9615.

  Teresina: Fazenda Arão Reis. 19/3/1984, Silva, S.B. et al. 321.

  Unloc.: 7/1839, Gardner, G. 2523, ISOTYPE, Cenostigma gardnerianum Tul.

Cenostigma cf. ***gardnerianum*** Tul.

Bahia

  Barreiras: Área do entorno da Cachoeira do Acaba Vida. 3/11/1987, Queiroz, L.P. et al. 2112.

Cenostigma aff. ***gardnerianum*** Tul.

Bahia

  Correntina: Chapadão Ocidental da Bahia, ca. 10km SW of Correntina on the road to Goiás. 26/4/1980, Harley, R.M. et al. 21801.

Cenostigma macrophyllum Tul.

Bahia

  Barreiras: Estrada para o Aeroporto de Barreiras. Coletas entre 5 a 15 km a partir da sede do município. 11/6/1992, Carvalho, A.M. et al. 4045.

  Correntina: Ca. 15km SW of Correntina on the road to Goiás. 25/4/1980, Harley, R.M. et al. 21782.

  Correntina: Ca. 12km n of Correntina on the road to Inhaúmas. 28/4/1980, Harley, R.M. et al. 21893.

Pernambuco

  Rio Preto: Serra da Batalha. 9/1839, Gardner, G. 2827.

Piauí

  Demerval Lobão: Rod. BR316, 5km from Demerval Lobão in direction of Teresina, by riacho Marimbas. 13/1/1985, Lewis, G.P. 1358.

Chamaecrista absus (L.) H.S.Irwin & Barneby var. ***absus***

Bahia

  Caém: Ca. 1km da BR 324 na estrada para Caém. 22/8/1993, Queiroz. L.P. et al. 3555.

Chamaecrista acosmifolia (Benth.) H.S.Irwin & Barneby var. ***acosmifolia***

Bahia

  Barreiras: Espigão Mestre, near Barreiras airport, ca. 5km NW of Barreiras. 4/3/1971, Irwin, H.S. et al. 31458.

  Gentio do Ouro: 12km E of Gentio do Ouro on road ro Boa Vista and Ibipeba. 22/2/1977, Harley, R.M. et al. 18902.

  Seabra: 17/3/1984, Oliveira Filho, L.C. et al. 102.

Piauí

  Unloc.: 7/1839, Gardner, G. 2547.

Chamaecrista acosmifolia (Benth.) H.S.Irwin & Barneby var. ***euryloba*** (H.S.Irwin & Barneby) H.S.Irwin & Barneby

Bahia

  Caetité: Capada Diamantina. 18/5/1983, Hatschbach, G. 46556.

Chamaecrista amabilis H.S.Irwin & Barneby

Bahia

  Ilhéus: Estrada Olivença-Vila Brasil, a 7km de Olivença. 13/1/1981, Carvalho, A.M. et al. 492.

  Maraú: km 48 a 50 na estrada de Ubaitaba para Maraú (BA-030). 24/5/1990, Santos, T.S. et al. 4565.

Valença: 11km na estrada para Orobó, partindo da estrada BR-101-Valença. 10/1/1982, Lewis, G.P. et al. 1068.

Chamaecrista amorimii Barneby
Bahia
Itacaré: Estrada Itacaré-Taboquinhas, ca. 6km de Itacaré. Loteamento da Marambaia. 14/12/1992, Amorim, A.M. et al. 923, ISOTYPE, Chamaecrista amorimii Barneby.

Chamaecrista apoucouita (Aubl.) H.S.Irwin & Barneby
Bahia
Unloc.: Luschnath, B. 816.
Pernambuco
Goiana: Mata de Goiana. Estrada. 9/1937, Sobrinho, V. s.n.
Recife: Mata de Dois Irmãos. 12/12/1948, Andrade-Lima, D. 48-124.

Chamaecrista arboae Barneby
Bahia
Morro do Chapéu: BA-052, ca. 14km WNW de Morro do Chapéu, camino a América Dourada. 28/11/1992, Arbo, M.M. et al. 5355, ISOTYPE, Chamaecrista arboae Barneby.

Chamaecrista aspidiifolia H.S.Irwin & Barneby
Bahia
Itaju do Colônia: Itaju do Colônia à Feirinha, 12km da estrada ao lado W. 2/10/1969, Santos, T.S. 406, ISOTYPE, Cassia aspidiifolia H.S.Irwin & Barneby.

Chamaecrista aspleniifolia (H.S.Irwin & Barneby) H.S.Irwin & Barneby
Bahia
Alcobaça: Ramal para arraial Pixixica, partindo da BR-101. 24/1/1972, Pinheiro, R.S. 1768.

Chamaecrista axilliflora H.S.Irwin & Barneby
Bahia
Água Quente: Pico das Almas. Vertente oeste. Tilho do povoado da Santa Rosa, 23km ao O da cidade. 1/12/1988, Harley, R.M. et al. 27055.
Rio de Contas: Em direção ao Rio Brumado, 5km de Rio de Contas. 13/12/1984, Lewis, G.P. et al. CFCR 6790, ISOTYPE, Chamaecrista axilliflora H.S.Irwin & Barneby.

Chamaecrista babiae (H.S.Irwin) H.S.Irwin & Barneby
Bahia
Belmonte: Ca. 26km SW of Belmonte along road to Itapebi, and 4km along side road towards the sea. 25/3/1974, Harley, R.M. et al. 17398.
Cumuruxatiba: 16km S of Cumuruxatiba on the road to Prado. 18/1/1977, Harley, R.M. et al. 18071.
Maraú: Maraú a Ubaitaba. 9/10/1968, Almeida, J. et al. 117.
Maraú: Estrada Ubaitaba-Ponta do Mutá, km 71. Estrada para o Sítio São Marcos. 8/3/1983, Carvalho, A.M. et al. 1669.
Santa Cruz Cabrália: Estação Ecológica do Pau-Brasil e arredores, ca. 16km a W de Porto Seguro. 25/7/1978, Mori, S. et al. 10321.
Ubaíra: 3km N do povoado Três Braços (Ilha Formosa). Cercanias da Cachoeira da Risada. 28/11/1993, França, F. et al. 895.

Chamaecrista barbata (Nees & Mart.) H.S.Irwin & Barneby
Bahia
Caetité: Chapada Diamantina. 18/5/1983, Hatschbach, G, 46565.
Ituaçu: 2km SE da cidade de Ituaçu. 22/6/1987, Queiroz. L.P. 1652.
Maracás: Ca. 6km a SW de Maracás. 13/10/1983, Carvalho, A.M. et al. 1996.
Morro do Chapéu: Ca. 23km E of Morro do Chapéu, road to Mundo Novo. 21/2/1971, Irwin, H.S. et al. 30724.
Morro do Chapéu: 27km SE of the town of Morro do Chapéu on tha BA-052 highway to Mundo Novo. 4/3/1977, Harley, R.M. et al. 19394.
Saúde: Cachoeira do Paulista. Entrada no km 10 da estrada Saúde-Jacobina. Ca. 6km a partir da entrada. 23/2/1993, Amorim, A.M. et al. 1062.
Senhor do Bonfim: Serra de Santana. 26/12/1984, Silva, R.M. et al. CFCR 7593.
Umburanas: Lagoinha: 3km NW of Lagoinha (5,5km SW of Delfino) on the side road to Minas do Mimoso. 5/3/1974, Harley, R.M. et al. 16763.

Chamaecrista belemii (H.S.Irwin & Barneby) H.S.Irwin & Barneby
Bahia
Iaçu: Fazenda Suibra, 18km leste da cidade, seguindo a ferrovia. 12/3/1985, Noblick, L.R. et al. 3552.
Milagres: Morro de Nossa Senhora dos Milagres, just west of Milagres. 6/3/1977, Harley, R.M. et al. 19439.
Salvador: Rodovia BR-4, 220km S de Salvador. 28/1/1965, Belém, R.P. et al. 316, ISOTYPE, Cassia belemii H.S.Irwin & Barneby.

Chamaecrista cf. ***belemii*** (H.S.Irwin & Barneby) H.S.Irwin & Barneby
Bahia
Castro Alves: Serra da Jibóia (Serra da Pioneira). 8/12/1992, Queiroz, L.P. et al. 2945.
Castro Alves: Serra da Jibóia (Serra da Pioneira), ca. 10km do povoado de Pedra Branca. 7/5/1993, Queiroz, L.P. et al. 3138.

Chamaecrista belemii (H.S.Irwin & Barneby) H.S.Irwin & Barneby var. ***belemii***
Bahia
Castro Alves: Topo da Serra da Jibóia, em torno, da Torre da Televisão. 18/6/1993, Queiroz. L.P. et al. 3229.

Chamaecrista belemii (H.S.Irwin & Barneby) H.S.Irwin & Barneby var. ***paludicola*** (H.S.Irwin & Barneby) H.S.Irwin & Barneby
Bahia
Jacobina: Vila do Barra. 1840, Blanchet, J.S. 3093, ISOTYPE, Cassia belemii H.S.Irwin & Barneby var. paludicola H.S.Irwin & Barneby.
Milagres: Morro do Couro or Morro São Cristovão. 6/3/1977, Harley, R.M. et al. 19417.
Paulo Afonso: Raso da Catarina, carrasco do bordo da Barreira Grande. 16/5/1981, Bautista, H.P. 459.

Chamaecrista brevicalyx (Benth.) H.S.Irwin & Barneby var. ***brevicalyx***
Bahia
Boninal: Nova Colina. 24/11/1985, Hatschbach, G. et al. 50158.

Paulo Afonso: Estação Ecológica do Raso da Catarina. 8/12/1982, Queiroz, L.P. 456.

Piatã: Próximo a serra do Gentio (Gerais entra Piatã e Serra da Tromba). 21/12/1984, Lewis, G.P. et al. CFCR 7401.

Rio de Contas: Ca. 18km N de Rio de Contas, próximo ao entroncamento para Brumadinho. 29/10/1993, Queiroz, L.P. et al. 3683.

Rio de Contas: About 2km N of the town of Rio de Contas in flood plain of the Rio Brumado. 23/1/1974, Harley, R.M. et al. 15624.

Rio de Contas: About 2km N of the town of Rio de Contas in flood plain of the Rio Brumado. 22/3/1977, Harley, R.M. et al. 19839.

Rio de Contas: Ca. 1km S of Rio de Contas on side road to W of the road to Livramento do Brumado. 15/1/1974, Harley, R.M. et al. 15063.

Rio de Contas: Em direção ao Rio Brumado. Ca. 4km de Rio de Contas. 13/12/1984, Lewis, G.P. et al. CFCR 6793.

Paraíba
Arara: 16/12/1958, Moraes, J.C. 1979.

Piauí
Oeiras: 3/1839, Gardner, G. 2122, TYPE, Cassia brevicalyx Benth.

Mun.?: Serra da Lagoa. 12/1906, Ule, E. 7434.

Chamaecrista brevicalyx (Benth.) H.S.Irwin & Barneby var. ***elliptica*** (H.S.Irwin & Barneby) H.S.Irwin & Barneby

Bahia
Umburanas: Lagoinha: 8km NW of Lagoinha (5,5km SW of Delfino) on the road to Minas do Mimoso. 5/3/1974, Harley, R.M. et al. 16785, ISOTYPE, Cassia brevicalyx Benth. var. elliptica H.S.Irwin & Barneby.

Chamaecrista calycioides (Collad.) Greene

Bahia
Novo Remanso: Aterro do terminal pesqueiro da Barragem da Hidroelétrica de Sobradinho-Novo Remanso. 22/6/1983, Coradin, L. et al. 5937.

Ceará
Fortaleza: Coast line, 20 miles inland. 9/11/1925, Bolland, G. s.n.

Piauí
Castelo do Piauí: Fazenda Cipó de Baixo. 19/4/1994, Nascimento, M.S.B. 229.

Oeiras: Near Oeiras. 3/1839, Gardner, G. 2130.

Rio Grande do Norte
Caraubas: Estrada de Caraubas a Olho d'Água dos Borges. 1/6/1984, Collares, J.E.R. et al. 143.

Chamaecrista cavalcantina (H.S.Irwin & Barneby) H.S.Irwin & Barneby

Bahia
Barreiras: Espigão Mestre, ca. 100km WSW of Barreiras. 7/3/1972, Anderson, W.R. et al. 36783.

Chamaecrista chapadae (H.S.Irwin & Barneby) H.S.Irwin & Barneby

Bahia
Barra da Estiva: NW face of Serra do Ouro, to the east of the Barra da Estiva-Ituaçu road, about 9km S of Barra da Estiva. 24/3/1980, Harley, R.M. et al. 20867.

Capão Grande: Serra da Larguinha, ca. 2km NE of Caeté-Açu (Capão Grande). West facing ridge with sandstone outcrops and summit plateau. 25/5/1980, Harley, R.M. et al. 22540.

Lençóis: Na base do Morro do Pai Inácio, ca. 26km W da cidade. 18/7/1985, Cerati, T.M. et al. 297.

Mucugê: 10–15km ao NW de Mucugê, na estrada para Andaraí. 27/7/1979, Mori, S. et al. 12682.

Mucugê: 10–12km ao NW de Mucugê, na estrada para Andaraí. 27/7/1979, Mori, S. et al. 12658.

Mucugê: Estrada Mucugê-Guiné, a 5km de Mucugê. 7/9/1981, Furlan, A. et al. CFCR 1933.

Mucugê: About 2km along Andaraí road. 25/1/1980, Harley, R.M. et al. 20588.

Mucugê: Córrego Moreira. 22/1/1984, Hatschbach, G. 47492.

Mucugê: Morro do Pina. Estrada de Mucugê à Guiné, a 25km NO de Mucugê. 20/7/1981, Giulietti, A.M. et al. CFCR 1484.

Mucugê: 4km S of Mucugê, on road from Cascavel by the Rio Cumbuca. 6/2/1974, Harley, R.M. et al. 16044.

Mucugê: Estrada Mucugê-Andaraí. 17/12/1984, Lewis, G.P. et al. CFCR 7087.

Palmeiras: Middle and upper slopes of Pai Inácio ca. 15km NW of Lençóis, just N of the main Seabra-Itaberaba road. 24/5/1980, Harley, R.M. et al. 22517.

Seabra: Ca. 26km N of Seabra, road o Água de Rega, near Rio Riachão. 23/2/1971, Irwin, H.S. et al. 30798, ISOTYPE, Cassia chapadae H.S.Irwin & Barneby.

Chamaecrista compitalis (H.S.Irwin & Barneby) H.S.Irwin & Barneby

Bahia
Encruzilhada: 27/5/1968, Belém, R.P. 3671, ISOTYPE, Cassia compitalis H.S.Irwin & Barneby.

Encruzilhada: Margem do Rio Pardo. 24/5/1968, Belém, R.P. 3643.

Chamaecrista coradinii H.S.Irwin & Barneby

Bahia
Ibotirama: Rodovia Barreiras-Brasília km 90. 8/7/1983, Coradin, L. et al. 6655, HOLOTYPE, Chamaecrista coradinii Barneby.

Ibotirama: Rodovia Barreiras-Brasília km 90. 8/7/1983, Coradin, L. et al. 6655, ISOTYPE, Chamaecrista coradinii Barneby.

Chamaecrista cuprea H.S.Irwin & Barneby

Bahia
São Inácio: Lagoa Itaparica,10km W of the São Inácio-Xique-Xique road at the turning 13,1km N of São Inácio. 26/2/1977, Harley, R.M. et al. 19123, ISOTYPE, Chamaecrista cuprea H.S.Irwin & Barneby.

Chamaecrista cytisoides (Collad.) H.S.Irwin & Barneby

Bahia
Abaíra: 18/4/1994. Melo, E. 997.

Abaíra: 5/5/1992. Ganev, W. 246.

Abaíra: 22/10/1992. Ganev, W. 1310.

Abaíra: Jambeiro. 17/6/1994. Ganev, W. 3391.

Abaíra: Jambeiro. 31/3/1994. Ganev, W. 3018.

Abaíra: Boa Vista. 28/11/1993. Ganev, W.2595.

Abaíra: Baixa da Onça. 30/5/1994. Ganev, W. 3266.

Abaíra: Serra do Bicota. 21/7/1993. Ganev, W. 1924.

Abaíra: Gerais do Pastinho. 14/6/1994. Ganev, W. 3371.

Abaíra: Campos do Virasaia. 30/12/1994. Ganev, W.2730.

Abaíra: Mendonça de Daniel Abreu. 12/1/1994. Ganev, W. 2815.

Abaíra: Boa Vista, ca. de 4 km. de Catolés. 12/11/1992. Ganev, W. 1405.

Abaíra: Serrinha, caminho Samambaia-Serrinha. 5/2/1994. Ganev, W.2954.

Abaíra: Malhada da Areia, próximo a roça de Cezaltino. 26/10/1992. Ganev, W. 1379.

Abaíra: Serra da Serrinha, caminho Capão-Serrinha-Bicota. 26/4/1994. Ganev, W. 3143.

Abaíra: Caminho Catolés de Cima – Barbado, subida da serra. 26/10/1992. Ganev, W. 1351.

Abaíra: Serra do Bicota (vira saia), próximo a pedra do requeijão. 5/7/1993. Ganev, W. 1813.

Abaíra: Engenho de Baixo-Catolés, próximo ao Rio do Ribeirão. 20/9/1992. Ganev, W. 1514.

Abaíra: Campo de Ouro Fino (alto). Hind, D.J.N. H-50909.

Abaíra: Campo de Ouro Fino (cima). Lughadha, E.Nic H-50770.

Abaíra: Estrada de engenho entre Catolés e Abaíra.Pirani, J. R. H-51377.

Abaíra: 9 km N de Catolés, caminho de Ribeirão de Baixo a Piatã. 10/7/1995. Queiroz, L. P. 4346.

Licínio de Almeida: Ca. 12km da cidade em direção a Brejinho das Ametistas. Localidade conhecida como Garimpo. 12/3/1994, Roque, N. et al. CFCR 15021.

Piatã: 27/8/1992. Ganev, W. 968.

Piatã: 11/6/1992. Ganev, W. 473.

Piatã: 12/6/1992. Ganev, W. 481.

Pindobaçu: Cranaiba, estrada Santa Terezinha-Carnaiba, voo da morte. 25/10/1993. Ganev, W. 2351.

Rio de Contas: Riacho da Pedra de Amolar. 24/1/1994. Ganev, W.2868.

Rio de Contas: Ladeira do Toucinho. Caminho Catolés-Arapiranga. 30/8/1993. Ganev, W. 2171.

Chamaecrista cytisoides (Collad.) H.S.Irwin & Barneby var. ***blanchetii*** (Benth.) H.S.Irwin & Barneby

Bahia

Água Quente: Pico das Almas. Vale ao NW do Pico. 29/11/1988, Harley, R.M. et al. 26698.

Andaraí: 8km south of Andaraí on road to Mucugê by bridge over small river, just north of turning to Itaeté. 13/2/1977, Harley, R.M. et al. 18607.

Andaraí: km 8 da antiga estrada Andaraí-Mucugê. Estrada que passa por Igaty (ex Xique-Xique do Andaraí). Coletas a 3km do entroncamento. Limite do Parque Nacional da Chapada Diamantina. 20/5/1989, Mattos Silva, L.A. et al. 2824.

Andaraí: Between Igatu & Mucugê. 24/1/1980, Harley, R.M. et al. 20569.

Barra da Estiva: 15–19km W of Barra da Estiva, on the road to Jussiape. 22/3/1980, Harley, R.M. et al. 20743.

Barra da Estiva: Ca. 6km N of Barra da Estiva on Ibicoara road. 28/1/1974, Harley, R.M. et al. 15526.

Camaçari: BA-099 (estrada do côco), entre Arembepe e Monte Gordo. 14/7/1983, Bautista, H.P. et al. 813.

Jacobina: 20km na estrada Jacobina para Riacho das Lages. Serra do Tombador. 3/4/1986, Carvalho, A.M. et al. 2401.

Jacobina: Serra da Jacobina. 1837, Blanchet, J.S. 2649, HOLOTYPE, Cassia blancheti Benth.

Jacobina: Serra da Jacobina. Blanchet, J.S. 2549 prob. 2649, ISOTYPE, Cassia blancheti Benth.

Jacobina: Ca. 20km na Rodovia Jacobina-Morro do Chapéu. 15/3/1990, Carvalho, A.M. et al. 2809.

Jacobina: Estrada Jacobina-Morro do Chapéu, ca. 24km a partir da sede do município. Serra do Tombador. 28/10/1995, Amorim, A.M. et al. 1791.

Jacobina: Oeste de Jacobina. Serra do Tombador, estrada para Lagoa Grande. 23/12/1984, Lewis, G.P. et al. CFCR 7509.

Morro do Chapéu: Ca. 2km E de Morro do Chapéu, na BA 052 (estrada do feijão). 22/8/1993, Queiroz. L.P. et al. 3544.

Morro do Chapéu: Ca. 3,5km SE de Morro do Chapéu, ao longo da BA 052 (estrada do feijão). 25/7/1993, Queiroz. L.P. et al. 3437.

Morro do Chapéu: BA-052, ca. 16km ESE de Morro do Chapéu, Cachoeira do Ferro Doido. 28/11/1992, Arbo, M.M. et al. 5437.

Morro do Chapéu: Rio do ferro Doido, 19,5km SE of Morro do Chapéu on the BA-052 higway to Mundo Novo. 31/5/1980, Harley, R.M. et al. 22884.

Morro do Chapéu: Rodovia Lage do Batata-Morro do Chapéu km 66. 28/6/1983, Coradin, L. et al. 6221.

Morro do Chapéu: 19,5km SE of the town of Morro do Chapéu on the BA-052 road to Mundo Novo, by the Rio Ferro Doido. 2/3/1977, Harley, R.M. et al. 19231.

Morro do Chapéu: Ca. 18km E of Morro do Chapéu. 16/2/1971, Irwin, H.S. et al. 32245.

Morro do Chapéu: Rodovia BA-052, em direção a Utinga, entrada a 2km a direita. Morro da torre da EMBRATEL a 8km. 30/8/1990, Hage, J.L. et al. 2313.

Morro do Chapéu: Rodovia para Utinga, ramal para a torre da TELEBAHIA. 8/9/1990, Lima, H.C. et al. 3899.

Morro do Chapéu: Rodovia para Utinga, ramal para a torre da TELEBAHIA. 8/9/1990, Lima, H.C. et al. 3903.

Mucugê: About 2km along Andaraí road. 25/1/1980, Harley, R.M. et al. 20618.

Mucugê: 3km ao S de Mucugê, na estrada para Jussiape. 26/7/1979, Mori, S. et al. 12584.

Mucugê: Margem da estrada Mucugê-Cascavel, km 3 a 6. Próximo ao Rio Paraguaçu. 20/7/1981, Menezes, N.L. et al. CFCR 1453.

Mucugê: Margem da estrada Andaraí-Mucugê, estrada nova, a 20km da Mucugê. 21/7/1981, Pirani, J.R. et al. CFCR 1643.

Mucugê: Estrada Andaraí-Mucugê, 4–5km de Andaraí. 8/9/1981, Pirani, J.R. et al. CFCR 2078.

Mucugê: Estrada Mucugê-Andaraí. 17/12/1984, Lewis, G.P. et al. CFCR 7091.

Palmeiras: Caeté-Açu, Serra da Larguinha, ca. 2km NE of Caeté-Açu (Capão Grande). 25/5/1980, Harley, R.M. et al. 22559.

Rio de Contas: 10–13km ao norte da cidade na estrada para o povoado de Mato Grosso. 27/10/1988, Harley, R.M. et al. 25694.

Rio de Contas: Bom Jesus. 29/8/1912, Luetzelburg, Ph. von 301.

Rio de Contas: Em direção ao Rio Brumado, 5km de Rio de Contas. 13/12/1984, Lewis, G.P. et al. CFCR 6798.

Rio de Contas: Lower NE slopes of the Pico das Almas, ca. 25km WNW of the Rio de Contas. 17/2/1977, Harley, R.M. et al. 19516.

Rio de Contas: Middle and upper NE slopes of the Pico das Almas, ca. 25km WNW of the Rio de Contas. 19/3/1977, Harley, R.M. et al. 19698.

Rio de Contas: Ca. 6km N of the town of Rio de Contas on road to Abaíra. 16/1/1974, Harley, R.M. et al. 15091.

Seabra: Serra do Bebedor, ca. 4km W de Lagoa da Boa Vista na entrada para Gado Bravo. 22/6/1993, Queiroz. L.P. et al. 3350.

Sergipe

Estância: Ca. 19,4km da BR 101 em direção à Praia do Abais. 28/11/1993, Amorim, A.M. et al. 1515.

Estância: Rod. Estância-Abais, com entrada no km 11 da rod. BR 101 (Trecho Estância-Aracaju), 20km ao leste do entroncamento 15/6/1994, Mattos Silva, L.A. et al. 2985.

Chamaecrista cytisoides (Collad.) H.S.Irwin & Barneby var. ***brachystachya*** (Benth.) H.S.Irwin & Barneby

Bahia

Canavieiras: Ca. 23km E de Santa Luzia, na estrada de terra que liga ao km 49 da rodovia Una-Canavieiras. 14/12/1991, Sant'Ana, S.C. et al. 141.

Ilhéus: Blanchet, J.S. 1836, TYPE, Cassia brachystachya Benth.

Itacaré: Estrada que liga Serra Grande, ramal 13 que leva a Campinho Cheiroso. Coletas entre o km 15 a 16 a partir do Distrito de Serra Grande. 26/8/1992, Amorim, A.M. et al. 713.

Itacaré: Estrada Serra Grande-Itacaré, ca. 13km de Serra Grande, Campo Cheiroso. 1/9/1993, Amorim, A.M. et al. 1323.

Itacaré: Campo Cheiroso, 14km north of Serra Grande off of road to Itacaré. 15/11/1992, Thomas, W.W. et al. 9479.

Rio de Contas: Estrada do Fraga, ca. 2km SE da cidade. Próximo ao salto do Rio Brumado. 13/7/1985, Wanderley, M.G.L. et al. 873.

Salvador: Ca. 30km a N da cidade. Arredores do aeroporto. 2/1/1982, Lewis, G.P. et al. 1004.

Salvador: 3km de la ciudad de Salvador, al oeste del aeropuerto. 12/11/1983, Callejas, R. et al. 1748.

Pernambuco

Prazeres: 25/1/1925, Pickel, D.B. 862.

Chamaecrista cytisoides (Collad.) H.S.Irwin & Barneby var. ***confertiformis*** (H.S.Irwin & Barneby) H.S.Irwin & Barneby

Bahia

Mucugê: Rio Apiaba. 22/1/1984, Hatschbach, G. 47531.

Mucugê: 2–3km S. 8/4/1992, Hatschbach, G. et al. 56871.

Mucugê: Rodovia para Andaraí, entre km 5–15. 15/9/1984, Hatschbach, G. 48258.

Mucugê: Serra de São Pedro. 17/12/1984, Lewis, G.P. et al. CFCR 7037.

Mucugê: About 2km along Andaraí road. 25/1/1980, Harley, R.M. et al. 20628.

Mucugê: By Rio Cumbuca ca. 3km S of Mucugê, near site of small dam on road to Cascavel. 4/2/1974, Harley, R.M. et al. 15959.

Mucugê: By Rio Cumbuca, about 3km N of Mucugê on the Andaraí road. 5/2/1974, Harley, R.M. et al. 16019.

Mucugê: 2–3km approximately SW of Mucugê on the road to Cascavel. 17/2/1977, Harley, R.M. et al. 18792.

Mucugê: By Rio Cumbuca, about 3km N of Mucugê on the road to Andaraí. 15/2/1977, Harley, R.M. et al. 18697.

Mucugê: Serra do Sincorá, ca. 15km NW of Mucugê on the road to Guiné & Palmeiras. 26/3/1980, Harley, R.M. et al. 20994.

Mucugê: Serra do Sincorá, ca. 6,5km SW of Mucugê on the Cascavel road. 27/3/1980, Harley, R.M. et al. 21033.

Mucugê: A 3km ao S de Mucugê, na estrada que vai para Jussiape. 22/12/1979, Mori, S. et al. 13153.

Mucugê: By Rio Cumbuca ca. 3km S of Mucugê, near site of small dam on road to Cascavel. 4/2/1974, Harley, R.M. et al. 15936, ISOTYPE, Cassia cytisoides (DC. ex Collad.) H.S.Irwin & Barneby var. confertiformis H.S.Irwin & Barneby.

Palmeiras: km 9 da rodovia para Mucugê. 9/4/1992, Hatschbach, G. et al. 56901.

Rio de Contas: Arredores. 16/5/1983, Hatschbach, G. 46480.

Rio de Contas: Estrada Rio de Contas-Livramento do Brumado km 3. 14/9/1992, Coradin, L. et al. 8629.

Rio de Contas: 9–11km ao N de Rio de Contas na estrada para o povoado Mato Grosso. 20/7/1979, Mori, S. et al. 12325.

Mun.?: By Rio Paraguaçu on road Mucugê-Andaraí. 25/1/1980, Harley, R.M. et al. 20668.

Chamaecrista cytisoides (Collad.) H.S.Irwin & Barneby var. ***micrantha*** (H.S.Irwin & Barneby) H.S.Irwin & Barneby

Bahia

Andaraí: South of Andaraí, 16km along road to Mucugê near small town of Xique-Xique. 14/2/1977, Harley, R.M. et al. 18665.

Andaraí: Rodovia Andaraí-Mucugê (BA-142). Antigo ramal para Mucugê, com entrada no km 7. Coleta efetuada entre os km 2 e 8 deste desvio. 12/1/1983, Silva. L.A.M. et al. 1602.

Mucugê: Ca. 30km na estrada de Andaraí para Mucugê. 19/3/1990, Carvalho, A.M. et al. 2924.

Rio de Contas: Ca. 5km N de Rio de Contas na estrada para Brumadinho. 29/10/1993, Queiroz, L.P. et al. 3680.

Rio de Contas: 2km S of Rio de Contas on entrada de terra to Livramento do Brumado. 2/4/1991, Lewis, G.P. et al. 1953.

Rui Barbosa: Serra de Rui Barbosa (= hill with cross on top S of Rui Barbosa), starting at the water reservoir of the town. 8/2/1991, Taylor, N.P. et al. 1601.

Seabra: Ca. 2km SW de Lagoa da Boa Vista, na encosta da Serra do Bebedor. 22/7/1993, Queiroz. L.P. et al. 3369.

Umburanas: Lagoinha: 22km north-west of Lagoinha (wich is 5,5km of Delfino) on side road to Minas do Mimoso. 6/3/1974, Harley, R.M. et al. 16878.

Chamaecrista cytisoides (Collad.) H.S.Irwin & Barneby var. ***unijuga*** (Benth.) H.S.Irwin & Barneby
Alagoas

Maceió: 4/1838, Gardner, G. 1282, TYPE, Cassia brachystachya Benth. var. unijuga Benth.

Chamaecrista desvauxii (Collad.) Killip
Bahia

Mirangaba: A 3km de Mirangaba. 1/9/1981, Pinto, G.C.P. 302/81.

Morro do Chapéu: Rod. BA-052. A 20km em direção a Feira de Santana. Ponte do Rio Ferro Doido. 31/8/1990, Hage, J.L. et al. 2346.

Chamaecrista desvauxii (Collad.) Killip var. ***desvauxii***
Bahia

Barreiras: Estrada para Dianópolis, 1km da divisa. 17/3/1984, Almeida, E.F. et al. 276.

Ilhéus: Blanchet, J.S. 2168.

Ilhéus: Blanchet, J.S. (Moricand, M.E.) 2168.

Miguel Calmon: Serra das Palmeiras, ca. 8,5 km W do povoado de Urubu, este a ca. 11km W de Miguel Calmon. 21/8/1993, Queiroz. L.P. et al. 3518.

Morro do Chapéu: 19,5km SE of the town of Morro do Chapéu on the BA-052 road to Mundo Novo, by the Rio Ferro Doido. 2/3/1977, Harley, R.M. et al. 19277.

Morro do Chapéu: Rio Ferro Doido, 19,5km SE of Morro do Chapéu on the BA-052 highway to Mundo Novo. 31/5/1980, Harley, R.M. et al. 22894.

Mucugê: Próximo ao cemitério. 6/9/1981, Pirani, J.R. et al. CFCR 1896.

Mucugê: Campo defronte ao cemitério. 20/7/1981, Giulietti, A.M. et al. CFCR 1386.

Unloc.: Salzmann, P. s.n.

Chamaecrista desvauxii (Collad.) Killip var. ***brevipes*** (Benth.) H.S.Irwin & Barneby
Bahia

Salvador: Dunas de Itapuã. 15/3/1980, Noblick. L.R. 1722.

Chamaecrista desvauxii (Collad.) Killip var. ***graminea*** H.S.Irwin & Barneby
Bahia

Jacobina: Serra de Jacobina, por trás do Hotel Serra do Ouro. 20/8/1993, Queiroz. L.P. et al. 3474.

Jacobina: Serra de Jacobina. Moricand, M.E. 2536.

Morro do Chapéu: BR-052, vicinity of bridge over Rio Ferro Doido, ca. 18km E de Morro do Chapéu. 17/6/1981, Mori, S. et al. 14528.

Morro do Chapéu: 3km SE of Morro do Chapéu on the road to Mundo Novo. 1/6/1980, Harley, R.M. et al. 22912.

Mucugê: About 2km along Andaraí road. 25/1/1980, Harley, R.M. et al. 20595.

Mucugê: Campo defronte ao cemitério. 20/7/1981, Giulietti, A.M. et al. CFCR 1401.

Chamaecrista desvauxii (Collad.) Killip var. ***langsdorffii*** (Vogel) H.S.Irwin & Barneby
Bahia

Correntina: Ca. 15km SW of Correntina on the road to Goiás. 25/4/1980, Harley, R.M. et al. 21749.

Chamaecrista desvauxii (Collad.) Killip var. ***latifolia*** (Benth.) H.S.Irwin & Barneby
Bahia

Gentio do Ouro: Serra de Santo Inácio. Ca. 18–30km na estrada de Xique-Xique para Santo Inácio. 17/3/1990, Carvalho, A.M. et al. 2874.

Salvador: Dunas de Itapuã, próximo a Abaeté. 2/12/1984, Guedes, M.L. et al. 905.

São Inácio: 5,6km S of São Inácio on Gentio do Ouro road. 24/2/1977, Harley, R.M. et al. 18997.

São Inácio: 5,6km S of São Inácio on the road to Gentio do Ouro. 27/2/1977, Harley, R.M. et al. 19137.

Una: Estrada Ilhéus-Una, 27km ao sul de Olivença. 1/12/1981, Lewis, G.P. et al. 720.

Mun.?: Taboleiro Bei Remanso. 1/1907, Ule, E. 7379.

Unloc.: Martius, C.F.P. von 2210, HOLOTYPE - photo, Cassia uniflora var. latifolia Benth.

Piauí

Castelo do Piauí: Lagoa. 20/4/1994, Nascimento, M.S.B. 242.

Chamaecrista desvauxii (Collad.) Killip var. ***latistipula*** (Benth.) G.P.Lewis
Bahia

Brejão: Lagoa Encantada, 19km NE of Ibicoara near Brejão. 1/2/1974, Harley, R.M. et al. 15767.

Lençóis: Caminho de Lençóis para Barro Branco, atrás do cemitério de Lençóis, ca. 8km de Lençóis. 27/4/1992, Queiroz, L.P. 2755.

Mucugê: About 2km along Andaraí road. 25/1/1980, Harley, R.M. et al. 20602.

Valença: 11km na estrada para Orobó, partindo da estrada BR-101-Valença. 10/1/1982, Lewis, G.P. et al. 1066.

Chamaecrista desvauxii (Collad.) Killip var. ***linearis*** (H.S.Irwin) H.S.Irwin & Barneby
Bahia

Jacobina: Serra de Jacobina. 1837, Blanchet, J.S. 2536.

Lençóis: Vicinity of Lençóis, on trail to Barro Branco, ca. 5km N of Lençóis. 13/6/1981, Mori, S. et al. 14407.

Lençóis: Along BR-242, ca. 15 km NW of Lençóis at km 225. 10/6/1981, Mori, S. et al. 14284.

Pernambuco

Mun.?: Banks of the Rio Preto. 9/1839, Gardner, G. 2828, HOLOTYPE, Cassia tetraphylla Desv. var. linearis H.S.Irwin.

Mun.?: Banks of the Rio Preto. 9/1839, Gardner, G. 2828, ISOTYPE, Cassia tetraphylla var linearis H.S.Irwin.

Chamaecrista desvauxii (Collad.) Killip var. ***mollissima*** (Benth.) H.S.Irwin & Barneby
Bahia

Barra da Estiva: Serra do Sincorá. W of Barra da Estiva, on the road to Jussiape. 22/3/1980, Harley, R.M. et al. 20735.

Capão Grande: Serra da Larguinha, ca. 2km NE of Caeté-Açu (Capão Grande). 25/5/1980, Harley, R.M. et al. 22641.

Jacobina: Rodovia Jacobina-Lage do Batata km 15. 28/6/1983, Coradin, L. et al. 6170.

Jacobina: Oeste de Jacobina. Serra do Tombador, estrada para Lagoa Grande 23/12/1984, Lewis, G.P. et al. CFCR 7510.

Palmeiras: Lower slopes of Morro do Pai Inácio ca. 14,5km NW of Lençóis, just N of the main Seabra-Itaberaba road. 23/5/1980, Harley, R.M. et al. 22414.

Rio de Contas: Estrada para Cachoeira do Fraga, no Rio Brumado, a 3km do Município de Rio de Contas. 22/7/1981, Furlan, A. et al. CFCR 1679.

Rio de Contas: Estrada para Cachoeira do Fraga, no Rio Brumado, a 3km do Município de Rio de Contas. 22/7/1981, Furlan, A. et al. CFCR 1707.

Rio de Contas: Lower NE slopes of the Pico das almas, ca. 25km WNW of the Rio de Contas. 17/2/1977, Harley, R.M. et al. 19537.

Rio de Contas: Pico das Almas, a 18km ao SNW de Rio de Contas. 24/7/1979, Mori, S. et al. 12492.

Vitória da Conquista: Rodovia BA-265, trecho Vitória da Conquista-Barra do Choça, a 9km leste da primeira. 4/3/1978, Mori, S. et al. 9453.

Chamaecrista duartei (H.S.Irwin) H.S.Irwin & Barneby
Bahia

Ilhéus: Estrada Olivença para Vila Brasil, 5km SW de Olivença. 8/2/1982, Lewis, G.P. et al. 1165.

Ilhéus: Área do CEPEC (Centro de Pesquisas do Cacau), km 22 da Rodovia Ilhéus-Itabuna (BR-415). Quadra D. 18/11/1981, Santos, T.S. et al. 3695.

Ilhéus: Área do CEPEC (Centro de Pesquisas do Cacau), km 22 da Rodovia Ilhéus-Itabuna (BR-415). Quadra D. 8/12/1981, Hage, J.L. 1553.

Ilhéus: Área do CEPEC (Centro de Pesquisas do Cacau), km 22 da Rodovia Ilhéus-Itabuna (BR-415). 31/10/1968, Almeida, J. et al. 195.

Ilhéus: Road from Olivença to Serra das Trempes, 6km from Olivença. 3/2/1993, Thomas, W.W. et al. 9710.

Itacaré: Estrada Itacaré-Taboquinhas. Ca. 6km de Itacaré. Loteamento da Marambaia. 14/12/1992, Amorim, A.M. et al. 931.

Porto Seguro: km 22, ramal da BR-5 para Porto Seguro. 19/11/1963, Duarte, A.P. 8014.

Una: km 35 da rodovia Olivença-Una, próximo à Reserva Biológica do Mico Leão, ca. 8km ao sul da entrada. 2/6/1981, Hage, J.L. et al. 808.

Una: Reserva Biológica do Mico-leão (IBAMA). Entrada no km 46 da rodovia BA-001 Ilhéus-Una. Coletas efetuadas na Picada do Príncipe. 26/5/1993, Amorim, A.M. et al. 1290.

Una: Reserva Biológica do Mico-leão (IBAMA). Entrada no km 46 da rodovia BA-001 Ilhéus-Una. 13/9/1993, Amorim, A.M. et al. 1335.

Una: Estrada Ilhéus-Una, ca. 35–40km de Olivença. 2/12/1981, Lewis, G.P. et al. 730.

Unloc.: Luschnath, B. (Martius, C.F.P von. 721) s.n., HOLOTYPE, Cassia apoucouita Aubl. var. floribunda Benth.

Chamaecrista cf. ***duartei*** (H.S.Irwin) H.S.Irwin & Barneby
Bahia

Salvador: Dunas de Itapuã, próximo ao Condomínio Alameda da Praia, arredores da Lagoa do Urubu. 2/12/1991, Queiroz, L.P. 2531.

Chamaecrista eitenorum (H.S.Irwin & Barneby) H.S.Irwin & Barneby
Bahia

Unloc.: 1829, Blanchet, J.S. 3710.

Chamaecrista eitenorum (H.S.Irwin & Barneby) H.S.Irwin & Barneby var. ***eitenorum***
Bahia

Itaju do Colônia: km 25 da estrada Itaju do Colônia-Pau Brasil. 23/1/1969, Santos, T.S. 342.

Piauí

Colônia do Piauí: km 30. 16/3/1994, Alcoforado Filho, F.G. 304.

Picos: 19km east of city of Picos. 6/3/1970, Eiten, G. et al. 10839, ISOTYPE, Cassia eitenorum H.S.Irwin & Barneby.

Valença: 24km fromo Valença to Lagão do Sítio. By farmstead. 9/1/1985, Lewis, G.P. et al. 1347.

Mun.?: Serra Branca. 1/1907, Ule, E. 7189.

Chamaecrista eitenorum (H.S.Irwin & Barneby) H.S.Irwin & Barneby var. ***regana*** (H.S.Irwin & Barneby) H.S.Irwin & Barneby
Bahia

Água de Rega: Ca. 1km N of Água de Rega, road to Cafarnaum. 28/2/1971, Irwin, H.S. et al. 31244, ISOTYPE, Cassia eitenorum var. regana H.S.Irwin & Barneby.

Iraquara: Ca. 3km N de Água de Rega na estrada para Souto Soares, localmente conhecido como ladeira do Véio Dedé. 22/7/1993, Queiroz. L.P. et al. 3395.

Lençóis: 7/3/1984, Noblick, L.R. 3034.

Lençóis: 5km from Lençóis on road to BR-242, dirt road on righ, 50m up this road. 6/6/1991, Pennington, R.T. et al. 277.

Lençóis: Serras dos Lençóis. Shortly north of Lençóis. 21/5/1980, Harley, R.M. et al. 22237.

Lençóis: 3km ao norte pela ligação para a rodovia BR-242. 9/4/1992, Hatschbach, G. et al. 56931.

?Bahia: Blanchet, J.S. s.n.

Chamaecrista ensiformis (Vell.) H.S.Irwin & Barneby
Bahia

Lençóis: Estrada par Recanto, a 2km de Lençóis. 12/9/1990, Lima, H.C. et al. 3981.

Maraú: Próximo de Maraú. 22/1/1965, Pereira, E. et al. 9657.

Prado: Estrada Prado-Cumuruxatiba, margeando o litoral. Ramal com entrada a 7km ao N de Prado, lado esquerdo. 30/3/1989, Mattos Silva, L.A. et al. 2660.

Una: Reserva Biológica do Mico-leão (IBAMA). Entrada no km 46 da Rod. BA-001 Ilhéus-Una. 8–10km na estrada que margeia o Rio Maruim. 6/6/1996, Carvalho, A.M. et al. 6197.

Una: Reserva Biológica do Mico-leão (IBAMA). Entrada no km 46 da Rod. BA-001 Ilhéus-Una. Faz. Maruim e Dois de Julho, ao fundo da Reserva. 22/3/1994, Amorim, A.M. et al. 1606.

Paraíba

Santa Rita: 20km do centro de João Pessoa, Usina São João, Tibirizinho. 12/12/1992, Agra, M.F. et al. 1495.

Pernambuco

Itamarica: 12/1837, Gardner, G. 991.

Piauí
  Teresina: Arredores de Teresina próximo ao Estádio
    Alberto. 27/7/1979, Silva, F.C. 47.
Chamaecrista ensiformis (Vell.) H.S.Irwin & Barneby
  var. ***ensiformis***
Bahia
  Valença: Estrada Valença-Guaibim, ca. 10km da
    estrada. 8/1/1982, Lewis, G.P. et al. 1037.
  Valença: Rodovia Valença a BR-101. 3/7/1972,
    Pinheiro, R.S. 1850.
  Bahia-Espírito Santo (Vitória):12/1836, Klotzsch, J.F. s.n.
Paraíba
  Santa Rita: Taboleim. 12/12/1992, Agra, M.F. et al. 1518.
Chamaecrista ensiformis (Vell.) H.S.Irwin & Barneby
  var. ***maranonica*** (H.S.Irwin) H.S.Irwin & Barneby
Piauí
  Demerval Lobão: Rodovia BR-319, 5km from
    Demerval Lobão in direction of Teresina, by riacho
    Marimbas. 13/1/1985, Lewis, G.P. et al. 1359.
Chamaecrista ensiformis (Vell.) H.S.Irwin & Barneby
  var. ***plurifoliolata*** (Hoehne) H.S.Irwin & Barneby
Bahia
  Cachoeira: Barragem de Bananeiras. Vale dos Rios
    Paraguaçu e Jacuípe. 2/1981, Pedra Cavalo, G. et
    al. 1058.
  Ilhéus: Ilhéus-Itabuna. 19/1/1965, Pereira, E. et al. 9551.
  Una: 30km from BR-101 on road from Buerarema and
    past Vila Brasil. 11/2/1994, Kallunki, J. et al. 523.
  Unloc.: 562.
Chamaecrista fagonioides (Vogel) H.S.Irwin &
  Barneby
Bahia
  Unloc.: 1836, Klotzsch, J.F. 244.
Chamaecrista fagonioides (Vogel) H.S.Irwin &
  Barneby var. ***fagonioides***
Bahia
  Ibitiara: Ca. 40km W do entroncamento de Seabra,
    na BR 242. 23/7/1993, Queiroz. L.P. et al. 3414.
  Unloc.: Sellow, F. s.n., NEOHOLOTYPE, Cassia
    fagonoides Vogel
  ?Bahia: Sellow, F. s.n.
Chamaecrista fagonioides (Vogel) H.S.Irwin &
  Barneby var. ***macrocalyx*** (H.S.Irwin & Barneby)
  H.S.Irwin & Barneby
Bahia
  Barreiras: Rio Piau, ca. 225km SW of Barreiras on
    road to Posse, Goiás. 12/4/1966, Irwin, H.S. et al.
    14601, ISOTYPE, Cassia fagonoides Vogel var.
    macrocalyx H.S.Irwin & Barneby.
  Brotos de Macaúbas: Estrada Ibotirama-Lençois (BR-
    242) KM 125. 9/9/1992, Coradin, L. et al. 8530.
  Ilhéus: 15km S of Ilhéus-Pontal. 4/8/1984, Webster,
    G.L. 25118.
  Lençóis: Serras de Lençóis. Shortly north of Lençóis.
    21/5/1980, Harley, R.M. et al. 22241.
  Maraú: Estrada que liga Ponta do Mutá (Porto de
    Campinhos) à Maraú, a 6km do Porto. 5/2/1979,
    Mori, S. et al. 11402.
  São Dezidério: BR-020. Proximidades do posto de
    gasolina de Roda Velha. 15/6/1983, Coradin, L. et
    al. 5713.
  Rio de Contas: About 3km N of the town of Rio de
    Contas. 21/1/1974, Harley, R.M. et al. 15368.

Rio de Contas: Ca. 15km S of Rio de Contas on
  estrada de terra to Livramento do Brumado.
  2/4/1991, Lewis, G.P. et al. 1944.
Unloc.: Luschnath, B. 833.
Piauí
  Oeiras: Near Oeiras. 5/1839, Gardner, G. 2124.
  Unloc.: 1839, Gardner, G. 2126.
Chamaecrista flexuosa (L.) Greene
Bahia
  Alcobaça: 8/12/1981, Lewis, G.P. et al. 809.
  Barreiras: Estrada para o aeroporto de Barreiras.
    Coletas entre 5 a 15km a partir da sede do
    município. 11/6/1992, Carvalho, A.M.
    et al. 4064.
  Campo Formoso: Estrada Alagoinhas-Água Preta km
    3. 26/6/1983, Coradin, L. et al. 6043.
  Correntina: Ca. 10km SW of Correntina, on
    the road to Goiás. 26/4/1980, Harley, R.M.
    et al. 21789.
  Ilhéus: 9km S de Ilhéus, estrada Ilhéus-Olivença.
    Cururupe. 29/11/1981, Lewis, G.P. et al. 702.
  Itacaré: Estrada Itacaré-Taboquinhas. Ca. 6km de
    Itacaré. Loteamento da Marambaia. 14/12/1992,
    Amorim, A.M. et al. 935.
  Jacobina: Proximidades do Hotel Serra do Ouro.
    27/6/1983, Coradin, L. et al. 6151.
  Lençóis: Estrada de Lençóis para BR-242, ca. 5–5km
    ao N de Lençóis. 19/12/1981, Lewis, G.P. et al.
    866.
  Maraú: Ca. 11km north from turning to Maraú along
    the road to Campinhos. 18/5/1980, Harley, R.M. et
    al. 22218.
  Maraú: 12/1/1967, Belém, R.P. et al. 3049.
  Mucugê: Estrada Andaraí-Mucugê, a 4-5km de
    Andaraí. 8/9/1981, Pirani, J.R. et al. CFCR 2072.
  Mucugê: 9km S of Mucugê, on road from Cascavel.
    4/2/1974, Harley, R.M. et al. 15886.
  Palmeiras: Serras dos Lençóis. Lower slopes of Morro
    do Pai Inácio, ca. 14,5km NW of Lençóis, just N of
    the main Seabra-Itaberaba road. 23/5/1980, Harley,
    R.M. et al. 22417.
  Porto Seguro: Reserva Florestal de Porto Seguro. A
    beira da estrada municipal, km 7. 12/1/1990, Folli,
    D.A. 1056.
  Rio de Contas: Ca. 1km S of Rio de Contas on side
    road to W of the road to Livramento do Brumado.
    15/1/1974, Harley, R.M. et al. 15038.
  Rio de Contas: Ca. 1,5km S of Rio de Contas on
    estrada de terra to Livramento do Brumado.
    2/4/1991, Lewis, G.P. et al. 1941.
  Mun.?: Serra da Chapada. Blanchet, J.S. 251.
  Mun.?: Serra do São Inácio. 2/1907, Ule, E. 7527.
  Unloc.: 1872, Preston, T.A. s.n.
Paraíba
  Santa Rita: Estrada para João Pessoa (BR-230).
    9/1/1981, Fevereiro, V.P.B. et al. M-508.
Pernambuco
  Unloc.: 10/1837, Gardner, G. 989.
Piauí
  Demerval Lobão: Rodovia BR-316, 5km from
    Demerval Lobão in direction of Teresina, 350m
    from riacho Marimbas. 13/1/1985, Lewis, G.P.
    1361.

Chamaecrista flexuosa (L.) Greene var. *flexuosa*
Bahia
Milagres: Morro do Couro or Morro São Cristovão. 6/3/1977, Harley, R.M. et al. 19415.
Morro do Chapéu: 19,5km SE of the town of Morro do Chapéu on the road to Mundo Novo, by the Rio Ferro Doido. 2/3/1977, Harley, R.M. et al. 19301.
Morro do Chapéu: Ca. 3,5km SE de Morro do Chapéu, ao longo da BA 052 (estrada do feijão). 25/7/1993, Queiroz. L.P. et al. 3433.
São Inácio: 1,5km S of São Inácio on Gentio do Ouro road. 24/2/1977, Harley, R.M. et al. 18988.
Piauí
Oeiras: 1837–41, Gardner, G. 2131.
Oeiras: Near the city of Oeiras. 4/1839, Gardner, G. 2131, TYPE, Cassia flexuosa var. pubescens Benth.

Chamaecrista glandulosa (L.) Greene var. *brasiliensis* (Vogel) H.S.Irwin & Barneby
Bahia
Itamaraju: Fazenda Pau Brasil. 5/12/1981, Lewis, G.P. et al. 758.

Chamaecrista cf. *glandulosa* (L.) Greene
Bahia
Barreiras: Estrada para Riachão das Neves ca. 20km ao norte de Barreiras. 13/5/1997, França, F. et al. 2258.

Chamaecrista glaucofilix (H.S.Irwin & Barneby) H.S.Irwin & Barneby
Bahia
Andaraí: South of Andaraí, 16km along road to Mucugê near small town of Xique-Xique. 14/2/1977, Harley, R.M. et al. 18666.
Mucugê: 3km ao S de Mucugê, na estrada para Jussiape. 26/7/1979, Mori, S. et al. 12608.
Mucugê: Estrada Mucugê-Guiné, a 5km de Mucugê. 7/9/1981, Furlan, A. et al. CFCR 1949.
Mucugê: 4km S of Mucugê, on road from Cascavel by the Rio Cumbuca. 6/2/1974, Harley, R.M. et al. 16045, ISOTYPE, Cassia glaucofilix H.S.Irwin & Barneby.

Chamaecrista hispidula (Vahl) H.S.Irwin & Barneby
Bahia
Alcobaça: On the coast road between Alcobaça and Prado, 10km NW of Alcobaça and 4km N along road from the Rio Itanhentinga. 15/1/1977, Harley, R.M. et al. 17938.
Alcobaça: 8/12/1981, Lewis, G.P. et al. 808.
Alcobaça: 8/12/1981, Lewis, G.P. et al. 816.
Campo Formoso: Morro do Cruzeiro, east of town. 31/1/1993, Thomas, W.W. et al. 9686.
Caravelas: Ca. 17km na estrada de Caravelas para Nanuque. 6/9/1989, Carvalho, A.M. et al. 2518.
Ilhéus: Moricand, M.E. s.n.
Monte Santo: 20/2/1974, Harley, R.M. et al. 16405.
Morro do Chapéu: Rod. BA-052, km 349, próximo ao Rio Vereda, Fazenda 3M. 9/9/1990, Lima, H.C. et al. 3920.
Nova Viçosa: Arredores. 20/10/1983, Hatschbach, G. et al. 47054.
Unloc.: Glocker, E.F. prob. 157.
Unloc.: Glocker, E.F. 157.
Ceará
Fortaleza: Coast line, 20 miles inland, on the planio. 9/11/1925, Bolland, G. s.n.

Paraíba
Unloc.: 11/12/1958, Moraes, J.C. 1998.
Piauí
Mun.?: Lagoa Comprida. 2/1839, Gardner, G. 2121.

Chamaecrista huntii (H.S.Irwin & Barneby) H.S.Irwin & Barneby var. *correntina* (H.S.Irwin & Barneby) H.S.Irwin & Barneby
Bahia
Barreiras: Near Rio Piau, ca. 150km SW of Barreiras. 14/4/1966, Irwin, H.S. et al. 14809, ISOTYPE, Cassia huntii H.S.Irwin & Barneby var. correntina H.S.Irwin & Barneby.

Chamaecrista jacobinea (Benth.) H.S.Irwin & Barneby
Bahia
Campo Formoso: Localidade de Água Preta. Estrada Lagoinha-Minas do Mimoso. 26/6/1983, Coradin, L. et al. 6070.
Jacobina: Serra da Jacobina. Morro do Cruzeiro. 23/12/1984, Lewis, G.P. et al. CFCR 7545.
Jacobina: Estrada Jacobina-Morro do Chapéu, ca. 22km a partir da sede do município. Serra do Tombador. 26/10/1995, Amorim, A.M. et al. 1781.
Morro do Chapéu: Ca. 3,5km SE de Morro do Chapéu, ao longo da BA 052 (estrada do feijão). 25/7/1993, Queiroz, L.P. et al. 3435.
Morro do Chapéu: Estrada do Morro do Chapéu-Feira de Santana, ca. 20km a partir da sede do município. Cachoeira do Ferro Doido. 22/2/1993, Amorim, A.M. et al. 1029.
Morro do Chapéu: 2km SE of Morro do Chapéu. 19/11/1986, Webster, G.L. et al. 25787.
Morro do Chapéu: 19,5km SE of the town of Morro do Chapéu on the BA-052 road to Mundo Novo, by the Rio Ferro Doido. 2/3/1977, Harley, R.M. et al. 19228.
Morro do Chapéu: BR-052, vicinity of bridge over Rio Ferro Doido, ca. 18km E of Morro do Chapéu. 17/6/1981, Mori, S. et al. 14512.
Morro do Chapéu: Base of Morro do Chapéu, ca. 6km S of town of Morro do Chapéu. 18/2/1971, Irwin, H.S. et al. 32481.
Morro do Chapéu: Rodovia Lage do Batata-Morro do Chapéu km 66. 28/6/1983, Coradin, L. et al. 6231.
Senhor do Bonfim: Serra da Jacobina, W of Barra da Estiva, ca. 12km N of Senhor do Bonfim on the BA-130 to Juazeiro. Upper W facing slopes of serra to the summit with television mast. 28/2/1974, Harley, R.M. et al. 16556.
Senhor do Bonfim: Serra de Santana. 26/12/1984, Lewis, G.P. et al. CFCR 7646.
Umburanas: Lagoinha: 16km north west of Lagoinha (5,5km SW of Delfino) on side road to Minas do Mimoso. 4/3/1974, Harley, R.M. et al. 16652.
Umburanas: Lagoinha: 16km north west of Lagoinha (5,5km SW of Delfino) on side road to Minas do Mimoso. 4/3/1974, Harley, R.M. et al. 16702.

Chamaecrista cf. *jacobinea* (Benth.) H.S.Irwin & Barneby
Bahia
Jacobina: Serra de Jacobina, ca. 5km E de Jacobina no caminho para Bananeira. 20/8/1993, Queiroz, L.P. et al. 3497.

Chamaecrista juruenensis (Hoehne) H.S.Irwin &
Barneby
Bahia
Barreiras: Rodovia BR-020, 30km O de Barreiras.
12/7/1979, Hatschbach, G. et al. 42304.
Barreiras: a 6km depois de Barreiras, entrada à
direita. 4km na estrada do aeroporto. 3/6/1991,
Brito, H.S. et al. 320.
Barreiras: Espigão Mestre, ca. 25km of Barreiras.
Valley of the Rio das Ondas. 3/3/1971, Irwin, H.S.
et al. 31381.
Barreiras: Rodovia BR-020. 20/6/1986, Hatschbach, G.
et al. s.n.
Barreiras: Estrada para o aeroporto de Barreiras.
Coletas entre 5 a 15km a partir da sede do
município. 11/6/1992, Carvalho, A.M.
et al. 4003.
Barreiras: Estrada para o aeroporto de Barreiras.
Coletas entre 5 a 15km a partir da sede do
município. 11/6/1992, Carvalho, A.M. et al. 4051.
Correntina: Chapadão Ocidental da Bahia, ca. 10km
SW of Correntina, on the road to Goiás. 26/4/1980,
Harley, R.M. et al. 21803.
Correntina: Chapadão Ocidental da Bahia, ca. 10km
SW of Correntina, on the road to Goiás. 26/4/1980,
Harley, R.M. et al. 21793.
Piauí
Mun.?: Dry hily Paranagoa. 8/1839, Gardner, G.
2546.
Chamaecrista kunthiana (Schlecht. & Cham.)
H.S.Irwin & Barneby
Bahia
Correntina: About 9km SE of Correntina, on
road to Jaborandi. 27/4/1980, Harley, R.M.
et al. 21857.
Chamaecrista mucronata (Spreng.) H.S.Irwin &
Barneby
Bahia
Andaraí: 22km S of Andaraí on road to Mucugê.
16/2/1977, Harley, R.M. et al. 18742.
Barra da Estiva: Camulengo, povoado em baixo dos
inselbergs ao S da Cadeia de Sincorá. Estrada Barra
da Estiva-Triunfo do Sincorá, entrada km 17.
23/5/1991, Santos, E.B. et al. 275.
Lençóis: Mucugêzinho, km 220 a partir da rodovia
BR-242. 21/12/1981, Lewis, G.P. et al. 947.
Lençóis: Along BR-242, ca. 15km NW of Lençóis at
km 225. 10/6/1981, Mori, S. et al. 14290.
Lençóis: BR-242, entre km 224 e 228, a ca. 20km ao
NW de Lençóis. 2/11/1979, Mori, S. 12965.
Lençóis: Serras dos Lençóis. About 7–10km along the
main Seabra-Itaberaba road W of the Lençóis
turning, by the Rio Mucugêzinho. 27/5/1980,
Harley, R.M. et al. 22676.
Mucugê: Estrada Mucugê-Guiné, a 5km de Mucugê.
7/9/1981, Furlan, A. et al. CFCR 1947.
Chamaecrista multinervia (Benth.) H.S.Irwin &
Barneby
Bahia
Rio de Contas: Mato Grosso. 16/5/1983, Hatschbach,
G. 46500.
Chamaecrista nictitans (L.) Moench
Alagoas

Arapiraca: 33km da zona urbana. 20/7/1982, Lemos,
R.P.L. et al. 590.
Bahia
Ilhéus: Luschnath, B. 815.
Unloc.: Blanchet, J.S. 1207.
Ceará
Quixeré: Distrito Quixeré. Chapada do Apodi. Faz.
Mato Alto (Manga do Mamoeiro). 16/6/1997, Melo,
L.M.R. et al. 131.
Pernambuco
Mun.?: Morro dos Macacos. 19/6/1950, Leal, C.G. et
al. 106.
Chamaecrista nictitans (L.) Moench subsp.
disadena (Steud.) H.S.Irwin & Barneby var.
disadena
Bahia
Caém: Ca. 1km da BR 324 na estrada para Caém.
22/8/1993, Queiroz, L.P. et al. 3554.
Ilhéus: Área do CEPEC (Centro de Pesquisas do
Cacau), km 22 da Rodovia Ilhéus-Itabuna (BR-415).
12/2/1978, Mori, S. et al. 9271.
Ilhéus: Área do CEPEC (Centro de Pesquisas do
Cacau), km 22 da Rodovia Ilhéus-Itabuna (BR-415).
22/2/1978, Mori, S. et al. 9343.
Ceará
Fortaleza: Coast line, 20 miles inland. 9/11/1925,
Bolland, G. s.n.
Chamaecrista nictitans (L.) Moench subsp.
disadena (Steud.) H.S.Irwin & Barneby var. ***pilosa***
(Benth.) H.S.Irwin & Barneby
Bahia
Cachoeira: Estação Pedra do Cavalo. 8/1980, Pedra
Cavalo, G. et al. 647.
Dom Macedo Costa: Fazenda Mocambo. 5/7/1985,
Noblick, L.R. et al. 3966.
Ilhéus: 9km sul de Ilhéus, estrada Ilhéus-Olivença.
Cururupe. 29/11/1981, Lewis, G.P. et al. 710.
Ilhéus: Área do CEPEC (Centro de Pesquisas do
Cacau), km 22 da Rodovia Ilhéus-Itabuna (BR-415).
Quadra I. 24/2/1981, Hage, J.L. 467.
Ilhéus: Área do CEPEC (Centro de Pesquisas do
Cacau), km 22 da Rodovia Ilhéus-Itabuna (BR-415).
Quadra E. 20/5/1981, Hage, J.L. et al. 720.
Ilhéus: Área do CEPEC (Centro de Pesquisas do
Cacau), km 22 da Rodovia Ilhéus-Itabuna (BR-415).
Quadra F. 9/6/1981, Hage, J.L. 931.
Ilhéus: Área do CEPEC (Centro de Pesquisas do
Cacau), km 22 da Rodovia Ilhéus-Itabuna (BR-415).
Quadra D. 30/6/1981, Hage, J.L. et al. 1003.
Ilhéus: Área do CEPEC (Centro de Pesquisas do
Cacau), km 22 da Rodovia Ilhéus-Itabuna (BR-415).
Quadra E. 22/7/1981, Hage, J.L. et al. 1124.
Ilhéus: Área do CEPEC (Centro de Pesquisas do
Cacau), km 22 da Rodovia Ilhéus-Itabuna (BR-415).
29/12/1981, Lewis, G.P. 993.
Ilhéus: 9km sul de Ilhéus, estada Ilhéus-Olivença.
Cururupe. 29/11/1981, Lewis, G.P. et al. 711.
Ipacaetá: Fazenda Riachão, Serra Orobozinho, ca.
1km da cidade. 14/8/1985, Noblick, L.R. et al. 4300.
Itabuna: CEPLAC, grounds of research station.
20/1/1980, Harley, R.M. et al. 20509.
Mucugê: About 2km along Andaraí road. 25/1/1980,
Harley, R.M. et al. 20604.

Serra Preta: 7km W d ponto de Serra Preta, Fazenda Santa Clara. 17/7/1985, Noblick, L.R. et al. 4146.

Mun.?: Santa Teresa-Lagoinha, Rio de Janeiro. Country Club. 16/1/1980, Harley, R.M. et al. 20501.

Mun.?: Cruz de Cosma. 11/1855, Glocker, E.F. 65.

Mun.?: Cruz de Cosma. Luschnath, B. 834.

Pernambuco

Unloc.: 1838, Gardner, G. s.n.

Chamaecrista nictitans (L.) Moench subsp. ***patellaria*** (Collad.) H.S.Irwin & Barneby var. ***ramosa*** (Vogel) H.S.Irwin & Barneby

Bahia

Ilhéus: 9km sul de Ilhéus, estrada Ilhéus-Olivença. Cururupe. 29/11/1981, Lewis, G.P. et al. 711.

Chamaecrista oligosperma (Benth.) H.S.Irwin & Barneby

Bahia

Correntina: Capadão Ocidental da Bahia, ca. 15km SW of Correntina on the road to Goiás. 25/4/1980, Harley, R.M. et al. 21733.

Chamaecrista onusta H.S.Irwin & Barneby

Bahia

Maraú: Estrada para o Porto de Campinhos, 17km da entrada de Maraú em direção à Campinhos. 7/1/1982, Lewis, G.P. et al. 1024.

Maraú: Rodovia BR-030, trecho Porto de Campinhos-Maraú, km 11. 26/2/1980, Carvalho, A.M. et al. 179.

Maraú: Near Maraú 20km north from road junction from Maraú to Ponta do Mutá. 3/2/1977, Harley, R.M. et al. 18535, ISOTYPE, Chamaecrista onusta H.S.Irwin & Barneby.

Chamaecrista aff. ***onusta*** H.S.Irwin & Barneby

Bahia

Unloc.: 1/12/1982, Noblick, L.R. et al. 2316.

Chamaecrista orbiculata (Benth.) H.S.Irwin & Barneby

Bahia

Correntina: 2/6/1984, Silva, S.B. 382.

Barreiras: Rodovia BR-020, 30–40km O de Roda Velha. 10/6/1986, Hatschbach, G. et al. 50537.

Chamaecrista orbiculata (Benth.) H.S.Irwin & Barneby var. ***orbiculata***

Bahia

Barreiras: Rodovia Barreiras-Brasília km 90. 8/7/1983, Coradin, L. et al. 7418.

Santa Rita de Cássia: NW corner of Bahia. 8/1839, Gardner, G. 2829.

Chamaecrista paniculata (Benth.) H.S.Irwin & Barneby

Bahia

Barreiras: Rodovia BR-020, 10km O de Roda Velha. 10/7/1979, Hatschbach, G. et al. 42282.

Chamaecrista pascuorum (Benth.) H.S.Irwin & Barneby

Bahia

Água Quente: Pico das Almas. Vertente oeste. Entre Paramirim das Crioulas e a face NNW do pico. 16/12/1988, Harley, R.M. et al. 27195.

Brumado: Ca. 15km na rodovia Brumado-Caetité. 27/12/1989, Carvalho, A.M. et al. 2621.

Castro Alves: Topo da Serra da Jibóia, em torno da torre de televisão. 12/3/1993, Queiroz, L.P. et al. 3098.

Castro Alves: Ca. 4km W de Castro Alves, na estrada para Santa Terezinha. 26/4/1994, Queiroz, L.P. et al. 3837.

Cocos: Ca. 13m S of Cocos and 3km S of the Rio Itaguarí. 15/3/1972, Anderson, W.R. et al. 36977.

Feira de Santana: Próximo de Feira de Santana. 9/3/1958, Andrade-Lima, D. 58-2911.

Gentio do Ouro: 65km N of Gentio do Ouro, on road to and just south of São Inácio. 23/2/1977, Harley, R.M. et al. 18977.

Livramento do Brumado: 10km S of Livramento do Brumado on road to Brumado. 25/3/1991, Lewis, G.P. et al. 1883.

Morro do Chapéu: Ca. 22km W of Morro do Chapéu. 20/2/1971, Irwin, H.S. et al. 30666.

Morro do Chapéu: 19,5km SE of the town of Morro do Chapéu on the BA-052 road to Mundo Novo, by the Rio Ferro Doido. 2/3/1977, Harley, R.M. et al. 19264.

Poções: km 10 da estrada que liga Poções (BR-116) ao povoado de Bom Jesus da Serra (ao W de Poções). 5/3/1978, Mori, S. et al. 9513.

Rio de Contas: Pico das Almas. Vertente norte. Área de campos e mata, noroeste do Campo do Queiroz. 22/11/1988, Harley, R.M. et al. 26236.

Rio de Contas: Pico das Almas. Vertente leste. Trilho fazenda Silvina-Queiroz, perto da Fazenda Silvina. 9/12/1988, Harley, R.M. et al. 27075.

Rio de Contas: Pico das Almas. Casa de D. Maria Silvinas. 14/12/1984, Lewis, G.P. et al. CFCR 6897.

Rio de Contas: 12–14km north of the town of Rio de Contas, on the road to Mato Grosso. 17/1/1974, Harley, R.M. et al. 15204.

São Inácio: 1,5km S of São Inácio on Gentio do Ouro road. 24/2/1977, Harley, R.M. et al. 19021.

São Inácio: 5,6km S of São Inácio on the road to Gentio do Ouro. 27/2/1977, Harley, R.M. et al. 19153.

Mun.?: Ca. 5km da BR 116 na BR 242. 14/7/1993, Queiroz, L.P. et al. 3314.

Mun.?: Área controle da Caraíba Metais. 23/11/1982, Noblick, L.R. et al. 2145.

Mun.?: Serra de São Inácio. 2/1907, Ule, E. 7526.

Chamaecrista philippi (H.S.Irwin & Barneby) H.S.Irwin & Barneby

Bahia

Iraquara: Ca. 4km S de Água de Rega na estrada para Lagoa da Boa Vista. 23/7/1993, Queiroz. L.P. et al. 3382.

Rio de Contas: Ca. 1km south of small town of Mato Grosso on the road to Rio de Contas. 24/3/1977, Harley, R.M. et al. 19921.

Seabra: Ca. 8km N de Seabra na estrada para Lagoa da Boa Vista. 22/6/1993, Queiroz. L.P. et al. 3331.

Chamaecrista pilosa (L.) Greene var. ***luxurians*** (Benth.) H.S.Irwin & Barneby

Bahia

Cocos: 6km S of Cocos. 16/3/1972, Anderson, W.R. et al. 37027.

Paraíba

Brejo do Cruz: Estrada de Catolé do Rocha a Brejo do Cruz. 2/6/1984, Collares, J.E.R. et al. 156.

Chamaecrista punctulifera (Harms) H.S.Irwin & Barneby

Bahia

Água Quente: Vale ao noroeste do Pico. 13/12/1988, Harley, R.M. et al. 27227.

Mucugê: Margem da estrada Andaraí-Mucugê. Estrada nova, a 1km de Mucugê, próximo a uma grande pedreira na margem esquerda. 21/7/1981, Pirani, J.R. et al. CFCR 1667.

Rio de Contas: Pico das Almas. Vertente norte. Área de campos e mata, noroeste do campo do Queiroz. 22/11/1988, Harley, R.M. et al. 26234.

Rio de Contas: Pico das Almas. Vertente leste. Trilha Fazenda Silvina-Campo do Queiroz. 13/12/1988, Harley, R.M. et al. 27177.

Rio de Contas: Lower NE slopes of the Pico das Almas, ca. 25km WNW of the Rio de Contas. 17/2/1977, Harley, R.M. et al. 19538.

Chamaecrista ramosa (Vogel) H.S.Irwin & Barneby

Alagoas

Maragogi: 31/1/1991, Barros, C.S.S. et al. 42.

Bahia

Campo Formoso: Serra da Boa. 4/9/1981, Ferreira, J.D.C.A. 93.

Formosa do Rio Preto: Ca. 40km W do entroncamento com a BR-135 (Fromosa do Rio Preto-Barreiras), na estrada para Guaribas. 14/10/1994, Queiroz, L.P. et al. 4147.

Ilhéus: 12km S along road from Protal de Ilhéus just past Cururupe. 5/1/1977, Harley, R.M. 17805.

Ibiraba: Dunas arenosas à margem do Rio São Francisco. 7/2/1989, Rocha, P. 15.

Mucugê: 9km S of Mucugê, on road from Cascavel. Waste ground by Rio Paraguaçu. 4/2/1974, Harley, R.M. et al. 15887.

Mucurí: A 7km a NW de Mucurí. 14/9/1978, Mori, S. et al. 10486.

Rio de Contas: Ca. 5km east of Rio de Contas on road to Macolino Moura. 25/3/1977, Harley, R.M. et al. 20006.

Santa Cruz Cabrália: BR-367, a 18,7km de Porto Seguro na estrada para Santa Cruz Cabrália. 27/7/1978, Mori, S. et al. 10347.

Ceará

Crato: 1837–41, Gardner, G. 1574.

Paraíba

Joào Pessoa: Estrada entre Joào Pessoa e Cabedelo, ca. 5km de Cabedelo. 11/1/1981, Fevereiro, V.P.B. et al. M-516.

Pernambuco

Itamarica (Itamaracá). 1837–41, Gardner, G. 988.

Chamaecrista ramosa (Vogel) H.S.Irwin & Barneby var. **ramosa**

Alagoas

Maceió: 16km S de Maceió. 2/2/1982, Kirkbride, J.H. Jr. 4618.

Bahia

Alcobaça: Rodovia BA-001, a 5km ao sul de Alcobaça. 18/3/1978, Mori, S. et al. 9652.

Belmonte: 24km SW of Belmonte, on road to Itapebi. 24/3/1974, Harley, R.M. et al. 17342.

Gentio do Ouro: 12km E of Gentio do Ouro on road to Boa Vista and Ibipeba. 22/2/1977, Harley, R.M. et al. 18905.

Ilhéus: Ca. 8km na estrada Ilhéus-Olivença. 9/10/1989, Carvalho, A.M. et al. 2557.

Ilhéus: Moricand, M.E. 2167.

Ilhéus: Martius, C.F.P. von. 405.

Ilhéus: Estrada que liga Olivença à Vila Brasil, 9km sudoeste de Olivença. 16/2/1982, Mattos Silva, L.A. et al. 1527.

Maraú: Estrada que liga Ponta do Mutá (Porto de Campinhos) a Maraú, a 6km do Porto. 5/2/1979, Mori, S. et al. 11403.

Maraú: Km 51 da estrada Ubaitaba-Maraú. 6/1/1982, Lewis, G.P. et al. 1012.

Maraú: Coastal zone. Near Maraú. 16/5/1980, Harley, R.M. et al. 22130.

Porto Seguro: 6km N of Porto Seguro. 27/7/1984, Webster, G.L. 25080.

Porto Seguro: Parque Nacional Monte Pascoal. North of Barra Velha. 18/7/1997, Thomas, W.W. et al. 11626.

Rio de Contas: Pico das Almas, a 18km ao SNW de Rio de Contas. 24/7/1979, Mori, S. et al. 12495.

Salvador: Ca. 30km a N da cidade. Arredores do aeroporto. Dunas. 2/1/1982, Lewis, G.P. et al. 1003.

Salvador: Ca. 35km NE of the city of Salvador, 3km NE of Itapuà. 31/8/1978, Morawetz, W. & M. 11-31878.

Salvador: Ca. 35km NE of the city of Salvador, 3km NE of Itapuà. 17/2/1981, Morawetz, W. & M. 19-17281.

Santa Cruz Cabrália: 11km S of Santa Cruz Cabrália. 17/3/1974, Harley, R.M. et al. 17105.

Santa Cruz Cabrália: 11km S of Santa Cruz Cabrália. 17/3/1974, Harley, R.M. et al. 17107.

Santa Cruz Cabrália: 11km S of Santa Cruz Cabrália. 17/3/1974, Harley, R.M. et al. 17108.

Santa Cruz Cabrália: 11km S of Santa Cruz Cabrália. 17/3/1974, Harley, R.M. et al. 17115.

Santa Cruz Cabrália: Km 18 da rodovia Porto Seguro-Santa Cruz Cabrália (BR-367), 50m da praia. 2/9/1986, Mattos Silva, L.A. et al. 2093.

Una: Ca. 5km na estrada Comandatuba. 4/12/1991, Amorim, A.M. et al. 509.

Una: 4km N of Comandatuba, ca. 10km S of Una. 18/2/1988, Thomas, W.W. et al. 6015.

Una: Ramal à esquerda no Km 14 da rodovia Una-Canavieiras, BA-001. Comandatuba. 3/6/1981, Hage, J.L. et al. 838.

Unloc.: Near Bahia. 9/1837, Gardner, G. 888.

Unloc.: Glocker, E.F. 155.

Unloc.: Salzmann, P. s.n.

Unloc.: Wetherell, M. s.n.

Pernambuco

Unloc.: 11/1837, Gardner, G. 988.

Untraced Locality

Espírito Santo-Bahia: Sellow, F. s.n., HOLOTYPE, Cassia ramosa Vogel var. ramosa.

Chamaecrista ramosa (Vogel) H.S.Irwin & Barneby
var. ***curvifolia*** (Vogel) G.P.Lewis
Bahia
  Barreiras: Fazenda Batalha. 19/5/1984, Silva, S.B. et
    al. 344.
  Barreiras: Estrada para Brasília. BR-242. Estrada no
    km70 a partir da sede do município, ca. 23km em
    direção à Cooperativa de Cotia; Cachoeira do
    Acaba Vida no Rio de Janeiro. 12/6/1992, Amorim,
    A.M. et al. 558.
  Belmonte: 24km SW of Belmonte, on road to Itapebi.
    24/3/1974, Harley, R.M. et al. 17342.
  Caravelas: Rodovia BR-418, entroncamento com a
    BA-001. 18/3/1978, Mori, S. et al. 9703.
  Correntina: 30/5/1984, Silva, S.B. et al. 378.
  Correntina: Chapadão Ocidental da Bahia. 30km N
    from Correntina on the Inhaúmas road. 29/4/1980,
    Harley, R.M. et al. 21930.
  Jacobina: Vila do Barra. 1840, Moricand, M.E. 3128.
Ceará
  Crato: Near Crato. 9/1838, Gardner, G. 1574.
Piauí
  Unloc.: 8/1839, Gardner, G 2550.
Chamaecrista ramosa (Vogel) H.S.Irwin & Barneby
var. ***lucida*** (Benth.) H.S.Irwin & Barneby
Bahia
  Nova Viçosa: Arredores. 19/10/1983, Hatschbach, G.
    et al. 47022.
Chamaecrista ramosa (Vogel) H.S.Irwin & Barneby
var. ***parvifoliola*** (H.S.Irwin) H.S.Irwin & Barneby
Bahia
  Andaraí: Between Igatu-Mucugê. 24/1/1980, Harley,
    R.M. et al. 20572.
  Iraquara: Ca. 4km S de Água de Rega na estrada para
    Lagoa da Boa Vista. 23/7/1993, Queiroz, L.P. et al.
    3380.
  Lençóis: BR-242, km 216, a 12km ao N de Lençóis.
    1/3/1980, Mori, S. 13326.
  Lençóis: 2–5km N of Lençóis on trail to Barro
    Branco. 11/6/1981, Mori, S. et al. 14329.
  Morro do Chapéu: Ca. 3,5km SE de Morro do
    Chapéu, ao longo da BA 052 (estrada do feijão).
    25/7/1993, Queiroz, L.P. et al. 3431.
  Mucugê: Estrada Mucugê-Guiné, a 28km de Mucugê.
    7/9/1981, Furlan, A. et al. CFCR 2031.
  Mucugê: Serra do Sincorá, ca. 15km NW of Mucugê
    on the road to Guiné-Palmeiras. 26/3/1980, Harley,
    R.M. et al. 20992.
  Palmeiras: Lower slopes of Morro do Pai Inácio, ca.
    14,5km NW of Lençóis just N of the main Seabra-
    Itaberaba road. 26/5/1980, Harley, R.M. et al. 22634.
  Seabra: Serra do Bebedor, ca. 4km W de Lagoa da
    Boa Vista na estrada para Gado Bravo. 22/6/1993,
    Queiroz, L.P. et al. 3352.
Chamaecrista repens (Vogel) H.S.Irwin & Barneby
var. ***multijuga*** (Benth.) H.S.Irwin & Barneby
Bahia
  Barra da Estiva: Estrada Barra da Estiva-Mucugê km
    31. 4/7/1983, Coradin, L. et al. 6446.
  Barreiras: Espigão Mestre, ca. 100km WSW of
    Barreiras. 5/3/1972, Anderson, W.R. et al. 36628.
  Barreiras: 7km S of Rio Piau, ca. 150km SW of
    Barreiras. 13/4/1966, Irwin, H.S. et al. 14693.

  Barreiras: Serra 34km W of Barreiras. 2/3/1972,
    Anderson, W.R. et al. 36407.
  Barreiras: Rio Roda Velha, ca. 150km SW of Barreiras.
    15/4/1966, Irwin, H.S. et al. 14920.
  Brotos de Macaúbas: Proximidades cidade de
    Lençóis, margens do Rio São José. 10/9/1992,
    Coradin, L. et al. 8536.
  Caetité: Serra Geral de Caetité ca. 5km S from Caetité
    along the Brejinhos das Ametistas road. 9/4/1980,
    Harley, R.M. et al. 21111.
  Cascavel: Ca. 15km N of Cascavel on the Mucugê
    road. 3/2/1974, Harley, R.M. et al. 15875.
  Iaçu: Fazenda Suibra, 18km a leste da cidade,
    seguindo à ferrovia. 12/3/1985, Noblick, L.R. et al.
    3569.
  Lençóis: Rodovia BR-242 ca. 5km da estrada para
    Lençóis na direção Morro do Pai Inácio.
    21/12/1981, Lewis, G.P. et al. 968.
  Mirangaba: 23/4/1981, Fonseca, W.N. 403.
  Morro do Chapéu: Rodovia para Utinga, ramal para
    a torre da TELEBAHIA. 8/9/1990, Lima, H.C.
    et al. 3881.
  Piatã: Próximo a Serra do Gentio (Gerais, entre Piatã
    e Serra da Tromba). 21/12/1984, Lewis, G.P. et al.
    CFCR 7421.
  Poções: km 10 da estrada que liga Poções (BR-116)
    ao povoado de Bom Jesus da Serra (ao W de
    Poções). 5/3/1978, Mori, S. et al. 9514.
  Rio de Contas: Ca. 1km S of Rio de Contas on side
    road to W of the road to Livramento do Brumado.
    15/1/1974, Harley, R.M. et al. 15078.
  Rio de Contas: Em direção ao Rio Brumado, 5km de
    Rio de Contas. 13/12/1984, Lewis, G.P. et al. CFCR
    6787.
  Rio de Contas: Ca. 1,5km S of Rio de Contas on
    estrada de terra to Livramento do Brumado.
    2/4/1991, Lewis, G.P. et al. 1942.
  Rio de Contas: 8km da cidade na estrada para
    Jussiape. 25/12/1988, Harley, R.M. et al. 27716.
  Vitória da Conquista: Estrada próximo a Vitória
    da Conquista. 10/3/1958, Andrade-Lima, D. 58
    2927.
  Andaraí: Between Andaraí-Igatu. 24/1/1980, Harley,
    R.M. et al. 20549.
Ceará
  Mun.?: Serra do Araripe. 10/1838, Gardner, G. 1572,
    HOLOTYPE, Cassia drepanophylla Benth.
  Mun.?: Serra do Araripe. 10/1838, Gardner, G. 1573.
Piauí
  Oeiras: Near Oeiras. 5/1839, Gardner, G. 2127.
Chamaecrista roraimae (Benth.) Gleason
Bahia
  Rio de Contas: 8km da cidade na estrada para
    Jussiape. 25/12/1988, Harley, R.M. et al. 27715.
  Rio de Contas: On road to Abaíra, ca. 8km to N of
    the town of Rio de Contas. 18/1/1974, Harley, R.M.
    et al. 15215.
  Rio de Contas: On road to Abaíra, ca. 8km to N of
    the town of Rio de Contas. 18/1/1974, Harley, R.M.
    et al. 15214.
  Rio de Contas: Em direção ao Rio Brumado, 5km de
    Rio de Contas. 13/12/1984, Lewis, G.P. et al. CFCR
    6802.

Seabra: Ca. 29km N of Seabra, road to Água de Rega. 27/2/1971, Irwin, H.S. et al. 31193.

Vitória da Conquista: Próximo à Vitória da Conquista. 10/3/1958, Andrade-Lima, D. 58 2923.

Chamaecrista rotundifolia (Pers.) Greene

Bahia

Cachoeira: Vale dos Rios Paraguaçu e Jacuípe. Estação da EMBASA. 6/1980, Pedra Cavalo, G. 143.

Santa Luzia: 1837, Pohl, J.E. 907.

Paraíba

Areia: Mata de Pau Ferro, parte oeste mais seca, ca. 1km da estrada Areia-Remígio. 1/12/1980, Fevereiro, V.P.B. et al. M-152.

Pernambuco

Unloc.: 10/1837, Gardner, G. 967.

Unloc.: 1838, Gardner, G. s.n.

Chamaecrista rotundifolia (Pers.) Greene var. **grandiflora** (Benth.) H.S.Irwin & Barneby

Bahia

Maracás: Rodovia Maracás-Contendas do Sincorá (BA-026), km 6. 14/2/1979, Mattos Silva, L.A. et al. 252.

Maracás: Rodovia BA-026, a 6km a SW de Maracás. 26/4/1978, Mori, S. et al. 9926.

Monte Santo: 20/2/1974, Harley, R.M. et al. 16410.

Morro do Chapéu: Base of Morro do Chapéu. 17/2/1971, Irwin, H.S. et al. 32442.

Mucugê: About 2km along Andaraí road. 25/1/1980, Harley, R.M. et al. 20634.

Rio de Contas: Arredores. 15/5/1983, Hatschbach, G. 46416.

Rio de Contas: Estrada para a Cachoeira do Fraga, no Rio Brumado, a 3km do Município de Rio de Contas. 22/7/1981, Furlan, J. et al. CFCR 1704.

Rio de Contas: Ca. 5km N de Rio de Contas, próximo ao entroncamento para Brumadinho. 29/10/1993, Queiroz, L.P. et al. 3667.

Rio de Contas: Between 2,5 and 5km S of Rio de Contas on side road to W of the road to Livramento do Brumado, leading to the Rio Brumado. 28/3/1977, Harley, R.M. et al. 20141.

Rio de Contas: About 2km N of the Rio de Contas in flood plain of the Rio Brumado. 22/3/1977, Harley, R.M. et al. 19843.

Rio de Contas: About 2km N of the town of Rio de Contas in flood plain of the Rio Brumado. 23/1/1974, Harley, R.M. et al. 15617.

Umburanas: Lagoinha: 18km north west of Lagoinha (which is 5,5km SW of Delfino) on side road to Minas do Mimoso. 7/3/1974, Harley, R.M. et al. 16945.

Chamaecrista rotundifolia (Pers.) Greene var. **rotundifolia**

Bahia

Bom Jesus da Lapa: Basin of the upper São Francisco river. 4km north of Bom Jesus da Lapa, on the main road Ibotirama. 20/4/1980, Harley, R.M. et al. 21580.

Lençóis: Perto da cidade de Lençóis. 20/12/1981, Lewis, G.P. et al. 935.

Mata de São João: Praia do Forte. 29/11/1992, Queiroz, L.P. 2905.

Mucugê: About 4km along Andaraí road. 25/1/1980, Harley, R.M. et al. 20655.

Palmeiras: 1872, Preston, T.A. s.n.

Palmeiras: Morro do Pai Inácio km 224 da rodovia BR-242. 19/12/1981, Lewis, G.P. et al. 884.

Rio de Contas: Ca. 1km S of Rio de Contas on side road to W of the road to Livramento do Brumado. 15/1/1974, Harley, R.M. et al. 15058.

Ceará

Tianguá: Proximidades Serra Grande Hotel-Chapada da Serra do Ibiapaba. 1/7/1987, Coradin, L. et al. 7878.

Piauí

Corrente: Instituto Batista de Corrente. 9/3/1994, Nascimento, M.S.B. 515.

Chamaecrista rupestrium H.S.Irwin & Barneby

Bahia

Rio de Contas: Arredores. 16/5/1983, Hatschbach, G. 46439, ISOTYPE, Chamaecrista rupestrium H.S.Irwin & Barneby.

Chamaecrista serpens (L.) Greene

Bahia

Feira de Santana: Campus da UEFS. 26/11/1992, Queiroz, L.P. 2894.

Mata de São João: Praia do Forte. 29/11/1992, Queiroz, L.P. 2904.

Riachão do Jacuípe: Rio Toco, 14km suleste da cidade, BR-324. 10/7/1985, Noblick, L.R. et al. 4101.

Unloc.: Salzmann, P. s.n.

Chamaecrista serpens (L.) Greene var. **serpens**

Bahia

Jaguarari: 7/9/1981, Gonçalves, L.M.C. 200.

Unloc.: Ca. 5km da BR 116 na BR 242. 14/7/1993, Queiroz, L.P. et al. 3312.

Unloc.: 1842, Glocker, E.F. 156.

Piauí

Canabrava: Near Canabrava. 3/1839, Gardner, G. 2128.

Rio Grande do Norte

Currais Novos: 5km from Currais Novos on Caicó road. 26/3/1972, Pickersgill, B. et al. RU-72-462.

Chamaecrista aff. serpens (L.) Greene

Piauí

Campo Maior: Fazenda Sol Posto. 12/6/1995, Nascimento, M.S.B. et al. 1037.

Chamaecrista sincorana (Harms) H.S.Irwin & Barneby

Bahia

Abaíra: Serra do Atalho. Complexo Serra da Tromba. 18/4/1994, Melo, E. et al. 978.

Lençóis: Caminho de Lençóis para Barro Branco, atrás do cemitério de Lençóis, ca. 8km de Lençóis. 27/4/1992, Queiroz, L.P. 2757.

Lençóis: Perto da cidade de Lençóis. 20/12/1981, Lewis, G.P. et al. 932.

Palmeiras: km 232 da rodovia BR-242 para Ibotirama. Pai Inácio. 18/12/1981, Lewis, G.P. et al. 849.

Palmeiras: Serras dos Lençóis. Lower slopes of Morro do Pai Inácio, ca. 14,5km NW of Lençóis, just N of the main Seabra-Itaberaba road. 27/5/1980, Harley, R.M. et al. 22724.

Palmeiras: Serras dos Lençóis. Lower slopes of Morro do Pai Inácio, ca. 14,5km NW of Lençóis, just N of the main Seabra-Itaberaba road. 21/5/1980, Harley, R.M. et al. 22270.

Palmeiras: Serras dos Lençóis. Lower slopes of Morro do Pai Inácio, ca. 14,5km NW of Lençóis, just N of the main Seabra-Itaberaba road. 21/5/1980, Harley, R.M. et al. 22305.

Chamaecrista supplex (Benth.) Britton & Rose ex Britton & Killip

Bahia

Barreiras: Ca. 10km W of Barreiras. 2/3/1971, Irwin, H.S. et al. 31281.

Bom Jesus da Lapa: Rodovia para Malhada, km 5–10. 5/4/1992, Hatschbach, G. et al. 56599.

Bom Jesus da Lapa: Basin of the upper São Francisco river. Just beyond Calderão, ca. 32km NE from Bom Jesus da Lapa. 18/4/1980, Harley, R.M. et al. 21490.

Brumado: Rod. BR-430, 20–30km a oeste de Brumado. 5/4/1992, Hatschbach, G. et al. 56649.

Ibicaraí: Rodovia BR-415, a 2km W de Ibicaraí. 17/3/1979, Mori, S. et al. 11604.

Livramento do Brumado: 10km S of Livramento do Brumado on road to Brumado. Beside picada from smallholding on left of road to quartzite outcrop. 25/3/1991, Lewis, G.P. et al. 1877.

Novo Remanso: Aterro do terminal pesqueiro da barragem da hidroelétrica de Sobradinho-Novo Remanso. 22/6/1983, Coradin, L. et al. 5932.

Utinga: 1838, Blanchet, J.S. 2747.

Xique-Xique: São Inácio, Lagoa Itaparica 10km W of the São Inácio-Xique-Xique road at the turning 13,1km N of São Inácio. 26/2/1977, Harley, R.M. et al. 19103.

Ceará

Icó: Near Icó. 8/1838, Gardner, G. 1569.

Piauí

Oeiras: 4/1839, Gardner, G. 2129.

Chamaecrista swainsonii (Benth.) H.S.Irwin & Barneby

Bahia

Cachoeira: Vale dos Rios Paraguaçu e Jacuípe. Porto Castro Alves. 6/1980, Pedra Cavalo, G. 285.

Campo Formoso: Estrada Alagoinhas-Água Preta km 3. 26/6/1983, Coradin, L. et al. 6040.

Feira de Santana: 4km antes de Feira de Santana. 9/3/1958, Andrade-Lima, D. 58-2907.

Feira de Santana: Campus da UEFS. 26/11/1992, Queiroz, L.P. 2890.

Itapicuru: Itapicuru-Tobias Barreto (SE), km 4. 16/6/1994, Sant'Ana, S.C. et al. 495.

Jacobina: Oeste de Jacobina. Serra do Tombador, estrada para Lagoa Grande. 23/12/1984, Lewis, G.P. et al. CFCR 7495.

Maracás: Ca. 1km NE de Maracás, na Lajinha, ao lado do Cruzeiro. 2/7/1993, Queiroz, L.P. et al. 3289.

Morro do Chapéu: Ca. 22km W of Morro do Chapéu. 20/2/1971, Irwin, H.S. et al. 32631.

?Bahia: HOLOTYPE, Cassia swainsonii Benth.

Chamaecrista tenuisepala (Benth.) H.S.Irwin & Barneby

Bahia

Feira de Santana: Próximo a Feira de Santana. 9/3/1958, Andrade-Lima, D. 58-2909.

Paraíba

Princesa Isabel: Estrada de Tavares para Princesa Isabel. 12/6/1984, Collares, J.E.R. et al. 197.

Piauí

Oeiras: Near Oeiras. 3/1839, Gardner, G. 2125, ISOTYPE, Cassia tenuisepala Benth.

Unloc.: Serra Branca. 1/1907, Ule, E. 7435.

Chamaecrista urophyllidia (H.S.Irwin & Barneby) H.S.Irwin & Barneby

Bahia

Rio de Contas: Cachoeira do Fraga. 18/9/1989, Hatschbach, G. et al. 53454.

Rio de Contas: Estrada para a Cachoeira do Fraga, no Rio Brumado, a 3km do Município de Rio de Contas. 22/7/1981, Furlan, A. et al. CFCR 1678.

Rio de Contas: 4km ao N de Rio de Contas. 21/7/1979, Mori, S. et al. 12366.

Chamaecrista venulosa (Benth.) H.S.Irwin & Barneby

Bahia

Barra da Estiva: Estrada Ituaçu-Barra da Estiva, a 8km de Barra da Estiva. Morro do Ouro. 19/7/1981, Giulietti, A.M. et al. CFCR 1305.

Rio de Contas: Pico das Almas,a 18km ao SNW de Rio de Contas. 22/7/1979, Mori, S. et al. 12456.

Chamaecrista viscosa (Kunth) H.S.Irwin & Barneby

Bahia

Unloc.: Schomburgk, R. 2837.

Chamaecrista viscosa (Kunth) H.S.Irwin & Barneby var. ***major*** (Benth.) H.S.Irwin & Barneby

Bahia

Barreiras: Near Rio Piau, ca. 150km SW of Barreiras. 14/4/1966, Irwin, H.S. et al. 14800.

Correntina: Chapadão Ocidental da Bahia. 12km N of Correntina, on the road to Inhaúmas. 28/4/1980, Harley, R.M. et al. 21870.

Ceará

Barbalha: 20km de Crato, Sítio da Barreira. 22/7/1964, Duarte, L. et al. 471.

Mun.?: Common on the Serra do Araripe at Barra do Jardim. 12/1838, Gardner, G. 2027.

Chamaecrista zygophylloides (Taub.) H.S.Irwin & Barneby var. ***zygophylloides***

Bahia

Gentio do Ouro: Ca. 4km NE from Gentio do Ouro along the road towards Central. 22/2/1977, Harley, R.M. et al. 18952.

Livramento do Brumado: 3–6km da cidade na estrada para Rio de Contas. 5/12/1988, Harley, R.M. et al. 27073.

Maracás: Rodovia BA-026, a 6km a SW de Maracás. 26/4/1978, Mori, S. et al. 9930.

Maracás: km 7 da estrada Maracás-Contendas do Sincorá. 9/2/1983, Carvalho, A.M. et al. 1577.

Mucugê: 12km de Mucugê. Entrada à direita depois da Fazenda Paraguaçu. 16/12/1984, Lewis, G.P. et al. CFCR 6992.

Untraced Locality

Entre Ilhéus et Sítio, Minas Gerais. 2/1982, Glaziou, A. 12619, ISOTYPE, Cassia zygophylloides Taub.

Chamaecrista zygophylloides (Taub.) H.S.Irwin & Barneby var. ***colligans*** (H.S.Irwin & Barneby) H.S.Irwin & Barneby

Bahia

Lençóis: Entroncamento BR-242-Boninal, km 14. 14/9/1992, Coradin, L. et al. 8616.

Morro do Chapéu: Ca. 22km W of Morro do Chapéu. 20/2/1971, Irwin, H.S. et al. 32651.

Morro do Chapéu: Ca. 23km E of Morro do Chapéu, road to Mundo Novo. 21/2/1971, Irwin, H.S. et al. 30731, ISOTYPE, Cassia zygophylloides Taub. var. colligans H.S.Irwin & Barneby.

Nossa Senhora de Milagres: 24/1/1980, Harley, R.M. et al. 20520.

Umburanas: Lagoinha: 8km NW of Lagoinha (5,5km SW of Delfino) on the road to Minas do Mimoso. 5/3/1974, Harley, R.M. et al. 16772.

Chamaecrista sp.
Bahia

Barra da Estiva: Ca. 30km na estrada de Mucugê para Barra da Estiva. 19/3/1990, Carvalho, A.M. et al. 2982.

Belmonte: Ramal para o Rio Ubu, com entrada no Km 30 da rodovia Belmonte-Itapebi. 25km adentro, numa bifurcação à direita. 27/9/1979, Mattos Silva, L.A. et al. 612.

Brejão: Lagoa Encantada, 19km NE of Ibicoara near Brejão. 1/2/1974, Harley, R.M. et al. 15787.

Cairu: Km 4 da rodovia Cairu-Nilo Peçanha. Ramal à esquerda, com 1,5km de extensão. Coletas próximas à sede da Fazenda Subaúna. 21/11/1985, Mattos Silva, L.A. et al. 1943.

Correntina: Faz. Jatobá. 9/1/1991, Rezende, A.V. et al. 94.

Correntina: Faz. Jatobá. 9/1/1991, Rezende, A.V. et al. 95.

Correntina: Faz. Jatobá. 1991, Rezende, A.V. et al. 293.

Correntina: 30/5/1984, Silva, S.B. et al. 379.

Gentio do Ouro: Serra de Santo Inácio, ca. 18–30km na estrada de Xique-Xique para Santo Inácio. 17/3/1990, Carvalho, A.M. et al. 2884.

Itacaré: Ca. 5km SW of Itacaré. On side road south from the main Itacaré-Ubaitaba road. South of the mouth of the Rio de Contas. 30/3/1974, Harley, R.M. et al. 17481.

Mucugê: Ca. 3km na estrada de Mucugê-Cascavel. Vale do Rio Mucugê. 20/3/1990, Carvalho, A.M. et al. 2941.

Paulo Afonso: Estação Ecológica do Raso da Catarina. 24/6/1982, Queiroz, L.P. 295.

Salvador: Dunas de Itapuã, Lagoa de Abaeté. 11/12/1985, Noblick, L.R. et al. 4457.

Salvador: Dunas de Itapuã, Lagoa de Abaeté. 11/12/1985, Noblick, L.R. et al. 4427.

Santa Terezinha: Ca. 5km W de Santa Terezinha, na estrada para Itatim. 26/4/1994, Queiroz, L.P. et al. 3841.

Umburanas: Lagoinha: 22km north-west of Lagoinha (wich is 5,5km SW of Delfino) on side road to Minas do Mimoso. 6/3/1974, Harley, R.M. et al. 16860.

Paraíba

Santa Rita: 12/11/1991, Agra, M.F. et al. 1542.

Pernambuco

Petrolina: Rodovia Petrolina-Lagoa Grande 9BR-122) km 3 23/06/1987, Coradin, L. et al. 7739.

Piauí

Corrente: Insrtituto Batista de Corrente. 9/3/1994, Nascimento, M.S.B. 516.

São João do Piauí: Faz. Experimental Octavio Domingues. 3/3/1994, Nascimento, M.S.B. 433.

Rio Grande do Norte

Natal: Parque dos Namorados. 13/8/1990, Paula, J.E. 3289.

Copaifera cearensis Huber ex Ducke
Bahia

Tucano: 27/5/1981, Gonçalves, L.M.C. 107.

Paulo Afonso: Estação Ecológica do Raso da Catarina. 9/6/1983, Queiroz, L.P. 556.

Paulo Afonso: Estação Ecológica do Raso da Catarina. 17/12/1982, Filho, C.B. s.n.

Paulo Afonso: Raso da Catarina (Jeremoabo-Paulo Afonso). 15/5/1981, Bautista, H.P. 451.

Ceará

Fortaleza: Alto da Jibóia. 22/12/1955, Ducke, A. et al. 2446, TYPE, Copaifera cearensis Huber ex Ducke

Fortaleza: Mata do Diogo (Barra do Côco). 14/11/1954, Ducke, A. 2368.

Mun.?: Serra do Baturité, Guaramiranga. 9/1955, Linhares, F. s.n.

Mun.?: Serra do Araripe. 8/1955, Botelho, P. s.n.

Mun.?: Serra da Aratanha. 8/1955, Bezerra, P. s.n.

Copaifera coriacea Mart.
Bahia

Gentio do Ouro: Serra do Açuruá, estrada para Xique-Xique, 10km antes de Santo Inácio. 10/9/1990, Lima, H.C. et al. 3949.

Gentio do Ouro: Estrada Santo Inácio-Gameleira do Açuruá km 20. 30/6/1983, Coradin, L. et al. 6300.

Ibiraba: Dunas arenosas à margem do Rio São Francisco. 2/1989, Rocha, P. 5.

Jacobina: 1840, Blanchet, J.S. 3091.

Juazeiro: Prope fe São Francisco. Martius, C.F.P. 2288.

Santo Inácio: 5,6km S of Santo Inácio on the road to Gentio do Ouro. 21/2/1977, Harley, R.M. et al. 19147.

Xique-Xique: Km 6 a 8 da estrada que liga Santo Inácio-Gentio do Ouro. Margem do rio próximo à ponte. 1/6/1991, Brito, H.S. et al. 315.

Mun.?: Serra do Santo Inácio. 2/1907, Ule, E. 7525.

Unloc.: 1838, Blanchet, J.S. 2881.

Piauí

Oeiras: Common near the city of Oeiras. 4/1839, Gardner, G. 2090.

Copaifera elliptica Mart.
Bahia

Barreiras: Serra 22km W of Barreiras. 2/3/1972, Anderson, W.R. et al. 36483.

Copaifera langsdorffii Desf.
Bahia

Andaraí: Nova rodovia Andaraí-Mucugê, a 15–20km ao S de Andaraí. 21/12/1979, Mori, S. et al. 13117.

Barreiras: Estrada para o aeroporto de Barreiras. Coletas entre 5 e 15km a partir da sede do município. 11/6/1992, Carvalho, A.M. et al. 3979.

Caetité: Km 6 da estrada Caetité-Brejinho das Ametistas. 15/4/1983, Carvalho, A.M. et al. 1741.

Caetité: Ca. 7km S de Caetité, na estrada para Brejinho das Ametistas. 27/10/1993, Queiroz, L.P. et al. 3596.

Iraquara: Ca. 3km N de Água de Rega na estrada para Souto Soares, local conhecido como ladeira do Véio Dedé. 22/7/1993, Queiroz, L.P. et al. 3403.

Jacobina: Estrada Jacobina-Itaitú, ca. 22km a partir da sede do município. 21/2/1993, Amorim, A.M. et al. 992.

Jacobina: Vila do Barra. 1840, Blanchet, J.S. 3113, SYNTYPE, Copaifera langsdorffii Desf. var. grandifolia Benth.

Lençóis: Chapada de Diamantina, estrada para Recanto, a 2km de Lençóis, capetinga. 12/9/1990, Lima, H.C. et al. 3978.

Livramento do Brumado: Ca. 8km along estrada de terra from Livramento do Brumado to Rio de Contas. 27/3/1991, Lewis, G.P. et al. 1907.

Maracás: 13 a 22km ao S de Maracás, pela antiga rodovia para Jequié. 27/4/1978, Mori, S. et al. 10047.

Rio de Contas: 8km na estrada para Jussiape. 25/12/1988, Harley, R.M. et al. 27718.

Rio de Contas: 10km N of town of Rio de Contas on road to Mato Grosso. 19/1/1974, Harley, R.M. et al. 15295.

Tabocas do Brejo Velho: Ca. 101km W de Ibotirama na BR-242. 11/10/1994, Queiroz, L.P. et al. 4074.

Umburanas: Lagoinha: 22km north-west of Lagoinha (which is 5,5km SW of Delfino) on side road to Minas do Mimoso. 6/3/1974, Harley, R.M. et al. 16854.

Ceará

Crato: Top of Chapada do Araripe, ca. 10km S of Crato. 13/2/1985, Gentry, A. et al. 50032.

Mun.?: Serra do Araripe near Barra do Jardim. 12/1838, Gardner, G. 1929.

Piauí

Mun.?: Serra Branca. 1/1907, Ule, E. 7432.

Copaifera aff. ***langsdorffii*** Desf.

Bahia

Caetité: Serra Geral de Caetité, ca. 3km from Caetité, S along the road to Brejinho das Ametistas. 10/4/1980, Harley, R.M. et al. 21159.

Copaifera luetzelburgii Harms

Bahia

Barreiras: Estrada Barreiras-Ibotirama (BR-242) km 19. 8/9/1992, Coradin, L. et al. 8499.

Barreiras: Near Rio Piau, ca. 150km SW of Barreiras. 14/4/1966, Irwin, H.S. et al. 14790.

Barreiras: Serra 34km W of Barreiras. 2/3/1972, Anderson, W.R. et al. 36436.

Barreiras: Km 24 da rodovia Barreiras-Brasília. 13/3/1991, Pereira, B.A.S. et al. 1616.

Formosa do Rio Preto: 8/4/1989, Felfili, J.M. et al. 198.

Ceará

Barbalha: 8/1955, Tavares, M. s.n.

Crato: Campo de Fruticultura. 9/1955, Botelho, P. s.n.

Copaifera aff. ***luetzelburgii*** Harms

Bahia

Correntina: Chapadão Ocidental da Bahia, ca. 15km SW of Correntina on the road to Goiás. 25/4/1980, Harley, R.M. et al. 21762.

Copaifera martii Hayne

Bahia

Barreiras: Slopes of Espigão Mestre, ca. 25km W of Barreiras. 3/3/1971, Irwin, H.S. et al. 31375.

Barreiras: Rio Roda Velha, ca. 150km SW of Barreiras. 15/4/1966, Irwin, H.S. et al. 14916.

Barreiras: Rio Piau, ca. 225km SW of Barreiras on road to Posse, Goiás. 12/4/1966, Irwin, H.S. et al. 14619.

Gentio do Ouro: Ca. 5km before Santo Inácio on Xique-Xique-Gentio do Ouro road. 1/6/1991, Pennington, R.T. et al. 225.

Piauí

Correntes: Rodovia Correntes-Bom Jesus km 34. 18/06/1983, Coradin, L. et al. 5819.

Correntes: Rodovia Correntes-Bom Jesus km 34. 18/06/1983, Coradin, L. et al. 5823.

Oeiras: 4/1839, Gardner, G. 2089, TYPE, Copaifera martii Hayne.

Copaifera rigida Benth.

Bahia

Barra: Ca. 58km W de Ibotirama, na BR-242. 11/10/1994, Queiroz, L.P. et al. 4070.

Ceará

Acaraú: 3/1956, Matos, F.J. s.n.

Copaifera sp.

Bahia

Barreiras: Estrada para o aeroporto de Barreiras. Coletas entre 5 e 15km a partir da sede do município. 11/6/1992, Carvalho, A.M. et al. 4038.

Barreiras: Br-242 para Brasília. 26/3/1984, Collares, J.E.R. et al. 123.

Barreiras: Ca. 40km W de Barreiras na BR-242. 9/6/1994, Queiroz, L.P. et al. 4107.

Barreiras: Rio Roda Velha, ca. 150km SW of Barreiras. 15/4/1966, Irwin, H.S. 14878.

Barreiras: Espigão Mestre, near Barreiras airport, ca. 5km NW of Barreiras. 4/3/1971, Irwin, H.S. et al. 31475.

Barreiras: Fazenda Jatobá, Área of Bahia, close to the Brasília-Barreiras. 3/2/1991, Ratter, J.A. et al. R 6521.

Caetité: Ca. 24km na estrada de Caetité para Brejinho das Ametistas. 8/8/1996, Carvalho, A.M. et al. 6274.

Correntina: Fazenda Jatobá. 19/11/1991, Machado, J.W.B. et al. 315.

Correntina: Fazenda Jatobá. 2/3/1991, Viollati, L.G. et al. 163.

Correntina: Fazenda Jatobá. 2/3/1991, Viollati, L.G. et al. 194.

Correntina: Fazenda Jatobá. 7/11/1991, Rezende, A.V. et al. 61.

Correntina: Chapadão Ocidental da Bahia. 12km N of Correntina on the road to Inhaúmas. 28/4/1980, Harley, R.M. et al. 21886.

Correntina: Chapadão Ocidental da Bahia. About 9km SE of Correntina, on road to Jaborandí. 27/4/1980, Harley, R.M. et al. 21832.

Correntina: Chapadão Ocidental da Bahia, ca. 15km SW of Correntina on the road to Goiás. 25/4/1980, Harley, R.M. et al. 21725.

Correntina: Chapadão Ocidental da Bahia, ca. 15km SW of Correntina on the road to Goiás. 25/4/1980, Harley, R.M. et al. 21722.

Formosa do Rio Preto: Estrada Barreiras-Correntes km 150. 17/6/1983, Coradin, L. et al. 5781.

Ilhéus: Área do CEPEC (Centro de Pesquisas do Cacau), km 22 do rodovia Ilhéus-Itabuna (BR-415). Quadra D. Planta testemunha do inventário florestal. 22/12/1982, Santos, T.S. 3836.

Santa Cruz de Cabralália: Área da Estação Ecológica do Pau-brasil (ESPAB), ca. 16km a W de Porto seguro, rodovia BR-367 (Porto Seguro-Eunápolis). 7/3/1984, Santos, F.S. 289.

São Desidério: Estrada para Roda Velha e BR-020. 5/4/1984, Collares, J.E.R. et al. 137.

Uruçuca: 7,4km north of serra Grande on road to Itacaré. Fazenda Lagoa do Conjunto Fazenda Santa Cruz. 8/5/1995, Thomas, W.W. et al. 10815.

Dialium guianense (Aubl.) Sandwith

Bahia

Ilhéus: Fazenda Theobroma, próximo à margem do Rio Santana. Ramal 1 com entrada 2km antes da Vila do Rio do Engenho. 14/3/1987, Mattos Silva, L.A. et al. 2164.

Ilhéus: Área do CEPEC (Centro de Pesquisas do Cacau), km 22 do rodovia Ilhéus-Itabuna (BR-415). Arboreto do CEPEC. 15/10/1991, Sant'Ana, S.C. et al. 38.

Ilhéus: Cidade de Ilhéus, 3km north of rodoviária, Mata da Esperança, forest north of dam and reservoir. 20/9/1994, Thomas, W.W. et al. 10566.

Itamaraju: Fazenda Guanabara, 5km NW de Itamaraju. 6/12/1981, Lewis, G.P. et al. 776.

Santa Cruz Cabrália: Estação Ecológica do Pau-brasil. 23/9/1981, Brito, H.S. et al. 157.

Una: Reserva Biológica do Mico-leão (IBAMA). Entrada no km 46 da rodovia BA-001 Ilhéus-Una. Coletas efetuadas na estrada que leva a sede da reserva. 14–15/4/1993, Amorim, A.M. et al. 1244.

Una: Reserva Biológica do Mico-leão (IBAMA). Entrada no km 46 da rodovia BA-001 Ilhéus-Una. 10/3/1993, Sant'Ana, S.C. et al. 81.

Una: Estação Experimental Lemos Maia. CEPLAC. Ao lado W da nova estação. 27/8/1980, Rylands, A. 26-1980.

Una: Reserva Biológica do Mico-leão (IBAMA). Entrada no km 46 da rodovia BA-001 Ilhéus-Una. Coletas efetuadas na estrada que leva a sede da reserva. 8–10km na estrada que margeia o Rio Maruim. 6/6/1996, Carvalho, A.M. et al. 6193.

Una: Ca. 3km na estrada Una-Canavieiras, ramal a direira. 5/4/1995, Carvalho, A.M. et al. 6023.

Una: Estrada que liga São José com Una, a 17km da BR-101. Ca. De 45km ao sul de Itabuna. 2/6/1979, Mori, S. 11896.

Itacaré: Rodovia Itacaré-Ubaitaba. 16/5/1966, Belém, R.P. et al. 2209.

Dimorphandra gardneriana Tul.

Bahia

Barreiras: Espigão Mestre, ca. 100km WSW of Barreiras. 7/3/1972, Anderson, W.R. et al. 36750.

Barreiras: Espigão Mestre, ca. 100km WSW of Barreiras. 8/3/1972, Anderson, W.R. et al. 36864.

Barreiras: Rio Piau, ca. 150km SW of Barreiras. 13/4/1966, Irwin, H.S. et al. 14734.

Barreiras: Coleta efetuada no km 30 da BR-242, rodovia Barreiras-Ibotirama. 4/6/1991, Brito, H.S. et al. 339.

Barreiras: Estrada para o aeroporto de Barreiras. Coletas entre 5 e 15km a partir da sede do município. 11/6/1992, Carvalho, A.M. et al. 3989.

Barreiras: Km 25 da rodovia Barreiras-Ibotirama. 12/3/1991, Pereira, B.A.S. et al. 1601.

Correntina: Chapadão Ocidental da Bahia, ca. 15km SW of Correntina on the road to Goiás. 25/4/1980, Harley, R.M. et al. 21731.

Jacobina: Vila do Barra. 1840, Blanchet, J.S. 3092, ISOTYPE, Dimorphandra biretusa Tul.

Ceará

Crato: Floresta do Araripe. 30/7/1997, Ratter, J.A. et al. R 7769.

Crato: Top of Capada do Araripe, ca. 10km S of Crato. 13/2/1985, Gentry, A. et al. 50038.

Mun.?: Serra do Araripe between Barra do Jardim and Mundo Novo. 12/1838, Gardner, G. 1944, ISOTYPE, Dimorphandra gardneriana Tul.

Piauí

Correntes: 45km from Corrente on the road to Gilbués (BR-135). 19/7/1997, Ratter, J.A. et al. R-7718.

Correntes: Rodovia Correntes-Bom Jesus km 34. 18/06/1983, Coradin, L. et al. 5810.

Valença: 28km from Valença to Lagoa do Sítio. 9/1/1985, Lewis, G.P. et al. 1349.

Dimorphandra jorgei M.F.Silva

Bahia

Caravelas: Entre Barra de Caravelas e Ponta de Areia. 17/3/1978, Mori, S. et al. 9636, ISOTYPE, Dimorphandra jorgei M.F. Silva.

Ilhéus: Área do CEPEC (Centro de Pesquisas do Cacau), km 22 do rodovia Ilhéus-Itabuna (BR-415). Quadra I. Arboreto do CEPEC. Hage, J.L. 2179.

Porto Seguro: Estação Ecológica do Pau Brasil. Arboreto. 19/6/1991, Pennington, R.T. et al. 296.

Santa Cruz Cabrália: Área da Estação Ecológica do Pau-brasil (ESPAB), ca. 16km a W de Porto seguro, rodovia BR-367 (Porto Seguro-Eunápolis). 19/1/1984, Santos, F.S. 181.

Diptychandra aurantiaca Tul. subsp. **epunctata** (Tul.) H.C.Lima, A.M.Carvalho & Costa ex G.P.Lewis

Bahia

Gentio do Ouro: Estrada para Xique-Xique, 2km antes de Gameleira do Açuruá. 10/9/1990, Lima, H.C. et al. 3936.

Livramento do Brumado: Ca. 8km E de Maniaçu na estrada para Itanajé. 28/10/1993, Queiroz, L.P. et al. 3653.

Gentio do Ouro: Sopé da Serra de Açuruá. 25/10/1970, Pinto, G.C.P. s.n.

Gentio do Ouro: Serra do Açuruá. 1838, Blanchet, J.S. 2784, TYPE, Diptychandra epunctata Tul.

Livramento do Brumado: 3–5km da cidade na estrada para Rio e Contas. 12/12/1988, Harley, R.M. et al. 27137.

Paramirim: Rio Paramirim, 4km da cidade na estrada para Água Quente. 28/11/1988, Harley, R.M. et al. 27022.

Morpará: Fazenda São Domingos. 29/3/1984, Bautista, H.P. et al. 905.

Paratinga: Km 33 on rd. Paratinga-Ibotirama. 4/1/1993, Klitgaard, B.B. et al. 70.

Piauí

Unloc.: 1839, Gardner, G. s.n.

Goniorrhachis marginata Taub.

Bahia

Bom Jesus da Lapa. 18/06/1986. Hatschbach, G. et al. 50495.

Cachoeira. Porto Castro Alvez. Vales dos rios Cachoeira e Jacuípe. 03/1981. Pedra Cavalo, G. et al. 1129.

Jussari Rod. Jussari-Palmira. Entrada ca. 7.5Km de Jussari. Fazenda Teimoso. RPPN Serra do Teimoso. 21/02/1998. Amorim, A.M. et al. 2288.

Paratinga, Rod. BA-160, próximo ao Rio Santa Rita. 16/03/1995. Hatschbach, G. et al. 61982.

Potiragua a Itambé, Km 10. 29/02/1972. Pinheiro, R.S. 1802.

Rio de Contas: 7.5 Km alonga estrada de terra from Livramento do Brumado to Rio de Contas. 09/09/1994. Carvalho, A.M. 5338.

Rio de Contas: 7.5Km N along estrada de terra from Livramento do Brumado to Rio de Contas. 16/04/1994. Lewis, G.P. et al. 1994.

Rio de Contas: 7.5Km N alonga estrada de terra from Livramento do Brumado to Rio de Contas. 17/03/1991. Lewis, G.P. et al. 1909.

Santa Terezinha. Ca. 5Km W da Estrada da Santa Terezinha-Itatim, em uma Estrada vicinal distando ca. 14Km E de Itatim. 26/04/1994. Queiroz, L.P. et al. 3857.

Mun.?: 35Km S from Livramento do Brumado on road to Brumado. 11/04/1991. Lewis, G.P. et al. 1976.

Rodovia Palmira a Itaju do Colonia. 25/02/1972. Santos, T.S. 2255. ISOTYPE Goniorrhachis marginata Taub. var. bahiana R.S.Cowan.

Hymenaea aurea Y.T.Lee & Langenh.

Bahia

Ilhéus: Estrada entre Sururú e Vila Brasil, a 6–14km de Sururú. Ca. 12-20km ao SE de Buerarema. 10/11/1979, Mori, S. et al. 12992.

Una: 2km east of Fazenda São Rafael, near Una. 29/10/1969, Langenheim, J.H. 5644, HOLOTYPE, Hymenaea aurea Y.T.Lee & Langenh.

Hymenaea courbaril L.

Bahia

Barreiras: Estrada Barreiras-Correntina km 20. 16/6/1983, Coradin, L. et al. 5725.

Correntina: Chapadão Ocidental da Bahia. Islets and banks of the Rio Corrente by Correntina. 23/4/1980, Harley, R.M. et al. 21634.

Ceará

Crato: Chapada do Araripe, 14km W of Crato. 15/2/1985, Gentry, A. et al. 50164.

Paraíba

Areia: Mata, ao lado da estrada para a barragem, Chã do Jardim. 26/11/1980, Fevereiro, V.P.B. et al. M 115.

Areia: Mata do Bujari, em frente à Mata de Pau Ferro, ao N da estrada Areia-Remígio. 4/12/1980, Fevereiro, V.P.B. et al. M 162.

Piauí

Elesbão Veloso: 27km SE of city of Barro Duro. 24/1/1970, Eiten, G. et al. 10366.

Hymenaea courbaril L. var. **courbaril**

Bahia

Riachão das Neves: Ca. 55km N de Riachão das Neves a ca. 12km N do povoado de Cariparé, na BR-135 (estrada Barreiras-Formosa do Rio Preto). 13/10/1994, Queiroz, L.P. et al. 4139.

Hymenaea courbaril L. var. **longifolia** (Benth.) Y.T.Lee & Andrade-Lima

Bahia

Jacobina: Vila do Barra. 1840, Blanchet, J.S. (Moricand, M.E.) 3135.

Morro do Chapéu: Chapada de Diamantina, rodovia BA-052, km 295, antes do entroncamento para Cafarnaum-América Dourado. 8/9/1990, Lima, H.C. et al. 3911.

Umburanas: Lagoinha: 3km NW of Lagoinha (5,5km SW of Delfino) on the side road to Minas do Mimoso. 5/3/1974, Harley, R.M. et al. 16252.

Ceará

Mun.?: Serra do Araripe, Barra do Jardim. 12/1838, Gardner, G. 1938.

Mun.?: Chapada do Araripe. 3/12/1971, Lee, Y.T. et al. 110.

Mun.?: Border of the Chapada do Araripe. 11/1971, Lee, Y.T. et al. 95.

Hymenaea courbaril L. var. **stilbocarpa** (Hayne) Y.T.Lee & Langenh.

Bahia

Caetité: Ca. 7km S de Caetité, na estrada para Brejinho das Ametistas. 27/10/1993, Queiroz, L.P. et al. 3614.

Livramento do Brumado: Ca. 5km N de Livramento do Brumado, na estrada para Rio de Contas. Encosta ocidental da Serra do Rio de Contas. 28/10/1993, Queiroz, L.P. et al. 3663.

Vitória da Conquista: 12km west of Vitória da Conquista. 25/10/1969, Langenheim, J.H. 5642.

Hymenaea courbaril L. var. **villosa** Y.T.Lee & Andrade-Lima

Paraíba

Mun.?: Near Paqueira de Natuba. 27/11/1971, Lee, Y.T. 82.

Hymenaea eriogyne Benth.

Bahia

Gentio do Ouro: Serra do Açuruá. Estrada para Xique-Xique, 30km antes de Santo Inácio. 10/9/1990, Lima, H.C. et al. 3947.

Jacobina: Vila do Barra. 1840, Blanchet, J.S. 3096, LECTOTYPE, Hymenaea eriogyne Benth.

Santo Inácio: 1,5km S of Santo Inácio on Gentio do Ouro road. 24/2/1977, Harley, R.M. et al. 19016.

Xique-Xique: Km 6 a 8 da estrada que liga São Inácio-Gentio do Ouro. Margem do rio próximo à ponte. 1/6/1991, Brito, H.S. et al. 316.

Umburanas: Lagoinha: 8km NW of Lagoinha (5,5km SW of Delfino) on the road to Minas do Mimoso. 5/3/1974, Harley, R.M. et al. 16782.

Piauí

Bom Jesus: Rodovia Gilbués-Bom Jesus, 10km oeste da cidade de Bom Jesus. 20/6/1983, Coradin, L. et al. 5873.

Hymenaea aff. **eriogyne** Benth.

Piauí

Gilbués: 18km from Gilbués on the road to Santa Filomena. 20/7/1997, Ratter, J.A. et al. R 7720.

Hymenaea maranhensis Y.T.Lee & Langenh.
Piauí
Mun.?: Serra Branca. 1/1907, Ule, E. 7159.

Hymenaea martiana Hayne
Bahia
Bom Jesus da Lapa: Basin of the upper São Francisco river. About 35km north of Bom Jesus da Lapa, onthe main road to Ibotirama. 19/4/1980, Harley, R.M. et al. 21570.
Caetité: Praça próximo ao Mercado Municipal. 28/10/1993, Queiroz, L.P. et al. 3615.
Gentio do Ouro: Serra do Açuruá, estrada para Xique-Xique, antes de Vagem. 10/9/1990, Lima, H.C. et al. 3934.
Jacobina: 1837, Blanchet, J.S. 2648.
Jequié: Entrada do ramal localizado ao SW do km 38 da rodovia Jequié-Contendas do Sincorá. 15/2/1979, Santos, T.S. et al. 3490.
Livramento do Brumado: Just north Livramento do Brumado on the road to Rio de Contas. Below the Livramento do Brumado waterfall on the Rio Brumado. 23/3/1977, Harley, R.M. et al. 19889.
Livramento do Brumado: Próximo Livramento do Brumado, 12km do rio de Contas. 12/12/1984, Lewis, G.P. et al. CFCR 6741.
Livramento do Brumado: Ca. 1km N de Livramento do Brumado, ao longo do Rio Brumado. 28/10/1993, Queiroz, L.P. et al. 3658.
Livramento do Brumado: 10km S of Livramento do Brumado on road to Brumado. Picada from small holding on left of road leading to quartzite outcrop. 25/3/1991, Lewis, G.P. et al. 1882.
Pernambuco
Buíque: Catimbau, Serra do Catimbau, estrada para Catimbau. 11/2/1995, Sales, M.F. et al. 521.
Buíque: Estrada Buíque-Catimbau. 17/6/1995, Andrade, K. et al. 97.
Parnamirim: 6/12/1971, Lee, Y.T. et al. 125.
Piauí
Paranagorá: 8/1839, Gardner, G. 2533, LECTOTYPE, Hymenaea martiana Hayne.
São Raimundo Nonato: Fundação Ruralista (Sede) ca. 8–10km NNE de Curral Novo, 220km ENE de Petrolina. 25/3/1983, Lewis, G.P. et al. 1123.
Mun.?: 5km S from the border Piauí with Bahia, in the road to São Raimundo Nonato . 24/11/1971, Lee, Y.T. et al. 124.
Untraced Locality
Sellow, F. s.n., HOLOTYPE, Hymenaea sellowiana Hayne.

Hymenaea oblongifolia Huber var. **latifolia** Y.T.Lee & Langenh.
Bahia
Ilhéus: Área do CEPEC (Centro de Pesquisas do Cacau), km 22 do rodovia Ilhéus-Itabuna (BR-415). Quadra D. 5/1/1972, Pinheiro, R.S. 1720, ISOTYPE, Hymenaea oblogifolia Huber var. latifolia Y.T.Lee & Langenh.

Hymenaea rubriflora Ducke
Bahia
Santa Cruz Cabrália: Estação Ecológica do Pau Brasil e arredores, ca. 16km a W de Porto Seguro. 18/6/1980, Mattos Silva, L.A. et al. 911.

Penambuco
Dois Irmãos: 14/12/1971, Lee, Y.T. et al. 127.
Dois Irmãos: 17/10/1969, Langenheim, J.H. 5632.

Hymenaea stigonocarpa Mart. ex Hayne var. **stigonocarpa**
Bahia
Andaraí: 15–20km from Andaraí, along the road to Itaeté which branches east off the road to Mucugê. 13/2/1977, Harley, R.M. et al. 18644.
Caetité: Serra Geral de Caetité ca. 5km S from Caetité along the Brejinho das Ametistas road. 9/4/1980, Harley, R.M. et al. 21115.
Unloc.: 1840, Moricand, M.E. 3154.

Hymenaea stigonocarpa Mart. ex Hayne var. **pubescens** Benth.
Bahia
Barreiras: Coleta efetuada no km 30 da BR-242, rodovia Barreiras-Ibotirama. 4/6/1991, Brito, H.S. et al. 344.
Caetité: Ca. 3km SW Caetité, na estrada para Brejinho das Ametistas. 18/2/1992, Carvalho, A.M. et al. 3708.
Jacobina: Serra do Tombador. Ca. 25km na estrada Jacobina-Morro do Chapéu. 20/2/1993, Carvalho, A.M. et al. 4155.
Rio de Contas: About 2km N of the town of Rio de Contas in flood plain of the Rio Brumado. 22/3/1977, Harley, R.M. et al. 19831.
Rio de Contas: Near Junco, ca. 15km WNW of the town of Rio de Contas. 22/1/1974, Harley, R.M. et al. 15599.
Rio de Contas: 18km WNW along road from Rio de Contas to the Pico das Almas. 21/3/1977, Harley, R.M. et al. 19808.
Ceará
Mun.?: Serra do Araripe. Luetzelburg, Ph.von 12503.
Mun.?: On top Chapada do Araripe. 11/1971, Lee, Y.T. et al. 108.
Piauí
Oeiras: Near Oeiras. 4/1839, Gardner, G. 2158, ISOLECTOTYPE, Hymenaea stigonocarpa Mart. var. pubescens Benth.

Hymenaea velutina Ducke
Bahia
Casa Nova: 10/9/1981, Pinto, G.C.P. 35481.
Casa Nova: 8/9/1981, Orlandi, R.P. 531.
Gentio do Ouro: Serra de Santo Inácio. Ca. 18–30km na estrada de Xique-Xique para Santo Inácio. 17/3/1990, Carvalho, A.M. et al. 2900.
Piauí
Picos: Near Picos. 5/12/1971, Lee, Y.T. 115.

Hymenaea sp.
Bahia
Barreiras: Ca. 40km W de Barreiras na BR-242. 12/10/1994, Queiroz, L.P. et al. 4114.
Caetité: Local chamado Brejinho das Ametistas, 2km a SW da sede do povoado. 15/4/1983, Carvalho, A.M. et al. 1788.
Caetité: Estrada Caetité-Bom Jesus da Lapa no km 22. 18/4/1983, Carvalho, A.M. et al. 1822.
Seabra: Ca. 2km SW de Lagoa da Boa Vista, na encosta da Serra do Bebedor. 22/7/1993, Queiroz, L.P. et al. 3373.

Macrolobium latifolium Vogel
Bahia
Ilhéus: Área do CEPEC (Centro de Pesquisas do Cacau), km 22 do rodovia Ilhéus-Itabuna (BR-415). 9/10/1970, Hage, J.L. 23.
Ilhéus: Área do CEPEC (Centro de Pesquisas do Cacau), km 22 do rodovia Ilhéus-Itabuna (BR-415). Quadra H. 11/8/1981, Hage, J.L. et al. 1173.
Ilhéus: Área do CEPEC (Centro de Pesquisas do Cacau), km 22 do rodovia Ilhéus-Itabuna (BR-415). 22/9/1981, Hage, J.L. et al. 1354.
Ilhéus: Área do CEPEC (Centro de Pesquisas do Cacau), km 22 do rodovia Ilhéus-Itabuna (BR-415). Quadra G. 7/10/1981, Hage, J.L. et al. 1428.
Ilhéus: Área do CEPEC (Centro de Pesquisas do Cacau), km 22 do rodovia Ilhéus-Itabuna (BR-415). Quadra I. Arboreto do CEPEC. 5/11/1987, Hage, J.L. 2185.
Ilhéus: Área do CEPEC (Centro de Pesquisas do Cacau), km 22 do rodovia Ilhéus-Itabuna (BR-415).Quadra I. 5/9/1983, Santos, E.B. et al. 56.
Ilhéus: Estrada ao Japú. Próximo ao Pontal de Ilhéus. 19/8/1970, Santos, T.S. 1006.
Ilhéus: Mata da Esperança. Entrada a 2km a partir da antiga ponte do Rio Fundão. 21/9/1995, Jardim, J.G. et al. 685.
Ilhéus: Moricand, M.E. 2362.
Itamaraju: Fazenda Guanabara, 5km NW de Itamaraju. 6/12/1981, Lewis, G.P. et al. 775.
Jaguaquara: Jaguaquara a Apuerema. 4/10/1972, Pinheiro, R.S. 1972.
Maraú: Fazenda Água Boa. BR-030, a 22km a E de Ubaitaba. 25/8/1979, Mori, S. 12759.
Mucuri: 14–17km a W de Mucurí. 13/9/1978, Mori, S. et al. 10439.
Nova Viçosa: Ca. 61km na estrada de Caravelas para Nanuque. 6/9/1989, Carvalho, A.M. et al. 2503.
Santa Cruz Cabrália: Antiga rodovia que liga a Estação Ecológica do Pau Brasil à Santa Cruz Cabrália, 7km ao NE da estação. Ca. 12km ao NW de Porto Seguro. 14/8/1979, Mori, S. et al. 12725.
Santa Cruz Cabrália: Estação Ecológica do Pau Brasil, ca. 16km a W de Porto Seguro. 23/8/1983, Santos, F.S. 19.
Una: Km 14 da rodovia Una-Olivença. Margem do Rio da Serra. 10/9/1974, Santos, T.S. 2795.
Una: Estrada Olivença-Una, a 26km ao S de Olivença. 31/12/1979, Mori, S. et al. 13260.
Una: Estrada Ilhéus-Una, 27km ao sul de Olivença. 1/12/1981, Lewis, G.P. et al. 719.
Uruçuca: Distrito de Serra Grande, 7,3km na estrada Serra Grande-Itacaré, Fazenda Lagoa do Conjunto Fazenda Santa Cruz. 11–21/9/1991, Carvalho, A.M. et al. 3504.
Uruçuca: Distrito de Serra Grande. 7,3km na estrada Serra Grande-Itacaré. Fazenda Lagoa do Conjunto Fazenda Santa Cruz. 6/10/1992, Jardim, J.G. et al. 811.
Unloc.: Salzmann, P. s.n.
Untraced Locality
Inter Vitória (?ES) et Bahia. Sellow, F. s.n., LECTOTYPE, Macrolobium latifolium Vogel.

Macrolobium rigidum R.S.Cowan
Bahia
Ilhéus: Rodovia Pontal-Una-Canabrava (BA-001), km 10. 24/8/1978, Morawetz, W. et al. 110–248.
Ilhéus: Ca. 9km na estrada Olivença-Maruim. 9/10/1989, Carvalho, A.M. et al. 2546.
Ilhéus: Olivença, ca. 6km na estrada Olivença-Maruim (Vila Brasil). 4/12/1991, Amorim, A.M. et al. 478.
Itacaré: Campo Cheiroso, 14km north of Serra Grande off of road to Itacaré. 15/11/1992, Thomas, W.W. et al. 9475.
Itacaré: Estrada que liga Serra Grande. Ramal 13 que leva ao Campinho Cheiroso. Coletas entre o km 15–16 a partir do Distrito de Serra Grande. 26/8/1992, Amorim, A.M. et al. 692.
Maraú: Estrada para o Porto de Campinhos, 17km da entrada para Maraú em direção à Campinhos. 7/1/1982, Lewis, G.P. et al. 1026.
Maraú: Rodovia BR-030, trecho Porto de Campinhos-Maraú, km 11. 26/2/1980, Carvalho, A.M. et al. 182.
Salvador: Ca. 35km NE of the city of Salvador, 3km NE of Itapoã. Dunes of white sand, in a distance of 1–2km from the shore. 15/2/1981, Morawetz, W. 110-15281.
Salvador: Dunas de Itapuã, próximo ao Condomínio Alameda da Praia, arredores da Lagoa do Urubu. 2/12/1991, Queiroz, L.P. 2525.
Salvador: Dunas de Itapoã. 30/9/1984, Queiroz, L.P. 870.
Salvador: Ca. 30km a N de Salvador. Dunas nos arredores da Lagoa do Abaeté. 22/5/1981, Carvalho, A.M. et al. 686.
Una: Rodovia Una-Olivença. 28/10/1971, Pinheiro, R.S. 1667.
Una: Ca. 3,5km na rodovia BA-001 no trecho Una-Ilhéus. Entrada para o povoado de Pedras. 18/10/1994, Jardim, J.G. et al. 574.
Valença: Estrada Valença-Guaibim, km 10 da estrada. 8/1/1982, Lewis, G.P. et al. 1036.
Valença: Km 9 da estrada Valença-Guaibim. 6/2/1983, Carvalho, A.M. et al. 1488.

Martiodendron mediterraneum (Mart. ex Benth.) R.Koeppen
Bahia
Mun.?: Serra Tiúba. Martius, C.F.P. von s.n., LECTOTYPE - photo, Amphymenium mediterraneum Mart. ex Benth.
Piauí
Floriano: A 71km de Floriano. 4/2/1982, Freire, F.M.T. s.n.
Oeiras: 1839, Gardner, G. 2149, TYPE, Martiusia parvifolia Benth.
Teresina: Arredores de Teresina, próximo ao Albertão. 28/7/1979, Silva, F.C. E-63.

Melanoxylon brauna Schott
Bahia
Encruzilhada: Margem do Rio Pardo. 24/5/1968, Belém, R.P. 3629.
Itacaré: 15/3/1984, Nuscheler, M. 10.
Itiruçu: Rod. Itiruçu-Maracás. 8/7/1972, Pinheiro, R.S. 1869.

Iraquara: Ca. 3km N de Água de Rega na estrada para
Souto Soares, localmente conhecido como ladeira
do Véio Dedé. 23/7/1993, Queiroz, L.P. et al. 3394.

Maracás: 13 a 22km ao S de Maracás, pela antiga rod.
para Jequié. 27/4/1978, Mori, S.A. et al. 10051.

Seabra: Ca. 8km N of Seabra, road to Água de Rega.
27/2/1971, Irwin, H.S. et al. 31179, ISOTYPE,
Recordoxylon irwinii R.S. Cowan.

Seabra: Ca. 3km S de Lagoa do Chure na estrada
para Seabra (Seabra-Lagoa Bela Vista). 22/6/1993,
Queiroz, L.P. et al. 3367.

Mun.?: Ao lado da Rodovia BR 101. Vale do Rio
Mucurí. 13/7/1968, Belém, R.P. 3861.

Moldenbawera blanchetiana Tul. var. ***blanchetiana***
Bahia

Canavieiras: Fazenda Gromogô. Km 22 da Rod.
Canavieiras-Santa Luzia (BA 270), ramal à direita, 2km
adentro. 21/7/1981, Mattos Silva, L.A. et al. 1329.

Ilhéus: km 8 do ramal que liga a Rod. BR 415
(Ilhéus-Itabuna) ao povoado Japú. Ramal com
entrada a 13km de Ilhéus. 17/2/1982, Mattos Silva,
L.A. et al. 1557.

Ilhéus: Moricand, M.E. s.n., ISOTYPE, Moldenhawera
blanchetiana Tul.

Itacaré: Ca. 8km SW of Itacaré along side road south
from main Itacaré-Ubaitaba road, south of the
mouth of the Rio de Contas. 31/1/1977, Harley,
R.M. et al. 18431.

Maraú: Rod. BR 030, a ca. 3km ao S de Maraú.
7/2/1979, Mori, S. et al. 11444.

Maraú: Estrada Ubaitaba-Ponta do Mutá.
Entroncamento da estrada para Maraú. 3/2/1983,
Carvalho, A.M. et al. 1424.

Maraú: 17/11/1975, Santos, T.S. 2173.

Maraú: 3/5/1968, Belem, R.P. 3473.

Nilo Peçanha: km 1 a 4 da Rod. Nilo Peçanha-Cairu.
20/2/1975, Santos, T.S. 2872.

Una: Rod. Una-Canavieiras, km 3. 12/9/1974, Santos,
T.S. 2802.

Una: Reserva Biológica do Mico-leão (IBAMA).
Entrada no km 46 da Rod. BA-001 Ilhéus/Una.
8–12/3/1993, Amorim, A.M. et al. 1149.

Una: Na estrada que liga a colônia Agrícola de Una a
BR-101, 12km depois da colônia. 7/5/1980, Brazào,
J.E.M. 223.

Una: Ramal que liga a BA 265 (Rod. Una-Rio Branco)
à BR 101 (São José), a 8km SW do cruzamento e a
20km NW de Una. 27/2/1978, Mori, S. et al. 9338.

Uruçuca: Nova estrada que liga Uruçuca a Serra
Grande, a 31km de Uruçuca. 15/4/1978, Mori, S. et
al. 9912.

Mun.?: Rod. Rio Branco a Una. 15/6/1971, Pinheiro,
R.S. 1353.

Mun.?: Km 80 between Betanha and Canavieiras.
13/7/1964, Silva, N.T. 58420.

Mun.?: Km 80 detween Betanha and Canavieiras.
13/7/1964, Silva, N.T. 58419.

Moldenbawera blanchetiana Tul. var. ***multijuga***
L.P.Queiroz, G.P.Lewis & R.Allkin
Bahia

Valença: Estrada para Orobó, com estrada no km 3
da rodovia Valença-BR 101. Coletas entre os km
3–10. 7/2/1983, Carvalho, A.M. et al. 1527.

Valença: 9km na estrada para Orobó, partindo da
estrada BR 101-Valença. 10/1/1982, Lewis, G.P. et
al. 1062.

Moldenbawera brasiliensis Yakovlev
Bahia

Jacobina: 2km a W da cidade, na estrada para Feira
de Santana. 3/4/1986, Carvalho, A.M. et al. 2366.

Jacobina: Serra de Jacobina a SE da cidade.
18/11/1986, Queiroz, L.P. et al. 1201.

Jacobina: Ca. 5km antes de Jacobina, formação
rochosa junto ao Rio Itapicurú. 26/10/1978, Lima,
H.C. et al. 730.

Jacobina: Serra de Jacobina, ca. 5km E de Jacobina
no caminho para Bananeira. 20/8/1993, Queiroz,
L.P. et al. 3491.

Jacobina: Serra de Jacobina (= Serra do Ouro), por
trás do Hotel Serra do Ouro. 20/8/1993, Queiroz,
L.P. et al. 3470.

Jacobina: Proximidades do Hotel Serra do Ouro.
27/6/1983, Coradin, L. et al. 6122.

Jacobina: 2km a W da cidade, na estrada para Feira
de Santana. 3/4/1986, Carvalho, A.M. et al. 2366.

Jacobina: Monte Tambor. Hotel Serra do Ouro. Serra
do Ouro. Vegetação nos arredores do hotel.
20/2/1993, Carvalho, A.M. et al. 4182.

Jacobina: Morro do Ouro. 2/1986, Fernandes, A. s.n.

Jacobina: Blanchet, J.S. 3416, HOLOTYPE - photo,
Moldenhawera cuprea Pohl var. corymbosa Benth.

Jacobina: Blanchet, J.S. 3416, ISOTYPE - photo,
Moldenhawera brasiliensis Yakovlev.

Moldenbawera floribunda Schrad.
Bahia

Coaraci: 28/11/1966, Belem, R.P. et al. 2934.

Ibirapitanga: 18/5/1966, Belem, R.P. et al. 2255.

Ilhéus: 24/12/1836, Luschnath, B. s.n.

Ilhéus: 9/1816, Princ. Neuwied 44, HOLOTYPE -
photo, Moldenhawera floribunda Schrad.

Ilhéus: 9/1816, Princ. Neuwied 44, ISOTYPE - photo,
Moldenhawera floribunda Schrad.

Itajuípe: Entre Itajuípe e Banco Central. 21/1/1965,
Pereira, E. et al. 9558.

Santa Luzia: Rod. Santa Luzia-Camacã (BA 270), km
1. 17/6/1988, Mattos Silva, L.A. et al. 2461.

Ubaitaba: Rod. Ubaitaba-Itacaré. 5/1/1967, Belem,
R.P. et al. 2963.

Unloc.: Martius, C.F.P. von s.n.

Moldenbawera lusbnatbiana Yakovlev
Bahia

Entre Rios: 10–13km W of Subaúma. 29/5/1981, Mori,
S. et al. 14180.

Ilhéus: Faz. Barra do Manguinho. Ramal com entrada no
km 10 da rod. Pontal-Olivença. Coletas 3,5km a oeste
da praia. 11/2/1993, Mattos Silva, L.A. et al. 2925.

Ilhéus: Fazenda Guanabara. Ramal com entrada no
km 10 da Rod. Pontal-Olivença, lado direito.
Coletas à 3km a O da entrada. 16/10/1980, Mattos
Silva, L.A. et al. 1185.

Ilhéus: Fazenda Guanabara (junto à Faz. Barra do
Manguinho). Ramal com estrada no km 10 da rod.
Ilhéus/Olivença, lado direito 4km O da rod.
7/3/1985, Mattos Silva, L.A. et al. 1878.

Una: Rod. Una-Olivença. 28/10/1971, Pinheiro, R.S.
1671.

Unloc.: 1841, Lushnath, B. s.n., HOLOTYPE - photo, Moldenhawera lushnathiana Yakovlev.

Unloc.: 1841, Lushnath, B. s.n., ISOTYPE - photo, Moldenhawera lushnathiana Yakovlev.

Moldenhawera nutans L.P.Queiroz, G.P.Lewis & R.Allkin

Bahia

Salvador: Ca. 30km a N da cidade. Arredores do aeroporto. 2/1/1982, Lewis, G.P. et al. 1005.

Salvador: Dunas arredores de Salvador. 14/11/1974, Duarte, A.P. 14174

Parkinsonia aculeata L.

Bahia

Brumado: Rod. Para Livramento do Brumado. 15/9/1989, Hatschbach, G. et al. 53355.

Camaleão: 20km E of Camaleão, on the Itiúba-Cansanção road. 21/2/1974, Harley, R.M. et al. 16453.

Glória: Caminho da Serra do Cágado. 27/8/1995, Bandeira, F.P. 259.

Jaguarari: Rodovia Juazeiro-Senhro do Bonfim (BR 407) km 83. 25/6/1983, Coradin, L. et al. 5994.

Santa Luz: Ca. 22km NE de Santa Luz hacia Queimadas. 1/12/1992, Arbo, M.M. et al. 5500.

São Inácio: Lagoa Itaparica 10km west of the São Inácio-Xique-Xique road at the turning 13,1km. North of São Inácio. 26/2/1977, Harley, R.M. et al. 19095.

Tucano: Ca. 19km de Araci, na BR 116. 23/3/1993, Queiroz, L.P. et al. 3113.

Xique-Xique: Margens do Rio São Francisco, próximo ao porto de Xique-Xique. 10/9/1990, Lima, H.C. et al. 3955.

Ceará

Aquiraz: Banks of Rio Pacoty, 6km south of Aquiraz. 15/11/1935, Drouet, F. 2614.

Mun.?: Chapada do Araripe. 30/8/1971, Gifford, D.R. et al. G-336.

Paraíba

Camalaú: Estrada Monteiro-Camalaú. 15/6/1984, Collares, J.E.R. et al. 203.

Pernambuco

Brejo da Madre de Deus: Fazenda Bituri. 31/10/1994, Travassos, Z. 232.

Piauí

Colônia do Piauí: Riacho do Meio. 17/3/1994, Alcoforado Filho, F.G. 328.

São Raimundo Nonato: Fundação Ruralista (Sede) ca. 8–10km NNE de Curral Novo, 220km ENE de Petrolina. 19/1/1982, Lewis, G.P. et al. 1120.

Peltogyne chrysopis Barneby

Bahia

Una: Reserva Biológica do Mico-leão (IBAMA). Entrada no km 46 da rodovia BA-001 Ilhéus-Una. Picada da Bandeira. 27/7/1993, Carvalho, A.M. et al. 4306.

Una: Reserva Biológica do Mico-leão (IBAMA). Entrada no km 46 da rodovia BA-001 Ilhéus-Una. Coletas efetuadas na estrada que leva à sede da reserva. 9/11/1993, Amorim, A.M. et al. 1430.

Una: Reserva Biológica do Mico-leão (IBAMA). Entrada no km 46 da rodovia BA-001 Ilhéus-Una. Coletas efetuadas na Picada do Príncipe. 14/9/1993, Amorim, A.M. et al. 1382, ISOTYPE, Peltogyne chrysopis Barneby.

Peltogyne confertiflora (Hayne) Benth.

Bahia

Barreiras: Coleta efetuada a 6km depois e Barreiras, entrada à direita. 4km na estrada do aeroporto. 3/6/1991, Brito, H.S. et al. 332.

Jacobina: Vila do Barra. 1840, Blanchet, J.S. 3108, SYNTYPE, Hymenaea confertiflora Hayne.

Porto Seguro: Km 9 da rodovia Porto Seguro-Eunápolis. 8/2/1972, Eupunino, A. 218.

Una: Fazenda São Rafael. 18/12/1968, Santos, T.S. 328.

Piauí

Oeiras: Near Oeiras. 6/1839, Gardner, G. 2465, SYNTYPE, Hymenaea confertiflora Hayne.

Peltogyne pauciflora Benth.

Bahia

Cansação: 4km W of Cansação, on the Itiúba road. 20/2/1974, Harley, R.M. et al. 16400.

Casa Nova: 10/8/1981, Gonçalves, L.M.C. 215.

Filadélfia: 6km fromo Filadélfia on the BA-385 to Itiúba. 18/2/1974, Harley, R.M. et al. 16146.

Gentio do Ouro: Serra do Açuruá. Estrada para Xique-Xique, 10km antes de Santo Inácio. 10/9/1990, Lima, H.C. et al. 3948.

Iaçu: Estrada Iaçu-Itaberaba, 8km de Iaçu. 17/12/1981, Lewis, G.P. 846.

Iaçu: Fazenda Suibra (Boa Sorte), 18km a leste da cidade, seguindo a rodovia. 13/3/1985, Noblick, L.R. 3644.

Itaju do Colônia: 12km da estrada em direção a Feirinha ao lado W. Margem esquerda do Rio Corró. 23/10/1969, Santos, T.S. 421.

Jacobina: Vila do Barra. 1840, Blanchet, J.S. 3150, TYPE, Peltogyne pauciflora Benth.

Pernambuco

Buíque: Fazenda Laranjeiras. 19/5/1995, Andrade, K. et al. 49.

Peltogyne aff. **pauciflora** Benth.

Bahia

Campo Formoso: Estrada Alagoinhas-Água Preta km 3. 26/6/1983, Coradin, L. et al. 6056.

Peltophorum dubium (Spreng.) Taub. var. **dubium**

Bahia

Andaraí: Estrada Andaraí-BR 242. Ca. 20km ao N de Andaraí. 23/12/1979, Mori, S.A. et al. 13206.

Belmonte: Faz. Boa Vista, margem do Jequitinhonha. 16/04/1075, Santos, T.S. 2953.

Brumado: Ca. 35km na Rodovia Brumado-Caetité. 27/12/1989, Carvalho, A.M. et al. 2656.

Cachoeira: Barragem de Bananeiras. Vale dos rios Paraguaçu e Jacuípe. 2/1981, Pedra Cavalo, G. 1054.

Caldeirão Grande: Estrada entre Porto Novo e Saúde, 24km SW de Porto Novo. 17/11/1986, Queiroz, L.P. et al. 1167.

Iaçu: Fazenda Laranjo, a ca. 14km do entroncamento para Iaçu na estrada para João Amaro. 27/4/1994, Queiroz, L.P. et al. 3866.

Ibotirama: Rodovia BR 242 Ibotirama-Barreiras km 30. 7/7/1983, Coradin, L. et al. 6593.

Itapetinga: Rod. BR 415, 3km a oeste de Itapetinga. 3/3/1978, Mori, S.A. et al. 9372.

Jacobina: Serra de Jacobina. 1837, Blanchet, J.S. (Moricand, M.E.) 2659.

Jacobina: Ramal ca. 7km na rodovia Jacobina-Capim Grosso. Fazenda Bom Jardim, coletas entre 2 a 9km ramal adentro. 28/8/1990, Hage, J.L. et al. 2265.

Jaguarari: Rodovia Juazeiro-Senhor do Bonfim (BR 407) km 100. 25/6/1983, Coradin, L. et al. 5996.

Livramento de Brumado: 21km S of Livramento do Brumado on road to Brumado-picada to granitic outcrop on right of road. 21/3/1991, Lewis, G.P. et al. 1868.

Poções: Fazenda Espírito Santo. Ramal com entrada a 7km do sul de Poções, lado direito, próximo ao Posto Atalaia-2. Sede da Fazenda distante 3km da rodovia. 6/4/1988, Mattos Silva, L.A. et al. 2342.

Saúde: Ca. 11km S de Saúde, a 23km N da BR 324. 23/8/1993, Queiroz, L.P. et al. 3560.

Vitória da Conquista: A 35km de Vitória da Conquista rumo a Anagé. 26/1/1965, Pereira, E. et al. 9751.

Paraíba

Areia: Mata de Pau Ferrro, parte oeste, mais seca, cerca de 1km da estrada Areia-Remígio. 1/12/1980, Fevereiro, V.P.B. et al. M 140.

Pernambuco

Caruaru: Brejo dos Cavalos, Fazenda Caruaru. 26/3/94, Borges, M. et al. 21.

Untraced Locality

(?Alagoas/Sergipe) Rio São Francisco about 88 miles. 3/1838, Gardner, G. 1279.

Poeppigia procera C.Presl

Bahia

Boninal: Arredores. 24/11/1985, Hatschbach, G. et al. 50159.

Brejo de Cima: 54km de Mucugê, na estrada para Jussiape. 15/12/1984, Lewis, G.P. et al. CFCR 6940.

Brumado: On rd. BR 030, Brumado-Caetité, km 50. 3/1/1994, Klitgaard, B.B. et al. 65.

Caetité: 20km E de Caetité, camino a Brumado. 20/11/1992, Arbo, M.M. et al. 5659.

Gentio do Ouro: Serra de Açuruá. 1838, Blanchet, J.S. 2796.

Gentio do Ouro: Serra de Açuruá. Rio São Francisco. 1838, Blanchet, J.S. 2796.

Jacobina: 1840, Blanchet, J.S. 3099, TYPE, Poeppigia procera Presl. var. conferta Benth.

Jacobina: 1837, Blanchet, J.S. 2667.

Jequié: Estrada Jequié-Contendas do Sincorá, a 8km de Jequié. 26/1/1980, Carvalho, A.M. 138.

Jeremoabo: 4/6/1981, Orlandi, R.P. 428.

Maracás: Fazenda Tanquinho. Ramal com entrada no km 23 da rodovia Maracás-Planaltino, lado esquerdo. 2/3/1988, Mattos Silva, L.A. et al. 2296.

Milagres: Morro de Couro or Morro São Cristovão. 6/3/1977, Harley, R.M. et al. 19414.

Paramirim: 13km da cidade na estrada para Livramento do Brumado. 28/11/1988, Harley, R.M. et al. 27027.

Santa Terezinha: Ca. 5km W da estrada Santa Terezinha-Itatim, em uma estrada viscinal distando ca. 14km E de Itatim. 26/4/1994, Queiroz, L.P. et al. 3850.

Tucano: Ca. 23km, na estrada de Tucano para Euclides da Cunha. 22/3/1992, Carvalho, A.M. et al. 3930.

Tucano: Distrito de Caldas do Jorro. Estrada que liga Caldas do Jorro ao Rio Itapicurú. 1/3/1992, Carvalho, A.M. et al. 3866.

Ceará

Campos Salas: 2–4km de Campos Salas. 15/2/1985, Gentry, A. et al. 50126.

Pernambuco

Buíque: Fazenda Laranjeiras. 16/6/1995, Figueiredo, L. et al. 90.

Buíque: Fazenda Laranjeiras. 5/5/1995, Rodal, M.J.N. et al. 536.

Ibimirim: Estrada Ibimirim-Petrolândia. 5/6/1995, Laurênio, A. et al. 78.

Ibimirim: Estrada Ibimirim-Petrolândia. 22/7/1995, Laurênio, A. et al. 115.

Ibimirim: Estrada Ibimirim-Petrolândia. 5/6/1995, Gomes, A.P.S. et al. 38.

Piauí

Boa Esperança: Between Boa Esperança and Santana das Merces. 3/1834, Gardner, G. 2142.

Jaicós: 7km along trackway to Lagoa Achada, start of trackway is 9km south of Jaicós along the BR 407 to Petrolina. 8/1/1985, Lewis, G.P. et al. 1338.

São Raimundo Nonato: Fundação Ruralista. 10/12/1981, Pearson, H.P.N. et al. 61.

São Raimundo Nonato: Ca. de 6km da Fundação Ruralista (Sede) na estrada para Vitorino, ca. de 220km ENE de Petrolina. 19/1/1982, Lewis, G.P. et al. 1125.

São Raimundo Nonato: Ca. de 1km W of Fundação Ruralista (Sede) on trackway ca. 8km NNE of Curral Novo, 220km ENE of Petrolina. 16/1/1982, Lewis, G.P. et al. 1082.

Pterogyne nitens Tul.

Alagoas

Tanque D'Arca: Margem da estrada, a 4km da zona urbana. 11/6/1981, Lemos, R.P.L. et al. 295.

Bahia

Barreiras: Km 87 da rodovia Barreiras-Ibotirama. 10/22/1991, Pereira, B.A.S. et al. 1578.

Bom Jesus da Lapa: Basin of the upper São Francisco river. 15/4/1980, Harley, R.M. et al. 21387.

Bom Jesus da Lapa: Formação calcárea junto da cidade na qual fica a gruta do Bom Jesus. 17/4/1983, Carvalho, A.M. et al. 1805.

Cocos: Ca. 3km S of Cocos. 14/3/1972, Anderson, W.R. et al. 36942.

Cristópolis: Cantinho. 21/5/1984, Silva, S.B. et al. 351.

Ipiaú: Km 10 da rodovia Ipiaú-Jequié. Margem do rio de Contas. 12/11/1971, Santos, T.S. 2130.

Iraquara: Along road from Iraquara to BR-242, 12km S of Iraquara. 14/6/1981, Mori, S. et al. 14433.

Itaberaba: Rodovia BR-242, coletas a 44km a oeste de Itaberaba. 11/5/1989, Mattos Silva, L.A. et al. 2736.

Jacobina: km from Jacobina on BR-324. Right side of road. 30/5/1991, Pennington, R.T. et al. 244.

Jacobina: Ramal a ca. 7km na rodovia Jacobina-Capim Grosso. Fazenda Bom Jardim, coletas entre 2 a 9km ramal adentro. 28/8/1990, Hage, J.L. et al. 2269.

Livramento do Brumado: Km 26 o road Jussiape-Livramento do Brumado. 6/1/1994, Klitgaard, B.B. et al. 81.

Livramento do Brumado: 10km along estrada de terra
from Livramento do Brumado to Rio de Contas.
27/3/1991, Lewis, G.P. et al. 1901.
Morro do Chapéu: Ca. 12km SE de Morro do Chapéu
na BA-052 (estrada do feijão). 25/7/1993, Queiroz,
L.P. et al. 3453.
Piatã: Próximo a Serra do Gentio. Estrada Piatã-
Boninal. 21/12/1984, Lewis, G.P. et al. CFCR 7399.
Piritiba: Ca. 25km N da BA-052 (estrada do feijão) na
BA-421 (Piritiba-Jacobina). 19/8/1993, Queiroz, L.P.
et al. 3465.
Santa Cruz Cabrália: Área da Estação Ecológica do
Pau-brasil (ESPAB), ca. 16km a W de Porto seguro,
rodovia BR-367 (Porto Seguro-Eunápolis). Área do
arboreto da ESPAB, quadra 096. 15/7/1987, Santos,
F.S. et al. 623.
Saúde: Ca. 11km S de Saúde, a 23km Nda BR-324.
23/8/1993, Queiroz, L.P. et al. 3568.
Senhor do Bonfim: Serra da Jacobina, 8km N of
Senhor do Bonfim on the BA-130 to Juazeiro, on
side road from Carrapichel towards the Serra.
27/2/1974, Harley, R.M. et al. 16498.
Souto Soares: Ca. 7km S de Souto Soares, na BR-330,
próximo ao povoado de Pau Ferro. 22/7/1993,
Queiroz, L.P. et al. 3413.
Souto Soares: Ca. 8km W de Souto Soares na estrada
para Água de Rega. 22/7/1993, Queiroz, L.P. et al.
3411.
Vitória da Conquista: 1km south of BR-415, 14km
east of Vitória da Conquista. 22/3/1996, Thomas,
W.W. et al. 11108.
Mun.?: Estreito IV. Divisa das estradas MG-BA.
Projeto de irrigação da CODEVASP. 4/1991,
Brochado, A.L. 258.
Ceará
Crato: 29km W of Crato, on N slopes of Chapada do
Araripe. 15/2/1985, Gentry, A. et al. 50107.
Mun.?: Serra do Araripe near Barra do Jardim. 12/1838,
Gardner, G. 1939, TYPE, Pterogyne nitens Tul.

Schizolobium parahyba (Vell.) Blake var. ***parahyba***
Bahia
Uruçuca: Rod. Uruçuca a Taboquinha. 22/11/1971,
Santos, T.S. 2201.

Sclerolobium aureum (Tul.) Benth.
Bahia
Mun.?: Vila da Barra. 1840, Blanchet, J.S. 3080.
Unloc.: Blanchet, J.S. 3080, TYPE - photo, Tachigali
aurea Tul.

Sclerolobium densiflorum Benth.
Bahia
Ilhéus: 2km NNE of Banco da Vitória on road leading
to west edge of Mata da Esperança. 28/9/1994,
Thomas, W.W. et al. 10735.
Itacaré: Ramal com entrada no km 4, da rodovia
Itacaré-Ubaitaba (BA 654), lado esquerdo.
19/4/1989, Mattos Silva, L.A. et al. 2703.
Una: Reserva Biológica do Mico-Leão (IBAMA).
Entrada no km 46 da Rod. BA 001 Ilhéus-Una.
14–15/4/1993, Amorim, A.M. et al. 1243.

Sclerolobium cf. ***densiflorum*** Benth.
Pernambuco
Palmares: Entre o km 364 a 365. 5/9/1973, Andrade-
Lima, D. 73-7522.

Sclerolobium guianense Benth.
Bahia
Ilhéus: Luschnath, B. s.n.

Sclerolobium paniculatum Vogel
Bahia
Agreste do Rio das Fêmeas: 1912, Luetzelburg,
Ph.von 6121.
Barreiras: Fazenda Deserto. 24/5/1984, Silva, S.B. et
al. 362.
Barreiras: Antigo aeroporto (estrada). 17/5/1984,
Silva, S.B. et al. 339.
Barreiras: Estrada para Brasília, BR 242. Coletas entre
20 a 22km a partir da sede do município.
12/6/1992, Amorim, A.M. et al. 538.
Barreiras: Estrada para Acaba Vida. 6km da BR020.
24/3/1984, Almeida, E.F. et al. 282.
Cocos: 6/6/1984, Silva, S.B. et al. 384.
Coribe: Estrada para reflorestamento DESBRAVA.
17/3/1984, Collares, J.E.R. et al. 109.
Correntina: Fazenda Jatobá. 20/11/1991, Machado,
J.W.B. et al. 333.
Espigão Mestre, ca. 100km WSW of Barreiras.
7/3/1972, Anderson, W.R. et al. 36771.
Mucugê: Morro do Pina. Estrada de Mucugê a Guiné,
a 25km NO de Mucugê. 20/7/1981, Giulietti, A.M.
et al. CFCR 1483.
Piauí
Demerval Lobão: Rodovia BR 316, 1km from
Demerval Lobão in direction of Teresina.
13/1/1985, Lewis, G.P. 1355.
Gilbués: Próximo à Serra do Veredão. 28/3/1984,
Santos, M.M. et al. 71.
Teresina: BR316 from Picos to Teresina. 123km NNW
of Valença, 73km SSE of Teresina. 9/1/1985, Lewis,
G.P. et al. 1351.

Sclerolobium cf. ***paniculatum*** Vogel
Bahia
Barreiras: Rio de Janeiro, próximo à Cachoeira do
Acaba Vida, a ca. 19km da BR-242 na estrada para
Cotias, entrando na BR-242 a ca. 70km W de
Barreiras. 11/10/1994, Queiroz, L.P. et al. 4091.

Sclerolobium paniculatum Vogel var. ***paniculatum***
Bahia
Formosa do Rio Preto: Ca. 40km W do
entroncamento com a BR-135 (Formosa do Rio
Preto-Barreiras), na estrada para Guaribas.
14/10/1994, Queiroz, L.P. et al. 4162.
Formosa do Rio Preto: Ca. 38km W do
entroncamento com a BR-135 (Formosa do Rio
Preto-Barreiras), na estrada para Guaribas.
14/10/1994, Queiroz, L.P. et al. 4165.

Sclerolobium paniculatum Vogel var. ***subvelutinum***
Benth.
Bahia
Barreiras: Ca. 40km W de Barreiras na BR-242.
12/10/1994, Queiroz, L.P. et al. 4111.
Barreiras: 33km W da cidade de Barreiras ao
longo da BR 242. 1/11/1987, Queiroz, L.P. et al.
2028.
Cristópolis: Ca. 150km W de Ibotirama, na BR-242.
11/10/1994, Queiroz, L.P. et al. 4083.
Ibotirama: Rodovia BR 242 (Ibotirama-Barreiras) KM
86. 7/7/1983, Coradin, L. et al. 6632.

Rio de Contas: About 3km N of the town of Rio de Contas. 21/1/1974, Harley, R.M. et al. 15390.

Rio de Contas: 10–13km ao norte da cidade na estrada para o povoado de Mato Grosso. 27/10/1988, Harley, R.M. et al. 25675.

Rio de Contas: 7km south of small town of Mato Grosso on the road to Vila do Rio de Contas. 24/3/1977, Harley, R.M. et al. 19962.

Rio de Contas: Ca. 18km N de Rio de Contas, próximo ao entroncamento para Brumadinho. 29/10/1993, Queiroz, L.P. et al. 3687.

Tabocas do Brejo Velho: Ca. 101km W de Ibotirama na BR-242. 11/10/1994, Queiroz, L.P. et al. 4075.

Sclerolobium aff. **paniculatum** Vogel
Bahia
Andaraí: Rodovia para Mucugê. 17/9/1984, Hatschbach, G. 48338.

Sclerolobium rugosum Mart. ex Benth.
Bahia
Encruzilhada: Rodovia BR 116. 25/11/1985, Hatschbach, G. et al. 50167.

Texeira de Freitas: BR 101, trecho Texeira de Freitas-Itamaraju, km 70. 21/8/1972, Santos, T.S. 2419.

Sclerolobium cf. **rugosum** Mart. ex Benth.
Bahia
Seabra: Rio Riachão, ca. 27km S of Seabra, road to Água de Rega. 25/2/1971, Irwin, H.S. et al. 31036.

Sclerolobium cf. **striatum** Dwyer
Bahia
Caravelas: Rod. BR 418, SW de Alcobaça. Margem do rio. 16/9/1978, Santos, T.S. et al. 3335.

Nova Viçosa: Ca. 61km na estrada de Caravelas para Nanuque. 6/9/1989, Carvalho, A.M. et al. 2505.

Sclerolobium sp.
Bahia
Castro Alves: Ca. 1km após Pedra Branca, na subida da Serra da Jibóia. 25/4/1994, Queiroz, L.P. et al. 3823.

Correntina: Fazenda Jatobá. 9/1/1991, Rezende, A.V. et al. 70.

Correntina: Fazenda Jatobá. 7/11/1990, Rezende, A.V. et al. 42.

Itacaré: Estrada Itacaré-Taboquinha, ao lado do loteamento da Marambaia. 20/11/1991, Amorim, A.M. et al. 393.

Porto Seguro: Reserva Floresta de Porto Seguro. Ao lado do aceiro com Pedro Malacerna. 8/3/1988, Farias, G.L. 159.

Santa Cruz Cabrália: Área da Estação Ecológica do Pau-Brasil (ESPAB), cerca de 16 km a W de Porto Seguro, Rod. BR367 (Poro Seguro-Eunápolis). 17/5/1988, Santos, F.S. 882.

Pernambuco
Mun.?: Engenho Boto Cabo. 28/5/1985, Paula, J.E. 1805.

Senna aculeata (Benth.) H.S.Irwin & Barneby
Piauí
Mun.?: Districtus Paranagoa. 8/1839, Gardner, G. 2551.

Senna acuruensis (Benth.) H.S.Irwin & Barneby
Bahia
Gentio do Ouro: Serra do Açuruá. 1838, Blanchet, J.S. 2851, HOLOTYPE, Cassia acuruensis Benth.

Gentio do Ouro: Serra do Açuruá. 1838, Blanchet, J.S. 2851, ISOTYPE, Cassia acuruensis Benth.

Jeremoabo: Ca. 23km E de Canudos na estrada para Jeremoabo (BR-235). 26/8/1996, Queiroz, L.P. et al. 4643.

Paulo afonso: De Alagoas para Paulo Afonso. 17/5/1973, Duarte, A.P. 14179.

Senna acuruensis (Benth.) H.S.Irwin & Barneby var. **acuruensis**
Bahia
Abaíra: Ca. 5km SW de Abaíra ao longo da estrada Piatã-Abaíra. 14/2/1992, Queiroz, L.P. 2609.

Andaraí: 15–20km from Andaraí along the road to Itaeté, which branches east off the road to Mucugê. 13/2/1977, Harley, R.M. et al. 18625.

Bom Jesus da Lapa: Basin of the upper São Francisco. Fazenda Imbuzeiro da Onça, ca. 8km from Bom Jesus da Lapa, on by road to Caldeirão. 19/4/1980, Harley, R.M. et al. 21538.

Bom Jesus da Lapa: Basin of the upper São Francisco. Ca. 28km SE of Bom Jesus da Lapa, on the Caetité road. 16/4/1980, Harley, R.M. et al. 21410.

Boninal: Estrada Boninal-Piatã km 4. 6/7/1983, Coradin, L. et al. 6559.

Brumado: Ca. 35km na Rodovia Brumado-Caetité. 27/12/1989, Carvalho, A.M. et al. 2647.

Filadélfia: 6km from Filadéelfia on the BA-385 to Itiúba. 18/2/1974, Harley, R.M. et al. 16144.

Gentio do Ouro: Ca. 4km NE from Gentio do Ouro along the road towards Central. 22/2/1977, Harley, R.M. et al. 18933.

Glória: Proximidades da Vila de Juá. 18/5/1981, Bautista, H.P. 473.

Jequié: Chácara Provisão, ca. de 4km a E de Jequié. 6/5/1979, Mori, S. et al. 11830.

Livramento do Brumado: Ca. 4km along estrada de terra from Livramento do Brumado to Rio de Contas. 28/3/1991, Lewis, G.P. et al. 1911.

Mirangaba: 23/4/1981, Fonseca, W.N. 409.

Piatã: Campo rupestre próximo à Serra do Gentio do Ouro (entre Piatã e Serra da Tromba). 21/12/1984, Lewis, G.P. et al. CFCR 7400.

Rio de Contas: About 2km N of the town of Rio de Contas in flood plain of the Rio Brumado, with riverine chiefly herbaceous weedy vegetation. 25/1/1974, Harley, R.M. et al. 15483.

Seabra: Ca. 28km N of Seabra, road to Água de Rega. 27/2/1971, Irwin, H.S. 31165.

Umburanas: Lagoinha: 3km NW of Lagoinha (5,5km SW of Delfino) on the side road to Minas do Mimoso. 5/3/1974, Harley, R.M. et al. 16732.

Umburanas: Lagoinha: 3km NW of Lagoinha (5,5km SW of Delfino) on the side road to Minas do Mimoso. 5/3/1974, Harley., R.M. et al. 16733.

Pernambuco
Belo Jardim: Serra do Genipapo. 14–15/11/1924, Chase, A. 7695.

Senna acuruensis (Benth.) H.S.Irwin & Barneby var. **catingae** (Harms) H.S.Irwin & Barneby
Bahia
Anagé: Serra dos Pombos. 16/6/1986, Hatschbach, G. et al. 50432.

Anagé: Rio do Gavião. 14/9/1989, Hatschbach, G. et al. 53348.

Aracatu: By teh side of the BA-630 highway, 23km south of Aracatu between Vitória da Conquista and Brumado. 13/1/1974, Harley, R.M. et al. 15022.

Boa Vista do Tupim: Ca. 3km após a balsa para travessia do Rio Paraguaçu, para João Amaro, na estrada para Boa Vista do Tupim. 27/4/1994, Queiroz, L.P. et al. 3875.

Calderão: 10/1906, Ule, E. 7250, ISOTYPE, Cassia catingae Harms.

Ituberaba: 2km from Ituberaba on Iaçu road (BA-046). 24/1/1980, Harley, R.M. et al. 20525.

Jacobina: Serra do Tombador, ca. 10km W de Curral Velho, este povoado a ca. De 1km W da BA 421 (Jacobina-Piritiba), entrando a ca. 14km S da BR-324. Fazenda Várzea da Pedra (ex Faz. São José). 21/8/1993, Queiroz, L.P. et al. 3504.

Jequié: km 7 da estrada Jequié-Ipiaú. 10/2/1983, Carvalho, A.M. et al. 1587.

Maracás: Ca. 6km a SW de Maracás. 13/10/1983, Carvalho, A.M. et al. 1987.

Maracás: Fazenda Tanquinho: ca. 20km N de Maracás no ramal para a fazenfa Santa Rita, na estrada para Planaltino. 29/6/1993, Queiroz, L.P. et al. 3267.

Maracás: Ca. 20km W de Maracás na estrada para Contendas do Sincorá. 1/7/1993, Queiroz, L.P. et al. 3275.

Piritiba: Ca. 25km N da BA 052 (estrada do feijão) na BA 421 (Piritiba-Jacobina). 19/8/1993, Queiroz, L.P. et al. 3468.

Santa Inês: Propriedade Pedrão. 9/3/1958, Andrade-Lima, D. 58-2914.

Tremendal: Ca. 48km SE de Brumado na BA-262 (Brumado-Anagé). 29/10/1993, Queiroz, L.P. et al. 3699.

Vitória da Conquista: 35km de Vitória da Conquista rumo Anagé. 26/1/1965, Pereira, E. et al. 9752.

Senna acuruensis (Benth.) H.S.Irwin & Barneby var. ***interjecta*** H.S.Irwin & Barneby
Bahia

Jequié: On Rio-Salvador higway 22,2km south of center of city of Jequié (17,2km S of crossing of Rio de Contas). 9/3/1970, Eiten, G. et al. 10886.

Senna acutisepala (Benth.) H.S.Irwin & Barneby
Bahia

Maracás: Rod. BA-250, Faz. dos Pássaros a 24km a E de Maracás. 4/5/1979, Mori, S. et al. 11783.

Santo Amaro: Saída de Santo Amaro ao entroncamento de Valença, rod. BR 101. 7/5/1969, Jesus, J.A. et al. 345.

Senna affinis (Benth.) H.S.Irwin & Barneby
Bahia

Porto Seguro: Parque Nacional Monte Pascoal, along trail leading to summit of Monte Pascoal. 25/3/1996, Thomas, W.W. et al. 11153.

Porto Seguro: Reserva da Brasil Holanda de Industria S/A. Entrada no km 22 da Rodovia Eunápolis-Porto Seguro. Ca. 9,5km da entrada. Carvalho, A.M. et al. 4493.

Porto Seguro: Parque Nacional de Monte Pascoal. Along park road 1–2km east of path to peak and visitor center. 17/7/1997, Thomas, W.W. et al. 11579.

Una: Reserva Biológica do Mico-leão (IBAMA). Entrada no km 46 da rodovia BA-001 Ilhéus-Una. 9/3/1993, Jardim, J.G. et al. 101.

Una: Reserva Biológica do Mico-leão (IBAMA). Entrada no km 46 da rodovia BA-001 Ilhéus-Una. Picada da Bandeira. 8–12/3/1993, Amorim, A.M. et al. 1134.

Una: Reserva Biológica do Mico-leão (IBAMA). Entrada no km 46 da rodovia BA-001 Ilhéus-Una. 16/3/1994, Carvalho, A.M. et al. 4433.

Senna alata (L.) Roxb.
Bahia

Ilhéus: Área do CEPEC (Centro de Pesquisas do Cacau), km 22 da Rodovia Ilhéus-Itabuna (BR-415). Quadra B. 13/5/1981, Hage, J.L. et al. 680.

Ilhéus: Área do CEPEC (Centro de Pesquisas do Cacau), km 22 da Rodovia Ilhéus-Itabuna (BR-415). Quadra H. 29/7/1981, Hage, J.L. et al. 1135.

Itaberaba: Margem do Rio Paraguaçu. Divisa emtre os municípios de Itaberaba e Iaçu. 4/5/1995, França, F. et al. 1216.

Itabuna: Saída para Uruçuca. 15/5/1968, Belém, R.P. 3567.

Piauí

Gilbués: Rodovia Correntes-Bom Jesus 2km leste da cidade de Gilbués. 18/6/1983, Coradin, L. et al. 5839.

Senna angulata (Vogel) H.S.Irwin & Barneby var. ***miscadena*** (Vogel) H.S.Irwin & Barneby
Bahia

Belmonte: Barrolândia, Estação Experimental Gregório Bondar CEPLAC, 48km east of BR-101 on road to Belmonte. 12/5/1993, Thomas, W.W. et al. 9894.

Santa Cruz Cabrália: Etrada velha para Santa Cruz Cabrália, entre a Estação Ecológica Pau-Brasil e Santa Cruz Cabrália. Ca. 15km a NW de Porto Seguro. 17/5/1979, Mori, S. et al. 11871.

Santa Cruz Cabrália: ESPAB. Área de pouso. 16/7/1981, Brito, H.S. et al. 36.

Senna appendiculata (Vogel) Wiersema
Bahia

Alcobaça: Ca.5 km a W da sede do município. 7/12/1981, Lewis, G.P. et al. 800.

Alcobaça: Rodovia BA-001 (próximo ao entroncamento com a BR-255). A 5,5km ao NW de Alcobaça. 19/3/1978, Mori, S. et al. 9708.

Alcobaça: 20km ao s de Prado, estrada para Alcobaça, 5km a W da sede do município. 7/12/1981, Lewis, G.P. et al. 799.

Alcobaça: Rodovia BA-001, trecho Alcobaça-Prado, a 5km a NW de Alcobaça. 17/9/1978, Mori, S. et al. 10576.

Senna aristeguietae H.S.Irwin & Barneby
Bahia

Rio de Contas: Ca. 7km S of Rio de Contas on estrada de terra to Livramento do Brumado. 16/4/1991, Lewis, G.P. et al. 1992.

Senna aversiflora (Herbert) H.S.Irwin & Barneby
Bahia

Cachoeira: Estação da Mata. Vale dos Rios Paraguaçu e Jacuípe. 6/1980, Pedra Cavalo, G. 296.

Cansanção: 14km SW of Cansanção, on road to Queimadas. 22/2/1974, Harley, R.M. et al. 16481.

Dom Basílio: Ca. 60km na estrada de Brumado para Livramento do Brumado. 13/3/1991, Brito, H.S. et al. 301.

Ituaçu: Arredores. 25/11/1985, Hatschbach, G. et al. 50166.

Jequié: 36km de Jequié. 11/7/1964, Duarte, L. et al. 351.

Livramento do Brumado: 35km S of Livramento do Brumado on road to Brumado. 1/4/1991, Lewis, G.P. et al. 1934.

Miguel Calmon: Arredores da cidade. 16/6/1985, Noblick, L.R. 3927.

Morro do Chapéu: BR-052, vicinity of bridge over Rio Ferro Doido, ca. 18km E of Morro do Chapéu. Foodplain of River. 17/6/1981, Mori, S. et al. 14490.

Morro do Chapéu: Ca. 25km E of Morro do Chapéu, road to Mundo Novo. 21/2/1971, Irwin, H.S. et al. 30712.

Riachão de Jacuípe: Rio Toco, 14km suleste da cidade, BR-324. 10/7/1985, Noblick, L.R. et al. 4104.

Rio de Contas: Arredores de Teixeira, 26km de Jussiape na estrada para Rio de Contas. 25/12/1988, Harley, R.M. et al. 27726.

Rio de Contas: 13km E of the town of Rio de Contas on the road to Marcolino Moura. 25/3/1977, Harley, R.M. et al. 19987.

Serra Preta: 6km W do Ponto de Serra Preta, Faz. Santa Clara. 17/7/1985, Noblick, L.R. et al. 4221.

Serra Preta: 7km W do Ponto de Serra Preta, Faz. Santa Clara. 17/7/1985, Noblick, L.R. et al. 4136.

Senna bacillaris (L.f.) H.S.Irwin & Barneby var. **bacillaris**

Bahia

Ilhéus: Área do CEPEC (Centro de Pesquisas do Cacau), km 22 da Rod. Ilhéus-Itabuna (BR-415). Quadra D. 4/3/1981, Hage, J.L. et al. 501.

Senna cana (Nees & Mart.) H.S.Irwin & Barneby

Bahia

Barreiras: Antigo aeroporto (estrada). 17/5/1984, Silva, S.B. et al. 342.

Barreiras: Aeroporto antigo. 26/3/1984, Almeida, E.F. et al. 290.

Barreiras: Estrada para o aeroporto de Barreiras. Coletas entre 5 a 15km a partir da sede do município. 11/6/1992, Carvalho, A.M. et al. 4058.

Morro do Chapéu: Rodovia para Utinga, ramal para a torre da TELEBAHIA. 8/9/1990, Lima, H.C. et al. 3880.

Riachão das Neves: Beira da estrada. 13/5/1997, França, F. et al. 2279.

Vitória da Conquista: Próximo a Vitória da Conquista. 10/3/1958, Andrade-Lima, D. 58-2928.

Senna cana (Nees & Mart.) H.S.Irwin & Barneby var. **cana**

Bahia

Andaraí: Estrada nova entre Andaraí e Mucugê, 5km ao SE de Andaraí. 4/3/1980, Mori, S. et al. 13416.

Barreiras: Ca. 5km S of Rio Roda Velha, ca. 150km SW of Barreiras. 15/4/1966, Irwin, H.S. et al. 14899.

Barreiras: Coleta efetuada a 6km depois de Barreiras, entrada à direita. 4km na estrada do aeroporto. 3/6/1991, Brito, H.S. et al. 328.

Brejinho das Ametistas: Serra Geral de Caetité. 1,5km S of Brejinho das Ametistas. 11/4/1980, Harley, R.M. et al. 21252.

Caetité: 2km ao S de Caetité. 19/3/1980, Mori, S. et al. 13461.

Caetité: km 6 da estrada Caetité-Brejinho das Ametistas. 15/4/1980, Carvalho, A.M. et al. 1745.

Caetité: Rodovia para Bom Jesus da Lapa. 17/6/1986, Hatschbach, G. et al. 50467.

Caetité: km 2–8 na estrada para Brejinho das Ametistas. 7/8/1996, Carvalho, A.M. et al. 6259.

Caetité: Serra Geral de Caetité, ca. 5km S from Caetité along the Brejinho das Ametistas road. 9/4/1980, Harley, R.M. et al. 21086.

Campo Formoso: Localidade de Água Preta. Estrada Alagoinhas-Minas do Mimoso. 26/6/1983, Coradin, L. et al. 6071.

Correntina: Chapadão Ocidental da Bahia. About 9km of Correntina, on road to Jaborandí. 27/4/1980, Harley, R.M. et al. 21862.

Gentio do Ouro: Serra do Açuruá. 1838, Blanchet, J.S. 2895.

Ibotirama: Rodovia BR-242 (Ibotirama-Barreiras) km 86. 7/7/1983, Coradin, L. et al. 6616.

Iraquara: Ca. 4km S de Água de Rega na estrada para Lagoa da Boa Vista. 23/7/1993, Queiroz, L.P. et al. 3374.

Iraquara: Ca. 3km N de Água de Rega na estrada para Souto Soares, local conhecido como ladeira do Véio Dedé. 22/7/1993, Queiroz, L.P. et al. 3399.

Mirangaba: 23/4/1981, Fonseca, W.N. 395.

Morro do Chapéu: Estrada para o Morro da Torre de Transmissão, ca. de 10km a partir da sede do município. 22/2/1993, Amorim, A.M. et al. 1046.

Morro do Chapéu: Ca. 20km E do entroncamento para Carfanaum, com a BA-052 (estrada do feijão). 18/5/1994, Queiroz, L.P. et al. 4008.

Morro do Chapéu: Estrada para o Morro da Torre de Transmissão, ca. de 10km a partir da sede do município. 22/2/1993, Amorim, A.M. et al. 1046.

Morro do Chapéu: Ca. 4km SW the town of Morro do Chapéu on the road to Utinga. 2/6/1980, Harley, R.M. et al. 988.

Morro do Chapéu: Summit of Morro do Chapéu, ca. 8km SW of the town of Morro do Chapéu to the west of the road to Utinga. 3/3/1977, Harley, R.M. et al. 19302.

Morro do Chapéu: Distrito de Tamboril. 4/4/1986, Carvalho, A.M. et al. 2413.

Morro do Chapéu: Summit of Morro do Chapéu, ca. 8km SW of the town of Morro do Chapeu to the west of the road to Utinga. 30/5/1980, Harley, R.M. et al. 22817.

Morro do Chapéu: Rodovia BA-426, km 6 no sentido Morro do Chapéu-Jacobina. Fazenda do Sr. Joaquim Coutinho, margem esquerda da rodovia. 12/8/1979, Ribeiro, A.J. 44.

Morro do Chapéu: 16km SW de Morro do Chapéu, camino a Utinga. 28/11/1992, Arbo, M.M. et al. 5369.

Morro do Chapéu: Ca. 12km E do entroncamento para Cafarnaum, na BA 052 (estrada do feijão). 22/8/1993, Queiroz, L.P. et al. 3549.

Morro do Chapéu: Ca. 12km SW de Morro do Chapéu na BA 052 (estrada do feijão). 25/7/1993, Queiroz, L.P. et al. 3446.

Mucugê: By Rio Cumbuca, about 3km N of Mucugé on the Andaraí road. 5/2/1974, Harley, R.M. et al. 15994.

Mucugê: Serra do Sincorá, 3km SW of Mucugê on the Cascavel road. 27/3/1980, Harley, R.M. et al. 21059.

Piatã: Ca. 9km de Piatã. 15/2/1987, Harley, R.M. et al. 24262.

Seabra: Ca. 2km SW de Lagoa da Boa Vista, na encosta da Serra do Bebedor. 22/7/1993, Queiroz, L.P. et al. 3361.

Umburanas: Lagoinha: 16km NW of Lagoinha (which is 5,5km SW of Delfino) on side road to Minas do Mimoso. 4/3/1974, Harley, R.M. et al. 16713.

Utinga: 1838, Blanchet, J.S. 2895.

Pernambuco

Buique: Fazenda Cajueiro. 10/4/1955, Andrade-Lima, D. 55-2030.

Buique: 1/1940, Sobrinho, V. s.n.

Sertão de Rio Branco: 6/1937, Sobrinho, V. s.n.

Senna cana (Nees & Mart.) H.S.Irwin & Barneby var. ***calva*** H.S.Irwin & Barneby

Bahia

Lençóis: Ca. 8km NW de Lençóis. Estrada para Barro Branco. 20/12/1981, Lewis, G.P. et al. 922.

Lençóis: Caminho para Capão (Caeté-Açu), por trás da Pousada de Lençóis, ca. 4km de Lençóis. 26/4/1992, Queiroz, L.P. et al. 2647.

Lençóis: Serras dos Lençóis. About 7–10km along the main Seabra-Itaberaba road, W of the Lençóis turning, by the Rio Mucugêzinho. 27/5/1980, Harley, R.M. et al. 22689.

Lençóis: Serras dos Lençóis. About 7–10km along the main Seabra-Itaberaba road, W of the Lençóis turning, by the Rio Mucugêzinho. 27/5/1980, Harley, R.M. et al. 22690.

Mucugê: About 2km along Andaraí road. 25/1/1980, Harley, R.M. et al. 20627.

Mucugê: 3km ao S de Mucugê, na estrada para Jussiape. 26/7/1979, Mori, S. et al. 12567.

Mucugê: Estrada Andaraí-Mucugê, próximo ao Rio Paraguaçu. 21/7/1981, Pirani, J.R. et al. CFCR 1619.

Mucugê: Serra do Sincorá, 3km SW of Mucugê on the Cascavel road. 27/3/1980, Harley, R.M. et al. 21056, HOLOTYPE, Senna cana (Nees & Mart.) H.S.Irwin & Barneby var. calva H.S.Irwin & Barneby.

Senna cana (Nees & Mart.) H.S.Irwin & Barneby var. ***hypoleuca*** (Benth.) H.S.Irwin & Barneby

Bahia

Barra da Estiva: Ca. 6km NM of Barra da Estiva not far from Rio Preto. 29/1/1974, Harley. R.M. et al. 15661.

Piatã: A 10km ao N de Piatã. 3/3/1980, Mori, S. et al. 13375.

Rio de Contas: Barra do Brumado. 7/4/1992, Hatschbach, G. et al. 56820.

Rio de Contas: Ca. 5km N de Rio de Contas na estrada para Brumadinho. 29/10/1993, Queiroz, L.P. et al. 3672.

Rio de Contas: Arredores. 15/5/1983, Hatschbach, G. 46407.

Rio de Contas: Ca. 1,5km S of Rio de Contas on estrada de terra to Livramento do Brumado. 2/4/1991, Lewis, G.P. et al. 1945.

Rio de Contas: About 3km N of the town of Rio de Contas. 21/1/1974, Harley, R.M. et al. 15373.

Rio de Contas: Ca. 14km from Rio de Contas aprox. WNW along road to the Pico das Almas. 16/3/1977, Harley, R.M. et al. 19492.

Rio de Contas: 18km WNW along road from Rio de Contas to the Pico das Almas. 21/3/1977, Harley, R.M. et al. 19819.

Rio de Contas: Rodovia Livramento do Brumado-Rio de Contas, 10km ao NW da primeira. 19–20/7/1979, Mori, S. et al. 12286.

Senna cana (Nees & Mart.) H.S.Irwin & Barneby var. ***phyllostegia*** H.S.Irwin & Barneby

Bahia

Abaíra: On road to Abaíra ca. 8km to N of the town of Rio de Contas. 18/1/1974, Harley, R.M. et al. 15217.

Andaraí: 15–20km from Andaraí along the road to Itaeté, which branches east off the road to Mucugê. 13/2/1977, Harley, R.M. et al. 18626.

Andaraí: 5km S of Andaraí on road to Mucugê, by bridge over the Rio Paraguaçu. 12/2/1977, Harley, R.M. et al. 18574.

Lençóis: Along BR-242, ca. 15km NW of Lençóis at km 225. 10/6/1981, Mori, S. et al. 14292.

Lençóis: Estrada de Lençóis para rodovia BR-242, ca. 9km ao N de Lençóis e 1km da BR-242. 19/12/1981, Lewis, G.P. et al. 879.

Lençóis: Vicinity of Lençóis, on trail to Barro Branco, ca. 5km N of Lençóis. 13/6/1981, Mori, S. et al. 14403.

Lençóis: BR-242, km 214. Entrada na antiga estrada para Lençois, a 12km ao N de Lençóis. 29/2/1980, Mori, S. 13317.

Maracás: Rodovia BA-026, a 6km a SW de Maracás. 26/4/1978, Mori, S. et al. 9935.

Mun.?: Entre Itiruçú e Maracás. 23/1/1965, Pereira, E. et al. 9658, ISOTYPE, Senna cana (Nees & Mart.) H.S.Irwin & Barneby var. phyllostegia H.S.Irwin & Barneby.

Senna chrysocarpa (Desv.) H.S.Irwin & Barneby

Paraíba

Santa Rita: Aceiro da mata. 12/11/1991, Agra, M.F. et al. 1541.

Senna formosa H.S.Irwin & Barneby

Bahia

Porto Seguro: Ramal para Fazenda Cajaíba, com entrada na rodovia BR-101. Trecho Itamaraju a Eunápolis km 64. 29/1/1972, Pinheiro, R.S. 1800.

Senna gardneri (Benth.) H.S.Irwin & Barneby

Bahia

Bom Jesus da Lapa: Ca. 10km na rod. Bom Jesus da Lapa-Ibotirama. 9/8/1996, Jardim, J.G. et al. 923.

Bom Jesus da Lapa: Basin of the Upper São Francisco river. Fazenda Imbuzeiro da Onça, ca. 8km from Bom Jesus da Lapa, on by road to Calderão. 19/4/1980, Harley, R.M. et al. 21537.

Casa Nova: 8/9/1981, Gonçalves, L.M.C. 210.

Gentio do Ouro: Serra do Açuruá. 1838, Blanchet, J.S. 2890.

Gentio do Ouro: 12km E of Gentio do Ouro on road to Boa Vista and Ibipeba. 22/2/1977, Harley, R.M. et al. 18906.

Gentio do Ouro: Serra do Açuruá, estrada Rio Verde-Gentio do Ouro, 4–5km após Tiririca. 9/9/1990, Lima, H.C. et al. 3929.

Ibotirama: Estrada Ibotirama-Bom Jesus da Lapa km 8. 1/7/1983, Coradin, L. et al. 6315.

Utinga: Blanchet, J.S. 2890.

Xique-Xique: Coletas efetuadas no km 6–8, na estrada que liga Santo Inácio a Gentio do Ouro. 1/6/1991, Brito, H.S. et al. 317.

Piauí

Cristino Castro: Rodovia Bom Jesus-Canto do Buriti km 103. 21/6/1983, Coradin, L. et al. 5911.

Oeiras: Near Oeiras. 4/1839, Gardner, G. 2123, HOLOTYPE, Cassia gardneri Benth.

Senna georgica H.S.Irwin & Barneby
Ceará

Mun.?: Sítio Bouqueirão. 1/8/1979, Silva, F.C 73.

Paraíba

João Pessoa: Cidade Universitária, 6km. Sudeste do Centro de João Pessoa. 26/10/1991, Agra, M.F. 1333.

Senna georgica H.S.Irwin & Barneby var. georgica
Paraíba

Areia: Mata de Pau Ferro. Orla da mata, na Picada dos Postes. 23/11/1980, Fevereiro, V.P.B. et al. M-106a.

Areia: Mata de Pau Ferro, Picada dos Postes. 2/10/1980, Fevereiro, V.P.B. et al. M-42.

Pernambuco

Unloc.: 9/1837, Gardner, G. 990, LECTOTYPE, Cassia hoffmannseggi Mart. var gardneriana Benth.

Senna harleyi H.S.Irwin & Barneby
Bahia

Aracatu: By the side of the BA-630 highway, 23km. South of Aracatu between Vitória da Conquista and Brumado. 13/1/1974, Harley, R.M. et al. 15020, ISOTYPE, Senna harleyi H.S.Irwin & Barneby.

Jequié: Entre Jequié e Poções. 10/3/1958, Andrade-Lima, D. 58-2915.

Manoel Vitorino: Estrada que liga Manoel Vitorino com Caatingal, a 5km da BR-116. 10/3/1980, Mori, S. 13446.

Monte Alto: Ao NW de Vitória da Conquista. 6/4/1966, Castellanos, A. 26061.

Poções: km 2 a 4 da estrada que liga Poções (BR-116) ao povoado de Bom Jesus da Serra (ao W de Poções). 5/3/1978, Mori, S. et al. 9497.

Urandi: Rod, BR-122, próximo a divisa com Ouro Branco. 4/4/1992, Hatschbach, G. et al. 56537.

Mun.?: 73km da cidade de Montes Claros. Margem da estrada BR-262 para Aracatu. 12/12/1984, Lewis, G.P. et al. CFCR 6730.

Senna lechriosperma H.S.Irwin & Barneby
Pernambuco

Mun.?: Serra do Araripe. 27/6/1952, Andrade-Lima, D. et al. 52-1136.

Piauí

Bom Jesus: Rodovia Gilbués-Bom Jesus 10km oeste da cidade de Bom Jesus. 20/6/1983, Coradin, L. et al. 5871.

Corrente: Calumbi (estrada). 10/3/1994, Nascimento, M.S.B. 546.

São João do Piauí: Fazenda Experimental Octávio Domingues. 3/3/1994, Alcoforado Filho, F.G. 441.

Mun.?: Between Santa Alma das Nevas and Santo Antônio. 2/1839, Gardner, G. 2124.

Untraced Locality

BR-020, entre a divisa Ceará-Piauí e a BR-230/PI. 27/4/1979, Martins, P. s.n.

Senna macranthera (Collad.) H.S.Irwin & Barneby
Bahia

Castro Alves: Topo da Serra da Jibóia, ca. de 3km de Pedra Branca. 25/4/1994, Queiroz, L.P. et al. 3827.

Esplanada: Ca. 11km E da BR 101, na estrada Esplanada-Conde (BA-233). No Rio Itariri. 28/8/1996, Queiroz, L.P. et al. 4670.

Inhambupe: Ca. 28km N de Inhambupe na estrada para Olindina (BR 110). 23/8/1996, Queiroz, L.P. et al. 4540.

Monte Santo: Ca. 11km E de Monte Santo na estrada para Euclides da Cunha. 24/8/1996, Queiroz, L.P. et al. 4577.

Vitória da Conquista: km 2 da BA-265, trecho Vitória da Conquista-Barra do Choça. Margem da rodovia. 4/3/1978, Mori, S. et al. 9412.

Senna macranthera (Collad.) H.S.Irwin & Barneby var. micans (Nees) H.S.Irwin & Barneby
Bahia

Barra da Estiva: Serra do Sincorá. 3–13km W of Barra da Estiva on the road to Jussiape. 23/3/1980, Harley, R.M. et al. 20841.

Cascavel: Serra do Sincorá. 6km N of Cascavel on teh road to Mucugê. 25/3/1980, Harley, R.M. et al. 20941.

Iraquara: Ca. 3km N de Água de Rega na estrada para Souto Soares, local conhecido como ladeira do Véio Dedé. 23/7/1993, Queiroz, L.P. et al. 3402.

Maracás: 13–22km ao S de Maracás, pela antiga rod. para Jequié. 27/4/1978, Mori, S. et al. 10043.

Maracás: 13–22km ao S de Maracás, pela antiga rod. para Jequié. 27/4/1978, Mori, S. et al. 10069.

Maracás: Fazenda Tanquinho: ca. 20km N de Maracás no ramal para a fazenfa Santa Rita, na estrada para Planaltino. 29/6/1993, Queiroz, L.P. et al. 3263.

Morro do Chapéu: Ca. 1km na BR-122, ao S do entroncamento com a BA-052 (estrada do feijão), em direção a Cafarnaum. 21/6/1993, Queiroz, L.P. et al. 3321.

Morro do Chapéu: Ca. 16km along the Morro do Chapéu to Utinga road, SW of Morro do Chapéu. 1/6/1980, Harley, R.M. et al. 22973.

Morro do Chapéu: Ca. 2km of the town of Morro do Chapéu, on the Utinga road. 3/3/1977, Harley, R.M. et al. 19323.

Palmeiras: Chapada Diamantina, rodovia BR-242, 2km antes do entroncamento para Palmeiras. 11/9/1990, Lima, H.C. et al. 3962.

Rio de Contas: 3km N of the town of Rio de Contas on the road to Mato Grosso. 17/1/1974, Harley, R.M. et al. 15152.

Rio de Contas: About 3km N of the town of Rio de Contas. 21/1/1974, Harley, R.M. et al. 15370.

Rio de Contas: Ca. 14km from Rio de Contas aprox. WNW along road to the Pico das Almas. 16/3/1977, Harley, R.M. et al. 19491.

Rio de Contas: Lower NE slopes of the Pico das Almas, ca. 25km WNW of the Rio de Contas. 17/2/1977, Harley, R.M. et al. 19536.

Rio de Contas: Perto do Pico das Almas, em local chamado Queiroz. 21/2/1987, Harley, R.M. et al. 24608.

Santa Inês: Ca. 55km na direção de Milagres-Jequié na rod. BR 116. 15/4/1990, Carvalho, A.M. et al. 3100.

Umburanas: Lagoinha: 22km north-west of Lagoinha (which is 5,5km SW of Delfino) on side road to Minas do Mimoso. 6/3/1974, Harley, R.M. et al. 16822.

Senna macranthera (Collad.) H.S.Irwin & Barneby var. ***nervosa*** (Vogel) H.S.Irwin & Barneby
Bahia

Almadina: (Rod. Floresta Azul). 11/3/1971, Raimundo, S.P. 1109.

Una: Reserva Biológica do Mico-leão (IBAMA). Entrada no km 46 da Rod. BA-001 Ilhéus-Una. Coletas efetuadas a ca. 10km no ramal que leva a Faz. Jaqueiral e Conjunto Faz. Esperança. 1/5/1996, Jardim, J.G. et al. 816.

Senna macranthera (Collad.) H.S.Irwin & Barneby var. ***pudibunda*** (Benth.) H.S.Irwin & Barneby
Bahia

Aracatu: Arredores. 17/5/1983, Hatschabch, G. 46381.

Barreiras: Aeroporto, com entrada no km 6 da estrada para Brasília. 1/6/1991, Brito, H.S. et al. 324.

Brumado: Ca. 35km na Rod. Brumado-Caetité. 27/12/1989, Carvalho, A.M. et al. 2649.

Ibitira: Rod. BA-030. 17/6/1986, Hatschbach, G. et al. 50447.

Juazeiro: 7km south of Juazeiro on BR 407 to Senhor do Bonfim. 24/1/1993, Thomas, W.W. et al. 9629.

Livramento do Brumado: 10km S of Livramento do Brumado on road to Brumado. Beside picada from smallholding on left of road to quartzite outcrop. 25/3/1991, Lewis, G.P. et al. 1874.

Livramento do Brumado: 10km S of Livramento do Brumado on road to Brumado. 3/4/1991, Lewis, G.P. et al. 1969.

Maracás: Fazenda Cana Brava, 9km ao N de Maracás. 23/5/1991, Santos, E.B. et al. 296.

Maracás: Rod. BA 026, a 26km ao SW de Maracás. 27/4/1978, Mori, S. et al. 9999.

Senhor do Bonfim: 64km north of Senhor do Bonfim on the BA 130 highway to Juazeiro. 25/2/1974, Harley, R.M. et al. 16306.

Senhor do Bonfim: 64km north of Senhor do Bonfim on the BA 130 highway to Juazeiro. 25/2/1974, Harley, R.M. et al. 16314.

Urandi: Rod. BR-122, próximo a Urandi. 4/4/1992, Hatschbach, G. et al. 56535.

Piauí

Boa Esperança: Near Boa Esperança. 3/1839, Gardner, G. 2120.

Senna macranthera (Collad.) H.S.Irwin & Barneby var. ***striata*** (Vogel) H.S.Irwin & Barneby
Bahia

Cachoeira: Ilha do Umbuzeiro. Vale dos Rios Paraguaçu e Jacuípe. 16/8/1980, Pedra Cavalo, G. 605.

Cachoeira: Baaragem de Bananeiras. Vale dos Rios Paraguaçu e Jacuípe. 7/1980, Pedra Cavalo, G. 364.

Cachoeira: Ilha do Umbuzeiro. Vale dos Rios Paraguaçu e Jacuípe. 16/8/1980, Pedra Cavalo, G.626.

Cansanção: 14km SW of Cansanção, on road to Queimadas. 22/2/1974, Harley, R.M. et al. 16493.

Encruzilhada: Margem do Rio Pardo. 26/5/1968, Belém, R.P. 3658.

Encruzilhada: Margem do Rio Pardo. 23/5/1968, Belém, R.P. 3596.

Euclides da Cunha: Ca. 20km south of village of Formosa on road from Tarrachil to Canudos. Ca. 15km due north of Canudos. 18/7/1962, Eiten, G. et al. 4990.

Jequié: km 15 da estrada Jequié para Contendas do Sincorá. 23/12/1981, Lewis, G.P. et al. 976.

Jequié: Rod. BR-330, trecho Jequié-Ipiaú, 4km a L de Jequié. 14/7/1979, Mori, S. et al. 12218.

Monte Santo: Ca. 14km N de Monte Santo, na estrada para Uauá. 25/8/1996, Queiroz, L.P. et al. 4619.

Serrinha: Ca. 12km south of village of Araci. 19/7/1962, Eiten, G. et al. 5012.

Teofilândia: Lado direito do asfalto indo para o escritório, Faz. Brasileiro. 22/6/1992, Souza, V. 323.

Vitória da Conquista: Rod. BR-116, 15km S de Vitória da Conquista. 15/7/1982, Hatschbach, G. et al. 45034.

Ceará

Crato: Chapada do Araripe 14km W of Crato. 15/2/1985, Gentry, A. et al. 50154.

Senna martiana (Benth.) H.S.Irwin & Barneby
Bahia

Casa Nova: 8/9/1981, Orlandi, R.P. 529.

Curaçá: 9/8/1983, Pinto, C.G.P. et al. 205-83.

Juazeiro: 7km south of Juazeiro on BR 407 to Senhor do Bonfim. 24/1/1993, Thomas, W.W. et al. 9628.

Juazeiro: Rodovia Juazeiro-Sobradinho km 30. 24/6/1983, Coradin, L. et al. 5989.

Senhor do Bonfim: 64km north of Senhor do Bonfim on the BA-130 highway to Juazeiro. 25/2/1974, Harley, R.M. et al. 16323.

Pernambuco

Petrolina: Rodovia Petrolina-Recife (BR-428) km 31. 23/6/1983, Coradin, L. et al. 5952.

Santa Maria da Boa Vista: 21,4km south of Lagoa Grande. 8/3/1970, Eiten, G. et al. 10866.

Piauí

São Lourenço: Rod. São Raimundo Nonato-Remanso km 41. 10/8/1994, Silva, G.P. et al. 2455.

São Raimundo Nonato: Estrada Canto do Buriti-Novo Remanso km 30. 22/6/1983, Coradin, L. et al. 5919.

Senna aff. ***martiana*** (Benth.) H.S.Irwin & Barneby
Paraíba

Esperança: Lagoa de Pedra. 30/11/1980, Fevereiro, V.P.B. et al. 718.

Senna multijuga (Rich.) H.S.Irwin & Barneby subsp.
multijuga var. ***verrucosa*** (Vogel) H.S.Irwin &
Barneby
Bahia
Castro Alves: Topo da Serra da Jibóia em torno da
Torre de Televisão. 18/6/1993, Queiroz, L.P. et al.
3238.
Ilhéus: Área do CEPEC (Centro de Pesquisas do Cacau),
km 22 da Rodovia Ilhéus-Itabuna (BR-415). Reserva
Botânica, Quadra D. 12/8/1978, Mori, S. 10410.
Ilhéus: Área do CEPEC (Centro de Pesquisas do
Cacau), km 22 da Rodovia Ilhéus-Itabuna (BR-415).
12/5/1978, Mori, S. et al. 10091.
Ilhéus: Área do CEPEC (Centro de Pesquisas do
Cacau), km 22 da Rodovia Ilhéus-Itabuna (BR-415).
19/5/1971, Pinheiro, R.S. 1247.
Ilhéus: Blanchet, J.S. (Moricand, M.E.) 1597.
Itabuna: Rodovia Ferradas-Juassarí, km 44. 6/6/1979,
Mattos Silva, L.A. et al. 418.
Itabuna: A 10km ao norte de Ferradas. 15/5/1968,
Belém, R.P. 3566.
Santa Terezinha: 3km de Pedra Branca, Serra da
Pioneira. 21/5/1985, Noblick, L.R. et al. 3739.
Untraced Locality
Sellow, F. s.n., ISOTYPE, Cassia verrucosa Vogel.
Senna multijuga (Rich.) H.S.Irwin & Barneby subsp.
lindleyana (Gardner) H.S.Irwin & Barneby var.
lindleyana
Bahia
Una: Ca. 5km da entrada da Reserva Biológica de
Una-IBAMA (Entrada no km 46 da rodovia BA-001
Ilhéus-Una). 16/3/1994, Carvalho, A.M. et al. 4430.
Senna obtusifolia (L.) H.S.Irwin & Barneby
Bahia
Anagé: Serra dos Pombos. 14/5/1983, Hatschbach, G.
46345.
Caetité: Serra Geral de Caetité, ca. 5km S from
Caetité along the Brejinho das Ametistas road.
9/4/1980, Harley, R.M. et al. 21095.
Cachoeira: Porto Castro Alves. Vale dos Rios
Paraguaçu e Jacuípe. 5/1980, Pedra Cavalo, G. 87.
Feira de Santana: 10km ME do entroncamento da
BA-052 com a estrada para Jaguara. 21/7/1987,
Queiroz, L.P. et al. 1710.
Ilhéus: Área do CEPEC (Centro de Pesquisas do
Cacau), km 22 da Rodovia Ilhéus-Itabuna (BR-415).
Quadra D. 27/5/1981, Hage, J.L. et al. 771.
Ilhéus: Blanchet, J.S. 3012.
Rio de Contas: 13km E of the Rio de Contas on the
road to Marcolino Moura. 25/3/1977, Harley, R.M.
et al. 19988.
Mun.?: Mina Boquira, Morro Sobrado. 2/4/1966,
Castellanos, A. 26002.
Ceará
Fortaleza: 9/11/1925, Bolland, G. s.n.
Pernambuco
Fernando de Noronha: Moseley, H.N. s.n.
Unloc.: Preston, T.A. s.n.
Piauí
Campo Maior: Fazenda Sol Posto. 12/6/1995,
Nascimento, M.S.B. et al. 1043.
Colônia do Piauí: Riacho do Meio. 17/3/1994,
Alcoforado Filho, F.G. et al. 321.

Senna occidentalis (L.) Link
Bahia
Caetité: Serra Geral de Caetité, ca. 5km S from
Caetité along the Brejinho das Ametistas road.
9/4/1980, Harley, R.M. et al. 21105.
Casa Nova: BR-235. Entroncamento Sobradinho-
Remanso km 38. 8/8/1994, Silva, G.P. et al. 2444.
Itabuna: Ca. 3km a NW de Jussari. 7/5/1978, Mori, S.
et al. 10088.
Itamaraju: Fazenda Guanabara, 5km NW de
Itamaraju. 6/12/1981, Lewis, G.P. et al. 788.
Juazeiro: 10km S of Juazeiro on BA-130. 7/2/1972,
Pickersgill, B. et al. RU-72-83.
Una: Rodovia BA-265, a 2km de Una. 26/2/1978,
Mori, S. et al. 9290.
Unloc.: Rugel, F. 106.
Ceará
Fortaleza: Bolland, G. s.n.
Unloc.: 1926, Bolland, G. s.n.
Paraíba
Areia: Mata de Pau Ferro, orla da mata ao lado da
estrada Areia-Remígio a leste da Picada dos Postes.
7/1/1981, Fevereiro, V.P.B. et al. M-496.
Brejo do Cruz: Estrada de Catolé do Rocha a Brejo
do Cruz. 2/6/1984, Collares, J.E.R. et al. 163.
Pernambuco
Fernando de Noronha: 1835, Middleton s.n.
Recife: 11/1937, Vasconcellos, D. s.n.
Mun.?: Tapera-São Bento. 6/1917, Pickel, D.B. 259.
Piauí
Altos: 19/3/1984, Silva, S.B. et al. 319.
Campo Maior: Fazenda Lourdes. 22/4/1994,
Nascimento, M.S.B. 139.
Gilbués: Rodovia Correntes-Bom Jesus 2km leste da
cidade de Gilbués. 18/6/1983, Coradin, L. et al.
5835.
São Raimundo Nonato: Fundação Ruralista (Sede) ca.
8–10km NNE de Curral Novo e ca. 220km ENE de
Petrolina. 23/1/1982, Lewis, G.P. et al. 1160.
Unloc.: 27/10/1981, Pearson, H.P.N. 16.
Rio Grande do Norte
Portalegre: Fazenda Cajazeiras. 3/5/1984, Assis, J.S. et
al. 357.
Senna pendula (Willd.) H.S.Irwin & Barneby
Bahia
Caetité: km 6 da estrada Caetité-Brejinho das
Ametistas. 15/4/1983, Carvalho, A.M. et al. 1744.
Una: Povoado de Comandatuba, 17km ao sul de Una
(ramal com entrada no km 13 da rodovia Una-
Canavieiras). Coletas efetuadas ao longo do ramal
que liga Comandatuba à Pedras, com 8km de
extensão. 23/7/1981, Mattos Silva. L.A. et al. 1368.
Senna pendula (Willd.) H.S.Irwin & Barneby var.
pendula
Bahia
Ilhéus: Luschnath, B. 814.
Ceará
Mun.?: Região costeira, on mountain. 9/6/1929,
Bolland, G. 25.
Pernambuco
Mun.?: Rio Doce. 5/7/1950, Andrade-Lima, D. 50-563.
Piauí
Unloc.: 1841, Gardner, G. 2549.

Senna pendula (Willd.) H.S.Irwin & Barneby var. **dolichandra** H.S.Irwin & Barneby

Bahia

Cafarnaum: Mulungu do Morro. 13/10/1981, Hatschbach, G. 44229.

Jacobina: Rodovia Jacobina-Lage do Batata km 15. 28/6/1983, Coradin, L. et al. 6200.

Riachão de Jacuípe: 10km suleste da cidade, Faz. São Pedro. 10/7/1985, Noblick, L.R. et al. 4045.

Senna pendula (Willd.) H.S.Irwin & Barneby var. **glabrata** (Vogel) H.S.Irwin & Barneby

Bahia

Caetité: Serra Geral de Caetité, ca. 3km from Caetité, S along the road to Brejinho das Ametistas. 10/4/1980, Harley, R.M. et al. 21168.

Ilhéus: Área do CEPEC (Centro de Pesquisas do Cacau), km 22 da Rodovia Ilhéus-Itabuna (BR-415). Próximo a hospedaria. 12/8/1978, Mori, S. 10403.

Iraquara: Fazenda Pratinha, margin of Rio Santo Antônio, 16km SSE of Iraquara. 14/6/1981, Mori, S. et al. 14423.

Maracás: Rodovia BA-026, a 6km a SW de Maracás. 26/4/1978, Mori, S. et al. 9964.

Porto Seguro: Parque Nacional de Monte Pascoal. Along shore at Pistolaçu, north of Corumbau. 18/7/1997, Thomas, W.W. et al. 11641.

Porto Seguro: Rodovia BR-367, a 46km a W de Porto Seguro. 9/5/1980, Eupunino, A. 476.

Unloc.: Luschnath, B. (Martius, C.F.P.von 715) s.n.

Senna pentagonia (P.Mill.) H.S.Irwin & Barneby

Bahia

Serra Dourada: Chapadão Ocidental da Bahia. 21/4/1980, Harley, R.M. et al. 21611.

Senna phlebadenia H.S.Irwin & Barneby

Alagoas

Barra de Santo Antônio: 21/9/1954, Falcão, J.I. et al. 1192.

Bahia

Conde: 25/3/1995, França, F. 1153.

Entre Rios: Road W of Subaúma, 2–5km W de Subaúma. 28/5/1981, Mori, S. et al. 14164.

Mata de São João: Praia do Forte. 29/11/1992, Queiroz, L.P. 2907.

Pernambuco

Goiana: 16/11/1933, Pickel, D.B. 3415.

Sergipe

Santa Luzia do Itanhy: Ca. 2,5km do distrito de Castro, na estrada para Santa Luzia do Itanhy. 6/10/1993, Sant'Ana, S.C. et al. 398.

Santa Luzia do Itanhy: Entrada 2km à esquerda na estrada Santa Luzia do Itanhy-Castro. 14/6/1994, Jardim, J.G. et al. 468.

Senna pinheroi H.S.Irwin & Barneby

Bahia

Maraú: Rodovia BR-030, trecho Proto de Campinhos-Maraú, km 11. 26/2/1980, Carvalho, A.M. et al. 210.

Senna quinquangulata (Rich.) H.S.Irwin & Barneby

Bahia

Itacaré: Near the mouth of the Rio de Contas. 28/1/1977, Harley, R.M. et al. 18308.

Valença: Estrada para Orobó, partindo da estrada BR 101-Valença, perto de Orobó, ca. 1km da pequena vila. 10/1/1982, Lewis, G.P. et al. 1071.

Unlocalized.

Ceará

Unloc.: 6/1929, Bolland, G. 2.

Paraíba

Areia: Mata de Pau Ferro. 28/8/1980, Andrade-Lima, D. et al. M-156.

Areia: Mata de Pau Ferro. Orla da mata, na Picada dos Postes. 23/11/1980, Fevereiro, V.P.B. et al. M-106b.

Senna quinquangulata (Rich.) H.S.Irwin & Barneby var. **quinquangulata**

Bahia

Itacaré: Ca. 5km SW of Itacaré. On side road south from the main Itacaré-Ubaitaba road. South of the Rio de Contas. 30/3/1974, Harley, R.M. et al. 17516.

Senna reniformis (G. Don) H.S.Irwin & Barneby

Bahia

Lençóis: Serras dos Lençóis. Ca. 4km NE of Lençóis by old road. 23/5/1980, Harley, R.M. et al. 22453.

Lençóis: Along BR-242, ca. 15km NW of Lençóis at km 225. 10/6/1981, Mori, S. et al. 14302.

Lençóis: Estrada para Recanto, a 2km de Lençóis. 12/9/1990, Lima, H.C. et al. 3974.

Untraced Locality

Sellow, F. s.n., NEOHOLOTYPE, Cassia reniformis G. Don.

Senna reticulata (Willd.) H.S.Irwin & Barneby

Bahia

Bom Jesus da Lapa: Basin of the Upper São Francisco. Morrão, at about 32km from Bom Jesus da Lapa, NE behynd Calderão. 17/4/1980, Harley, R.M. et al. 21467.

Ilhéus: Área do CEPEC (Centro de Pesquisas do Cacau), km 22 da Rodovia Ilhéus-Itabuna (BR-415). Quadra I. 5/5/1981, Hage, J.L. et al. 644.

Piauí

Teresina: Arredores de Teresina, próximo ao estádio Alberto. 27/7/1979, Chagas, F. et al. 54.

Senna rizzinii H.S.Irwin & Barneby

Bahia

Caém: Ca. 2km S de Caém, a 13km N da BR 324, na encosta oriental da Serra. 23/8/1993, Queiroz, L.P. et al. 3558.

Filadélfia: 6km from Filadélfia on the BA 385 to Itiúba. 18/2/1974, Harley, R.M. et al. 16170.

Filadélfia: 7km E de Filadelfia, camino a Itiúba. 1/12/1992, Arbo, M.M. et al. 5457.

Miguel Calmon: Ca. 6km N de Miguel Calmon na estrada para Urubu (=Lagoa de Dentro). 21/8/1993, Queiroz, L.P. et al. 3526.

Morro do Chapéu: Ca. 12km SW de Morro do Chapéu na BA 052 (estrada do feijão). 25/7/1993, Queiroz, L.P. et al. 3443.

Palmeiras: Rod. BR-242. 9/4/1992, Hatschbach, G. et al. 56927.

Palmeiras: Chapada Diamantina, rodovia BR-242, 2km antes do entroncamento para Palmeiras. 11/9/1990, Lima, H.C. et al. 3963.

Paulo Afonso: Estação Ecológica do Raso da Catarina. 8/12/1982, Queiroz, L.P. 460.

Paulo Afonso: Estação Ecológica do Raso da Catarina.
11/6/1983, Queiroz, L.P. 740.

Paulo Afonso: De Alagoas para Paulo Afonso.
17/5/1973, Duarte, A.P. 14180.

Paulo Afonso: BR 110, road from Paulo Afonso to
Jeremoabo, 39–46km S of Paulo Afonso. 7/6/1981,
Mori, S. et al. 14236.

Paulo Afonso: BR 110, road from Paulo Afonso to
Jeremoabo, 39–46km S of Paulo Afonso. 7/6/1981,
Mori, S. et al. 14240.

Piritiba: Ca. 25km N da BA 052 (estrada do feijão) na
BA 421 (Piritiba/Jacobina). 19/8/1993, Queiroz, L.P.
et al. 3462.

Umburanas: Lagoinha: 3km NW of Lagoinha (5,5km
SW of Delfino) on the side road to Minas do
Mimoso. 5/3/1974, Harley, R.M. et al. 16745.

Mun.?: Ca. 5km da BR 116 na BR 242. 14/7/1993,
Queiroz, L.P. et al. 3317.

Ceará

Aracatí: Near Aracatí. 7/1838, Gardner, G. 1568,
HOLOTYPE, Cassia chrysocarpa Desv. var.
psilocarpa Benth.

Crato: Chapada do Araripe 14km W of Crato.
15/2/1985, Gentry, A. et al. 50159.

Senna rugosa (G. Don) H.S.Irwin & Barneby

Bahia

Barreiras: Rio Roda Velha, ca. 150km SW of Barreiras.
15/4/1966, Irwin, H.S. et al. 14913.

Barreiras: Rio Piau, ca. 225km SW of Barreiras on road
to Posse (GO). 12/4/1966, Irwin, H.S. et al. 14606.

Caetité: Serra Geral de Caetité. 1,5km S of Brejinhos
das Ametistas. 11/4/1980, Harley, R.M. et al. 21242.

Caetité: Serra Geral de Caetité ca. 5km S from Caetité
along the Brejinhos das Ametistas road. 9/4/1980,
Harley, R.M. et al. 21088.

Correntina: Fazenda Jatobá. 2/3/1991, Viollati, L.G. et
al. 186.

Correntina: Chapadão Ocidental da Bahia. Ca. 15km
SW of Correntina on the road to Goiás. 25/4/1980,
Harley, R.M. et al. 21744.

Encruzilhada: Saída para Divisópolis. 25/5/1968,
Belém, R.P. 3654.

Jacobina: Serra da Jacobina. Morro do Cruzeiro.
23/12/1984, Lewis, G.P. et al. CFCR 7547.

Lençóis: Vicinity of Lençóis, 2–5km N of Lençóis
on trail to Barro Branco. 11/6/1981, Mori, S.
et al. 14321.

Morro do Chapéu: Chapada de Diamantina. Rod.
Para Utinga, ramal para a torre da TELEBAHIA.
8/9/1990, Lima, H.C. et al. 3886.

Seabra: Ca. 3km S da Lagoa do Chure na estrada
para Seabra (Seabra-Lagoa Boa Vista). 22/6/1993,
Queiroz, L.P. et al. 3364.

Piauí

Unloc.: 8/1839, Gardner, G. 2548.

Senna aff. **rugosa** (G. Don) H.S.Irwin & Barneby

Bahia

Formosa do Rio Preto: Estrada Barreiras-Correntes
km 150. 17/6/1983, Coradin, L. et al. 5774.

Ibotirama: Rodovia BR-242 (Ibotirama-Barreiras) km
86. 7/7/1983, Coradin, L. et al. 6634.

São Dezidério: BR-020 entre Posse e Barreiras km 50.
15/6/1983, Coradin, L. et al. 5696.

Senna siamea (Lam.) H.S.Irwin & Barneby

Bahia

Ilhéus: Área do CEPEC (Centro de Pesquisas do
Cacau), km 22 da Rod. Ilhéus-Itabuna (BR-415).
Quadra B. 13/5/1981, Hage, J.L. et al. 679.

Itabuna: Beira do rio, em frente a churrascaria
Barcaça. 10/6/1979, Mori, S. 11914.

Santa Cruz da Vitória: Saída de Santa Cruz da Vitória
a Itaju, km 7. 6/1/1969, Almeida, J. 344.

Senna silvestris (Vell.) H.S.Irwin & Barneby subsp.
silvestris var. **silvestris**

Bahia

Caetité: Serra Geral da Caetité, ca. 5km S from
Caetité along the Brejinhos das Ametistas road.
9/4/1980, Harley, R.M. et al. 21121.

Caetité: Serra Geral da Caetité, 1,5km S of Brejinho
das Ametistas. 11/4/1980, Harley, R.M. et al. 21241.

Seabra: 13/2/1987, Pirani, J.R. et al. 1983.

Senna silvestris (Vell.) H.S.Irwin & Barneby subsp.
silvestris var. **sapindifolia** (Vogel) H.S.Irwin &
Barneby

Bahia

Cairu: Rod. Nilo Peçanha-Cairu, km 4. 9/12/1980,
Carvalho, A.M. et al. 377.

Ilhéus: Estrada Olivença para Vila Brasil, 6km SW de
Olivença. 8/2/1982, Lewis, G.P. et al. 1170.

Porto Seguro: Pau Brasil Biological Reserve, 17km
west Porto Seguro on road to Eunápolis.
19/3/1974, Harley, R.M. et al. 17203.

Santa Cruz Cabrália: Estação Ecológica do Pau-Brasil
e arredores, ca. 16km a W de Porto Seguro.
21/3/1978, Mori, S. et al. 9790.

Una: Reserva Biológica do Mico-leão (IBAMA).
Entrada no km 46 da rodovia BA-001 Ilhéus-Una.
Picada paralela ao Rio Maruim. 8–12/3/1993,
Amorim, A.M. et al. 1167.

Una: Reserva Biológica do Mico-leão (IBAMA).
Entrada no km 46 da Rod. BA-001 Ilhéus-Una.
Coletas efetuadas na descida para a roda d'água.
24/1/1996, Amorim, A.M. et al. 1899.

Una: Estrada Olivença-Una, a 26km ao S de
Olivença. 31/12/1979, Mori, S. et al. 13262.

Unloc.: Luschnath, B. 824.

Untraced Locality

Sellow, F. s.n., NEOHOLOTYPE, Cassia sapindifolia
Vogel.

Senna silvestris (Vell.) H.S.Irwin & Barneby subsp.
bifaria H.S.Irwin & Barneby var. **velutina** H.S.Irwin
& Barneby

Bahia

Barreiras: Rio Piau, ca. 225km SW of Barreiras on
road to Posse (GO). 12/4/1966, Irwin, H.S. et al.
14670.

Senna spectabilis (DC.) H.S.Irwin & Barneby var.
excelsa (Schrad.) H.S.Irwin & Barneby

Bahia

Araci: Lado esquerdo da BR 116, 5km antes de Araci.
23/4/1992, Souza, V. 333.

Barra do Choça: 7km west of Barra do Choça on the
road to Vitória da Conquista. 30/3/1977, Harley,
R.M. et al. 20202.

Bom Jesus da Lapa: Basin of the upper São
Francisco. 15/4/1980, Harley, R.M. et al. 21383.

Bom Jesus da Lapa: Basin of the upper Sâo
Francisco. Fazenda Imbuzeiro da Onça, ca. 8km
from Bom Jesus da Lapa, on by road to Caldeirâo.
19/4/1980, Harley, R.M. et al. 21539.
Caculé: km 43 da estrada Brumado-Caetité.
14/4/1983, Carvalho, A.M. et al. 1707.
Castro Alves: Ca. 1km E de Castro Alves na estrada
para Sapeaçu. 12/3/1993, Queiroz, L.P. et al. 3075.
Correntina: Chapadâo Ocidental da Bahia. Valley of
the Rio Formoso, ca. 40km SE of Correntina.
24/4/1980, Harley, R.M. et al. 21703.
Filadelfia: 6km from Filadelfia on the BA-385 to
Itiúba. 18/2/1974, Harley, R.M. et al. 16151.
Iaçu: Estrada Iaçu-Itaberaba, 8km de Iaçu.
17/12/1981, Lewis, G.P. et al. 843.
Ipirá: Ca. 16km NW de Ipirá, ao lado da ponte do
Rio do Peixe, na estrada do feijâo (BA 052).
2/4/1993, Queiroz, L.P. et al. 3127.
Iraquara: Ca. 3km N de Água de Rega na estrada
para Souto Soares, local conhecido como ladeira
do Véio Dedé. 22/7/1993, Queiroz, L.P. et al. 3409.
Ituaçu: Morro da Mangabeira. 22/12/1983, Gouvêia,
E.P. 18-83.
Ituaçu: Morro da Mangabeira. 22/12/1983, Gouvêia,
E.P. 58-83.
Jacobina: Estrada Jacobina-Umburanas km 85.
26/6/1983, Coradin, L. et al. 6034.
Jequié: km 15 da estrada Jequié para Contendas do
Sincorá. 23/12/1981, Lewis, G.P. et al. 979.
Jussiape: Ca. 10km SE of Jussiape on the Barra da
Estiva road. 26/3/1977, Harley, R.M. et al. 20013.
Maracás: Rodovia BA-026, a 6km a SW de Maracás.
26/4/1978, Mori, S. et al. 9963.
Poçôes: Estrada que liga Água Bela a Bom Jesus da
Serra. 16/3/1984, Brazâo, J.E.M. 278.
Umburanas: Lagoinha: 33km NW of Lagoinha (5,5km
SW of Delfino) on side road to Minas do Mimoso.
7/3/1974, Harley, R.M. et al. 16886.
Vitória da Conquista: Rodovia BA-265, trecho
Vitória da Conquista-Barra do Choça, entre os km
15 e 20, a leste da primeira. 4/3/1978, Mori, S.
et al. 9477.
Vitória da Conquista: km 2 da Rodovia BA-265,
trecho Vitória da Conquista-Barra do Choça.
Margem da rodovia. 4/3/1978, Mori, S.
et al. 9428.
Wenceslau Guimarâes: Nova Esperança. 15/1/1991,
França, F. 472.
Xique-Xique: km 165 da rod. Morro do Chapéu-
Xique-Xique (BR 052), right side road. 31/5/1991,
Pennington, R.T. et al. 253.
Xique-Xique: km 165 da rod. Morro do Chapéu-
Xique-Xique (BR 052), right side road. 31/5/1991,
Pennington, R.T. et al. 254.
Xique-Xique: 22,6km SE of Xique-Xique on the
highway BA-052 to Irecê. 28/2/1977, Harley, R.M.
et al. 19172.
Xique-Xique: Sâo Inácio: Ca. 4km N of Sâo Inácio on
road to Xique-Xique. 25/2/1977, Harley, R.M. et al.
19051.
Mun.?: Mina Boquira. Morro Pelado. 1/4/1966,
Castellanos, A. 25977.
Unloc.: Blanchet, J.S. 2553.

Ceará
Crato: Near Crato. 1839, Gardner, G. 1912.
Crato: Near Crato. 1840, Gardner, G. 1935.
Mombaça: Estrada Mombaça a Mineirolândia.
6/6/1984, Collares, J.E.R. et al. 180.
Paraíba
Esperança: Ca. 5km da cidade. 30/10/1980, Fevereiro,
V.P.B. et al. 710.
Pernambuco
Olinda: Sâo Bento. 12/1914, Pickel, D.B. 227.
Piauí
Amarante: Fazenda Bernadete. 21/3/1984, Silva, S.B.
et al. 332.
Euclides da Cunha: Along road from Canudos to
Euclides da Cunha. About 45km south of Canudos,
or ca. 28km north of Euclides da Cunha.
18/7/1962, Eiten, G. et al. 5008.
Floriano: 11,5km east of Floriano along road to
Nazaré do Piauí. 5/3/1970, Eiten, G. et al. 10828.
Jaicós: Along Picos-Araripina road, 28km NW of
Araripina (10,4km SE of village of Cana Brava).
6/3/1970, Eiten, G. et al. 10850.
Sâo Raimundo Nonato: 5km da Fundaçâo Ruralista
(Sede) na estrada para Vitorino, ca. 220km ENE de
Petrolina. 17/1/1982, Lewis, G.P. et al. 1096.
Sâo Raimundo Nonato: Fundaçâo Ruralista (Sede) ca.
8–10km NNE de Curral Novo, 220km ENE de
Petrolina. 18/1/1982, Lewis, G.P. et al. 1113.
Sergipe
Vila Nova: Border of the Rio Sâo Francisco. Near Vila
Nova. 3/1838, Gardner, G. 1283.

Senna splendida (Vogel) H.S.Irwin & Barneby
Bahia
Barra da Estiva: Estrada Bara da Estiva-Mucugê km 7.
4/7/1983, Coradin, L. et al. 6423.
Caculé: km 43 da estrada Brumado-Caetité.
14/4/1983, Carvalho, A.M. et al. 1714.
Ilhéus: Pontal dos Ilhéus, saída para Buerarema.
17/5/1968, Belém, R.P. 3583.
Jaguarari: Rodovia Juazeiro-Senhro do Bonfim (BR-
407) km 100. 25/6/1983, Coradin, L. et al. 6015.
Morro do Chapéu: 48km da estrada de Riacho das
Lages-Morro do Chapéu, BA-426. 3/4/1986,
Carvalho, A.M. et al. 2406.
Paulo Afonso: De Alagoas para Paulo Afonso.
15/5/1973, Duarte, A.P. 14181.
Unloc.: Salzmann, P. s.n.
Senna splendida (Vogel) H.S.Irwin & Barneby var.
splendida
Bahia
Cairu: Ca. 5km S de Cairu. Estrada Cairu-Ituberá.
25/7/1981, Carvalho, A.M. et al. 781.
Ilhéus: Luschnath, B. 719.
Ilhéus: Luschnath, B. 819.
Itacaré: Rod. para Itacaré. Entrada ca. 1km da BR-
101. Ramal que leva as fazendas no sentido L,
margem do Rio de Contas, ca. 2 km da entrada.
23/5/1997, Jardim, J.G. et al. 1057.
Maracás: Rod. BA-250, Faz. dos Pássaros, a 24km a E
de Maracás. 4/5/1979, Mori, S. et al. 11773.
Maraú: Coastal zone. Ca. 11km north from turning to
Maraú along the road to Campinhos. 17/5/1980,
Harley, R.M. et al. 22183.

Prado: Reserva Florestal da Brasil de Holanda
Indústrias S.A.; the entrance at km 18 east of
Itamaraju on road to Prado, 8km from entrance.
22/10/1993, Thomas, W.W. et al. 10122.

Riachão de Jacuípe: 10km suleste da cidade, Faz. São
Pedro. 10/7/1985, Noblick, L.R. et al. 4046.

Santa Cruz Cabrália: Estação Ecológica do Pau-brasil.
23/9/1981, Brito, H.S. et al. 150.

Mun.?: 5km da divisa MG-BA. 9/7/1964, Duarte, L. et
al. 292.

Unloc.: 1842, Glocker, E.F. von 165.

Unloc.: Blanchet, J.S. 3486.

Senna splendida (Vogel) H.S.Irwin & Barneby var. *gloriosa* H.S.Irwin & Barneby

Bahia

Bom Jesus da Lapa: 18/6/1986, Hatschbach, G. et al.
50485.

Bom Jesus da Lapa: Basin of the upper São Francisco
river. About 35km north of Bom Jesus da Lapa, on
the main road to Ibotirama. 19/4/1980, Harley,
R.M. et al. 21555.

Bom Jesus da Lapa: Basin of the upper São Francisco
river. 15/4/1980, Harley, R.M. et al. 21389.

Caetité: Chapada Diamantina. 28/5/1983, Hatschbach,
G. 46567.

Caetité: Ca. 3km N de Caetité, na estrada para
Maniaçu. 28/10/1993, Queiroz, L.P. et al. 3617.

Caetité: Serra Geral de Caetité. 3km from Caetité, S
along the road to Brejinhos das Ametistas.
10/4/1980, Harley, R.M. et al. 21179.

Caetité: Serra Geral de Caetité. 1,5km S of Brejinhos
das Ametistas. 11/4/1980, Harley, R.M. et al. 21255.

Ibotirama: Rio São Francisco, 2km acima de
Ibotirama. 11/10/1981, Hatschbach, G. 44155.

Ceará

Aracatí: 7/1849, Gardner, G. 1571.

Mun.?: Região costeira. 4/6/1929, Bolland, G. 1.

Pernambuco

Goiana: 9/1937, Sobrinho, V. s.n.

Mun.?: Tapera-São Bento. 23/7/1932, Pickel, D.B. 3057.

Rio Grande do Norte

Natal: Near Natal. 24/9/1914, Dawe, M.I. 24.

Senna "sturtii" (introduzida da Austrália)

Pernambuco

Petrolina: Área do Banco ativo de germoplasma de
plantas forrageiras do CPATSA/EMBRAPA.
23/6/1983, Coradin, L. et al. 5960.

Senna trachypus (Benth.) H.S.Irwin & Barneby

Bahia

Formosa do Rio Preto: Estrada Barreiras-Correntes
km 150. 17/6/1983, Coradin, L. et al. 5778.

Ceará

Jucás: Estrada Antoninas do Norte-Jucas. Collares,
J.E.R. et al. 195.

Mun.?: Serra do Araripe. 24/5/1957, Guedes, T.N. 362.

Piauí

Bom Jesus: Rodovia Bom Jesus-Gilbués 23km oeste
da cidade de Bom Jesus. 20/6/1983, Coradin, L. et
al. 5883.

Campo Maior: Fazenda Lourdes. 22/4/1994,
Nascimento, M.S.B. 141.

Castelo do Piauí: Fazenda Cipó de Cima. 13/6/1995,
Nascimento, M.S.B. et al. 1050.

Colônia do Piauí: km 30. 15/3/1994, Alcoforado
Filho, F.G. 302.

Jaicós: 10km along trackway to Lagoa Achada, start
of tarckway is 9km south of Jaicós along BR-407 to
Petrolina. 8/1/1985, Lewis, G.P. et al. 1343.

Oeiras: 5/1839, Gardner, G. 2119, ISOLECTOTYPE,
Cassia trachypus Mart. ex Benth.

Oeiras: 5/1839, Gardner, G. 2119, LECTOTYPE,
Cassia trachypus Mart. ex Benth.

Senna uniflora (P.Mill.) H.S.Irwin & Barneby

Bahia

Bom Jesus da Lapa: Basin of the upper São Francisco
River. 15/4/1980, Harley, R.M. et al. 21365.

Brumado: km 36 da estrada Brumado-Caetité.
14/4/1983, Carvalho, A.M. et al. 1677.

Dom Basílio: 60km na estrada de Brumado para
Livramento do Brumado. 13/3/1991, Brito, H.S.
et al. 297.

Euclides da Cunha: About 45km south of Canudos,
or ca. 28km north of Euclides da Cunha, along the
road between these two cities. 18/7/1962, Eiten, G.
et al. 5006.

Jequié: Entre Jequié e Poções. 10/3/1958, Andrade-
Lima, D. 58-2916.

Juazeiro: 10km S of Juazeiro on BA-130. 7/2/1972,
Pickersgill, B. et al. RU-72-82.

Manoel Vitorino: Estrada que liga Manoel Vitorino
com Caatingal, a 5km da BR-116. 10/3/1980, Mori,
S. 13445.

Ceará

Icó: 8/1839, Gardner, G. 1570.

Paraíba

Brejo do Cruz: Estrada de Catolé do Rocha e Brejo
do Cruz. 2/6/1984, Collares, J.E.R. et al. 161.

Itabaiana: 7/1928, Pickel, D.B. 1754.

Rio Grande do Norte

Luiz Gomes: BR-405 Luiz Gomes-Pau dos Ferros km
4. 12/8/1994, Silva, G.P. et al. 2470.

Senna velutina (Vogel) H.S.Irwin & Barneby

Bahia

Barreiras: Estrada que liga Barreiras a Formosa do Rio
Preto, margem da rodovia. 21/8/1980, Silva, F.C.
346.

Senna sp. nov. 1

Bahia

Barreiras: Coleta efetuada a 6km depois de Barreiras,
entrada à direita. 4km na estrada do aeroporto.
3/6/1991, Brito, H.S. et al. 321.

Senna sp.

Bahia

Andaraí: Ca. 8km na estrada Andaraí-Mucugê.
14/4/1990, Carvalho, A.M. et al. 3047.

Morro do Chapéu: Ca. 3km da cidade, na estrada
para Wagner. Without date, Carvalho, A.M. et al.
2829.

Mucugê: Ca. 3km na estrada Mucugê para Cascavel.
Vale do Rio Mucugê. 20/3/1990, Carvalho, A.M.
et al. 2937.

Tachigali paratyensis (Vell.)H.C.Lima

Bahia

Canavieiras: Rodovia Camacã-Canavieiras, 50km
de Canavieiras. 13/4/1965, Belém, R.P.
et al. 840.

Mun.?: Rio Jequitinhonha, estrada para Itambé.
7/4/1971, Santos, T.S. 1584.

Tamarindus indica L.

Bahia

Mun.?: Horto florestal in Joazeiro. Zehntner 726.

Unloc.: Salzmann, P.

MIMOSOIDEAE

Abarema cochliacarpos (Gomes) Barneby &
J.W.Grimes

Alagoas

Belém: Sítio Cabeça Dantas a 5km da cidade.
2/4/1994, Barros, C.S.S. 181.

Bahia

Andaraí: Rio Apiaba. 17/9/1984, Hatschbach, G. 48345.

Barra da Estiva: 19–26km ao NE da cidade, estrada
para o povoado Sincorá da Serra (Sincorá Velho).
17/11/1988, Harley, R.M. et al. 26500.

Itacaré: 6/1/1967, Belém, R.P. et al. 3004.

Lençóis: Desvio à Lençóis, 8km S de BR-242.
26/11/1992, Arbo, M.M. et al. 5789.

Miguel Calmon: Serra das Palmeiras, ca. 8,5km W do
povoado de Urubu (= Lagoa de Dentro), este a ca.
11km W de Miguel Calmon. 21/8/1993, Queiroz,
L.P. et al. 3513.

Miguel Calmon: Serra das Palmeiras, ca. 8,5km W do
povoado de Urubu (= Lagoa de Dentro), este a ca.
11km W de Miguel Calmon. 21/8/1993, Queiroz,
L.P. et al. 3514.

Morro do Chapéu: Arredores. 15/1/1977, Hatschbach,
G. 39622.

Morro do Chapéu: 25/1/1979, Dobereiner et al. 1483.

Morro do Chapéu: 26/9/1965, Duarte, A.P. et al. 9202.

Morro do Chapéu: Ca. 12km E do entroncamento
para Cafarnaum, na BA-052 (estrada do feijão).
22/8/1993, Queiroz, L.P. et al. 3541.

Morro do Chapéu: Rodovia para Utinga, ramal para a
torre da TELEBAHIA. 8/9/1990, Lima, H.C. et al. 3894.

Morro do Chapéu: Rodovia para Utinga, ramal para a
torre da TELEBAHIA. 8/9/1990, Lima, H.C. et al. 3902.

Morro do Chapéu: Ca. 4km SW of the town of Morro
do Chapéu on the road to Utinga. 2/6/1980,
Harley, R.M. et al. 22990.

Mucugê: Santa Cruz. 9/4/1992, Hatschbach, G. et al.
56880.

Palmeiras: Rodovia BR-242, 2km antes do
entroncamento para Palmeiras. 11/9/1990, Lima,
H.C. et al. 3965.

Palmeiras: Lower slopes of Morro do Pai Inácio ca.
14,5km NW of Lençóis, just N of the main Seabra-
Itaberaba road. 23/5/1980, Harley, R.M. et al. 22516.

Porto Seguro: BR-367, a 12km a W de Porto Seguro.
27/11/1979, Mori, S. et al. 13006.

Porto Seguro: Km 13 da rodovia Porto Seguro a
Eunápolis. 8/11/1972, Euponino, A. 308.

Rio de Contas: Ad Rio de Contas. Martius, C.F.P.
von. s.n.

Seabra: Ca. 2km SW de Lagoa a Boa Vista, na
encosta da Serra do Bebedor. 22/7/1993, Queiroz,
L.P. et al. 3363.

Seabra: Rodovia BR-242, 10km O de Seabra.
12/10/1981, Hatschbach, G. 44195.

Seabra: 13/2/1987, Pirani, J.R. et al. 2009.

Vitória da Conquista: Km 2 da rodovia BA-265,
trecho Vitória da Conquista-Barra do Choça.
Margem da rodovia. 4/3/1978, Mori, S. et al. 9431.

Abarema filamentosa (Benth.) Pittier

Bahia

Alcobaça: Rodovia Alcobaça-Teixeira de Freitas (BR-
255), km 7. 4/7/1979, Ribeiro, A.J. et al. 27.

Alcobaça: Rodovia BA-001, a 5km ao sul de
Alcobaça. 17/3/1978, Mori, S. et al. 9592.

Alcobaça: Rodovia BA-001, trecho Alcobaça-Prado, a
5km a NW de Alcobaça. 17/9/1978, Mori, S. et al.
10588.

Belmonte: Ramal para o Rio Ubú, com entrada no
km 30 da rodovia Belmonte-Itapebi. 4–8km do
entroncamento. 27/9/1979, Mattos Silva, L.A.
et al. 617.

Cairu: Estrada Cairu-Ituberá. 8km S de Cairu.
26/7/1981, Carvalho, A.M. et al. 797.

Canavieiras: Ca. 23km E de Santa Luzia, na estrada
de terra que liga ao km 49 da rodovia Una-
Canavieiras. 14/12/1991, Sant'Ana, S.C. et al. 143.

Canavieiras: 28/6/1966, Belém, R.P. et al. 2443.

Caravelas: Km 15 a 25 da rodovia Caravelas a Texeira
de Freitas. 18/8/1972, Santos, T.S. 2415.

Ilhéus: Estrada Ilhéus-Una, a 36km S de Ilhéus.
21/4/1981, Carvalho, A.M. et al. 631.

Ilhéus: Pontal dos Ilhéus, saída para Buerarema.
17/5/1968, Belém, R.P. 3580.

Ilhéus: 9km sul de Ilhéus, estrada Ilhéus-Olivença,
Cururupe. 29/11/1981, Lewis, G.P. et al. 700.

Ilhéus: Estrada Olivença para Vila Brasil, 5km SW de
Olivença. 8/2/1982, Lewis, G.P. et al. 1167.

Ilhéus: Road from Olivença to Una, 18km S of
Olivença. 21/4/1981, Mori, S. et al. 13689.

Ilhéus: Road from Olivença to Una, 2km S of
Olivença. 19/4/1981, Mori, S. et al. 13652.

Ilhéus: Fazenda Barra do Manguinho, km 11 da
rodovia Ilhéus-Olivença-Una (BA-001). 6/12/1984,
Voeks, R. 71.

Ilhéus: Fazenda Barra do Manguinho, km 11 da
rodovia Ilhéus-Olivença-Una (BA-001). 3/10/1985,
Mattos Silva, L.A. et al. 1883.

Ilhéus: Estrada que liga Olivença ao povoado de Vila
Brasil, km 3, entrada de ramal à esquerda
(próximo à Fazenda Cururupitanga). 24/2/1984,
Mattos Silva, L.A. et al. 1719.

Itabuna: 65km NE of Itabuna, ate the mouth of the
Rio de Contas on the N bank opposite Itacaré.
1/4/1974, Harley, R.M. et al. 17623.

Maraú: Near Maraú. 16/5/1980, Harley, R.M. et al. 22142.

Maraú: 4km ao sul de Maraú. 9/5/1968, Belém, R.P.
3519.

Maraú: 9/5/1966, Belém, R.P. et al. 2096.

Maraú: Estrada Ubaitaba-Maraú, km 47. 8/3/1983,
Carvalho, A.M. et al. 1656.

Maraú: Ca. 11km north from turning to Maraú along
the road to Campinhos. 17/5/1980, Harley, R.M. et
al. 22210.

Mucuri: Km 6 da rodovia Mucurí-Nova Viçosa, ramal
à esquerda. 20/5/1980, Mattos Silva, L.A. et al. 777.

Nova Viçosa: Costa Atlântica. 10/4/1984, Hatschbach, G. 47789.

Nova Viçosa: Rio Pau Velho, 2km O. 9/4/1984, Hatschbach, G. 47774.

Porto Seguro: Rodovia para povoado de Trancoso, km 5 depois de Arraial d'Ajuda. 5/11/1983, Callejas, R. et al. 1693.

Porto Seguro: Km 10 da rodovia Porto Seguro a Eunápolis. 29/3/1972, Euponino, A. 251.

Prado: 12km a S de Prado, estrada para Alcobaça. 7/12/1981, Lewis, G.P. et al. 790.

Prado: 10km north of Prado on coast road to Cumuraxatiba. 19/10/1993, Thomas, W.W. et al. 9965.

Prado: 4,5km north of Prado on coast road to Cumuraxatiba. 21/10/1993, Thomas, W.W. et al. 10056.

Prado: Estrada Pardo-Cumuruxatiba, margeando o litoral. Ramal com entrada a 7km ao N de Prado, lado esquerdo. 30/3/1989, Mattos Silva, L.A. et al. 2659.

Salvador: Along road (Av. Otávio Mangabeira = BA-033) from Itapuã to Aeroporto Dois de Julho (= Luís Eduardo Magalhães) at traffic circle (intersection with Av. Luís Viana Filho). 24/2/1985, Plowman, T. et al. 13949.

Santa Cruz Cabrália: BR-367, a 18,7km ao N de Porto Seguro. 27/7/1978, Mori, S. et al. 10340.

Santa Cruz Cabrália: A 2–3km a W de Santa Cruz Cabrália. 6/4/1979, Mori, S. et al. 11681.

Santa Cruz Cabrália: Porto Seguro-Santa Cruz Cabrália, km 18. 24/8/1988, Mattos Silva, L.A. et al. 2496.

Santa Cruz Cabrália: 10km N de Porto Seguro on road to Santa Cruz Cabrália. 8/5/1991, Lewis, G.P. et al. 2020.

Una: Rio Doce, river of town just south of Una. 1827, Martius, C.F.P. von, HOLOTYPE, Pithecolobium filamentosum Benth.

Uruçuca: Ca. 3km south of Serra Grande on road to Ilhéus. 11/5/1993, Thomas, W.W. et al. 9859.

Valença: Km 11 da estrada Valença para Guaibim. 9/1/1982, Lewis, G.P. et al. 1056.

Abarema* aff. *filamentosa (Benth.) Pittier
Sergipe

Areia Branca: Estação Ecológica da Serra de Itabaiana (Poços das Moças). 16/4/2000, Souza, G. et al. 385.

Abarema jupunba (Willd.) Britton & Killip var. ***jupunba***
Bahia

Ilhéus: Ca. 15km ao sul de Olivença. 26/1/1980, Heringer, E.P. et al. 3412.

Ilhéus: Rodovia para Una, km 35, ca. 5km após o entroncamento. 6/9/1990, Lima, H.C. et al. 3870.

Ilhéus: Distrito de Sambaituba, N do município sede. Próximo da Cachoeira no Rio das Caldeiras. 25/4/1993, Jardim. J.G. et al. 126.

Maraú: Rodovia BR-030, trecho Maraú-Porto de Campinhos, a 19km de Maraú, ca. 14km a L do entroncamento. 13/6/1979, Mattos Silva, L.A. et al. 444.

Maraú: 5km SE of Maraú at the junction with the new road north to Ponta do Mutá. 2/2/1977, Harley, R.M. et al. 18493.

Una: Margem da rodovia Una-Olivença. 1/6/1966, Belém, R.P. et al. 2370.

Abarema langsdorfii (Benth.) Barneby & J.W.Grimes
Bahia

Barra do Choça: Estrada que liga Barra do Choça à Fazenda Roda d'Água (Rio Catolé), 3–6km a E de Barra do Choça. 22/11/1978, Mori, S. et al. 11314.

Abarema turbinata (Benth.) Barneby & J.W.Grimes
Bahia

Belmonte: Ca. 26km SW of Belmonte along road to Itapebi, and 4km along side road towards the sea. 25/3/1974, Harley, R.M. et al. 17408.

Ilhéus: Km 10 da rodovia Ihéus-Olivença. Ramal à direita. 27/6/1979, Mattos Silva, L.A. et al. 518.

Ilhéus: Estrada Olivença para Vila Brasil, 6km de Olivença. 8/2/1982, Lewis, G.P. et al. 1174.

Itabuna: 65km NE of Itabuna, at the mouth of the Rio de Contas on the N bank opposite Itacaré. 1/4/1974, Harley, R.M. et al. 17614.

Maraú: 9/5/1966, Belém, R.P. et al. 2090.

Maraú: Near Maraú. 16/5/1980, Harley, R.M. et al. 22146.

Maraú: Rodovia Ubaitaba-Campinhos (Ponta do Mutá), km 75. Ramal à direita, em direção à praia (11km antes de Campinhos). 8/6/1987, Mattos Silva, L.A. et al. 2200.

Maraú: Estrada para o Porto de Campinhos, 17km da entrada para Maraú em direção à Campinhos. 7/1/1982, Lewis, G.P. et al. 1025.

Santa Cruz Cabrália: ESPAB. Área de pouso. 16/7/1981, Brito, H.S. et al. 4.

Acacia amazonica Benth.
Bahia

Itapetinga: Rodovia 415, 3km a oeste de Itapetinga. Margem da estrada. 3/3/1978, Mori, S. et al. 9372.

Acacia* aff. *amazonica Benth.
Bahia

Macaúbas: Subida Serra Poções, estrada para Canatiba. 18/1/1997, Hatschbach, G. et al. 65914.

Acacia babiensis Benth.
Bahia

Anagé: Serra dos Pombos. 14/5/1983, Hatschbach, G. 46365.

Boa Vista do Tupim: Ca. 3km após a balsa para travessia do Rio Paraguaçu, para João Amaro, na estrada para Boa Vista do Tupim. 27/4/1994, Queiroz, L.P. et al. 3873.

Camaleão: Lagoa da Eugenia, southern end near Camaleão. 21/2/1974, Harley, R.M. et al. 16285.

Curaçá: Fazenda Bela Vista, Riacho da Vaca. 17/8/1983, Pinto, G.C.P. et al. 229 83.

Curaçá: Fazenda Arapuá. 30/5/1973, Lima, D.P. 13152, HOLOTYPE - photo, Acacia tavaresorum Rizz.

Feira de Santana: Serra do São José, Fazenda Boa Vista. 28/1/1993, Queiroz, L.P. et al. 3067.

Feira de Santana: Ca. 19km N de Feira de Santana (após o posto da Polícia Rodoviária) na BR-116. 23/3/1993, Queiroz, L.P. et al. 3101.

Feira de Santana: Ca. 19km N de Feira de Santana (após o posto da Polícia Rodoviária) na BR-116. 23/3/1993, Queiroz, L.P. et al. 3103.

Feira de Santana: Rodovia Feira de Santana-Rio de Janeiro, km 8. Margem do Rio Jacuípe. 19/2/1981, Carvalho, A.M. et al. 597.

Inajá: Reserva Biológica de Serra Negra. 20/7/1995, Rodal, M.J.N. et al. 615.

Itaju do Colônia: 12km na estrada em direção a Feirinha ao lado W. Margem esquerda do Rio Corró. 23/10/1969, Santos, T.S. 436.

Ipirá: Ca. 2km NW da cidade de Ipirá, ao longo da BA-052 (estrada do feijão). 2/4/1993, Queiroz, L.P. et al. 3120.

Ipirá: Serra Preta, rodovia BA-052, 35km antes de Ipirá. 7/9/1990, Lima, H.C. et al. 3873.

Iraquara: Ca. 3km N de Água de Rega na estrada para Souto Soares, local conhecido como ladeira do Véio Dedé. 23/7/1993, Queiroz, L.P. et al. 3410.

Irecê: Cambuí rumo a Presidente Dutra na margem da estrada. 6/10/1980, Ferreira, M.S.G. 108.

Irecê: Ca. 12km de Irecê, logo após Lapão. 19/2/1981, Bastos, B.C. 83.

Ituaçu: Morro da Mangabeira. 22/12/1983, Gouvêia, E.P. 61/83.

Ituberaba: 2km from Ituberaba on Iaçu road (BA-046). 24/1/1980, Harley, R.M. et al. 20535.

Jacobina: Serra do Tombador, ca. 10km W de Curral Velho, este povoado a ca. de 1km W da BA-421 (Jacobina-Piritiba), entrando a ca. 14km S da BR-324. Fazenda Várzea da Pedra. 21/8/1993, Queiroz, L.P. et al. 3510.

Jacobina: Ca. 10km na estrada de Jacobina para Morro do Chapéu. 14/3/1990, Carvalho, A.M. et al. 2784.

Jacobina: Serra do Tombador, ca. 25km na estrada Jacobina-Morro do Chapéu. 20/2/1993, Carvalho, A.M. et al. 4152.

Jacobina: Rodovia Jacobina-Umburanas, km 2. 22/9/1992, Coradin, L. et al. 8690.

Jaguarari: Rodovia Juazeiro-Senhor do Bonfim (BR-407), km 100. 25/6/1983, Coradin, L. et al. 6011.

Jaguarari: Rodovia Juazeiro-Senhor do Bonfim (BR-407), km 100. 25/6/1983, Coradin, L. et al. 6017.

Jequié: Km 15 da estrada Jequié para Contendas do Sincorá. 23/12/1981, Lewis, G.P. et al. 974.

Jequié: Km 15 da estrada Jequié para Contendas do Sincorá. 23/12/1981, Lewis, G.P. et al. 975.

Jequié: Km 7 da estrada Jequié-Ipiaú. 10/2/1983, Carvalho, A.M. et al. 1585.

Jequié: Km 7 da estrada Jequié-Ipiaú. 10/2/1983, Carvalho, A.M. et al. 1588.

Jequié: 20km na estrada Jequié para Contendas do Sincorá. 30/3/1986, Carvalho, A.M. 2361.

Jequié: Ao longo da BR-330. 25/3/1989, Queiroz, L.P. et al. 2198.

Jequié: Estrada que liga Jequié a Lafayete Coutinho, ca. 11–17km a W de Jequié. 19/11/1978, Mori, S. et al. 11213.

Jussiape: Arredores. 8/4/1992, Hatschbach, G. et al. 56830.

Maracás: Fazenda Tanquinho, ca. 20km N de Maracás no ramal para a Fazenda Santa Rita, na estrada para Planaltino. 29–30/6/1993, Queiroz, L.P. et al. 3269.

Manoel Vitorino: Estrada que liga Manoel Vitorino à Caatingal, 1–5km a W da primeira. 20/11/1978, Mori, S. et al. 11238.

Miguel Calmon: Ca. 6km Nde Miguel Calmon na estrada para Urubu (Lagoa de Dentro). 21/8/1993, Queiroz, L.P. et al. 3529.

Monte Santo: Ca. 14km N de Monte Santo, na estrada para Uauá. 25/8/1996, Queiroz, L.P. et al. 4624.

Morro do Chapéu: Rodovia BA-052, km 349, próximo ao Rio Vereda, Fazenda 3M. 9/9/1990, Lima, H.C. et al. 3922.

Paulo Afonso: BR-110, road from Paulo Afonso to Jeremoabo, 39–46km S of Paulo Afonso. Roadside. 7/6/1981, Mori, S. et al. 14237.

Santa Brígida: Ca. 4km W do entroncamento de Santa Brígida com a BR-110. 19/12/1993, Queiroz, L.P. et al. 3743.

Santa Terezinha: Ca. 4km E de Santa Terezinha em direção à Castro Alves. 18/6/1993, Queiroz, L.P. et al. 3251.

Senhor do Bonfim: 41km N of Senhor do Bonfim on the BA-130 highway to Juazeiro. 26/2/1974, Harley, R.M. et al. 16383.

Tanquinho: 24/11/1991, Crepaldi, I.C. et al. 9.

Valente: Próximo a Fazenda Central. 11/1/1979, Dobereiner, J. et al. 1446.

Valente: Santa Bárbara, ca. 18km N da cidade, na BR-116. 29/12/1992, Queiroz, L.P. et al. 3016.

Valente: Ca. 5km SW de Valente na estrada para São Domingos. 29/12/1992, Queiroz, L.P. et al. 3037.

Ceará

Campos Sales: 2–4km S of Campos Sales. 15/2/1985, Gentry, A. et al. 50125.

Acacia bonariensis Gill.

Bahia

Candido Sales: Rodovia BR-116. 20/11/1985, Hatschbach, G. et al. 50029.

Acacia farnesiana (L.) Willd.

Bahia

Saúde: Ca. 11km de Saúde, a 23km N da BR-324. 23/8/1993, Queiroz, L.P. et al. 3564.

Tabocas: 5km to the N of Tabocas, which is 10km. NW of Serra Dourada. 1/5/1980, Harley, R.M. et al. 21973.

Tucano: Ca. 6km S de Tucano, na BR-116. 23/3/1993, Queiroz, L.P. et al. 3117.

Tucano: Distrito de Caldas do Jorro. Estrada que liga Caldas do Jorro ao Rio Itapicurú. 1/3/1992, Carvalho, A.M. et al. 3857.

Mun.?: 229km de Brasília para Fortaleza. 2/7/1964, Pires, J.M. 58109.

Paraíba

João Pessoa: Cidade Universitária, 6km. Sudeste do Centro de João Pessoa. 8/1990, Agra, M.F. 1166.

Solânea: 6/4/1977, Fevereiro, V.P.B. 565.

Pernambuco

Unloc.: 11/1837, Gardner, G. 977.

Rio Grande do Norte

Pau dos Ferros: Fazenda Torrões. 14/5/1984, Sarmento, A.C. et al. 758.

Acacia grandistipula Benth.

Bahia

Ilhéus: Olivença, Parque dos Orixás. 17/10/1998, Hatschbach, G. et al. 68559.

Porto Seguro: Reserva Florestal de Porto Seguro. Estrada municipal, km 0,200, lado esquerdo. 10/11/1989, Farias, G.L. 339.

Acacia kallunkiae J.W.Grimes & Barneby

Bahia

Itaberaba: 1/11/1978, Almeida, E.F. 34.

Mun.?: Rodovia BA-265, trecho que liga a BR-415 com Caatiba, a 3km da BR-415. Próximo à Fazenda Lagoa São João. 3/3/1978, Mori, S. et al. 9373, ISOTYPE, Acacia kallunkiae J.W.Grimes & Barneby.

Acacia lacerans Benth.

Bahia

Belmonte: Barrolândia, Estação Experimental Gregório Bondar, CEPLAC, 48km east of BR-101 on road to Belmonte. 12/5/1993, Thomas, W.W. et al. 9890.

Acacia langsdorffii Benth.

Bahia

Abaíra: Estrada para Abaíra. 7/9/1996, Harley, R.M. et al. 28354.

Água de Rega: Ca. 1km N of Água de Rega, road to Carfanaum. 28/2/1971, Irwin, H.S. et al. 31228.

Água de Rega: Ca. 1km N of Água de Rega, road to Carfanaum. 28/2/1971, Irwin, H.S. et al. 31229.

Andaraí: Ca. 40km na estrada de Andaraí para BR-242. 13/4/1990, Carvalho, A.M. et al. 3023.

Barra: Ca. 58km W de Ibotirama, na BR-242. 11/10/1994, Queiroz, L.P. et al. 4065.

Bom Jesus da Lapa: Basin of the Upper São Francsico river. 4km north of Bom Jesus da Lapa, on the main road to Ibotirama. 20/4/1980, Harley, R.M. et al. 21576.

Brejo de Cima: 54km de Mucugê, na estrada para Jussiape. 15/12/1984, Lewis, G.P. et al. CFCR 6941.

Caetité: Ca. 14km SW of Caetité by road to Morrinhos, and ca. 15km W along this road from the junction with the Caetité-Brejinho das Ametistas road. 13/4/1980, Harley, R.M. et al. 21349.

Caetité: Ca. 15km N de Caetité, na estrada para Maniaçu. 28/10/1993, Queiroz, L.P. et al. 3643.

Caetité: Ca. 2km S de Caetité, na estrada para Brejinho das Ametistas. 27/10/1993, Queiroz, L.P. et al. 3578.

Cafarnaum: Ca. 20km de Segredo na BR-122, em direção a Cafarnaum. 22/7/1993, Queiroz, L.P. et al. 3422.

Filadélfia: 6km from Filadélfia on the BA-385 to Itiúba. 18/2/1974, Harley, R.M. et al. 16149.

Iaçu: Estrada Iaçu-Itaberaba, 8km de Iaçu. 17/12/1981, Lewis, G.P. et al. 845.

Ibitiara: Estrada (BR-242)-Boninal, km 13. 6/7/1983, Coradin, L. et al. 6569.

Iraquara: Ca. 3km N de Água de Rega na estrada para Souto Soares, localmente conhecido como ladeira do Véio Dedé. 23/7/1993, Queiroz, L.P. et al. 3398.

Jacobina: Ca. 85km na estrada Jacobina-Morro do Chapéu. 22/2/1993, Jardim, J.G. et al. 30.

Livramento do Brumado: 9km along estrada de terra from Livramento do Brumado to Rio de Contas. 27/3/1991, Lewis, G.P. et al. 1902.

Maracás: Rodovia BA-250, Fazenda dos Pássaros a 24km a E de Maracás. 4/5/1979, Mori, S. et al. 11780.

Morro do Chapéu: Ca. 1km E do entrocamento para Cafarnaum, na BA-052 (estrada do feijão). 22/8/1993, Queiroz, L.P. et al. 3537.

Mucugê: Ca. 11km S de João Correia, 2km E de Brejo de Cima, na estrada Abaíra-Mucugê. 14/2/1992, Queiroz, L.P. 2626.

Piatã: Cabrália, 7km em direção a Piatã. 5/9/1996, Harley, R.M. et al. 28257.

Prado: Estrada do Camping, 2km ao N de Prado. 31/10/1979, Mattos Silva, L.A. et al. 703.

Santa Terezinha: BA-046, para Amargosa, ca. 4km SE do entroncamento com a BR-116. 2/6/1993, Queiroz, L.P. et al. 3195.

Seabra: Ca. de 3km na estrada para Gado Bravo, a ca. 18km W do entroncamento para Seabra na BR-242. 22/6/1993, Queiroz, L.P. et al. 3326.

Valente: Santa Bárbara, ca. 18km N da cidade, na BR-116. 29/12/1992, Queiroz, L.P. et al. 3021.

Ceará

Aiuaba: Distrito de Barra. Estação Ecológica de Aiuaba. Serra do Ermo (Placa do IBAMA). 12/2/1997, Lima-Verde, L.W. et al. 374.

Aiuaba: Distrito de Barra. Estação Ecológica de Aiuaba. Serra do Zabelê-Bom Nome. 2/10/1997, Lima-Verde, L.W. et al. 823.

Aiuaba: Barra. Estação Ecológica de Aiuaba. Serra do Ermo (Placa do IBAMA)-Estrada da Confiança. 5/2/1997, Lima-Verde, L.W. et al. 394.

Aiuaba: Distrito de Aiuba. Estação Ecológica de Aiuaba. Serra do Ermo. 4/9/1996, Figueiredo, M.A. et al. 649.

Mun.?: Jaburuná/Sul-Plananlto da Ibiapaba. 24/9/1994, Araújo, F.S. s.n.

Piauí

Bom Jesus: Rodovia Gilbués-Bom Jesus 10km oeste da cidade de Bom Jesus. 20/6/1983, Coradin, L. et al. 5874.

Picos: 40km east of Picos. 6/3/1970, Eiten, G. et al. 10843.

São João do Piauí: Saco. 14/4/1994, Carvalho, J.H. et al. 458.

São João do Piauí: Fazenda Experimental Octávio Domingues. 27/10/1995, Alcoforado Filho, F.G. 1097.

Mun.?: Serra Branca. 1/1907, Ule, E. 7441.

Acacia martiusiana (Steud.) Burkart

Bahia

Barra do Choça: Ca. 12km SE of Barra do Choça on the road to Itapetinga. 30/3/1977, Harley, R.M. et al. 20161.

Candido Sales: Rodovia BR-116, 3km S de Candido Sales. 19/1/1984, Hatschbach, G. 47351.

Guaraçu: Estrada que liga Venda Velha à Guaraçu. 14/3/1984, Brazão, J.E.M. 274.

Morro do Chapéu: Ca. 2km SW of the town of Morro do Chapéu, on the Utinga road. 3/3/1977, Harley, R.M. et al. 19317.

Morro do Chapéu: Rodovia para Utinga, ramal para a torre da TELEBAHIA. 3–15/9/1990, Lima, H.C. et al. 3884.

Piatã: Próximo à Serra do Gentio, entre Piatã e Serra da Tromba. 21/12/1984, Lewis, G.P. et al. CFCR 7402.

Santa Cruz Cabrália: ESPAB. Área de pouso. 16/7/1981, Brito, H.S. et al. 4.

Vitória da Conquista: Ca. 14km na rodovia Vitória da Conquista-Brumado. 26/12/1989, Carvalho, A.M. et al. 2600.

Vitória da Conquista: Entroncamento entre Vitória da Conquista e Brumado. Margem da estrada BR-262. 12/12/1984, Lewis, G.P. et al. CFCR 6733.

Acacia monacantha Willd.

Bahia

Bom Jesus da Lapa: basin of the upper São Francisco river. Just beyond Calderão, ca. 32km NE from Bom Jesus da Lapa. 18/4/1980, Harley, R.M. et al. 21520.

Ilhéus: Área do CEPEC (Centro de Pesquisas do Cacau), km 22 da rodovia Ilhéus-Itabuna (BR-415). Quadra H. 11/8/1981, Hage, J.L. et al. 1181.

Jacobina: Ca. 10km na estrada de Jacobina para Morro do Chapéu. 14/3/1990, Carvalho, A.M. et al. 2798.

Rio de Contas: 10km do Rio de Contas na estrada para Marcolino Moura. 15/11/1988, Harley, R.M. et al. 26439.

Souto Soares: 3km N de Souto Soares, camino a Mulungu do Morro. 26/11/1992, Arbo, M.M. et al. 5317.

Utinga: 1838, Blanchet, J.S. 2772.

Acacia olivensana G.P.Lewis

Bahia

Ilhéus: Ca. 9km na estrada Olivença-Maruim. 9/10/1989, Carvalho, A.M. et al. 2554, ISOTYPE, Acacia olivensana G.P.Lewis.

Acacia piauhiensis Benth.

Bahia

Araci: Ca. 7km N de Araci na BR-116. 23/3/1993, Queiroz, L.P. et al. 3107.

Bom Jesus da Lapa: Basin of the upper São Francisco River. Just beyond Calderão, ca. 32km NE from Bom Jesus da Lapa. 18/4/1980, Harley, R.M. et al. 21522.

Brejo de Cima: 54km de Mucugê, na estrada para Jussiape. 15/12/1984, Lewis, G.P. et al. CFCR 6939.

Iaçu: BA-046, trecho entre Milagres e Iaçu, a 25km ao SE de Iaçu. 28/2/1980, Mori, S.A. 13275.

Jaguaquara: Jaguaquara a Cruz das Almas. 23/1/1985, Lanna, J.P.S. et al. 705.

Livramento do Brumado: Just north of Livramento do Brumado on the road to Rio de Contas. Below the Livramento do Brumado waterfall on the Rio Brumado. 23/3/1977, Harley, R.M. et al. 19881.

Livramento do Brumado: By the waterfall of the Rio Brumado, just north of Livramento do Brumado. 20/1/1974, Harley, R.M. et al. 15322.

Poções: Km 2 a 4 a estrada que liga Poções (BR-116) ao povoado de Bom Jesus da Serra (ao W de Poções). 5/3/1978, Mori, S.A. et al. 9505.

Rio de Contas: Arredores de Teixeira, 26km de Jussiape na estrada para Rio de Contas. 28/12/1988, Harley, R.M. et al. 27861.

Rio de Contas: Estrada Real, parte mais baixa. 1/1/2000, Giulietti, A.M. et al. 1612.

Senhor do Bonfim: 64km north of Senhor do Bonfim on the BA-130 highway to Juazeiro. 25/2/1974, Harley, R.M. et al. 16350.

Pernambuco

Buíque: Estrada Buíque-Catimbau. 17/3/1995, Rodal, M.J.N. et al. 511.

Buíque: Catimbau, Trilha das Torres. 17/10/1994, Rodal, M.J.N. 421.

Buíque: Catimbau, Trilha das Torres. 16/3/1995, Cisneiros, R. et al. 2.

Buíque: Fazenda Laranjeiras. 19/5/1995, Figueiredo, L. et al. 55.

Buíque: Fazenda Laranjeiras. 5/5/1995, Gomes, A.P.S. et al. 14.

Piauí

Mun.?: Serra Branca. 1/1907, Ule, E. 7442.

Acacia piptadenioides G.P.Lewis

Bahia

Uruçuca: Uruçuca-Ubaitaba. Margem da estrada. 20/4/1970, Santos, T.S. 746, HOLOTYPE - photo, Acacia piptadenioides G.P.Lewis.

Acacia polyphylla DC.

Bahia

Andaraí: Rodovia Andaraí-Lençóis (BA-142), km 14. Coletas na margem da rodovia. 22/5/1989, Mattos Silva, L.A. et al. 2840.

Antônio Cardoso: Ao longo do Rio Curimatá, norte da BR-116, próximo à ponte na BR-116. 2/5/1993, Queiroz, L.P. et al. 3200.

Barra: Ca. 28km W de Ibotirama, na BR-242. 11/10/1994, Queiroz, L.P. et al. 4059.

Barreiras: Monte Alegre. 19/3/1984, Moreira, M.L. et al. 5.

Cachoeira: Morro Belo. Vale dos Rios Paraguaçu e Jacuípe. 8/1980, Pedra Cavalo, G. 495.

Cachoeira: Barragem de Bananeiras. Vale dos Rios Paraguaçu e Jacuípe. 5/1980, Pedra Cavalo, G. 27.

Carinhanha: Estrada de Angico para Barra do Parateca, margem esquerda do Rio São Francisco. 20/3/1984, Fernandez, M.M. et al. 9.

Coaraci: 28/11/1966, Belém, R.P. et al. 2930.

Correntina: Valley of the Rio Formoso, ca. 40km SE of Correntina. 24/4/1980, Harley, R.M. et al. 21704.

Correntina: Islets and banks of the Rio Corrente by Correntina. 23/4/1980, Harley, R.M. et al. 21678.

Gentio do Ouro: 25km from Gentio do Ouro NW along road to São Inácio. 23/2/1977, Harley, R.M. et al. 18965.

Jacobina: Serra do Tombador, ca. 10km W de Curral Velho, este povoado a ca. de 1km W da BA-421 (Jacobina-Piritiba), entrando ca. 14km S da BA-324. Fazenda Várzea da Pedra. 21/8/1993, Queiroz, L.P. et al. 3503.

Jacobina: Serra do Tombador, ca. 10km W de Curral Velho, este povoado a ca. de 1km W da BA-421 (Jacobina-Piritiba), entrando ca. 14km S da BA-324. Fazenda Várzea da Pedra. 21/8/1993, Queiroz, L.P. et al. 3506.

Livramento do Brumado: Just north of Livramento do Brumado on the road to Rio de Contas. Below the Livramento do Brumado waterfall on the Rio Brumado. 23/3/1977, Harley, R.M. et al. 19879.

Livramento do Brumado: Ca. 1km N de Livramento do Brumado, ao longo do Rio Brumado. 28/10/1993, Queiroz, L.P. et al. 3657.

Malhada de Pedras: Estrada que liga a BR-030 à Malhada de Pedras. 28/3/1984, Brazão, J.E.M. 288.

Piritiba: Ca. 25km N da BA-052 (estrada do feijão) na BA-421 (Piritiba-Jacobina). 19/8/1993, Queiroz, L.P. et al. 3464.

Prado: Reserva Florestal da Brasil de Holanda Indústrias S.A.; the entrance at km 18 east of Itamaraju on road to Prado, 8km from entrance. 22/10/1993, Thomas, W.W. et al. 10094.

Santa Cruz da Vitória: Saída de Santa Cruz da Vitória a Itaju, km 7. 6/1/1969, Almeida, J. 346.

Santa Cruz da Vitória: Estrada a Ponto de Astério. 11/1/1971, Santos, T.S. 1291.

Santa Rita de Cássia: Estrada Santa Rita de Cássia-entroncamento rodovia Barreiras-Correntes, km 47. 17/6/1983, Coradin, L. et al. 5760.

Saúde: Ca. 11km S de Saúde, a 23km N da BR-324. 23/8/1993, Queiroz, L.P. et al. 3569.

Vitória da Conquista: Km 20 da rodovia Vitória da Conquista-Barra do Choça. 19/2/1973, Santos, T.S. 2584.

Unloc.: Blanchet, J.S. 3708.

Ceará

Aiuaba: Distrito de Aiuaba. Estação Ecológica de Aiuaba.Sítio. 9/1/1997, Bezerra-Loiola, M.I. et al. 262.

Aiuaba: Distrito de Aiuaba. Estação Ecológica de Aiuaba. Catingueira. 4/2/1997, Lima-Verde, L.W. et al. 369.

Aiuaba: Estação Ecológica de Aiuaba. Sítio. 1/10/1997, Figueiredo, M.A. et al. 926.

Aiuaba: Estação Ecológica de Aiuaba. Alecrim, Margem do Rio Umbuzeiro. 3/7/1996, Lima-Verde, L.W. et al. 293.

Crato: 29km W of Crato CE-090. Vegetation on N slope of Chapada do Araripe. 15/2/1985, Gentry, A. et al. 50109.

Crato: Near Crato. 1/1839, Gardner, G. 1940, SYNTYPE, Acacia glomerosa Benth.

Pernambuco

Araripina: 13,8km NW of Araripina. 6/3/1970, Eiten, G. et al. 10854.

Brejo da Madre de Deus: Fazenda Bituri. Após riacho. 26/5/1995, Silva, D.C. et al. 63.

Piauí

Teresina: Fazenda Arão Reis. 19/3/1984, Silva, S.B. et al. 323.

Acacia polyphylla DC. var. ***giganticarpa*** G.P.Lewis

Bahia

Buerarema: Rodovia BR-101, trecho São José-Pratas, 5km ao sul de São José. 7/2/1986, Santos, T.S. 3983.

Ilhéus: Área do CEPEC (Centro de Pesquisas do Cacau), km 22 da rodovia Ilhéus-Itabuna (BR-415). Arboreto. 11/11/1994, Jardim, J.G. et al. 590.

Itabuna: Ca. 3km a NW de Jussari. 8/3/1978, Mori, S. et al. 9575, HOLOTYPE - photo, Acacia polyphylla DC. var. giganticarpa G.P.Lewis.

Itabuna: Ca. 3km a NW de Jussari. 8/3/1978, Mori, S. et al. 9575, ISOTYPE, Acacia polyphylla DC. var. giganticarpa G.P.Lewis.

Itapebi: Rodovia Itambé. Fazenda Ventania. 17/11/1967, Pinheiro, R.S. et al. 451.

Acacia aff. ***polyphylla*** DC.

Bahia

Barreiras: Estrada Barreiras-Correntes, km 33. 16/6/1983, Coradin, L. et al. 5730.

Brejinho das Ametistas: 1,5km S of Brejinho das Ametistas. 11/4/1980, Harley, R.M. et al. 21223.

Caetité: Ca. 14km SW of Caetité by road to Morrinhos, and ca. 15km W along this road from the junction with the Caetité-Brejinho das Ametistas road. 13/4/1980, Harley, R.M. et al. 21345.

Caetité: Ca. 3km from Caetité, S along the road to Brejinho das Ametistas. 10/4/1980, Harley, R.M. et al. 21167.

Santa Rita de Cássia: Estrada Santa Rita de Cássia-entroncamento rodovia Barreiras-Correntes, km 47. 17/6/1983, Coradin, L. et al. 5758.

Acacia aff. ***pteridifolia*** Benth.

Bahia

Mun.?: Rodovia BR-5, 5km sul da Morro-Danta. Beira da estrada. 9/8/1965, Belém, R.P. 1473.

Acacia riparia Kunth

Bahia

Caetité: Ca. 3km from Caetité, S along the road to Brejinho das Ametistas. 10/4/1980, Harley, R.M. et al. 21166.

Castro Alves: Povoado de Pedra Branca, ca. 4km N de Pedra Branca. 12/3/1993, Queiroz, L.P. et al. 3081.

Iraquara: Ca. 4m S de Água de Rega na estrada para Lagoa da Boa Vista. 23/7/1993, Queiroz, L.P. et al. 3392.

Jussiape: Estrada Jussiape-Capão da Volta, km 4. 15/9/1992, Coradin, L. et al. 8636.

Macarani: Km 18 da rodovia Maiquinique-Itapetinga, Fazenda Lagoa. 2/8/1978, Mattos Silva, L.A. et al. 190.

Morro do Chapéu: Rodovia para Utinga, ramal para a torre da TELEBAHIA. 8/9/1990, Lima, H.C. et al. 3908.

Mun.?: A 12km do Rio Capivari. 8/8/1979, s.c. 116.

Ceará

Crato: 1839, Gardner, G. s.n.

Mineirolândia: Estrada Mineirolândia a Pedra Branca. 6/6/1984, Collares, J.E.R. et al. 186.

Pernambuco

Inajá: Reserva Biológica de Serra Negra. 8/3/1995, Souza, G.M. et al. 61.

Inajá: Reserva Biológica de Serra Negra. 21/7/1995, Laurênio, A. et al. 102.

Inajá: Reserva Biológica de Serra Negra. 27/8/1994, Rodal, M.J.N. et al. 353.

Piauí

São João do Piauí: Saco. 14/4/1994, Carvalho, J.H. et al. 459.

Rio Grande do Norte

Portalegre: Fazenda Cajazeiras. 3/5/1984, Sarmento, A.C. et al. 741.

Acacia cf. ***riparia*** Kunth

Bahia

Caetité: Ca. 3km N de Caetité, na estrada para Maniaçu. 28/10/1993, Queiroz, L.P. et al. 3620.

Paulo Afonso: Estação Ecológica do Raso da Catarina. 8/7/1983, Queiroz, L.P. 756.

Paulo Afonso: Estação Ecológica do Raso da Catarina. Souza, J.P. s.n.

Acacia aff. ***riparia*** Kunth

Bahia

Abaíra: 6km do povoado de Ouro Verde, na estrada para Catolés. 25/12/1988, Harley, R.M. et al. 27741.

Abaíra: Arredores de Catolés, na estrada para Guarda Mor. 27/12/1988, Harley, R.M. et al. 27823.

Barra da Estiva: 21/6/1978, Vaillaut, P. 18.

Barreiras: Estrada para Ibotirama, BR-242. Coletas no Km 21 a partir da sede do município. 13/6/1992, Amorim, A.M. et al. 583.

Bom Jesus da Lapa: Estrada Bom Jesus da Lapa-Igaporã, km 33. 2/7/1983, Coradin, L. et al. 6332.

Bom Jesus da Lapa: Estrada Bom Jesus da Lapa-
Igaporã, km 33. 2/7/1983, Coradin, L. et al. 6336.
Boninal: 20/6/1978, Brazão, J.E.M. 29.
Boninal: Estrada Boninal-Piatã, km 4. 6/7/1983,
Coradin, L. et al. 6544.
Gentio do Ouro: Alrededores de São Inácio y hasta
9km al N, camino a Xique-Xique, Serra do Açuruá.
27/11/1992, Arbo, M.M. et al. 5331.
Iaçu: BA-046, trecho entre Milagres e Iaçu, a 25km
ao SE de Iaçu. 28/2/1980, Mori, S. 13274.
Iaçu: BA-046, trecho entre Milagres e Iaçu, a 25km
ao SE de Iaçu. 28/2/1980, Mori, S. 13276.
Jussiape: Ca. 10km SE of Jussiape on the Barra da
Estiva road. 26/3/1977, Harley, R.M. et al. 20014.
Livramento do Brumado: Just north of Livramento do
Brumado on the road to Rio de Contas. Below the
Livramento do Brumado waterfall on the Rio
Brumado. 23/3/1977, Harley, R.M. et al. 19846.
Milagres: About 3km S of Milagres, on the road to
Jequié. 3/5/1980, Harley, R.M. et al. 22020.
Milagres: Morro do Nossa Senhora dos Milagres, just
west of Milagres. 6/3/1977, Harley, R.M. et al. 19446.
Mucugê: Ca. 11km S de João Correia, 2km E de Brejo
de Cima, na estrada Abaíra-Mucugê. 14/2/1992,
Queiroz, L.P. 2623.
Poções: Km 2 a 4da estrada que liga Poções (BR-116)
ao povoado de Bom Jesus da Serra (ao W de
Poções). 5/3/1978, Mori, S. et al. 486.
Presidente Jânio Quadros: 8km depois de Maeatinga,
no trecho que liga o km 25 da estrada Anajé-
Aracatu à cidade de Presidente Jânio Quadros.
19/11/1992, Sant'Ana, S.C. et al. 231.
Rio de Contas: Em direção ao Rio Brumado, 5km
de Rio de Contas. 13/12/1984, Lewis, G.P. et al.
CFCR 6792.
Rio de Contas: Pico das Almas. Vertente leste. Entre
Junco-Fazenda Brumadinho, 9–14km ao NO da
cidade. 11/12/1988, Harley, R.M. et al. 27119.
Santa Terezinha: 6km NE de Santa Terezinha, na
estrada entre Santa Terezinha e Monte Cruzeiro.
27/5/1987, Queiroz, L.P. et al. 1543.
Tucano: Ca. 23km na estrada de Tucano para Euclides
da Cunha. 22/3/1992, Carvalho, A.M. et al. 3928.
Piauí
Jaicós: 8km along trackway to Lagoa Achada, start of
trackway is 9km south of Jaicós along the BR-407
to Petrolina. 8/1/1985, Lewis, G.P. et al. 1340.
Oeiras: 46km E of Oeiras or ca. 2km E of village of
Gatuliano. 5/3/1970, Eiten, G. et al. 10832.

Acacia santosii G.P.Lewis
Bahia
Mun.?: Km 10 a 15 da rodovia Conquista-Anagé.
22/11/1972, Santos, T.S. 2488, HOLOTYPE - photo,
Acacia santosii G.P.Lewis.
Mun.?: Km 10 a 15 da rodovia Conquista-Anagé.
22/11/1972, Santos, T.S. 2488, ISOTYPE, Acacia
santosii G.P.Lewis.

Acacia tamarindifolia L.
Pernambuco
Inajá: Reserva Biológica de Serra Negra. 4/6/1995,
Sales, M. 625.
Inajá: Reserva Biológica de Serra Negra. 20/7/1995,
Rodal, M.J.N. et al. 614.

Acacia tenuifolia (L.) Willd.
Alagoas
Vila Nova: Banks of the Rio São Francisco near Vila
Nova. 3/1838, Gardner, G. 1281.
Bahia
Caém: 3/9/1981, Orlandi, R.P. 501.
Castro Alves: Ca. 1km E de Castro Alves na estrada
para Sapeaçu. 12/3/1993, Queiroz, L.P. et al. 3079.
Cruz das Almas: Luschnath, B. 838.
Itaju do Colônia: Km 23 da estrada Itaju do Colônia-
Pau Brasil. 24/1/1969, Santos, T.S. 348.
Ituaçu: Morro da Mangabeira. 22/12/1983, Gouvêia,
E.P. 33/83.
Jacobina: Ramal a direita a 5km na rodovia BA-052.
Fazendinha do Boqueirão, a 2km ramal adentro.
28/8/1990, Hage, J.L. et al. 2280.
Jacobina: Estrada Jacobina-Itaitu, ca. 22km a partir
da sede do município. 21/2/1993, Amorim, A.M.
et al. 997.
Maraú: Rodovia BR-030, trecho Ubaitaba-Maraú, km
15. 5/2/1979, Mori, S. et al. 11336.
Seabra: 13/2/1987, Pirani, J.R. et al. 2013.
Ceará
Crato: Near Crato. 6/1838, Gardner, G. 1941.
Crato: 29km W of Crato CE-090. Vegetation on N
slope of Chapada do Araripe. 15/2/1985 Gentry, A.
et al. 50110.
Pernambuco
Bezerros: Parque Municipal de Serra Negra.
12/4/1995, Menezes, E. et al. 84.
Caruaru: Murici, Brejo dos Cavalos, Parque Ecológico
Municipal. 13/8/1994, Sales, M. 287.
Caruaru: Brejo dos Cavalos, Fazenda Caruaru.
25/2/1994, Borges, M. et al. 7.
Inajá: Reserva Biológica de Serra Negra. 9/3/1995,
Andrade, K. et al. 12.
Inajá: Reserva Biológica de Serra Negra. 8/3/1995,
Tschá, M.C. et al. 16.

Acacia sp.
Bahia
Caculé: Km 43 da estrada Brunado-Caetité.
14/4/1983, Carvalho, A.M. et al. 1697.
Cerradinho: Próximo Cerradinho. 30/11/1979, Araújo,
A. 177.
Dom Basílio: Ca. 52km na rodovia de Brumadinho
para Livramento do Brumado, local chamado
Fazendinha. 28/12/1989, Carvalho, A.M. et al. 2694.
Formosa do Rio Preto: Ca. 17km E de Formosa do
Rio Preto na BR-135 (Fromosa do Rio Preto-
Barreiras), a ca. 1km NW do povoado de
Malhadinha. 13/10/1994, Queiroz, L.P.
et al. 4141.
Gentio do Ouro: 27km NW along road from Gentio
do Ouro to São Inácio. 23/2/1977, Harley, R.M. et
al. 18966.
Livramento do Brumado: Cachoeira Brumado, ca.
2,5km along the estrada de terra from Livramento
do Brumado to Rio de Contas. 28/3/1991, Lewis,
G.P. et al. 1926.
Maracás: 26km na estrada Maracás-Tamburi.
20/4/1983, Carvalho, A.M. et al. 1862.
Maracás: BA-250, a 42km a E de Maracás. 13/7/1979,
Mori, S. et al. 12173.

Riachão das Neves: Ca. 55km N de Riachão das Neves a ca. 12km N do povoado de Cariparé, na BR-135 (estrada Barreiras-Formosa do Rio Preto). 13/10/1994, Queiroz, L.P. et al. 4134.

Riachão de Jacuípe: Riachão de Jacuípe-Rio Toco, 14km suleste da cidade na BR-324. 10/7/1985, Noblick, L.R. 4121.

Rio de Contas: Ca. 1km S of Rio de Contas on side road to W of the road to Livramento do Brumado. 15/1/1974, Harley, R.M. et al. 15074.

Santa Terezinha: 11/4/1994, Queiroz, L.P. et al. 3819.

Santa Terezinha: Ca. 2km S de Santa Terezinha, entre Santa Terezinha e o entroncamento para Pedra Branca. 11/4/1994, Queiroz, L.P. et al. 3815.

Santa Terezinha: Ca. 5km W da estrada Santa Terezinha-Itatim, em uma viscinal distando ca. 14km E de Itatim. 26/4/1994, Queiroz, L.P. et al. 3852.

Tartaruga: BA-046, 10km O de Tartaruga. 18/7/1979, Hatschbach, G. et al. 42461.

Umburanas: Lagoinha: 8km NW of Lagoinha (5,5km SW of Delfino) on the road to Minas do Mimoso. 5/3/1974, Harley, R.M. et al. 16802.

Umburanas: Lagoinha: 16km NW of Lagoinha (5,5km SW of Delfino) on the road to Minas do Mimoso. 4/3/1974, Harley, R.M. et al. 16721.

Una: Estrada Ilhéus-Una, ca. 35km de Olivença. 2/12/1981, Lewis, G.P. et al. 731.

Piauí

São João do Piauí: Fazenda Experimental Octávio Domingues. 13/4/1994, Carvalho, J.H. 455.

Adenanthera pavonina L.

Bahia

Ilhéus: Área do CEPEC (Centro de Pesquisas do Cacau), km 22 da rodovia Ilhéus-Itabuna (BR-415). Quadra I. Arboreto do CEPEC. 23/10/1979, Hage, J.L. et al. 348.

Ilhéus: Área do CEPEC (Centro de Pesquisas do Cacau), km 22 da rodovia Ilhéus-Itabuna (BR-415). Quadra D. 12/3/1981, Hage, J.L. et al. 549.

Ilhéus: Área do CEPEC (Centro de Pesquisas do Cacau), km 22 da rodovia Ilhéus-Itabuna (BR-415). Quadra I. Arboreto do CEPEC. 5/11/1987, Hage, J.L. 2183.

Ilhéus: Área do CEPEC (Centro de Pesquisas do Cacau), km 22 da rodovia Ilhéus-Itabuna (BR-415). Quadra I. Arboreto do CEPEC. 8/2/1988, Hage, J.L. 2235.

Ilhéus: Área do CEPEC (Centro de Pesquisas do Cacau), km 22 da rodovia Ilhéus-Itabuna (BR-415). Quadra I. Planta introduzida no arboreto do CEPEC. 16/3/1983, Santos, T.S. 3849.

Santa Cruz Cabrália: Área da Estação Ecológica do Pau-Brasil (ESPAB), ca. 16km a W de Porto Seguro, rodovia BR-367 (Porto Seguro-Eunápolis). 12/1/1984, Santos, F.S. 107.

Albizia inundata (Mart.) Barneby & J.W.Grimes

Bahia

Barra: Ca. 500m da margem esquerda do Rio São Francisco, logo após Ibotirama, ca. 200m da ponte sobre Rio São Francisco, na estrada para Barreiras (BR-242). 11/10/1994, Queiroz, L.P. et al. 4055.

Utinga: 1838, Blanchet, J.S. 2756.

Piauí

Unloc.: 1841, Gardner, G. 2557.

Albizia niopoides (Benth.) Burkart var. niopoides

Piauí

Teresina: CPAMN/EMBRAPA. 14/7/1995, Nascimento, M.S.B. et al. 1077.

Albizia pedicellaris (DC.) L.Rico

Bahia

Camacã: Estrada a Canavieiras. 22/1/1971, Santos, T.S. 1400.

Ilhéus: Rodovia Olivença-Maruim, 12km ao S de Olivença. Margem do Rio Acuípe. 16/2/1982, Mattos Silva, L.A. et al. 1499.

Ilhéus: Fazenda Barra do Manguinho, km 11 da rodovia Ilhéus-Olivença-Uma (BA-001). 6/12/1984, Voeks, R. 68.

Itacaré: 6/1/1967, Belém, R.P. et al. 2997.

Itacaré: 12/5/1966, Belém, R.P. et al. 2176.

Itacaré: Estrada Itacaré à Tabocazinhas. Ca. 12km de Itacaré. 16/12/1992, Amorim, A.M. et al. 968.

Lençóis: Rio Lençóis, acima do Serrano. 7/6/1984, Noblick, L.R. 3056.

Lençóis: Mucugêzinho, km 220 ap. da rodovia BR-242. 21/12/1981, Lewis, G.P. et al. 951.

Lençóis: Rio Mucugêzinho, próximo à BR-242. Em direção à Serra do Brejão. Próximo ao Morro do Pai Inácio. 20/12/1984, Lewis, G.P. et al. CFCR 7344.

Nova Viçosa: Ca. 61km na estrada de Caravelas para Nanuque. 6/9/1989, Carvalho, A.M. et al. 2501.

Palmeiras: Lower slopes of Morro do Pai Inácio, ca. 14,5 km NW of Lençóis just N of the main Seabra-Itaberaba road. 21/5/1980, Harley, R.M. et al. 22289.

Palmeiras: Lower slopes of Morro do Pai Inácio, ca. 14,5 km NW of Lençóis just N of the main Seabra-Itaberaba road. 26/5/1980, Harley, R.M. et al. 22632.

Palmeiras: Km 232 da rodovia BR-242 para Ibotirama. Pai Inácio. 18/12/1981, Lewis, G.P. et al. 848.

Porto Seguro: 9km west of Porto Seguro on BR-367 to Vale Verde. 20/5/1987, Lewis, G.P. et al. 1645.

Porto Seguro: Rodovia BR-367, a 10km a W de Porto Seguro. Margem do Rio do Peixe. 21/11/1978, Euponino, A. 374.

Una: Fazenda São Rafael. 10/12/1968, Santos, T.S. 299.

Una: Rodovia Una-São José, ca. 25km. Margem da estrada. 4/11/1997, Jardim, J.G. et al. 1161.

Una: Reserva Biológica do Mico-leão (IBAMA). Entrada no km 46 da rodovia BA-001 Ilhéus-Una. Coletas efetuadas na picada paralela do Rio Maruim. 14/9/1993, Amorim, A.M. et al. 1361.

Una: Reserva Biológica do Mico-leão (IBAMA). Entrada no km 46 da rodovia BA-001 Ilhéus-Una. Picada da Bandeira. 3/12/1993, Jardim, J.G. et al. 355.

Una: Reserva Biológica do Mico-leão (IBAMA). Entrada no km 46 da rodovia BA-001 Ilhéus-Una. 13–14/7/1993, Jardim, J.G. et al. 188.

Una: Ramal à esquerda no km 14 da rodovia Una-Canavieiras, BA-001. Comandatuba. 3/6/1981, Hage, J.L. et al. 849.

Uruçuca: Distrito de Serra Grande. 7,3km na estrada Serra Grande Itacaré, Fazenda Lagoa do Cojunto Fazenda Santa Cruz. 11–21/9/1991, Carvalho, A.M. et al. 3506.

Santa Cruz Cabrália: Área da Estação Ecológica do
Pau Brasil (ESPAB), ca. 16km a W de Porto Seguro,
rodovia BR-367 (Porto Seguro-Eunápolis).
19/1/1984, Santos, F.S. 170.

Santa Cruz Cabrália: 15/7/1966, Belém, R.P. et al. 2577.

Valença: 9km na estrada para Orobó, partindo da
estrada BR-101-Valença. 10/1/1982, Lewis, G.P. et
al. 1061.

Pernambuco

Bonito: Estrada para a Mata do Brejão. Margem da
estrada. 4/5/2001, Silva, A.G. et al. 419.

Albizia polycephala (Benth.) Killip ex Record

Bahia

Água de Rega: Ca. 1km N of Água de Rega, road to
Cafarnaum. 28/2/1971, Irwin, H.S. et al. 31255.

Castro Alves: Ca. 9km E de Castro Alves na estrada
de Sapeaçu à Santa Terezinha. 12/3/1993, Queiroz,
L.P. et al. 3074.

Castro Alves: Serra da Jibóia, ca. 3km de Pedra
Branca. 12/3/1993, Queiroz, L.P. et al. 3090.

Ibicaraí: Lado Norte. 4/3/1971, Pinheiro, R.S. 1055.

Ilhéus: Área do CEPEC (Centro de Pesquisas do
Cacau), km 22 da rodovia Ilhéus-Itabuna (BR-415).
25/3/1965, Belém, R.P. et al. 558.

Ilhéus: Blanchet. J.S. 1848, TYPE, Pithecolobium
polycephala Benth.

Ipirá: Ca. 2km NW da cidade de Ipirá, ao longo da
BA-052 (estrada do feijão). 2/4/1993, Queiroz, L.P.
et al. 3119.

Itambé: Rodovia BA-265, km 8 do trecho BR-415
(cruzamento)-Caatiba e a 15km NW de Itapetinga
em linha reta, próximo à Fazenda São João.
3/3/1978, Mori, S. et al. 9374.

Iraquara: Ca. 3km N de Água de Rega na estrada
para Souto Soares, local conhecido como Ladeira
do Véio Dedé. 22/7/1993, Queiroz, L.P. et al. 3407.

Jacobina: Estrada Jacobina-Itaitu, ca. 22km a partir
da sede do município. 21/2/1993, Amorim, A.M.
et al. 991.

Jequié: Chácara Provisão, ca. 4km a E de Jequié.
6/5/1979, Mori, S. et al. 11852.

Jequié: Rodovia BR-330, trecho Jequié-Ipiaú, 4km a L
de Jequié. 14/7/1979, Mori, S. et al. 12205.

Jequié: Km 19 da estrada Jequié para Contendas do
Sincorá. 23/12/1981, Lewis, G.P. et al. 982.

Jussari: 3,2km west of BR-101 on road to Jussari.
2/2/1994, Thomas, W.W. et al. 10214.

Livramento do Brumado: Ca. 7km along the estrada
de terra from Livramento do Brumado to Rio de
Contas. 27/3/1991, Lewis, G.P. et al. 1910.

Piritiba: Ca. 25km N da BA-052 (estrada do feijão) na
BA-421 (Piritiba-Jacobina). 19/8/1993, Queiroz, L.P.
et al. 3466.

Senhor do Bonfim: Serra de Santana. 26/12/1984,
Silva, R.M. et al. CFCR 7596.

Santa Terezinha: BA-046, para Amargosa, ca. 4km SE
do entroncamento com a BR 116. 2/5/1993,
Queiroz, L.P. et al. 3194.

Pernambuco

Inajá: Reserva Biológica de Serra Negra. 20/7/1995,
Rodal, M.J.N. et al. 613.

Inajá: Reserva Biológica de Serra Negra. 8/3/1995,
Rodal, M.J.N. et al. 483.

Inajá: Reserva Biológica de Serra Negra. 4/6/1995,
Sales, M. et al. 611.

São Lourenço da Mata: Estação Ecológica de
Tapacurá. 30/4/2001, Almeida, K. et al. 123.

Anadenanthera colubrina (Vell.) Brenan

Bahia

Castro Alves: Povoado de Pedra Branca, ca. 4km N de
Pedra Branca. 12/3/1993, Queiroz, L.P. et al. 3080.

Juazeiro: North end of Serra da Jacobina at
Flamengo, 11km south of Barrinha (ca. 52km north
of Senhor do Bonfim) at Fazenda Pasto Bom.
24/1/1993, Thomas, W.W. et al. 9640.

Anadenanthera colubrina (Vell.) Brenan var.
colubrina

Bahia

Abaíra: Vale a Norte de Ouro Fino (alto), rumo a
Pedra Grande, 21/1/1992, Harley, R. M. H-50946

Abaíra: Entre Zulego-Samabaia. 5/2/1994, Ganev, W.
2962.

Abaíra: Estrada Engenho de Baixo - Márques.
2/12/1992, Ganev, W. 1601.

Abaíra: Salão, 9 km de Catolés na estrada para
Inúbia. Harley, R. M. H-50529.

Abaíra: Catolés de Cima, encosta da Serra do
Barbado. 17/11/1993. Ganev, W. 2506.

Abaíra: Encosta Serra do Sumbaré, pelo Belo
Horizonte-Jambreiro. 15/12/1993, Ganev,
W. 2666.

Abaíra: Marques, caminho ligando Marques, a estrada
velha da Furna. 6/11/1993. Ganev, W. 2428.

Abaíra: Engenho de Baixo. Morro do Cuscuzeiro,
caminho Velha de Arthur para Boa Vista.
10/7/1994. Ganev, W. 3485.

Abaíra: As vertentes das serra ao oeste de Catolés,
perto de Catolés de Cima. 26/12/1988, Harley, R.M.
et al. 27750.

Andaraí: South of Andaraí on road to Mucugê by
bridge over small river, just north of turning to
Itaeté. 13/2/1977, Harley, R.M. et al. 18621.

Jequié: terra firme. 10/1942, Fróes, R.L. 20143.

Jussiape: Água empoçada à margem do Rio de
Contas, próximo da cidade. Cachoeira do Fraga.
16/2/1987, Harley, R.M. et al. 24335.

Jussiape: Água empoçada à margem do Rio de
Contas, próximo da cidade. Cachoeira do Fraga.
17/2/1987, Harley, R.M. et al. 24336.

Lençóis: Ca. 7km NE of Lençóis, and 3km S of the
main Seabra-Itaberaba road. 23/5/1980, Harley,
R.M. et al. 22448.

Lençóis: Estrada de Lençóis para BR-242, ca.
5–6km ao N de Lençóis. 19/12/1981, Lewis, G.P.
et al. 877.

Lençóis: Estrada Lençóis-rodovia BR-242, km 2
5/7/1983, Coradin, L. et al. 6472.

Livramento do Brumado: 10km along estrada de terra
from Livramento do Brumado to Rio de Contas.
27/3/1991, Lewis, G.P. et al. 1897.

Livramento do Brumado: 10km along estrada de terra
from Livramento do Brumado to Rio de Contas.
27/3/1991, Lewis, G.P. et al. 1898.

Maracás: 9/1906, Ule, E. 6955.

Rio de Contas: 10km N. 21/1/1984, Hatschbach, G.
47442.

Rio de Contas: Between 2,5 and 5km S of Rio de Contas on side road to W of the Livramento, leading to the Rio Brumado. 28/3/1977, Harley, R.M. et al. 20154.

Rio de Contas: Pico das Almas, 5km ao NW de Rio de Contas. 21/3/1980, Mori, S. et al. 13505.

Rio de Contas: Ca. 1km S of Rio de Contas on side road to W of the road to Livramento do Brumado. 15/1/1974, Harley, R.M. et al. 15043.

Utinga: 1838, Blanchet, J.S. 2761.

Vitória da Conquista: Km 2 da rodovia BA-265, trechoVitória da Conquista-Barra do Choça. Margem da rodovia. 4/3/1978, Mori, S. et al. 9411.

Paraíba

Arara: 11/12/1958, Moraes, J.C. 1982.

Anadenanthera colubrina (Vell.) Brenan var. ***cebil*** (Griseb.) Altschul

Bahia

Barreiras: Estrada Barreiras-Correntes, km 33. 16/6/1983, Coradin, L. et al. 5728.

Barra da Estiva: Serra da Jacobina. Lower west facing slopes of serra with television mast, 4km west of Barra da Estiva, ca. 12km N of Senhor do Bonfim along the BA-130 highway to Juazeiro. 1/3/1974, Harley, R.M. et al. 16626.

Bom Jesus da Lapa: Basin of the upper São Francisco river. 4km N of Bom Jesus da Lapa, on the main road to Ibotirama. 20/4/1980, Harley, R.M. et al. 21593.

Brejinho das Ametistas: Serra Geral de Caetité. Ca. 9km south of Brejinho das Ametistas. 12/4/1980, Harley, R.M. et al. 21283.

Brotas de Macaúbas: Penedo, ca. 14km N do entroncamento com a BR-242, na BA-156 (para Brotas de Macaúbas). 22/7/1993, Queiroz, L.P. et al. 3914.

Cachoeira: Barragem de Bananeiras. Vale dos Rios Paraguaçu e Jacuípe. 2/1981, Pedra Cavalo, G. 1067.

Cachoeira: Barragem de Bananeiras. Vale dos Rios Paraguaçu e Jacuípe. 2/1981, Pedra Cavalo, G. 1055.

Camaleão: 20km E of Camaleão, on the Itiúba-Cansanção road. 21/2/1974, Harley, R.M. et al. 16458.

Casa Nova: 8/9/1981, Fereira, J.D.C.A. 112.

Correntina: Valley of the Rio Formoso, ca. 40km SE of Correntina. 24/4/1980, Harley, R.M. et al. 21726.

Feira de Santana: Serra do São José, Fazenda Boa Vista. 28/1/1993, Queiroz, L.P. et al. 3058.

Jacobina: Ramal a ca. 7km na rodovia Jacobina-Capim Grosso. Fazenda Bom Jardim, coletas entre 2 a 9km ramal adentro. 28/8/1990, Hage, J.L. et al. 2266.

Jequié: Estrada que liga Jequié a Lafayete Coutinho, ca. 11–17km a W de Jequié. 19/11/1978, Mori, S. et al. 11215.

Juazeiro: Rodovia Juazeiro-Sobradinho, km 19. 24/6/1983, Coradin, L. et al. 5972.

Livramento do Brumado: 21km S of Livramento do Brumado on road to Brumado. 21/3/1991, Lewis, G.P. et al. 1867.

Nazaré: Araci. Propriedade do Sr. Antônio Pimentel, Fazenda São Sebastião. 25/4/1992, Souza, V. 338.

Paulo Afonso: Raso da Catarina, estrada para Brejo do Burgo. 24/10/1982, Guedes, L.S. 552.

Paratinga: Estrada Paratinga-Bom Jesus da Lapa, km10. 1/7/1983, Coradin, L. et al. 6330.

Santa Rita de Cássia: Estrada Santa Rita de Cássia-entrocamento rodovia Barreiras-Correntes, km 47. 17/6/1983, Coradin, L. et al. 5767.

São Desidério: Próximo ao povoado de Sítio Grande. 14/10/1989, Silva, P.E.N. et al. 82.

Senhor do Bonfim: Fazenda Campo Verde. 18/1/1979, Dobereiner et al. 1467.

Valente: Fazenda São Barnabé. 13/1/1979, Dobereiner et al. 1451.

Valente: Santa Bárbara, ca. 18km N da cidade, na BR-116. 29/12/1992, Queiroz, L.P. et al. 3017.

Xique-Xique: Coleta efetuada no km 27 da rodovia que liga Xique-Xique-Irecê. 31/5/1991, Brito, H.S. et al. 308.

Ceará

Crato: Near Crato. 9/1838, Gardner, G. 1584.

Felizardo: S of Itó, S from Fotaleza, 11km N of Felizardo, (49km N of Bam). 13/2/1985, Gentry, A. et al. 50084.

Paraíba

Areia: Mata de Pau Ferro, parte oeste, mais seca, ca. 1km da estrada Areia-Remígio. 1/12/1980, Fevereiro, V.P.B. M 137.

Pernambuco

Petrolina: Área do banco ativo de germoplasma de plantas forrageiras do CPATSA/EMBRAPA. 23/6/1983, Coradin, L. et al. 5962.

Piauí

Canto do Buriti: Rodovia entre Eliseu Martins e Canto do Buriti, km 72. 21/6/1983, Coradin, L. et al. 5915.

Raimundo Nonato: 1km W of Fundação Ruralista (Sede) on trackway ca. 8km NNE of Curral Novo, 220km ENE of Petrolina. 16/1/1982, Lewis, G.P. et al. 1081.

Raimundo Nonato: Ca. 8km da Fundação Ruralista (Sede), na estrada para Vitorino, ca. 220km ENE de Perolina. 17/1/1982, Lewis, G.P. et al. 1100.

Mun.?: Shipped to Pará from Paraíba. 1/1889.

Mun.?: Trackway from rodovia BR-235 to Curral Novo on route to Fundação Ruralista in SE Piauí. 15/1/1982, Lewis, G.P. et al. 1078.

Mun.?: By first crossroad as one goes from the Fundação to Vitorino. 30/10/1981, Pearson, H.P.N. 26.

Anadenanthera peregrina (L.) Speg.

Bahia

Ilhéus: Área do CEPEC (Centro de Pesquisas do Cacau), km 22 da rodovia Ilhéus-Itabuna (BR-415). Quadra E. 10/8/1983, Santos, T.S. et al. 3871.

Manoel Vitorino: Estrada que liga Manoel Vitorino à Catingal, 1–5km a W da primeira. 20/11/1978, Mori, S. et al. 11247.

Paraíba

Unloc.: 10/1840, Gardner, G. 5446.

Anadenanthera sp.

Bahia

Conceição de Feira: Margem esquerda do Rio Paraguaçu. 17/2/1981, Carvalho, A.M. et al. 541.

Mun.?: Próximo à Itaipu. 21/8/1979, Brazão, J.E.M. 132.

Blanchetiodendron blanchetii (Benth.) Barneby & J.W.Grimes
Bahia
Abaíra: Arredores de Catolés. 28/12/1988, Harley, R.M. et al. 27855.
Caém: Ca. 1km da BR-324 na estrada para Caém. 22/8/1993, Queiroz, L.P. et al. 3550.
Campo Formoso: Estrada Algoinhas-Água Preta, km 3. Coradin, L. et al. 6054.
Gentio do Ouro: Serra do Açuruá. 1838, Blanchet, J.S. 2776, HOLOTYPE, Enterolobium blanchetii Benth.
Gentio do Ouro: Serra do Açuruá. 1838, Blanchet, J.S. 2776, ISOTYPE, Enterolobium blanchetii Benth.
Iraquara: Ca. 3km N de Água de Rega na estrada para Souto Soares, local conhecido como Ladeira do Véio Dedé. 23/7/1993, Queiroz, L.P. et al. 3406.
Livramento do Brumado: Km 5 da rodovia Livramento do Brumado-Rio de Contas. 19–20/7/1979, Mori, S. et al. 12247.
Maracás: Rodovia Maracás-Contendas do Sincorá (BA-026), km 6. 14/2/1979, Mattos Silva, L.A. et al. 249.
Maracás: Rodovia BA-026, a 6km a SW de Maracás. 17/11/1978, Mori, S. et al. 11086.
Mirangaba: 8km de Mirangaba. 1/9/1981, Ferreira, J.D.C.A. 64.
Morro do Chapéu: Rodovia BA-052, km 295, antes do entroncamento para Cafarnaum-América Dourado. 8/9/1990, Lima, H.C. et al. 3912.
Piritiba: Ca. 25km N da BA-052 (estrada do feijào) na BA-421 (Piritiba-Jacobina). 19/8/1993, Queiroz, L.P. et al. 3467.
Seabra: Ca. 29km N of Seabra, road to Água de Rega. 27/2/1971, Irwin, H.S. et al. 31218.
Senhor do Bonfim: Serra de Santana. Beira da estrada Barra da Estiva-Senhor do Bonfim. 26/12/1984, Silva, R.M. et al. CFCR 7594.

Calliandra aeschynomenoides Benth.
Bahia
"Paulo Afonso": Estação Ecológica do Raso da Catarina. 25/6/1982, Queiroz, L.P. 348.
Unloc.: Blanchet, J.S. 3896.
Pernambuco
Buíque: Catimbau, Serra do Catimbau. 18/8/1994, Rodal, M.J.N. 275.
Buíque: Catimbau, Serra do Catimbau. 18/10/1994, Rodal, M.J.N. 436.
Buíque: Catimbau, Trilha das torres. 17/10/1994, Rodal, M.J.N. 418.

Calliandra asplenioides (Nees) Renvoize
Bahia
Barra da Estiva: Ca. 6km N of Barra da Estiva on Ibicoara road. 28/1/1974, Harley, R.M. et al. 15568 ISOTYPE, Calliandra dendroidea Renv.
Barra da Estiva: Camulengo, povoado em baixo dos inselbergs ao S da Cadeia de Sincorá. Estrada Barra da Estiva-Triunfo do Sincorá. Entrada no km 17. 23/5/1991, Santos, E.B. et al. 274.
Barra da Estiva: 16km N of Barra da Estiva on the araguaçu road. 31/1/1974, Harley, R.M. et al. 15747.
Barra da Estiva: Serra do Sincorá. 15–19km W of Barra da Estiva, on the road to Jussiape. 22/3/1980, Harley, R.M. et al. 20784.

Barra da Estiva: Estrada Barra da Estiva-Mucugê, km 7. 4/7/1983, Coradin, L. et al. 6388.
Caeté-Açu: Serra da Larguinha, ca. 2km NE of Caeté-Açu (Capão Grande). 25/5/1980, Harley, R.M. et al. 22537.
Caeté-Açu: Serra da Larguinha, ca. 2km NE of Caeté-Açu (Capão Grande). 25/5/1980, Harley, R.M. et al. 22541.
Ituaçu: 10km N. 14/6/1984, Hatschbach, G. et al. 47876.
Morro do Chapéu: Estrada do Morro do Chapéu-Feira de Santana, ca. 20km a partir da sede do município. Cachoeira do Ferro Doido. 22/2/1993, Amorim, A.M. et al. 1022.
Palmeiras: Ca. Km 235 da BR-242. Pai Inácio. 13/4/1990, Carvalho, A.M. et al. 2998.
Lençóis: BR-242, km 232. Entrada na antiga estrada para Lençóis, a 12km ao N de Lençóis, 29/2/1980, Mori, S. 13318.
Palmeiras: Km 9 da rodovia para Mucugê. 9/4/1992, Hatschbach, G. et al. 56908.
Palmeiras: Lower slopes of Morro do Pai Inácio, ca. 14,5km NW of Lençóis just N of the main Seabra-Itaberaba road. 21/5/1980, Harley, R.M. et al. 22288.
Piatã: Ca. 9km de Piatã. 15/2/1987, Harley, R.M. et al. 24234.
Piatã: Próximo à Serra do Gentio (gerais entre Piatã e Serra da Tromba). 21/12/1984, Lewis, G.P. et al. CFCR 7391.
Seabra: Ca. 2km SW de Lagoa da Boa Vista, na encosta da Serra do Bebedor. 22/7/1993, Queiroz, L.P. et al. 3359.
Seabra: 13/2/1987, Pirani, J.R. et al. 1985.

Calliandra bahiana Renvoize
Bahia
Campo Formoso: Localidade de Água Preta. Estrada Alagoinhas-Minas do Mimoso. 26/6/1983, Coradin, L. et al. 6059.
Ituaçu: Estrada Ituaçu-Barra da Estiva a 13km de Ituaçu, próximo do Rio Lagedo. 18/7/1981, Giulietti, A.M. et al. CFCR 1226.
Jussiape: Água empoçada à margem do Rio de Contas, próximo da cidade. Cachoeira da Fraga. 16/2/1987, Harley, R.M. et al. 24337.
Piatã: 13/2/1987, Harley, R.M. et al. 24136.
Rio de Contas: Em direção ao Rio Brumado, 5km de Rio de Contas. 13/12/1984, Lewis, G.P. et al. CFCR 6788.
Rio de Contas: Pico das Almas. 19/2/1987, Harley, R.M. et al. 24428.
Rio de Contas: Pico das Almas. Casa de D. Maria Silvinás. 14/12/1984, Lewis, G.P. et al. CFCR 6894.

Calliandra bahiana Renvoize var. **bahiana**
Bahia
Abaíra: As vertentes das serras ao oeste de Catolés, perto de Catolés de Cima. 26/12/1988, Harley, R.M. et al. 27746.
Morro do Chapéu: Ca. 12km E do entroncamento para Cafarnaum, na BA-052 (estrada do feijão). 22/8/1993, Queiroz, L.P. et al. 3540.
Morro do Chapéu: Ca. 5km S of town of Morro do Chapéu, near base of Morro do Chapéu. 19/2/1971, Irwin, H.S. et al. 32571.

Umburanas: Lagoinha: 16km north west of Lagoinha (which is 5,5km SW of Delfino) on side road to Minas do Mimoso. 4/3/1974, Harley, R.M. et al. 16684.

Umburanas: Lagoinha: 16km north west of Lagoinha (which is 5,5km SW of Delfino) on side road to Minas do Mimoso. 4/3/1974, Harley, R.M. et al. 16684, ISOTYPE, Calliandra pubens Renv.

Umburanas: Lagoinha: 16km north west of Lagoinha (which is 5,5km SW of Delfino) on side road to Minas do Mimoso. 8/3/1974, Harley, R.M. et al. 16985, ISOTYPE, Calliandra bahiana Renv.

Calliandra bahiana Renvoize var. ***erythematosa*** Barneby

Bahia

Rio de Contas: Between 2,5 and 5km S of Rio de Contas on side road to W of the road to Livramento do Brumado, leading to the Rio Brumado. 28/3/1977, Harley, R.M. et al. 20137.

Rio de Contas: Between 2,5 and 5km S of Rio de Contas on side road to W of the road to Livramento do Brumado, leading to the Rio Brumado. 28/3/1977, Harley, R.M. et al. 20091.

Rio de Contas: 2km S of Rio de Contas on estrada de terra to Livramento do Brumado. 2/4/1991, Lewis, G.P. et al. 1949.

Rio de Contas: Middle & upper slopes of the Pico das Almas, ca. 25km WNW of Rio de Contas. This plant growing on lower slopes of Pico das Almas. 19/3/1977, Harley, R.M. et al. 19717.

Rio de Contas: Mato Grosso. 16/5/1983, Hatschbach, G. 46515.

Rio de Contas: 5km S of Rio de Contas on estrada de terra to Livramento do Brumado. 16/4/1991, Lewis, G.P. et al. 1986.

Rio de Contas: Ca. 5km S da sede do Município. Cachoeira do Fraga. 11/2/1991, Carvalho, A.M. et al. 3229.

Calliandra bella Benth.

Bahia

Camamu: Estrada Travessào-Camamu, km 25. 18/5/1985, Martinelli, G. et al. 11044.

Ilhéus: Km 35 na estrada Ilhéus-Serra Grande. 22/10/1983, Carvalho, A.M. et al. 2006.

Ilhéus: On road to Vila Brasil, 10km west of junction with BA-001, the junction ca. 40km south of Ilhéus, just north of the Rio Acuípe. 10/5/1993, Thomas, W.W. et al. 9848.

Ilhéus: Mata da Esperança. Entrada pelo Banco da Vitória. Ca. 3,5km a NE da sede. 25/8/1994, Carvalho, A.M. et al. 4609.

Ilhéus: Entroncamento estrada Ilhéus-Una, Vila Brasil km 3. 19/9/1992, Coradin, L. et al. 8668.

Ilhéus: Rodovia para Una, km 35, ca. 5km após o entroncamento. 3–15/9/1990, Lima, H.C. et al. 3868.

Ilhéus: Ramal à Vila Brasil, km 28, rodovia Ilhéus-Una. 3/1987, Sobral, M. et al. 5532.

Itacaré: 6,7km south of junction with BA-654 at Loteamento Marambaia on road to Serra Grande, the junction 6km west of Itacaré. 2/5/1993, Thomas, W.W. et al. 9787.

Ituaçu: Estrada Ituaçu-Barra da Estiva a 13km de Ituaçu, próximo do Rio Lajedo. 18/7/1981, Giulietti, A.M. et al. CFCR 1203.

Mascote: Km 7 da estrada que liga Mascote à rodovia BR-101, via povoado de Estica. 25/10/1988, Mattos Silva, L.A. et al. 2600.

Porto Seguro: Próximo ao aceiro com os posseiros. 2/7/1990, Folli, D.A. 1150.

Porto Seguro: Km 17 no ramal para Vale Verde, com entrada no povoado de Vera Cruz, situado no km 41 da rodovia Porto Seguro-Eunápolis (BR-367). 16/6/1980, Mattos Silva, L.A. et al. 827.

Porto Seguro: Reserva Florestal de Porto Seguro, Est. Casa de Tábua, km 6500, lado direito. 12/7/1989, Folli, D.A. 950.

Porto Seguro: Rodovia Porto Seguro-Eunápolis at 41 km W of Estação Ecológica do Pau-brasil (ESPAB). Vera Cruz-estrada de terra to Vale Verde km 17 entrada direita, estrada de terra 4km. 9/5/1991, Lewis, G.P. et al. 2025.

Santa Cruz Cabrália: Estrada velha para Santa Cruz Cabrália, entre a Estação Ecológica Pau-brasil e Santa Cruz Cabrália. Ca. 15km a NW de Porto Seguro. 16/5/1979, Mori, S. et al. 11861.

Santa Cruz Cabrália: 24/9/1968, Almeida, J. et al. 104.

Santa Cruz Cabrália: 13/7/1966, Belém, R.P. et al. 2555.

Una: Ca. 32km na estrada Una-Sào José. 26/3/1992, Carvalho, A.M. et al. 3940.

Una: Margem da rodovia Una-Olivença. 1/6/1966, Belém, R.P. et al. 2369.

Una: Reserva Biológica do Mico-leão (IBAMA). Entrada no km 46 da rodovia BA-001 Ilhéus-Una. Coletas efetuadas na estrada que leva à sede da Reserva. 7/5/1996, Amorim, A.M. et al. 1962.

Una: Reserva Biológica do Mico-leão (IBAMA). Entrada no km 46 da rodovia BA-001 Ilhéus-Una. Coletas efetuadas na Picada do Príncipe. 26/5/1993, Amorim, A.M. et al. 1288.

Una: Reserva Biológica do Mico-leão (IBAMA). Entrada no km 46 da rodovia BA-001 Ilhéus-Una. 28/6/1993, Carvalho, A.M. et al. 4258.

Una: Reserva Biológica do Mico-leão (IBAMA). Entrada no km 46 da rodovia BA-001 Ilhéus-Una. 21/10/1992, Carvalho, A.M. et al. 4086.

Uruçuca: Nova estrada que liga Uruçuca a Serra Grande, a 31km de Uruçuca. 15/4/1978, Mori, S. et al. 9913.

Wenceslau Guimarães: Road to Três Braços (coming from Rio Vermelho), 13,2km from Nova Esperança. 15/5/1992, Thomas, W.W. et al. 9386.

Mun.?: Rodovia BR-4, 12km N da divisa Minas-Bahia. 24/6/1965, Belém, R.P. 1162.

Unloc.: Sellow, F. 822.

Calliandra blanchetii Benth.

Bahia

"Jacobina": Serra Jacobina. 1837, Blanchet, J.S. 2584, HOLOTYPE, Calliandra blanchetii Benth.

"Jacobina": Serra Jacobina. Blanchet, J.S. (Moricand, M.E.) 2584, ISOTYPE, Calliandra blanchetii Benth.

Calliandra calycina Benth.

Bahia

Andaraí: 22km S of Andaraí on the road to Mucugê. 16/2/1977, Harley, R.M. et al. 18745.

Estiva: Serra da Jacobina, W of Estiva, ca. 12km N of
Senhor do Bonfim on the BA-130 to Juazeiro.
Upper W facing slopes of serra to the summit with
television mast. 28/2/1974, Harley, R.M. et al.
16540, ISOTYPE, Calliandra jacobiana Renv.

Lençóis: Ca. 8–10km NW de Lençóis. Estrada para
Barro Branco. 20/12/1981, Lewis, G.P. et al. 931.

Lençóis: Perto da cidade de Lençóis. 20/12/1981,
Lewis, G.P. et al. 908.

Lençóis: Vicinity of Lençóis, on trail to Barro Branco, ca.
5km N of Lençóis. 13/6/1981, Mori, S. et al. 14399.

Lençóis: Along BR-242, ca. 15km NW of Lençóis at
km 225. 10/6/1981, Mori, S. et al. 14285.

Lençóis: Rio Mucugêzinho. Próximo à BR-242. Em
direção à Serra Brejão. Próximo ao Morro do Pai
Inácio. 20/12/1984, Lewis, G.P. et al. CFCR 7320.

Mucugê: By Rio Cumbuca ca. 3km S of Mucugê, near
site of small dam on road to Cascavel. 4/2/1974,
Harley, R.M. et al. 15937, ISOTYPE, Calliandra
angusta Renv.

Mucugê: About 4km along Andaraí road. 25/1/1980,
Harley, R.M. et al. 20654.

Mucugê: Rio Apiaba. 15/9/1984, Hatschbach, G. 48273.

Mucugê: Ca. 30km na estrada de Andaraí para
Mucugê. 19/3/1990, Carvalho, A.M. et al. 2930.

Mucugê: Between 10 and 15km north of Mucugê on
road to Andaraí. 18/2/1977, Harley, R.M. et al.
18860.

Mucugê: Serra do Sincorá, 3km SW of Mucugê on the
Cascavel road. 27/3/1980, Harley, R.M. et al. 21041.

Mucugê: Córrego Moreira. 22/1/1984, Hatschbach, G.
47515.

Palmeiras: Km 232 da rodovia BR-242, para Ibotirama.
Pai Inácio. 18/12/1981, Lewis, G.P. et al. 853.

Palmeiras: BR-242, Pai Inácio-Palmeiras. 19/11/1983,
Noblick, L.R. et al. 2808.

Palmeiras: Lower slopes of Morro do Pai Inácio. Ca.
14,5 km NW of Lençóis just N of the main Seabra-
Itaberaba road. 21/5/1980, Harley, R.M. et al. 22254.

Senhor do Bonfim: Serra de Santana. No ápice do
morro e encosta. 26/12/1984, Lewis, G.P. et al.
CFCR 7627.

Umburanas: Lagoinha: 16km north west of Lagoinha
(which is 5,5km SW of Delfino) on side road to
Minas do Mimoso. 8/3/1974, Harley, R.M. et al.
16971, ISOTYPE, Calliandra robusta Renv.

Mun.?: Beira da estrada BR-242, entre o ramal à
Lençóis e Pai Inácio. 19/12/1984, Lewis, G.P. et al.
CFCR 7128.

?Jacobina: Serra do Jacobina. Blanchet, J.S. 3683.

Calliandra × cumbucana Renvoize (*C. calycina × C.
viscidula*)

Bahia

Mucugê: By Rio Cumbuca ca. 3km S of Mucugê, near
site of small dam road to Cascavel. 4/2/1974,
Harley, R.M. et al. 15934, ISOTYPE, Calliandra
cumbucana Renv.

Calliandra coccinea Renvoize

Bahia

Piatã: 13/2/1987, Harley, R.M. et al. 24142.

Piatã: Próximo à Serra do Gentio (Gerais entre Piatã
e a Serra da Tromba). 21/12/1984, Lewis, G.P. et al.
CFCR 7395.

Rio de Contas: Em direção ao Rio Brumado. 5km
de Rio de Contas. 13/12/1984, Lewis, G.P. et al.
CFCR 6795.

Calliandra coccinea Renvoize var. ***coccinea***

Bahia

Rio de Contas: Arredores. 16/5/1983, Hatschbach, G.
46466.

Rio de Contas: Ca. 6km north of the town of Rio de
Contas on road to Abaíra. 16/1/1974, Harley, R.M.
et al. 15101.

Rio de Contas: Ca. 1km south of small town of Mato
Grosso on the road to Vila do Rio de Contas.
24/3/1977, Harley, R.M. et al. 19980, ISOTYPE,
Calliandra coccinea Renv. var. coccinea.

Calliandra crassipes Benth.

Bahia

Barra da Estiva: Serra do Sincorá, Sincorá Velho.
24/11/1992, Mello-Silva, R. et al. 795.

Barra da Estiva: 8km S de Barra da Estiva, camino a
Ituaçu: Morro do Ouro y Morro da Torre.
22/11/1992, Arbo, M.M. et al. 5685.

Barra da Estiva: Serra do Sincorá, 15–19km W of
Barra da Estiva, on the road to Jussiape. 22/3/1980,
Harley, R.M. et al. 20726.

Barra da Estiva: Ca. 6km of Barra da Estiva on
Ibicoara road. 28/1/1974, Harley, R.M. et al. 15521.

Barra da Estiva: N face of Serra do Ouro, 7km S of
Barra da Estiva on the Ituaçu road. 30/1/1974,
Harley, R.M. et al. 15687.

Mun.?: Ad Icaturigines inter Carabato at Caiteté.
Martius, C.F.P. von s.n.

Unloc.: Martius, C.F.P. von s.n.

Calliandra debilis Renvoize

Bahia

Andaraí: South of Andaraí, along road to Mucugê
near small town of Xique-Xique. 14/2/1977, Harley,
R.M. et al. 18676, ISOTYPE, Calliandra debilis
Renv.

Calliandra depauperata Benth.

Bahia

Brumado: Ca. 23km na rodovia de Brumado para
Livramento do Brumado. 28/12/1989, Carvalho,
A.M. et al. 2675.

Contendas do Sincorá: 10–15km O. 22/11/1985,
Hatschbach, G. et al. 50078.

Dom Basílio: Ca. 60km na estrada de Brumado para
Livramento de Brumado. 13/3/1991, Brito, H.S. et
al. 295.

Jacobina: 11/4/1981, Fonseca, W.N. 366.

Juazeiro: 7km south of Juazeiro on BR-407 to Senhor
do Bonfim. 24/1/1993, Thomas, W.W. et al. 9621.

Livramento do Brumado: 10km S of Livramento do
Brumado on road to Brumado. 3/4/1991, Lewis,
G.P. et al. 1967.

Livramento do Brumado: 21km S of Livramento do
Brumado on road to Brumado. Picada leading to
granitic outcrop. 21/3/1991, Lewis, G.P. et al.
1869.

Livramento do Brumado: 35km S of Livramento do
Brumado on road to Brumado. 1/4/1991, Lewis,
G.P. 1939.

Paramirim: Lagoa do Leito. 17/1/1997, Hatschbach,
G. et al. 65896.

Senhor do Bonfim: 64km north of Senhor do Bonfim on the BA-130 higway to Juazeiro. 25/2/1974, Harley, R.M. et al. 16321.

Sento Sé: 29/4/1981, Orlandi, R.P. 390.

Mun.?: 1857, Blanchet, J.S. 3900.

Mun.?: Trackway from rofovia BR-235 to Curral Novo on route to Fundação Ruralista in SE Piauí. 15/1/1982, Lewis, G.P. et al. 1075.

Piauí

São Raimundo Nonato: 10km N da Fundação Ruralista (Sede)-Fazenda Abacaxi, ca. 220km ENE de Petrolina. 21/1/1982, Lewis, G.P. et al. 1153.

São Raimundo Nonato: Km 0,5 da Fundação Ruralista (Sede) na estrada para Vitorino, ca. 220km ENE de Petrolina. 20/1/1982, Lewis, G.P. et al. 1132.

São Raimundo Nonato: Fundação Ruralista (Sede), ca. 8–10km NNE de Curral Novo, 220km de Petrolina. 18/1/1982, Lewis, G.P. et al. 1116.

Calliandra dysantha Benth.
Bahia

Caetité: Ad Caetité. 9/1873, Martius, C.F.P. von s.n.

Calliandra dysantha Benth. var. *dysantha*
Bahia

Barreiras: Estrada para o aeroporto de Barreiras. Coletas entre 5 a 15km a partir da sede do município. 11/6/1992, Carvalho, A.M. et al. 3980.

Barreiras: Roda Velha. 10/3/1979, Hatschbach, G. 42053.

Barreiras: Espigão Mestre, near Barreiras airport, ca. 5km NW of Barreiras. 4/3/1971, Irwin, H.S. et al. 31459.

Barreiras: Aeroporto, com entrada no km 6 da estrada para Brasília. 3/6/1991, Brito, H.S. et al. 330.

Barreiras: 51km E of Barreiras along highway BR-242. 7/4/1976, Davidse, G. et al. 12113.

Barreiras: Espigão Mestre, ca. 100km WSW of Barreiras. 6/3/1972, Anderson, W.R. et al. 36662.

Barreiras: Aeroporto, com entrada no km 6 da estrada para Brasília. 1/6/1991, Brito, H.S. et al. 330.

Caetité: Serra Geral de Caetité ca. 5km S from Caetité along the Brejinho das Ametistas road. 9/4/1980, Harley, R.M. et al. 21116.

Caetité: Morro com torre de transmissão da TV. 25/5/1985, Noblick, L.R. et al. 3770.

Correntina: Ca. 15km SW of Correntina on the road to Goiás. 25/4/1980, Harley, R.M. et al. 21778.

Cristópolis: Rodovia BR-242. 10/10/1981, Hatschbach, G. 44142.

Cristópolis: Engenho Velho. 13/7/1979, Hatschbach, G. et al. 42309.

Formosa do Rio Preto: Estrada Barreiras-Correntes, km 150. 17/6/1983, Coradin, L. et al. 5775.

Santa Rosa: Near Santa Rosa on the Rio Preto in NW Bahia. 9/1839, Gardner, G. 2835.

Tabocas do Brejo Velho: Ca. 101km W de Ibotirama na BR-242. 11/10/1994, Queiroz, L.P. et al. 4076.

Piauí

Paranagoa: Distrito Paranagoa. 9/1839, Gardner, G. 2556, HOLOTYPE, Calliandra abbreviata Benth.

Paranagoa: Distrito Paranagoa. 9/1839, Gardner, G. 2556, ISOTYPE, Calliandra abbreviata Benth.

Calliandra dysantha × *nebulosa*
Bahia

Caetité: Serra Geral de Caetité ca. 5km S from Caetité along the Brejinho das Ametistas road. 9/4/1980, Harley, R.M. 21096A.

Calliandra aff. *dysantha* Benth.
Bahia

Mun.?: Chapada Jatobá. 1913, Luetzelburg, Ph. von 4017.

Mun.?: Chapada Disidério. 1912, Luetzelburg, Ph. von 1351.

Calliandra elegans Renvoize
Bahia

Rio de Contas: Povoado de Mato Grosso, arredores. 24/10/1988, Harley, R.M. et al. 25349.

Rio de Contas: Ca. 1km south of small town of Mato Grosso on the road to Vila do Rio de Contas. 24/3/1977, Harley, R.M. et al. 19928, ISOTYPE, Calliandra elegans Renv.

Calliandra erubescens Renvoize
Bahia

Abaíra: As vertentes das serras ao oeste de Catolés de Cima. 26/12/1988, Harley, R.M. et al. 27753.

Água Quente: Pico das Almas. Vertente norte. Vale acima da Fazenda Silvina. 25/12/1988, Harley, R.M. et al. 27376.

Miguel Calmon: Serra das Plameiras, ca. 8,5km W do povoado de Urubu (Lagoa de Dentro), esta a ca. 11km W de Miguel Calmon. 21/8/1993, Queiroz, L.P. et al. 3517.

Morro do Chapéu: Chapada de Diamantina, rodovia para Utinga, ramal para a torre da TELEBAHIA. 8/9/1990, Lima, H.C. et al. 3883.

Morro do Chapéu: Rio Ferro Doido. 17/7/1979, Hatschbach, G. et al. 42436.

Morro do Chapéu: TELEBAHIA tower, ca. 6km S of Morro do Chapéu. 16/6/1981, Mori, S. et al. 14454.

Morro do Chapéu: BR-052, vicinity of bridge over Rio Ferro Doido, ca. 18km E of Morro do Chapéu. 17/6/1981, Mori, S. et al. 14495.

Morro do Chapéu: Rio Ferro Doido, 19,5km SE of Morro do Chapéu on the BA-052 highway to Mundo Novo. 31/5/1980, Harley, R.M. et al. 22838.

Morro do Chapéu: 19,5km SE of the town of Morro do Chapéu on the BA-052 road to Mundo Novo, by the Rio Ferro Doido. 2/3/1977, Harley, R.M. et al. 19227, ISOTYPE, Calliandra erubescens Renv.

Rio de Contas: Ca. 5km S da sede do município. Cachoeira do Fraga. 11/2/1991, Carvalho, A.M. et al. 3241.

Rio de Contas: Lower northern slopes of the Pico das Almas, ca. 25km WNW of the town of Rio de Contas. 22/1/1974, Harley, R.M. et al. 15416.

Rio de Contas: Pico das Almas-Rio de Contas, a 9km de Rio de Contas. 14/12/1984, Lewis, G.P. et al. CFCR 6904.

Rio de Contas: Em direção ao Rio Brumado, 5km de Rio de Contas. 13/12/1984, Lewis, G.P. et al. CFCR 6789.

Rio de Contas: Subida para o campo da aviação. 6/4/1992, Hatschbach, G. et al. 56717.

Rui Barbosa: 14/6/1978, Araújo, A.S. 14.

Calliandra feioana Renvoize
Bahia
    Umburanas: Lagoinha: 16km north west of Lagoinha (which is 5,5km SW of Delfino) on side road to Minas do Mimoso. 8/3/1974, Harley, R.M. et al. 16972, ISOTYPE, Calliandra feioana Renv.

Calliandra fernandesii Barneby
Ceará
    Mun.?: Chapada da Ibiapaba. 24/8/1973, Fernandes, A. s.n.
Piauí
    Sete Cidades: Piracuruca. 26/10/1976, Fernandes, A. et al. s.n.

Calliandra aff. ***fernandesii*** Barneby
Piauí
    Campo Maior: Coletado a 18km de Campo Maior. 12/6/1995, Nascimento, M.S.B. et al. 1035.

Calliandra fuscipila Harms
Bahia
    Abaíra: Ao oeste de Catolés, perto de Catolés de Cima, nas vertentes das serras. 26/12/1988, Harley, R.M. et al. 27814.
    Água Quente: Arredores do Pico das Almas. 26/3/1980, Mori, S. et al. 13611.
    Rio de Contas: Brumadinho. Entre Fazenda Brumadinho e Queiroz. 22/2/1987, Harley, R.M. et al. 24619.
    Rio de Contas: Lower NE slopes of the Pico das Almas, ca. 25km WNW of Rio de Contas. 17/2/1977, Harley, R.M. et al. 19526.
    Rio de Contas: Pico das Almas. Casa de D. Maria Silvanás. 14/12/1984, Lewis, G.P. et al. CFCR 6896.
    "Rio de Contas": Pico das Almas. 19/2/1987, Harley, R.M. et al. 24427.
    Unloc.: Luetzelburg, Ph.von s.n.

Calliandra ganevii Barneby
Bahia
    Mucugê: About 4km along Andaraí road. 25/1/1980, Harley, R.M. et al. 20653.

Calliandra harrisii (Lindl.) Benth.
Bahia
    Barra da Estiva: Rodovia pata Ituaçu. 18/9/1984, Hatschbach, G. 48374.

Calliandra hirsuticaulis Harms
Bahia
    Lençóis: Serra Larga (Serra da Larguinha) a oeste de Lençóis, perto de Caeté-Açu. 19/12/1984, Pirani, J.R. et al. CFCR 7262.
    Mucugê: Estrada nova Andaraí-Mucugê, entre 11–13km de Mucugê. 8/9/1981, Furlan, A. et al. CFCR 2116.
    Mucugê: Rodovia para Andaraí. 17/9/1984, Hatschbach, G. 48323.
    Palmeiras: Próximo à localidade de Caeté-Açu, Cachoeira da Fumaça. 11/10/1987, Queiroz, L.P. et al. 1922.
    Palmeiras: Km 232 da rodovia BR-242 para Ibotirama. Pai Inácio. 18/12/1981, Lewis, G.P. et al. 852.
    Palmeiras: Serra da Larguinha, ca. 2km NE of Caeté-Açu (Capào Grande). 25/5/1980, Harley, R.M. et al. 22537.
    Piatã: 13/2/1987, Harley, R.M. et al. 24138.

    Rio de Contas: Pico das Almas. Vertente leste. Fazenda Silvina 19km ao NO da cidade. 23/10/1988, Harley, R.M. et al. 25326.
    Rio de Contas: Pico das Almas. Vertente leste. Ao norte do Campo do Queiroz. 15/11/1988, Harley, R.M. et al. 26157.
    Rio de Contas: Pico das Almas. Casa de D. Maria Silvinás. 14/12/1984, Lewis, G.P. et al. CFCR 6893.
    Rio de Contas: Povoado de Mato Grosso, arredores. 24/10/1988, Harley, R.M. et al. 25350.
    Seabra: Serra do Bebedor, ca. 4km W de Lagoa da Boa Vista na estrada para Gado Bravo. 22/6/1993, Queiroz, L.P. et al. 3334.
    Mun.?: Serra do Sincorá. 11/1906, Ule, E. 7312, ISOTYPE, Calliandra hirsuticaulis Harms.

Calliandra hirtiflora Benth.
Bahia
    Caetité: Ad Caitité. Martius, C.F.P.von s.n.

Calliandra hirtiflora Benth. var. ***ripicola*** Barneby
Bahia
    Andaraí: Above Andaraí. Large rocks by Rio Paraguaçú. 24/1/1980, Harley, R.M. et al. 20542.
    Andaraí: Rio Paraguaçu. 19/6/1984, Hatschbach, G. et al. 48062, ISOTYPE, Calliandra hirtiflora Benth. var. ripicola Barneby.
    Lençóis: Ca. 8–10km NW de Lençóis. Estrada para Barro Branco. 20/12/1981, Lewis, G.P. et al. 930.
    Palmeiras: Entre Palmeiras e Lençóis. 14/9/1956, Pereira, E. 2184.

Calliandra hygrophila Mackinder & G.P.Lewis
Bahia
    Mucugê: Córrego Moreira. 22/1/1984, Hatschbach, G. 47511.
    Mucugê: Serra de Sào Pedro. 17/12/1984, Lewis, G.P. et al. CFCR 7039.
    Mucugê: A 3km ao S de Mucugê, na estrada que vai para Jussiape. 22/12/1979, Mori, S. et al. 13139.
    Mucugê: Serra do Sincorá, 3km SW of Mucugê on the Cascavel road. 27/3/1980, Harley, R.M. et al. 21055, ISOTYPE, Calliandra hygrophila Mackinder & G.P.Lewis.
    Mucugê: Estrada Mucugê-Andaraí. Rio Paraguaçu. 17/12/1984, Lewis, G.P. et al. CFCR 7095.

Calliandra involuta Mackinder & G.P.Lewis
Bahia
    Lençóis: Serra da Larga (Serra da Larguinha) a oeste de Lençóis, perto de Caeté-Açu. 19/12/1984, Lewis, G.P. CFCR et al. 7248.
    Lençóis: Serra da Larga (Serra da Larguinha) a oeste de Lençóis, perto de Caeté-Açu. 19/12/1984, Lewis, G.P. CFCR et al. 7248, ISOTYPE, Calliandra involuta Mackinder & G.P.Lewis.

Calliandra lanata Benth.
Bahia
    Água Quente: Pico das Almas. Vertente oeste. Entre Paramirim das Crioulas e a face NNW do pico. 16/12/1988, Harley, R.M. et al. 27538.
    Piatã: Próximo à Serra do Gentio (gerais entra Piatã e a Serra da Tromba). 21/12/1984, Lewis, G.P. et al. CFCR 7398.
    Rio de Contas: Arredores. 15/5/1983, Hatschbach, G. 46437.

Rio de Contas: Em direção ao Rio Brumado. 5km de
Rio de Contas. 13/12/1984, Lewis, G.P. et al.
CFCR 6796.

Rio de Contas: Ca. 6km N of the town of Rio de
Contas on road to Abaíra. 16/1/1974, Harley, R.M.
et al. 15089.

Rio de Contas: Pico das Almas. Vertente leste. Vale
ao sudeste do Campo do Queiroz. 24/12/1988,
Harley, R.M. et al. 27362.

Rio de Contas: About 12km WNW from Vila do Rio
de Contas along road to the Pico das Almas.
21/3/1977, Harley, R.M. et al. 19822, ISOTYPE,
Calliandra sericea Renv.

Calliandra leptopoda Benth.
Bahia

Bom Jesus da Lapa: Basin of the upper São Francisco
river. Just beyond Calderão, ca. 32km NE from
Bom Jesus da Lapa. 18/4/1980, Harley, R.M. et al.
21518.

Gentio do Ouro: 58km along road N from Gentio do
Ouro to São Inácio. 23/2/1977, Harley, R.M. et al.
18973.

Livramento do Brumado: 20km S of Livramento do
Brumado on road to Brumado. 22/4/1991, Lewis,
G.P. et al. 2010.

Livramento do Brumado: 20km S of Livramento do
Brumado on road to Brumado, 2km past exit to
Dom Basílio. 1/4/1991, Lewis, G.P. et al. 1927.

Livramento do Brumado: 20km S of Livramento do
Brumado on road to Brumado, 2km past exit to
Dom Basílio. 26/3/1991, Lewis, G.P. et al. 1884.

Remanso: Bei Remanso. 12/1906, Ule, E. 7385.

Mun.?: Serra do Açuruá. Rio São Francisco. 1838,
Blanchet, J.S. 2833, LECTOTYPE, Calliandra
leptopoda Benth.

Pernanbuco

Mun.?: Pernambuco versus fluv. São Francisco inter
Terra Nova et Bom Jesus Praedia. Martius,
C.F.P.von s.n.

Piauí

Mun.?: Between Boa Esperança & Santa Anna das
Mercês. 3/1839, Gardner, G. 2138.

Calliandra lintea Barneby
Bahia

Lençóis: 24/9/1965, Duarte, A.P. et al. 9364.

Lençóis: Chapada de Diamantina, estrada para
Recanto, a 2km de Lençóis, Capetinga. 12/9/1990,
Lima, H.C. et al. 3971.

Lençóis: Estrada de Lençóis para BR-242, ca. 5–6km
ao N de Lençóis. 19/12/1981, Lewis, G.P. et al. 872.

Lençóis: Vicinity of Lençóis, on trail to Barro Branco,
ca. 5km N of Lençóis. 13/6/1981, Mori, S. et al.
14400, ISOTYPE, Calliandra lintea Barneby.

Calliandra longipinna Benth.
Bahia

Barra da Estiva: Ca. 14km N of Barra da Estiva, near
the Ibicoara road. 2/2/1974, Harley, R.M. et al.
15853.

Barra da Estiva: Ca. 6km N of Barra da Estiva on
Ibicoara road. 28/1/1974, Harley, R.M. et al. 15532.

Ibiquara: Capão da Volta. 18/9/1984, Hatschbach, G.
48347.

Ituaçu: 9/8/1979, Brazão, J.E.M. 121.

Mun.?: Ad Scaturigines inter Carapato et Caitete.
Martius, C.F.P. von s.n. TYPE - photo, Calliandra
longipinna Benth.

Calliandra luetzelburgii Harms
Bahia

Rio de Contas: Rio Brumadinho. 16/5/1983,
Hatschbach, G. 46501.

Rio de Contas: Estrada para Cachoeira do Fraga, no
Rio Brumado, a 3km do Município de Rio de
Contas. 22/7/1981, Furlan, A. et al. CFCR 1692.

Rio de Contas: Pico das Almas. Vertente leste.
Fazenda Silvina. 19km ao N-O da cidade.
23/10/1988, Harley, R.M. et al. 25312.

Rio de Contas: Pico das Almas. Vertente leste. Trilho
Fazenda Silvina-Queiroz. 14/11/1988, Harley, R.M.
et al. 26150.

Rio de Contas: Ca. 1km south of small town of Mato
Grosso on the road to Vila do Rio de Contas.
24/3/1977, Harley, R.M. et al. 19971.

Rio de Contas: Between 2,5 and 5km S of the Vila do
Rio de Contas on side road to W of the road to
Livramento, leading to the Rio Brumado.
28/3/1977, Harley, R.M. et al. 20073.

Rio de Contas: Pico das Almas. Casa de D. Maria
Silvinás. 14/12/1984, Lewis, G.P. et al. CFCR 6895.

Rio de Contas: Pico das Almas. Casa de D. Maria
Silvinás. 14/12/1984, Lewis, G.P. et al. CFCR 6898.

Mun.?: Serra das Almas. 7/1913, Luetzelburg, Ph.von
12299.

Mun.?: Rio Brumado. 7/1913, Luetzelburg, Ph.von 152.

Calliandra macrocalyx Harms
Bahia

Barreiras: Estrada Barreiras-Ibotirama (BR-242), km
19. 8/9/1992, Coradin, L. et al. 8491.

Bom Jesus da Lapa: Ca. 8km da estrada Bom Jesus da
Lapa-Ibotirama. 17/4/1983, Carvalho, A.M. et al. 1810.

Bom Jesus da Lapa: Rodovia Igaporã-Caetité, km 8.
2/7/1983, Coradin, L. et al. 6349.

Caetité: Km 6 da estrada Caetité-Brejinho das
Ametistas. 15/4/1983, Carvalho, A.M. et al. 1762.

Caetité: Ca. 2km S de Caetité, na estrada para
Brejinho das Ametistas. 27/10/1993, Queiroz, L.P. et
al. 3584.

Caetité: Local chamado Brejinho das Ametistas, 2km
a WS da sede do povoado. 15/4/1983, Carvalho,
A.M. et al. 1784.

Cristópolis: Estrada Barreiras-Ibotirama (BR-242), km
121. 8/9/1992, Coradin, L. et al. 8514.

Cristópolis: Estrada Barreiras-Ibotirama (BR-242), km
121. 8/9/1992, Coradin, L. et al. 8515.

Ibotirama: Rodovia BR-242 (Ibotirama-Barreiras), km
86. 7/7/1983, Coradin, L. et al. 6622.

Seabra: BR-242, no entroncamento para Boninal , ca.
17km W do entroncamento para Seabra. 21/7/1993,
Queiroz, L.P. et al. 3323.

Seabra: 500m na estrada para Boninal, do
entroncamento com a BR-242. 5/9/1996, Harley,
R.M. et al. 28252.

Mun.?: Serra do São Inácio. 2/1907, Ule, E. 7203.

Calliandra macrocalyx Harms var. *macrocalyx*
Bahia

Barra: Ca. 58km W de Ibotirama, na BR-242.
11/10/1994, Queiroz, L.P. et al. 4069.

Bom Jesus da Lapa: Basin of the upper São Francisco river. About 35km north of Bom Jesus da Lapa, on the main road to Ibotirama. 19/4/1980, Harley, R.M. et al. 21564.

Caetité: A 2km ao S de Caetité. 19/3/1980, Mori, S. et al. 13463.

Caetité: A 2km ao S de Caetité. 19/3/1980, Mori, S. et al. 13470.

Caetité: Km 6 da estrada Caetité-Brejinho das Ametistas. 15/4/1983, Carvalho, A.M. 1763.

Caetité: Chapada Diamantina. 18/5/1983, Hatschbach, G. 46569.

Caetité: Serra Geral de Caetité ca. 3km from Caetité S along the road to Brejinho das Ametistas. 10/4/1980, Harley, R.M. et al. 21183.

Caetité: Serra Geral de Caetité ca. 3km from Caetité S along the road to Brejinho das Ametistas. 10/4/1980, Harley, R.M. et al. 21158.

Remanso: Boi Remanso. 1/1907, Ule, E. 7386, ISOTYPE, Calliandra villosiflora Harms.

Wanderley: 5km O. 19/6/1986, Hatschbach, G. et al. 50503.

Calliandra macrocalyx Harms var. ***aucta*** Barneby
Bahia

Casa Nova: On Rio São Francisco above Juazeiro. 8/9/1981, Gonçalves, L.M.C. 209, HOLOTYPE, Calliandra macrocalyx Harms var. aucta Barneby.

Calliandra mucugeana Renvoize
Bahia

Andaraí: 10km S of Andaraí on the road to Mucugê. 16/2/1977, Harley, R.M. et al. 18762.

Andaraí: Rodovia Andaraí-Mucugê, km 30. Próximo ao Parque Nacional da Chapada Diamantina. 20/5/1989, Mattos Silva, L.A. et al. 2816.

Andaraí: Estrada entre Andaraí e Mucugê. 20/11/1983, Noblick, L.R. et al. 2886.

Andaraí: Estrada Mucugê-Andaraí. 17/12/1984, Lewis, G.P. et al. CFCR 7090.

Barra da Estiva: Estrada Barra da Estiva-Capão da Volta, a 7km de Barra da Estiva. 19/7/1981, Giulietti, A.M. et al. CFCR 1361.

Mucugê: Ca. 30km na estrada de Andaraí para Mucugê. 19/3/1990, Carvalho, A.M. et al. 2923.

Mucugê: About 2km along Andaraí road. 25/1/1980, Harley, R.M. et al. 20633.

Mucugê: 5km S. 22/1/1984, Hatschbach, G. 47474.

Mucugê: Rodovia Mucugê-Andaraí (BA-142), km 6. 12/1/1983, Mattos Silva, L.A. et al. 1618.

Mucugê: Serra de São Pedro. Topo da serra. 17/12/1984, Lewis, G.P. et al. CFCR 7040.

Mucugê: Perto do cemitério. 16/12/1984, Lewis, G.P. et al. CFCR 6963.

Mucugê: Margem da estrada Andaraí-Mucugê. Estrada nova, a 13km de Mucugê, próximo a uma grande pedreira na margem esquerda. 21/7/1981, Pirani, J.R. et al. CFCR 1651.

Mucugê: Serra do Sincorá, 3km SW of Mucugê on the Cascavel road. 27/3/1980, Harley, R.M. et al. 21050.

"Mucugê": Roadside Mucugê. 7/2/1974, Harley, R.M. et al. 16095, ISOTYPE, Calliandra mucugeana Renv.

Palmeiras: Pai Inácio. BR-242, km 232, ca. 15km ao NE de Palmeiras. 29/2/1980, Mori, S. 13312.

Palmeiras: Pai Inácio, BR-242, W of Lençóis at km 232. 12/6/1981, Mori, S. et al. 14341.

Palmeiras: Pai Inácio, BR-242, W of Lençóis at km 232. 12/6/1981, Mori, S. et al. 14353.

Palmeiras: Middle and upper slopes of Pai Inácio ca. 15km NW of Lençóis, just N of the main Seabra-Itaberaba road. 24/5/1980, Harley, R.M. et al. 22493.

Mun.?: Chapada Diamantina. 31/8/1978, Marx, R.B. s.n.

Mun.?: Entre Brejão e Iracema, região Serra do Sincorá. 11/1942, Froés, R.L. 20168.

Calliandra nebulosa Barneby
Bahia

Igaporã: 13/3/1981, Silva, S.B. 179.

Lençóis: Caminho de Lençóis para Barro Branco, atrás do cemitério de Lençóis, ca. 8km de Lençóis. 27/4/1992, Queiroz, L.P. et al. 2751.

Lençóis: Caminho de Lençóis para Barro Branco, atrás do cemitério de Lençóis, ca. 8km de Lençóis. 27/4/1992, Queiroz, L.P. et al. 2752.

Livramento do Brumado, leading to the Rio Brumado. 28/3/1977, Harley, R.M. et al. 20092.

Rio de Contas: Rodovia para Tamanduá, encosta de morro. 16/9/1989, Hatschbach, G. et al. 53394.

Rio de Contas: Between 2,5 and 5km S of the Rio de Contas on side road to W of the road to Rio de Contas: Rodovia Livramento do Brumado-Rio de Contas. 10km ao NW da primeira. 19–20/7/1979, Mori, S. et al. 12297.

Rio de Contas: Estrada para a Cachoeira do Fraga, no Rio Brumado, a 3km do Município de Rio de Contas. 22/7/1981, Furlan, A. et al. CFCR 1696.

Mun.?: Habitat in planitie alta Chapada das Minas Novas inter Gamelleira et Caetité. Martius, C.F.P. von 1882, HOLOTYPE - photo, Calliandra squarrosa (Mart.) Benth. var. crassifolia Benth.

Calliandra parviflora Benth.
Bahia

Barreiras: Lower slopes of Espigão Mestre, ca. 4km N of Barreiras, road to Santa Rita de Cássia. 5/3/1971, Irwin, H.S. et al. 31596.

Piauí

Gilbués: Rodovia Correntes-Bom Jesus, 2km leste da cidade de Gilbués. 18/6/1983, Coradin, L. et al. 5856.

Calliandra parvifolia (Hook. & Arn.) Speg.
Bahia

Barra do Choça: Estrada que liga Barra do Choça à Fazenda Roda d'Água (Rio Catolé), 3–6km a E de Barra do Choça. 22/11/1978, Mori, S. et al. 11316.

Ibiquara: Capão da Volta. 19/9/1989, Hatschbach, G. 48350.

Lençóis: Mucugêzinho, km 220 aproximadamente da rodovia BR-242. 21/12/1981, Lewis, G.P. et al. 958.

Piatã: Cabrália, 26km em direção a Piatã. 5/9/1996, Harley, R.M. et al. 28274.

Rio de Contas: Pico da Almas. Vertente leste. Ca. 3km da Fazenda Brumadinho na estrada para Junco. 19/12/1988, Harley, R.M. et al. 27611.

Salvador: Dunas de Itapuã, próximo ao Condomínio Alameda da Praia, arredores da Lagoa do Urubu. 2/12/1991, Queiroz, L.P. 2534.

Mun.?: Mucugêzinho-Palmeiras. 19/11/1983, Noblick, L.R. et al. 2841.

Unloc.: 2/1865, Williams s.n.

Pernambuco

Recife: Proximidades da cidade. Ducke, A. et al. 62.

Calliandra aff. ***parvifolia*** (Hook. & Arn.) Speg.

Ceará

Viçosa do Ceará: Chapada da Ibiapaba. 14/1/1982,
Fernandes, A. et al. s.n.

Viçosa do Ceará: Chapada da Ibiapaba. 5/1/1987,
Fernandes, A. et al. s.n.

Calliandra paterna Barneby

Bahia

Palmeiras: Morro do Pai Inácio km 224 da rodovia
BR-242. 21/12/1981, Lewis, G.P. et al. 960.

Palmeiras: Lower slopes of Morro do Pai Inácio ca.
14,5km NW of Lençóis, just N of the main
Seabra-Itaberaba road. 23/5/1980, Harley, R.M.
et al. 22423.

Palmeiras: Morro do Pai Inácio km 224 da rodovia
BR-242. 19/12/1981, Lewis, G.P. et al. 880,
ISOTYPE, Calliandra paterna Barneby.

Calliandra pilgerana Harms

Bahia

Gentio do Ouro: Serra do Açuruá, estrada para
Xique-Xique, 2km antes de São Inácio. 10/9/1990,
Lima, H.C. et al. 3953.

Mun.?: Serra do São Inácio. 2/1907, Ule, E. 7530,
ISOTYPE - photo, Calliandra pilgeriana Harms.

Calliandra pubens Renvoize

Bahia

Jacobina: Serra da Jacobina. Morro do Cruzeiro.
23/12/1984, Lewis, G.P. et al. CFCR 7544.

Lençóis: Estrada Lençóis-Seabra (BR-242), km 8.
10/9/1992, Coradin, L. et al. 8549.

Calliandra renvoizeana Barneby

Bahia

Mucugê: Arredores. 17/6/1984, Hatschbach, G. et al.
47990.

Mucugê: 8km SW of Mucugê, on road from Cascavel
near Fazenda Paraguaçú. 6/2/1974, Harley, R.M. et
al. 16061, ISOTYPE, Calliandra gracilis Renv.

Calliandra riparia Pittier

Bahia

Ilhéus: Área do CEPEC (Centro de Pesquisas do
Cacau), km 22 da rodovia Ilhéus-Itabuna (BR-415).
29/12/1981, Lewis, G.P. 998.

Calliandra semisepulla Barneby

Bahia

Abaíra: Ao oeste de Catolés, perto do Catolés de
Cima, nas vertentes das serras. 26/12/1988, Harley,
R.M. et al. 27817.

Rio de Contas: Pico das Almas, vertente leste. Entre
Junco-Fazenda Brumadinho, 10km ao N-O da
cidade. 29/10/1988, Harley, R.M. et al. 25746.

Rio de Contas: Pico das Almas, vertente leste. Entre
Rio de Contas-Junco. 8km ao N-O da cidade.
10/11/1988, Harley, R.M. et al. 26106, HOLOTYPE,
Calliandra semisepulta Barneby.

Calliandra sessilis Benth.

Bahia

Andaraí: 15–20km from Andaraí, along the road to
Itaeté which branches east off the road to Mucugê.
13/2/1977, Harley, R.M. et al. 18630.

Andaraí: Between Andaraí & Igatu. 24/1/1980,
Harley, R.M. et al. 20551.

Barra da Estiva: Serra do Sincorá. W of Barra da
Estiva, on the road to Jussiape. 22/3/1980, Harley,
R.M. et al. 20731.

Barra da Estiva: Ca. 14km N of Barra da Estiva, near
athe Ibicoara road. 2/2/1974, Harley, R.M. et al.
15843.

Barra da Estiva: Estrada Barra da Estiva-Mucugê, km
79. 4/7/1983, Coradin, L. et al. 6463.

Caetité: Km 6 da estrada Caetité-Brejinho das
Ametistas. 15/4/1983, Carvalho, A.M. et al. 1758.

Caetité: Serra Geral de Caetité ca. 5km S from Caetité
along the Brejinho das Ametistas road. 9/4/1980,
Harley, R.M. et al. 21096B.

Caetité: Ca. 3km a SW de Caetité, na estrada para
Brejinho das Ametistas. 18/2/1992, Carvalho, A.M.
et al. 3686.

Campo Formoso: Água Preta-estrada Alagoinhas-
Minas do Mimoso, km 15. 26/6/1983, Coradin, L. et
al. 6078.

"Gentio do Ouro": Serra do Açuruá. Rio São
Francisco. 1838, Blanchet, J.S. 2816, HOLOTYPE,
Calliandra sessilis Benth.

"Gentio do Ouro": Serra do Açuruá. Rio São
Francisco. 1838, Blanchet, J.S. 2816, ISOTYPE,
Calliandra sessilis Benth.

Jacobina: Serra do Tombador. Ca. 25km na estrada
Jacobina-Morro do Chapéu. 20/2/1993, Carvalho,
A.M. et al. 4158.

Lençóis: Entroncamento BR-242-Boninal-km 14.
14/9/1992, Coradin, L. et al. 8619.

Morro do Chapéu: Morrão. Base do morro.
16/1/1977, Hatschbach, G. et al. 39662.

Morro do Chapéu: Ca. 3km S da cidade, na estrada
para Wagner. Carvalho, A.M. et al. 2836.

Morro do Chapéu: Chapada Diamantina, Morro do
Chapéu, rodovia para Utinga, ramal para a torre da
TELEBAHIA. 8/9/1990, Lima, H.C. et al. 3896.

Morro do Chapéu: Ca. 12km SE de Morro do Chapéu
na BA-052 (estrada do feijão). 25/7/1993, Queiroz,
L.P. et al. 3442.

Mucugê: 9km SW of Mucugê on road from Cascavel
by the Rio Paraguaçu. 4/2/1974, Harley, R.M. et al.
15978.

Mucugê: Estrada Mucugê-Andaraí. 17/12/1984, Lewis,
G.P. et al. CFCR 7100.

Piatã: Ca. 9km de Piatã. 15/2/1987, Harley, R.M. et al.
24230.

Piatã: Próximo à Serra do Gentio. Entre Piatã e Serra
da Tromba. 21/12/1984, Lewis, G.P. et al. CFCR
7417.

Rio de Contas: Em direção ao Rio Brumado, 5k de
Rio de Contas. 13/12/1984, Lewis, G.P. et al. CFCR
6799.

Rio de Contas: Ca. 1km S of Rio de Contas on side
road to W of the road to Livramento do Brumado.
15/1/1974, Harley, R.M. et al. 15039.

Rio de Contas: Ca. 1km south of small town of Mato
Grosso on the road to Rio de Contas. 24/3/1977,
Harley, R.M. et al. 19978.

Rio de Contas: Aeroporto. 21/1/1984, Haschbach, G.
47424.

Mun.?: Ad Iraturigines inter Curbato et Caetité.
9/1873, Martius, C.F.P. von s.n.

Ceará
    Fortaleza: Taboleiro alem da Aldeota. 5/4/1955,
        Ducke, A. 2454.
Calliandra sincorana Harms
Bahia
    Mun.?: Serra do Sincorá. 11/1906, Ule, E. 7310,
        ISOTYPE - photo, Calliandra sincorana Harms
    Mun.?: Serra do Sincorá. 11/1906, Ule, E. 7133,
        ISOTYPE, Calliandra exsudans Harms.
Calliandra spinosa Ducke
Ceará
    Canindé: Sertão da Caridade. 2/1957, França, V.C. s.n.
Calliandra aff. ***spinosa*** Ducke
Ceará
    Ubajara: Chapada da Ibiapaba. 28/6/1980, Fernandes,
        A. et al. s.n.
Calliandra squarrosa (Mart.) Benth.
Bahia
    Paulo Afonso: Próximo margem Cachoeira de Paulo
        Afonso. 4/3/1958, Andrade-Lima, D. 58-2889.
    Paulo Afonso: Areias inundáveis. Cachoeira de Paulo
        Afonso. 9/5/1950, Andrade-Lima, D. 50-542.
    Remanso: Bei Remanso. 1/1907, Ule, E. 7573,
        ISOTYPE - photo, Calliandra catingae Harms.
    Unloc.: 1817, Prince Maximilian s.n., HOLOTYPE,
        Calliandra squarrosa (Mart.) Benth.
Calliandra subspicata Benth.
Bahia
    Ilhéus: Prope Ilhéus. 1826, Luschnath, B. s.n.,
        HOLOTYPE - photo, Calliandra subspicata
        Benth.
    Ilhéus: CEPEC. 8/7/1965, Belém, R.P. et al.
        1325.
    Itabuna: Margem do Rio Cachoeira. 23/9/1965,
        Belém, R.P. 1806.
    Itabuna: Rodovia Itabuna-Ilhéus. Beira da estrada.
        5/4/1965, Belém, R.P. et al. 707.
Calliandra ulei Harms
Piauí
    Serra Branca.: 1/1907, Ule, E. 7440, ISOTYPE,
        Calliandra ulei Harms.
Calliandra umbellifera Benth.
Ceará
    Crato: Near Crato. 10/1838, Gardner, G. 1581,
        HOLOTYPE, Calliandra umbellifera Benth.
    Crato: Near Crato. 10/1838, Gardner, G. 1581,
        ISOTYPE, Calliandra umbellifera Benth.
Piauí
    Paranagoa: 8/1839, Gardner, G. 2555.
Calliandra viscidula Benth.
Bahia
    Andaraí: Rodovia Andaraí-Mucugê (BA-142). Antigo
        ramal para Mucugê, com entrada no km 7. Coletas
        efetuadas entre os km 2 e 8 deste desvio.
        12/1/1983, Mattos Silva, L.A. et al. 1603.
    Andaraí: 5km south of Andaraí on road to Mucugê,
        by bridge over the Rio Paraguaçu. 12/2/1977,
        Harley, R.M. et al. 18584.
    ?Andaraí: Between Igatu & Mucugê. 24/1/1980,
        Harley, R.M. et al. 20568.
    Caeté-Açu: Serra da Larguinha,ca. 2km NE of Caeté-
        Açu (Capão Grande). 25/5/1980, Harley, R.M. et al.
        22544.

Jacobina: Entrada que liga Jacobina a Morro do
    Chapéu, ca. 1km de Jacobina. Ramal que leva à
    Cachoeira do Alves, ca. 10km da estrada principal.
    26/10/1995, Amorim, A.M. et al. 1758.
Jacobina: Monte Tabor. Hotel Serra do Ouro. Serra
    do Ouro. 20/2/1993, Carvalho, A.M. et al. 4208.
Jacobina: Serra de Jacobina, por trás do Hotel Serra
    do Ouro. 20/8/1993, Queiroz, L.P. et al. 3471.
Jacobina: Serra de Jacobina, ca. 5km E de Jacobina
    no caminho para Bananeira. 20/8/1993, Queiroz,
    L.P. et al. 3488.
Jacobina: 2km a W da cidade, na estrada para Feira
    de Santana. 3/4/1986, Carvalho, A.M. et al. 2371.
?Jacobina: Serra Jacobina. Blanchet, J.S. (Moricand,
    M.E.) 2620, HOLOTYPE, Calliandra viscidula Benth.
Lençóis: Caminho para Capão (Caeté-Açu) por trás
    da Pousada de Lençóis, ca. 4km de Lençóis.
    26/5/1992, Queiroz, L.P. et al. 2745.
Mucugê: 23/6/1978, Brazão, J.E.M. 67.
Mucugê: Beira da estrada para Andaraí à cerca de
    2km. 16/12/1984, Lewis, G.P. et al. CFCR 7018.
Mucugê: Arredores. 15/6/1984, Hatschbach, G. et al.
    47910.
Mucugê: Serra do Sincorá, 15km S de Mucugê.
    22/1/1984, Hatschbach, G. 47469.
Mucugê: Campo defronte ao cemitério. 20/7/1981,
    Giulietti, A.M. et al. CFCR 1408.
Mucugê: Estrada Mucugê-Guiné, a 5km de Mucugê.
    7/9/1981, Furlan, A. et al. CFCR 1986.
Mucugê: 1km N de Mucugê. 10/10/1987, Queiroz,
    L.P. et al. 1845.
Mucugê: About 2km along Andaraí road. 25/1/1980,
    Harley, R.M. et al. 20644.
Mucugê: Serra do Sincorá. 3km SW of Mucugê on the
    Cascavel road. 27/3/1980, Harley, R.M. et al. 21051.
Mucugê: Serra do Sincorá. 3km SW of Mucugê on
    the Cascavel road. 27/3/1980, Harley, R.M. et al.
    21042.
Mucugê: Serra do Sincorá. 6,5km SW of Mucugê on
    the Cascavel road. 27/3/1980, Harley, R.M. et al.
    21016.
Mucugê: By Rio Cumbuca ca. 3km S of Mucugê, near
    site of small dam on road to Cascavel. 4/2/1974,
    Harley, R.M. et al. 15933.
Mucugê: By Rio Cumbuca, about 3km S of Mucugê
    on the road to Andaraí. 15/2/1977, Harley, R.M. et
    al. 18698.
Mucugê: By Rio Cumbuca ca. 3km S of Mucugê, near
    site of small dam on road to Cascavel. 4/2/1974,
    Harley, R.M. et al. 15932.
Mucugê: By Rio Cumbuca ca. 3km S of Mucugê, near
    site of small dam on road to Cascavel. 4/2/1974,
    Harley, R.M. et al. 15931.
Mucugê: Ca. 4km na estrada Mucugê-Andaraí.
    Margens do Rio Cumbuca. 14/4/1990, Carvalho,
    A.M. et al. 3094.
Mucugê: Ca. 4km na estrada Mucugê-Andaraí.
    Margens do Rio Cumbuca. 14/4/1990, Carvalho,
    A.M. et al. 3092.
Palmeiras: Ca. Km 250 na rodovia BR-242. 19/3/1990,
    Carvalho, A.M. et al. 2970.
Mun.?: Entre Brejão e Mucugê. 20/2/1943, Froés, R.L.
    20120.

Calliandra sp.
Bahia
Barra da Estiva: 20km NE de Barra da Estiva, camino a Sincorá Velho. 23/11/1992, Arbo, M.M. et al. 5801.
Barra da Estiva: Estrada Ituaçu-Barra da Estiva, a 8km de Barra da Estiva. Morro do Ouro. 19/7/1981, Giulietti, A.M. et al. CFCR 1306.
Barra da Estiva: 16km N of Barra da Estiva on the Paraguaçu road. 31/1/1974, Harley, R.M. et al. 15765.
Cristopolis: Estrada Barreiras-Ibotirama (BR-242), km 121. 8/9/1992, Coradin, L. et al. 8513.
Mucugê: Estrada Andaraí-Mucugê, entre 11–13km de Mucugê. 8/9/1981, Furlan, A. et al. CFCR 1574.
Mucugê: Estrada Mucugê-Guiné, a 28km de Mucugê. 7/9/1981, Furlan, A. et al. CFCR 2056.
Mucugê: Estada Mucugê-Cascavel, km 18. 16/9/1992, Coradin, L. et al. 8644.
Rio de Contas: Pico das Almas. Eastern slopes. Eastern side of Campo do Queiroz. 19/11/1988, Fothergill, J.M. 18.
Uruçuca: Estrada Uruçuca-Serra Grande, próximo ao km 23. 26/7/1979, Martinelli, G. 6070.
Mun.?: Ad fluv. São Francisco. 9/1873, Martius, C.F.P. von s.n.
Pernambuco
Petrolina: Rodovia Petrolina-Lagoa Grande (BR-122), km 3. 23/6/1987, Coradin, L. et al. 7738.

Chloroleucon acacioides (Ducke) Barneby & J.W.Grimes
Pernambuco
Mun.?: Banks of the Capibamba. 1838, Gardner, G. s.n.

Chloroleucon dumosum (Benth.) G.P.Lewis
Bahia
Aramarí: Alagoinhas-pasto na beira da estrada. 15/7/1981, Bastos, B.C. 156.
Cachoeira: Ipuaçu. Vale dos Rios Paraguaçu e Jacuípe. 9/1980, Pedra Cavalo, G. 763.
Coaraci: 28/11/1966, Belém, R.P. et al. 2942.
Contenda do Sincorá: 5–15km O. 19/9/1984, Hatschbach, G. 48368.
Gentio do Ouro: Serra do Açuruá, estrada para Xique-Xique, a 2km de Gentio do Ouro. 10/9/1990, Lima, H.C. et al. 3933.
Irecê: Dentro de uma Fazenda em Lapão. 11/10/1980, Oliveira, E.L.P.G. 269.
Potiraguá: Km 22 da antiga rodovia Camacã-Itambé. Margem da rodovia. 26/9/1979, Hage, J.L. et al. 305.
Mun.?: Rio Grongogy. 4/5/1921, Curran, H.M. 28, TYPE - photo, Pithecellobium vinhatico Record.
Mun.?: Rio Grongogy. 4/5/1921, Curran, H.M. 28, ISOTYPE, Pithecellobium vinhatico Record.
Ceará
Aiuaba: Distrito de Aiuaba. Estação Ecológica de Aiuaba. Sítio. 7/11/1996, Lima-Verde, L.W. et al. 352.
Barra do Jardim: Place near Barra do Jardim. 12/1838, Gardner, G. 1946, TYPE, Pithecolobium dumosum Benth.
Rio Grande do Norte
Pau dos Ferros: Fazenda Grossos. 14/5/1984, Assis, J.S. et al. 373.

Chloroleucon extortum Barneby & J.W.Grimes
Bahia
Pindobaçu: 3/9/1981, Ferreira, J.D.C.A. 82, HOLOTYPE, Chloroleucon extortum Barneby & J.W.Grimes.

Chloroleucon foliolosum (Benth.) G.P.Lewis
Bahia
Bom Jesus da Lapa: Basim of the upper São Francisco river. Morrão, at about 32km from Bom Jesus da Lapa, NE beyond Calderão. 17/4/1980, Harley, R.M. et al. 21458.
Bom Jesus da Lapa: Basin of the upper São Francisco river. Ca. 28km SE of Bom Jesus da Lapa, on the Caetité road. 16/4/1980, Harley, R.M. et al. 21421.
Brumado: Rodovia BR-030. 17/6/1986, Hatschbach, G. et al. 50439.
Caculé: Km 43 da estrada Brumado-Caetité. 14/4/1983, Carvalho, A.M. et al. 1700.
Caetité: Rodovia Paramirim a Caetité, 40km N de Caetité. 21/4/1996, Hatschbach, G. et al. 65164.
Caetité: Ca. 15km N de Caetité, na estrada para Maniaçu. 28/10/1993, Queiroz, L.P. et al. 3638.
Cafarnaum: Ca. 20km NW de Segredo na BR-122, em direção a Cafarnaum. 24/7/1993, Queiroz, L.P. et al. 3423.
Casa Nova: Fazenda Poço da Pedra. 29/3/1973, Ramalho, F.B. 176, HOLOTYPE - photo, Pithecellobium oligandrum Rizz.
Jequié: Km 36 da estarda Jequié-Contendas do Sincorá. 12/10/1983, Carvalho, A.M. et al. 1939.
Livramento do Brumado: 20km S of Livramento do Brumado on road to Brumado. 21/3/1991, Lewis, G.P. et al. 1870.
Livramento do Brumado: 35km S of Livramento do Brumado on road to Brumado. 10/4/1991, Lewis, G.P. et al. 1972.
Maraú: Olho d'Água. 1857, Blanchet, J.S. (Moricand, M.E.) 3136, ISOSYNTYPE - photo, Pithecollobium foliolosum Benth.
Monte Santo: 20/2/1974, Harley, R.M. et al. 16440.
Tabocas: 5km to the north of Tabocas, which is 10km. NW of Serra Dourada. 1/5/1980, Harley, R.M. et al. 22007.
Teofilândia: Próximo ao córrego Pau-a-Pique, Fazenda Brasileiro. 22/4/1992, Souza, V. 328.
Vila do Barra: 1840, Blanchet, J.S. 3136, LECTOTYPE, Pithecolobium foliolosum Benth.
Mun.?: Bei Tamboril. 10/1906, Ule, E. 7276.
Ceará
Aiuaba: Estrada Aiuaba-Antonina do Norte. 7/6/1984, Collares, J.E.R. et al. 193.
Pernambuco
Inajá: Reserva Biológica de Serra Negra. 4/6/1995, Rodal, M.J.N. et al. 574.
Piauí
Raimundo Nonato: 0,5km S da Fundação Ruralista (Sede), ca. 8–10km NNE of Curral Novo, 220km ENE of Petrolina. 16/1/1982, Lewis, G.P. et al. 1087.

Desmanthus virgatus (L.) Willd.
Bahia
Cachoeira: Fazenda Favela. 13/12/1992, Queiroz, L.P. 2961.

Correntina: Valley of the Rio Formoso, ca. 40km
SE of Correntina. 24/4/1980, Harley, R.M.
et al. 21708.

Dom Basílio: Ca. 60km na estrada de Brumado para
Livramento do Brumado. 13/3/1991, Brito, H.S. et
al. 296.

Feira de Santana: Campus da UEFS, atrás do módulo
de Educação Física. 7/7/1993, Queiroz, L.P. 3309.

Ibirataia: A 7km da rodovia BA-2. 17/4/1972,
Pinheiro, R.S. 1828.

Irecê: Próximo à Fazenda Paraqueda. 9/10/1980,
Oliveira, E.L.P.G. 210.

Jacobina: Rodovia Jacobina-Lage do Batata, km 15.
28/6/1983, Coradin, L. et al. 6198.

Jequié: Km 19 da estrada Jequié para Contendas do
Sincorá. 23/12/1981, Lewis, G.P. et al. 981.

Rio de Contas: Ca. 4,5km S of Rio de Contas on
estrada de terra to Livramento do Brumado.
2/4/1991, Lewis, G.P. et al. 1958.

Salvador: Itapuã. 14/7/1983, Pinto, G.C.P. et al. 288-83.

Tucano: Ca. 19km N de Araci, na BR-116. 23/3/1993,
Queiroz, L.P. et al. 3109.

Tucano: Distrito de Caldas do Jorro. Estrada que liga
Caldas do Jorro ao Rio Itapicurú. 1/3/1992,
Carvalho, A.M. et al. 3858.

Valente: Santa Bárbara, ca. 18km N da cidade, na BR-
116. 29/12/1992, Queiroz, L.P. et al. 3031.

Mun.?: 73km da cidade de Montes Claros. Margem da
estrada BR-262 para Aracatu. 12/12/1984, Lewis,
G.P. et al. CFCR 6728.

Ceará
Pacatuba: Sítio de Pitaguari. Serra. 29/7/1979, Paula,
J.E. et al. 1286.

Pernambuco
Mun.?: Places Common. Gardner, G. 982.
Unloc.: 24/7/1980, Schultz-Kraft, R. et al. 8394.
Unloc.: 1838, Gardner, G. 981.

Entada abyssinica Steud.
Bahia
Ilhéus. Area do CEPEC, Km 22 da rodovia Ilhéus-
Itabuna (BR-415). 29/12/1981. Lewis, G.P. 988.

Ilhéus. Area do CEPEC, Km 22 da rodovia Ilhéus-
Itabuna (BR-415). Jardim do CEPLAC. 09/02/1984.
Hage, J.L. 1751.

Ilhéus. Area do CEPEC, Km 22 da rodovia Ilhéus-
Itabuna (BR-415). Quadra E. 10/08/1983. Santos,
T.S. et al. 3872.

Enterolobium contortisiliquum (Vell.) Morong
Bahia
Feira de Santana: Campus da UEFS. Próximo da guarita
da entrada do Campus. 5/11/1991, Queiroz, L.P. 2544.

Livramento do Brumado: 5km da cidade na estrada
para Rio de Contas. Perto do riacho entre pedras.
25/10/1988, Harley, R.M. et al. 25612.

Santa Cruz Cabrália: Área da Estação Ecológica do
Pau-Brasil (ESPAB) ca. 16km a W de Porto Seguro,
rodovia BR-367 (Porto Seguro-Eunápolis). Área do
Arboreto da ESPAB, quadra no. 029. 21/10/1987,
Santos, F. 673.

Enterolobium glaziovii (Benth.) Mesquita
Bahia
Itapebi: Itambé-Potiraguá. 10/11/1967, Pinheiro, R.S.
et al. 413.

Enterolobium gummiferum (Mart.) J.F.Macbr.
Bahia
Jacobina: Ca. 28km SW da sede do município, na
estrada para Morro do Chapéu, na estrada velha
que inicia no km 24 partindo de Jacobina. Região
da Chapada. 28/10/1995, Carvalho, A.M. et al. 6157.

Rio de Contas: Pico das Almas. Vertente leste.
13–14km ao N-O da cidade. Na beira da estrada.
28/10/1988, Harley, R.M. et al. 25718.

Rio de Contas: Campo da Aviação. 16/9/1989,
Hatschbach, G. et al. 53377.

Pernambuco
Rio Preto: Serra do Mato Grosso. 9/1839, Gardner, G.
2834, TYPE, Pithecellobium gummiferum Mart.

Enterolobium monjollo (Vell.) Mart.
Bahia
Camacã: Rodovia BR-101, próximo do trevo para
Santa Luzia. 11/10/1998, Hatschbach, G. et al.
68426.

Enterolobium timbouva Mart.
Bahia
Bom Jesus da Lapa: Estrada Igaporã-Caetité, km 67.
2/7/1983, Coradin, L. et al. 6343.

Brotas de Macaúbas: Penedo, ca. 14km N do
entroncamento com a BR-242, na BA-156 (para
Brotas de Macaúbas). 22/7/1993, Queiroz, L.P. et
al. 3417.

Ibipeba: Mirorós. Área do Projeto de Irrigação da
CODEVASP. 29/3/1991, Brochado, A.L. et al. 174.

Jacobina: Serra do Tombador, ca. 10km W de Curral
Velho, este povoado a ca. 1km W da BA-421
(Jacobina-Piritiba), entrando a ca. 14km S da BR-
324. Fazenda Várzea da Pedra. 21/8/1993, Queiroz,
L.P. et al. 3507.

Oliveira dos Brejinhos: Córrego Serra Negra.
12/10/1981, Hatschbach, G. 44166.

Utinga: 1838, Blanchet, J.S. 2762.

Ceará
Crato: Near Crato. 1839, Gardner, G. 1579.

Paraíba
Areia: Mata de Pau Ferro. 22/10/1980, Fevereiro,
V.P.B. et al. M-65.

Areia: Mata de Pau Ferro, parte oeste mais seca, ca.
1km da estrada Areia-Remígio. 1/12/1980,
Fevereiro, V.P.B. et al. M-143.

Inga aptera (Vinha) T.D.Penn.
Bahia
Belmonte: Estação Experimental Gregório Bondar.
29/11/1987, Santos, T.S. 4351.

Ilhéus: Área do CEPEC (Centro de Pesquisas do
Cacau), km 22 da rodovia Ilhéus-Itabuna (BR-415).
Quadra I. 25/8/1981, Hage, J.L. et al. 1236.

Ilhéus: Área do CEPEC (Centro de Pesquisas do
Cacau), km 22 da rodovia Ilhéus-Itabuna (BR-415).
Quadra G. 6/10/1981, Hage, J.L. et al. 1413.

Ilhéus: Área do CEPEC (Centro de Pesquisas do
Cacau), km 22 da rodovia Ilhéus-Itabuna (BR-415).
Quadra G. 15/9/1981, Hage, J.L. et al. 1337.

Ilhéus: CEPLAC-CEPEC, km 22 da rodovia Ilhéus-
Itabuna (BR-415). Área am CEPEC. Cuadra G.
5/8/1996, Ferrucci, M.S. et al. 959.

Itapé: Km 8 da rodovia Itapé-Itaju do Colônia.
Fazenda Franco. 28/11/1981, Franco, J.H.A. s.n.

Santa Cruz Cabrália: Área da Estação Ecológica do Pau-Brasil (ESPAB), ca. 16km a W de Porto Seguro, rodovia BR-367 (Porto Seguro-Eunápolis). 19/9/1984, Mattos Silva, L.A. et al. 1757.

Santa Cruz Cabrália: Área da Estação Ecológica do Pau-Brasil (ESPAB), ca. 16km a W de Porto Seguro. 23/8/1983, Santos, F.S. 1.

Santa Cruz Cabrália: Área da Estação Ecológica do Pau-Brasil (ESPAB), ca. 16km a W de Porto Seguro, rodovia BR-367 (Porto Seguro-Eunápolis). 8/12/1987, Santos, F.S. 736.

Inga blanchetiana Benth.

Bahia

Almadina: Almadina-Coaraci. 12/3/1971, Pinheiro, R.S. 1121.

Eunápolis: Rodovia BR-5, 10km S de Eunápolis. 22/9/1966, Belém, R.P. et al. 2630.

Gandu: Estrada a Algodão. 22/10/1970, Santos, T.S. 1178.

Itaibó: Estrada a Apuarema. 29/10/1970, Santos, T.S. 1222.

Jacobina: Montagnes. 1836, Blanchet, J.S. 2632, ISOTYPE - photo, Inga blanchetiana Benth.

Inga bollandii Sprague & Sandwith

Ceará

Guarmaranga: About 50 miles island. Bolland, G. s.n., TYPE, Inga bollandii Sprague & Sandwith

Unloc.: On mountain. 9/6/1929, Bolland, G. 27.

Unloc.: 1926, Bolland, G. s.n.

Sergipe

Estância: Praia do Abais. Coletas efetuadas nas dunas. 28/11/1993, Amorim, A.M. et al. 1544.

Estância: Rodovia BR-101, no trecho Estância-Aracaju, entrada no km 10 à direita. 28km da BR-101. Praia do Abais. 8/10/1993, Jardim. J.G. et al. 315.

Inga aff. bollandii Sprague & Sandwith

Bahia

Una: Reserva Biológica do Mico-leão (IBAMA). Entrada no km 46 da rodovia BA-001 Ilhéus-Una. 28/11/1993, Amorim, A.M. et al. 1570.

Inga capitata Desv.

Bahia

Alcobaça: Rodovia BA-001, trecho Alcobaça-Prado, a 5km a NW de Alcobaça. 17/9/1978, Mori, S. et al. 10580.

Andaraí: Rodovia para Mucugê. 17/9/1984, Hatschbach, G. 48339.

Camaçari: BA-099 (estrada do côco), Guarajuba, Reserva Ecológica. 14/7/1983, Bautista, H.P. et al. 825.

Canavieiras: Estrada que liga Canavieiras-Pimenteiras-Ouricana-Santa Maria Eterna. Ramal com entrada 1km após Pimenteiras, lado esquerdo. D'Areia. 26/10/1988, Mattos Silva, L.A. et al. 2620.

Eunápolis: Rodovia BR-5, 16km S de Eunápolis. 22/9/1966, Belém, R.P. et al. 2656.

Ilhéus: Castelo Novo. 3/1822, Riedel, L. 690.

Ilhéus: Martius, C.F.P. von 1095.

Ilhéus: Along road from Ilhéus to Serra Grande, 16,6km S of Serra Grande (ca. 19km N of Ilhéus), just N of Tulha. 8/5/1992, Thomas, W.W. et al. 9218.

Ilhéus: Ramal que liga rodovia BR-415, Ilhéus-Itabuna do povoado Japú. Desvio à esquerda, coleta a 2km da entrada. Fazenda Sultão. 17/2/1982, Mattos Silva, L.A. et al. 1569.

Ilhéus: Área do CEPEC (Centro de Pesquisas do Cacau), km 22 da rodovia Ilhéus-Itabuna (BR-415). Quadra I. 8/9/1981, Hage, J.L. et al. 1303.

Itacaré: Ca. 6km SW of Itacaré on side road by small dam and hydroelectric generator by river. South of the mouth of the Rio de Contas. 31/1/1977, Harley, R.M. et al. 18453.

Jussari: Entrada ca. 7,5km de Jussari. Fazenda Teimoso. RPPN Serra da Teimoso. 21/4/1999, Amorim, A.M. et al. 2890.

Maraú: Ca. 3km E de Maraú, na rodovia para Saquaíra. 2/2/2000, Jardim, J.G. et al. 2662.

Porto Seguro: Frei Calixto. 12/8/1995, Hatschbach, G. et al. 63289.

Porto Seguro: 15–20km O. 19/7/1988, Hatschbach, G. et al. 52246.

Porto Seguro: Reserva Florestal de Porto Seguro. Próximo à BR-667, área da CEPLAC, km 0,200, lado direito. 12/1/1989, Folli, D.A. 872.

Salvador: Dunas do Abaeté. 26/9/1976, Araújo, J.S. et al. 67.

Santa Cruz Cabrália: Porto Seguro-Santa Cruz Cabrália, km 18. 24/8/1988, Mattos Silva, L.A. et al. 2491.

Santa Cruz Cabrália: Estação Ecológica do Pau-Brasil, ca. 16km W of Porto Seguro. 25/11/1987, Maas, P.J.M. et al. 7017.

Senhor do Bonfim: Serra de Santana. 26/12/1984, Lewis, G.P. et al. CFCR 7585.

Una: Reserva Biológica do Mico-leão (IBAMA). Entrada no km 46 da rodovia BA-001 Ilhéus-Una. Picada da Bandeira. 27/7/1993, Carvalho, A.M. et al. 4289.

Una: Estação Experimental Lemos Maia. CEPLAC. Seringal a oeste da sede nova da estação. 17/6/1980, Rylands, A. s.n.

Una: Povoado de Comandatuba. Ramal para a praia, com entrada na Fazenda Bolandeira, 7km ao norte. 17/11/1993, Mattos Silva, L.A. et al. 2959.

Una: Comandatuba, ca. 6km na estrada de Comandatuba para a praia de Una. 4/12/1991, Amorim, A.M. et al. 489.

Una: Maruim, border of the Fazendas Maruim and Dois de Julho, 33km SW of Olivença on the road Olivença to Buerarema. 14/5/1981, Mori, S. et al. 14029.

Unloc.: Luschnath, B. 143, ISOTYPE - photo, Inga albicans Walp.

Unloc.: Luschnath, B. 812.

Unloc.: Prope Bahiam. Luschnath, B. 26.

Unloc.: Salzmann, P. s.n.

Pernambuco

Recife: Dois Irmãos. 10/2/1997, Arbo, M.M. et al. 7849.

Sergipe

Estância: Rodovia BR-101, no trecho Estância-Aracaju, entrada no km 10 à direita. 28km da BR-101. Praia do Abais. 8/10/1993, Jardim, J.G. et al. 313.

Santa Luzia do Itanhy: Ca. 2km do Distrito de Crasto, na estrada para Santa Luzia do Itanhy. 9/10/1993, Sant'Ana, S.C. et al. 435.

Inga cayennensis Sagot ex Benth.

Bahia

Andaraí: 15–20km from Andaraí, along the road to Itaeté which branches east off the road to Mucugê. 13/2/1977, Harley, R.M. et al. 18635.

Lençóis: Antiga estrada de Andaraí. Ca. 5km a S de Lençóis. 22/12/1981, Carvalho, A.M. et al. 1080.

Inga ciliata C. Presl

Bahia

Ibicaraí: No km 21 da BR-415. Rodovia Itabuna-Ibicaraí, entrada a 3km, Fazenda Laranjeira. 22/11/1989, Brito, H.S. 285.

Itamaraju: Ca. 5km a W de Itamaraju. 20/9/1978, Mori, S. et al. 10738.

Lençóis: Estrada de Lençóis para a BR-242, ca. 5–6km ao N de Lençóis. 19/12/1981, Lewis, G.P. et al. 869.

Mun.?: Cruz de Casma: 2/1835, Luschnath, B. 45.

Mun.?: Cruz de Casma: 2/1835.

Unloc.: 1842, Glocker, E.F. von 156.

Sergipe

Santa Luzia do Itanhy: Entrada a 1km à esquerda da estrada Santa Luzia do Itanhy-Castro. Ca. 1km adentro. 29/11/1993, Sant'Ana, S.C. et al. 465.

Inga ciliata C. Presl subsp. **ciliata**

Bahia

Cruz de Casma: Luschnath, B. 837, ISOTYPE, Inga caerulescens Walp.

Inga congesta T.D.Penn.

Bahia

Barra do Choça: 29/7/1973, Pinheiro, R.S. 2209.

Inga aff. **congesta** T.D.Penn.

Bahia

Maracás: Rodovia BA-250, 13–25km a E de Maracás. Margem da estrada. 18/11/1978, Mori, S. et al. 11178.

Inga cylindrica (Vell.) Mart.

Bahia

Barra do Choça: Estrada que liga Barra do Choça à Caatiba, a 15km de Barra do Choça. 22/11/1978, Mori, S. et al. 11327.

Jacobina: 2km a W da cidade, na estrada para Feira de Santana. 3/4/1986, Carvalho, A.M. et al. 2382.

Jacobina: Entrada a 2km na rodovia Jacobina-Capim Grosso. Distrito de Itaitú, situado a 20km da rodovia. 27/10/1995, Jardim, J.G. et al. 707.

Lençóis: Serra Larga a oeste de Lençóis, perto de Caeté-Açu. 19/12/1984, Lewis, G.P. et al. CFCR 7267.

Inga edulis Mart.

Bahia

Aurelino Leal: 11,2km W of BR-101 & Aurelino Leal on road to Lage do Banco. 3/5/1992, Thomas, W.W. et al. 9109.

Canavieiras: Margem da Rodovia Camacã-Canavieiras, 70km W de Canavieiras. 9/9/1965, Belém, R.P. 1761.

Eunápolis: Rodovia BR-5, 16km S de Eunápolis. 28/9/1966, Belém, R.P. et al. 2649.

Ilhéus: Área do CEPEC (Centro de Pesquisas do Cacau), km 22 da Rodovia Ilhéus-Itabuna (BR-415). Perto do Inventário. 3/11/1993, Carvalho, A.M. et al. 4348.

Ilhéus: Área do CEPEC (Centro de Pesquisas do Cacau), km 22 da Rodovia Ilhéus-Itabuna (BR-415). 23/9/1981, Hage, J.L. et al. 1372.

Ilhéus: Área do CEPEC (Centro de Pesquisas do Cacau), km 22 da Rodovia Ilhéus-Itabuna (BR-415). Quadra G. 9/9/1981, Hage, J.L. et al. 1316.

Ilhéus: Área do CEPEC (Centro de Pesquisas do Cacau), km 22 da Rodovia Ilhéus-Itabuna (BR-415). Quadra D. Parque Zoobotânico. 16/6/1987, Hage, J.L. 2171.

Ilhéus: Área do CEPEC (Centro de Pesquisas do Cacau), km 22 da Rodovia Ilhéus-Itabuna (BR-415). Quadra D. Parque Zoobotânico. 12/7/1988, Hage, J.L. 2260.

Itabuna: Rodovia BR-5, 10km S de Itabuna. 1/9/1965, Belém, R.P. 1663.

Santa Cruz Cabrália: Área da Estação Ecológica do Pau-Brasil (ESPAB), ca. 16km a W de Porto Seguro, rodovia BR-367 (Porto Seguro-Eunápolis). 18/12/1987, Santos, F.S. 824.

Ubaitaba: Rodovia Ubaitaba-Itabuna. 6/10/1965, Belém, R.P. 1886.

Mun.?: Ao lado da BR-101. Vale do Rio Mucuri. 13/7/1968, Belém, R.P. 3851.

Pernambuco

Caruaru: Brejo dos Cavalos, Fazenda Caruaru. 27/9/1994, Rodal, M.J.N. et al. 396.

Inga exfoliata T.D.Penn. & F.C.P.García

Bahia

Porto Seguro: Parque Nacional Monte Pascoal. Trail to peak of Monte Palcoal. Upper slopes and top of Monte Pascoal. 14/11/1996, Thomas, W.W. et al. 11297.

Inga aff. **exfoliata** T.D.Penn. & F.C.P.García

Bahia

Uruçuca: 7.3km north of Serra Grande on road to Itacaré. 5/2/1993, Thomas, W.W. et al. 9754.

Inga aff. **filiformis** N.Zamora

Bahia

Ilhéus: 2km NNE of Banco da Vitória (5,7km west of bridge over the Rio Fundão on road to Itabuna) on road leading to west edge of the Mata da Esperança. 15/1/1995, Thomas, W.W. et al. 10770.

Itacaré: Rodovoa Itacaré-Taboquinhas, entrada a 6km de Itacaré. Loteamento da Marambaia. 16/7/1995, Jardim, J.G. et al. 665.

Inga grazielae (Vinha) T.D.Penn.

Bahia

Ilhéus: Mata da Esperança. 12/3/1995, Garcia, F.C.P. et al. 736.

Itacaré: Estrada Itacaré a Taboquinhas. Ca. 12km de Itacaré. 16/12/1992, Amorim, A.M. et al. 969.

Inga hispida Schott ex Benth.

Bahia

Porto Seguro: Parque Nacional de Monte Pascoal. Trail to peak of Monte Pascoal. Upper slopes and top of Monte Pascoal. 14/11/1996, Thomas, W.W. et al. 11300.

Inga ingoides (Rich.) Willd.

Bahia

Coração de Maria: 2–6km S de Coração de Maria, camino a Conceição do Jacuípe. Borde del camino. 2/12/1992, Arbo, M.M. et al. 5524.

Ilhéus: Centro de Pesquisas do Cacau, CEPLAC, CEPEC. 1/4/1965, Belém, R.P. et al. 621.

Ilhéus: Centro de Pesquisas do Cacau, CEPLAC, CEPEC. 31/3/1965, Belém, R.P. et al. 615.

Ilhéus: Centro de Pesquisas do Cacau, CEPLAC, CEPEC. 25/3/1965, Belém, R.P. et al. 541.

Ilhéus: Área do CEPEC (Centro de Pesquisas do Cacau), km 22 da Rodovia Ilhéus-Itabuna (BR-415). Quadra D. 16/10/1979, Hage, J.L. 331.

Ilhéus: Área do CEPEC (Centro de Pesquisas do Cacau), km 22 da Rodovia Ilhéus-Itabuna (BR-415). Quadra D. 5/3/1981, Hage, J.L. et al. 531.

Ilhéus: Área do CEPEC (Centro de Pesquisas do Cacau), km 22 da Rodovia Ilhéus-Itabuna (BR-415). Quadra H. 26/5/1981, Hage, J.L. et al. 739.

Ilhéus: Área do CEPEC (Centro de Pesquisas do Cacau), km 22 da Rodovia Ilhéus-Itabuna (BR-415). Fazenda Viana. 11/2/1988, Hage, J.L. 2245.

Ilhéus: Blanchet, J.S. 3017.

Ilhéus: Blanchet, J.S. 3016, LECTOTYPE, Inga bahiensis Benth.

Unloc.: Salzmann, P. s.n.

Ceará

Mun.?: Serra do Baturité. 9/1910, Ule, E. 9047.

Paraíba

Areia: Mata de Pau Ferro. 24/9/1980, Fevereiro, V.P.B. et al. M-37.

Inga laurina (Sw.) Willd.

Bahia

Alcobaça: Between Alcobaça and Prado, on the coast road 12km N of Alcobaça. 16/1/1977, Harley, R.M. et al. 17981.

Belmonte: A 26km S da cidade. 7/1/1981, Carvalho, A.M. et al. 468.

Belmonte: Estação Experimental Gregório Bondar. 28/11/1987, Santos, T.S. 4341.

Caetité: Ca. 7km S de Caetité, na estrada para Brejinho das Ametistas. 27/10/1993, Queiroz, L.P. et al. 3593.

Caravelas: Rodovia BR-418 a 10,5k do entroncamento com a BA-001. 18/3/1978, Mori, S. et al. 9705.

Caravelas: Ca. 16km na estrada Caravelas-Alcobaça. 5/9/1989, Carvalho, A.M. et al. 2466.

Ilhéus: Ilhéus-Olivença. Arredores da Estação Hidromineral da Tororomba. 25/10/1992, Carvalho, A.M. 4102.

Ilhéus: 3km north of rodoviária, Mata da Esperança, forest north of dam and reservoir. 17/1/1995, Thomas, W.W. et al. 10801.

Ilhéus: 3km north of rodoviária, Mata da Esperança, forest north of dam and reservoir. 11/11/1995, Thomas, W.W. et al. 11000.

Ilhéus: Moricand, M.E. 1832.

Livramento do Brumado: By the waterfall of the Rio Brumado just north of Livramento do Brumado. 20/1/1974, Harley, R.M. et al. 15329.

Porto Seguro: Monte Pascoal. 3/10/1966, Belém, R.P. et al. 2709.

Porto Seguro: Fonte dos Protomartires do Brasil. 21/3/1974, Harley, R.M. et al. 17220.

Prado: Ca. 16km ao S de Prado, estrada para Alcobaça. 7/12/1981, Lewis, G.P. et al. 798.

Santa Cruz Cabrália: 8/2/1967, Belém, R.P. et al. 3299.

Una: Reserva Biológica do Mico-leão (IBAMA). Entrada no km 46 da rodovia BA-001 Ilhéus-Una. 28/11/1993, Amorim, A.M. et al. 1578.

Una: Comandatuba, ca. 10km SE de Una. 3/12/1981, Lewis, G.P. et al. 744.

Una: Ca. 5km na estradade Comandatuba. 4/12/1991, Amorim, A.M. et al. 501.

Una: Estrada para o Distrito de Pedras. Ca. 7km a partir da BA-001 que liga Ilhéus-Una. 13/4/1993, Amorim, A.M. et al. 1173.

Valença: Ca. Km 13,5 da estrada Valença-Guaibim. 9/1/1982, Lewis, G.P. et al. 1044.

Unloc.: 1842, Glocker, E.F. von 175.

Unloc.: Martius, C.F.P. von, 1094.

Unloc.: Salzmann, P. s.n.

Ceará

Crato: Near Crato. 9/1838, Gardner, G. 1583.

Pernambuco

Itamarica: Island of Itamarica. 12/1837, Gardner, G. 984.

Recife: Dois Irmãos. 10/2/1997, Arbo, M.M. et al. 7865.

Unloc.: 1838, Gardner, G. 985.

Inga leptantha Benth.

Bahia

Una: Fazenda Piedade. Rodovia São José-Una, a 9km do entroncamento com a BR-101. 10/12/1987, Santos, E.B. et al. 216.

Mun.?: Dendhwea, Fazenda São Rafael, local Rochedo. 7/9/1973, Pinheiro, R.S. 2240.

Inga marginata Willd.

Bahia

Ilhéus: Área do CEPEC (Centro de Pesquisas do Cacau), km 22 da rodovia Ilhéus-Itabuna (BR-415). Fazenda Viana. 11/2/1988, Hage, J.L. 2247.

Ilhéus: Área do CEPEC (Centro de Pesquisas do Cacau), km 22 da rodovia Ilhéus-Itabuna (BR-415). Quadra G. 16/9/1981, Hage, J.L. et al. 1347.

Ilhéus: Área do CEPEC (Centro de Pesquisas do Cacau), km 22 da rodovia Ilhéus-Itabuna (BR-415). Quadra G. 7/10/1981, Hage, J.L. et al. 1435.

Ilhéus: Área do CEPEC (Centro de Pesquisas do Cacau), km 22 da rodovia Ilhéus-Itabuna (BR-415). 9/12/1980, Carvalho, A.M. et al. 404.

Ilhéus: Área do CEPEC (Centro de Pesquisas do Cacau), km 22 da rodovia Ilhéus-Itabuna (BR-415). 8/11/1968, Almeida, J. et al. 208.

Livramento do Brumado: Just north of Livramento do Brumado on the road to Rio de Contas. Below the Livramento waterfall on the Rio Brumado. 23/3/1977, Harley, R.M. et al. 19877.

Palmeiras: Próximo à localidade de Caeté-Açu, Cachoeira da Fumaça. 11/10/1987, Queiroz, L.P. et al. 1920.

Porto Seguro: Reserva Florestal de Porto Seguro. 20/11/1991, Souza, V. 260.

Ubaitaba: Rodovia Ubaitaba-Itabuna. 6/10/1965, Belém, R.P. 1888.

Una: Ramal para a repetidora da EMBRATEL, Serra Boa, com 4 km de extensão. Entrada no km 53 do trecho Buerarema-Camacã, lado direito da rodovia BR-101. 28/9/1979, Hage, J.L. et al. 310.

Ceará
Unloc.: 1926, Bolland, G. s.n.
Inga nobilis Willd. subsp. ***nobilis***
Bahia-Sergipe
São José da Laranjeira. Burchell, W.J. 9883.
Inga pedunculata (Vinha) T.D.Penn.
Bahia
Castro Alves: Serra da Jibóia (=Serra da Pioneira).
8/12/1992, Queiroz, L.P. et al. 2937.
Ilhéus: Área do CEPEC (Centro de Pesquisas do
Cacau), km 22 da Rodovia Ilhéus-Itabuna (BR-415).
29/12/1981, Lewis, G.P. 997.
Ilhéus: Área do CEPEC (Centro de Pesquisas do
Cacau), km 22 da Rodovia Ilhéus-Itabuna (BR-415).
Arboreto. Quadra I. 25/3/1980, Santos, T.S. 3547.
Ilhéus: Área do CEPEC (Centro de Pesquisas do
Cacau), km 22 da Rodovia Ilhéus-Itabuna (BR-415).
Quadra H. 26/5/1981, Hage, J.L. 742.
Porto Seguro: Parque Nacional de Monte Pascoal.
Trail to peak of Monte Pascoal. Upper slopes and
top of Monte Pascoal. 14/11/1996, Thomas, W.W.
et al. 11300.
Santa Cruz Cabrália: Arredores da Estação Ecológica
do Pau-Brasil (ca. 17km a W de Porto Seguro),
estrada velha de Santa Cruz Cabrália, 4–6km a E da
sede da Estação. 18/10/1978, Mori, S. et al. 10807.
Inga pleiogyna T.D.Penn.
Bahia
Almadina: 5,3km from Almadina on road to Ibatupã,
then left 7,9km on to Serra dos Sete Paus.
4/4/1997, Thomas, W.W. et al. 11467.
Ilhéus: Cidade de Ilhéus. Mata da Esperança. Ca,
2km NNE do Banco da Vitória, na estrada que
corre na borda oeste da mata. 12/3/1995, Carvalho,
A.M. et al. 6008.
Ilhéus: 4/1822, Riedel, L. 767.
Ilhéus: 9/1820, Riedel, L. 444.
Itabuna: 65km NE of Itabuna, at the mouth of the
Rio de Contas on the N bank opposite Itacaré.
30/1/1977, Harley, R.M. et al. 18419.
Itacaré: Campo Cheiroso, 14km north of Serra
Grande off of road to Itacaré. 15/11/1992, Thomas,
W.W. et al. 9471.
Itacaré: 14km S of Itacaré on road to Ilhéus then S
6,5km from Alto Esperança to Campo Cheiroso.
22/3/2000, Thomas, W.W. et al. 12108.
Ituberá: Estrada para a Praia de Pratigi a 19km do
entroncamento com a rodovia Ituberá-Valença.
11/3/1995, Garcia, F.C.P. et al. 735.
Lauro de Freitas: Lagoa do Abaeté, N of Salvador.
4/1/1991, Taylor, N.P. et al. 1344.
Maraú: Estrada Ubaitaba-Ponta do Mutá, ramal no km
71, entrada para o Sítio São Marcos. 2/2/1983,
Carvalho, A.M. et al. 1391.
Maraú: Rodovia Ubaitaba-Campinhos (Ponta do
Mutá), km 75. Ramal à direita em direção à praia
(11km antes de Campinhos). 8/6/1987, Mattos
Silva, L.A. et al. 2204.
Maraú: Rodovia BR-030, trecho Porto de Campinhos-
Maraú, km 11. 26/2/1980, Carvalho, A.M. et al. 207.
Maraú: 5km SE of Maraú at the junction with the
new road north to Ponta do Mutá. 2/2/1977,
Harley, R.M. et al. 18492.

Salvador: Dunas do Abaeté, margem leste da lagoa.
11/4/1976, Araújo, J.S. et al. 6.
Salvador: Lagoa do Abaeté, ca. 16km NE of Salvador
at Itapuã. 5/1/1977, Harley, R.M. et al. 17816.
Salvador: Dunas entre Itapuã e o aeroporto, próximo
ao loteamento Alamedas da Praia. 25/1/1977,
Araújo, J.S. et al. 128.
Salvador: Dunas de Itapuã, arredores da Lagoa de
Abaeté. 5/5/1991, Lewis, G.P. et al. 2017.
Salvador: Lagoa de Abaeté, NE edge of the city of
Salvador. 22/5/1981, Mori, S. et al. 14036.
Una: Estação Experimental Lemos Maia. CEPLAC. Ao
lado oeste da sede da estação. 27/8/1980, Rylands,
A. 19.
Una: Fazenda Brasilândia. Rodovia São José-Una, a
12km do entrocamento com a BR-101. 24/11/1987,
Santos, E.B. et al. 161.
Una: Entrada à direita no km 10,4 da rodovia Una-
Ilhéus. 28/7/1993, Sant'Ana, S.C. et al. 346.
Una: 6km E of Una along the old road to Pedras, by
the sea. 26/1/1977, Harley, R.M. et al. 18277.
Uruçuca: Distrito de Serra Grande. Estrada Serra
Grande-Ilhéus, a 3km do Distrito. 6/11/1991,
Amorim, A.M. et al. 365.
Valença: Estrada Valença-Guaibim, ca. Km 10 da
estrada. 8/1/1982, Lewis, G.P. et al. 1035.
Valença: Km 11 da estrada Valença para Guaibim.
9/1/1982, Lewis, G.P. et al. 1057.
Valença: Km 9 da estrada Valença-Guaibim. 6/2/1983,
Carvalho, A.M. et al. 1480.
Unloc.: Blanchet, J.S. 1684, HOLOTYPE, Affonsea
densiflora Benth.
Unloc.: Blanchet, J.S. 1684, ISOTYPE - photo,
Affonsea densiflora Benth.
Unloc.: Belém, R.P. 245.
Inga aff. ***pleiogyna*** T.D.Penn.
Bahia
Valença: Camino a Guaibim, a 3km de la rodovia
Valença-Nazaré. 13/1/1997, Arbo, M.M. et al. 7151.
Inga stipularis DC.
Sergipe
Estância: Rodovia BR-101, no trecho Estância-Aracaju,
entrada no km 10 à direita. 28km da BR-101. Praia
do Abais. 8/10/1993, Jardim, J.G. et al. 313.
Inga striata Benth.
Bahia
Ilhéus: Área do CEPEC (Centro de Pesquisas do
Cacau), km 22 da Rodovia Ilhéus-Itabuna (BR-415).
13/10/1981, Hage, J.L. et al. 1441.
Ilhéus: Área do CEPEC (Centro de Pesquisas do
Cacau), km 22 da Rodovia Ilhéus-Itabuna (BR-415).
Quadra G. 15/9/1981, Hage, J.L. et al. 1332.
Itabuna: Rodovia Itabuna-Uruçuca. 6/7/1965, Belém,
R.P. 1309.
Itamaraju: Rodovia Itamaraju-Teixeira de Freitas, 3km
de Itamaraju (BR-101). Fazenda Chapadão.
3/11/1983, Callejas, R. et al. 1624.
Jussari: 3,1km from Jussari on road to Palmira.
2/2/1994, Thomas, W.W. et al. 10225.
Jussari: Serra do Teimoso, 7,5km N of Jussari on road
to palmira, then 2km W to Fazenda Teimoso, then
45minutos walk W to Reserva da Fazenda Teimoso.
7/2/1998, Thomas, W.W. et al. 11731.

Porto Seguro: Parque Nacional de Monte Pascoal. Along road from park entrance to nature/conference center. 14/11/1996, Thomas, W.W. et al. 11334.

Ubaitaba: Rodovia Ubaitaba-Itabuna. 6/10/1965, Belém, R.P. 1890.

Unloc.: Salzmann, P. s.n., HOLOTYPE - photo, Inga salzmanniana Benth.

Unloc.: Salzmann, P. s.n., ISOTYPE, Inga salzmanniana Benth.

Unloc.: Salzmann, P. s.n., HOLOTYPE, Inga nuda Salzm. ex Benth.

Unloc.: Salzmann, P. s.n., ISOTYPE - photo, Inga nuda Salzm. ex Benth.

Pernambuco

Caruaru: Murici, Brejo dos Cavalos, Parque Ecológico Municipal. 2/12/1994, Tschá, M. et al. 3.

Inga subnuda Salzm. ex Benth.

Bahia

Cairu: Rodovia Nilo Peçanha-Cairu, km 14–18. 29/4/1980, Santos, T.S. et al. 3565.

Ilhéus: Rodovia para Una, km 35, ca. 5km após o entroncamento. 6/9/1990, Lima, H.C. et al. 3867.

Ituberá: Coleta no caminho para a Cachoeira Pancada Grande, 4km antes de Ituberá. 10/3/1995, Garcia, F.C.P. et al. 733.

Maraú: Ca. 6km de Saquaíra em direção a Maraú. Margem da estrada. 5/9/1999, Carvalho, A.M. et al. 6747.

Porto Seguro: Parque Nacional de Monte Pascoal. Área limite entre PARNA e a Reserva Indígena Marra Velha, da tribo Pataxó. 13/9/1998, Amorim, A.M. et al. 2543.

Salvador: Cidade de Salvador. Área de Parque da cidade. Bosque Suíço. 28/9/1997, Jardim, J.G. et al. 1125.

Una: Estrada para o Distrito de Pedras. Ca. 7,0km a partir da BA-001 que liga Ilhéus-Una. 13/4/1993, Amorim, A.M. et al. 1189.

Valença: 18–19km na estrada para Orobó, partindo da estrada BR-101-Valença, perto de Orobó. 10/1/1982, Lewis, G.P. et al. 1070.

Inga subnuda Salzm. ex Benth. subsp. ***subnuda***

Bahia

Belmonte: Estação Experimental de Belmonte-CEPLAC. 21/9/1970, Santos, T.S. 1118.

Camamu: Ambar, Enseada de Camamu. Ca. 5km NE da sede do Município Ponta do Santo. 24/6/1981, Carvalho, A.M. et al. 769.

Castro Alves: Serra da Jibóia, ca. 3km de Pedra Branca. 12/3/1993, Queiroz, L.P. et al. 3091.

Ilhéus: 9km sul de Ilhéus, estrada Ilhéus-Olivença. Cururupe. 29/11/1981, Lewis, G.P. et al. 714.

Ilhéus: Rodovia Pontal-Una-Canavieiras (BA-001), km 10. 24/8/1978, Morawetz, W. et al. 11.

Ilhéus: Ca. 3km W Olivença, ca. 2km S road to Santa Ana. 11/5/1991, Pennington, R.T. 193.

Ilhéus: Litoral Norte, a 9km NE de Ilhéus. 3/8/1980, Carvalho, A.M. 299.

Ilhéus: Estrada Ilhéus-Una, a 36km a S de Ilhéus. 21/4/1981, Carvalho, A.M. et al. 635.

Ilhéus: Ca. 9km na estrada Olivença-Maruim. 9/10/1989, Carvalho, A.M. et al. 2550.

Ilhéus: 8/1829, Riedel, L. s.n.

Ilhéus: Estrada que liga Olivença à Vila Brasil. 9km ao sudoeste de Olivença. 16/2/1982, Mattos Silva, L.A. et al. 1521.

Porto Seguro: Reserva Florestal de Porto Seguro. Estrada municipal, km 2,300, lado direito. 26/10/1988, Farias, G.L. 235.

Una: Estrada Ilhéus-Una, ca. 30km ao sul de Olivença. 2/12/1981, Lewis, G.P. et al. 721.

Una: Povoado de Comandatuba, 17km ao sul de Una (ramal com entrada no km 13 da rodovia Una-Canavieiras). Coletas efetuadas ao longo do ramal que liga Comandatuba à Pedras, com 8km de extensão. 23/7/1981, Mattos Silva, L.A. et al. 1376.

Una: Estação Experimental Lemos Maia, CEPLAC. Ao lado oeste da sede nova da estação. 27/8/1980, Rylands, A. 15.

Valença: Estrada Guaibim-Praia do Taquari. 3km N de Guaibim. Foz do Taquari. 13/8/1980, Carvalho, A.M. et al. 322.

Unloc.: Salzmann, P. s.n., HOLOTYPE, Inga subnuda Salzm. ex Benth.

Inga subnuda Salzm. ex Benth. subsp. ***luschnathiana*** (Benth.) T.D.Penn.

Bahia

Itabuna: 10km S de Pontal (Ilhéus), camino a Olivença, local de extraccion de arena. 4/12/1992, Arbo, M.M. et al. 5554.

Una: Reserva Biológica do Mico-leão (IBAMA). Entrada no km 46 da rodovia BA-001 Ilhéus-Una. Coletas feitas na trilha da roda d'água e ramal de acesso à sede da reserva. 2/6/2000, Sant'Ana, S.C. et al. 913.

Inga suborbicularis T.D.Penn.

Bahia

Porto Seguro: Parque Nacional de Monte Pascoal. On NW slopes of Monte Pascoal. 12/1/1977, Harley, R.M. et al. 17864.

Inga aff. ***suborbicularis*** T.D.Penn.

Bahia

Porto Seguro: Parque Nacional de Monte Pascoal. Trail to peak of Monte Pascoal. Upper slopes and top of Monte Pascoal. 14/11/1996, Thomas, W.W. et al. 11286.

Inga tenuis (Vell.) Mart.

Bahia

Ilhéus: Olivença, estrada ao Maruim. Margem da estrada. Mata do Cururupe. 19/8/1970, Santos, T.S. 1017.

Itamaraju: Ca. 5km a W de Itamaraju. 20/9/1978, Mori, S. et al. 10736.

Santa Cruz Cabrália: Reserva Biológica do Pau-Brasil. 20/9/1971, Santos, T.S. 1968.

Santa Cruz Cabrália: Km 15 da estrada Santa Cruz Cabrália-Porto Seguro. 5/11/1983, Callejas, R. et al. 1662.

Sergipe

Santa Luzia do Itanhy: Entrada 2km à esquerda na estrada Santa Luzia do Itanhy-Crasto. 14/6/1994, Jardim, J.G. et al. 447.

Santa Luzia do Itanhy: Ca. 2km na Estrada Crasto para Santa Luzia do Itanhy. 5/10/1993, Carvalho, A.M. et al. 4337.

Inga thibaudiana DC.

Bahia

Almadina: Rodovia Almadina-Ibitupã, entrada ca. 5km W da sede do município. Fazenda Cruzeiro do Sul. Serra do Sete-paus, ca. 8km da entrada. 15–16/1/1998, Jardim, J.G. et al. 1236.

Ilhéus: 3km north of rodoviária, Mata da Esperança, ambur north of dam. 11/11/1995, Thomas, W.W. et al. 10999.

Porto Seguro: Reserva Florestal de Porto Seguro. Próximo à estrada municipal, km 7,500. 12/1/1990, Folli, D.A. 1053.

Porto Seguro: Parque Nacional de Monte Pascoal, along trail leading to summit of Monte Pascoal. 25/3/1996, Thomas, W.W. et al. 11146.

Ubaitaba: Rodovia Ubaitaba-Maraú, 12km N de Ubaitaba. Margem do Rio de Contas. 25/4/1965, Belém, R.P. et al. 903.

Una: Reserva Biológica do Mico-leão (IBAMA). Entrada no km 46 da rodovia BA-001 Ilhéus-Una. Coletas efetuadas a ca. 10km no ramal que leva à Fazenda Jaqueiral e Conjunto Fazenda Esperança. 1/5/1996, Jardim, J.G. et al. 815.

Mun.?: Ao lado da rodovia BR-101. Vale do Rio Mucuri. 13/7/1968, Belém, R.P. 3842.

Inga thibaudiana DC. subsp. **thibaudiana**

Bahia

Alcobaça: Ca. 13km ao NW de Alcobaça. Rodvia BR-255. 17/9/1978, Mori, S. et al. 10631.

Belmonte: Estação Experimental Gregório Bondar. 29/11/1987, Santos, T.S. 4344.

Belmonte: Barrolândia, Estação Experimental Gregório Bondar, CEPLAC, 48km east of BR-101 on road to Belmonte. 13/5/1993, Thomas, W.W. et al. 9909.

Buerarema: Rodovia que liga Buerarema à Vila Brasil, km 14. 9/2/1982, Carvalho, A.M. et al. 1181.

Ilhéus: Rodovia Olivença-Maruim, 12km ao S de Olivença. Margem do Rio Acuípe. 16/2/1982, Mattos Silva, L.A. et al. 1507.

Maraú: Rodovia BR-030, trecho Ubaitaba-Maraú, km 33. 5/2/1979, Mori, S. et al. 11350.

Maraú: Ca. 5km S de Porto de Campinhos, estrada para Ubaitaba. 7/1/1982, Lewis, G.P. et al. 1030.

Maraú: Km 34 road Ubaitaba-Maraú, right side road. 21/5/1991, Pennington, R.T. et al. 210.

Nova Viçosa: Ca. 12km na estrada do Boi para Nova Viçosa. 6/9/1989, Carvalho, A.M. et al. 2487.

Porto Seguro: Reserva Florestal de Porto Seguro. Estrada municipal, km 0,300, lado esquerdo. 25/10/1988, Folli, D.A. 797.

Prado: Reserva Florestal da Brasil de Holanda Indústrias S.A.; the entrance at km 18 east of Itamaraju on road to Prado, 8km to entrance. 22/10/1993, Thomas, W.W. et al. 10120.

Santa Cruz Cabrália: Estação Ecológica do Pau-Brasil. 22/9/1981, Brito, H.S. et al. 121.

Santa Cruz Cabrália: Estação Ecológica do Pau-Brasil, ca. 16km a W de Porto Seguro. 29/8/1983, Santos, F.S. 38.

Santa Cruz Cabrália: Estação Ecológica do Pau-Brasil. CEPLAC. 19/4/1982, Carvalho, A.M. et al. 1192.

Taperoá: Ramal de Fazendas a W de Taperoá, a 4–7km da cidade. 8/12, Carvalho, A.M. et al. 355.

Travessão: Rodovia Travessão-Camamu. 10/3/1995, Garcia, F.C.P. et al. 761.

Una: Reserva Biológica do Mico-leão (IBAMA). Entrada no km 46 da rodovia BA-001 Ilhéus-Una. Coletas efetuadas na estrada que leva à sede da reserva. 14–15/4/1993, Amorim, A.M. et al. 1245.

Uruçuca: Distrito de Serra Grande. 7,3km na estrada Serra Grande-Itacaré, Fazenda Lagoa do Conjunto Fazenda Santa Cruz. 7/9/1991, Carvalho, A.M. et al. 3651.

Unloc.: Salzmann, P. s.n., ISOTYPE – photo, Inga tenuiflora Salzm. ex Benth.

Pernambuco

Inajá: Reserva Biológica de Serra Negra. 4/6/1995, Rodal, M.J.N. et al. 568.

Inga unica Barneby & J.W.Grimes

Bahia

Una: Reserva Biológica do Mico-leão (IBAMA). Entrada no km 46 da rodovia BA-001 Ilhéus-Una. Picada da Bandeira. 15/4/1993, Jardim, J.G. et al. 108, ISOTYPE, Inga unica Barneby & J.W.Grimes.

Inga vera Willd. subsp. **affinis** (DC.) T.D.Penn.

Bahia

Barreiras: As margens do Rio de Ondas, próximo à cidade de Barreiras. 3/11/1987, Queiroz, L.P. et al. 2134.

Cachoeira: NE da Barragem Bananeiras. Vale dos Rios Paraguaçu e Jacuípe. 10/1980, Pedra Cavalo, G. 863.

Calderão Grande: Estrada entre Porto Novo e Saúde, 24km SW de Porto Novo. 17/11/1986, Queiroz, L.P. et al. 1168.

Cocos: 22km S de Cocos, sobre el margen del Rio Carinhanha. 11/8/1996, Ferrucci, M.S. et al. 1017.

Ibotirama: Rio Sào Francisco, 2km acima de Ibotirama. 11/10/1981, Hatschbach, G. 44159.

Ilhéus: Km 16 da rodovia Ilhéus-Itabuna. Campus da Universidade Estadual de Santa Cruz. 9/11/1992, Carvalho, A.M. et al. 4114.

Ilhéus: Área do CEPEC (Centro de Pesquisas do Cacau), km 22 da Rodovia Ilhéus-Itabuna (BR-415). Quadra A. Entre o prédio das relações públicas da CEPLAC e o lago. 4/2/1986, Hage, J.L. et al. 1880.

Itabuna: Rodovia Itabuna-Ilhéus. Beira da estrada. 5/4/1965, Belém, R.P. et al. 714.

Livramento do Brumado: 7/1/1994, Garcia, F.C.P. et al. 717.

Livramento do Brumado: 10km S of Livramento do Brumado on road to Brumado. River margin, possibly cultivated. 26/3/1991, Lewis, G.P. et al. 1891.

Livramento do Brumado: Estrada de Moura para Livramento do Brumado. Ponte do Rio Baeta. 6/1/1994, Garcia, F.C.P. et al. 716.

Mucuri: Rodovia BR-101, Rio Mucuri. 19/10/1983, Hatschbach, G. et al. 47015.

Saúde: Cachoeira do Paulista. Entrada no km 10 da estrada Saúde-Jacobina. Ca. 6km a partir da entrada. 22/2/1993, Jardim, J.G. et al. 86.

Ubaitaba: Rodovia BR-101, Ubaitaba-Valença. 10/3/1995, Garcia, F.C.P. et al. 730.

Camamu: Rodovia Camamu-Ituberá. 10/3/1995, Garcia, F.C.P. et al. 732.

Ceará

Aiuaba: Estação Ecológica de Aiuaba. 12/12/1996, Bezerra-Loiola, M.I. et al. 256.

Tianguá: Chapada de Ibiapaba. 30/4/1987, Fernandes, A. et al. s.n.

Mun.?: Rio Granjeiro. 25/10/1833, Luetzelburg, Ph.von 25851.

Pernambuco

Bonito: Reserva Municipal da Prefeitura de Bonito. 15/3/1995, Tschá, M. et al. 43.

Recife: Dois Irmãos. 10/2/1997, Arbo, M.M. et al. 7862.

Unloc.: 10/1837, Gardner, G. 985, HOLOTYPE, Inga acutifolia Benth.

Unloc.: 10/1837, Gardner, G. 985, ISOTYPE, Inga acutifolia Benth.

Paraíba

Unloc.: 9/1834, Riedel, L. 2914.

Inga sp.

Bahia

Ilhéus: Fazenda Cururupitanga. Km 3 do ramal que liga Olivença ao povoado de Vila Brasil, lado esquerdo. 6/10/1980, Mattos Silva, L.A. et al. 1222.

Ibotirama: Rio São Francisco, 2km acima de Ibotirama. 11/10/1981, Hatschbach, G. 44159.

Maraú: Fazenda Água Boa. BR-030, a 22km a E de Ubaitaba. 25/8/1979, Mori, S. 12762.

Rio de Contas: Fazenda Brumadinho, 14km da sede do município. 15/1/1999, Carvalho, D. 6.

Una: Reserva Biológica do Mico-leão (IBAMA). Entrada no km 46 da rodovia BA-001 Ilhéus-Una. 28/11/1993, Amorim, A.M. et al. 1570.

Una: Km de 5 a 15 da rodovia Una para Olivença. 11/9/1973, Pinheiro, R.S. 2253.

Leucaena leucocephala (Lam.) de Wit subsp. **leucocephala**

Bahia

Ilhéus: Área do CEPEC (Centro de Pesquisas do Cacau), km 22 da rodovia Ilhéus-Itabuna (BR-415). Quadra I. Arboreto do CEPEC. 29/5/1979, Hage, J.L. 246.

Mun.?: Near Bahia. 8/1837, Gardner, G. 891.

Leucaena leucocephala (Lam.) de Wit subsp. **glabrata** (Rose) Zárate

Bahia

Ilhéus: Área do CEPEC (Centro de Pesquisas do Cacau), km 22 da rodovia Ilhéus-Itabuna (BR-415). Quadra I. 3/6/1981, Hage, J.L. et al. 923.

Leucochloron limae Barneby & J.W.Grimes

Bahia

Livramento do Brumado: 19Km S of Livramento do Brumado on road to Brumado. 09/09/1994. Carvalho, A.M. 5339.

Serra Preta: Rod. BA-052, 35Km antes de Ipirá. 07/09/1990. Lima, H.C. et al. 3887. ISOTYPE of Leucochloron limae Barneby & J.W.Grimes.

Mimosa acutistipula (Mart.) Benth.

Bahia

Barreiras: Estrada para Riachão das Neves, ca. 20km ao norte de Barreiras. 13/5/1997, França, F. et al. 2262.

Bom Jesus da Lapa: Ca. 16km na estrada de Bom Jesus da Lapa para Ibotirama. 10/6/1992, Carvalho, A.M. et al. 3957.

Urandi: Rodovia BR-122, próximo à divisa com Ouro Branco. 4/4/1992, Hatschbach, G. et al. 56540.

Paraíba

Alagoa Grande: Rodovia, próximo de Lagoa Grande. 12/10/1992, Agra, M.F. et al. 1750.

Piauí

Colônia do Piauí: Chapada. 14/6/1994, Alcoforado Filho, F.G. 368.

Mimosa acutistipula (Mart.) Benth. var. **acutistipula**

Bahia

Barreiras: Estrada Barreiras-Corrente, km 45. 16/6/1983, Coradin, L. et al. 5736.

Barreiras: Rodovia BR-020, 10km N de Barreiras. 12/3/1979, Hatschbach, G. 42092.

Barreiras: Lower slopes os Espigão Mestre, ca. 4km N of Barreiras, road to Santa Rita de Cássia. 5/3/1971, Irwin, H.S. et al. 31582.

Formosa do Rio Preto: Malhadinha. 25/5/1984, Silva, S.B. et al. 367.

Gentio do Ouro: 30km along road NW from Gentio do Ouro to São Inácio. 23/2/1977, Harley, R.M. et al. 18967.

Ibotirama: Estrada Ibotirama-Bom Jesus da Lapa, km 8. 1/7/1983, Coradin, L. et al. 6314.

Igaporã: 2km E of Igaporã, on the BR-430 and about 44km from Caetité. 14/4/1980, Harley, R.M. et al. 21358.

Itabira: 1838, Blanchet, J.S. 2870.

Santa Rita de Cássia: Estrada para Santa Rita de Cássia, margem do Rio Preto, proximidades da cidade. 17/6/1983, Coradin, L. et al. 5746.

São Inácio: 5,6km S of São Inácio on the road to Gentio do Ouro. 27/2/1977, Harley, R.M. et al. 19143.

Piauí

Colônia do Piauí: Km 32. 17/3/1994, Alcoforado Filho, F.G. et al. 330.

Colônia do Piauí: Km 30. 15/3/1993, Alcoforado Filho, F.G. et al. 301.

Oeiras: Around Oeiras. 4/1839, Gardner, G. 2135.

São Raimundo Nonato: 10km N da Fundação Ruralista (Sede) na estrada para São Raimundo Nonato. Fazenda Abacaxi. Ca. 220km ENE de Petrolina. 21/1/1982, Lewis, G.P. et al. 1145.

São Raimundo Nonato: 5km N da Fundação Ruralista (Sede) na estrada para Vitorino, ca. 220km ENE de Petrolina. 17/1/1982, Lewis, G.P. et al. 1094.

Mimosa adenocarpa Benth.

Bahia

Andaraí: 15–20km from Andaraí, along the road to Itaeté wich branches east off the road to Mucugé. 13/2/1977, Harley, R.M. et al. 18632.

Lençóis: Caminho de Lençóis para Barro Branco, atrás do cemitério de Lençóis, ca. 8km de Lençóis. 27/4/1992, Queiroz, L.P. et al. 2760.

Lençóis: Beira da estrada BR-242 entre o ramal a Lençóis e Pai Inácio. 19/12/1984, Lewis, G.P. et al. CFCR 7131.

Mucugê: Estrada velha Andaraí-Mucugê, em trecho próximo de Igaty. 8/9/1981, Pirani, J.R. et al. CFCR 2109.

Palmeiras: Lower slopes of Morro do Pai Inácio ca. 14,5km NW of Lençóis, just N of the main Seabra-Itaberaba road. 23/5/1980, Harley, R.M. et al. 22416.

Mimosa adenophylla Taub.

Bahia

Livramento do Brumado: 20km S of Livramento do Brumado on road to Brumado, 2km past exit to Dom Basílio. 26/3/1991, Lewis, G.P. et al. 1886.

Mimosa adenophylla Taub. var. ***armandiana*** (Rizzini) Barneby

Bahia

Barra: Valley of the Rio Corrente. Ca. 60km west of Barra on the main road to Santa Maria da Vitória. 21/4/1980, Harley, R.M. et al. 21605.

Dom Basílio: Ca. 17km S de Livramento do Brumado na estrada para Brumado (BA-148). 29/10/1993, Queiroz, L.P. et al. 3694.

Encruzilhada: 27/5/1968, Belém, R.P. 3666.

Mimosa adenophylla Taub. var. ***mitis*** Barneby

Bahia

Santo Sé: Serra do Angelim. 2/9/1981, Ferreira, J.D.C.A. 79, HOLOTYPE, Mimosa adenophylla Harms var. mitis Barneby.

Santo Sé: 29/4/1981, Orlandi, R.P. 389.

Mimosa arenosa (Willd.) Poir.

Bahia

Cachoeira: Barragem de Bananeiras. Vale dos rios Paraguaçu e Jacuípe. 7/1980, Pedra Cavalo, G. 383.

Feira de Santana: 11km NW de Jaguara, Fazenda Monte Verde. 21/7/1987, Queiroz, L.P. et al. 1737.

Maracás: Rodovia Maracás-Contendas do Sincorá (BA-026), km 6. 14/2/1979, Mattos Silva, L.A. et al. 251.

Serrinha: 32km ao N de Serrinha. 14/7/1984, Castellanos, A. 25139.

Mimosa arenosa (Willd.) Poir. var. ***arenosa***

Bahia

Aporà: Ca. 12km SE de Crisópolis na estrada para Acajutiba. 26/8/1996, Queiroz, L.P. et al. 4663.

Camaleào: Lagoa da Eugênia southern end near Camaleào. 20/2/1974, Harley, R.M. et al. 16265.

Euclides da Cunha: 10km north of Euclides da Cunha on road to Canudos. 18/7/1962, Eiten, G. 5011.

Feira de Santana: 9/10/1978, Faria, E. 1.

Iaçu: BA-046, trecho entre Milagres e Iaçu, a 25km ao SE de Iaçu. 28/2/1980, Mori, S. 13273.

Ipirá: Fazenda Santana, ca. 11km no ramal ao Sul da estrada do feijào (BA-052), este a ca. 34km da cidade de Ipirá. 2/4/1993, Queiroz, L.P. et al. 3123.

Jacobina: Serra de Jacobina, por trás do Hotel Serra do Ouro. 20/8/1993, Queiroz, L.P. et al. 3478.

Jaguarari: Rodovia Juazeiro-Senhor do Bonfim (BR-407), km 100. 25/6/1983, Coradin, L. et al. 6019.

Jequié: Perto de Jequié. 30/3/1966, Castellanos, A. 25946.

Maracás: 26km na estrada Maracás-Tamburi. 20/4/1983, Carvalho, A.M. et al. 1860.

Milagres: Near Milagres on road from Feira de Santana. 5/3/1977, Harley, R.M. et al. 19469.

Morro do Chapéu: Below summit of Morro do Chapéu, ca. 8km SW of the town of Morro do Chapéu to the west of the road to Utinga. 2/6/1980, Harley, R.M. et al. 23006.

Salvador: 9/1837, Gardner, G. 890.

Santa Inês: Ca. 55km na direçào Milagres-Jequié na rodovia BR-116. 15/4/1990, Carvalho, A.M. et al. 3111.

Santa Terezinha: Ca. 4km E de Santa Terezinha em direçào à Castro Alves. 18/6/1993, Queiroz, L.P. et al. 3247.

Santa Terezinha: Ca. 5km W da estrada de Santa Terezinha-Itatim, em uma estrada viscinal distando ca. 14km E de Itatim. 26/4/1994, Queiroz, L.P. et al. 3858.

Saúde: Ca. 11km S de Saúde, a 23km N da BR-324. 23/8/1993, Queiroz, L.P. et al. 3561.

Ceará

Fortaleza: 9/1910, Ule, E. 9050.

Unloc.: 1839, Gardner, G. 1588.

Mimosa aurivillus Mart. var. ***sordescens*** Benth.

Bahia

Rio de Contas: On lower slpes of the Pico das almas, ca. 25km WNW of the town of Rio de Contas. 23/1/1974, Harley, R.M. et al. 15446.

Rio de Contas: Lower NE slopes of the Pico das Almas, ca. 25km WNW of the town of Rio de Contas. 17/2/1977, Harley, R.M. et al. 19548.

Rio de Contas: Perto do Pico das Almas, em local chamado Queiroz. 21/2/1987, Harley, R.M. et al. 24581.

Rio de Contas: Pico das Almas. Vertente leste. Campo do Queiroz. 14/12/1988, Harley, R.M. et al. 27240.

Rio de Contas: Pico das Almas. Vertente leste. Campo do Queiroz. 11/11/1988, Harley, R.M. et al. 26370.

Mimosa bimucronata (DC.) Kuntze

Bahia

Ilhéus: Distrito de Sambaituba, N do município sede. Próximo da Cachoeira no Rio das Caldeiras. 25/4/1993, Jardim, J.G. et al. 137.

Mimosa bimucronata (DC.) Kuntze var. ***bimucronata***

Alagoas

Camaragibe: Usina Camaragibe. 19/2/1979, Paula, J.E. et al. 1175.

Bahia

Caravelas: Entrance to town. 14/2/1981, Winder, J.A. s.n.

Ilhéus: Lagoa Encantada. Fazenda de cacau. 28/1/1980, Heringer, E.P. et al. 3459.

Ilhéus: Castelo Novo, Fazenda Ponta Grossa, margem da Lagoa Encantada. 15/2/1968, Vinha, S.G. 84.

Una: Estrada Ilhéus-Una, ca. 35–40km ao sul de Olivença. 2/12/1981, Lewis, G.P. et al. 734.

Una: Entrada de ramal no km 13 da rodovia Una-Canavieiras (BA-001), para o povoado de Comandatuba. Margem do Rio Doce. 8/3/1983, Mattos Silva, L.A. et al. 1669.

Valença: Residential Área by Hotel Rio de Una. 8/1/1982, Lewis, G.P. et al. 1034.

Unloc.: 1842, Glocker, E.F. von 158.

Unloc.: Salzmann, P. s.n.

Pernambuco

Mun.?: Around Pernambuco. 1838, Gardner, G. 979, SYNTYPE, Mimosa sepiaria Benth.

Mimosa blanchetii Benth.

Bahia

Campo Formoso: Serra da Boa Vista. 4/9/1981, Ferreira, J.D.C.A. 91.

Jacobina: Moritiba in Serra da Jacobina. Blanchet, J.S. 3679, HOLOTYPE, Mimosa blanchetii Benth.

Morro do Chapéu: Serra do Tombador. 15/7/1979, Hatschbach, G. et al. 42371.

Morro do Chapéu: Morrao al sur de Morro do Chapéu. 28/11/1992, Arbo, M.M. et al. 5380.

Morro do Chapéu: Summit of Morro do Chapéu, ca. 8km SW of the town of Morro do Chapéu to the west of the road to Utinga. 3/3/1977, Harley, R.M. et al. 19352.

Morro do Chapéu: Morro do Chapéu. Summit of Morro do Chapéu, ca. 8km SW of the town of Morro do Chapéu to the west of the road to Utinga. 30/5/1980, Harley, R.M. et al. 22744.

Morro do Chapéu: Morrão, em torno da estação retransmissora da TELEBAHIA, ca. 6km W da BA-046 (Morro do Chapéu-Utinga), entrando a ca. 1,5km do entrocamento para Morro do Chapéu com a BA-052 (estrada do feijão). 19/6/1994, Queiroz, L.P. et al. 4025.

Morro do Chapéu: Estrada para o morro da torre de transmissão, ca. de 10km a partir da sede do município. 22/2/1993, Amorim, A.M. et al. 1038.

Morro do Chapéu: Ca. 3,5km SE de Morro do Chapéu, ao longo da BA-052 (estrada do feijão). 25/7/1993, Queiroz, L.P. et al. 3432.

Morro do Chapéu: Rodovia para Utinga, ramal para a torre da TELEBAHIA. 8/9/1990, Lima, H.C. et al. 3901.

Morro do Chapéu: Rodovia BA-052, 20km O de Morro do Chapéu. 14/1/1977, Hatschbach, G. 39578.

Morro do Chapéu: Rodovia Lage do Batata-Morro do Chapéu, km 66. 28/6/1983, Coradin, L. et al. 6204.

Morro do Chapéu: TELEBAHIA tower, ca. 6km S of Morro do Chapéu. 16/6/1981, Mori, S. et al. 14437.

Morro do Chapéu: Ca. 22km W of Morro do Chapéu. 20/2/1971, Irwin, H.S. et al. 32636.

Morro do Chapéu: Ca. 7km S of the Morro do Chapéu. 16/2/1971, Irwin, H.S. et al. 32266.

Umburanas: Lagoinha: 22km north-west of Lagoinha (which is 5,5km SW of Delfino) on side road to Minas do Mimoso. 6/3/1974, Harley, R.M. et al. 16851.

Mimosa brevipinna Benth.
Bahia

Itaberaba: 25km leste da cidade, BR-242. 22/4/1984, Noblick, L.R. et al. 3142.

Mimosa caesalpiniifolia Benth.
Bahia

Ilhéus: Área do CEPEC (Centro de Pesquisas do Cacau), km 22 da rodovia Ilhéus-Itabuna (BR-415). Quadra A. 17/6/1981, Hage, J.L. 985.

Ilhéus: Área do CEPEC (Centro de Pesquisas do Cacau), km 22 da rodovia Ilhéus-Itabuna (BR-415). Quadra E. 10/8/1983, Santos, T.S. et al. 3873.

Ilhéus: Área do CEPEC (Centro de Pesquisas do Cacau), km 22 da rodovia Ilhéus-Itabuna (BR-415). Quadra B. 18/8/1981, Hage, J.L. et al. 1218.

Piauí

Altos: 19/3/1984, Silva, S.B. et al. 320.

Campo Maior: Fazenda Sol Posto. 21/4/1994, Nascimento, M.S.B. 131.

Castelo do Piauí: Fazenda Cipó de Baixo. 19/4/1994, Nascimento, M.S.B. 222.

Colônia do Piauí: Puçás. 21/4/1994, Alcoforado Filho, F.G. 349.

Colônia do Piauí: Riacho do Meio. 17/3/1994, Alcoforado Filho, F.G. 327.

Oeiras: Common near Oeiras. 4/1839, Gardner, G. 2137, HOLOTYPE, Mimosa caesalpiniifolia Benth.

Oeiras: Common near Oeiras. 4/1839, Gardner, G. 2137, ISOTYPE, Mimosa caesalpiniifolia Benth.

Oeiras: 10km west of city of Oeiras on road to Nazaré do Piauí. 5/3/1970, Eiten, G. et al. 10831.

Teresina: Margem do Rio Parnaíba. 8/8/1979, Silva, F.C. 77.

Mimosa cf. campicola Harms
Bahia

Iraquara: Ca. 4km S de Água de Rega na estrada para Lagoa da Boa Vista. 23/7/1993, Queiroz, L.P. et al. 3384.

Mimosa campicola Harms var. campicola
Bahia

Gentio do Ouro: Serra do São Inácio, ca. 18–30km na estrada de Xique-Xique para São Inácio. 17/3/1991, Carvalho, A.M. et al. 2886.

São Inácio: Serra de São Inácio. 2/1907, Ule, E. 7528, ISOTYPE, Mimosa campicola Harms var. campicola.

Mimosa campicola Harms var. planipes Barneby
Bahia

Morro do Chapéu: Ca. 22km W of Morro do Chapéu. 20/2/1971, Irwin, H.S. et al. 32652.

Morro do Chapéu: Morro do Chapéu. Summit of Morro do Chapéu, ca. 8km SW of the town of Morro do Chapéu to the west of the road to Utinga. 30/5/1980, Harley, R.M. et al. 22825.

Morro do Chapéu: Ca. 2km SW of the town of Morro do Chapéu, on the Utinga road. 3/3/1977, Harley, R.M. et al. 19316.

Morro do Chapéu: Ca. 5km S of town of Morro do Chapéu, near base of Morro do Chapéu. 19/2/1971, Irwin, H.S. et al. 32578.

Seabra: Ca. 22km N of Seabra, road to Água de Rega, near Rio Riachão. 23/2/1971, Irwin, H.S. et al. 30784.

Seabra: Ca. 23km N of Seabra, road to Água de Rega. 24/2/1971, Irwin, H.S. et al. 30880, ISOTYPE, Mimosa campicola Harms var. planipes Barneby.

Umburanas: Lagoinha: 8km north-west of Lagoinha (which is 5,5km SW of Delfino) on side road to Minas do Mimoso. 5/3/1974, Harley, R.M. et al. 16779.

Mimosa camporum Benth.
Ceará

Fortaleza: Coastline, on plains 20 miles inland. 9/11/1925, Bolland, G. s.n.

Piauí

Castelo do Piauí: Fazenda Cipó. 19/4/1994, Nascimento, M.S.B. 210.

Mimosa carvalhoi Barneby
Bahia

Salvador: Lagoa do Abaeté NE edge of the city of Salvador. 22/5/1981, Mori, S. et al. 14063.

Salvador: Dunas do Abaeté, margem leste da lagoa. 11/4/1976, Araújo, J.S. et al. 7.

Salvador: Itapuã. 14/7/1983, Bautista, H.P. et al. 798.

Salvador: Itapuã. 30/9/1984, Queiroz, L.P. 872.

Salvador: Dunas de Itapuã, arredores da Lagoa do
Abaeté. 5/5/1991, Lewis, G.P. et al. 2014.

Salvador: Dunas de Itapuã, arredores da Lagoa do
Abaeté. 15/6/1991, Carvalho, A.M. et al. 3317.

Salvador: Ca. 30km ao N da cidade. Arredores da
Lagoa do Abaeté. 25/9/1983, Carvalho, A.M. et al.
1913.

Salvador: Ca. 30km a N do Centro da cidade.
Arredores da Lagoa do Abaeté. 22/5/1981,
Carvalho, A.M. et al. 690, ISOTYPE, Mimosa
carvalhoi Barneby.

Mimosa ceratonia L. var. **interior** Barneby
Bahia

Mucugê: Rodovia para Andaraí. 16/6/1984,
Hatschbach, G. et al. 47987, ISOTYPE, Mimosa
ceratonia L. var. interior Barneby.

Mimosa ceratonia L. var. **pseudo-obovata** (Taub.)
Barneby
Bahia

Cachoeira: Morro Belo. Vale dos rios Paraguaçu e
Jacuípe. 8/1980, Pedra Cavalo, G. 507.

Caravelas: Juerana. 9/11/1986, Hatschbach, G. et al.
50747.

Castro Alves: Serra da Jibóia. 25/4/1994, Queiroz, L.P.
et al. 3833.

Itabuna: Saída para Uruçuca. 15/5/1968, Belém, R.P.
3568.

Itacaré: Fazenda Marambaia. Rodovia Ubaitaba-
Itacaré, km 49. Coletas na entrada do ramal.
13/12/1988, Brito, H.S. et al. 276.

Santa Cruz Cabrália: Estação Ecológica do Pau-brasil,
ca. 16km a W de Porto Seguro. 3/11/1978,
Eupunino, A. 349.

Mimosa cordistipula Benth.
Bahia

Jacobina: Serra da Jacobina. 1837, Blanchet, J.S. 2597,
HOLOTYPE, Mimosa cordistipula Benth.

Jacobina: Serra da Jacobina. 1837, Blanchet, J.S. 2597,
ISOTYPE, Mimosa cordistipula Benth.

Morro do Chapéu: Ca. 22km W of Morro do Chapéu.
20/2/1971, Irwin, H.S. et al. 32650.

Morro do Chapéu: Morrao al sur de Morro do
Chapéu. 28/11/1992, Arbo, M.M. et al. 5399.

Morro do Chapéu: Estrada do Feijão. 28/11/1980,
Furlan, A. et al. CFCR 248.

Morro do Chapéu: Summit of Morro do Chapéu, ca.
8km SW of the town of Morro do Chapéu to the
west of the road to Utinga. 3/3/1977, Harley, R.M.
et al. 19357.

Morro do Chapéu: Morro do Chapéu. 3km SE of
Morro do Chapéu on the road to Mundo Novo.
1/6/1980, Harley, R.M. et al. 22934.

Morro do Chapéu: Ca. 3,5km SE de Morro do
Chapéu, ao longo da BA-052 (Estrada do Feijão).
25/7/1993, Queiroz, L.P. et al. 3430.

Morro do Chapéu: Br-052, vicinity of bridge over Rio
Ferro Doido, ca. 18km E of Morro do Chapéu.
17/6/1981, Mori, S. et al. 14522.

Morro do Chapéu: Rodovia Lage do Batata-Morro
do Chapéu, km 66. 28/6/1983, Coradin, L.
et al. 6212.

Duas Barras: Próximo a Duas Barras do Morro.
31/8/1981, Orlandi, R.P. 479.

Mimosa crumenarioides L.P.Queiroz & G.P.Lewis
Bahia

Abaíra: Salão, Campos Gerais do Salão. 2/5/1994,
Ganev, W. 3187, ISOTYPE, Mimosa crumenarioides
L.P.Queiroz & G.P.Lewis.

Abaíra: Roçadão, próximo a Catolés. 23/12/1993,
Ganev, W. 2700.

Piatã: Gerais da Inúbia, 22–26km de Catolés.
10/3/1992, Stannard, B. et al. H-51855.

Piatã: Próximo a Serra do Gentio, entre Piatã e Serra
da Tromba. 21/12/1984, Lewis, G.P. et al. CFCR
7392.

Mimosa dichroa Barneby
Bahia

Barreiras: Slopes of the Espigão Mestre, ca. 8km NW
of Barreiras, incomplete road to Santa Rita de
Cássia. 3/3/1971, Irwin, H.S. et al. 31422.

Mimosa diplotricha C.Wright ex Sauvalle
Bahia

Amélia Rodrigues: Ca. 3km SE de Amélia
Rodrigues, ao longo da BR-324. 9/9/1993,
Queiroz, L.P. 3570.

Mimosa exalbescens Barneby
Bahia

Bom Jesus da Lapa: Basin of the upper São Francisco
river. Ca. 26km NE of Bom Jesus da Lapa on the
road to Calderão. 17/4/1980, Harley, R.M. et al.
21450.

Mimosa extensa Benth. var. **extensa**
Bahia

Porto Seguro: Rodovia BR-101, próximo à entrada
para Monte Pascoal. 20/2/1989, Hatschbach, G.
et al. 52731.

Mimosa filipes Mart.
Bahia

Caetité: 6km S de Caetité camino a Brejinho das
Ametistas. 20/11/1992, Arbo, M.M. et al. 5632.

Caetité: Rodovia BR-030, 7km ao sul de Caetité.
4/4/1992, Hatschbach, G. et al. 56551.

Caetité: 13/5/1978, Silva, J.S. 488.

Caetité: Ca. 3km a SW de Caetité, na estrada para
Brejinho das Ametistas. 18/2/1992, Carvalho, A.M.
et al. 3687.

Caetité: Serra Geral de Caetité, ca. 5km S from
Caetité along the Brejinho das Ametistas road.
9/4/1980, Harley, R.M. et al. 21122.

Piatã: Estrada Piatã-Abaíra, 4km após Piatã. 7/1/1992,
Harley, R.M. et al. 50678.

Rio de Contas: About 2km N of Rio de Contas in
flood plain of Rio Brumado. 27/3/1977, Harley,
R.M. et al. 20042.

Rio de Contas: Em direção ao Rio Brumado, 5km de
Rio de Contas. 13/12/1984, Lewis, G.P. et al.
CFCR 6801.

Rio de Contas: Ca. 1,5km S of Rio de Contas on
estrada de terra to Livramento do Brumado.
2/4/1991, Lewis, G.P. et al. 1946.

Rio de Contas: Pico das Almas. Vertente norte.
Noroeste do Campo do Queiróz. 26/11/1988,
Harley, R.M. et al. 26289.

Rio de Contas: Pico das Almas. Eastern slopes.
Campo aboce valley to NW of Campo do Queiroz.
16/12/1988, Fothergill, J.M. 116.

Ceará
    Aiuaba: Distrito de Aiuaba. Estação Ecológica de
    Aiuaba. Arara . 30/5/1996, Loiola, M.I.B.
    et al. 176.
Piauí
    Mun.?: Serra Branca. 1/1907, Ule, E. 7437.
***Mimosa* cf. *foliolosa* Benth.**
Bahia
    Seabra: Serra do Bebedor, ca. 4km W de Lagoa da
    Boa Vista na estrada para Gado Bravo. 22/6/1993,
    Queiroz, L.P. et al. 3342.
Mimosa foliolosa* Benth. subsp. *pachycarpa
(Benth.)Barneby var. ***peregrina*** Barneby
Bahia
    Caetité: Estrada Caetité-Bom Jesus da Lapa no km 22.
    18/4/1983, Carvalho, A.M. et al. 1829.
    Rio de Contas: Subida para o Campo da Aviação.
    6/4/1992, Hatschbach, G. et al. 56735.
    Rio de Contas: Between 2,5 and 5km S of Rio de
    Contas on side road to W of the road to
    Livramento do Brumado. 28/3/1977, Harley, R.M.
    et al. 20138.
    Rio de Contas: 18km WNW along road from Rio de
    Contas to the Pico das Almas. 21/3/1977, Harley,
    R.M. et al. 19784.
    Rio de Contas: Em direção ao Rio Brumado, 5km
    de Rio de Contas. 13/12/1984, Lewis, G.P. et al.
    CFCR 6797.
    Rio de Contas: Pico das Almas para Rio de Contas.
    13km de Rio de Contas. 14/12/1984, Lewis, G.P. et
    al. CFCR 6901.
    Rio de Contas: Ca. 5km N de Rio de Contas na
    estrada para Brumadinho. 29/10/1993, Queiroz, L.P.
    et al. 3681.
***Mimosa gemmulata* Barneby**
Bahia
    Caetité: Ca. 3km SW Caetité, na estrada para
    Brejinho das Ametistas. 18/2/1992, Carvalho, A.M.
    et al. 3697.
    Jacobina: Ca. 85km na estrada Jacobina-Morro do
    Chapéu. 22/2/1993, Jardim, J.G. et al. 36.
Mimosa gemmulata* Barneby var. *gemmulata
Bahia
    Caetité: Km 2–8 na estrada para Brejinho das
    Ametistas. 7/8/1996, Carvalho, A.M. et al. 6245.
    Jequié: Km 15 da estrada Jequié para Contendas do
    Sincorá. 23/12/1981, Lewis, G.P. et al. 977.
    Jequié: Estrada que liga Jequié a Lafayete Coutinho,
    ca. 11–17km a W de Jequié. 19/11/1978, Mori, S.
    et al. 11225.
    Manoel Vitorino: Rodovia Manoel Vitorino-Caatingal,
    km 4. 16/2/1979, Mattos Silva, L.A. et al. 276.
    Jacobina: Ca. 85km na estrada Jacobina-Morro do
    Chapéu. 22/2/1993, Jardim, J.G. et al. 36.
    Livramento do Brumado: Ca. 4km along estrada de
    terra from Livramento do Brumado to Rio de
    Contas. 28/3/1991, Lewis, G.P. et al. 1913.
Mimosa gemmulata* Barneby var. *adamantina
  Barneby
Bahia
    Brejão: Iracema. 20/2/1943, Fróes, R.L. 20113.
    Caetité: Km 6 da estrada Caetité-Brejinho das
    Ametistas. 15/4/1983, Carvalho, A.M. et al. 1746.

Caetité: Ca. 5km S from Caetité along the Brejinho das
    Ametistas road. 9/4/1980, Harley, R.M. et al. 21116.
Caetité: Ca. 2km S de Caetité, na estrada para Brejinho
    das Ametistas. 27/10/1993, Queiroz, L.P. et al. 3575.
Cascavel: 6km N of Cascavel on the road to Mucugê.
    25/3/1980, Harley, R.M. et al. 20945.
Gentio do Ouro: Serra do Açuruá. 1838, Blanchet,
    J.S. 2850, ISOTYPE, Mimosa gemmulata Barneby
    var. adamantina Barneby.
Guanambi: Arredores. 14/2/1991, Hatschbach, G. et
    al. 55117.
Iraquara: Ca. 4km S de Água de Rega na estrada para
    Lagoa da Boa Vista. 22/7/1993, Queiroz, L.P. et al.
    3377.
Jacobina: Rodovia BA-052, a 20km para Morro do
    Chapéu. 29/8/1990, Hage, J.L. et al. 2293.
Mirangaba: 23/4/1981, Fonseca, W.N. 392.
Morro do Chapéu: Distrito de Tamboril. 4/4/1986,
    Carvalho, A.M. et al. 2424.
Morro do Chapéu: Rodovia BA-426, km 6 no sentido
    Morro do Chapéu-Jacobina. Fazenda do Sr.
    Joaquim Coutinho, margem esquerda da rodovia.
    12/8/1979, Ribeiro, A.J. 32.
Morro do Chapéu: Rodovia para Utinga, ramal para a
    torre da TELEBAHIA. 8/9/1990, Lima, H.C. et al. 3882.
Mucugê: 9km SW of Mucugê, on road from Cascavel.
    7/2/1974, Harley, R.M. et al. 16092.
Piatã: Estrada entre Piatã e Abaíra, a 3km ao S de
    Piatã. 4/3/1980, Mori, S. et al. 13387.
Rio de Contas: Mato Grosso. 20/1/1980, Hatschbach,
    G. 47406.
Rio de Contas: About 3km N of the town of Rio de
    Contas. 21/1/1974, Harley, R.M. et al. 15369.
São Inácio: 1,5km S of São Inácio on Gentio do Ouro
    road. 24/2/1977, Harley, R.M. et al. 19000.
São Inácio: Serra de São Inácio. 2/1907, Ule, E. 7532.
Seabra: Serra do Bebedor, ca. 4km W de lagoa da
    Boa Vista na estrada para Gado Bravo. 22/6/1993,
    Queiroz, L.P. et al. 3346.
Seabra: Ca. 10km W de Seabra na BR-242. 22/6/1993,
    Queiroz, L.P. et al. 3328.
Seabra: Ca. 26km N of Seabra, road to Água de Rega,
    near Rio Riachão. 23/1/1971, Irwin, H.S. et al. 30775.
Umburanas: Lagoinha: 16km NW of Lagoinha (wich
    is 5,5km SW of Delfino) on side road to Minas do
    Mimoso. 4/3/1974, Harley, R.M. et al. 16714.
Jaguaquara: Jaguaquara a Cruz das Almas. 23/1/1965,
    Lanna, J.P.S. et al. 706.
***Mimosa* aff. *gemmulata* Barneby**
Bahia
    Barreiras: Coleta efetuada no km 30 da BR-242,
    rodovia Barreiras-Ibotirama. 4/6/1991, Brito, H.S. et
    al. 345.
***Mimosa glaucula* Barneby**
Bahia
    São Inácio: Lagoa Itaparica, 10km W of the São
    Inácio-Xique-Xique road at the turning 13,1km N
    of São Inácio. 26/2/1977, Harley, R.M. et al. 19117,
    ISOTYPE, Mimosa glaucula Barneby.
***Mimosa guaranitica* Chodat & Hassl.**
Bahia
    Barreiras: Rio Roda Velha, ca. 150km SW of Barreiras.
    15/4/1966, Irwin, H.S. et al. 14914.

Livramento do Brumado: Subida para Rio de Contas. 6/4/1992, Hatschbach, G. et al. 56669.

Rio de Contas: Ca. 1,5km S of rio de Contas on estrada de terra to Livramento do Brumado. 2/4/1991, Lewis, G.P. et al. 1943.

Rio de Contas: Estrada Pico das Almas-Rio de Contas, a 9km de Rio de Contas. 14/12/1984, Lewis, G.P. et al. CFCR 6905.

Rio de Contas: Between 2.5 and 4km S of the Rio de Contas on side road to W of the Livramento do Brumado, leading to the Rio Brumado. 28/3/1977, Harley, R.M. et al. 20065.

Mimosa bexandra Micheli
Bahia
Bom Jesus da Lapa: Arredores. 15/2/1991, Hatschbach, G. et al. 55193.

Juazeiro: Lagoa do Boi. 6/6/1973, Lima, D.P. 13157, HOLOTYPE - photo, Mimosa fascifolia Rizz.

Juazeiro: Rodovia de acesso ao Projeto Manicoba, km 4. 7/8/1994, Silva, G.P. et al. 2440.

Remanso: 12/1906, Ule, E. 7384, ISOTYPE - photo, Mimosa acanthophora Harms.

Mimosa hirsuticaulis Harms
Bahia
Remanso: 1/1907, Ule, E. 7389, ISOTYPE, Mimosa hirsuticaulis Harms.

Mimosa hirsutissima Mart.
Piauí
Castelo do Piauí: Fazenda Cipó de Cima. 13/6/1995, Nascimento, M.S.B. et al. 1058.

Mimosa hirsutissima Mart. var. ***hirsutissima***
Bahia
Caravelas: Rodovia para Alcobaça. 16/6/1985, Hatschabch, G. et al. 49508.

Ceará
Fortaleza: Terreno da escola de agronomia. 17/3/1955, Ducke, A. 2445.

Paraíba
Areia: 28/8/1980, Andrade-Lima, D. et al. M-160.

Piauí
Campo Maior: Fazenda Sol Posto. 21/4/1994, Nascimento, M.S.B. 119.

Campo Maior: Fazenda Sol Posto. 18/4/1994, Nascimento, M.S.B. 104.

Campo Maior: Fazenda Resolvido. 22/4/1994, Nascimento, M.S.B. 148.

Mimosa hirsutissima Mart. var. ***barbigera*** (Benth.) Barneby
Bahia
Mun.?: Near Rio Preto in NW Bahia. 9/1839, Gardner, G. 2831.

Mimosa hirsutissima Mart. var. ***grossa*** Barneby
Bahia
Barreiras: Ca. 10km W of Barreiras. 2/3/1971, Irwin, H.S. et al. 31339.

Mimosa honesta Mart.
Bahia
Barra da Estiva: Ca. 10km N of Barra da Estiva on Ibicoara road, by the Rio Preto. 29/1/1974, Harley, R.M. et al. 15579.

Mucugê: Barriguda, 2–3km O da rodovia para Palmeiras. 9/4/1992, Hatschbach, G. et al. 56889.

Mucugê: Serra do Sincorá, ca. 15km NW of Mucugê on the road to Guiné & Palmeiras. 26/3/1980, Harley, R.M. et al. 20995.

Rio de Contas: Martius, C.F.P. von 1974, HOLOTYPE - photo, Mimosa honesta Mart.

Seabra: Ca. 23km N of Seabra, road to Água de Rega. 24/2/1971, Irwin, H.S. et al. 30905.

Mimosa hypoglauca Mart. var. ***hypoglauca***
Bahia
Abaíra: Caminho Capão de Levi-Serrinha. 25/10/1993, Ganev, W. 2628.

Abaíra: As vertentes das serras ao oeste de Catolés, perto de Catolés de Cima. 26/12/1988, Harley, R.M. et al. 27800.

Caetité: Deserto Serro Frio. Martius, C.F.P. von 1512, LECTOTYPE - photo, Mimosa hypoglauca Mart.

Lençóis: Serra Larga, a oeste de Lençóis, perto de Caeté-Açu. 19/12/1984, Pirani, J.R. et al. CFCR 7266.

Rio de Contas: 5km da cidade na estrada para Livramento do Brumado. 25/10/1988, Harley, R.M. et al. 25390.

Rio de Contas: 18km WNW along road from Rio de Contas to the Pico das Almas. 21/3/1977, Harley, R.M. et al. 19802.

Rio de Contas: Ca. 14km from Rio de Contas, WNW along road to Pico das Almas. 16/3/1977, Harley, R.M. et al. 19487.

Rio de Contas: 1km da cidade na estrada para Marcolino Moura. 9/9/1981, Pirani, J.R. et al. CFCR 2152.

Rio de Contas: Pico das Almas para Rio de Contas. 13km de Rio de Contas. 14/12/1984, Lewis, G.P. et al. CFCR 6903.

Mimosa hypoglauca Mart. var. ***allostegia*** Barneby
Bahia
Barreiras: 7km S of Rio Piau, ca. 150km SW of Barreiras. 13/4/1966, Irwin, H.S. et al. 14688, ISOTYPE, Mimosa hypoglauca Mart. var. allostegia Barneby.

Correntina: Ca. 15km SW of Correntina on the road to Goiás. 25/4/1980, Harley, R.M. et al. 21736.

Piatã: Próximo a Serra do Gentio, entre Piatã e Serra da Tromba. 21/12/1984, Lewis, G.P. et al. CFCR 7396.

Mimosa aff. ***hypoglauca*** Mart.
Bahia
Barreiras: Espigão Mestre, ca. 8km NW of Barreiras, incomplete road to Santa Rita de Cássia. 3/3/1971, Irwin, H.S. et al. 31431.

Mimosa invisa Mart. ex. Colla var. ***invisa***
Bahia
Barra: Valley of the Rio Corrente, ca. 60km west of Barra on the main road to Santa Maria da Vitória. 21/4/1980, Harley, R.M. et al. 21604.

Bom Jesus da Lapa: Basin of the upper São Francisco river. Fazenda Imbuzeiro da Onça, ca. 8km from Bom Jesus da Lapa, on by road to Calderão. 19/4/1980, Harley, R.M. et al. 21531.

Brejinho das Ametistas: Ca. 9km S of Brejinho das Ametistas. 12/4/1980, Harley, R.M. et al. 21288.

Cocos: Ca. 13km S of Cocos and 3km S of the Rio Itaguarí. 15/3/1972, Anderson, W.R. et al. 36986.

Gentio do Ouro: Serra do Açuruá. 1838, Blanchet, J.S. 2912, LECTOTYPE, Schrankia rhodostachya Benth.

Gentio do Ouro: Serra do Açuruá. 1838, Blanchet, J.S. 2912, ISOTYPE, Schrankia rhodostachya Benth.

Itaberaba: Serra da Monta-UEP Paraguaçu, Fazenda Monta Pasto Pangola. 16/6/1981, Oliveira, E.L.P.G. 290.

Livramento do Brumado: 20km S of Livramento do Brumado, on road to Brumado. 22/4/1991, Lewis, G.P. et al. 2009.

Mina Boquira: Morro Sobrado. 2/4/1966, Castellanos, A. 25988.

Mina Boquira: Morro do Cruzeiro. 1/4/1966, Castellanos, A. 25956.

Santa Rita de Cássia: Estrada Santa Rita de Cássia-entroncamento rodovia Barreiras-Correntes, km 47. 17/6/1983, Coradin, L. et al. 5765.

Ceará

Aracati: 7/1838, Gardner, G. 1587.

Mimosa irrigua Barneby
Bahia

Abaíra: 2km de Catolés na estrada para Ouro Verde. 28/12/1988, Harley, R.M. et al. 27856.

Campo Formoso: Água Preta-Estrada Alagoinhas-Minas do Mimoso, km 15. 26/6/1983, Coradin, L. et al. 6094.

Gentio do Ouro: Serra do Açuruá. Estrada para Xique-Xique, 2km antes de Gameleira do Açuruá. 10/9/1990, Lima, H.C. et al. 3935.

Gentio do Ouro: Ca. 15km E de Gentio do Ouro, na estrada para Mirorós. 17/6/1994, Queiroz, L.P. et al. 3985.

Gentio do Ouro: 30km along road NW from Gentio do Ouro to São Inácio. 23/2/1977, Harley, R.M. et al. 18968.

Iraquara: Ca. 4km S de Água de Rega na estrada para Lagoa da Boa Vista. 23/7/1993, Queiroz, et al. L.P. 3388.

Morro do Chapéu: Rodovia Morro do Chapéu-Irecê (BA-052), km 21. 29/6/1983, Coradin, L. et al. 6247.

Morro do Chapéu: Distrito de Tamboril. 4/4/1986, Carvalho, A.M. et al. 2429.

Morro do Chapéu: Rodovia BA-052, 20km O de Morro do Chapéu. 14/1/1977, Hatschbach, G. 39556.

Santo Sé: 29/4/1981, Orlandi, R.P. 388.

Seabra: Ca. 29km N of Seabra, road to Água de Rega. 27/2/1971, Irwin, H.S. et al. 31194, ISOTYPE, Mimosa irrigua Barneby.

Mimosa leptantha Benth.
Ceará

Aracati: Near Aracati. 1838, Gardner, G. 1586, HOLOTYPE, Mimosa leptantha Benth.

Mimosa lewisii Barneby
Bahia

Andaraí: A 7km de Andaraí, estrada para Mucugê, Entre rochas perto do rio, antes de Igaty. 17/12/1984, Lewis, G.P. et al. CFCR 7099.

Cascavel: Serra do Sincorá. 6km N of Cascavel on the road to Mucugê. 25/3/1980, Harley, R.M. et al. 20940.

Itapicuru: Ca. 8km SE do entroncamento para Rio Real com a BR-349 (Itapicurú-Tobias Barreto), na BA-396. 20/12/1993, Queiroz, L.P. et al. 3756.

Lençóis: Ca. 8–10km NW de Lençóis. Estrada para Barro Branco. 20/12/1981, Lewis, G.P. et al. 929.

Lençóis: Caminho para Capão (Caeté-Açu) por trás da Pousada de Lençóis, ca. 4km de Lençóis. 26/4/1992, Queiroz, L.P. et al. 2766.

Lençóis: Beira da estrada BR-242 entre o ramal à Lençóis e Pai Inácio. 19/12/1984, Lewis, G.P. et al. CFCR 7124.

Morro do Chapéu: Ca. 12km SE de Morro do Chapéu na BA-052 (estrada do feijão). 25/7/1993, Queiroz, L.P. et al. 3445.

Morro do Chapéu: Rio Ferro Doido, ca. 18km E of Morro do Chapéu. 18/2/1971, Irwin, H.S. et al. 32498.

Morro do Chapéu: BR-052, vicinity of bridge over Rio Ferro Doido, ca. 18km E of Morro do Chapéu. Floodplain of river. 17/6/1981, Mori, S. et al. 14524.

Morro do Chapéu: Rio Ferro Doido. 19,5km SE of Morro do Chapéu on the BA-052 highway to Mundo Novo. 31/5/1980, Harley, R.M. et al. 22861.

Morro do Chapéu: 19,5km SE of the town of Morro do Chapéu on the BA-052 road to Mundo Novo, by the Rio Ferro Doido. 2/3/1977, Harley, R.M. et al. 19234.

Morro do Chapéu: Rodovia BA-052, 20km em direção à Feira de Santana. Ponte do Rio Ferro Doido. 31/8/1990, Hage, J.L. et al. 2347.

Mucugê: Mucugê-Palmeiras. 19/11/1983, Noblick, L.R. et al. 2849.

Mucugê: Serra do Sincorá, 15km S de Mucugê. 22/1/1984, Hatschbach, G. 47462.

Nova Olinda: Entre Nova Olinda e Inhambupé. 5/3/1958, Andrade-Lima, D. 58-2896.

Palmeiras: Km 9 da rodovia para Mucugê. 9/4/1992, Hatschbach, G. et al. 56906.

Palmeiras: Lower slopes of Morro do Pai Inácio, ca. 14,5km NW of Lençóis, just N of the main Seabra-Itaberaba road. 21/5/1980, Harley, R.M. et al. 22275.

Palmeiras: Lower slopes of Morro do Pai Inácio, ca. 14,5km NW of Lençóis, just N of the main Seabra-Itaberaba road. 23/5/1980, Harley, R.M. et al. 22411.

Palmeiras: Rodovia BR-242, 2km antes do entroncamento para Palmeiras. 11/9/1990, Lima, H.C. et al. 3956.

Palmeiras: Km 232 da rodovia BR-242 para Ibotirama. Pai Inácio. 18/12/1981, Lewis, G.P. et al. 854, ISOTYPE, Mimosa lewisii Barneby.

Paulo Afonso: Estação Ecológica do Raso da Catarina. 7/7/1983, Queiroz, L.P. 764.

Salvador: Dunas de Itapuã, arredores da Lagoa do Abaeté. 5/5/1991, Lewis, G.P. et al. 2015.

Salvador: Ca. 30km a N da cidade. Arredores do Aeroporto. 2/1/1982, Lewis, G.P. et al. 1007.

Seabra: Rio Riachão, ca. 27km N of Seabra, road to Água de Rega. 25/2/1971, Irwin, H.S. et al. 30988.

Tucano: Km 7 a 10 na estrada de Tucano para Ribeira do Pombal. 21/3/1992, Carvalho, A.M. et al. 3897.

Umburanas: Lagoinha: 16km north west of Lagoinha (5,5km SW of Delfino) on side road to Minas do Mimoso. 4/3/1974, Harley, R.M. et al. 16692.

Mimosa medioxima Barneby
Bahia
Valença: Estrada para Orobó, com entrada no km 3 da estrada Valença/BR-101. Coletas entre o km 3–10 do ramal de Orobó. 7/2/1983, Carvalho, A.M. et al. 1502.
Valença: 11km na estrada para Orobó, partindo da estrada BR-101/Valença. 10/1/1982, Lewis, G.P. et al. 1067, ISOTYPE, Mimosa medioxima Barneby.

Mimosa mensicola Barneby
Bahia
Morro do Chapéu: Rodovia BA-426, km 6 no sentido Morro do Chapéu-Jacobina. Fazenda do Sr. Joaquim Coutinho, margem esquerda da rodovia. 12/8/1979, Ribeiro, A.J. 38.
Morro do Chapéu: Ca. 4km SW of the town of Morro do Chapéu on the road to Utinga. 2/6/1980, Harley, R.M. et al. 22996.
Morro do Chapéu: Ca. 4km SW of the town of Morro do Chapéu on the road to Utinga. 2/6/1980, Harley, R.M. et al. 22997.
Morro do Chapéu: Ca. 8km SW of the town of Morro do Chapéu to the west of the road to Utinga. 30/5/1980, Harley, R.M. et al. 22812.
Morro do Chapéu: Rodovia para Utinga, ramal para a torre da TELEBAHIA. 8/9/1990, Lima, H.C. et al. 3891.
Morro do Chapéu: Ca. 5km S of town of Morro do Chapéu, near base of Morro do Chapéu. 19/2/1971, Irwin, H.S. et al. 32552, ISOTYPE, Mimosa mensicola Barneby.

Mimosa miranda Barneby
Bahia
Mun.?: Ao lado da BR-101. Vale do Rio Mucurí. 13/7/1968, Belém, R.P. 3854, HOLOTYPE, Mimosa miranda Barneby.

Mimosa misera Benth.
Bahia
Campo Formoso: Localidade de Água Preta. Estrada Alagoinhas-Minas do Mimoso. 26/6/1983, Coradin, L. et al. 6060.
Jacobina: Serra do Tombador. Ca. 25km na estrada Jacobina-Morro do Chapéu. 20/2/1993, Carvalho, A.M. et al. 4170.

Mimosa misera Benth. var. **misera**
Bahia
Remanso: 1/1907, Ule, E. 7390, ISOTYPE, Mimosa remansoana Harms.
Xique-Xique: São Inácio, Lagoa Itaparica 10km W of the São Inácio-Xique-Xique road at the turning 13,1km N of São Inácio. 26/2/1977, Harley, R.M. et al. 19112.
Ceará
Fortaleza: Barra do Côco. 15/1/1955, Ducke, A. 2397.
Piauí
Mun.?: Lagoa Comprida. 2/1839, Gardner, G. 2134, HOLOTYPE, Mimosa misera Benth.
Mun.?: Lagoa Comprida. 2/1839, Gardner, G. 2134, ISOTYPE, Mimosa misera Benth.

Mimosa misera Benth. var. **subinermis** (Benth.) Barneby
Bahia
Ibiquara: Capão da Volta. 19/9/1984, Hatschbach, G. 48351.

Mimosa aff. **misera** Benth.
Bahia
Morro do Chapéu: Ca. 3,5km SE de Morro do Chapéu, ao longo da BA-052 (estrada do feijão). 25/7/1993, Queiroz, L.P. et al. 3428.

Mimosa modesta Mart.
Bahia
Barra da Estiva: 8km S de Barra da Estiva, camino a Ituaçu, Morro do Ouro y Morro da Torre. 23/11/1992, Arbo, M.M. et al. 5737.
Morro do Chapéu: Morrao al sur de Morro do Chapéu. 28/11/1992, Arbo, M.M. et al. 5387.

Mimosa modesta Mart. var. **modesta**
Bahia
Barra da Estiva: Face N od Serra do Ouro, 7km S of Barra da Estiva on the Ituaçu road. 30/1/1974, Harley, R.M. et al. 15705.
Jacobina: Serra de Jacobina. 1837, Blanchet, J.S. (Moricand, M.E.) 2697.
Juazeiro: In arensais ad fluv. São Francisco prope Juazeiro. Martius, C.F.P. von 2316, HOLOTYPE - photo, Mimosa modesta Mart.
Juazeiro: In arensais ad fluv. São Francisco prope Juazeiro. Martius, C.F.P. von 2316, ISOTYPE - photo, Mimosa modesta Mart.
Pernambuco
Buíque: Fazenda Baixa Preta. 10/4/1955, Andrade-Lima, D. 55-2032.

Mimosa modesta Mart. var. **ursinoides** (Harms) Barneby
Bahia
Gentio do Ouro: 12km east of Gentio do Ouro on road to Boa Vista and Ibipeba. 22/2/1977, Harley, R.M. et al. 18900.
Morro do Chapéu: 27/8/1980, Bautista, H.P. 421.
Morro do Chapéu: Base of Morro do Chapéu, ca. 6km S of Morro do Chapéu. 17/2/1971, Irwin, H.S. et al. 32441.
Piatã: Próximo à Serra do Gentio, entre Piatã e Serra da Tromba. 21/12/1984, Lewis, G.P. et al. CFCR 7393.
Remanso.: Bei Remanso. 1/1907, Ule, E. 7387.
Xique-Xique: Xique-Xique und São Inácio. 2/1907, Ule, E. 7569.
Unloc.: 1914, Luetzelburg, Ph von 371, ISOTYPE - photo, Mimosa ursinioides Harms.

Mimosa morroensis Barneby
Bahia
Morro do Chapéu: Ca. 22km W of Morro do Chapéu. 20/2/1971, Irwin, H.S. et al. 30678, ISOTYPE, Mimosa morroensis Barneby.

Mimosa nothopteris Barneby
Bahia
Mun.?: Trackway from rodovia BR-235 to Curral Novo on route to Fundação Ruralista in SE Piauí. 15/1/1982, Lewis, G.P. et al. 1074, ISOTYPE, Mimosa nothopteris Barneby.

Mimosa ophthalmocentra Mart. ex Benth.
Bahia
Anagé: Serra dos Pombos. Encosta da serra. 14/5/1983, Hatschbach, G. 46347.
Aracatu: Ca. 8km na estrada Brumado-Vitória da Conquista. 19/2/1992, Carvalho, A.M. et al. 3788.

Brumado: Margem da estrada Brumado-Livramento. 18km de Brumado. 12/12/1984, Lewis, G.P. et al. CFCR 6719.

Brumado: Ca. 15km na rodovia Brumado-Caetité. 27/12/1989, Carvalho, A.M. et al. 2638.

Cafarnaum: Ca. 20km NW de Segredo na BR-122, em direção a Cafarnaum. 23/7/1993, Queiroz, L.P. et al. 3424.

Camaleão: 20km E of Camaleão, on the Itiúba-Cansanção road. 21/2/1974, Harley, R.M. et al. 16466.

Campo Formoso: 21/4/1981, Fonseca, W.N. 385.

Cansanção: 10km NE of Cansanção on the Monte Santo road. 21/2/1974, Harley, R.M. et al. 16451.

Cocos: Ca. 13km S of Cocos and 3km S of the Rio Itaguarí. 15/3/1972, Anderson, W.R. et al. 36990.

Guanambi: Rodovia BR-122, 3–5km S de Guanambi. 15/1/1997, Hatschbach, G. et al. 65799.

Iraquara: Ca. 3km N de Água de Rega, na estrada para Souto Soares, localmente conhecido como ladeira do Véio Dedé. 23/7/1993, Queiroz, L.P. et al. 3396.

Iraquara: Ca. 4km S de Água de Rega na estrada para Lagoa da Boa Vista. 22/7/1993, Queiroz, L.P. et al. 3389.

Irecê: Margem da estrada de Lagoa Redonda. 9/10/1980, Oliveira, E.L.P.G. 217.

Itiúba: Fazenda Experimantal da EPABA. 27/5/1983, Pinto, G.C.P. et al. 99-83.

Jequié: Km 15 da estrada Jequié para Contendas do Sincorá. 23/12/1981, Lewis, G.P. et al. 978.

Juazeiro: 7km south of Juazeiro on BR-407 to Senhor do Bonfim. Grounds of the Pousada Juazeiro. 24/1/1993, Thomas, W.W. et al. 9618.

Juazeiro: North end of Serra da Jacobina at Flamengo, 11km south of Barrinha (ca. 52km north of Senhor do Bonfim) at Fazenda Pasto Bom. 24/1/1993, Thomas, W.W. et al. 9633.

Livramento do Brumado: 10km S of Livramento do Brumado on road to Brumado. 25/3/1991, Lewis, G.P. et al. 1875.

Livramento do Brumado: 10km S of Livramento do Brumado on road to Brumado. 26/3/1991, Lewis, G.P. et al. 1888.

Livramento do Brumado: Ca. 30km na estrada de Brumado para Livramento do Brumado. 12/3/1991, Brito, H.S. et al. 294.

Livramento do Brumado: Ca. 30km na estrada de Brumado para Livramento do Brumado. 12/3/1991, Brito, H.S. et al. 291.

Manoel Vitorino: Estrada que liga Manoel Vitorino com Caatingal, a 5km da BR-116. 10/3/1980, Mori, S. 13442.

Novo Remanso: Estrada Novo Remanso-Petrolina, km 96. 22/6/1983, Coradin, L. et al. 5947.

Paulo Afonso: 15–20km NW of Paulo Afonso on airport road that eventually leads to Petrolandia. 6/6/1981, Mori, S.A. et al. 14225.

Poções: Rodovia BR-116, trecho Poções-Jequié, a 34km N de Poções. 5/3/1978, Mori, S. et al. 9533.

Seabra: Povoado de Lagoa da Boa Vista, na saída pela estrada velha para Gado Bravo. 22/6/1993, Queiroz, L.P. et al. 3333.

Seabra: Rio Riachão, ca. 27km N of Seabra, road to Água de Rega. 25/2/1971, Irwin, H.S. et al. 30986.

Senhor do Bonfim: 64km north of Senhor do Bonfim on the BA-130 highway to Juazeiro. 25/2/1974, Harley, R.M. et al. 16304.

Senhor do Bonfim: 64km north of Senhor do Bonfim on the BA-130 highway to Juazeiro. 25/2/1974, Harley, R.M. et al. 16305.

Sobradinho: Arredores da residência dos engenheiros da CHESF. 24/6/1983, Coradin, L. et al. 5978.

Tucano: Km 7 a 10 na estrada de Tucano para Ribeira do Pombal. 21/3/1992, Carvalho, A.M. et al. 3923.

Xique-Xique: 22,6km SE of Xique-Xique on the highway BA-052 to Irecê. 28/2/1977, Harley, R.M. et al. 19176.

Mun.?: Margem da estrada BR-262 para Aracatu. 73km da cidade de Montes Claros. 12/12/1984, Lewis, G.P. et al. CFCR 6727.

Unloc.: Blanchet, J.S. 3684.

Ceará

Quixeré: Chapada do Apodí. Fazenda Mato Alto, manga do cedro. 17/6/1997, Barros, E.O. et al. 143.

Paraíba

Campina Grande: Distrito São José da Mata, Fazenda Pedro da Costa Agra, estrada para Soledade, 16km oeste do Centro de Campina Grande. 25/6/1990, Agra, M.F. 1131.

Pernambuco

Flores: 8/7/1981, Paula, J.E. et al. 1484.

Petrolina: BR-407, Petrolina-Afrânio, km 39. Estrada viscinal a direita; para a Barragem do Baltazar, km 4. 6/8/1994, Silva, G.P. et al. 2434.

Piauí

São Raimundo Nonato: Fundação Ruralista (Sede) 8–10km NNE of Curral Novo, ca. 220km ENE of Petrolina. 8km from Fundação on trackway to Vitorino. 17/1/1982, Lewis, G.P. et al. 1101.

Mimosa palmetorum Barneby

Bahia

Palmeiras: Middle and upper slopes of Pai Inácio, ca. 14,5km NW of Lençóis, just N of the main Seabra-Itaberaba road. 23/5/1980, Harley, R.M. et al. 22420.

Palmeiras: Middle and upper slopes of Pai Inácio, ca. 15km NW of Lençóis, just N of the main Seabra-Itaberaba road. 24/5/1980, Harley, R.M. et al. 22491, ISOTYPE, Mimosa palmetorum Barneby.

Mimosa paraibana Barneby

Ceará

Fortaleza: Beira da rodovia para Maranguape. 23/3/1956, Ducke, A. et al. 2542, ISOSYNTYPE, Mimosa platycarpa Ducke.

Paraíba

Unloc.: 28/6/1959, Moraes, J.C. 2185.

Mimosa pellita Humb. & Bonpl. ex Willd.

Sergipe

Santa Luzia do Itanhy: Ca. 2,5km do Distrito de Castro, na estrada para Santa Luzia do Itanhy. 27/11/1993, Amorim, A.M. et al. 1502.

Mimosa pigra L.

Bahia

Cachoeira: NE da Barragem de Bananeiras. Vale dos Rios Paraguaçu e Jacuípe. 11/1980, Pedra Cavalo, G. 910.

Ilhéus: Estrada que da acesso à Lagoa Encantada. 28/1/1980, Heringer, E.P. et al. 3423.

Itacaré: Estrada Itacaré-Taboquinhas, ca. 6km de Itacaré. Loteamento da Marambaia. 14/12/1992, Amorim, A.M. et al. 921.

Porto Seguro: Fonte do Protomartires do Brasil. 21/3/1974, Harley, R.M. et al. 17230.

Prado: Km 20 Prado-Itamaraju road. 15/1/1980, Winder, J.A. s.n.

Mimosa pigra L. var. ***pigra***
Alagoas

Japaratinga: Boqueirão, margem do Rio Manguaba. 31/1/1991, Barros, C.S.S. et al. 84.

Bahia

Itamaraju: Fazenda Guanabara, 5km NW de Itamaraju. 6/12/1981, Lewis, G.P. et al. 779.

Livramento do Brumado: Ca. 1km N de Livramento do Brumado, ao longo do Rio Brumado. 28/10/1993, Queiroz, L.P. et al. 3656.

Valença: Km 21 da estrada que liga rodovia BR-101 à Valença. 8/1/1982, Lewis, G.P. et al. 1032.

Mun.?: Rodovia Banco Central a Ubaitaba. 19/3/1971, Pinheiro, R.S. 1182.

Unloc.: Salzmann, P. s.n.

Unloc.: Blanchet, J.S. s.n.

Pernambuco

Unloc.: Common. Gardner, G. 983.

Piauí

Bom Jesus: Rodovia Bom Jesus-Gilbués, 23km oeste da cidade de Bom Jesus. 20/6/1983, Coradin, L. et al. 5878.

Mimosa pigra L. var. ***dehiscens*** (Barneby) Glazier & Mackinder
Bahia

Canavieiras: Ca. 18km N of Canavieiras on road to Poxim. 15/2/1992, Hind, D.J.N. et al. 53.

Jacobina: Rodovia Jacobina-Lage do Batata, km15. 28/6/1983, Coradin, L. et al. 6195.

Livramento do Brumado: Just north of Livramento do Brumado on the road to Rio de Contas. Below the Livramento do Brumado waterfall on the Rio Brumado. 23/3/1977, Harley, R.M. et al. 19860.

Porto Seguro: Fonte do Protomartires do Brasil. 21/3/1974, Harley, R.M. et al. 17230.

Senhor do Bonfim: Serra da jacobina, 8km N of Senhor do Bonfim on the BA-130 to Juazeiro, on side road from Carrapichel towards the Serra. 27/2/1974, Harley, R.M. et al. 16501.

Unloc.: 1842, Glocker, E.F. von 178.

Mimosa piptoptera Barneby
Bahia

Barreiras: Espigão Mestre, ca. 100km WSW of Barreiras. 6/3/1972, Anderson, W.R. et al. 36633.

Barreiras: Serra ca. 22km W of Barreiras. 4/3/1972, Anderson, W.R. et al. 36567.

Barreiras: Espigão Mestre, ca. 25km W of Barreiras. 3/3/1971, Irwin, H.S. et al. 31356.

Barreiras: Espigão Mestre, ca. 8km NW of Barreiras, incomplete road to Santa Rita de Cássia. 3/3/1971, Irwin, H.S. et al. 31433.

Barreiras: 7km S of Rio Piau, ca. 150km SW of Barreiras. 13/4/1966, Irwin, H.S. et al. 14691, ISOTYPE, Mimosa piptoptera Barneby.

Correntina: 30km N from Correntina, on the Inhaúmas road. 29/4/1980, Harley, R.M. et al. 21941.

Mimosa piscatorum Barneby
Bahia

Abaíra: Distrito de Catolés, estrada Engenho-Marquês, ca. 9km de Catolés. 10/4/1992, Ganev, W. 96.

Mimosa pithecolobioides Benth.
Bahia

Brejinho das Ametistas: Serra Geral de Caetité, ca. 5km N of Brejinho das Ametistas on road to Caetité. 12/4/1980, Harley, R.M. et al. 21285.

Cristópolis: Rodovia BR-242. 14/1/1977, Hatschbach, G. 39487.

Mimosa poculata Barneby
Piauí

Mun.?: Between Boa Esperança e Santo Antônio. 3/1839, Gardner, G. 2133, HOLOTYPE, Mimosa bijuga Benth.

Mun.?: Between Boa Esperança e Santo Antônio. 3/1839, Gardner, G. 2133, ISOTYPE, Mimosa bijuga Benth.

Mun.?: Serra Branca. 1/1907, Ule, E. 7438.

Mimosa polycephala Benth. var. ***polycephala***
Bahia

Unloc.: 9/1839, Gardner, G. 2832, HOLOTYPE, Mimosa polycephala Benth. var. polycephala.

Unloc.: 9/1839, Gardner, G. 2832, ISOTYPE, Mimosa polycephala Benth. var. polycephala.

Mimosa polydactyla Humb. & Bonpl. ex Willd.
Bahia

Ilhéus: Área do CEPEC (Centro de Pesquisas do Cacau), km 22 da rodovia Ilhéus-Itabuna (BR-415). Quadra E. 30/3/1979, Mori, S. et al. 11637.

Ilhéus: Área do CEPEC (Centro de Pesquisas do Cacau), km 22 da rodovia Ilhéus-Itabuna (BR-415). Quadra C. 5/8/1981, Hage, J.L. et al. 1159.

Ilhéus: Área do CEPEC (Centro de Pesquisas do Cacau), km 22 da rodovia Ilhéus-Itabuna (BR-415). Quadra D. 8/4/1981, Hage, J.L. et al. 592.

Itacaré: Na saída de Taboquinhas em direção a Itacaré, à beira da BA-654. 1/1988, Sobral, M. et al. 5758.

Itamaraju: Fazenda Pau-brasil. 5/12/1981, Lewis, G.P. et al. 773.

Uruçuca: Ca. 14km NE de Uruçuca, nova estrada 655 Uruçuca-Serra Grande, Fazenda Santo Antônio. 13/12/1981, Lewis, G.P. et al. 830.

Ipiaú: Between Ipiaú and Ibirapitanga. 26/1/1980, Harley, R.M. et al. 20683.

Unloc.: 1842, Glocker, E.F. von 177.

Pernambuco

Unloc.: 11/1837, Gardner, G. 980.

Mimosa polydidyma Barneby
Bahia

Barra da Estiva: Face N of Serra de Ouro, 7km S of Barra da Estiva on the Ituaçu road. 30/1/1974, Harley, R.M. et al. 15677.

Lençóis: Serra da Larguinha, a oeste de Lençóis, perto de Caeté-Açu. 19/12/1984, Pirani, J.R. et al. CFCR 7265.

Lençóis: Serra da Larguinha, ca. 2km NE of Caeté-
Açu (Capão Grande). 25/5/1980, Harley, R.M. et al.
22645, ISOTYPE, Mimosa polydidyma Barneby.

Mucugê: Barriguda, 2–3km a oeste na rodovia para
Palmeiras. 9/4/1992, Hatschbach, G. et al. 56891.

Palmeiras: Rodovia Palmeiras-Mucugê, km 12.
13/1/1983, Mattos Silva, L.A. et al. 1635.

Seabra: Serra do Bebedor, ca. 4km W de lagoa da
Boa Vista na estrada para Gado Bravo. 22/6/1993,
Queiroz, L.P. et al. 3344.

Mimosa pseudosepiaria Harms
Bahia

Bom Jesus da Lapa: Km 5–10 da rodovia para
Malhada. Área de inundação do Rio São Francisco.
5/4/1992, Hatschbach, G. et al. 56596.

Remanso: 1/1907, Ule, E. 7383, ISOTYPE - photo,
Mimosa pseudosepiaria Harms.

Mimosa pteridifolia Benth.
Bahia

Barreiras: Antigo aeroporto (estrada). 17/5/1984,
Silva, S.B. et al. 340.

Barreiras: Espigão Mestre, near Barreiras airport, ca.
5km NW of Barreiras. 4/3/1971, Irwin, H.S. et al.
31469.

Barreiras: Estrada para o aeroporto de Barreiras.
Coletas entre 5 a 15km a partir da sede do
município. 11/6/1992, Carvalho, A.M.
et al. 4029.

Formosa do Rio Preto: Estrada Barreiras-Correntes,
km 150. 17/6/1983, Coradin, L. et al. 5773.

Mimosa pudica L.
Bahia

Cachoeira: Barragem de Bananeiras. Vale dos Rios
Paraguaçu e Jacuípe. 6/1980, Pedra Cavalo, G. 195.

Ilhéus: Área do CEPEC (Centro de Pesquisas do
Cacau), km 22 da rodovia Ilhéus-Itabuna (BR-415).
Coletas nos ramais do CEPEC. 29/4/1981, Hage, J.L.
et al. 621.

Ilhéus: Área do CEPEC (Centro de Pesquisas do
Cacau), km 22 da rodovia Ilhéus-Itabuna (BR-415).
Quadra C. 5/8/1981, Hage, J.L. et al. 1167.

Mucugê: Estrada Andaraí-Mucugê, próximo ao Rio
Paraguaçu. 21/7/1981, Pirani, J.R. et al.
CFCR 1614.

Mundo Novo: Ca. 7km NW do entrocamento para
Mundo Novo na BA-052 (Estrada do Feijão).
25/7/1993, Queiroz, L.P. et al. 3448.

Mimosa pudica L. var tetrandra (Willd.) DC.
Bahia

Jacobina: Serra de Jacobina, por trás do Hotel Serra
do Ouro. 20/8/1993, Queiroz, L.P. et al. 3479.

Mucugê: Rodovia para Palmeira. 18/6/1984,
Hatschbach, G. et al. 48001.

Una: Reserva Biológica do Mico-Leão (IBAMA).
Entrada no km 46 da Rodovia BA-001 Ilhéus-Una.
Coletas efetuadas na estrada que leva à sede da
reserva. 14-15/4/1993, Amorim, A.M. et al. 1253.

Valença: Camino a Guaibim, a 2km de la rodovia
Valença-Nazaré. 14/1/1997, Arbo, M.M.
et al. 7187.

Mun.?: Common by roadside about Bahia. 9/1837,
Gardner, G. 889.

Unloc.: Salzmann, P. s.n.

Mimosa quadrivalvis L. var. leptocarpa (DC.)
Barneby
Bahia

Bom Jesus da Lapa: Basin of the upper São Francisco
river. Fazenda Imbuzeiro da Onça, ca. 8km from
Bom Jesus da Lapa, on by road to Calderão.
19/4/1980, Harley, R.M. et al. 21530.

Cândido Sales: Rodovia BR-116, 3km S de Cândido
Sales. 19/1/1984, Hatschbach, G. 47349.

Itacaré: Near the mouth of the Rio de Contas.
31/3/1974, Harley, R.M. et al. 17541.

Lençóis: Estrada Lençóis-rodovia BR-242, km 2.
5/7/1983, Coradin, L. et al. 6477.

Livramento do Brumado: Ca. 4km along estrada de
terra from Livramento do Brumado to Rio de
Contas. 28/3/1991, Lewis, G.P. et al. 1922.

Rio de Contas: Ca. 18km N de Rio de Contas,
próximo ao entroncamento para Brumadinho.
29/10/1993, Queiroz, L.P. et al. 3690.

Santa Terezinha: Ca. 5km W de Santa Terezinha, na
estrada para Itatim. 26/4/1994, Queiroz, L.P. et al.
3846.

Mun.?: 73km da cidade de Montes Claros. Margem da
estrada BR-262 para Aracatu. 12/12/1984, Lewis,
G.P. et al. CFCR 6736.

Ceará

Fortaleza: Coast line, 20 miles inland. 9/11/1925,
Bolland, G. s.n.

Jucas: 1/3/1972, Pickersgill, B. et al. RU-72-261.

Pernambuco

Unloc.: 25/7/1972, Preston, A. s.n.

Piauí

São Raimundo Nonato: Fundação Ruralista (Sede), a.
8–10km NNE de Curral Novo e 220km ENE de
Petrolina. 23/1/1982, Lewis, G.P. et al. 1161.

Teresina: 20/6/1995, Nascimento, M.S.B. et al. 1073.

Mimosa sensitiva L.
Bahia

Abaíra: Ca. 5km SW de Abaíra, ao longo da estrada
Piatã-Abaíra. 14/2/1992, Queiroz, L.P. 2612.

Baixa Grande: Ca. 5km NW de Baixa Grande na BA-
052 (estrada do feijão). 21/7/1993, Queiroz, L.P.
et al. 3318.

Ilhéus: Área do CEPEC (Centro de Pesquisas do
Cacau), km 22 da rodovia Ilhéus-Itabuna (BR-415).
Quadra D. 27/5/1981, Hage, J.L. et al. 772.

Ilhéus: Estrada Pontal-Buerarema coletas entre os
km 23 e 30. 3/7/1993, Carvalho, A.M.
et al. 4274.

Jacobina: Ca. 10km na estrada de Jacobina para
Morro do Chapéu. 14/3/1990, Carvalho, A.M.
et al. 2792.

Paraíba

Santa Rita: 20km do Centro de João Pessoa, Usina
São João, Tibirizinho. 12/7/1990, Agra, M.F. et al.
1220.

Piauí

Castelo do Piauí: Fazenda Cipó de Cima. 13/6/1995,
Nascimento, M.S.B. et al. 1059.

Teresina: 20/6/1995, Nascimento, M.S.B. et al. 1074.

Mimosa sensitiva L. var. sensitiva
Bahia

Baixa Grande: 25/8/1981, Orlandi, R.P. 442.

Bom Jesus da Lapa: Estrada Bom Jesus da Lapa-Igaporã, km 47. 2/7/1983, Coradin, L. et al. 6341.

Cachoeira: Barragem de Bananeiras. Vale dos Rios Paraguaçu e Jacuípe. 7/1980, Pedra Cavalo, G. 370.

Cachoeira: Ilha do Umbuzeiro. Vale dos Rios Paraguaçu e Jacuípe. 8/1980, Pedra Cavalo, G. 631.

Caetité: Serra geralde Caetité, ca. 3km from Caetité, S along the road to Brejinho das Ametistas. 10/4/1980, Harley, R.M. et al. 21180.

Campo Formoso: Estrada Alagoinhas-Água Preta, km 3. 26/6/1983, Coradin, L. et al. 6048.

Jacobina: Oeste de Jacobina. Serra do Tombador, estrada para Lagoa Grande. 23/12/1984, Lewis, G.P. et al. CFCR 7492.

Jacobina: Rodovia Jacobina-Lage do Batata, km 15. 28/6/1983, Coradin, L. et al. 6199.

Lençóis: Perto da cidade de Lençóis. 20/12/1981, Lewis, G.P. et al. 936.

Lençóis: Estrada Lençóis-Rodovia BR-242, km 2. 5/7/1983, Coradin, L. et al. 6475.

Livramento do Brumado: Just North of Livramento do Brumado on the road to Rio de Contas. Below the Livramento waterfall on the Rio Brumado. 23/3/1977, Harley, R.M. et al. 19886.

Mucugê: 9km SW of Mucugê on road from Cascavel by the Rio Paraguaçu. 4/2/1974, Harley, R.M. et al. 15976.

Rio de Contas: Between 2,5 and 5km S of Rio de Contas on side road to W of the road to Livramento do Brumado, leading to the Rio Brumado. 28/3/1977, Harley, R.M. et al. 20134.

Salvador: In sepibus ad Soteropolin. Martius, C.F.P. von s.n., ISOTYPE, Mimosa litigiosa Mart.

Seabra: Ca. 22km N of seabra, road to Água de Rega. 26/2/1971, Irwin, H.S. et al. 31107.

Pernambuco

Itamarica: Island of Itamarica. 12/1837, Gardner, G. 981.

Piauí

Teresina: Margem do Rio Parnaíba. 8/8/1979, Silva, F.C. 97.

Teresina: 20/6/1995, Nascimento, M.S.B. et al. 1074.

Unloc.: 1839, Gardner, G. s.n.

Mimosa sensitiva L. var. ***malitiosa*** (Mart.) Barneby

Bahia

Cocos: Ca. 3km S of Cocos. 14/3/1972, Anderson, W.R. et al. 36933.

Poções: Km 2–4 da estrada que liga Poções (BR-116) ao povoado de Bom Jesus da Serra (ao W de Poções). 5/3/1978, Mori, S. et al. 9485.

Mimosa sericantha Benth.

Bahia

Barreiras: Aeroporto ,com entrada no km 6 da estrada para Brasília. 1/6/1991, Brito, H.S. et al. 327.

Barreiras: Rodovia BA-020, 50km O de Barreiras. 12/7/1979, Hatschbach, G. et al. 42295.

Barreiras: Near Rio Piau, ca. 150km SW of Barreiras. 14/4/1966, Irwin, H.S. et al. 14811.

Barreiras: Coleta efetuada a 6km depois de Barreiras, entrada à direita. 4km na estrada do aeroporto. 3/6/1991, Brito, H.S. et al. 327.

Barreiras: Estrada para o aeroporto de Barreiras. Coletas entre 5 a 15km a partir da sede do Município. 11/6/1992, Carvalho, A.M. et al. 4031.

Correntina: Ca. 17km a W da sede do município, na rodovia BA-349 no sentido Correntina-Brasília. 10/8/1996, Jardim, J.G. et al. 906.

Correntina: Ca. 10km SW of Correntina, on the road to Goiás. 26/4/1980, Harley, R.M. et al. 21795.

Ibotirama: Rodovia Barreiras-Brasília, km 90. 8/7/1983, Coradin, L. et al. 6650.

Pernambuco

Santa Rosa: Rio Preto. 9/1839, Gardner, G. 2833, HOLOTYPE, Mimosa sericantha Benth.

Santa Rosa: Rio Preto. 9/1839, Gardner, G. 2833, ISOTYPE, Mimosa sericantha Benth.

Unloc.: Serra da Batalha. 9/1839, Gardner, G. 2830.

Mimosa setosa Benth.

Bahia

Uruçuca: Distrito de Serra Grande. 7,3km na estrada Serra Grande-Itacaré, Fazenda Lagoa do Conjunto Fazenda Santa Cruz. 11–21/9/1991, Carvalho, A.M. et al. 3503.

Mimosa setosa Benth. var. ***paludosa*** (Benth.) Barneby

Bahia

Cachoeira: Riedel, L. 584.

Lençóis: About 7–10km along the main Seabra-Itaberaba road, W of the Lençóis turning, by the Rio Mucugêzinho. 27/5/1980, Harley, R.M. et al. 22712.

Maracás: 2/1906, Ule, E. 6954.

Mina Boquira: Perto Toma d'Água. 3/4/1966, Castellanos, A. 26026.

Morro do Chapéu: Ca. 2km E of Morro do Chapéu. 18/2/1971, Irwin, H.S. et al. 32523.

Mucugê: Rio Mucugê. 16/6/1984, Hatschbach, G. et al. 47970.

Palmeiras: Perto do Morro do Pai Inácio km 224 da rodovia BR-242, ca. 5km da estrada para Lençóis. 19/12/1981, Lewis, G.P. et al. 907.

Palmeiras: Lower slopes of Morro do Pai Inácio, ca. 14,5km NW of Lençóis just N of the main Seabra-Itaberaba road. 27/5/1980, Harley, R.M. et al. 22726.

Rio de Contas: Cachoeira do Fraga. 18/9/1989, Hatschbach, G. et al. 53446.

Rio de Contas: 4km ao N de Rio de Contas. 21/7/1979, Mori, S. et al. 12417.

Rio de Contas: Between 2,5km S of Rio de Contas on side road to W of the road to Livramento do Brumado, leading to the Rio Brumado. 28/3/1977, Harley, R.M. et al. 20071.

Rio de Contas: Pico das Almas. Eastern slopes. Path between Fazenda Silvina and Campo do Queiroz. 13/12/1988, Fothergill, J.M. 92.

Rio de Contas: Pico das Almas. Vertente leste. Trilho Fazenda Silvina-Queiroz. 30/10/1988, Harley, R.M. et al. 25771.

Rio de Contas: About 2km N of the Rio de Contas in flood plain of Rio Brumado. 27/3/1977, Harley, R.M. et al. 20047.

Rio de Contas: Em direção ao Rio Brumado, 5km de Rio de Contas. 13/12/1984, Lewis, G.P. et al. CFCR 6786.

Rio de Contas: 5km S of Rio de Contas on estrada de terra to Livramento do Brumado. 16/4/1991, Lewis, G.P. et al. 1979.

Uruçuca: Distrito de Serra Grande. 7,3km na estrada Serra Grande-Itacaré, Fazenda Lagoa do Conjunto Fazenda Santa Cruz. 11–21/9/1991, Carvalho, A.M. et al. 3503.

Ceará

Barra do jardim: Near Barra do Jardim. 12/1838, Gardner, G. 1942, HOLOTYPE, Mimosa paludosa Benth.

Barra do jardim: Near Barra do Jardim. 12/1838, Gardner, G. 1942, ISOTYPE, Mimosa paludosa Benth.

Mimosa setuligera Harms

Bahia

Remanso: 1/1907, Ule, E. 7388, ISOTYPE, Mimosa setuligera Harms.

Mimosa somnians Humb. & Bonpl. ex Willd. subsp. *somnians*

Bahia

Candeias: Ca. 15km SW do entroncamento da estrada para Santo Amaro com a BR-324, na BR-324. 11/5/1993, Queiroz, L.P. 3181.

Jacobina: Oeste de Jacobina. Serra do Tombador, estrada para Lagoa Grande. 23/12/1984, Lewis, G.P. et al. CFCR 7496.

Salvador: Dunas de Itapuã, atrás do Hotel Stella Maris, N do condomínio Alamedas da Praia. 10/6/1993, Queiroz, L.P. 3212.

Saúde: Ca. 11km S de Saúde, a 23km N da BR-324. 23/8/1993, Queiroz, L.P. et al. 3566.

Seabra: Ca. 22km N of Seabra, road to Água de Rega. 26/2/1971, Irwin, H.S. et al. 31115.

Urandi: Rodovia BR-122, próximo a divisa com Ouro Branco. 4/4/1992, Hatschbach, G. et al. 56543.

Mun.?: Alvorada, a 270km de Brasília para Fortaleza, Rio Correntes. 2/7/1964, Pires, J.M. 58139.

Unloc.: Salzmann, P. s.n., HOLOTYPE, Mimosa quadrijuga Salzm. ex Benth.

Unloc.: Salzmann, P. s.n., ISOTYPE, Mimosa quadrijuga Salzm. ex Benth.

Paraíba

Santa Rita: Estrada para João Pessoa, BR-230. 9/1/1981, Fevereiro, V.P.B. et al. M-594.

Rio Grande do Norte

Mossoró: Rodovia Grossos-Tibau, km 6. 12/8/1994, Silva, G.P. et al. 2476.

Sergipe

Estância: Rodovia Estância-Abais, com entrada no km 11 da rodovia BR-101 (trecho Estância-Aracaju); 20km ao leste do entroncamento. 15/6/1994, Mattos Silva, L.A. 3001.

Mimosa somnians Humb. & Bonpl. ex Willd. subsp. *longipes* Barneby (Barneby) var. *longipes*

Bahia

Barreiras: 7km S of Rio Piau, ca. 150km SW of Barreiras. 13/4/1966, Irwin, H.S. et al. 14697, ISOTYPE, Mimosa somnians H. & B. ex Willd. subsp. longipes (Barneby) Barneby var. longipes.

Mimosa somnians Humb. & Bonpl. ex Willd. subsp. *viscida* (Willd.) Barneby var. *viscida*

Bahia

Barreiras: Rio Roda Velha, ca. 150km SW of Barreiras. 15/4/1966, Irwin, H.S. et al. 14921.

Barreiras: Espigão Mestre, ca. 10km N of Rio Roda Velha, ca. 100km WSW of Barreiras. 9/3/1972, Anderson, W.R. et al. 36917.

Correntina: Islets and banks of the Rio Corrente by Correntina. 23/4/1980, Harley, R.M. et al. 21642.

Mimosa somnians Humb. & Bonpl. ex Willd. subsp. *viscida* (Willd.) Barneby var. *leptocaulis* (Benth.) Barneby

Bahia

Barreiras: Espigão Mestre, ca. 8km NW of Barreiras, incomplete road to Santa Rita de Cássia. 3/3/1971, Irwin, H.S. et al. 31439.

Paraíba

Santa Rita: 20km do centro de João Pessoa, Usina São João, Tibirizinho. 23/2/1989, Agra, M.F. et al. 701.

Mimosa somnians Humb. & Bonpl. ex Willd. subsp. *viscida* (Willd.) Barneby var. *velascoensis* (Harms) Barneby

Bahia

Barreiras: Serra 34km W of Barreiras. 2/3/1972, Anderson, W.R. et al. 36437.

Barreiras: Ca. 5km NW of Barreiras. 4/3/1971, Irwin, H.S. et al. 31523.

Barreiras: Ca. 10km W of Barreiras. 2/3/1971, Irwin, H.S. et al. 31334.

Barreiras: Upper slopes of Espigão Mestre, ca. 32km W of Barreiras. 5/3/1971, Irwin, H.S. et al. 31556.

Mimosa subenervis Benth.

Bahia

Jacobina: Serra de Jacobina, ca. 5km E de Jacobina no caminho para Bananeira. 20/8/1993, Queiroz, L.P. et al. 3487.

Jacobina: Serra de Jacobina. Moritiba. Blanchet, J.S. 3687, HOLOTYPE, Mimosa subenervis Benth.

Mimosa tarda Barneby

Ceará

Crato: Common in manshes near Crato. 9/1838, Gardner, G. 1585.

Mimosa tenuiflora (Willd.) Poir.

Bahia

Barreiras: Espigão Mestre, ca. 100km WSW of Barreiras. 7/3/1972, Anderson, W.R. et al. 36791.

Barreiras: Estrada Barreiras-Correntes, km 45. 16/6/1983, Coradin, L. et al. 5737.

Bom Jesus da Lapa: Just beyond Calderão, ca. 32km NE from Bom Jesus da Lapa. 18/4/1980, Harley, R.M. et al. 21519.

Bom Jesus da Lapa: Ca. 28km SE of Bom Jesus da Lapa, on the Caetité road. 16/4/1980, Harley, R.M. et al. 21402.

Bom Jesus da Lapa: Ca. 28km SE of Bom Jesus da Lapa, on the Caetité road. 16/4/1980, Harley, R.M. et al. 21416.

Feira de Santana: 9/10/1978, Faria, E. 3.

Feira de Santana: Campus da UEFS. 11/10/1982, Noblick, L.R. 2082.

Feira de Santana: Km 4 da estrada do feijão. Inselberg próximo à estrada. 4/6/1994, Melo, E. et al. 1088.

Gentio do Ouro: 47,8km NW along road from Gentio do Ouro to São Inácio. 23/2/1977, Harley, R.M. et al. 18971.

Ibitiara: Ca. 40km W do entrocamento de Seabra, na BR-242. 22/7/1993, Queiroz, L.P. et al. 3415.

Jacobina: Oeste de Jacobina. Serra do Tombador, estrada para Lagoa Grande. 23/12/1984, Lewis, G.P. et al. CFCR 7491.

Jequié: Km 20 da estrada Jequié-Contendas do Sincorá. 12/10/1983, Carvalho, A.M. et al. 1919.

Juazeiro: Rodovia Juazeiro-Curaçá, km 38, próximo a canal de irragação. 7/8/1994, Silva, G.P. et al. 2441.

Livramento do Brumado: Just north of Livramento do Brumado on the road to Rio de Contas. Below the Livramento do Brumado waterfall on the Rio Brumado. 23/3/1977, Harley, R.M. et al. 19862.

Livramento do Brumado: 10km S of Livramento do Brumado on road to Brumado. 25/3/1991, Lewis, G.P. et al. 1871.

Livramento do Brumado: Km 3–5 da rodovia para Rio de Contas. 16/9/1989, Hatschbach, G. et al. 53356.

Maracás: 9/1906, Ule, E. 6956.

Maracás: Ca. 2km ao N de Maracás. Afloramento rochoso. 12/10/1983, Carvalho, A.M. et al. 1955.

Maracás: Gameleira. 21/11/1985, Hatschbach, G. et al. 50041.

Maracás: Fazenda Tanquinho, ca. 20km N de Maracás no ramal para Fazenda Santa Rita, na estrada para Planaltino. 29–30/6/1993, Queiroz, L.P. et al. 3266.

Maracás: Rodovia BA-026, a 6km a SW de Maracás. Afloramento de rocha granítica. 17/11/1978, Mori, S. et al. 11110.

Milagres: Estrada para Itaberaba, km 5 da BR-116, por Iaçu. 17/12/1981, Lewis, G.P. et al. 841.

Morro do Chapéu: Ca. 1km na BR-122, ao S do entroncamento com a BR-052 (estrada do feijão), em direção a Cafarnaum. 21/7/1993, Queiroz, L.P. et al. 3322.

Morro do Chapéu: Tareco, a ca. 6km N da BA-052 (estrada do feijão), entrando a ca. 30km W de Morro do Chapéu. 22/8/1993, Queiroz, L.P. et al. 3533.

Morro do Chapéu: Ca. 29km na estrada BA-052, de Morro do Chapéu para Xique-Xique. Carvalho, A.M. et al. 2867.

Paulo Afonso: Estação Ecológica do Raso da Catarina. 25/10/1982, Queiroz, L.P. 436.

Santo Antônio de Jesus: 25km depois de Santo Antônio de Jesus. 7/9/1990, Lima, H.C. et al. 3871.

Senhor do Bonfim: Fazenda Redenção. 16/5/1973, Lima, D.P. 13147, TYPE - photo, Mimosa limana Rizz.

Xique-Xique: Ca. 4km na estrada para São Inácio. 16/6/1994, Queiroz, L.P. et al. 3944.

Mun.?: Trackway from rodovia BR-235 to Curral Novo on route to Fundação Ruralista in SE Piauí. 15/1/1982, Lewis, G.P. et al. 1076.

Ceará

Quixadá: Açude Boa Água. 2/9/1935, Drouet, F. 2434.

Pernambuco

Cabrobró: Ca. 16km N of Cabrobró. Near palce called Pau Ferro on road from Terra Nova to Cabrobró. 16/7/1962, Eiten, G. et al. 4953.

Flores: 8/7/1981, Paula, J.E. et al. 1483.

Piauí

São Raimundo Nonato: Ca. Km 6 da Fundação Ruralista (Sede) na estrada para Vitorino, ca. 220km de Petrolina. 19/1/1982, Lewis, G.P. et al. 1127.

São Raimundo Nonato: Estrada Canto do Buriti-Novo Remanso, km 30. 22/6/1983, Coradin, L. et al. 5918.

Mimosa ulbrichiana Harms

Bahia

Gentio do Ouro: Serra de São Inácio, ca. 18–30km na estrada de Xique-Xique para São Inácio. 17/3/1991, Carvalho, A.M. et al. 2876.

Gentio do Ouro: Alredores de São Inácio y hasta 9km al N, camino a Xique-Xique, Serra do Açuruá. 27/11/1992, Arbo, M.M. et al. 5320.

Gentio do Ouro: Serra do Açuruá, estrada para Xique-Xique, 30km antes de São Inácio. 10/9/1990, Lima, H.C. et al. 3946.

Xique-Xique: Ca. 4km N of São Inácio on road to Xique-Xique. 25/2/1977, Harley, R.M. et al. 19069.

Gentio do Ouro: 1,5km S of São Inácio on Gentio do Ouro road. 24/2/1977, Harley, R.M. et al. 18992.

Mun.?: Serra de São Inácio. 2/1907, Ule, E. 7529, ISOTYPE, Mimosa ulbrichiana Harms.

Mimosa ursina Mart.

Bahia

Andaraí: 15–20km from Andaraí, along the road to Itaeté which branches east off the road to Mucugê. 13/2/1977, Harley, R.M. et al. 18633.

Barreiras: Espigão Mestre, near Barreiras airport, ca. 5km NW of Barreiras. 4/3/1971, Irwin, H.S. et al. 31468.

Livramento do Brumado: Ca. 4km along estrada de terra from Livramento do Brumado to Rio de Contas. 28/3/1991, Lewis, G.P. 1921.

Urandi: Rodovia BR-122, próximo a divisa com Ouro Branco. 4/4/1992, Hatschbach, G. et al. 56573.

Mun.?: Inter Conceição (?da Feira) et Arr. da Feira de S. Anna (Feira de Santana). Martius, C.F.P. von s.n., HOLOTYPE - photo, Mimosa ursina Mart.

Piauí

Castelo do Piauí: Fazenda Cipó. 19/4/1994, Nascimento, M.S.B. 211.

Oeiras: near Oeiras. 5/1839, Gardner, G. 2132.

Mimosa velloziana Mart.

Bahia

Barreiras: Estrada para Brasília, BR-242. Coletas entre 20 a 22km a partir da sede do município. 12/6/1992, Amorim, A.M. et al. 557.

Ilhéus: Blanchet, J.S. (Moricand, M.E.) s.n.

Ilhéus: Estrada Pontal-Buerarema coletas entre os km 23 e 30. 3/7/1993, Carvalho, A.M. et al. 4274.

Jussari: 27/5/1966, Belém, R.P. et al. 2353.

Rio de Contas: Rio Brumado. 17/5/1983, Hatschbach, G. 46538.

Mimosa verrucosa Benth.

Bahia

Barreiras: Estrada Barreiras-Correntes, 84km de Barreiras. 19/3/1984, Almeida, E.F. et al. 279.

Gentio do Ouro: Serra do Açuruá. Estrada para Xique-Xique, 30km antes de São Inácio. 10/9/1990, Lima, H.C. et al. 3942.

Ibotirama: Estada Ibotirama-Bom Jesus da Lapa, km 8. 1/7/1983, Coradin. L. et al. 6307.

Itabira: 1838, Blanchet, J.S. 2869, SYNTYPE, Mimosa verrucosa Benth.

Oliveira: Rio Paramirim. 14/7/1979, Hatschbach, G. et al. 42332.

Remanso: 12/1906, Ule, E. 7382.

Santa Rita de Cássia: Estada para Santa Rita de Cássia, margem do Rio Preto, proximidades da cidade. 17/6/1986, Coradin, L. et al. 5750.

São Inácio: 3km S of São Inácio on the Gentio do Ouro road. 27/2/1977, Harley, R.M. et al. 19160.

Xique-Xique: Km 6 a 8 da estrada que liga São Inácio-Gentio do Ouro. Margem do rio próximo à ponte. 1/6/1991, Brito, H.S. et al. 314.

Pernambuco

Petrolina: 8,1km NNE of city of Petrolina. 8/3/1970, Eiten, G. et al. 10867.

Petrolina: 15/8/1983, Silva, S.B. et al. 286.

Piauí

Castelo do Piauí: Fazenda Cipó de Baixo. 19/4/1994, Nascimento, M.S.B. 201.

Colônia do Piauí: 20/4/1994, Alcoforado Filho, F.G. 348.

Oeiras: Common around Oeiras. 4/1839, Gardner, G. 2136, LECTOTYPE, Mimosa verrucosa Benth.

Oeiras: Common around Oeiras. 4/1839, Gardner, G. 2136, ISOLECTOTYPE, Mimosa verrucosa Benth.

Mun.?: Border between Município de São Francisco do Piauí & Oeiras, 20km east to Nazaré do Piauí on road to Oeiras. 5/3/1970, Eiten, G. et al. 10830.

Mimosa weddelliana Benth.

Bahia

Urandi: 15–20km ao sul. 16/2/1991, Hatschbach, G. et al. 55200.

Mimosa xanthocentra Mart. subsp. **subsericea** (Benth.) Barneby

Bahia

Caetité: Martius, C.F.P. von s.n.

Mimosa xiquexiquensis Barneby

Bahia

Xique-Xique: Ca. 4–5km N of Xique-Xique on the west side of the Rio São Francisco. 5/4/1976, Davidse, G. et al. 11980, HOLOTYPE - photo, Mimosa xiquexiquensis Barneby.

Mimosa sp.

Bahia

Castro Alves: Topo da Serra da Jibóia, ca. 3km de Pedra Branca. 25/4/1994, Queiroz, L.P. et al. 3830.

Piauí

Castelo do Piauí: Fazenda Cipó de Baixo. 13/6/1995, Nascimento, M.S.B. et al. 1075.

Corrente: Instituto Batista de Corrente. 9/3/1994, Nascimento, M.S.B. 514.

Neptunia oleracea Lour.

Bahia

Juazeiro: 1860.

Pernambuco

Paulista: Engenho Fragoso. Água parada à margem de pequeno riacho. 10/6/1953, Andrade-Lima, D. 58-1680.

Neptunia plena (L.) Benth.

Bahia

Bom Jesus da Lapa: Basin of the upper São Francisco river. Ca. 28km SE of Bom Jesus da Lapa, on the Caetité road. 16/4/1980, Harley, R.M. et al. 21415.

Feira de Santana: 9/7/1982, Brito, K.B. 51.

Iaçu: Fazenda Suíbra (Boa Sorte), 18km a leste da cidade, seguindo a ferrovia. 13/3/1985, Noblick, L.R. 3651.

Jacobina: Serra de Jacobina. 837, Blanchet, J.S. 2700.

Livramento do Brumado: 20k S of Livramento do Brumado on road to Brumado, 2km past exit to Dom Basílio. 26/3/1991, Lewis, G.P. et al. 1887.

Xique-Xique: São Inácio, Lagoa Itaparica, 10km west of the São Inácio-Xique-Xique road at the turning 13,1km north of São Inácio. 26/2/1977, Harley, R.M. et al. 19075.

Pernambuco

Recife: Research station IPEAN. 6/8/1973, Verboom, W.G. 3215.

Piauí

Bom Jesus: Proximidades do Hotel Boa Esperança em Bom Jesus. 19/6/1983, Coradin, L. et al. 5866.

Bom Jesus: Rio das Fêmeas. 8/1912, Luetzelburg, Ph von 787.

Parapiptadenia blanchetii (Benth.) Vaz & M.P.Lima

Bahia

Amargosa: 26/10/1978, Araújo, A.P. 123.

Cachoeira: Trecho Superior do Rio Jacuípe. Vale dos Rios Paraguaçu e Jacuípe. 2/1981, Pedra Cavalo, G. 1096.

Feira de Santana: Rodovia Feira de Santana-Rio de Janeiro, km 8. Margem do Rio Jacuípe. 19/2/1981, Carvalho, A.M. et al. 587.

Jacobina: Ramal a ca. 9km na rodovia BA-052, coletas a 5km ramal adentro para Riachão de Jacobina. 29/8/1990, Hage, J.L. et al. 2275.

Jacobina: 2km a W da cidade, na estrada para Feira de Santana. 3/4/1986, Carvalho, A.M. et al. 2370.

Parapiptadenia ilheusana G.P.Lewis

Bahia

Ilhéus: Área do CEPEC (Centro de Pesquisas do Cacau), km 22 da rodovia Ilhéus-Itabuna (BR-415). Quadra H. 4/4/1983, Santos, T.S. 3857.

Ilhéus: Área do CEPEC (Centro de Pesquisas do Cacau), km 22 da rodovia Ilhéus-Itabuna (BR-415). 26/7/1965, Belém, R.P. 1380.

Ilhéus: Área do CEPEC (Centro de Pesquisas do Cacau), km 22 da rodovia Ilhéus-Itabuna (BR-415). Quadra H. 18/12/1986, Santos, T.S. 4303, HOLOTYPE - photo, Parapiptadenia ilheusana G.P.Lewis.

Parapiptadenia pterosperma (Benth.) Brenan

Bahia

Belmonte: Estação Experimental Gregório Bondar. 29/11/1987, Santos, T.S. 4347.

Ilhéus: Área do CEPEC (Centro de Pesquisas do Cacau), km 22 da rodovia Ilhéus-Itabuna (BR-415). Quadra I. Arboreto. 11/4/1989, Mattos Silva, L.A. et al. 2687.

Ilhéus: Área do CEPEC (Centro de Pesquisas do Cacau), km 22 da rodovia Ilhéus-Itabuna (BR-415). Quadra I. Planta introduzida no arboreto do CEPEC. 16/3/1983, Santos, T.S. 3850.

Ilhéus: Área do CEPEC (Centro de Pesquisas do Cacau), km 22 da rodovia Ilhéus-Itabuna (BR-415). Quadra I. 18/2/1982, Hage, J.L. 1645.

Porto Seguro: Bifurcação à direita, no km 17 da estrada que liga os povoados de Vera Cruz e Vale Verde. A 2–5km da bifurcação. 4/4/1979, Mattos Silva, L.A. et al. 345.

Santa Cruz Cabrália: Antiga rodovia que liga a Estação Ecológica Pau-brasil à Santa Cruz Cabrália, a 7km ao NE da Estação. Ca. 12km ao NW de Porto Seguro. 28/11/1979, Mori, S. et al. 13048.

Parapiptadenia zebntneri (Harms) M.P.Lima & H.C.Lima

Bahia

Itiúba: Serra de Itiúba about 6km E of Itiúba. 19/2/1974, Harley, R.M. et al. 16198.

Jacobina: Localidade de Tabua. 26/8/1981, Orlandi, R.P. 453.

Unloc.: 1913, Luetzelburg, Ph von 4093, ISOTYPE - photo, Piptadenia zehntneri Harms.

Pernambuco

Ouricuri: Rodovia Trindade-Santa Filomena, km 47. 14/10/1995, Silva, G.P. et al. 3102.

Parapiptadenia aff. ***zebntneri*** (Harms) M.P. Lima & H.C.Lima

Bahia

Nazaré: Araci. Propriedade do Sr. Antônio Pimentel, Fazenda São Sebastião. 25/4/1992, Souza, V. 339.

Parkia babiae H.C.Hopkins

Bahia

Maraú: Estrada que liga Ponta do Mutá (Porto de Campinhos) a Maraú, a 22km do Porto. 6/2/1979, Mori, S. et al. 11427.

Maraú: 18/1/1967, Belém, R.P. et al. 3172.

Maraú: 4km S de Maraú. 11/10/1968, Almeida, J. et al. 140.

Una: Fazenda São Rafael. 18/12/1968, Santos, T.S. 327.

Valença: Estrada Valença-Guaibim, ca. 10km da estrada. 9/1/1982, Lewis, G.P. et al. 1040.

Parkia pendula (Willd.) Benth. ex Walp.

Alagoas

Maceió: Reserva da sede do IBAMA. 23/10/1993, Lemos, R.P.L. 2856.

Bahia

Ilhéus: Cidade de Ilhéus. Mata da Esperança. Entrada a 2km a partir da antiga ponte do Rio Fundão. 17/9/1994, Carvalho, A.M. et al. 4654.

Valença: Ca. 13km da estrada Valença-Guaibim. 9/1/1982, Lewis, G.P. et al. 1043.

Parkia platycepbala Benth.

Bahia

Barreiras: Coletada na BR-116 perto de Barreiras. 14/7/1984, Heringer, E.P. et al. 18667.

Barreiras: Estrada para o aeroporto de Barreiras. Coletas entre 5 a 15km a partir da sede do município. 11/6/1992, Carvalho, A.M. et al. 4021.

Barreiras: Coleta efetuada no km 30 da BR-242, rodovia Barreiras-Ibotirama. 4/6/1991, Brito, H.S. et al. 341.

Barreiras: Rodovia BR-020, 50km O de Barreiras. 12/7/1983, Hatschbach, G. et al. 42301.

Correntina: Chapadão Ocidental da Bahia. 16/7/1981, Harley, R.M. et al. 21920.

Cristópolis: Ca. 150km W de Ibotirama, na BR-242. 11/10/1994, Queiroz, L.P. et al. 4082.

Formosa do Rio Preto: Fazenda Lagoa de Fora, cerrado à beira da Serra do Estrondo. 13/10/1989, Silva, P.E.N. et al. 68.

Unloc.: 1838, Blanchet, J.S. 2868.

Ceará

Crato: Common near Crato. 9/1838, Gardner, G. 1582, LECTOTYPE, Parkia platycephala Benth.

Piauí

Agricolândia: Tamboril. 23/7/1979, Silva, F.C. 43.

Campo Maior: Fazenda Sol Posto. 5/9/1994, Nascimento, M.S.B. et al. 1012.

Corrente: 20km from Corrente on the road to Teresina. 19/7/1997, Bridgewater, S. et al. S-601.

Teresina: Rodovia BR-316, 24km south of Teresina in direction of Demerval Lobão. 14/1/1985, Lewis, G.P. 1367.

Piptadenia adiantoides (Spreng.) J.F.Macbr.

Bahia

Baixa Grande: Ca. 5km NW de Baixa Grande na BA-052 (estrada do feijão). 21/6/1993, Queiroz, L.P. et al. 3319.

Barra da Estiva: 6km N. 14/6/1984, Hatschbach, G. et al. 47888.

Barra da Estiva: Serra do Sincorá. 15–19km W of Barra da Estiva, on the road to Jussiape. 22/3/1980, Harley, R.M. et al. 20729.

Encruzilhada: Margem do Rio Pardo. 23/5/1968, Belém, R.P. 3595.

Lençóis: Serras dos Lençóis. Shortly North of Lençóis. 21/5/1980, Harley, R.M. et al. 22248.

Una: Estrada Ilhéus-Una, ca. 35–40km ao sul de Olivença. 2/12/1981, Lewis, G.P. et al. 733.

Unloc.: Rodovia Itabuna-Uruçuca. 6/7/1965, Belém, R.P. 1320.

Unloc.: 1827, Martius, C.F.P. s.n.

Unloc.: Blanchet, J.S. 1551.

Piptadenia cf. ***fruticosa*** (Mart.) J.F.Macbr.

Bahia

Belmonte: Barrolândia, Estação Experimental Gregório Bondar CEPLAC, 48km east of BR-101 on road to Belmonte. 13/5/1993, Thomas, W.W. et al. 9933.

Piptadenia aff. ***fruticosa*** (Mart.) J.F.Macbr.

Bahia

Ilhéus: Km 10 da rodovia Ilhéus-Olivença. Ramal a direita. 27/6/1979, Mattos Silva, L.A. et al. 517.

Porto Seguro: Reserva Florestal de Porto Seguro. Próximo à estrada municipal, km 8, 500. 4/7/1990, Folli, D.A. 1191.

Belmonte: Estrada Belmonte-Itapebi km 31. 13/8/1981, Brito, H.S. et al. 97.

Piptadenia irwinii G.P.Lewis var. ***irwinii***

Bahia

Jacobina: Serra do Tombador, ca. 10km W de Curral Velho, este povoado a ca. 1km W da BA-421 (Jacobina-Piritiba), entrada a ca. 14km S da BA-324. Fazenda Várzea da Pedra. 21/8/1993, Queiroz, L.P. et al. 3500.

Seabra: Ca. 28km N of Seabra , road to Água de Rega. 27/2/1971, Irwin, H.S. et al. 31171, HOLOTYPE - photo, Piptadenia irwinii G.P.Lewis.

Seabra: Ca. 28km N of Seabra , road to Água de Rega. 27/2/1971, Irwin, H.S. et al. 31171, ISOTYPE, Piptadenia irwinii G.P.Lewis.

Piptadenia cf. **irwinii** G.P.Lewis
Bahia

Maracás: Fazenda Tanquinho, ca. 20km N de Maracás no ramal para Fazenda Santa Rita, na estrada para Planaltino. 29–30/6/1993, Queiroz, L.P. et al. 3256.

Piptadenia irwinii G.P.Lewis var. **unijuga** G.P.Lewis
Bahia

Poções: Km 2 a 4 da estrada que liga Poções (BR-116) ao povoado de Bom Jesus da Serra (ao W de Poções). 5/3/1978, Mori, S. et al. 9501, HOLOTYPE - photo, Piptadenia irwinii G.P.Lewis var. unijuga G.P.Lewis.

Poções: Km 2 a 4 da estrada que liga Poções (BR-116) ao povoado de Bom Jesus da Serra (ao W de Poções). 5/3/1978, Mori, S. et al. 9501, ISOTYPE, Piptadenia irwinii G.P.Lewis var. unijuga G.P.Lewis.

Piptadenia killipii J.F.Macbr. var. **cacaophila** G.P.Lewis
Bahia

Ilhéus: Área do CEPEC (Centro de Pesquisas do cacau), km 22 da rodovia Ilhéus-Itabuna (BR-415). Quadra E. 12/5/1981, Hage, J.L. et al. 660.

Ilhéus: Área do CEPEC (Centro de Pesquisas do cacau), km 22 da rodovia Ilhéus-Itabuna (BR-415). Quadra D. Plantação de cacau. 17/6/1986, Hage, J.L. et al. 2082.

Jussari: 27/5/1966, Belém, R.P. et al. 2331.

Jussari: 27/5/1966, Belém, R.P. et al. 2345, HOLOTYPE - photo, Piptadenia killipii J.F.Macbr. var. cacaophila G.P.Lewis.

Jussari: 27/5/1966, Belém, R.P. et al. 2345, ISOTYPE, Piptadenia killipii J.F.Macbr. var. cacaophila G.P.Lewis.

Piptadenia loefgreniana Hoehne
Bahia

Buerarema: Próximo a São José. 1/6/1967, Lanna, J.P.S. 1445.

Piptadenia moniliformis Benth.
Bahia

Andaraí: Ca. 8km na estrada Andaraí-Mucugê. 14/4/1990, Carvalho, A.M. et al. 3032.

Andaraí: Margem do Rio Paraguaçu. 7/12/1980, Pirani, J.R. et al. CFCR 471.

Andaraí: Rio Coisa Boa. 23/11/1985, Hatschbach, G. et al. 50102.

Andaraí: Estrada nova entre Andaraí e Mucugê, a 5km ao SE de Andaraí. 4/3/1980, Mori, S. et al. 13417.

Andaraí: Betwenn Andaraí-Igatu. 24/1/1980, Harley, R.M. et al. 20550.

Araci: Near Araci. 2/11/1972, Ratter, J.A. et al. R-2708.

Barra: CA. 2–8km W de Barra na estrada para Ibotirama. 15/6/1994, Queiroz, L.P. et al. 3922.

Barreiras: Rio Brumado. 30/8/1979, Hatschbach, G. 42108.

Bom Jesus da Lapa: Ca. 8km da estrada Lapa-Ibotirama. 17/4/1983, Carvalho, A.M. et al. 1811.

Bom Jesus da Lapa: Km 5–10 da rodovia para Malhada. 5/4/1992, Hatschbach, G. et al. 56601.

Bom Jesus da Lapa: Basin of the upper São Francisco river. About 35km north of Bom Jesus da Lapa, on the main road to Ibotirama. 19/4/1980, Harley, R.M. et al. 21568.

Bom Jesus da Lapa: Basin of the upper São Francisco river. Fazenda Imbuzeiro da Onça, ca. 8km from Bom Jesus da Lapa,on by road to Calderão. 19/4/1980, Harley, R.M. et al. 21533.

Bom Jesus da Lapa: Ca. 16km na estrada de Bom Jesus da Lapa para Ibotirama. 10/6/1992, Carvalho, A.M. et al. 3951.

Casa Nova: BR-325. Entroncamento Sobradinho-Remanso km 65. 8/8/1994, Silva, G.P. et al. 2449.

Cristópolis: Rodovia BR-242. 14/1/1977, Hatschbach, G. 39490.

Cristópolis: Engenho Velho. 13/7/1979, Hatschbach, G. et al. 42314.

Feira de Santana: Campus da UEFS. 20/12/1984, Noblick, L.R. 2919.

Filadélfia: 6km from Filadélfia on theBA-385 to Itiúba. 18/2/1974, Harley, R.M. et al. 16147.

Formosa do Rio Preto: Monte Alegre. 25/5/1984, Silva, S.B. et al. 366.

Gentio do Ouro: Ca. 6–8km E de Gentio do Ouro, na estrada para Mirorós. 17/6/1994, Queiroz, L.P. et al. 3978.

Gentio do Ouro: 12km E of Gentio do Ouro on road to Boa Vista and Ibipeba. 22/2/1977, Harley, R.M. et al. 18912.

Gentio do Ouro: Serra do Açuruá. 1838, Blanchet, J.S. 2899, SYNTYPE, Piptadenia moniliformis Benth.

Gentio do Ouro: São Inácio: 4,8km S São Inácio on the road to Gentio do Ouro. 27/2/1977, Harley, R.M. et al. 19154.

Ibitiara: Ca. 40km W do entroncamento de Seabra, na BR-242. 23/7/1993, Queiroz, L.P. et al. 3416.

Ibotirama: Estrada Ibotirama-Bom Jesus da Lapa km 8. 1/7/1983, Coradin, L. et al. 6316.

Ibotirama: Rodovia (BR-242) Ibotirama-Barreiras km 30. 7/7/1983, Coradin, L. et al. 6597.

Itapicuru: Ca. 8km SE do entroncamento para Rio Real com a BR-349 (Itapicurú-Tobias Barreto), na BA-396. 20/12/1993, Queiroz, L.P. et al. 3757.

Jacobina: 2km a W da cidade, na estrada para Feira de Santana. 3/4/1986, Carvalho, A.M. et al. 2367.

Jacobina: Serra de Jacobina. Moricand, M.E. 2701, SYNTYPE, Piptadenia moniliformis Benth.

Jeremoabo: Ca. 23km E de Canudos na estrada para Jeremoabo (BR-235). 26/8/1996, Queiroz, L.P. et al. 4641.

Mirangaba: 23/4/1981, Fonseca, W.N. 394.

Mirangaba: 23/4/1981, Fonseca, W.N. 397.

Morro do Chapéu: Distrito de Tamboril. 4/4/1986, Carvalho, A.M. et al. 2419.

Morro do Chapéu: Rodovia Morro do Chapéu-Irecê (BA-052) km 21. 29/6/1983, Coradin, L. et al. 6251.

Morro do Chapéu: Ca. 1km E do entroncamento para Cafarnaum, na BA-052 (estrada do feijão). 22/8/1993, Queiroz, L.P. et al. 3535.

Morro do Chapéu: Ca. 29km na estrada BA-052, Morro do Chapéu para Xique-Xique. Carvalho, A.M. et al. 2866.

Mucugê: Estrada Andaraí-Mucugê, a 4–5km de Andaraí. Mata próximo ao Rio Paraguaçu. 8/9/1981, Pirani, J.R. et al. CFCR 2068.

Palmeiras: Rodovia BR-242, 2km antes do entroncamento para Palmeiras. 11/9/1990, Lima, H.C. et al. 3957.

Paulo Afonso: Estação Ecológica do Raso da Catarina. 24/6/1982, Queiroz, L.P. 313.

Paulo Afonso: BR-110 road from Paulo Afonso to Jeremoabo, 39–46km S of Paulo Afonso. 7/6/1981, Mori, S. et al. 14235.

?Remanso. 12/1906, Ule, E. 7381.

Ribeira do Pombal: 1km ao oeste do povoado de Tapera. 1/3/1984, Noblick, L.R. 2963.

Santa Rita de Cássia: Estrada Santa Rita de Cássia-Entroncamento, rodovia Barreiras-Correntes km 47. 17/6/1983, Coradin, L. et al. 5756.

Saúde: Cachoeira do Paulista. Entrada no km 10 da estrada Saúde-Jacobina. Ca. 6km a partir a entrada. 22/2/1993, Jardim, J.G. et al. 80.

Tabocas do Brejo Velho: Ca. 101km W de Ibotirama na BR-242. 11/10/1994, Queiroz, L.P. et al. 4073.

Tucano: Km 7 a 10 na estrada da Tucano para Ribeira do Pombal. 21/3/1992, Carvalho, A.M. et al. 3896.

Tucano: Rodovia Ribeira do Pombal-Tucano, km 24. 16/6/1994, Sant'Ana, S.C. et al. 527.

Umburanas: Lagoinha: 18km north west of Lagoinha (which is 5,5km SW of Delfino), on side road to Minas do Mimoso. 7/3/1974, Harley, R.M. et al. 16951.

Umburanas: Lagoinha: 8km NW of Lagoinha (which is 5,5km SW of Delfino), on side road to Minas do Mimoso. 5/3/1974, Harley, R.M. et al. 16801.

Ceará

Missão Velha: 14km E of Missão Velha, Fortaleza-Crato highway, BR-116. 13/2/1985, Gentry, A. et al. 50071.

Paraíba

Santa Rita: 20km do centro de João Pessoa, Usina São João, Tibirizinho. 5/3/1992, Agra, M.F. et al. 1489.

Unloc.: 6/2/1959, Moraes, J.C. 2038.

Pernambuco

Afrânio: BR-407. Petrolina-Afrânio km 66. 6/8/1994, Silva, G.P. et al. 2437.

Buíque: Estrada Buíque-Catimbau. 6/5/1995, Figueiredo, L.S. et al. 36.

Buíque: Estrada Buíque-Catimbau. 6/5/1995, Figueiredo, L.S. 48.

Ibimirim: Estrada Ibimirim-Petrolândia. 10/3/1995, Menezes, E. et al. 48.

Ibimirim: Estrada Ibimirim-Petrolândia. 19/7/1995, Sales, M.F. et al. 633.

Ibimirim: Estrada Ibimirim-Petrolândia. 10/3/1995, Rodal, M.J.N. et al. 493.

Malhada da Areia: 8/7/1981, Paula, J.E. et al. 1482.

Piauí

Agricolândia: Tamboril. 23/7/1979, Silva, F.C. 44.

Agricolândia: Placa Paraíso. 19/3/1984, Silva, S.B. et al. 325.

Colônia do Piauí: Km 32. 17/3/1994, Alcoforado Filho, F.G. 332.

Colônia do Piauí: Paraguai. 11/2/1995, Alcoforado Filho, F.G. 361.

Cristino Castro: Rodovia Bom Jesus-Canto do Buriti km 44. 20/6/1983, Coradin, L. et al. 5907.

Jaicós: Ca. 60km east of Picos. By roadside restaurant km 71. 15/7/1962, Eiten, G. et al. 4921.

Palmeira do Piauí: Próximo ao Riacho Anajá. 6/4/1984, Santos, M.M. et al. 73.

Picos: 19km east of city of Picos. 6/3/1970, Eiten, G. 10840.

São Raimundo Nonato: 10km N da Fundação Ruralista na estrada para São Raimundo Nonato. Fazenda Abacaxi. 21/1/1982, Lewis, G.P. et al. et al. 1143.

São Raimundo Nonato: 5km da Fundação Ruralista (Sede) na estrada para Vitorino, a. 220km ENE de Petrolina. 17/1/1982, Lewis, G.P. et al. 1093.

São Raimundo Nonato: Vitorino, 12km E da Fundação Ruralista (Sede), ca. 220km ENE de Petrolina. Fazenda Laboratório Vitorino. 17/1/1982, Lewis, G.P. et al. 1104.

Teresina: 36km northwest of Picos on BR-316 to Teresina. 24/1/1993, Thomas, W.W. et al. 9611.

Mun.?: Common between Boa Esperança and Santa Ana das Merces. 3/1939, Gardner, G. 2139, SYNTYPE, Piptadenia moniliformis Benth.

Rio Grande do Norte

Mossoró: Estrada para as Salinas de Areia Branca. 26/1/1974, Carauta, P. 1699.

Natal: Natal-João Pessoa km 34. 29/12/1975, s.coll.

Piptadenia obliqua (Pers.) J.F.Macbr. subsp. ***brasiliensis*** G.P.Lewis

Bahia

Jequié: Estrada que liga Jequié a Lafayete Coutinho, ca. 11–17km W de Jequié. 19/11/1978, Mori, S. et al. 11224.

Jequié: Chácara Provisão, ca. 4km a E de Jequié. 6/5/1979, Mori, S. et al. 11837.

Poções: 2 a 4km na estrada que liga Poções (BR-116) ao povoado de Bom Jesus da Serra (ao W de Poções). 5/3/1978, Mori, S. et al. 9496.

Poções: Km 10 da estrada que liga Poções (BR-116) ao povoado de Bom Jesus da Serra (ao W de Poções). 5/3/1978, Mori, S. et al. 9519, HOLOTYPE - photo, Piptadenia obliqua (Pers.) J.F.Macbr. subsp. brasiliensis G.P.Lewis.

Poções: Km 10 da estrada que liga Poções (BR-116) ao povoado de Bom Jesus da Serra (ao W de Poções). 5/3/1978, Mori, S. et al. 9519, ISOTYPE, Piptadenia obliqua (Pers.) J.F.Macbr. subsp. brasiliensis G.P.Lewis.

Presidente Jânio Quadros: 9/4/1984, Oliveira Filho, L.C. et al. 156.

Presidente Jânio Quadros: 8km depois de Maeatinga, no trecho que liga o km 25 da estada Anagé-Aracatu à cidade de Presidente Jânio Quadros. 19/11/1993, Sant'Ana, S.C. et al. 234.

Presidente Jânio Quadros: A beira da Lagoa Formosa. 28/3/1984, Brazão, J.E.M. 291.

Piptadenia paniculata Benth.

Bahia

Jacobina: Estrada Jacobina-Itaitú, ca. De 22km a partir da sede do município. 21/2/1993, Amorim, A.M. et al. 986.

Jussari: 32km west of BR-101 on road to Jussari. 2/2/1994, Thomas, W.W. et al. 10213.

Santa Cruz Cabrália: 15/7/1966, Belém, R.P. et al. 2579.

Vitória da Conquista: 1km south of BR-415, 14km east of Vitória da Conquista. 22/3/1996, Thomas, W.W. et al. 11101.

Piptadenia ramosissima Benth.
Untraced Locality

Possibly collected in Bahia. 1827, Martius, C.F.P. von s.n., TYPE, Piptadenia ramosissima Benth.

Piptadenia santosii Barneby ex G.P.Lewis
Bahia

Itamaraju: BR-101, km 2 ao sul de Itamaraju. 11/2/1972, Santos, T.S. 2236, HOLOTYPE - photo, Piptadenia santosii Barneby ex G.P.Lewis.

Itamaraju: BR-101, km 2 ao sul de Itamaraju. 11/2/1972, Santos, T.S. 2236, ISOTYPE - photo, Piptadenia santosii Barneby ex G.P.Lewis.

Itamaraju: Rodovia Itamaraju-Prado. 19/1/1974, Santos, T.S. 2729.

Piptadenia stipulacea (Benth.) Ducke
Bahia

Boa Vista do Tupim: Ca. 3km após a balsa para travessia do Rio Paraguaçu, para João Amaro, na estrada para Boa Vista do Tupim. 27/4/1994, Queiroz, L.P. et al. 3883.

Bom Jesus da Lapa: Basin of the upper São Francisco river. Ca. 28km SE of Bom Jesus da Lapa, on the Caetité road. 16/4/1980, Harley, R.M. et al. 21420.

Brotos de Macaúbas: Estrada Ibotirama-Lençóis (BR-242) km 80. 9/9/1992, Coradin, L. et al. 8525.

Campo Formoso: Estrada Alagoinhas-Água Preta km 3. 26/6/1983, Coradin, L. et al. 6037.

Gentio do Ouro: 16km from Gentio do Ouro NW along road to São Inácio. 23/2/1977, Harley, R.M. et al. 18962.

Irecê: Estação Expermental da EPABA em Central. 18/2/1981, Bastos, B.C. 76.

Jacobina: Rodovia Jacobina-Umburanas km 2. 20/9/1992, Coradin, L. et al. 8689.

Jaguarari: Rodovia Juazeiro-Senhor do Bonfim (BR-407) km 100. 25/6/1983, Coradin, L. et al. 6012.

Jaguarari: Rodovia Juazeiro-Senhor do Bonfim (BR-407) km 100. 25/6/1983, Coradin, L. et al. 6014.

Jeremoabo: Ca. 23km E de Canudos na estrada para Jeremoabo (BR-235). 26/8/1996, Queiroz, L.P. et al. 4642.

Maracás: 26km na estrada Maracás-Tamburí. 20/4/1983, Carvalho, A.M. et al. 1863.

Morro do Chapéu: Rodovia BA-052, km 289. 8/9/1990, Lima, H.C. et al. 3910.

Novo Remanso: Aterro do terminal pesqueiro da barragem da Hidroelétrica de Sobradinho-Novo Remanso. 22/6/1983, Coradin, L. et al. 5936.

Paulo Afonso: Estação Ecológica do Raso da Catarina. 24/2/1982, Queiroz, L.P. 310.

Santa Terezinha: Ca. 2km S de Santa Terezinha, entre Santa Terezinha e o entroncamento para Pedra Branca. 11/4/1994, Queiroz, L.P. et al. 3813.

Saúde: Ca. 11km S de Saúde, a 23km N da BR-324. 23/8/1993, Queiroz, L.P. et al. 3567.

Seabra: Ca. 3km S de Lagoa do Chure na estrada para Seabra (Seabra-Lagoa da Boa Vista). 22/6/1993, Queiroz, L.P. et al. 3370.

Tucano: Ca. 6km S de Tucano, na BR-116. 23/3/1993, Queiroz, L.P. et al. 3115.

Vitória da Conquista: 1km south of BR-415, 14km east of Vitória da Conquista. 22/3/1996, Thomas, W.W. et al. 11106.

Ceará

Mundo Novo: West from Barra do Jardim. 12/1838, Gardner, G. 1943, TYPE, Piptadenia stipulacea (Benth.) Ducke.

Quixeré: Chapada do Apodí. Fazenda Mato Alto (Manga do Mamoeiro). 16/6/1997, Melo, L.M.R. et al. 125.

Quixeré: Distrito de Quixeré. Chapada do Apodi. Fazenda Mato Alto (Manga do Cedro). 17/6/1997, Barros, E.O. et al. 138.

Mun.?: Sítio Bouqueirão. Serra. 1/8/1979, Silva, F.C. 71.

Pernambuco

Buíque: Catimbau, Serra do Catimbau. 19/8/1994, Rodal, M.J.N. 306.

Buíque: Fazenda Laranjeiras. 19/5/1995, Inácio, E. et al. 47.

Buíque: Fazenda Laranjeiras. 16/6/1995, Andrade, K. et al. 87.

Buíque: Fazenda Laranjeiras. 5/5/1995, Rodal, M.J.N. et al. 537.

Caruaru: Murici, Brejo dos Cavalos, Parque Ecológico Municipal. 1/6/1995, Melo, M.R.C.S. 45.

Caruaru: Murici, Brejo dos Cavalos, Parque Ecológico Municipal. 1/6/1995, Melo, M.R.C.S. 41.

Ibimirim: Estrada Ibimirim-Petrolândia. 19/7/1995, Rodal, M.J.N. et al. 600.

Inajá: Reserva Biológica de Serra Negra. 5/6/1995, Tschá, M.C. et al. 126.

Salgueiro: BR-116 tervo Belém do São Francisco-Salgueiro, km 34. 11/8/1994, Silva, G.P. et al. 2460.

Mun.?: Near Pernambuco. Gardner, G. 978.

Piauí

Campo Maior: Fazenda Sol Posto. 21/4/1994, Nascimento, M.S.B. 130.

São João do Piauí: Porfírio. 3/3/1994, Alcoforado Filho, F.G. et al. 447.

São João do Piauí: Fazenda Experimental Octávio Domingues. 13/4/1994, Carvalho, J.H. et al. 453.

Unloc.: 1841, Gardner, G. 1943.

Rio Grande do Norte

Barauna: Estrada de Jucurí a Taboleiro do Norte. 31/5/1984, Collares, J.E.R. et al. 140.

Mossoró: Rodvia Grossos-Tibaú km 6. 12/8/1994, Silva, G.P. et al. 2473.

Piptadenia viridiflora (Kunth) Benth.
Bahia

Aracatu: Ca. 46km na rodovia de Brumado para Vitória da Conquista. 29/12/1989, Carvalho, A.M. et al. 2720.

Aracatu: Estrada que liga Umburanas e Ourives. 27/3/1984, Brazão, J.E.M. 285.

Barra da Estiva: Side road ca. 2km from Barra da Estiva, about 12km N of Senhor do Bonfim on the BA-130 to Juazeiro. 27/2/1974, Harley, R.M. et al. 16515.

Barreiras: Estrada para o aeroporto de Barreiras. Coletas entre 5 a 15km a partir da sede do muncípio. 11/6/1992, Carvalho, A.M. et al. 4074.

Bom Jesus da Lapa: Basin of the upper São Francisco river. Fazenda Imbuzeiro da Onça, ca. 8km from Bom Jesus da Lapa, on by road to Calderão. 19/4/1980, Harley, R.M. et al. 21526.

Bom Jesus da Lapa: Arredores. 17/6/1986, Hatschbach, G. et al. 50468.

Bom Jesus da Lapa: Ca. 16km na estrada de Bom Jesus da Lapa para Ibotirama. 10/6/1992, Carvalho, A.M. et al. et al. 3953.

Brotas de Macaúbas: Ca. 14km N do entroncamento com a BR-242, na BA-156 (para Brotas de Macaúbas). 23/7/1993, Queiroz, L.P. et al. 3418.

Brumado: Ca. 15km na rodovia Brumado-Caetité. 27/12/1989, Carvalho, A.M. et al. 2643.

Caetité: Ca. 15km N de Caetité, na estrada para Maniaçu. 28/10/1993, Queiroz, L.P. et al. 3637.

Irecê: Próximo a Angical, margem da estrada. 8/10/1980, Oliveira, E.L.P.G. 196.

Livramento do Brumado: Ca. 1km N de Liramento do Brumado, ao longo do Rio Brumado. 29/10/1993, Queiroz, L.P. et al. 3655.

Morro do Chapéu: Tareco, a ca. 6km N da BA-052 (estrada do feijão), entrando a ca. 30km W de Morro do Chapéu. 22/8/1993, Queiroz, L.P. et al. 3534.

Morro do Chapéu: Rodovia BA-052, Km 349, próximo ao Rio Vereda, Fazenda 3M. 9/9/1990, Lima, H.C. et al. 3923.

Morro do Chapéu: Rodovia para Utinga, ramal para a torre da TELEBAHIA. 8/9/1990, Lima, H.C. et al. 3890.

Presidente Jânio Quadros: 8km depois de Maeatinga, no trecho que liga o km 25 da estada Anajé-Aracatu à cidade de Presidente Jânio Quadros. 19/11/1993, Sant'Ana, S.C. et al. 233.

Poções: Km 10 da estrada que liga Poções (BR-116) ao povoado de Bom Jesus da Serra (ao W de Poções). 5/3/1978, Mori, S. et al. 9521.

Riachão das Neves: Ca. 23km N da BR-242, na estrada para Riachão das Neves (BR-135). 13/10/1994, Queiroz, L.P. et al. 4116.

Rio de Contas: Rodovia para Livramento do Brumado. 16/9/1989, Hatschbach, G. et al. 53363.

Senhor do Bonfim: 20km da cidade no sentido de Juazeiro. 25/12/1984, Silva, R.M. et al. CFCR 7573.

Tabocas: 5km to the north of Tabocas, wich is 10km NW of Serra Dourada. 1/5/1980, Harley, R.M. et al. 22000.

Vitória da Conquista: Ca. 14km na rodovia Vitória da Conquista-Brumado. 26/12/1989, Carvalho, A.M. et al. 2602.

Paraíba

Mun.?: Regiões secas. 5/12/1958, Moraes, J.C. 1999.

Pernambuco

Salgueiros: Fazenda Cedro. 8/7/1981, Paula, J.E. et al. 1476.

Piauí

São Raimundo Nonato: Fundação Ruralista. 1/12/1981, Pearson, H.P.N. 59.

São Raimundo Nonato: Fundação Ruralista (Sede) ca. 8–10km NNE de Curra Novo, 220km ENE de Petrolina. 19/1/1982, Lewis, G.P. et al. 1121.

São Raimundo Nonato: Road from Curral Novo to Fundação Ruralista (sede). 15/1/1982, Lewis, G.P. et al. 1079.

Mun.?: District of Paranaguá. 8/1839, Gardner, G. 2558, TYPE, Acacia viridiflora Kunth.

Piptadenia sp. nov.

Bahia

Castro Alves: Topo da Serra da Jibóia, em torno da torre de televisão. 18/6/1993, Queiroz, L.P. et al. 3239.

Pithecellobium diversifolium Benth.

Bahia

Jacobina: Serra da Jacobina. 1837, Blanchet, J.S. 2670, SYNTYPE - photo, Pithecellobium diversifolium Benth.

Paulo Afonso: 15–20km NW of Paulo Afonso on airport road that eventually leads to Petrolândia. 6/6/1981, Mori, S. et al. 14229.

Tucano: Distrito de Caldas do Jorro. Estrada que liga a sede do distrito à estrada Araci-Tucano. 2/3/1992, Carvalho, A.M. et al. 3877.

Tucano: Distrito de Caldas do Jorro. Estrada que liga a sede do distrito à estrada Araci-Tucano. 2/3/1992, Carvalho, A.M. et al. 3882.

Mun.?: Mina Caraíba. 17/3/1973, Castellanos, A. 25813.

?Xique-Xique: Xique-Xique und São Inácio. 2/1907, Ule, E. 7531.

Pernambuco

Inajá: Reserva Biológica de Serra Negra. 3/6/1995, Laurênio, A. et al. 71.

Piauí

Mun.?: Banks of the Rio Parnaíba. 8/1839, Gardner, G. 2554, SYNTYPE, Pithecellobium diversifolium Benth.

Pithecellobium dulce (Roxb.) Benth.

Bahia

Ilhéus: 4/1/1982, Carvalho, A.M. et al. 1009.

Piauí

São Raimundo Nonato: Fundação Ruralista (Sede) ca. 8–10km NNE de Curral Novo e 220km ENE de Petrolina. 20/1/1982, Lewis, G.P. et al. 1133.

Plathymenia reticulata Benth.

Bahia

Abaíra: Baixa da Onça. 30/5/1994. Ganev, W. 3272.

Abaíra: Guarda Mor, próximo a Serrinha. 15/9/1993. Ganev, W. 2236.

Abaíra: Malhada da Areia, próximo a roça de Cezaltino. 28/10/1992. Ganev, W. 1381.

Barreiras: Estrada para Ibotirama, BR-242. Coletas no km 21 a partir da sede do município. 13/6/1992, Amorim, A.M. et al. 582.

Barreiras: Estrada para o Aeroporto de Barreiras. Coletas entre 5 a 15km a partir da sede do município. 11/6/1992, Carvalho, A.M. et al. 3990.

Brejinho das Ametistas: Serra Geral de Caetité, 1,5km S of Brejinho das Ametistas. 11/4/1980, Harley, R.M. et al. 21235.

Buerarema: Km 5 da Rodovia São José-Una. Fazenda Alto da Luzia. 8/12/1979, Lobão, D.E. et al. 3.

Caetité: Ca. 7km S de Caetité, na estrada para Brejinho das Ametistas. 27/10/1993, Queiroz, L.P. et al. 3609.

Jacobina: Serra de Jacobina. Blanchet, J.S. 3375.

Jacobina: Cachoeira do Aníbal, na saída da cidade no sentido Jacobina-Capim Grosso. 25/10/1995, Jardim, J.G. et al. 703.

Livramento do Brumado: Ca. 5km N de Livramento, na estrada para Rio de Contas. Encosta ocidental da Serra do Rio de Contas. 28/10/1993, Queiroz, L.P. et al. 3665.

Rio de Contas: Ca. 5km N de Rio de Contas na estrada para Brumadinho. 29/10/1993, Queiroz, L.P. et al. 3676.

Ceará

Crato: Near Crato. 10/1838, Gardner, G. 1589, TYPE, Plathymenia foliolosa Benth.

Prosopis juliflora (Sw.) DC.

Bahia

Irecê: Rodovia BA-052, 6km antes de Irecê. 11/9/1990, Lima, H.C. et al. 3954.

Morro do Chapéu: Tareco, ca. 6km N da BA-052 (estrada do feijão), entrando a ca. 30km W de Morro do Chapéu. 22/8/1993, Queiroz, L.P. et al. 3532.

Xique-Xique: Vale do Rio São Francisco, ca. 8km SW de Xique-Xique, na estrada para Barra. 14/6/1994, Queiroz, L.P. et al. 3897.

Paraíba

João Pessoa: Jardim Botânico. 4/1/1952, Ducke, A. s.n.

Pernambuco

Itamaracá: Ilha de Itamaracá-Pilar. 1980, Paula, J.E. 1391.

Piauí

Raimundo Nonato: Fundação Ruralista (Sede), 8-10km NNE of Curral Novo, 220km ENE of Petrolina. 16/1/1982, Lewis, G.P. et al. 1085.

Prosopis ruscifolia Griseb.

Pernambuco

Mun.?: Cachoeira do Roberto. 3/5/1912, Luetzelburg, Ph von 1418.

Pseudopiptadenia bahiana G.P.Lewis & M.P.Lima

Bahia

Baixa Grande: 10/9/1956, Pereira, E. 2001.

Cachoeira: Riacho Cungú. Vale dos Rios Paraguaçu e Jacuípe. 11/1980, Pedra Cavalo, G. 944.

Conceição de Feira: Margem direita do Rio Paraguaçu. 17/2/1981, Carvalho, A.M. et al. 564.

Dom Macedo Costa: Fazenda Mocambo. 5/7/1985, Noblick, L.R. et al. 3980.

Ipiaú: Estrada para Jequié. 2/11/1970, Santos, T.S. 1257.

Itapebi: Fazenda Ventania, Rodovia Ventania-Itapebi. 8/11/1967, Pinheiro, R.S. et al. 379.

Jacobina: Estrada Jacobina-Itaitú, ca. 30km a partir da sede do município, na Cachoeira Pequena. 21/2/1993, Amorim, A.M. et al. 1009.

Jequié: Km 20 da estrada Jequié para Contendas do Sincorá. 23/12/1981, Lewis, G.P. et al. 985.

Jequié: BR-116, a 15km ao N de Jequié. 13/7/1979, Mori, S. et al. 12188.

Jequié: Rodovia BR-330, trecho Jequié-Ipiaú, 4km a L de Jequié. 14/7/1979, Mori, S. et al. 12223, HOLOTYPE - photo, Pseudopiptadenia bahiana G.P.Lewis & M.P.Lima.

Jequié: Rodovia BR-330, trecho Jequié-Ipiaú, 4km a L de Jequié. 14/7/1979, Mori, S. et al. 12223, ISOTYPE, Pseudopiptadenia bahiana G.P.Lewis & M.P.Lima.

Mun.?: Rio Novo. Fazenda Água Branquinha. 17/12/1930, Pedrosa, R. s.n.

Pseudopiptadenia brenanii G.P.Lewis & M.P.Lima

Bahia

Bom Jesus da Lapa: BR-430, trecho Bom Jesus da Lapa-Riacho de Santana. 1/8/1979, Oliveira Filho, L.C. 36.

Boninal: 20/6/1978, s.c. 36.

Brejinho das Ametistas: 1,5km S of Brejinho das Ametistas. 11/4/1980, Harley, R.M. et al. 21257.

Caetité: Local chamado Brejinho das Ametistas, 2km a SW da sede do povoado. 15/4/1983, Carvalho, A.M. et al. 1769.

Caetité: Ca. 14km SW of Caetité by road to Morrinhos, and ca. 15km W along this road from the junction with the Caetité-Brejinho das Ametistas road. 13/4/1980, Harley, R.M. et al. 21346, ISOTYPE, Pseudopiptadenia brenanii G.P.Lewis & M.P.Lima.

Ibicoara: 23/6/1978, Araújo, A.P. 36.

Itiruçu: Entre Itiruçu e Maracás. 23/1/1965, Pereira, E. et al. 9652.

Livramento do Brumado: Ca. 8km E de Maniaçu na estrada para Itanajé. 28/10/1993, Queiroz, L.P. et al. 3648.

Livramento do Brumado: 10km along estrada de terra from Livramento do Brumado to Rio de Contas. 27/3/1991, Lewis, G.P. et al. 1899.

Morro do Chapéu: Distrito de Tamboril. 4/4/1986, Carvalho, A.M. et al. 2418.

Mucugê: A 13km de Mucugê. 16/12/1984, Lewis, G.P. et al. CFCR 7002.

Mucugê: Estrada Mucugê-Andaraí. 17/12/1984, Lewis, G.P. et al. CFCR 7101.

Palmas de Monte Alto: Serra Palmas de Monte Alto. Silva, S.B. s.n.

Seabra: Ca. 28km N of Seabra, road to Água de Rega. 27/2/1971, Irwin, H.S. et al. 31172.

Seabra: Ca. 3km na estrada para Gado Bravo, a ca. 18km W do entroncamento para Seabra na BR-242. 22/6/1993, Queiroz, L.P. et al. 3327.

Seabra: Rio Riachão, ca. 27km N of Seabra, road to Água de Rega. 25/2/1971, Irwin, H.S. et al. 30987.

Pseudopiptadenia contorta (DC.) G.P.Lewis & M.P.Lima

Bahia

Abaíra: Povoado da Tromba. 18/12/1992. Ganev, W. 1671.

Abaíra: Estrada Catolés-Ribeirão, próximo ao escorregador, próximo ao Mendonça de Deaniel Abreu. 10/9/1992. Ganev, W. 1067.

Água de Rega: Ca. 1km N of Água de Rega, road to Cafarnaum. 28/2/1971, Irwin, H.S. et al. 31249.

Almadina: Rodovia Almadina-Ibitupà, entrada a 7km da sede do município. Serra dos Sete-Paus, ca. 12km da entrada, Fazenda Cruzeiro do Sul. Margem do Rio Almada, próximo a nascente. 12/9/1997, Jardim. J.G. et al. 1112.

Almadina: Rodovia Almadina-Ibitupà, entrada ca. 5km da sede do município. Fazenda Cruzeiro do Sul.Serra dos Sete-Paus, ca. 8km da entrada. Área do Inventário Florestal e Fitossociológico. 21-25/1/1998, Jardim. J.G. et al. 1261.

Andaraí: By River Paraguaçu near Andaraí. 25/1/1980, Harley, R.M. et al. 20669.

Barra do Choça: Estrada que liga São Sebastião a Barra do Choça, 7km ao SE de São Sebastião. 21/11/1978, Mori, S. et al. 11264.

Belmonte: Estação Experimental Gregório Bondar. 28/11/1987, Santos, T.S. et al. 4335.

Boninal: Nova Colina. 24/11/1985, Hatschbach, G. et al. 50149.

Campo Formoso: Brejão da Caatinga. 4/9/1981, Pinto, G.C.P. 321.

Encruzilhada: Saída para Divisópolis. 25/5/1968, Belém, R.P. 3645.

Ilhéus: Ca. 9km na estrada Olivença-Maruim. 9/10/1989, Carvalho, A.M. et al. 2551.

Iraquara: Ca. 4km S de Água de Rega na estrada para Lagoa da Boa Vista. 22/7/1993, Queiroz, L.P. et al. 3393.

Iraquara: Ca. 4km S de Água de Rega na estrada para Lagoa da Boa Vista. 22/7/1993, Queiroz, L.P. et al. 3387.

Itamaraju: Fazenda Guanabara, 5km NW de Itamaraju. 6/12/1981, Lewis, G.P. et al. 774.

Itabela: Estrada a Guaratinga. 17/5/1971, Santos, T.S. 1659.

Jacobina. Serra do Tombador, ca. 10Km W de Curral Velho, este povoado a ca. De 1Km W da BA-421 (Jacobina-Piritiba), entrando a ca. 14Km S da BR-324. Fazenda Varzea da Pedra (ex Fazenda Sao José). 21/08/1993. Queiroz, L.P. et al. 3502.

Jaguaquara: 24/1/1965, Lanna, J.P.S. et al. 713.

Jequié: Rodovia BR-4, entroncamento, Jaguaquara, entre Jequié e Feira de Santana. 5/10/1963, Santos, E. s.n.

Livramento do Brumado: Ca. 8km E de Maniaçu na estrada para Itanajé. 28/10/1993, Queiroz, L.P. et al. 3647.

Lençóis: Ca. 5km da estrada de Lençóis para BR-242. 22/12/1981, Carvalho, A.M. et al. 1085.

Maracás: BA-250, a 42km a E de Maracás. 13/7/1979, Mori, S. et al. 12171.

Maracás: 8 a 18km ao S de Maracás, pela antiga rodovia para Jequié. 15/2/1979, Santos, T.S. 3478.

Maracás: Rodovia BA-250, 13–25km a E de Maracás. Margem da estrada. 18/11/1978, Mori, S. et al. 11144.

Miguel Calmon: Ca. 6km N de Miguel Calmon na estrada para Urubu (=Lagoa de Dentro). 21/8/1993, Queiroz, L.P. et al. 3528.

Porto Seguro: Próximo à antiga casa velha de tábua. 11/1/1990, Folli, D.A. 1045.

Porto Seguro: Reserva Florestal de Porto Seguro. EstádioMunicipal, km 1,100, lado esquerdo. 8/11/1989, Folli, D.A. 994.

Prado: Reserva Florestal de Holanda Indústrias S.A.; the entrance at km 18 east of Itamaraju on road to Prado, 8km from entrance. 22/10/1993, Thomas, W.W. et al. 10161.

Seabra: Ca. 3km na estrada para Gado Bravo, a ca. 18km W do entroncamento para Seabra na BR-242. 22/6/1993, Queiroz, L.P. et al. 3325.

Seabra: Ca. 3km S de Lagoa do Chure na estrada para Seabra (Seabra-Lagoa da Boa Vista). 22/6/1993, Queiroz, L.P. et al. 3366.

Seabra: Ca. 26km N of Seabra, road to Água de Rega, near Rio Riachão. 23/2/1971, Irwin, H.S. et al. 30804.

Una: Reserva Biológica do Mico-leão (IBAMA). Entrada no km 46 da rodovia BA-001 Ilhéus-Una. Coletas efetuadas na picada paralela do Rio Maruim. 14/9/1993, Amorim, A.M. et al. 1362.

Una: Reserva Biológica do Mico-leão (IBAMA). Entrada no km 46 da rodovia BA-001 Ilhéus-Una. Picada da Bandeira. 27/7/1993, Carvalho, A.M. et al. 4309.

Vitória da Conquista: Ca. 14km na rodovia Vitória da Conquista-Brumado. 26/12/1989, Carvalho, A.M. et al. 2601.

Mun.?: Rodovia Banco Central a Gongugi. 17/3/1971, Pinheiro, R.S. 1162.

Unloc.: 9/1906, Ule, E. 6953.

Pseudopiptadenia warmingii (Benth.) G.P.Lewis & M.P.Lima

Bahia

Itamaraju: Fazenda Pau Brasil. 5/12/1981, Lewis, G.P. et al. 772.

Pseudosamanea guachapele (Kunth) Harms

Bahia

Ilhéus: Área do CEPEC (Centro de Pesquisas do Cacau), km 22 da rodovia Ilhéus-Itabuna (BR-415). Quadra D. 12/1/1989, Santos, T.S. 4484.

Samanea inopinata (Harms) Barneby & J.W.Grimes

Bahia

Poções: Ca. 48km NE de Vitória da Conquista na BR-116. 29/10/1993, Queiroz, L.P. et al. 3701.

Baixa Grande: Ca. 10km W de Baixa Grande na BA-052 (estrada do feijão). 25/7/1993, Queiroz, L.P. et al. 3454.

Caém: Ca. 2km S de Caém, a 13km N da BR-324, na encosta oriental da serra. 23/8/1993, Queiroz, L.P. et al. 3557.

Jacobina: Ramal a ca. 9km na rodovia BA-052, coletas a 5km ramal adentro para Riachão de Jacobina. 29/8/1990, Hage, J.L. et al. 2274.

Jacobina: Serra do Tombador, ca. 10km W de Curral Velho, este povoado a ca. 1km W da BA-421 (Jacobina-Piritiba), entrando a ca. 14km S da BR-324. Fazenda Várzea da Pedra. 21/8/1993, Queiroz, L.P. et al. 3505.

Jequié: BR-116, a 15km ao N de Jequié. 13/7/1978, Mori, S. et al. 12191.

Jequié: Km 20 na estrada Jequié-Contendas do Sincorá. 12/10/1983, Carvalho, A.M. et al. 1922.

Maracás: Rodovia BA-250, 13–25km a E de Maracás. 18/11/1978, Mori, S. et al. 11138.

Paraíba

Santa Rita: 20km do centro de João Pessoa, Usina São João, Tibirizinho. 14/7/1990, Agra, M.F. et al. 681.

Samanea saman (Jacq.) Merr.

Bahia

Ilhéus: Área do CEPEC (Centro de Pesquisas do Cacau), km 22 da rodovia Ilhéus-Itabuna (BR-415). 5/11/1987, Hage, J.L. 2180.

Samanea tubulosa (Benth.) Barneby & J.W.Grimes

Alagoas

Vila Nova: Banks of the Rio São Francisco near Vila Nova. 3/1838, Gardner, G. 1280, TYPE, Calliandra tubulosa Benth.

Stryphnodendron adstringens (Mart.) Coville
Bahia

Correntina: Roda Velha. 28/5/1984, Silva, S.B. et al. 371.

Piatã: Malhada da Aeia de Baixo, Campo Grande. 16/10/1992. Ganev, W. 1237.

Piatã: Platô no alto da Serra da Tromba, ca. 3km W da estrada Piatã-Abaíra, na estrada para Inúbia. 2/11/1996, Queiroz, L.P. et al. 4703.

Rio de Contas: 9km ao N da cidade na estrada para o povoado de Mato Grosso. 26/10/1988, Harley, R.M. et al. 25632.

Rio de Contas: Rodovia para Mato Grosso. 17/9/1989, Hatschbach, G. et al. 53406.

Rio de Contas: 18km WNW along road from Rio de Contas to the Pico das Almas. 21/3/1977, Harley, R.M. et al. 19805.

Stryphnodendron coriaceum Benth.
Bahia

Baianópolis. 27/7/1998, Ratter, J.A. et al. R 8044.

Barreiras: Rodovia BR-020, 50km O de Barreiras. 12/7/1979, Hatschbach, G. et al. 42298.

Barreiras: 7km S of Rio Piau, ca. 150km SW of Barreiras on road to Posse, Goiás. 12/4/1966, Irwin, H.S. et al. 14687.

Barreiras: 48km from Barreiras ate the beginning of the more westrn of the two roads to Barreiras. Coleta efetuada no km 30 da BR-242, rodovia Barreiras-Ibotirama. 4/6/1991, Brito, H.S. et al. 343.

Ceará

Unloc.: 1926, Bolland, G. s.n.

Piauí

Agricolândia: Tamboril. 23/7/1979, Silva, F.C. 34.

Stryphnodendron polyphyllum Mart. var. ***villosum*** Benth.
Bahia

Lençóis: Ca. 8km NW de Lençóis. Estrada para Barro Branco. 20/12/1981, Lewis, G.P. et al. 915.

Stryphnodendron pulcherrimum (Willd.) Hochr.
Bahia

Barra do Choça: Estrada que liga Barra do Choça à Fazenda Roda d'Água (Rio Catolé), 3–6km a E de Barra do Choça. 22/11/1978, Mori, S. et al. 11315.

Castro Alves: Serra da Jibóia (=Serra da Pioneira). 22/12/1992, Queiroz, L.P. et al. 2987.

Ilhéus: Ca. 9km na estrada Olivença-Maruim. 9/10/1989, Carvalho, A.M. et al. 2553.

Ilhéus: 9km sul de Ilhéus, estrada Ilhéus-Olivença. Cururupe. 29/11/1981, Lewis, G.P. et al. 716.

Itacaré: 6/1/1967, Belém, R.P. et al. 3007.

Itajuípe: Entre Itajuípe e Banco Central. 21/1/1965, Pereira, E. et al. 9566.

Ituberá: Km 11 da estrada Ituberá-Valença. Ramal 1 de acesso à estação da TELEBAHIA.Km 1 a 2. 5/2/1983, Carvalho, A.M. et al. 1468.

Maraú: 5/10/1965, Belém, R.P. 1822.

Maraú: Estada Ubaitaba-Porto de Campinhos, 5km N da entrada para Maraú em direção a Campinhos. 7/1/1982, Lewis, G.P. et al. 1022.

Porto Seguro: Próximo a estrada municipal, km 9.000, lado direito. 24/4/1991, Farias, G.L. 437.

Porto Seguro: Reserva Florestal de Porto Seguro. Aceiro com a CEPLAC, próximo à BR-667, lado direito. 10/1/1989, Folli, D.A. 854.

Santa Cruz Cabrália: 8/2/1967, Belém, R.P. et al. 3320.

Santa Cruz Cabrália: Estação Ecológica do Pau-Brasil, ca. 16km W of Porto Seguro. 26/11/1987, Maas, P.J.M. et al. 7026.

Santa Cruz Cabrália: 2–4km a W de Santa Cruz Cabrália, pela estrada antiga. 21/10/1978, Mori, S. et al. 10890.

Valença: 9km na estrada para Orobó, partindo da estrada BR-101-Valença. 10/1/1982, Lewis, G.P. et al. 1063.

Unloc.: Blanchet, J.S. 397, SYNTYPE, Stryphnodendron floribundum Benth.

Unloc.: Salzmann, P. s.n., SYNTYPE, Stryphnodendron floribundum Benth.

Unloc.: 10/1939, Menezes 135, TYPE - photo, Piptadenia cobi Rizz. & Mattos.

Pernambuco

Itamaracá: Islands of Itamaracá. 12/1837, Gardner, G. 986, SYNTYPE, Stryphnodendron floribundum Benth.

Sergipe

Santa Luzia: Estância-Santa Luzia a 6km da cidade na estrada para o Pontal. 23/1/1993, Pirani, J.R. et al. 2662.

Stryphnodendron rotundifolium Mart.
Bahia

Andaraí: Ca. 8km na estrada Andaraí-Mucugê. 14/4/1990, Carvalho, A.M. et al. 3029.

Andaraí: Ca. 8km na estrada Andaraí-Mucugê. Margem da rodovia. 20/4/1989, Mattos Silva, L.A. et al. 2806.

Barreiras: BR-242 para Brasília. 26/3/1984, Collares, J.E.R. et al. 122.

Barreiras: 68km W de Barreiras. 2/11/1987, Queiroz, L.P. et al. 2082.

Barreiras: Km 30 na estrada de Barreiras para Ibotirama, BR-242. 4/6/1991, Brito, H.S. et al. 342.

Barreiras: Estrada para Ibotirama, BR-242. Coletas no km 21 a partir da sede do município. 13/6/1992, Amorim, A.M. et al. 584.

Barreiras: Rio Piau, ca. 225km SW of Barreiras on road to Posse, Goiás. 12/4/1966, Irwin, H.S. et al. 14618.

Barreiras: Coleta efetuada no km 30 da BR-242, rodovia Barreiras-Ibotirama. 4/6/1991, Brito, H.S. et al. 342.

Mucugê: Estrada Mucugê-Andaraí. 18/12/1984, Lewis, G.P. et al. CFCR 7112.

Palmeiras: Km 232 da rodovia BR-242 para Ibotirama. Pai Inácio. 18/12/1981, Lewis, G.P. et al. 855.

Palmeiras: Lower slopes of Morro do Pai Inácio, ca. 14,5km NW of Lençóis just N of the main Seabra-Itaberaba road. 26/5/1980, Harley, R.M. et al. 22657.

Piauí

Caldas: Serra do Araripe, near Caldas. 12/1838, Gardner, G. 1945, TYPE, Stryphnodendron rotundifolium Mart.

Stryphnodendron sp.
Bahia

Lençóis: 2–5km N of Lençóis on trail to Barro Branco. 11/6/1981, Mori, S. et al. 14325.

Zapoteca filipes (Benth.)H.Hern.
Bahia

Anagê, km 10 a 15 da rodovia Conquisa-Anagê, 22/11/1972, Santos, T.S. 2492.

Zygia divaricata (Benth.) Pittier
Bahia
Correntina: Cidade de Correntina, margem do Rio Corrente nas Sete Ilhas. 9/8/1996, Jardim, J.G. et al. 884.

Zygia latifolia (L.) Fawc. & Rendle var. **glabrata** (Mart.) Barneby & J.W.Grimes
Bahia
Alvorada: A 270km de Brasília para Fortaleza. Rio Correntes. 2/7/1964, Pires, J.M. 58113.
Cachoeira: Geolândia. Vale dos Rios Paraguaçu e Jacuípe. 9/1980, Pedra Cavalo, G. 677.
Itabuna: Margem do Rio Cachoeira. 23/9/1965, Belém, R.P. 1791.
Mucuri: Próximo à ponte sobre o Rio Mucurí na BR-101. 15/9/1978, Mori, S. et al. 10555.
Utinga: Blanchet, J.S. 2764.

PAPILIONOIDEAE

Abrus precatorius L.
Bahia
Ilhéus: Pontal, Morro de Pernambuco, encosta voltada para o mar. 15/1/1990, Carvalho, A.M. 2730.
Maraú: Campinho. 3/2/1983, Carvalho, A.M. et al. 1450.
Maraú: Porto de Campinhos. 7/1/1982, Lewis, G.P. et al. 1027.
Santa Cruz Cabrália: 5km South of Santa Cruz Cabrália. 18/3/1974, Harley, R.M. et al. 17128.

Abrus precatorius L. subsp. **africanus** Verdc.
Piauí
Oeiras: Near Oeiras. 6/1839, Gardner, G. 2452.

Acosmium bijugum (Vogel) Yakovlev
Alagoas
Maceió: 16km S de Maceió. 2/2/1982, Kirkbride, J.H. 4624.
Bahia
Alcobaça: BA-001, Alcobaça-Prado, 5km NW de Alcobaça. 17/9/1978, Mori, S.A. et al. 10582.
Alcobaça: On the coast road between Alcobaça and Prado, 7km NW of Alcobaça and 1km along road from the Rio Itanhentinga. 15/1/1977, Harley, R.M. et al. 17952.
Alcobaça: 22km ao S de Prado, 2km da bifurcaçao Teixeira de Freitas-Alcobaça, estrada para Alcobaça, 2km N da cidade. 8/12/1981, Lewis, G.P. et al. 806.
Belmonte: 30/1/1967, Belém, R.P. et al. 3213.
Ilhéus: Luschnath, B. 1322.
Maraú: 12/1/1967, Belém, R.P. et al. 3085.
Maraú: Near Maraú, 20km N from road junction from Maraú to Ponta do Mutá. 3/2/1977, Harley, R.M. et al. 18537.
Maraú: Km 51 da estrada Ubaitaba-Maraú. 6/1/1982, Lewis, G.P. et al. 1010.
Maraú: Estrada Ponta do Mutá-Maraú, 8km do Porto. 6/2/1979, Mori, S.A. et al. 11409A.

Maraú: Estrada Ponta do Mutá-Maraú, 8km do Porto. 6/2/1979, Mori, S.A. et al. 11419.
Maraú: 20km de Maraú para o Porto de Campinhos. 22/5/1991, Carvalho, A.M. et al. 3267.
Maraú: 75km from Ubaitaba and BR-101 on road to Campinhos, past turn to Maraú. 1/2/1993, Kallunki, J.A. et al. 418.
Porto Seguro. Sellow, F. s.n.
Porto Seguro: ReBio do Pau-brasil, CEPLAC, 17km W from Porto Seguro on road to Eunápolis. 20/1/1977, Harley, R.M. et al. 18104.
Salvador: 35km NE of the city, 3km NE of Itapoa. 12/2/1981, Morawetz, W.M. 15-12281.
Salvador: 35km NE of the city, 3km NE of Itapoa. 17/2/1981, Morawetz, W.M. 17-17281.
Salvador: 35km NE of the city, 3km NE of Itapoa. 19/2/1981, Morawetz, W.M. 118-19281.
Salvador: Bairro of Itapuà, vicinity of airport, Dois de Julho. 23/5/1981, Mori, S.A. et al. 14086.
Salvador: 30km N da cidade, arredores do Aeroporto. 2/1/1982, Lewis, G.P. et al. 1002.
Salvador: Dunas de Itapuà, 30km ao norte da cidade, arredores do aeroporto. 21/1/1987, Harley, R.M. et al. 24108
Salvador: Dunas de Itapuà, próximo ao Condomínio Alameda da Praia, arredores da Lagoa Urubu. 30/10/1991, Queiroz, L.P. 2489.
Salvador: 30km N do centro da cidade, estrada para o aeroporto, arredores de Itapuà. 23/5/1981, Carvalho, A.M. et al. 709.
Salvador: 30km N do centro da cidade, estrada para o aeroporto, arredores de Itapuà. 23/5/1981, Carvalho, A.M. et al. 729.
Mun.?: Inter Victoria (?ES) et Bahia. Sellow, F. s.n., Possible ISOTYPE, Leptolobium bijugum Vogel.

Acosmium dasycarpum (Vogel) Yakovlev
Bahia
Caetité: Serra Geral de Caetité, 9km S of Brejinho das Ametistas. 12/4/1980, Harley, R.M. et al. 21291.
Caetité: Estrada Caetité-Bom Jesus da Lapa, km 22. 18/4/1983, Carvalho, A.M. et al. 1823.
Caetité: 20km SW de Caetité, na estrada para Brejinho das Ametistas. 18/2/1992, Carvalho, A.M. et al. 3752.
Jacobina. 1840, Blanchet, J.S. 2114.
?Jacobina: Serra Jacobina. Blanchet, J.S. 2645.
Piatã: Próximo a Serra do Gentio, entre Piatã e Serra da Tromba. 21/12/1984, Lewis, G.P. et al. CFCR 7416.
Rio de Contas: About 3km N of Rio de Contas. 21/1/1974, Harley, R.M. et al. 15391.
Rio de Contas: 7km da cidade em direçao ao Bananal. 5/3/1994, Roque, N. et al. CFCR 14911.
Rio de Contas: 7km da cidade em direçao ao Bananal. 5/3/1994, Roque, N. et al. CFCR 14910.
Rio de Contas: 10km N. 21/1/1985, Hatschbach, G. 47441.
São Desidério: 31km de Estiva em direçao a Roda Velha. 15/10/1989, Walter, B.M.T. et al. 492.
Vitória da Conquista: BA-265, Vitória da Conquista-Barra do Choça, 9km Leste de Vitória da Conquista. 21/11/1978, Mori, S.A. et al. 11291.
Mun.?: Villa da Barra. Blanchet, J.S. 3114.

Ceará

    Mun.?: Serra de Araripe. 10/1838, Gardner, G.
        1578.

Pernambuco

    Serrita: Chapada do Araripe, próximo a Baixa
        Grande, na estrada Cariri Mirim-Crato. 24/1/1962,
        Andrade-Lima, D. et al. 62-4027.

Piauí

    Gilbués: 8/1839, Gardner, G. 2543.

Acosmium diffusissimum (Mohlenbr.) Yakovlev

Bahia

    Boquira: 19/3/1984, Bautista, H.P. et al. 846.

Acosmium fallax (Taub.) Yakovlev

Bahia

    Poções: Km 25 da rodovia Poçoes-Bom Jesus da
        Lapa. 19/11/1972, Santos, T.S. 2573.

    Rio de Contas: 7km da cidade na estrada para
        Livramento do Brumado. 12/12/1988, Harley, R.M.
        et al. 27123.

    Rio de Contas: 7km S of Rio de Contas on estrada de
        terra to Livramento do Brumado. 2/4/1991, Lewis,
        G.P. et al. 1962.

Acosmium lentiscifolium Schott

Bahia

    Itaju do Colônia: 12km W da estrada ao lado W, para
        Feirinha. 2/10/1969, Santos, T.S. et al. 407.

Acosmium parvifolium (Harms) Yakovlev

Pernambuco

    Entre São José do Belmonte e Jati. 13/5/1971,
        Heringer, E.P. et al. 752.

Piauí

    Entre Santo Antonio de Dentro e Rio Parafuso.
        1/3/1980, Fernandes, A. et al. s.n.

    Mun.?: Baum in der Serra Branca. 1/1907, Ule, E.
        7433.

    Mun.?: Baum in der Serra Branca. 1/1907, Ule, E.
        7156, TYPE, Sweetia parvifolia Harms.

Acosmium tenuifolium (Vogel) Yakovlev

Bahia

    Ilhéus: Rodovia Ilhéus-Ponta do Ramo-Itacaré, km
        6–12 ao Norte de Ilhéus, próximo ao litoral.
        17/4/1986, Mattos Silva, L.A. et al. 2052.

Aeschynomene americana L.

Bahia

    Itacaré: Rodovia para Itacaré. Entrada ca. 1km da
        BR-101.Ramal que leva às fazendas no sentido L,
        margem do Rio de Contas, ca. 2km da entrada.
        23/5/1997, Jardim, J.G. et al. 1058.

    Uruçuca: Arredores. 11/4/1992, Hatschbach, G.
        et al. 56996.

Pernambuco

    Palmares: BR-101, Palmares-Recife, km 3. 20/7/1980,
        Coradin, L. et al. 3121.

Aeschynomene americana L. var. ***americana***

Bahia

    Tabocas do Brejo Velho: 5km to the N of Tabocas,
        which is 10km NW of Serra Dourada. 1/5/1980,
        Harley, R.M. et al. 21976.

Aeschynomene americana L. var. ***glandulosa***
    (Poir.) Rudd

Ceará

    Aracati: Places near Aracati. 8/1838, Gardner, G.
        1542.

Aeschynomene benthamii (Rudd) Afr.Fern.

Bahia

    Livramento do Brumado: Just north of Livramento do
        Brumado on the road to Rio de Contas. Below the
        Livramento do Bruamdo waterfall on the Rio
        Brumado. 23/3/1977, Harley, R.M. et al. 19869.

    Porto Seguro: Parque Nacional de Monte Pascoal.
        Trail to peak of Monte Pascoal. Upper slopes and
        top of Monte Pascoal. 14/11/1996, Thomas, W.W.
        et al. 11265.

    Santa Rita de Cássia: Estrada Santa Rita de Cássia-
        entroncamento rodovia Barreiras-Correntes, km 47.
        17/6/1983, Coradin, L. et al. 5763.

    Senhor do Bonfim: Rodovia Senhor do Bonfim-
        Jacobina (BR-374), km 21. 25/6/1983, Coradin, L. et
        al. 6021.

Ceará

    Farias Brito: Fazenda Canabrava. 10/7/1985,
        Fernandes, A. et al. s.n.

    Lavras da Mangabeira: Caminho do Boqueirão.
        16/5/1985, Fernandes, A. et al. s.n.

    Ubajara: Chapada da Ibiapaba. 28/6/1980, Fernandes,
        A. et al. s.n.

Paraíba

    Teixeira: Encosta do Pico do Jabre. 30/6/1979,
        Fernandes, A. et al. s.n.

Aeschynomene brasiliana (Poir.) DC.

Bahia

    Ibotirama: Rodovia Ibotirama-Seabra (BR-242), km
        14. 20/6/1987, Coradin, L. et al. 7638.

    Ilhéus: Entroncamento BR-101/Uruçuca, km 2.
        24/7/1980, Coradin, L. et al. 3416.

    Lençóis: Rodovia Lençóis-entroncamento BR-242, km
        1. 21/6/1987, Coradin, L. et al. 7674.

    Lençóis: Estrada Andaraí-Mucugê, km 1. 21/8/1981,
        Coradin, L. et al. 4410.

    Mun.?: Serra de São Inácio. 2/1907, Ule, E. 7523.

    Mun.?: Cruz de Casma. 1835, Glocker, E.F.von s.n.

Pernambuco

    Goiana: BR-101/Recife/João Pessoa, km 89.
        20/7/1980, Coradin, L. et al. 3149.

    Petolina: Rodovia Petrolina-Lagoa Grande (BR-122),
        km 3. 23/6/1987, Coradin, L. et al. 7746.

Piauí

    Gilbués: Rodovia Correntes-Bom Jesus, 2km leste da
        cidade de Gilbués. 18/6/1983, Coradin, L. et al.
        5855.

    Oeiras: Near Oeiras. 6/1839, Gardner, G. 2451.

Aeschynomene brasiliana (Poir.) DC. var.
    brasiliana

Bahia

    Andaraí: Ca. 8km na estrada Andaraí-Mucugê.
        14/4/1990, Carvalho, A.M. et al. 3036.

    Ilhéus: 5/1821, Riedel, L. 134.

    Xique-Xique: Estrada Xique-Xique – São Inácio, km
        25. 30/6/1983, Coradin, L. et al. 6282.

    Mun.?: Banks of the Rio São Francisco near
        Piassabassu 3/1838, Gardner, G. 1272.

    Unloc: Luschnath, B. s.n.

Aeschynomene aff. ***brasiliana*** (Poir.) DC.

Piauí

    Parnaíba: Entre Luiz Correia-Parnaíba. 30/6/1994,
        Nascimento, M.S.B. 55.

Aeschynomene brevipes Benth.
Bahia
  Abaíra: Estrada nova Abaíra-Catolés 19/12/1991,
    Harley, R.M. et al. 50112.
  Lençóis: Along BR-242, ca. 15km NW of Lençóis at
    km 225. 10/6/1981, Mori, S. et al. 14268.
  Lençóis: Rodovia Brasília-Fortaleza, 9km oeste da
    entrada para Lençóis. 22/8/1981, Coradin, L. et al.
    4432.
  Lençóis: Caminho para Capão (Caeté-açú) por trás da
    Pousada de Lençóis, ca. 4km de Lençóis.
    26/4/1992, Queiroz, L.P. et al. 2749.
  Piatã: Estrada Piatã-Abaíra, 4km após Piatã
    07/01/1992, Harley, R.M. et al. 50671.
  Umburanas: 22km NW of Lagoinha (which is 5,5km
    SW of Delfino) on side road to Minas do Mimoso.
    6/3/1974, Harley, R.M. et al. 16834.
Ceará
  Fortaleza: Barra do Ceará. 4/12/1954, Ducke, A. 2398.
Pernambuco
  Petrolina: 3km ao norte de Petrolina. 11/4/1983,
    Fotius 3418.
Piauí
  Oeiras: Near Oeiras. 5/1839, Gardner, G. 2097,
    SYNTYPE, Aeschynomene brevipes Benth.
Aeschynomene brevipes Benth. var. **brevipes**
Bahia
  Morro do Chapéu: 4/12/1980, Furlan, A. et al. CFCR
    374.
  Mucugê: Beira da estrada para Andaraí a ca. 2km.
    16/12/1984, Lewis, G.P. et al. CFCR 7035.
  Mucugê: Between 10 and 15km north of Mucugê on
    road to Andaraí. 18/2/1977, Harley, R.M. et al.
    18858.
Aeschynomene aff. **brevipes** Benth.
Bahia
  Barreiras: Espigão Mestre, ca. 100km WSW of
    Barreiras. 6/3/1972, Anderson, W.R. et al. 36668.
  Rio de Contas: 8km da cidade na estrada para
    Arapiranga (Furna). 1/11/1988, Harley, R.M. et al.
    25830.
Aeschynomene carvalhoi G.P.Lewis
Bahia
  Palmeiras: Morro do Pai Inácio km 224 da rodovia
    BR-242. 21/12/1981, Lewis, G.P. et al. 962,
    ISOTYPE, Aeschynomene carvalhoi G.P.Lewis.
  Palmeiras: Morro do Pai Inácio 13/2/1994, Souza,
    V.C. et al. CFCR 5217.
  Palmeiras: Morro do Pai Inácio km 224 da rodovia
    BR-242. 19/12/1981, Lewis, G.P. et al. 881.
  Palmeiras: Serra da Larguinha, ca. 2km NE of Caeté-
    açu (Capão Grande). 25/5/1980, Harley, R.M. et al.
    22614.
  Rio de Contas: Ao N da cidade, a 100m do povoado
    do Mato Grosso. 8/11/1988, Harley, R.M. et al.
    26028.
Aeschynomene ciliata Vogel
Bahia
  Salvador: Soteropolitan. Martius, C.F.P.von s.n.
  Unloc: Salzmann, P. s.n.
Aeschynomene elegans Schltdl. & Cham.
Bahia
  Unloc: Salzmann, P. s.n.

Aeschynomene elegans Schltdl. & Cham. var.
  elegans
Bahia
  Senhor do Bonfim: Serra de Santana. 26/12/1984,
    Lewis, G.P. et al. CFCR 7586.
Aeschynomene evenia C.Wright var. **evenia**
Bahia
  Ilhéus: Área do CEPEC (Centro de Pesquisas do
    Cacau), km 22 da Rodovia Ilhéus-Itabuna (BR-415).
    Quadra G. 16/9/1981, Hage, J.L. et al. 1342.
  Itaberaba: Fazenda Serra da Monta (Pasto Buffel).
    18/6/1981, Oliveira, E.L.P.G. 339.
  Riachão do Jacuípe: 10km suleste da cidade, BR-
    324/Fazenda São Pedro. 10/7/1985, Noblick, L.R.
    et al. 4028.
  Riachão do Jacuípe: 10km suleste da cidade, BR-
    324/Fazenda São Pedro. 10/7/1985, Noblick, L.R.
    et al. 4039.
  Riachão do Jacuípe: 10km suleste da cidade, BR-
    324/Fazenda São Pedro. 10/7/1985, Noblick, L.R.
    et al. 4057.
  Serra Preta: 7km W do Ponto de Serra Preta-Fazenda
    Santa Clara. 17/7/1985, Noblick, L.R. 4135.
Pernambuco
  Fernando de Noronha: Centre of isle. Ridley, H.N.
    et al. 30.
  Mun.?: Área da CODEVASF. 15/12/1982, Fotius
    3230.
Piauí
  Campo Maior: 26/4/1995, Nascimento, M.S.B. et al.
    163.
Aeschynomene evenia C.Wright. var. **serrulata**
  Rudd
Bahia
  Belmonte: On SW outskirts of town. 26/3/1974,
    Harley, R.M. et al. 17435.
  Buerarema: BR-101, Itabuna-Eunápolis, km 55.
    16/7/1980, Coradin, L. et al. 2903.
  Ilhéus: Área do CEPEC (Centro de Pesquisas do
    Cacau), km 22 da Rodovia Ilhéus-Itabuna (BR-415).
    29/12/1981, Lewis, G.P. 994.
  Ilhéus: Martius, C.F.P.von 1145.
  Ilhéus: Luschnath, B. 822.
  Unloc: Blanchet, J.S. 880.
Aeschynomene aff. **evenia** C.Wright
Piauí
  Castelo do Piauí: Fazenda Cipó de Cima 13/6/1995,
    Nascimento, M.S.B. et al. 1060.
Aeschynomene falcata (Poir.) DC.
Alagoas
  São José da Laje: BR-104, Divisa
    Pernambuco/Alagoas-Maceió, km 12. 24/7/1980,
    Coradin, L. et al. 3324.
Aeschynomene aff. **falcata** (Poir.) DC.
Bahia
  Ilhéus: BR-415, Itabuna-Ilhéus, km 11. 15/7/1980,
    Coradin, L. et al. 2847.
  Ilhéus: Área do CEPEC, km 22 da Rodovia Ilhéus-
    Itabuna (BR-415). 25/4/1980, Santos, T.S. 3562.
Aeschynomene filosa Mart. ex Benth.
Bahia
  Iaçu: Km 5 da rodovia para Milagres. 10/4/1992,
    Hatschbach, G. et al. 56976.

Iaçu: Fazenda Suíbra (Boa Sorte) 18km a leste da cidade, seguindo a rodovia. 13/3/1985, Noblick, L.R. 3645.

Mirangaba: Próximo a Caboré. 1/9/1981, Ferreira, J.D.C.A. 74.

Paraíba

Mun.?: Lagoa dos Patos. 7/1921, Luetzelburg, Ph.von 12526.

Aeschynomene gracilis Vogel

Bahia

Ilhéus: Pontal. Morro de Pernanbuco, encosta voltada para o mar. 15/1/1990, Carvalho, A.M. 2726.

Ilhéus: Área do CEPEC, km 22 da Rodovia Ilhéus-Itabuna (BR-415). 29/12/1981, Lewis, G.P. 995.

Itacaré: Rodovia para Itacaré. Entrada ca. 1km da BR-101.Ramal que leva às fazendas no sentido L, margem do Rio de Contas, ca. 2km da entrada. 23/5/1997, Jardim, J.G. et al. 1060.

Porto Seguro: Fonte dos Protomártires do Brasil. 21/3/1974, Harley, R.M. et al. 17222.

Uruçuca: Estrada Uruçuca-Ilhéus, ca. 30km de Ilhéus. 13/12/1981, Lewis, G.P. et al. 833.

Untraced Locality

Sellow, F. s.n., ISOTYPE, Aeschynomene gracilis Vogel.

Aeschynomene histrix Poir.

Bahia

Barreiras: Rodovia Barreiras-Ibotirama (BR-242), km 12. 19/6/1987, Coradin, L. et al. 7606.

Brotas de Macaúbas: Proximidades da cidade de Lençóis, margem do Rio Sào José. 10/9/1992, Coradin, L. et al. 8534.

Piauí

Amarante: BR-343, Floriano-Teresina, km 40. 25/5/1980, Coradin, L. et al. 2597.

Aeschynomene histrix Poir. var. ***histrix***

Bahia

Cocos: 5km S of Cocos. 16/3/1972, Anderson, W.R. et al. 37087.

Correntina: Ca. 10km SW of Correntina, on the road to Goiás. 26/4/1980, Harley, R.M. et al. 21785.

Gentio do Ouro: 1,5km S of São Inácio on Gentio do Ouro road. 24/2/1977, Harley, R.M. et al. 18989,.

Morro do Chapéu: Rodovia Morro do Chapéu-Irecê (BA-052), km 21. 29/6/1983, Coradin, L. et al. 6237.

Senhor do Bonfim: Serra de Santana. 26/12/1984, Mello-Silva, R. et al. CFCR 7592.

Piauí

Bom Jesus: Rodovia Bom Jesus-Gilbués, 23km oeste da cidade de Bom Jesus. 20/6/1983, Coradin, L. 5886.

Aeschynomene histrix Poir. var. ***densiflora*** (Benth.) Rudd

Bahia

Barreiras: Upper slopes of Espigão Mestre, ca. 32km W of Barreiras. 5/3/1971, Irwin, H.S. et al. 31541.

Caém: 1km da BR-324 na estrada para Caém. 22/8/1993, Queiroz, L.P. et al. 3552.

Ceará

Juazeiro do Norte: Rodovia Juazeiro do Norte-Crato, km 2. 24/6/1987, Coradin, L. et al. 7768.

Pernambuco

Buíque: Serra do Catimbau. 18/10/1994, Sales, M.F. 417.

Aeschynomene histrix Poir. var. ***incana*** (Vogel) Benth.

Bahia

Barreiras: Rio Roda Velha, ca. 150km SW of Barreiras. 15/4/1966, Irwin, H.S. et al. 14927.

Correntina: About 9km SE of Correntina, on road to Jaborandi 27/4/1980, Harley, R.M. et al. 21851.

Una: Ca. 43km na estrada Ilhéus para Una. 15/9/1992, Amorim, A.M. et al. 748.

Mun.?: Banks of the Rio São Francisco near Piassabassu. 3/1838, Gardner, G. 1271.

Piauí

Oeiras: Near Oeiras. 5/1839, Gardner, G. 2095.

Aeschynomene lewisiana Afr.Fern.

Bahia

Lençóis: Rodovia Brasília-Fortaleza (BR-242) 8km leste da estrada para Lençóis. 5/7/1983, Coradin, L. et al. 6523.

Lençóis: Rio Mucugêzinho. Próximo à BR-242. Em direção à Serra Brejão. Próximo ao Morro do Pai Inácio. 20/12/1984, Lewis, G.P. et al. CFCR 7327.

Lençóis: Rio Mucugêzinho. Próximo à BR-242. Em direção à Serra Brejão. Próximo ao Morro do Pai Inácio. 20/12/1984, Lewis, G.P. et al. CFCR 7309.

Lençóis: Mucugêzinho, km 220 ap. da rodovia BR-242. 21/12/1981, Lewis, G.P. et al. 949.

Lençóis: Serras dos Lençóis. About 7–10km along the main Seabra-Itaberaba road, W of the Lençóis turning, by the Rio Mucugêzinho. 27/5/1980, Harley, R.M. 2 et al. 2680.

Mucugê: 6/12/1980, Furlan, A. et al. CFCR 397.

Mucugê: 6/12/1980, Furlan, A. et al. CFCR 416.

Mucugê: About 2km along Andaraí road. 25/1/1980, Harley, R.M. et al. 20586.

Mucugê: By Rio Cumbuca ca. 3km S of Mucugê, near site of small dam on road to Cascavel. 4/2/1974, Harley, R.M. et al. 15895.

Aeschynomene marginata Benth.

Bahia

Campo Formoso: 29/4/1981, Orlandi, R.P. 376.

Piauí

Ribeiro Gonçalves: Estrada Bom Jesus/Estação Ecológica de Urubuçuí-Una. 14/4/1981, Fernandes, A. et al. s.n.

Aeschynomene marginata Benth. var. ***marginata***

Bahia

Maracás: Rodovia BA-026, a 6km a SW de Maracás. 17/11/1978, Mori, S. et al. 11080.

Ceará

Aracati: 7/1838, Gardner, G. 1543, SYNTYPE, Aeschynomene marginata Benth. var. marginata.

Piauí

Oeiras: Near Oeiras. 4/1839, Gardner, G. 2098, SYNTYPE, Aeschynomene marginata Benth. var. marginata.

Aeschynomene marginata Benth. var. ***grandiflora*** Benth.

Piauí

Oeiras: Near the city of Oeiras. 5/1839, Gardner, G. 2099, TYPE, Aeschynomene marginata Benth.var. grandiflora Benth.

Aeschynomene martii Benth.

Bahia

Campo Formoso: Fazenda Lagoa do Porco. 9/4/1973, Lima, D.P. 13109, TYPE, Aeschynomene arbuscula Rizzini.

Contendas do Sincorá: 5–15km O. 19/9/1984, Hatschbach, G. 48369.

Iaçu: 40km leste da cidade na BA-046. 22/4/1984, Noblick, L.R. et al. 3164.

Itiúba: 20km of Camaleão, on the Itiúba-Cansanção road. 21/2/1974, Harley, R.M. et al. 16470.

Juazeiro: Prope Joazeiro. Martius, C.F.P.von 2322, SYNTYPE - photo, Aeschynomene martii Benth.

Livramento do Brumado: 3–6km da cidade na estrada para Rio de Contas. 5/12/1988, Harley, R.M. et al. 27070.

Livramento do Brumado: 10km S of Livramento do Brumado on road to Brumado. 25/3/1991, Lewis, G.P. et al. 1872.

Livramento do Brumado: 35km S of Livramento do Brumado on road to Brumado. 1/4/1991, Lewis, G.P. et al. 1930.

Livramento do Brumado: 9km along estrada de terra from Livramento do Brumado to Rio de Contas. 27/3/1991, Lewis, G.P. et al. 1904.

Paulo Afonso: Estação Ecológica do Raso da Catarina. 24/6/1982, Queiroz, L.P. 300.

Rio de Contas: On road to Abaíra ca. 8km to N of the town of Rio de Contas. 18/1/1974, Harley, R.M. et al. 15245.

Rio de Contas: Estrada Real, parte mais baixa 1/1/2000, Giulietti, A.M. et al. 1616.

Mun.?: Bahia-Minas Gerais: Martius, C.F.P.von s.n., SYNTYPE - photo, Aeschynomene martii Benth.

Mun.?: Bei Tamboriu. 1906, Ule, E. 7278.

Piauí

Curral Novo: Trackway from rodovia BR-235 to Curral Novo on route to Fundação Ruralista in SE Piauí. 15/1/1982, Lewis, G.P. et al. 1077.

Aeschynomene mollicula Kunth var. **mollicula**

Bahia

Ilhéus: Blanchet, J.S. (Moricand, M.E.) 2401.

Ipecaetá: Fazenda Riachão, Serra Orobozinho, ca. 1km da cidade. 14/8/1985, Noblick, L.R. et al. 4283.

Ipecaetá: Fazenda Riachão, Serra Orobozinho, ca. 1km da cidade. 14/8/1985, Noblick, L.R. et al. 4315.

Itaberaba: Pasto caldeirão, Serra da Monta. 10/3/1982, Ferreira, M.S.G. 274.

Jacobina: 1/6/1977, Fernandes, A. et al. s.n.

Riachão de Jacuípe: 13km suleste da cidade, BR-324. 10/7/1985, Noblick, L.R. et al. 4083.

Sapeaçu: Ca. 5km após Sapeaçu na estrada para Castro Alves. 11/4/1994, Queiroz, L.P. et al. 3811.

Serra Preta: Fazenda Manoino. 7/12/1992, Queiroz, L.P. et al. 2924.

Pernambuco

Iati: 20/7/1977, Fernandes, A. et al. s.n.

Aeschynomene mollicula Kunth var. **breviflora** Rudd

Bahia

Porto Seguro: Parque Nacional de Monte Pascoal. On NW slopes of Monte Pascoal. 12/1/1977, Harley, R.M. et al. 17879.

Aeschynomene monteiroi Afr.Fern. & P.Bezerra

Bahia

Curaçá: Fazenda Tanquinho. 11/8/1983, Pinto, G.C.P. & Silva 235/83.

Ceará

Itapagé: BR-222, São Miguel-Itapagé. 17/9/1989, Fernandes, A. et al. s.n.

Piauí

Caracol: Depois da Zona Urbana. 8/5/1980, Del'Arco, M.R. et al. 1148.

São Raimundo Nonato: Moreira. 17/6/1979, Del'Arco, M.R. 710.

São Raimundo Nonato: São Lourenço. 8/4/1979, Del'Arco, M.R. 417.

São Raimundo Nonato: Chinelo. 14/12/1978, Fernandes, A. 253.

São Raimundo Nonato: 1km W of Fundação Ruralista (Sede) on trackway ca. 8km. NNE de Curral Novo e 220km ENE de Petrolina. 16/1/1982, Lewis, G.P. et al. 1083.

São Raimundo Nonato: Fundação Ruralista (Sede) ca. 8–10km. NNE de Curral Novo e 220km ENE de Petrolina. 20/1/1982, Lewis, G.P. & H.P.N. Pearson 1135, ISOTYPE, Aeschynomene monteiroi Afr. Fern. & P.Bezerra var. psilantha G.P.Lewis.

Rio Grande do Norte

Unloc. 17/7/1991, Figueiredo, M.A. s.n.

Aeschynomene paniculata Willd. ex Vogel

Bahia

Barreiras: Rodovia Barreiras-Ibotirama (BR-242), km 16. 19/6/1987, Coradin, L. et al. 7612.

Brotos de Macaúbas: Proximidades da cidade de Lençóis, margem do Rio São José. 10/9/1992, Coradin, L. et al. 8531.

Correntina: 12km N of Correntina on the road to Inhaúmas. 28/4/1980, Harley, R.M. et al. 21887.

Correntina: 23km SW de Correntina 2/2/1963, Krapovickas, A. 30166.

Igaporã: Rodovia BR-430, trevo para Tanque Novo. 5/4/1992, Hatschbach, G. et al. 56640.

Lençóis: Entroncamento BR-242/estrada para Lençóis. 21/8/1981, Coradin, L. et al. 4391.

Mucugê: 2km al N de Mucugê, camino a Andaraí. 20/1/1997, Arbo, M.M. et al. 7559.

Rio de Contas: Between 2,5 and 5km S of Rio de Contas on side road to W of the road to Livramento do Brumado, leading to the Rio Brumado. 28/3/1977, Harley, R.M. et al. 20098.

Rio de Contas: Between 2,5 and 5km S of Rio de Contas on side road to W of the road to Livramento do Brumado, leading to the Rio Brumado. 28/3/1977, Harley, R.M. et al. 20062.

Salvador: Dunas de Itapuã, Lagoa do Urubu. 11/12/1985, Noblick, L.R. et al. 4470.

Xique-Xique: 20km S de Xique-Xique, camino a Santo Inácio 19/1/1997, Arbo, M.M. et al. 7506.

Unlocalized.

Piauí

Campo Maior: Fazenda Resolvido 22/4/1994, Nascimento, M.S.B. 145.

Sergipe

Estância: BR-101/Aracajú/Estância, km 46. 24/7/1980, Coradin, L. et al. 3345.

Aeschynomene aff. **paniculata** Willd. ex Vogel
Bahia
  Correntina: Ca. 10km SW of Correntina, on the road to Goiás. 26/4/1980, Harley, R.M. et al. 21788.
Aeschynomene paucifolia Vogel
Bahia
  Barreiras: BR-242 entre Posse e Barreiras, km 191. 15/6/1983, Coradin, L. et al. 5719.
  Barreiras: Rodovia Barreiras-Brasília, km 90. 8/7/1983, Coradin, L. et al. 7412.
Aeschynomene racemosa Vogel
Bahia
  Maracás: BA-026, a 6km a SW de Maracás. 26/4/1978, Mori, S. et al. 9931.
  Maracás: 9/1906, Ule, E. 6949.
Aeschynomene riedeliana Taub.
Bahia
  Caetité: Serra Geral de Caetité, ca. 1,5km S of Brejinho das Ametistas. 11/4/1980, Harley, R.M. et al. 21214.
Aeschynomene rostrata Benth.
Bahia
  Jacobina: Serra da Jacobina. 1837, Blanchet, J.S. 2646, TYPE, Aeschynomene rostrata Benth.
Aeschynomene scabra G.Don
Bahia
  Milagres: Morro de Couro or Morro São Cristovão. 6/3/1977, Harley, R.M. et al. 19416.
Pernambuco
  Ouricuri: BR-122 Ouricuri-Exu, km 12. 22/5/1980, Coradin, L. et al. 2495.
Aeschynomene sensitiva Sw.
Bahia
  Ilhéus: Estrada Ilhéus-Uruçuca, km 12. 20/9/1992, Coradin, L. et al. 8680.
  Itamaraju: 30km norte da cidade de Itamaraju, BR-101. 31/8/1981, Coradin, L. et al. 4757.
  Unloc: 1913, Luetzelburg, Ph.von 2558.
Aeschynomene sensitiva Sw. var. **sensitiva**
Bahia
  Iaçu: Rio Paraguaçu. 17/7/1982, Hatschbach, G. et al. 45107.
  Ilhéus: Estrada que dá acesso à Lagoa Encantada. 28/1/1980, Heringer, E.P. et al. 3422A.
  Ilhéus: Área do CEPEC, km 22 da Rodovia Ilhéus-Itabuna (BR-415). Quadra C. 5/8/1981, Hage, J.L. et al. 1160.
  Rio de Contas: Ca. 1km south of Mato Grosso on the road to Rio de Contas. 24/3/1977, Harley, R.M. et al. 19920.
  Uruçuca: Ca. 14km NE de Uruçuca, nova estrada 655 Uruçuca-Serra Grande, Fazenda Santo Antônio. 13/12/1981, Lewis, G.P. et al. 828.
  Mun.?: Área controle da Caraíba Metais. Lagoa Joanes II. 17/2/1983, Noblick, L.R. et al. 2590.
Paraíba
  Areia: Mata de Pau Ferro, perto da Barragem de Vaca Brava. 30/10/1980, Fevereiro, V.P.B. et al. M-80.
Pernambuco
  Caruaru: Murici, Brejo dos Cavalos, Parque Ecológico Municipal. 1/12/1994, Sales, M. et al. 444.
  Olinda: Places about Olinda. 10/1837, Gardner, G. 976.

Aeschynomene soniae G.P.Lewis
Bahia
  Livramento do Brumado: 27km S of Livramento do Brumado on road to Brumado, near two hamlets of Fazendinha and Itapicuru. 22/4/1991, Lewis, G.P. et al. 2006, ISOTYPE, Aeschynomene soniae G.P.Lewis.
Aeschynomene viscidula Michx.
Bahia
  Bom Jesus da Lapa: Basin of the upper São Francisco river. 4km N of Bom Jesus da Lapa, on the main road to Ibotirama. 20/4/1980, Harley, R.M. et al. 21586.
  Boninal: Estrada para Piatã-40km sul da BR-242. 2km sul de Boninal. 20/8/1981, Coradin, L. et al. 4349.
  Feira de Santana: Próximo à Feira de Santana. 9/3/1958, Andrade-Lima, D. 58-2910.
  Jacobina: Estrada Jacobina-Laje do Batata, km 1. 28/6/1983, Coradin, L. et al. 6159.
  Juazeiro: BR-407, Petrolina-Salvador, km 77. 10/4/1979, Coradin, L. et al. 1444.
  Livramento do Brumado: 10km S of Livramento do Brumado on road to Brumado. 26/3/1991, Lewis, G.P. et al. 1889.
  Livramento do Brumado: 35km S of Livramento do Brumado on road to Brumado. 10/4/1991, Lewis, G.P. et al. 1975.
  Petrolina: Rodovia Petrolina-Santa Maria da Boa Vista, km 87. 5/4/1979, Coradin, L. et al. 1296.
Ceará
  Juazeiro do Norte: Rodovia Juazeiro do Norte-Crato, km 2. 24/6/1987, Coradin, L. et al. 7765.
Pernambuco
  Mun.?: 15km do CPATSA e a 1km norte da Serra da Santa. 4/3/1983, Fotius 3240.
Aeschynomene vogelii Rudd
Bahia
  Abaíra: Catolés, estrada para Serrinha e Bicota 20/4/1998, Queiroz, L.P. et al. 5034.
  Mucugê: Rio Mucugê. 16/6/1984, Hatschbach, G. et al. 47965.
  Rio de Contas: Km 5–10 da rodovia para Livramento do Brumado. 16/9/1989, Hatschbach, G. et al. 53364.
  Rio de Contas: Between 2,5km and 5km S of Rio de Contas on side road to W of the road to Livramento do Brumado, leading to the Rio Brumado. 28/3/1977, Harley, R.M. et al. 20064.
  Rio de Contas: Between 2,5km and 5km S of Rio de Contas on side road to W of the road to Livramento do Brumado, leading to the Rio Brumado. 28/3/1977, Harley, R.M. et al. 20146.
  Rio de Contas: Cachoeira do Fraga do Rio Brumado, arredores da cidade. Beira do rio. 4/11/1988, Harley, R.M. et al. 25908.
  Rio de Contas: Estrada para a Cachoeira do Fraga, no Rio Brumado, a 3km do Município de Rio de Contas. 22/7/1981, Furlan, A. CFCR 1680.
  Rio de Contas: 5km S of Rio de Contas on estrada de terra to Livramento do Brumado. 16/4/1991, Lewis, G.P. et al. 1977.

Aeschynomene sp.
Bahia
Lençóis: Entroncamento BR-242-Boninal, km 14 14/9/1992, Coradin, L. et al. 8615.
Saúde: Caminho para Cachoeira Paiaió 7/4/1996, Guedes, M.L. et al. 2909.
Seabra: BR-242, Brasília-Fortaleza, km 1 Sul, próximo a Seabra 22/8/1981, Coradin, L. et al. 4458.
Pernambuco
Brejo da Madre de Deus: Fazenda Nova, base da Pedra do Cachorro 7/4/1955, Andrade-Lima, D. 55-2000.
Brejo da Madre de Deus: Fazenda Nova, base da Pedra do Cachorro 7/4/1955, Andrade-Lima, D. 55-2003.
Piauí
Parnaíba: Fazenda Monte Alegre 30/6/1994, Nascimento, M.S.B. 48.

Amburana cearensis (Allemão) A.C.Smith
Bahia
Abaíra: 500m on road Abaíra-Catolés 6/1/1994, Klitgaard, B.B. et al. 79.
Aracatu: Estrada Umburanas-Ourives 27/3/1984, Brazão, J.E.M. 282.
Bom Jesus da Lapa: Basin of the Upper São Francisco River, just beyond Calderao, 32km NE from Bom Jesus da Lapa. 22/7/1981, Harley, R.M. et al. 21516.
Brumado: 23km na rodovia Brumado-Livramento do Brumado 28/12/1989, Carvalho, A.M. et al. 2674.
Livramento do Brumado: 10km S of Livramento do Brumado on road to Brumado 25/3/1991, Lewis, G.P. et al. 1876.
Livramento do Brumado: 27km S of Livramento do Brumado on road to Brumado, near two hamlets of Fazendinha and Itapicuru 22/4/1991, Lewis, G.P. et al. 2002.
Livramento do Brumado: 30km na estrada de Brumado para Livramento do Brumado 12/3/1991, Brito, H.S. et al. 292.
Livramento do Brumado: 10km S of Livramento do Brumado on road to Brumado 17/4/1991, Lewis, G.P. et al. 1997.
Morro do Chapéu: Distrito de Tamboril 4/4/1986, Carvalho, A.M. et al. 2410.
Ceará
Campos Sales: 2–4km S of Campos Sales 15/2/1985, Gentry, A. et al. 50127.
Quixadá: Arredores da Pedra Riscada 21/6/1946, Ducke, A. 1965.
Piauí
São Raimundo Nonato: 1km da sede da Fundaçao Ruralista on trackway, 8km NNE of Curral Novo, 220km ENE of Petrolina. 11/1981, Lewis, G.P. et al. 1080.
Rio Grande do Norte
Riacho de Santana: Sítio Santo Antonio, 1km da cidade 18/7/1987, Carvalho, J.A. 6

Andira anthelmia (Vell.) Benth.
Bahia
Ilhéus: CEPEC, BR-415, Ilhéus-Itabuna, km 22, quadra G 7/10/1981, Hage, J.L. et al. 1436.
Ilhéus: CEPEC, BR-415, Ilhéus-Itabuna, km 22, quadra G 15/9/1981, Hage, J.L. et al. 1335

Ilhéus: Km 20 da BA-415, Ilhéus-Itabuna 14/10/1994, Jardim, J.G. et al. 568.
Ilhéus: Rodovia Ilhéus-Itabuna, próximo ao CEPLAC 6/9/1990, Lima, H.C. et al. 3866.
Ilhéus: 2km along road from CEPLAC to Ilhéus 2/5/1991, Pennington, R.T. et al. 183.
Ilhéus: Road Ilhéus-Itabuna, 5km before CEPLAC, left side road 7/6/1991, Pennington, R.T. et al. 281.
Ilhéus: Road Ilhéus-Itabuna, 5km before CEPLAC, left side road 7/6/1991, Pennington, R.T. et al. 282.
Jussari: Km 15 road from BR-101 to Palmira between Jussari and Palmira, left side of road 19/5/1991, Pennington, R.T. et al. 208.
Jussari: Fazenda Santo Antonio de Baixo, km 16 road from BR-101 to Palmira, between Jussari and Palmira, then 1km on right hand turn 18/5/1991, Pennington, R.T. 205.
Jussari: Fazenda Santo Antonio de Baixo, km 16 road from BR-101 to Palmira, between Jussari and Palmira, then 1km on right hand turn 14/6/1991, Pennington, R.T. 286.
Jussari: Junction of BR-101 and road to Jussari 18/6/1991, Pennington, R.T. et al. 294.
Maraú: Km 4 road Maraú-Ubaitaba, right side road 22/5/1991, Pennington, R.T. et al. 212.
Porto Seguro: BR-101, bank of Rio dos Frades, 100m upstream from bridge 19/6/1995, Pennington, R.T. et al. 297.
Prado: 4km along track on right side road from Prado to Alcobaça (junction 2km from Prado) 21/6/1991, Pennington, R.T. et al. 312.
Ubaitaba: Banks of Rio de Contas by road Ubaitaba-Maraú, close to BR-101 bridge over river 28/5/1991, Pennington, R.T. et al. 238.
Ubaitaba: Banks of Rio de Contas by road Ubaitaba-Maraú, close to BR-101 bridge over river 23/5/1991, Pennington, R.T. et al. 227.
Una: N edge of Una Biological Reserve, 500m N of Rio Maruim 11/11/1996, Thomas, W.W. et al. 11196.
Unloc.: Salzmann, P. s.n.

Andira carvalhoi R.T. Penn. & H.C. Lima
Bahia
Ilhéus: 5–6km W do distrito de Olivença, na estrada que liga Olivença a Vila Brasil 11/11/1994, Jardim, J.G. 592.
Ilhéus: 8.9km SW of Olivença on road to Maruim (off road to Vila Brasil) 21/5/1995, Thomas, W.W. et al. 10950.
Ilhéus: 9km na estrada Olivença-Maruim 9/10/1989, Carvalho, A.M. et al. 2547.
Ilhéus: Fazenda Guanabara (junto a Fazenda Barra do Manguinho), ramal com entrada no km 10 da rodovia Ilhéus-Olivença, lado direito 4km a Oeste da rodovia 7/3/1985, Mattos Silva, L.A. et al. 1877.
Ilhéus: Fazenda Jairi, km 5 da rodovia Olivença-Una, lado direito 17/10/1980, Mattos Silva, L.A. et al. 1199.
Ilhéus: 7km na estrada de Olivença para Vila Brasil 30/5/1991, Carvalho, A.M. et al. 3308.
Ilhéus: Just south of Olivença 7/5/1991, Pennington, R.T. 184.

Ilhéus: 3km N Olivença road to Pontal, junction on left, about 1km up this track, 200m up slope. 15/5/1991, Pennington, R.T. 197.

Ilhéus: Just south of Olivença 7/5/1991, Pennington, R.T. 185.

Ilhéus: Just south of Olivença 26/5/1991, Pennington, R.T. 229.

Ilhéus: Km 6 on dirt road from Olivença to Maruim 1/5/1991, Pennington, R.T. et al. 181.

Ilhéus: Fazenda Barra do Manguinho, ramal com entrada no km 10 da rodovia Pontal-Olivença, lado direito, 3km a Oeste da rodovia 5/2/1982, Mattos Silva, L.A. et al. 1393.

Maraú: BR-030, Porto de Campinhos-Maraú, km 11 26/2/1980, Carvalho, A.M. et al. et al. 178.

Maraú: Km 20 on road Maraú-Porto de Campinhos, right side road 22/5/1991, Pennington, R.T. et al. 216.

Maraú: Km 20 road Maraú-Porto de Campinhos, right side road 22/5/1991, Pennington, R.T. et al. 217.

Una: Km 42 road Olivença-Una, 0.5km down road to Pedras, right side of road 26/5/1991, Pennington, R.T. et al. 232.

Una: Km 42 road Olivença-Una, 0.5km down road to Pedras, right side of road 26/5/1991, Pennington, R.T. et al. 233.

Andira cordata Arroyo ex R.T. Penn. & H.C. Lima

Bahia

Barreiras: 2km up road to airport (right turn from BR-242). Top of hill, right side road, 30m from road 3/6/1991, Pennington, R.T. et al. 261.

Barreiras: 2km up road to airport (right turn from BR-242). Top of hill, right side road, 30m from road 3/6/1991, Pennington, R.T. et al. 262.

Barreiras: 2km up road to airport (right turn from BR-242). Top of hill, right side road, 400m from road 3/6/1991, Pennington, R.T. et al. 263.

Barreiras: 2km up road to airport (right turn from BR-242). Top of hill, right side road, 400m from road 3/6/1991, Pennington, R.T. et al. 264.

Barreiras: BR-020, 30km O de Barreiras 12/1/1977, Hatschbach, G. 39477, ISOTYPE, Andira cordata Arroyo ex R.T. Penn. & H.C.Lima.

Cocos: Lagoa do Pratudao 29/5/1984, Silva, S.B. et al. 372.

Cristópolis: Estrada Baianópolis-Tábua 21/5/1984, Silva, S.B. et al. 353.

Formosa do Rio Preto: Fazenda Gentílio, divisa com a Fazenda Estrondo 21/4/1998, Mendonça, R.C. et al. 3403.

Mun.?: Fazenda Joaquim, East side of Serra Geral de Goiás 7/2/1967, Gottsberger, G. 13 7267.

Piauí

Gilbués: 18km from Gilbués on the toad to Santa Filomena 21/7/1997, Ratter, J.A. et al. R-7724V.

Andira fraxinifolia Benth.

Bahia

Abaíra: Salão, 3–7 km de Catolés na estrada para Inúbia. Harley, R. M. H-50549.

Abaíra: Caminho Jambeiro - Belo Horizonte. 16/12/1992. Ganev, W. 1652.

Alcobaça: Minas Caixa (Balneário), 5km N of Alcobaça along track running along the back of the beach 20/6/1991, Pennington, R.T. et al. 303.

Alcobaça: 2km N of Alcobaça, 1km from the sea 20/6/1991, Pennington, R.T. et al. 302.

Alcobaça: Km 6-10 da BR-001, Alcobaça-Prado 3/9/1986, Mattos Silva, L.A. et al. 2102.

Alcobaça: BR-255, 6km NW de Alcobaça 17/9/1978, Mori, S. et al. 10626.

Belmonte: Fazenda São Jorge, Próximo ao Rio Ubu, ramal com entrada no km 30 da rodovia Belmonte-Itapebi 27/9/1979, Mattos Silva, L.A. et al. 599.

Camamu: Enseada de Camamu, 5km NE da sede do mun. Ponta do Santo 24/7/1981, Carvalho, A.M. et al. 764.

Canavieiras: Km 10 da BR-270, que liga Canavieiras à BR-101 12/7/1978, Santos, T.S. et al. 3261.

Caravelas: Córrego Taquaral, matinha na beira do rio 19/6/1985, Hatschbach, G. et al. 49481.

Castro Alves: Serra da Jibóia (=Serra da Pioneira) 8/12/1992, Queiroz, L.P. et al. 2957.

Contendas do Sincorá: Estrada para Triunfo do Sincorá 30/10/1978, Martinelli, G. et al. 5501.

Iaçu: Margens do Rio Paraguaçu 17/7/1982, Hatschbach, G. et al. 45124.

Ilhéus: Road Olivença to Una (BR), km 4, Agua da Olivença 16/5/1991, Pennington, R.T. 201.

Ilhéus: Olivença, 100m up hill from Club Tomoromba 11/5/1991, Pennington, R.T. 194.

Ilhéus: 3km N of Olivença on road to Pontal, junction on left about 300m up this track 15/5/1991, Pennington, R.T. 200.

Ilhéus: Km 9 on road Olivença-Una 26/5/1991, Pennington, R.T. et al. 231.

Ilhéus: Road Olivença-Una (BR), km 4, Agua da Olivença 16/5/1991, Pennington, R.T. 202.

Ilhéus: Estrada vicinal que parte de Tororomba 28/6/1982, Carvalho, A.M. et al. 1354.

Ilhéus: Sambaituba, N da sede de Ilhéus, próximo a Cachoeira no Rio das Caldeiras 25/4/1993, Jardim, J.G. et al. 136.

Ilhéus: Bairro Savóia, terreno baldio 3/8/1991, Carvalho, A.M. 3348A.

Ilhéus: Sambaitaba 17/1/1993, Thomas, W.W. et al. 9544.

Ilhéus: Road Pontal-Olivença, by "Momentos Motel", right side of road 9/6/1981, Pennington, R.T. 283.

Itacaré: Entre a Praia do Farol e a Praia da Ribeira 14/12/1992, Amorim, A.M. et al. 956.

Itambé: On BR-415, Itambé-Vitória da Conquista 2/1/1994, Klitgaard, B.B. et al. 64.

Itapebi: 30/6/1966, Belém, R.P. et al. 2445.

Ituaçu: Arredores do Morro da Mangueira 20/6/1987, Queiroz, L.P. et al. 1610.

Jacobina: Km 20 on road Jacobina-Morro do Chapéu, BR-324 30/5/1991, Pennington, R.T. et al. 248.

Jacobina: Km 20 on road Jacobina-Morro do Chapéu, BR-324 30/5/1991, Pennington, R.T. et al. 249.

Jacobina: Km 20 on road Jacobina-Morro do Chapéu, BR-324 30/5/1991, Pennington, R.T. et al. 250.

Jacobina: Serra do Tombador, 8km SW da sede do município, na estrada para Morro do Chapéu 27/10/1995, Carvalho, A.M. et al. 6141.

Juazeiro: Margem do rio, estrada de Joazeiro 22/10/1967, Duarte, A.P. 10555.

Jussari: Rodovia Jussari-Palmira, entrada a 7,5km de Jussari, Fazenda Teimoso, RPPN Serra do Teimoso 21/2/1998, Amorim, A.M. et al. 2296.

Jussari: Fazenda Teimoso 18/5/1991, Pennington, R.T. et al. 204.

Jussari: Fazenda de Teimoso 25/5/1991, Pennington, R.T. 228.

Jussari: Fazenda Teimoso, 6km na estrada Jussari-Palmira 28/7/1990, Carvalho, A.M. et al. 3180.

Jussari: Fazenda Santo Antonio de Baixo, km 16 road from BR-101 to Palmira, between Jussari and Palmira, then track on right 14/6/1991, Pennington, R.T. 287.

Jussari: Fazenda Santo Antonio de Baixo, km 16 road from BR-101 to Palmira, between Jussari and Palmira, then track on right 14/6/1991, Pennington, R.T. 284.

Jussari: Fazenda Santo Antonio de Baixo, km 16 road from BR-101 to Palmira, between Jussari and Palmira 14/6/1991, Pennington, R.T. 285.

Jussari: Km 15 road from BR-101 to Palmira, between Jussari and Palmira 19/5/1991, Pennington, R.T. et al. 207.

Laje: Rodovia Banco Central para Laje. 18/5/1973, Pinheiro, R.S. 2183.

Lençóis: 7km from Lençóis on BR-242, left side of road 6/6/1991, Pennington, R.T. et al. 278.

Lençóis: 7km from Lençóis on BR-242, left side of road 6/6/1991, Pennington, R.T. et al. 279.

Lençóis: 8km from junction on BR-242 to Itaberaba 6/6/1991, Pennington, R.T. et al. 280.

Lençóis: BR-242, Brasília-Fortaleza, 8km Leste da estrada para Lençóis 5/7/1983, Coradin, L. et al. 6510.

Lençóis: 5km from Lençóis on BR-242, dirt road on right, 2km up this road to hilltop 5/6/1991, Pennington, R.T. et al. 274.

Lençóis: 5km from Lençóis on BR-242, dirt road on right, 2km up this road to hilltop 6/6/1991, Pennington, R.T. et al. 275.

Lençóis: 5km from Lençóis on BR-242, dirt road on right, 2km up this road to hilltop 5/6/1991, Pennington, R.T. et al. 276.

Maraú: Km 5 road Maraú-Ubaitaba 21/5/1991, Pennington, R.T. et al. 211.

Maraú: Km 5 road Maraú-Ubaitaba, left side road 22/5/1991, Pennington, R.T. et al. 213.

Morro do Chapéu: 18km E de Morro do Chapéu on BR-052 30/5/1991, Pennington, R.T. et al. 251.

Morro do Chapéu: Distrito de Tamboril 4/4/1986, Carvalho, A.M. et al. 2421.

Mucugê: Serra do Sincorá, entre Ibiquara e Mucugê. 2/1943, Froés, R.L. 20198.

Nova Viçosa: Km 9 da estrada Nova Viçosa-Mucuri 2/1/1991, Farney, C. et al. 2610.

Palmeiras: Serra da Larguinha, 2km NE of Caeté-açu (Capão Grande) 26/5/1980, Harley, R.M. et al. 22571.

Piatã: Caminho Engenho-Marques, próximo Riacho do Outeiro. 30/8/1992. Ganev, W. 1000.

Prado: Km 4 road Prado-Itamaraju 19/6/1991, Penningaton, R.T. et al. 298.

Prado: Km 4 road Prado-Itamaraju 19/6/1991, Pennington, R.T. et al. 299.

Santa Cruz Cabrália: 15/7/1966, Belém, R.P. et al. 2591.

Santa Cruz Cabrália: 16/7/1966, Belém, R.P. et al. 2596.

Saúde: Cachoeira do Paulista, entrada no km 10 da estrada Saúde-Jacobina, 6km a partir da entrada 23/2/1993, Amorim, A.M.A. et al. 1055.

Una: Km 8 on road to Independência (off road to Pedras from main road Olivença-Una) 26/5/1991, Pennington, R.T. et al. 236.

Una: 1–12km SE de Una, Comandatuba 3/12/1981, Lewis, G.P. et al. 745.

Una: Povoado de Comandatuba, 17km ao Sul de Una, ramal com entrada no km 13 da rodovia Una-Canavieiras, coletas no ramal Comandatuba-Pedras 23/7/1981, Mattos Silva, L.A. et al. 1354.

Una: Reserva Biológica do Mico-leao, entrada no km 46 da BR-001, Ilhéus-Una 24/1/1996, Amorim, A.M. et al. et al. 1896.

Mun.?: CEPLAC 9/7/1964, Silva, N.T. 58135.

Mun.?: Ramal Fazenda Cascata-Cana Verde 8/6/1971, Pinheiro, R.S. 1302.

Mun.?: Serra Jacobina. 1837, Blanchet, J.S. (Moricand, M.E.) 2723.

Mun.?: Serra Jacobina. Blanchet, J.S. 3672.

Pernambuco

Caruaru: Murici, Brejo dos Cavalos, Parque Ecológico Municipal 14/7/1995, Sales de Melo, M.R.C. et al. 101.

Piauí

Campo Maior: Fazenda Sol Posto 22/8/1994, Nascimento, M.S.B. 152.

Andira humilis Mart. ex Benth.

Bahia

Angical: BR-242, Barreiras-Ibotirama, km 35, left side road 4/6/1991, Pennington, R.T. et al. 266.

Angical: BR-242, Barreiras-Ibotirama, km 35, left side road 4/6/1991, Pennington, R.T. et al. 267.

Angical: BR-242, Barreiras-Ibotirama, km 35, left side road 4/6/1991, Pennington, R.T. et al. 268.

Angical: BR-242, Barreiras-Ibotirama, km 35, left side road 4/6/1991, Pennington, R.T. et al. 269.

Caetité: Caminho para Licínio de Almeida 10/2/1997, Guedes, M.L. et al. 5343.

Feira de Santana: Campus da UEFS, opposite Dept. Biologia 29/5/1991, Pennington, R.T. et al. 239.

Feira de Santana: Campus da UEFS, opposite Dept. Biologia 29/5/1991, Pennington, R.T. et al. 240.

Feira de Santana: Campus da UEFS, opposite Dept. Biologia 29/5/1991, Pennington, R.T. et al. 241.

Feira de Santana: Campus da UEFS, opposite Dept. Biologia 29/5/1991, Pennington, R.T. et al. 242.

Feira de Santana: Campus da UEFS 12/2/1984, Noblick, L.R. 2921.

Feira de Santana: Campus da UEFS 16/10/1984, Noblick, L.R. 2415.

Formosa do Rio Preto: Fazenda Estrondo, após a ponte do Rio Riachão, sede da fazenda 11/11/1997, Oliveira, F.C.A. et al. 912.

Ibiquara: 25km N de Barra da Estiva, na estrada nova para Mucugê 20/11/1988, Harley, R.M. et al. 26967.

Jacobina: Estrada Jacobina-Miguel Calmon, 24km da sede do município, 4km no início do ramal 28/10/1995, Amorim, A.M. et al. 1822.

Jacobina: 4km from Jacobina on BR-324, right side road, 100m towards Jacobina from Posto Fiscal 30/5/1991, Pennington, R.T. et al. 246.

Jacobina: 4km from Jacobina on BR-324, right side road, 100m towards Jacobina from Posto Fiscal 30/5/1991, Pennington, R.T. et al. 247.

Jacobina: Villa da Barra. 1840, Blanchet, J.S. 3137.

Morro do Chapéu: Sul leste da cidade, próximo a BA-052 16/11/1984, Noblick, L.R. 3534.

Tucano: Kms 7–10 na estrada Tucano-Ribeira do Pombal 21/3/1992, Carvalho, A.M. et al. 3891.

Pernambuco

Mun.?: Rio Preto. 9/1839, Gardner, G. 2816.

Rio Grande do Norte

Ceará-Mirim: Ceará-Mirim-Touros, km 25 30/12/75, Bamps, P. 5078.

Andira legalis (Vell.) Toledo

Bahia

Alcobaça: Alcobaça 8/12/1981, Lewis, G.P. 812.

Alcobaça: 1km N do centro da cidade, 350m do mar 20/6/1991, Pennington, R.T. et al. 305.

Alcobaça: 1km N do centro da cidade, 350m do mar 20/6/1991, Pennington, R.T. et al. 307.

Alcobaça: 1km N do centro da cidade, 350m do mar 21/6/1991, Pennington, R.T. et al. 308.

Alcobaça: 1km N do centro da cidade, 350m do mar 21/6/1991, Pennington, R.T. et al. 310.

Maraú: Km 6 on road Maraú-Ubaitaba, right side road 22/5/1991, Pennington, R.T. et al. 214.

Maraú: Km 6 on road Maraú-Ubaitaba, right side road 22/5/1991, Pennington, R.T. et al. 215.

Porto Seguro: Km 16 on road Povoado Santa Cruz-Vale Verde, then road by right, 1km up this road 9/5/1991, Pennington, R.T. et al. 191.

Porto Seguro: Bifurcaçao à direital, no km 17 da estrada que liga os Povoados de Vera Cruz e Vale Verde 4/4/1979, Mattos Silva, L.A. et al. 340.

Mun.?: Área Controle da Caraíba Metais 1/12/1982, Noblick, L.R. et al. 2299.

Pernambuco

Recife: Mata de Dois Irmãos, margem da estrada para o Açúde do Prata 12/11/1951, Andrade-Lima, D. 51-944.

Andira marauensis N.F. Mattos

Bahia

Ilhéus: Fazenda Barra do Manguinho, km 11 da rodovia Ilhéus-Olivença-Una, BA-001 28/3/1985, Voeks, R. 102.

Una: Reserva Biológica do Mico-leao, entrada no km 46 da BA-001, Ilhéus-Una 9/5/1993, Jardim, J.G. et al. 90.

Una: Reserva Biológica do Mico-leao, entrada no km 46 da BA-001, Ilhéus-Una 28/1/1988, Carvalho, A.M. et al. 6475.

Una: Reserva Biológica do Mico-leao, entrada no km 46 da BA-001, Ilhéus-Una 14/4/1993, Amorim, A.M. et al. 1238.

Una: Reserva Biológica do Mico-leao, entrada no km 46 da BA-001, Ilhéus-Una 24/1/1996, Amorim, A.M. et al. 1908.

Andira nitida Mart. ex Benth.

Bahia

Alcobaça: Km 4 road Alcobaça-Teixeira de Freitas, left side road 19/6/1991, Pennington, R.T. et al. 300.

Alcobaça: 2km N of Alcobaça, 1km from the sea 20/6/1991, Pennington, R.T. et al. 301.

Alcobaça: Minas Caixa (Balmeário), 5km N of Alcobaça along track running along the back of the beach 20/6/1991, Pennington, R.T. et al. 304.

Alcobaça: 3km from Alcobaça on road to Teixeira de Freitas and Prado, left side road 21/6/1991, Pennington, R.T. et al. 311.

Belmonte: Estaçao Experimental "Gregório Bondar" CEPLAC, 48km east of BR-101 on road to Belmonte 12/5/1993, Thomas, W.W. et al. 9881.

Buerarema: 15km S Itabuna on road BR-101, left side road 19/5/1991, Pennington, R.T. et al. 209.

Buerarema: 20km S Itabuna on road BR-101, left side road 22/6/1991, Pennington, R.T. et al. 316.

Ilhéus: Just south of Olivença 7/5/1991, Pennington, R.T. 186.

Ilhéus: 3km W Olivença, 2km S road to Santa Ana 11/5/1991, Pennington, R.T. 192.

Ilhéus: 3km N of Olivença, road to Pontal, junction on left, about 1km up this track 15/5/1991, Pennington, R.T. 199.

Ilhéus: Road Olivença-Una (BR), km 4, Agua da Olivença, 1km from road, 1km W of Hotel Arraial Cana Brava 16/5/1991, Pennington, R.T. 203.

Ilhéus: 3km N of Olivença, road to Pontal, junction on left, about 1km up this track 15/5/1991, Pennington, R.T. 198.

Ilhéus: Fazenda Barra do Manguinho, ramal com entrada no km 12 da rodovia Pontal-Olivença, lado direito, 3km a O da entrada 25/9/1980, Mattos Silva, L.A. et al. 1090.

Ilhéus: 9km na estrada Olivença-Maruim 9/10/1989, Carvalho, A.M. et al. 2544.

Ilhéus: CEPEC, BR-415, km 22, Ilhéus-Itabuna 4/1/1996, Jardim, J.G. 756.

Itacaré: "Campo Cheiroso", 14km N of Serra Grande off of road to Itacaré 15/11/1992, Thomas, W.W. et al. 9469.

Itaju: Estrada Itaju-Itapé, km 20 7/1/1969, Almeida, J. 356.

Maraú: Road Maraú-Ubaitaba, km 3 from junction to Maraú, side road on left, 200m down this toad 23/5/1991, Pennington, R.T. et al. 225.

Maraú: Road Maraú-Ubaitaba, km 3 from junction to Maraú, side road on left, 200m down this toad 23/5/1991, Pennington, R.T. et al. 223.

Maraú: Km 9 road Porto de Campinhos-Ubaitaba, right side road 23/5/1991, Pennington, R.T. et al. 221.

Maraú: Km 9 road Porto de Campinhos-Ubaitaba, right side road 23/5/1991, Pennington, R.T. et al. 222.

Mucuri: Rio Mucuri 4/3/1991, Farney, C. et al. 2653.

Nova Viçosa: Km 9 da estrada Nova Viçosa-Mucuri 2/1/1991, Farney, C. et al. 2615.

Nova Viçosa: Copuva 9/12/1984, Hatschbach, G. et al. 48748.

Porto Seguro: BR-367, 7–9km W de Porto Seguro 1/12/1978, Euponino, A. 414.

Porto Seguro: 2km S Santa Cruz Cabrália 9/5/1991, Pennington, R.T. et al. 190.

Prado: 3km along road Prado-Itamaraju, right side road 21/6/1991, Pennington, R.T. et al. 313.

Salvador: Dunas de Itapuã, Lagoa de Abaeté 11/12/1985, Noblick, L.R. et al. 4430.

Salvador: Dunas de Itapuã 15/6/1991, Pennington, R.T. et al. 288.

Salvador: Dunas de Itapuã 15/6/1991, Pennington, R.T. et al. 290.

Salvador: Dunas de Itapuã 15/6/1991, Pennington, R.T. et al. 291.

Salvador: Dunas de Itapuã 15/6/1991, Pennington, R.T. et al. 292.

Salvador: Dunas de Itapuã, próximo ao Condomínio Alameda da Praia, arredores da Lagoa do Urubu 2/12/1991, Queiroz, L.P. 2535.

Santa Cruz Cabrália: 10km N of Porto Seguro along road to Santa Cruz Cabrália 8/5/1991, Pennington, R.T. et al. 188.

Santa Cruz Cabrália: 2km S Santa Cruz Cabrália 9/5/1991, Pennington, R.T. et al. 189.

Santa Cruz Cabrália: Estrada que liga ao povoado de Santo André, numa extenSão de 3km 17/6/1980, Mattos Silva, L.A. et al. 872.

Santa Cruz Cabrália: 6–7km de Santa Cruz Cabrália, na antiga estrada para a Estaçao Ecológica do Pau-brasil 13/12/1991, Sant'Ana, S.C. et al. 113.

Una: Km 6 on road to Independência (off road to Pedras from main road Olivença-Una) 26/5/1991, Pennington, R.T. et al. 237.

Una: Km 6 on road to Independência (off road to Pedras from main road Olivença-Una) 7/5/1991, Pennington, R.T. 187.

Una: Km 5 on road to Independência (off road to Pedras from main road Olivença-Una) 26/5/1991, Pennington, R.T. et al. 235.

Una: Ramal que liga ao Povoado de Comandatuba (localizado a 17km ao sul de Una) a Pedras, com 8km de extenSão 13/1/1985, Mattos Silva, L.A. et al. 1810.

Una: 9km a E de Una, Pedras 3/12/1981, Carvalho, A.M. et al. 880.

Uruçuca: Distrito de Serra Grande, estrada Serra Grande-Ilhéus, 3km do distrito 6/11/1991, Amorim, A.M. et al. 347.

Uruçuca: Distrito de Serra Grande, estrada Serra Grande-Ilhéus, 3km do distrito 6/11/1991, Amorim, A.M. et al. 348.

Valença: 8km na estrada Valença-Guaibim 2/11/1990, Carvalho, A.M. 3214.

Unloc.: Salzmann, P. s.n.

Sergipe

Estância: Dunas da Praia do Abais 28/11/1993, Amorim, A.M. et al. 1550.

Andira ormosioides Benth.

Bahia

Alcobaça: 1km N do centro da cidade, 350m do mar 21/6/1991, Pennington, R.T. et al. 309.

Alcobaça: 1km N do centro da cidade, 350m do mar 20/6/1991, Pennington, R.T. et al. 306.

Andira vermifuga Mart. ex Benth.

Bahia

Barreiras: 2km up road to airport (right turn from BR-242). Top of hill, right side road 3/6/1991, Pennington, R.T. et al. 265.

Gentio do Ouro: 6km after Santo Inácio on Xique-Xique-Gentio do Ouro road 1/6/1991, Pennington, R.T. et al. 257.

Gentio do Ouro: 6km after Santo Inácio on Xique-Xique-Gentio do Ouro road, by river 1/6/1991, Pennington, R.T. et al. 256.

Gentio do Ouro: 6km after Santo Inácio on Xique-Xique-Gentio do Ouro road, 30m from river 1/6/1991, Pennington, R.T. et al. 258.

Gentio do Ouro: 6km after Santo Inácio on Xique-Xique-Gentio do Ouro road, 100m from river. 1/6/1991, Pennington, R.T. et al. 259.

Gentio do Ouro: Serra do Açuruá, estrada para Xique-Xique, 6km antes de Santo Inácio, próximo ao Rio Nazaré 10/9/1990, Lima, H.C. et al. 3943.

Ibotirama: Km 8 road Ibotirama-Seabra (BR-242) 4/6/1991, Pennington, R.T. et al. 270.

Ibotirama: Km 8 road Ibotirama-Seabra (BR-242), right side of road, 50m up slope above road 4/6/1991, Pennington, R.T. et al. 271.

Ibotirama: Km 8 road Ibotirama-Seabra (BR-242), right side of road, 50m up slope above road 4/6/1991, Pennington, R.T. et al. 272.

Ibotirama: Km 8 road Ibotirama-Seabra (BR-242), right side of road, 2m up slope above road 5/6/1991, Pennington, R.T. et al. 273.

Santo Inácio: 5.6km S of Santo Inácio on road to Gentio do Ouro 27/2/1977, Harley, R.M. et al. 19138.

Saúde: Cachoeira do Paulista, entrada no km 10 da estrada Saúde-Jacobina, 6km a partir da entrada 22/2/1993, Jardim, J.G. et al. 71.

Ceará

Unloc: 10/1838, Gardner, G. 1538.

Piauí

Oeiras: Near Oeiras. 7/1839, Gardner, G. 2552, SYNTYPE, Andira retusa (Poir.) DC. var. oblonga Benth.

Arachis dardani Krapov. & W.C.Greg.

Ceará

Itapajé: 9,3km W da entrada para Pitambeiras, entre Umirim e Itapagé, BR-222. 28/4/1987, Valls, J.F.M. et al. 11006.

Jucás: In facing slope. 1/3/1972, Pickersgill, B. et al. RU-72-259.

Senador Pompeu: 12km NW of Senador Pompeu. 3/3/1972, Pickersgill, B. et al. RU-72-282.

Sobral: Praça Fernando Mendes 12/4/1967, Gregory, W.C. et al. 12943.

Sobral: 40km E de Sobral (Estrada Fortaleza-Sobral). 12/4/1967, Gregory, W.C. et al. 12941.

Pernambuco

São Lourenço da Mata: Engenho São Bento, Tapera. 15/4/1967, Gregory, W.C. et al. 12946, ISOTYPE, Arachis dardani Krapov. & W.C.Greg.

Mun.?: Tapera 15/4/1967, Gregory, W.C. et al. 12946.

Piauí

Campos Sales: 5km from campos Sales on Crato road at João Pedras Rodrigues Roca. 19/2/1972, Pickersgill, B. et al. RU-72-186.

Floriano: 9km a leste da ponte sobre o Rio Parnaíba, BR-230. 7/4/1983, Valls, J.F.N. et al. 7166.

Oeiras: From Brejo Grande to the city of Oeiras. 3/1839, Gardner, G. 2091.

Rio Grande do Norte

Acari: Fazenda Castio, on road between Acari and Cruzeta. 23/3/1972, Pickersgill, B. RU72-374.

Arachis pintoi Krapov. & W.C.Greg.

Bahia

Cruz das Almas: Procede del Rio Jequitinhonha (sur de Bahia). 31/3/1967, Gregory, W.C. et al. 12787, ISOTYPE, Arachis pintoi Krapov. & W.C.Greg.

Arachis pusilla Benth.

Bahia

Ibotirama: 20km S de Ibotirama, estrada para Paratinga. 19/3/1982, Valls, J.F.M. et al. 6655.

?Jacobina: Serra de Jacobina. 1837, Blanchet, J.S. 2669, HOLOTYPE, Arachis pusilla Benth.

Piauí

Piracuruca: Margem esquerda do Rio Genipapo no lado norte da BR-222 no km 26,4. Valls, J.F.M. et al. 11022.

Arachis sylvestris (A.Chev.) A.Chev.

Bahia

Riachão das Neves: 16km N do Rio Cariparé, estrada Riachão das Neves a Formosa do Rio Preto. 1/4/1983, Valls, J.F.M. et al. 7065.

Paraíba

Unloc: 25/5/1959, Moraes, J.C. 2127.

Piauí

Barreiras do Piauí: 39km S de Gilbués, BR-135. 4/4/1983, Valls, J.F.M. et al. 7126.

Rio Grande do Norte

Caicó: Km 17 da BR-427, a 10km de Acari em direção à Currais Novos. 24/4/1987, Valls, J.F.M. et al. 10969.

Arachis aff. **sylvestris** (A.Chev.) A.Chev.

Rio Grande do Norte

Santa Cruz: BR-226, Santa Cruz-Currais Novos, km 4. 21/7/1980, Coradin, L. et al. 3224.

Arachis triseminata Krapov. & W.C.Greg.

Bahia

Juazeiro: 5km E of Juazeiro at SUDENE Agricultural Reserve Station. 5/2/1972, Pickersgill, B. et al. RU-72-81.

Arachis sp.

Bahia

Ilhéus: CEPEC, BR-415, km 22, Ilhéus-Itabuna. 12/1997, Pereira, J.M. s.n.

Ateleia guaraya Herzog

Ceará

Mun.?: Mata da Serrinha 14/6/1957, Guedes, T.M. 373.

Ateleia venezuelensis Mohlenbr.

Ceará

Pacoti: Serra de Baturité 12/2/1981, Fernandes, A. et al. s.n.

Pacoti: Mata da Serrinha 14/6/1957, Guedes, T. s.n.

Ubajara: Parque Nacional de Ubajara, próximo ao Riacho Cafundó 9/4/1981, Castro, A.J. et al. s.n.

Ubajara: Parque Nacional de Ubajara 20/3/1980, Fernandes, A. et al. s.n.

Ubajara: Serra da Ibiapaba 5/3/1980, Fernandes, A. et al. s.n.

?Ubajara: Chapada de Ibiapaba. Fernandes, A. s.n .

Bowdichia virgilioides Kunth

Alagoas

Satuba: BR-316 17/10/1980, Viégas, O. s.n.

Bahia

Abaíra: Samambaia. 23/8/1993. Ganev, W. 2097.

Abaíra: Caminho Funil do Porco-gordo, capim vermelho. 14/7/1993. Ganev, W. 1848.

Abaíra: Estrada Catolés-Abaíra, entrada Tapera. 25/9/1992. Ganev, W. 1179.

Abaíra: Marques, caminho ligando Marques, a estrada velha da Furna. 6/11/1993. Ganev, W. 2433.

Andaraí: Km 16 da rodovia Andaraí-Mucugê, 2km após o povoado de Igatu (Xique-Xique do Andaraí) 20/5/1989, Mattos Silva, L.A. et al. 2822.

Barreiras: BR-020, 40km de Barreiras 26/3/1984, Almeida, E.F. et al. 287.

Barreiras: Estrada para o aeroporto de Barreiras, 5–15km a partir da sede do município 11/6/1992, Carvalho, A.M. et al. 3981.

Barreiras: Estrada para o aeroporto de Barreiras, 5–15km a partir da sede do município 11/6/1992, Carvalho, A.M. et al. 4035.

Barreiras: BR-242, km 30, Barreiras-Ibotirama 4/6/1991, Brito, H.S. et al. 340.

Caetité: BR-030, Brumado-Caetité, 5km before coming to Caetité, turning right by tile factory on dirt road km 9 on that road. 3/1/1994, Klitgaard, B.B. et al. 67.

Caetité: 7km S de Caetité, na estrada para Brejinho das Ametistas 27/10/1993, Queiroz, L.P. et al. 3592.

Caetité: Próximo a Barragem de Carnaíba 10/2/1997, Passos, L. et al. 5408.

Coração de Maria: 10km W de Coraçao de Maria, camino a Feira de Santana 2/12/1992, Arbo, M.M. et al. 5509.

Encruzilhada: Estrada Encruzilhada-Divisópolis, km 26 9/1/1986, Carvalho, A.M. 2115.

Espigão Mestre: 100km WSW of Barreiras 7/3/1972, Anderson, W.R. et al. 36763.

Espigão Mestre: 5km S of Rio of Roda Velha, 150km SW of Barreiras 15/4/1966, Irwin, H.S. et al. 14859.

Feira de Santana: Campos da UEFS 9/11/1992, Queiroz, L.P. 2877.

Ibotirama: BR-242, Ibotirama-Barreiras, km 86 7/7/1983, Coradin, L. et al. 6620.

Ilhéus: 9km sul de Ilhéus, estrada Ilhéus-Olivença, Cururupé 29/11/1981, Lewis, G.P. et al. 717.

Ilhéus: Blanchet, J.S. (Moricand, M.E.) s.n.

Ilhéus: Inter Caetité et Soteropolin. Martius, C.F.P.von s.n., SYNTYPE, Bowdichia major Mart. ex Benth.

Lençóis: Chapada Diamantina, estrada para Recanto, 2km de Lençóis, Capetinga 12/9/1990, Lima, H.C. et al. 3982.

Maracás: 2km N de Maracás 12/10/1983, Carvalho, A.M. et al. 1965.

Morro do Chapéu: 12km SE de Morro do Chapéu na BA-052 25/7/1993, Queiroz, L.P. et al. 3444.

Morro do Chapéu: 12km E do entroncamento para Cafarnaum na BA-052 22/8/1993, Queiroz, L.P. et al. 3542.

Piatã: Cabrália, 7km em direçao a Piatã 5/9/1996, Harley, R.M. et al. 28255.

Rio de Contas: Serra do Mato Grosso 3/2/1997, Guedes, M.L. et al. 4971.

Rio de Contas: 18km N de Rio de Contas, próximo ao entroncamento para Brumadinho 29/10/1993, Queiroz, L.P. et al. 3691.

Rio Real: 7km S do entroncamento da BR-101, com a estrada para Rio Real, na BR-101 20/12/1993, Queiroz, L.P. et al. 3761 .

Rio Real: 7km S do entroncamento da BR-101, com a estrada para Rio Real, na BR-101 20/12/1993, Queiroz, L.P. et al. 3767.

Salvador: Behind Petrobrás building 15/11/1986, Webster, L. et al. 25666.

Salvador: Dunas do Abaeté 7/11/1976, Araújo, J.S. et al. 109.

Santa Cruz Cabrália: Entre os kms 45–46 da BR-37, Eunápolis-Porto Seguro, próximo a Estaçao Ecológica 22/10/1978, Mori, S.A. et al. 10939.

Tucano: 7km NE de Tucano na estrada para Ribeira do Pombal (BR-410) 18/12/1993, Queiroz, L.P. et al. 3711.

Una: ReBio do Mico-leao, entrada no km 46 da BA-001, Ilhéus-Una, picada paralela ao Rio Maruim 14/9/1993, Amorim, A.M. et al. 1351.

Valença: Estrada para Orobó, com entrada a 3km da rodovia Valença-BR-101, 3km ramal adentro 8/1/1986, Carvalho, A.M. et al. 2112.

Mun.?: Serra do Sincorá, Brejão 19/2/1943, Froés, R.L. 20137.

Mun.?: Caballa. Luschnath, B. 835.

Unloc: 4/1965, Glocker, E.F.von s.n.

Unloc: Salzmann, P. s.n.

Unloc: Luschnath, B. s.n.

Unloc: Blanchet, J.S. 390.

Unloc: Martius, C.F.P.von 1127.

Ceará

Martinópole: 31/8/1992, Nunes, E. et al. s.n.

Tianguá: Estrada para o Piauí, Chapada da Ibiapaba 2/9/1992, Nunes, E. et al. s.n.

Paraíba

Areia: Mata do Pau Ferro, perto da Barragem Vaca Brava 15/10/1980, Fevereiro, V.P.B. et al. M-61.

João Pessoa: Cidade Universitária, 6km Sudeste do centro de João Pessoa 10/10/1991, Agra, M.F. 1345.

João Pessoa: Campus I da UFPB 21/10/1991, Moura, O.T. 663.

Piauí

Correntes: Rodovia Correntes-Bom Jesus, km 34 18/6/1983, Coradin, L. et al. 5820.

Piracuruca: Próximo a entrada para o Parque Sete Cidades 2/9/1992, Nunes, E. et al. s.n.

Sergipe

Santa Luzia do Itanhy: 2,5km do distrito de Crastro, na estrada para Santa Luzia do Itanhy 27/11/1993, Amorim, A.M. et al. 1481.

Santa Luzia do Itanhy: 2km de Crastro, na estrada para Santa Luzia do Itanhy 5/10/1993, Carvalho, A.M. et al. 4341.

Cajanus cajan (L.) Huth

Bahia

Ilhéus: 9km S de Ilhéus, estrada Ilhéus-Olivença 29/11/1981, Lewis, G.P. et al. 701.

Ilhéus: Área do CEPEC, km 22 rodovia Ilhéus-Itabuna, BR-415, quadra I 1/7/1981, Hage, J.L. et al. 1019.

Ilhéus: Área do CEPEC, km 22 rodovia Ilhéus-Itabuna, BR-415, quadra D 16/5/1979, Hage, J.L. 239.

Jacobina: Rodovia Jacobina-Senhor do Bonfim, km 3 22/6/1987, Coradin, L. et al. 7720.

Milagres: Morro de Nossa Senhora dos Milagres, just W of Milagres 6/3/1977, Harley, R.M. et al. 19449.

Paraíba

João Pessoa: Campus da UFPB, 6km sudeste do centro da cidade. 7/1990, Agra, M.F. 1176.

Pernambuco

Buíque: Catimbau, Trilha das Torres 16/3/1995, Rodal, M.J.N. et al. 500.

Caruaru: Murici, Brejo dos Cavalos, Parque Ecológico Municipal 25/2/1994, Alcântara, M. et al. s.n.

Fernando de Noronha: 1890, Ridley, H.N. et al. 27.

Calopogonium caeruleum (Benth.) Sauvalle

Bahia

Cachoeira: Estação da EMBASA. 6/1980, Pedra Cavalo, G. et al. 346.

Feira de Santana: BR-324, km 37, Feira de Santana-Salvador 1/10/1978, Coradin, L. et al. 1216.

Livramento do Brumado: Km 5 da rodovia Livramento do Brumado-Rio de Contas 19–20/7/1979, Mori, S.A. et al. 12233.

Mun.?: Rodovia BR-101, vale do Rio Mucuri. 13/7/1968, Belém, R.P. 3841.

Ceará

Crato: In marsh bushy places near Crato. 9/1838, Gardner, G. 1564.

Crato: Estrada do Lameiro, localidade Luanda, Sítio Francisco Ribeiro Parente 25/6/1987, Coradin, L. et al. 7801.

Paraíba

Areia: Engenho Bom-Fim 2/9/1979, Fevereiro, V.P.B. 643.

Piauí

Unloc: 8/1838, Gardner, G. 2545, TYPE, Stenolobium caeruleum Benth.

Calopogonium mucunoides Desv.

Bahia

Ilhéus: Área do CEPEC, km 22 da rodovia Ilhéus-Itabuna, BR 415 30/6/1981, Hage, J.L. et al. 993.

Ilhéus: Área do CEPEC, km 22 da rodovia Ilhéus-Itabuna, BR 415 20/5/1981, Hage, J.L. et al. 714.

Ilhéus: Área do CEPEC, km 22 da rodovia Ilhéus-Itabuna, BR 415 22/7/1981, Hage, J.L. et al. 1119.

Itanagra: Fazenda Sucupira 15/8/1994, Dutra, E.A. 34.

Livramento do Brumado: 1km N de Livramento do Brumado, ao longo do Rio Brumado 28/10/1993, Queiroz, L.P. 3660.

Unloc: in humilis. Salzmann, P. s.n.

Ceará

Crato: In bushy places near Crato. 9/1838, Gardner, G. 1561.

Crato: Estrada do Lameiro, km 5 desde o centro da cidade 25/6/1987, Coradin, L. et al. 7811.

Fortaleza: BR-222, Fortaleza-Sobral, km 8 29/6/1987, Coradin, L. et al. 7843.

Tianguá: Rodovia Sobral-Tianguá, BR-222, km 67, início da subida da Serra de Ibiapaba 30/6/1987, Coradin, L. et al. 7869.

Piauí

Teresina: Clube caça e pesca 19/6/1995, Nascimento, M.S.B. et al. 1071.

Calopogonium velutinum (Benth.) Amshoff

Bahia

Itapebi: Km 29 da estrada Barrolândia-Itapebi 13/8/1981, Brito, H.S. et al. 94.

Salvador: Bairro do Itaigara, próximo ao Colégio São Paulo 16/10/1993, Queiroz, L.P. 3571.

Mun.?: Cruz de Cosma. Luschnath, B. 836.

Mun.?: Cruz de Cosma. 207.

Unloc: In collibus. Salzmann, P. s.n., Possible TYPE, Stenolobium velutinum Benth.

Unloc: Blanchet, J.S. 1732.

Paraíba

Areia: Chã do Jardim 5/10/1979, Fevereiro, P.C.A. et al. 369.

Areia: Mata do Pau-ferro 22/11/1980, Fevereiro, V.P.B. et al. M-93.

Camptosema coccineum Benth.

Bahia

Morro do Chapéu: Lado esquerdo da torre 11/11/1996, Carneiro, D.S. et al. 48.

Camptosema aff. ***coccineum*** Benth.

Bahia

Rio de Contas: 18km N de Rio de Contas, próximo ao entroncamento para Brumadinho 29/10/1993, Queiroz, L.P. et al. 3682.

Camptosema coriaceum (Nees & Mart.) Benth.

Bahia

Abaíra: 18/4/1994. Melo, E. 1004.

Abaíra: Campo da Pedra Grande. Stannard, B. L. H-52117.

Abaíra: Encosta da Serra da Tromba. Harley, R.M. 28356.

Abaíra: Guarda-Mor. 15/9/1993. Ganev, W. 2248.

Abaíra: Campos da Serra da Bicota. 25/7/1992. Ganev, W. 725.

Abaíra: Jambeiro, Belo Horizonte. 23/10/1993. Ganev, W. 2294.

Abaíra: Caminho Jambreiro - Belo Horizonte. 5/5/1994. Ganev, W. 3214.

Abaíra: Serrinha, caminho-Samambaia-Serrinha. 5/2/1994. Ganev, W. 2952.

Abaíra: Caminho Samambaia-Serrinha. Ca. 4 km de Catolés. 22/5/1992. Ganev, W. 345.

Abaíra: Cabaceira. Riacho Fundo, atrás da Serra do Bicota. 25/10/1993. Ganev, W. 2329.

Abaíra: Caminho Catolés de Cima - Barbado, subida da serra. 26/10/1992. Ganev, W. 1362.

Abaíra: Distrito de Catolés, estrada para Serrinha e Bicota 20/4/1996, Queiroz, L.P. et al. 5051.

Abaíra: 9 km N de Catolés, caminho de Ribeirão de Baixo a Piatã.Serra do Atalho: descida para os gerais entre Serra do Atalho e a Serra da Tromba. 10/7/1995. Queiroz, L. P. 4405.

Andaraí: Rodovia Andaraí-Mucugê, margem esquerda do Rio Paraguaçu 12/9/1992, Coradin, L. et al. 8595.

Andaraí: Velha estrada Andaraí-Mucugê via Igatu, a 2km ao S de Igatu 23/12/1979, Mori, S.A. et al. 13184.

Andaraí: 5km S of Andaraí on road to Mucugê, by bridge over the Rio Paraguaçu 12/2/1977, Harley, R.M. et al. 18587.

Andaraí: Trilha Andaraí-Lençóis, arredores de Andaraí 3/6/1995, França, F. et al. 1204.

Barreiras: 30km W of Barreiras 3/3/1972, Anderson, W.R. et al. 36510.

Campo Formoso: Água Preta, estrada Alagoinhas-Minas do Mimoso, km 15 26/6/1983, Coradin, L. et al. 6104.

Correntina: Veredãozinho, Rio Correntina, in the vilLaje, near house of Dona Amelia 3/2/1967, Gottsberger, G. 12-3267.

Correntina: Chapadão ocidental da Bahia, 10km N of Correntina on the Inhaúmas road 29/4/1980, Harley, R.M. et al. 21922.

Correntina: Chapadão ocidental da Bahia, 9km of Correntina, on road to Jaborandi. 27/4/1980, Harley, R.M. et al. 21824.

Iraquara: 4km S de Água de Rega na estrada para Lagoa da Boa Vista 25/7/1993, Queiroz, L.P. et al. 3383.

Itambé: 11/1907, Sellow, F. 1941.

Jacobina: Serra de Jacobina (Serra do Ouro), por trás do Hotel Serra do Ouro 20/8/1993, Queiroz, L.P. et al. 3472.

Jacobina: 2 m W da cidade, na estrada para Feira de Santana 3/4/1986, Carvalho, A.M. et al. 2372.

Jacobina: Serra da Jacobina, a SE da cidade 18/11/1986, Queiroz, L.P. 1176.

Jacobina: 4km from Jacobina in BR-324 30/5/1991, Pennington, R.T. et al. 245.

Jacobina: N side of Jacobina 18/11/1986, Webster, G.L. et al. 25713.

Jacobina: Estrada que liga Jacobina a Morro do Chapéu, ca. 1km de Jacobina, Ramal que leva a Cachoeira do Alves. 26/10/1995, Amorim, A.M.A. et al. 1757.

Jacobina: Entrada Jacobina-Morro do Chapéu, 22km a partir da sede do município 26/10/1995, Amorim, A.M. et al. 1780.

Jacobina: Serra da Jacobina, W of Estiva, ca. 12km N of Senhor do Bonfim on the BA-130 to Juazeiro 28/2/1974, Harley, R.M. et al. 16544.

Jacobina: Serra de Jacobina (Serra das Figueiras), morro a E da cidade com torres de retransmissào 14/4/1999, Queiroz, L.P. et al. 5533.

?Jacobina: Serra Jacobina. Blanchet J.S. (Moricand, M.E.) 2583.

Lençóis: Estrada de Lençóis para BR-242, ca. 5–6km ao N de Lençóis 19/12/1981, Lewis, G.P. et al. 868.

Lençóis: 8km NE de Lençóis, estrada para Barro Branco 20/12/1981, Lewis, G.P. et al. 912.

Lençóis: BR-242, 8km Leste da estrada para Lençóis 5/7/1983, Coradin, L. et al. 6496.

Lençóis: BR-242, 8km Leste da estrada para Lençóis 5/7/1983, Coradin, L. et al. 6509.

Lençóis: Estrada para Recanto, a 2km de Lençóis, Capetinga 12/9/1990, Lima, H.C. et al. 3973.

Morro do Chapéu: 11/9/1956, Pereira, E. 2015.

Morro do Chapéu: 3,5km SE de Morro do Chapéu, ao longo da BA-052 25/7/1993, Queiroz, L.P. et al. 3436.

Morro do Chapéu: 2km E de Morro do Chapéu, na BA-052 22/8/1993, Queiroz, L.P. et al. 3548.

Morro do Chapéu: Rio do Ferro Doido, 19.5km SE of Morro do Chapéu on the BA-052 highway to Mundo Novo 31/5/1980, Harley, R.M. et al. 22845.

Morro do Chapéu: Cachoeira do Ferro Doido 30/11/1980, Furlan, A. CFCR 301.

Morro do Chapéu: BR-052, 4–6km E of Morro do Chapéu 18/6/1981, Mori, S.A. et al. 14547.

Morro do Chapéu: 19.5km SE of the town of Morro do Chapéu on the BA-052 road to Mundo Novo, by the Rio Ferro Doido. 2/3/1977, Harley, R.M. et al. 19246.

Morro do Chapéu: Chapada Diamantina, rodovia para Utinga, ramal para torre da TELEBAHIA 8/9/1990, Lima, H.C. et al. 3892.

Mucugê: About 2km along Andaraí road 25/1/1980, Harley, R.M. et al. 20607.

Mucugê: Rodovia Mucugê-Andaraí 19/5/1989, Mattos Silva, L.A. et al. 2779.

Mucugê: 3–5km N da cidade, em direção a Palmeiras, próximo ao Rio Moreira 20/2/1994, Harley, R.M. et al. 14305.

Mucugê: Estrada velha Andaraí-Mucugê, em trecho próximo de Igatu 8/9/1981, Pirani, J.R. et al. CFCR 2098.

Mucugê: 4km na estrada Mucugê-Andaraí, margens do Rio Cumbuca 14/4/1990, Carvalho, A.M. et al. 3086.

Mucugê: 6/12/1980, Furlan, A. et al. CFCR 412.

Palmeiras: Km 250 da rodovia BR-242 19/3/1990, Carvalho, A.M. et al. 2969.

Palmeiras: BR-242, 2km antes do entroncamento para Palmeiras 11/9/1990, Lima, H.C. et al. 3966.

Palmeiras: BR-242, km 242 para Ibotirama 18/12/1981, Lewis, G.P. et al. 850.

Palmeiras: 9km S de Palmeiras 19/2/1994, Harley, R.M. et al. 14215.

Piatã: 4km SE do entroncamento Abaíra-Catolés na estrada Piatã-Abaíra 31/10/1996, Queiroz, L.P. et al. 4696.

Piatã: 12km W da estrada Piatã-Boninal, na estrada para Inúbia 5/11/1996, Queiroz, L.P. et al. 4727.

Piatã: Estrada Piatã-Inúbia, próximo ao entroncamento. 8/9/1992. Ganev, W. 1040.

Piatã: Estrada Catolés-Inubía, próximo a Ribeirão do meio perto a casa de Pedro de Dona. 7/8/1992. Ganev, W. 807.

Rio de Contas: Ladeira do Toucinho. Caminho Catolés-Arapiranga. 30/8/1993. Ganev, W. 2173.

Rio de Contas: Palmeira, próximo a Cachoeira da Michilana. 27/12/1993. Ganev, W. 2710.

Rio de Contas: Estrada para a Cachoeira do Fraga, no Rio Brumado, a 3km de Rio de Contas 22/7/1981, Furlan, A. et al. CFCR 1693.

Rio de Contas: 2.5km S of Rio de Contas on estrada de terra to Livramento do Brumado 2/4/1991, Lewis, G.P. et al. 1955.

Rio de Contas: 5km S of Rio de Contas on estrada de terra to Livramento do Brumado 16/4/1991, Lewis, G.P. et al. 1978.

Rio de Contas: 1km S of Rio de Contas on side road to W of the road to Livramento do Brumado 15/1/1974, Harley, R.M. et al. 15072.

Rio de Contas: By Rio Cumbuca ca. 3km S of Mucugê, near site of small dam on road to Cascavel 4/2/1974, Harley, R.M. et al. 15917.

Rio de Contas: Estrada Real, entrada a 1,5km L de Rio de Contas 28/12/1997, Jardim, J.G. et al. 1198.

Rio de Contas: 18km WNW along road from Vila do Rio de Contas to the Pico das Almas 21/3/1977, Harley, R.M. et al. 19813.

Rio de Contas: 2.5km S of Rio de Contas on estrada de terra to Livramento do Brumado 2/4/1991, Lewis, G.P. 1955.

Rio de Contas: Arredores 17/5/1983, Hatschbach, G. 46544.

Rio de Contas: Between 2.5 and 5km S of the Vila do Rio de Contas on side road to W of the road to Livramento, leading to the Rio Brumado. 28/03/1977, Harley, R.M. et al. 20084-A.

Rio de Contas: Ao N da cidade, a 100m do povoado do Mato Grosso 8/11/1988, Harley, R.M. et al. 26032.

Rio de Contas: 5km N de Rio de Contas na estrada para Brumadinho 29/10/1993, Queiroz, L.P. et al. 3673.

Seabra: Serra do Bebedor, ca. de 4km W de Lagoa da Boa Vista na estrada para Gado Bravo 22/6/1993, Queiroz, L.P. et al. 3351.

Seabra: 2km SW de Lagoa da Boa Vista, na encosta da Serra do Bebedor 22/7/1993, Queiroz, L.P. et al. 3365.

Senhor do Bonfim: Serra de Santana 26/12/1984, Lewis, G.P. et al. CFCR 7635.

Umburanas: 22km NW of Lagoinha on side road to Minas do Mimoso 6/3/1974, Harley, R.M. et al. 16838.

Umburanas: Serra do Curral Feio (Serra da Empreitada), entrando W a 20km S de Delfino na estrada para Umburanas 9/4/1999, Queiroz, L.P. et al. 5174.

Mun.:? Água Quente, Pico das Almas, Vale ao NW do Pico 29/11/1988, Harley, R.M. et al. 26693.

Mun.?: Serra do São Ignácio. 2/1907, Ule, E. 7220, ISOLECTOTYPE - Camptosema ulei Harms.

Mun.?: Serra do São Ignácio. 2/1907, Ule, E. 7220, LECTOTYPE - photo, Camptosema ulei Harms.

Pernambuco

Unloc.: 9/1939, Gardner, G. 2824.

Camptosema aff. ***coriaceum*** (Nees & Mart.) Benth.

Bahia

Rio de Contas: Pico das Almas, vertente Leste, trilho Faz. Silvina-Queiroz 30/10/1988, Harley, R.M. et al. 25769.

Camptosema isopetalum (Lam.)Taub.

Bahia

Macarani: Km 18 da rodovia Maiquinique-Itapetinga, Fazenda Lagoa 2/8/1978, Mattos Silva, L.A. et al. 191.

Camptosema pedicellatum Benth.

Bahia

Caetité: 7km S de Caetité na estrada para Brejinho das Ametistas 27/10/1993, Queiroz, L.P. et al. 3597.

Caetité: Brejinho das Ametistas 8/3/1994, Roque, N. et al. CFCR 14963.

Mucugê: Campo defronte ao cemitério 20/7/1981, Giulietti, A.M. et al. CFCR 1436.

Mucugê: Estrada Mucugê-Cascavel, km 10 16/9/1992, Coradin, L. et al. 8650.

Seabra: 2km de Seabra na BR-242, para Ibotirama 5/9/1996, Harley, R.M. et al. 28249.

***Camptosema* cf. *pedicellatum* Benth.**
Bahia

Palmeiras: 4km N de Capão (Caeté-Açu) na estrada para Palmeiras 29/11/1996, Queiroz, L.P. et al. 4694.

Mun.?: Catolés, Estrada para Abaíra 7/9/1996, Harley, R.M. et al. 28353.

Camptosema pedicellatum* Benth. var. *pedicellatum
Bahia

Caetité: Morro com torre de transmissão da TV 25/5/1985, Noblick, L.R. et al. 3754.

Campo Formoso: Estrada Alagoinhas-Água Preta, km 3. Coradin, L. et al. 6055.

Morro do Chapéu: Rodovia para Utinga, ramal para torre da TELEBAHIA 3/9/1990, Lima, H.C. et al. 3889.

Morro do Chapéu: 26/9/1965, Pereira, E. et al. 10117.

Morro do Chapéu: Base of Morro do Chapéu, ca. 7km S of town of Morro do Chapéu 17/2/1971, Irwin, H.S. et al. 32332.

Morro do Chapéu: Bellow summit of Morro do Chapéu, ca. 8 km SW of the town of Morro do Chapéu to the west of the road to Utinga 2/6/1980, Harley, R.M. et al. 23019.

Morro do Chapéu: Rodovia BA-426, km 6 no sentido Morro do Chapéu-Jacobina, Fazenda do Sr. Joaquim Coutinho 12/8/1979, Ribeiro, A.J. 40.

Morro do Chapéu: Rodovia BA-426, km 6 no sentido Morro do Chapéu-Jacobina, Fazenda do Sr. Joaquim Coutinho 12/8/1979, Ribeiro, A.J. 51.

Rio de Contas: Rio Brumado 17/5/1983, Hatschbach, G. 46541.

Sento Sé: Serra do Angelim 2/9/1981, Orlandi, R.P. 500.

Umburanas: Serra do Curral Feio (Serra da Empreitada), entrando W a 20km S de Delfino na estrada para Umburanas 10/4/1999, Queiroz, L.P. et al. 5264.

Umburanas: Serra do Curral Feio (Serra da Empreitada), entrando W a 20km S de Delfino na estrada para Umburanas 10/4/1999, Queiroz, L.P. et al. 5258.

Ceará

Mun.?: Auf dem plateau der Serra do Araripe 12/11/1976, Bogner, J. 1191.

Unloc.: 1839, Gardner, G. 1552, HOLOTYPE, Campsotema pedicellatum Benth.

Mun.?: On the Serra do Araripe. 10/1839, Gardner, G. 1552, ISOTYPE, Campsotema pedicellatum Benth.

Pernambuco

Buíque: Catimbau, Serra do Catimbau 18/10/1994, Lucena, M.F.A. 04.

Buíque: Catimbau, Trilha das Torres 17/10/1994, Sales, M.F. 412.

***Camptosema pedicellatum* Benth. *var. nov.* 1**
Bahia

Rio de contas: Pico das Almas, vertente Leste, vale ao sudeste do Campo do Queiroz 21/12/1988, Harley, R.M. et al. 27326.

Rio de contas: Pico das Almas, vertente Leste, vale ao sudeste do Campo do Queiroz 3/11/1988, Harley, R.M. et al. 25883.

Rio de Contas: Lower NE slopes of the Pico das Almas, ca. 25km WNW of the Vila do Rio de Contas 17/2/1977, Harley, R.M. et al. 19530.

***Camptosema pedicellatum* Benth. *var. nov.* 2**
Bahia

Palmeiras: Pai Inácio, BR-242, km 232, a cerca de 15km NE de Palmeiras 31/10/1979, Mori, S. 12899?.

Palmeiras: Serra dos Lençóis, middle and upper slopes of Pai Inácio ca. 15km NW of Lençóis, just of the main Seabra-Itaberaba road 24/5/1980, Harley, R.M. et al. 22497.

***Camptosema sp. nov.* 1**
Bahia

Abaíra: Distrito de Catolés, estrada para Serrinha e Bicota 20/4/1996, Queiroz, L.P. et al. 5046.

***Camptosema sp. nov.* 2**
Bahia

Barreiras: Estrada para o aeroporto de Barreiras 11/6/1992, Carvalho, A.M. et al. 4048.

Barreiras: Estrada para o aeroporto de Barreiras 11/6/1992, Carvalho, A.M. et al. 4067.

Formosa do Rio Preto: Fazenda Estrondo 21/4/1998, Azevedo, M.L.M. et al. 1330.

Piauí

Corrente: Rodovia Corrente-Bom Jesus, km 34 18/6/1983, Coradin, L. et al. 5818.

***Camptosema sp. nov.* 3**
Bahia

Abaíra: Distrito de Catolés, estrada para Serrinha e Bicota 20/4/1996, Queiroz, L.P. et al. 5044.

***Canavalia brasiliensis* Mart. ex Benth.**
Bahia

Araci: Ca. 7km N de Araci na BR-116 23/3/1993, Queiroz, L.P. et al. 3106.

Feira de Santana: Estrada do Feijão, 16km da cidade, Morro do Capim 17/9/1994, França, F. et al. 1060.

Ipirá: Fazenda Macambira 10/7/1994, Dutra, E.A. 25.

Irecê: Ca. 16km E de Irecê, na BA-052, Estrada do Feijão 18/6/1994, Queiroz, L.P. et al. 4004.

Jacobina: Rodovia Jacobina-Umburanas, km 10 22/9/1992, Coradin, L. et al. 8692.

Jaguarari: Fazenda Belmonte, ca. 8km no ramal após a BR-324, 22km da BR-116 11/8/1993, Queiroz, L.P. et al. 3461.

Juazeiro: Próximo a Joazeiro 7/10/1967, Duarte, A.P. 10547.

Maracás: Fazenda Tanquinho, ca. 20km N de Maracás no ramal para a Fazenda Santa Rita, na estrada para Planaltino 29/6/1993, Queiroz, L.P. et al. 3264.

Morro do Chapéu: Chapada Diamantina, BA-052, km 295, antes do entroncamento para Cafarnaum, América Dourado 3/9/1990, Lima, H.C. et al. 3913.

Mundo Novo: Ca. 7km NW do entroncamento para Mundo Novo na BA-052. 25/7/1993, Queiroz, L.P. et al. 3452.

Santa Terezinha: Ca. 5km W de Santa Terezinha, na estrada para Itaim 26/4/1994, Queiroz, L.P. et al. 3848.

Santa Terezinha: 6km NE do entroncamento da BR-116 com a BA-046 (para Ituaçu e Itaberaba) 2/6/1993, Queiroz, L.P. et al. 3189.

Saúde: 11km S de Saúde, a 23km N da BR-324 23/8/1993, Queiroz, L.P. et al. 3565.

Ceará

Irauçuba: 11/1/1982, Lewis, G.P. 1353.

Paraíba

Remígio: Estrada de Remígio para Cepilho 10/6/1979, Fevereiro, V.P.B. 611.

Pernambuco

Salgueiro: BR-116 Trevo Belém do São Francisco-Salgueiro, km 53 11/8/1994, Silva, G.P. et al. 2461.

Piauí

Campo Maior: Fazenda Sol Posto 21/4/1994, Nascimento, M.S.B. 133.

Rio Grande do Norte

Luís Gomes: BR-405, Luiz Gomes-Pau dos Ferros, km 4 12/8/1994, Silva, G.P. et al. 2471.

Canavalia cassidea G.P.Lewis

Bahia

Una: Rodovia BA-265, 23km de Una 26/2/1978, Mori, S.A. et al. 9293, ISOTYPE, Canavalia cassidea G.P.Lewis.

Mun.?: Estrada Itabuna-Una 24/1/1980, Heringer, E.P. et al. 3255.

Canavalia dictyota Piper

Bahia

Irecê: Margem da estrada em Lagoa Forrada 9/10/1980, Oliveira, E.L.P.G. 246.

Gentio do Ouro: 4km NE from Gentio do Ouro along the road toward Central 22/2/1977, Harley, R.M. et al. 18923.

Jaguarari: Rodovia Juazeiro-Senhor do Bonfim, BR-407, km 100 25/6/1983, Coradin, L. et al. 6010.

Milagres: Km 5–8 da rodovia para Iaçu 10/4/1992, Hatschbach, G.M. et al. 56980.

Riachão do Jacuípe: 10km Suleste da cidade, BR-324, Fazenda São Pedro 10/7/1985, Noblick, L.R. 4041.

Rio de Contas: 5km S of Rio de Contas on estrada de terra do Livramento do Brumado 2/4/1991, Lewis, G.P. et al. 1959.

Teofilândia: Fazenda Brasileirinho, próximo ao Córrego Pau a Pique 22/4/1992, Souza, V. 326.

Utinga: 1838, Blanchet, J.S. 2748.

Unloc: Salzmann, P. s.n.

Canavalia dolichothyrsa G.P.Lewis

Bahia

Itacaré: Fazenda das Almas, km 18 da rodovia Ubaitaba-Itacaré 27/1/1982, Santos, T.S. et al. 3719.

Itacaré: Estrada que liga a torre da Embratel com a BR-101-Itacaré, a 5,8km da entrada, 25km SE de Ubaitaba 15/6/1979, Mori, S.A. et al. 12008, ISOTYPE, Canavalia dolichothyrsa G.P.Lewis.

Ubaitaba: 5km da estrada Aurelino Leal 21/1/1982, Carvalho, A.M. et al. 1143.

Canavalia parviflora Benth.

Bahia

Cachoeira: Estação de Pedra do Cavalo. 8/1980, Pedra Cavalo, G. et al. 648.

Feira de Santana: BA-052, 25km NW de Feira de Santana, Fazenda Retiro 13/6/1986, Queiroz, L.P. 1006.

Itabuna: 3km NW de Juçari 7/5/1978, Mori, S.A. et al. 10078.

Piatã: Estrada a direita da via Piatã-Boninal 14/2/1987, Harley, R.M. et al. 24224.

Porto Seguro: BR-5, km 18 7/9/1961, Duarte, A.P. 6142.

Prado: 21km east of Itamaraju on road to Prado 20/10/1993, Thomas, W.W. et al. 9958.

Una: Rodovia Una-Rio Branco 16/6/1971, Pinheiro, R.S. 1367.

Uruçuca: Escola Média de Agropecuária da Região Cacaueira, Reserva Gregório Bondar 20/5/1994, Thomas, W.W. et al. 10411.

Canavalia rosea (Sw.) DC.

Bahia

Itacaré: Near the mouth of the Rio de Contas 31/3/1974, Harley, R.M. et al. 17581.

Nova Viçosa: Km 5 da BR-101, Nova Viçosa-Posto da Mata 21/5/1980, Mattos Silva, L.A. et al. 811.

Porto Seguro: Porto da Areia 7/6/1962, Duarte, A.P. 6737.

Porto Seguro: Km 7 da rodovia Porto Seguro-Santa Cruz Cabrália 20/4/1982, Carvalho, A.M. et al. 1237.

Porto Seguro: Km 5 da rodovia Porto Seguro-Santa Cruz Cabrália 16/6/1980, Mattos Silva, L.A. et al. 843.

Prado: Cumuruxatiba, 47km N of Prado on the coast 4/12/1978, Harley, R.M. et al. 18068.

Santa Cruz Cabrália: BR-500, 18,5km N de Santa Cruz Cabrália 6/7/1979, Mori, S.A. et al. 12134.

Santa Cruz Cabrália: 11km S of Santa Cruz Cabrália 17/3/1974, Harley, R.M. et al. 17065.

Canavalia sp.

Bahia

Itamaraju: Fazenda Pau-brasil, 5km NW de Itamaraju 3/7/1979, Mattos Silva, L.A. et al. 535.

Sergipe

Nossa Senhora do Socorro: BR-101, Aracaju-Maceió, km 9 18/7/1980, Coradin, L. et al. 3047.

Centrolobium microchaete (Mart. ex Benth.) H.C.Lima

Bahia

Almadina: Coaraci 12/3/1971, Raimundo, S.P. 1120.

Cachoeira: Vale dos Rios Jacuípe e Paraguaçu, Estação Pedra do Cavalo. 8/1980, Pedra Cavalo, G. 653.

Itabuna: De Areia Branca à Itabuna. 11/1942, Fróes. R.L. 19962.

Centrolobium sclerophyllum H.C.Lima

Bahia

Bom Jesus da Lapa: Estrada Bom Jesus da Lapa-Igaporã, km 47 2/7/1983, Coradin, L. et al. 6342.

Bom Jesus da Lapa: Rodovia Igaporã-Caetité, km 8 2/7/1983, Coradin, L. et al. 6358.

Lajedinho: Entroncamento entrada para Lençóis-Itaberaba, BR-242 12/9/1992, Coradin, L. 8587.

Santa Cruz Cabrália: Estação Ecológica do Pau-brasil, 16km W de Porto Seguro 23/8/1983, Santos, F.S. 04.

Centrolobium tomentosum Guill. ex Benth.

Bahia

Caatiba: BR-265, trecho que liga a BR-415 com Caatiba, 26km da BR-415 3/3/1978, Mori, S.A. et al. 9393.

Ilhéus: Área do CEPEC, km 22 rodovia Ilhéus-Itabuna, BR-415, quadra I 18/2/1982, Hage, J.L. 1646.

Santa Cruz Cabrália: Estação Ecológica do Pau-brasil, 16km W de Porto Seguro 23/8/1983, Santos, F.S. 03.

Centrolobium sp.

Bahia

Ilhéus: CEPLAC, opposite staff restaurant, to right CEPLAC entrance 18/6/1991, Pennington, R.T. et al. 293.

Centrosema arenarium Benth.

Bahia

Abaíra: Estrada Catolés-Abaíra, 5km de Catolés, Mata do Engenho 24/11/1992, Ganev, W. 1552.

Barreiras: BR-242, km 1.052, Brasília-Fortaleza, beira da estrada. 29/9/1978, Coradin, L. et al. 1196.

Caém: 3/9/1981, Pinto, G.C.P. 313-81.

Caetité: Serra Geral de Caetité, Brejinho das Ametistas 13/4/1980, Harley, R.M. et al. 21303.

Feira de Santana: Ao lado da Biblioteca Central 5/8/1993, Sena, T.S.N. 6.

Igaporã: BR-430, trevo para Tanque Novo. 5/4/1992, Hatschbach, G.M. et al. 56635.

Itaberaba: Fazenda Serra da Monta UEP/Paraguaçu. 17/6/1981, Bastos, B.C. et al. 154.

Jacobina: Serra do Tombador, 20km W de Jacobina na estrada para Umburanas 13/04/1999, Queiroz, L.P. et al. 5484.

Monte Santo: 20/2/1974, Harley, R.M. et al. 16414.

Nova Viçosa: BR 101, trecho entre Nova Viçosa e Posto da Mata, km 5, 21/5/1980, Mattos Silva, L.A. et al. 802.

Rio de Contas: Estrada de terra to Livramento do Brumado. 16/4/1991, Lewis, G.P. et al. 1991.

Saúde: Rodovia Saúde-Senhor do Bonfim, km 1 22/6/1987, Coradin, L et al. 7734.

Umburanas: Lagoinha, 5.5km SW of Delfino. 4/3/1974, Harley, R.M. et al. 16686A.

Unloc.: 6/11/1980, Fevereiro, V.P.B. et al. M-84.

Ceará

Crato: Chapada do Araripe, rodovia CE-090. 15/2/1985, Gentry, A. et al. 50173.

Mun.?: Serra do Araripe. 10/1838, Gardner, G. 1558, TYPE, Centrosema arenarium Benth.

Pernambuco

Unloc.: 8/1872, Preston, T.A. s.n.

Centrosema brasilianum (L.) Benth.

Alagoas

Joaquim Gomes: BR-101, Maceió-Recife, km 54 20/7/1980, Coradin, L et al. 3112.

Mun.?: Rodovia BR-101, Nossa Senhora do Socorro 18/7/1980, Coradin, L. et àl. 3044.

Bahia

Barreiras: Proximidades do Hotel Solar das Mangueiras 19/6/1987, Coradin, L et al. 7584.

Belmonte: Just outside Belmonte, on road to Itapebi. 22/3/1974, Harley, R.M. et al. 17293.

Bom Jesus da Lapa: Estrada Bom Jesus da Lapa-Igaporã, km 33. 2/7/1983, Coradin, L. et al. 6337.

Casa Nova: 8/9/1981, Pinto, G.C.P. 342-81.

Ibotirama: Margem esquerda do Rio São Francisco, proximidades do Hotel Velho Chico 20/6/1987, Coradin, L, et al. 7622.

Ibotirama: Rodovia Ibotirama-Seabra, BR-242, km 14 20/6/1987, Coradin, L et al. 7628.

Ilhéus: Estrada Ilhéus-Uruçuca, km 12 20/9/1992, Coradin, L et al. 8679.

Ilhéus: Rodovia BR-001, Pontal-Olivença, km 3 15/7/1980, Coradin, L. et al. 2866.

Ilhéus: Rodovia BR-415, Itabuna-Ilhéus, km 23. 15/7/1980, Coradin, L. et al. 2857.

Ilhéus: Rodovia BR-001, Olivença-Una, km 24. 15/7/1980, Coradin, L. et al. 2878.

Lençóis: Serra do Brejão, ca. 14km NW Of Lençóis 22/5/1980, Harley, R.M. et al. 22347.

Lençóis: BR 242, 8km Leste da estrada para Lençóis. 5/7/1983, Coradin, L. et al. 6504.

Lençóis: Rodovia Lençóis-entroncamento BR-242, km 1 21/6/1978, Coradin, L. et al. 7668.

Maraú: 5km SE of Maraú at the junction with road to Campinho. 17/5/1980, Harley, R.M. et al. 22154.

Maraú: 5km SE of Maraú at the junction with the new road North to Ponta do Mutá. 2/2/1977, Harley, R.M. et al. 18457.

Mascote: Rodovia BR-101, Itabuna-Eunápolis, km 123. 16/7/1980, Coradin, L. et al. 2922.

Mucugê: Estrada Andaraí-Mucugê, próximo ao Rio Paraguaçu 21/7/1981, Pirani, J.R. et al. CFCR 1606.

Valença: Camino a Guaibim, a 2km de la rodovia Valença-Nazaré, borde del camino 14/1/1997, Arbo, M.M. et al. 7188.

Mun.?: Água Quente, Pico das Almas, vertente Norte, vale ao Noroeste do Pico. 1/12/1988, Harley, R.M. et al. 26556.

Ceará

Crato: Estrada do Lameiro, km 5 desde o centro da cidade 25/6/1987, Coradin, L. et al. 7803.

Crato: Estrada do Lameiro, sítio Francisco Ribeiro Parente 25/6/1987, Coradin, L. et al. 7798.

Fortaleza: Coast line, 20 miles inland on the planes. 9/11/1925, Bolland, G. s.n.

Fortaleza: Rodovia Fortaleza-Sobral, km 08 29/6/1987, Coradin, L. et al. 7840.

Fortaleza: Rodovia Fortaleza-Sobral, km 08 29/6/1987, Coradin, L. et al. 7841.

Fortaleza: Rodovia Fortaleza-Sobral, km 47 29/6/1987, Coradin, L. et al. 7846.

Juazeiro do Norte: Rodovia Juazeiro do Norte-Monumento Estátua Padre Cícero 25/6/1987, Coradin, L. et al. 7796.

Milagres: Rodovia Missão Velha, entroncamento BR-116, km 12 27/6/1987, Coradin, L. et al. 7834.

Missão Velha: Rodovia Juazeiro do Norte-entroncamento BR-116, km 23 27/6/1987, Coradin, L. et al. 7825.

São Luiz do Curu: Rodovia Fortaleza-Sobral, km 81 29/6/1987, Coradin, L. et al. 7854.

Sobral: BR-222, km 26 13/6/1979, Coradin, L. et al. 1932.

Tianguá: Rodovia Tianguá-Teresina, km 25 1/7/1987, Coradin, L. et al. 7894.

Tianguá: Proximidades do Serra Grande Hotel, chapada da Serra do Ibiapaba 1/7/1987, Coradin, L. et al. 7875.

Tianguá: Rodovia Tianguá-Teresina, km 4, chapada da Serra do Ibiapaba 1/7/1987, Coradin, L. et al. 7886.

Tianguá: Rodovia Sobral-Tianguá, BR-222, km 67, início da subida da Serra de Ibiapaba 30/6/1987, Coradin, L. et al. 7863.

Mun.?: Serra de Maranguape. 10/1910, Ule, E. 9051.

Pernambuco

Petrolina: Rodovia Petrolina-Lagoa Grande, BR-122, km 3 23/6/1987, Coradin, L. et al. 7736.

Ribeirão: BR-101, Palmares-Recife, km 18 20/7/1980, Coradin, L. et al. 3127.

Piauí

Amarante: BR-343, Floriano-Teresina, km 40 25/5/1980, Coradin, L. et al. 2598.

Campo Maior: Fazenda Sol Posto. 12/6/1995, Nascimento, M.S.B. et al. 1042.

Castelo do Piauí: Fazenda Cipó de Cima 13/6/1995, Nascimento, M.S.B. et al. 1057.

Piracuruca: Divisa CE-PI, BR-222, km 51 1/7/1987, Coradin, L. et al. 7904.

Teresina: Margem do Rio Parnaíba. 8/8/1979, Silva, F.C. 81.

Mun.?: Paranagoá. 08/1839, Gardner, G. 2536.

Unloc.: 5/1839, Gardner, G. 2107.

Unloc.: 1839, Gardner, G. 2106.

Rio Grande do Norte

Natal: Near Natal. 24/9/1914, Dawe, M.J. s.n.

Unloc.: Dawe, M.J. 9.

Centrosema brasilianum (L.) Benth. var. ***brasilianum***

Bahia

Livramento do Brumado: 10km de Livramento do Brumado 26/3/1991, Lewis, G.P. et al. 1890.

Salvador: Dunas de Itapuã. 15/10/1991, Queiroz, L.P. 2541.

Paraíba

Campina Grande: Distrito de São José da Mata, Fazenda Pedro da Costa Agra, estrada para Soledade, 16km Oeste do centro de Campina Grande. 30/6/1990, Agra, M.F. 1163.

Pernambuco

Cupira: Rodovia BR-104, Caruaru-divisa PE-AL, km 30. 24/7/1980, Coradin, L. et al. 3315.

Centrosema brasilianum (L.) Benth. var. ***angustifolium*** Amshoff

Bahia

Alagoinhas: 7km N of limit of town of Alagoinhas on BR-101. 27/1/1993, Kallunki, J.A. et al. 381.

Barreiras: BR-324, km 14, Feira de Santana-Salvador, beira da estrada. 1/10/1978, Coradin, L. et al. 1211.

Paraíba

Patos: Rodovia BR-230, Patos-Campina Grande, km 16. 23/7/1980, Coradin, L. et al. 3256.

Centrosema coriaceum Benth.

Bahia

Andaraí: Estrada Andaraí-Mucugê, km 4 23/8/1981, Coradin, L et al. 4460.

Andaraí: 5km South of Andarai on road to Mucugê, by bridge over the Rio Paraguaçu. 12/7/1977, Harley, R.M. et al. 18567.

Campo Formoso: Água Preta, estrada Alagoinhas-Minas do Mimoso, km 15. 26/6/1983, Coradin, L. et al. 6089.

Lençóis: Rodovia Brasília-Fortaleza, 9km oeste da entrada para Lençóis 22/8/1981, Coradin, L et al. 4435.

Lençóis: BR-242, Lençóis-Seabra, km 20 10/9/1992, Coradin, L. et al. 8557.

Lençóis: Rio Mucugezinho, próximo a BR 242, Itaberaba-Seabra. 20/12/1984, Lewis, G.P. et al. CFCR 7328.

Lençóis: Mucugêzinho, km 220 da rod. BR-242. 21/12/1981, Lewis, G.P. et al. 950.

Miguel Calmon: Serra das Palmeiras, 8,5km W do povoado de Urubu (=Lagoa de Dentro), este a 11km W de Miguel de Calmon 21/8/1993, Queiroz, L.P. et al. 3516.

Morro do Chapéu: Estrada do Feijão. 28/11/1980, Furlan, A. et al. CFCR 240.

Mucugê: Rio Mucugê. 16/6/1984, Hatschbach, G. et al. 47967.

Mucugê: Estrada Andarai-Mucugê, 4–5km de Andarai. 8/9/1981, Pirani, J.R. et al. CFCR 2090.

Mucugê: By Rio Cumbuca, about 3km N of Mucugê on the Andaraí road. 5/2/1974, Harley, R.M. et al. 15990.

Palmeiras: BR-242, Pai Inácio. 19/11/1983, Noblick, L.R. et al. 2804.

Salvador: Dunas do Abaeté 18/8/1996, Ferrucci, M.S. et al. 1096.

Seabra: Rodovia BR-242, 10km L de Seabra. 13/10/1981, Hatschbach, G. 44219.

Umburanas: 16km Norte West of Lagoinha on side road to Minas do Mimoso. 4/3/1974, Harley, R.M. et al. 16686.

Centrosema macrocarpum Benth.

Bahia

Irajuba: BR-116, Santa Inês, km 1. 3/9/1981, Coradin, L. et al. 4799.

Palmeiras: Entroncamento BR-242, Palmeiras, km 1. 22/8/1981, Coradin, L. et al. 4444.

Centrosema pascuorum Mart. ex Benth.

Bahia

Brumado: 2.5km along the estrada de terra from Livramento do Brumado to Rio de Contas. 28/3/1991, Lewis, G.P. et al. 1925

Ceará

Fortaleza: Rodovia Fortaleza-Sobral, km 451 29/6/1987, Coradin, L. et al. 7852.

Fortaleza: Rodovia Fortaleza-Sobral, km 47 29/6/1987, Coradin, L. et al. 7845.

Tabuleiro do Norte: Rodovia Juazeiro do Norte-Russa, 5km Sul do Rio Jaguaribe, BR-116 27/6/1987, Coradin, L. et al. 7837.

Paraíba

Brejo do Cruz: Estrada de Catolé do Rocha a Brejo do Cruz 2/6/1984, Collares, J.E.R. 154.

Conde: BR-101, 3km norte da divisa PE-PB 20/7/1980, Coradin, L. et al. 3153.

Junco do Seridó: BR-230, Patos-Campina Grande, km 78 23/7/1980, Coradin, L. et al. 3264.

Queimadas: BR-104, Campina Grande-divisa PB-PE, km 12 23/7/1980, Coradin, L. et al. 3282.

Pernambuco

Cupira: BR-104, Caruaru-divisa PE-AL, km 30 24/7/1980, Coradin, L. et al. 3313.

Piauí
Oeiras: In bushy places about 3 leagues north of Oeiras. 5/1839, Gardner, G. 2108, TYPE, Centrosema pascuorum Mart. ex Benth.
Parnaíba: Fazenda Monte Alegre 30/06/1994, Nascimento, M.S.B. 46.
Parnaíba: Barro Vermelho (Santa Isabel) 28/06/1994, Nascimento, M.S.B. 18.
Rio Grande do Norte
Luís Gomes: BR-405, Luiz Gomes-Pau dos Ferros, km 4 12/8/1994, Silva, G.P. et al. 2472.
Mossoró: Rodovia Grossos-Tibau, km 6 12/8/1994, Silva, G.P. et al. 2477.
Sergipe
Propriá: BR-101, Aracaju-Maceió, 2km S do Rio São Francisco, km 102 18/7/1980, Coradin, L. et al. 3062.

Centrosema* aff. *pascuorum Mart. ex Benth.
Rio Grande do Norte
Acari: BR-226, Currais Novos-Caicó, km 25 21/7/1980, Coradin, L. et al. 3236.

Centrosema plumieri (Turpin ex Pers.) Benth.
Bahia
Ilhéus: CEPEC, km 22 da rodovia Ilhéus-Itabuna, BR-415. 6/9/1983, Santos, E.B. et al. 63.
Ilhéus: CEPEC, km 22 da rodovia Ilhéus-Itabuna, BR-415. 17/6/1986, Hage, J.L. et al. 2068.
Ilhéus: CEPEC, km 22 da rodovia Ilhéus-Itabuna, BR-415. 22/7/1981, Hage, J.L. et al. 1123.
Ilhéus: CEPEC, km 22 da rodovia Ilhéus-Itabuna, BR-415. 30/6/1981, Hage, J.L. et al. 1005.
Ilhéus: BR-415, CEPLAC-Itabuna, km 2 16/7/1980, Coradin, L. et al. 2932.
Itabuna: CEPLAC, Área do CEPEC. 15/7/1980, Coradin, L. et al. 2844.
Paraíba
Areia: Engenho Bom-Fim 2/9/1979, Fevereiro, V.P.B. 644.

Centrosema pubescens Benth.
Bahia
Aramari: Pasto da maternidade, Fazenda experimental. 13/05/1982, Ferreira, M.S.G. 291.
Aurelino Leal: BR-101, Itabuna-Cruz das Almas, km 46 16/7/1980, Coradin, L. et al. 2939.
Belmonte: Estação Experimental Gregório Bondar. 30/3/1982, Brito, H.S. et al. 161.
Lençóis: Rodovia Lençóis-Entroncamento da BR-242, km 1 21/6/1987, Coradin, L. et al. 7669.
Lençóis: Along BR-242, ca. 15km NW of Lençóis at km 225. 10/6/1981, Mori, S.A. et al. 14275.
Nova Viçosa: Arredores 20/10/1983, Hatschbach, G.M. et al. 47037.
Una: Fazenda Cascata, km 4 da rodovia Una-Santa Luzia 05/05/1983, Hage, J.L. et al. 1683.
Unloc: Salzmann, P. s.n. TYPE, Centrosema salzmanni Benth.
Paraíba
Areia: Chã do Jardim. 19/10/1979, Fevereiro, P.C.A. et al. 376.
Piauí
Parnaíba: Fazenda Monte Alegre 30/6/1994, Nascimento, M.S.B. 49.

Centrosema rotundifolium Mart. ex Benth.
Bahia
Utinga: Serra Jacobina, Rio São Francisco. 1839, Blanchet, J.S. 2705, TYPE, Centrosema heptaphyllum Moric.
Ceará
Fortaleza: Vizinhanças de Fortaleza. 24/11/1958, Pires, S.M. 7314.
Juazeiro do Norte: Rodovia Juazeiro do Norte-Crato, km 2. 23/6/1987, Coradin, L. et al. 7761.
Piauí
Piripiri: Entroncamento BR-222 com BR-243, Campo Maior, km 22 1/7/1987, Coradin, L. et al. 7920.
Unloc: Sandy places 3/1839, Gardner, G. 2109.
Rio Grande do Norte
São José do Mipibu: BR-101, 36km Norte/divisa PB-RN. 21/7/1980, Coradin, L. et al. 3188.

Centrosema sagittatum (Humb. & Bonpl. ex Willd.) Brandegee
Ceará
Crato: Estrada do Lameiro, km 5 desde o centro da cidade 25/6/1987, Coradin, L. et al. 7808.
Crato: Rodovia Crato-Exu, km 7, subida da Chapada do Araripe 24/6/1987, Coradin, L. et al. 7790.
Santana do Cariri: Estrada Buritis-Crato, km 1 26/6/1987, Coradin, L. et al. 7822.
Tianguá: Rodovia Sobral-Tianguá, BR-222, km 69, início da subida da Serra de Ibiapaba 30/6/1987, Coradin, L. et al. 7873.
Tianguá: Rodovia Sobral-Tianguá, BR-222, km 67, início da subida da Serra de Ibiapaba 30/6/1987, Coradin, L. et al. 7864.

Centrosema schottii (Millsp.)K.Schum.
Ceará
Quixeré: Chapada do Apodi, fazenda Mato Alto, Cedro 17/9/1996, Loiola, M.I.B. et al. 225.
Quixeré: Chapada do Apodi, fazenda Mato Alto, Cedro 13/6/1996, Zárete, E.L.P. et al. 243.
Pernambuco
Petrolândia: SUVALE Research Station 6/4/1972, Pickersgill, B. et al. RU72-450.

Centrosema venosum Mart. ex Benth.
Bahia
Barreiras: Espigão Mestre, ca. 100km WSW of Barreiras 7/3/1972, Anderson, W.R. et al. 36798.
Correntina: BR-020, km 332, Brasília-Fortaleza 27/9/1978, Coradin, L. et al. 1150.
Piatã: próximo a Serra do Gentio. 21/12/1984, Lewis, G.P. et al. CFCR 7420.
São Desidério: BR-020, entre Posse e Barreiras. 15/06/1983, Coradin, L. et al. 5698.
São Desidério: BR-020, entre Posse e Barreiras. 15/06/1983, Coradin, L. et al. 5699.
São Desidério: BR-020, entre Posse e Barreiras. 15/06/1983, Coradin, L. et al. 5700.
São Desidério: BR-020, entre Posse e Barreiras. 15/06/1983, Coradin, L. et al. 5701.

Centrosema virginianum (L.) Benth.
Bahia
Barreiras: BR-242, km 1261, beira da estrada 29/7/1978, Coradin, L. et al. 1204.
Barreiras: BR-242, km 1261, beira da estrada 29/9/1978, Coradin, L. et al. 1199.

Bom Jesus da Lapa: Basin of the Upper São Francisco River. 17/4/1980, Harley, R.M. et al. 21445.

Buerarema: BR-101, Itabuna-Eunápolis, km 17 16/7/1980, Coradin, L. et al. 2894.

Cachoeira: Barragem de Bananeiras, vale dos Rios Jacuípe e Paraguaçu. 7/1980, Pedra Cavalo, G. 378.

Caém: 1km da BR-324 na estrada para Caém 22/8/1993, Queiroz, L.P. et al. 3551.

Castro Alves: 4km W de Castro Alves, na estrada para Santa Terezinha, à beira da estrada 26/4/1994, Queiroz, L.P. et al. 3836.

Conceição do Almeida: BR-101, Cruz das Almas-Itabuna, km 13 24/7/1980, Coradin, L. et al. 3377.

Correntina: Chapadão Ocidental da Bahia 23/4/1980, Harley, R.M. et al. 21643.

Iaçu: Fazenda Suibra, 18km a leste da cidade. 12/3/1985, Noblick, L.R et al. 3590.

Ipirá: Ipirá-Baixa Grande, km 41 4/9/1981, Coradin, L. et al. 4857.

Itapebi: Entroncamento BR-101-Belmonte, km 3 16/7/1980, Coradin, L. et al. 2927.

Jacobina: Rodovia Jacobina-Senhor do Bonfim, km 3 22/6/1987, Coradin, L. et al. 7702.

Jaguarari: Rodovia Juazeiro-Senho do Bonfim (BR-407), km 100 25/6/1983, Coradin, L. et al. 6000.

Jequié: Km 20 da estrada Jequié-Contendas do Sincorá. 23/12/1981, Lewis, G.P. et al. 986.

Porto Seguro: BR-367, a 10km de Porto Seguro, margem do Rio do Peixe. 21/11/1978, Euponino, A. 381.

Porto Seguro: Just North of Porto Seguro. 21/3/1974, Harley, R.M. et al. 17270.

Poções: BR-116, Poções-Jequié. 34km N de Poções. 5/3/1978, Mori, S.A. et al. 9541.

Seabra: Entroncamento da BR-242, Estrada do Feijão, km 5, próximo a Seabra, estrada para a Fazenda Oliveira 22/8/1981, Coradin, L. et al. 4459.

Valença: BR-101, Itabuna-Cruz das Almas, km 167 16/7/1980, Coradin, L. et al. 2959.

Mun.?: Lagoa da Eugênia, Camaleão. 21/2/1974, Harley, R.M. et al. 16283.

Unloc.: Salzmann P. s.n.

Pernambuco

Arcoverde: Alto da Serra das Varas, IPA-Arcoverde 21/5/1980, Coradin, L. et al. 2470.

Cupira: BR-104, Caruaru-divisa PE-AL 24/7/1980, Coradin, L. et al. 3314.

Piauí

Gilbués: Rodovia Correntes-Bom Jesus, 2km Leste da cidade de Gilbués 18/6/1983, Coradin, L. et al. 5852.

Centrosema sp.

Bahia

Barra da Estiva: Estrada Barra da Estiva-Mucugê, km 7, 04/07/1983, Coradin, L. et al. 6408.

Ceará

Crato: Estrada do Lameiro, sítio Francisco Ribeiro Parente 25/6/1987, Coradin, L. et al. 7799.

Chaetocalyx blanchetiana (Benth.) Rudd

Bahia

Gentio do Ouro: Serra do Açuruá. 1838, Blanchet, J.S. 2892, LECTOTYPE, Isodesmia blanchetiana Benth.

Gentio do Ouro: Serra do Açuruá. 1838, Blanchet, J.S. 2892, ISOLECTOTYPE, Isodesmia blanchetiana Benth.

Ibotirama: Rodovia (BR-242) Ibotirama-Barreiras, km 30. 7/7/1983, Coradin, L. et al. 6585.

Chaetocalyx brasiliensis (Vogel) Benth.

Bahia

Ilhéus: 7/1821, Riedel, L. 252, ISOTYPE, Chaetocalyx ilheotica Taub.

Livramento do Brumado: 10km S of Livramento do Brumado on road to Brumado. 3/4/1991, Lewis, G.P. et al. 1964.

Chaetocalyx longiflora A. Gray

Bahia

Barreiras: Rodovia Barreiras-Ibotirama (BR-242), km 2. 19/6/1987, Coradin, L. et al. 7587.

Boninal: Estrada para Piatã, 52km sul da BR-242. 20/8/1981, Coradin, L. et al. 4354.

Cocos: Ca. 13km S of Cocos and 3km S of Rio Itaguarí. 15/3/1972, Anderson, W.R. et al. 36992.

Maracás: Km 7 da estrada Maracás-Contendas do Sincorá. Lado S da estrada. 9/2/1983, Carvalho, A.M. et al. 1981.

Riachao das Neves: Estrada Barreiras-Corrente, km 73. 16/6/1983, Coradin, L. et al. 5741.

Santa Maria da Vitória: Ca. 45km N of Santa Maria da Vitória, on the road to Serra Dourada. 21/4/1980, Harley, R.M. et al. 21608.

Chaetocalyx scandens (L.) Urb. var. ***pubescens*** (DC.) Rudd

Bahia

Andaraí: Entroncamento BR-242/Andaraí, km 30. 12/9/1992, Coradin, L. et al. 8594.

Cachoeira: Estação da EMBASA. Vale dos Rios Paraguaçú e Jacuípe. 6/1980, Pedra Cavalo, G. 157.

Iaçu: Fazenda Suíbra, (Boa Sorte) 18km a leste da cidade, seguindo a ferrovia. 13/3/1985, Noblick, L.R. 3626.

Ibotirama: Rodovia (BR-242) Ibotirama-Barreiras, km 30. 7/7/1983, Coradin, L. et al. 6582.

Itaberaba: 25km leste da cidade, BR-242. 22/4/1984, Noblick, L.R. et al. 3129.

Jacobina: Estrada Jacabina-Itaitu, ca. 22km a partir da sede do município. 21/2/1993, Amorim, A.M. et al. 978.

Jaguarari: Rodovia Juazeiro-Senhor do Bonfim (BR-407), km 100. 25/6/1983, Coradin, L. et al. 6009.

Jequié: Rodovia BR-330, trecho Jequié-Ipiaú, 4km a L de Jequié. 14/7/1979, Mori, S. et al. 12211.

Jequié: Chácara Provisão, ca. 4km a E de Jequié. 6/5/1979, Mori, S. et al. 11829.

Milagres: Serra do Jatobá. About 3km of S of Milagres, on the road to Jequié. 3/5/1980, Harley, R.M. et al. 22024.

Milagres: Morro de Nossa Senhora dos Milagres, just west of Milagres. 6/3/1977, Harley, R.M. et al. 19450.

Morro do Chapéu: BA-426, 29km al NE de Morro do Chapéu, camino a Várzea Nova 17/1/1997, Arbo, M.M. et al. 7436.

Morro do Chapéu: Estrada Morro do Chapéu-Jacobina, 26km de Morro do Chapéu 1/7/1996, Harley, R.M. et al. 3282.

Paulo Afonso: Estação Ecológica do Raso da Catarina. 26/6/1982, Queiroz, L.P. 392.

Serra Preta: Rodovia BA-052, 35km antes de Ipirá. 7/9/1990, Lima, H.C. et al. 3876.

Umburanas: Serra do Curral Feio (=Serra da Empreitada), entrando para W a 20km S de Delfino na estrada para Umburanas 10/4/1999, Queiroz, L.P. et al. 5290.

Ceará

Crato: Places near Crato. 9/1838, Gardner, G. 1560, LECTOTYPE, Chaetocalyx parviflora Benth.

Pernambuco

Buíque: Catimbau. Em áreas de chapada. 16/3/1995, Andrade, K. 19.

Ibimirim: Estrada Ibimirim-Petrolândia. 3/6/1995, Laurênio, A. 66.

Inajá: Reserva Biológica de Serra Negra. 21/7/1995, Ferraz, E. et al. 272.

Locality Untraced

Sellow, F. SYNTYPE, Chaetocalyx parviflora Benth.

Chaetocalyx* aff. *scandens (L.) Urb.

Bahia

Abaíra: On road to Abaíra ca. 8km to N of the town of Rio de Contas. 18/1/1974, Harley, R.M. et al. 15242.

Feira de Santana: 11km NW de Jaguara, Fazenda Monte Verde. 21/7/1987, Queiroz, L.P. et al. 1736.

Senhor do Bonfim: Serra da Jacobina, 8km N of Senhor do Bonfim on the BA-130 to Juazeiro, on side road to Carrapichel towards the Serra. 27/2/1974, Harley, R.M. et al. 16497.

Chaetocalyx subulatus Mackinder

Bahia

Palmeiras: Rio Lajeado. 9/4/1992, Hatschbach, G. et al. 56922.

Rio de Contas: Tamanduá. 17/5/1983, Hatschbach, G. 46535, ISOTYPE, Chaetocalyx subulatus Mackinder.

Umburanas: Serra do Curral Feio, (=Serra da Empreitada), entrando para W a cerca de 20km S de Delfino na estrada para Umburanas 10/04/1999, Queiroz, L.P. et al. 5294.

Chaetocalyx sp.

Bahia

Jacobina: Barracão de Cima 6/7/1996, Harley, R.M. et al. 3450.

Ceará

Crato: Estrada do Lameiro, Luanda, sítio de Francisco Ribeiro Parente 26/6/1987, Coradin, L. et al. 7814.

Cleobulia multiflora Mart. ex Benth.

Bahia

Lençóis: Rodovia Lençóis-Entroncamento BR-242, km 01 20/6/1987, Coradin, L. et al. 7664.

Lençóis: Estrada Lençóis-Rodovia BR-242, km 2 5/7/1983, Coradin, L. et al. 6466.

Lençóis: Estrada Lençóis-Rodovia BR-242, numa extensão de 12km 18/5/1989, Mattos Silva, L.A. et al. 2740.

Lençóis: Serra dos Lençóis, shortly N of Lençóis 21/5/1980, Harley, R.M. et al. 22232.

Lençóis: Entre Lençóis e Itaberaba 15/9/1956, Pereira, E. 2054.

Lençóis: Margens do Rio Lençóis 6/7/1978, Rizzini, C.T. et al. 1059.

Lençóis: 12km W de Lençóis na BR-242 8/7/1995, Queiroz, L.P. et al. 4338.

Lençóis: Estrada que liga a BR-242 a Lençóis 5/7/1998, Queiroz, L.P. et al. 5109.

Mucugê: Margem da estrada Andaraí-Mucugê, estrada velha a 28 km de Mucugê 21/7/1981, Pirani, J.R. et al. CFCR 1630.

Palmeiras: Serra da Larguinha, entre as cidades Palmeiras e Capão, BR-242 21/7/1985, Cerati, T.M. et al. 314.

Cleobulia* cf. *multiflora Mart. ex Benth.

Bahia

Porto Seguro: Parque Nacional do Monte Pascoal, along the road from park entrance to Nature Conference Center. 14/11/1996, Thomas, W.W. et al. 11342.

Clitoria fairchildiana R.A.Howard

Bahia

Ilhéus: Área do CEPEC, km 22 da rodovia Ilhéus-Itabuna, BR 415 5/5/1981, Hage, J.L. et al. 652.

Ilhéus: Área do CEPEC, km 22 da rodovia Ilhéus-Itabuna, BR 415 29/12/1981, Lewis, G.P. 990.

Ilhéus: Área do CEPEC, km 22 da rodovia Ilhéus-Itabuna, BR 415 11/12/1981, Lewis, G.P. et al. 822.

Salvador: Área controle da Caraíba Metais 1/12/1982, Noblick, L.R. et al. 2253.

Clitoria falcata Lam.

Bahia

Ilhéus: Km 2 a 3 do ramal de baixo para o Povoado de Sambaituva, com entrada no Distrito Industrial de Ilhéus. 8/8/1980, Mattos Silva, L.A. et al. 1006.

Ilhéus: CEPEC, km 22 da Rodovia Ilhéus-Itabuna, BR-415 29/7/1981, Hage, J.L. et al. 1140.

Ilhéus: CEPEC, km 22 da Rodovia Ilhéus-Itabuna, BR-415 6/10/1981, Hage, J.L. et al. 1414.

Itagimirim: 29/10/1979, Pereira, J.M. s.n.

Pernambuco

Unloc: 1841, Gardner, G. 2822.

Clitoria guianensis (Aubl.) Benth. var. ***guianensis***

Paraíba

Santa Rita: Usina São João, Tibirizinho 23/2/1989, Agra, M.F. et al. 699.

Clitoria laurifolia Poir.

Bahia

Ilhéus: 10 km al S de Pontal (Ilhéus), y 2,5km al oeste de la rodovia Ilhéus-Olivença 12/1/1997, Arbo, M.M. et al. 7127.

Ilhéus: Rodovia Ilhéus-Olivença 26/1/1980, Heringer, E.P. et al. 3326.

Ilhéus: Estrada que liga Olivença ao povoado de Vila Brasil, km 3. 24/2/1984, Mattos Silva, L.A. et al. 1715.

Ilhéus: 9km sul de Ilhéus, estrada Ilhéus-Olivença 29/11/1981, Lewis, G.P. et al. 699.

Jacobina: Villa da Barra. 1840, Blanchet, J.S. 3130.

Lençóis: BR-242, 8km Leste da estrada para Lençóis 5/7/1983, Coradin, L. et al. 6502.

Maraú: Near Maraú, 12km North from road junction from Maraú towards Ponta Mutá 3/2/1977, Harley, R.M. et al. 18530.

Porto Seguro: BR-367, a 7–9km W de Porto Seguro 1/12/1978, Euponino, A. 409.

Prado: Cumuruxatiba: 47km N of Prado on the coast 18/1/1977, Harley, R.M. et al. 18063.

Santa Cruz Cabrália: 11km S of Santa Cruz Cabrália 17/3/1974, Harley, R.M. et al. 17064.

Seabra: 3km S de Lagoa do Chure na estrada para Seabra 22/6/1993, Queiroz, L.P. et al. 3371.

Una: Comandatuba 3/12/1981, Lewis, G.P. et al. 738.

Mun.?: 1842, Glocker, E.F.von 171.

Ceará

Crato: Near Crato. 9/1838, Gardner, G. 1551.

Paraíba

Santa Rita: Usina São João, Tibirizinho 11/12/1988, Agra, M.F. et al. 722.

Pernambuco

Unloc.: 11/1837, Gardner, G. 969.

Clitoria selloi Benth.

Bahia

Ilhéus: Rodovia Pontal-Una-Cana, BA-001, km 10 24/8/1978, Morawetz, W. et al. 18-24878.

Ilhéus: Fazenda Barra do Manguinho, ramal com entrada no km 12 da rodovia Pontal-Olivença 29/9/1980, Mattos Silva, L.A. 1100.

Nova Viçosa: 35km O Nova Viçosa 9/4/1984, Hatschbach, G. 47760.

Porto Seguro: Reserva do Brasil Holanda de Indústrias S/A. Entrada no km 22 da rodovia Eunápolis/Porto Seguro, ca. 9km na entrada 7/4/1994, Jardim, J.G. et al. 391.

Santa Cruz Cabrália: Estrada velha de Santa Cruz Cabrália, 2–4 km a W de Santa Cruz Cabrália 28/7/1978, Mori, S. et al. 10392.

Clitoria simplicifolia (Kunth)Benth.

Pernambuco

Unloc: 1841, Gardner, G. 2822.

Clitoria stipularis Benth. var. ***latifolia*** (Rizzini) Fantz

Ceará

Mun.?: about 10 miles from coast. 1928, Rolland, G. s.n.

Coursetia rostrata Benth.

Bahia

Abaíra: 500m on road Abaíra-Catolés 6/1/1994, Klitgaard, B.B. et al. 78.

Brumado: Estrada Brumado-Sussuarana, km 29 3/7/1983, Coradin, L. et al. 6381.

Caetité: Entre Brejinho das Ametistas e Morrinhos, 8km de Brejinho das Ametistas 8/3/1994, Souza, V.C. et al. CFCR 5382.

Cafarnaum: Rodovia do Feijão 14/1/1977, Hatschbach, G. 39552.

Cocos: 13km S of Cocos and 3km S of Rio Itaguari 15/3/1972, Anderson, W.R. et al. 36955.

Correntina: Chapadão Ocidental, islets and banks of the Rio Correntes by Correntina 23/4/1980, Harley, R.M. et al. 21661.

Iaçu: Km 30 da BR-046, Milagres-Iaçu 17/5/1989, Mattos Silva, L.A. et al. 2735.

Irecê: 9km W do entroncamento para Irecê, na BA-052 18/6/1994, Queiroz, L.P. et al. 3995.

Jacobina: 90km W de Jacobina na estrada para Delfino, logo após o entroncamento para Ourolândia 8/4/1999, Queiroz, L.P. et al. 5117.

Livramento do Brumado: 10km S of Livramento do Brumado on road to Brumado 25/3/1991, Lewis, G.P. et al. 1879.

Livramento do Brumado: 10km S of Livramento do Brumado on road to Brumado 17/4/1991, Lewis, G.P. et al. 1996.

Livramento do Brumado: 20km S of Livramento do Brumado on road to Brumado 20/3/1991, Lewis, G.P. et al. 1863.

Livramento do Brumado: 22km on road from Livramento do Brumado to Brumado 12/3/1991, Lewis, G.P. et al. 1859.

Manoel Vitorino: BR-116, Manoel Vitorino-Vitória da Conquista, km 20 19/4/1983, Carvalho, A.M. et al. 1845.

Milagres: Estrada para Itaberaba, km 5 da BR-116, por Iaçu 17/12/1981, Lewis, G.P. et al. 840.

Sobradinho: Arredores da residência dos engenheiros da Chesf 24/6/1983, Coradin, L. et al. 5975.

Tabocas do Brejo Velho: Chapadão Ocidental, 5km to the N of Tabocas, which is 10km NW of Serra Dourada 1/5/1980, Harley, R.M. et al. 21986.

Mun.?: Catinga bei Calderão. 10/1906, Ule, E. 7249.

Coursetia vicioides (Nees & Mart.)Benth.

Bahia

Rio de Contas: 13km E of the town of Vila do Rio de Contas on the road to Marcolino Moura 25/3/1977, Harley, R.M. et al. 20004.

Cranocarpus gracilis Afr.Fern. & P.Bezerra

Ceará

Tianguá: Chapada da Ibiapaba. 04/05/1979 Castro, A.J. et al. 6145.

Viçosa do Ceará: Cocalzinho (Chapada da Ibiapaba). 22/02/1979. Fernandes, A. et al. 5644.

Cranocarpus martii Benth.

Bahia

Amélia Rodrigues. Povoado do Areal. França, F. et al. 1236 07/06/1995.

Itacaré. Fazenda a 34Km from BR 101 on road to Itacaré. 13/02/1994. Kallunki, J. et al. 540.

Itanagra. Road from Itanagra to Subaúna, 8Km W of Itanagra. 27/05/1981. Mori, S.A. et al. 14133.

Maraú. 5Km SE of Maraú at the junction with the new road North do Ponta do Mutá. 02/02/1977 Harley, R.M. et al. 18518.

Maraú. Rodovia BR-030, trecho Maraú-Ubatuba a 5Km de Maraú. 27/02/1980. Santos, T.S. et al. 3525.

Ubaitaba. Fazenda Sta. Tereza, Km 8 da Rod. Ubaitaba-Itacaré. 06/10/1975. Santos, T.S. 3045.

Unloc.: Martius. s.n. TYPE of *Cranocarpus martii* Benth.

Cranocarpus mezii Taub.

Bahia

Itamaraju. Fazenda Pau-brasil, ca. 5Km ao NW de Itamaraju, plantação de cacau. 30/10/1979. Mattos Silva, L.A. et al. 665.

Parque Nacional de Monte Pascoal. On NW slopes of Monte Pascoal. 12/01/1977. Harley, R.M. et al. 17882.

Parque Nacional de Monte Pascoal. On NW side of Monte Pascoal at low altitude between IBDF field hut gates of the Parque Nacional. 31/01/1977. Harley, R.M. et al. 17915.

Prado. Km 7 da rodovia Prado-Alcobaça. 21/05/1980. Mattos Silva, L.A. et al. 824.

Prado. On road from Itamaraju to Cumuruxatiba. 10.5Km NE of turn off of road to Prado on road to Cumuruxatiba. 20/10/1993. Thomas, W.W. et al. 10026.

Porto Seguro. Parque Nacional do Monte Pascoal. 20/09/1989. Hatschbach, G. et al. 53503.

Santa Cruz Cabrália. Area da Estação Ecológica do Pau-brasil (EPASB), cerca de 16Km W de Porto Seguro, rodovia BR-367 (Porto Seguro-Eunápolis). Coletas ao longo do rumo Leste, limite com a mata da Flonibra. 14/02/1986. Mattos Silva, L.A. et al. 1995.

Santa Cruz Cabrália. Estação Ecológica do Pau-brasil, ca. 16Km W of Porto Seguro. 25/11/1987. Maas, P.J.M. et al. 6996.

Santa Cruz Cabrália. Estação Ecológica do Pau-brasil. 23/09/1981. Brito, H.S. et al. 148.

Cratylia argentea (Desv.) Kuntze
Ceará

Crato: In the roads near Crato. 9/1838, Gardner, G. 1562.

Sobral: Banco Ativo de Germoplasma do CNP-Caprinos 30/6/1987, Coradin, L. et al. 7862.

Piauí

Campo Maior: Fazenda Lourdes 20/8/1995, Nascimento, M.S.B. 1078.

Oeiras: Near Oeiras. 6/1839, Gardner, G. 2461.

Teresina: EMBRAPA/CPANM 5/9/1994, Nascimento, M.S.B. 1016.

Teresina: Margem do Rio Parnaíba 8/8/1979, Silva, F.C. 96.

Cratylia bahiensis L.P.Queiroz
Bahia

Anagê: Serra dos Pombos 14/5/1983, Hatschbach, G. 46368.

Anagê: 30km da estrada Vitória da Conquista-Brumado, BA-262 13/4/1983, Carvalho, A.M. et al. 1673.

Caetité: Chapada Diamantina 15/5/1983, Hatschbach, G. 46560.

Maracás: Rod. BA-026, a 26km ao SW de Maracás 27/4/1978, Mori, S.A. et al. 9991.

Urandi: BR-122, próximo a divisa com Ouro Branco. Hatschbach, G. et al. 56522.

Cratylia hypargyrea Mart. ex Benth.
Bahia

Caravelas: Ca. 40km na estrada BR-101 para Caravelas 4/9/1989, Carvalho, A.M. et al. 2438.

Ilhéus: Distrito de Olivença, arredores de Rio Tororomba 19/5/1990, Queiroz, L.P. et al. 2847.

Ilhéus: Pontal, Morro de Pernambuco, Praia da Bica, encosta do morro 30/5/1990, Carvalho, A.M. 3164.

Jequié: 20km na estrada Jequié-Contendas do Sincorá 30/3/1986, Carvalho, A.M. et al. 2359.

Jussari: Perto da Serra do Teimoso, ao Oeste da rodovia Juçari-Palmira, perto da fazenda Santo Antonio de Cima 6/4/1991, Mayo, S.J. et al. 719.

Jussari: Rod. BR-101, 2km N da estrada para Jussari 10/5/1991, Lewis, G.P. et al. 2028.

Jussari: Plantação de cacau 27/5/1966, Belém, R.P. et al. 2357.

Porto Seguro: Reserva Florestal de Porto Seguro, CVRD/BA 25/4/1991, Farias, G.L. 446.

Santa Cruz Cabrália: Saída da cidade pela estrada velha para Porto Seguro 20/4/1982, Carvalho, A.M. et al. 1244.

Senhor do Bonfim: Morro da Antena, 11km S de Senhor do Bonfim 13/5/1999, França, F. et al. 2903.

Vitória da Conquista: 1906, Sellow, F. s.n.

Unloc.: Blanchet, J.S. 1988, ISOTYPE, Cratylia nuda Tul.

Cratylia mollis Mart. ex Benth.
Bahia

Gentio do Ouro: 25km E de Gentio do Ouro, na estrada para Mirorós 17/6/1994, Queiroz, L.P. et al. 3993.

Irecê: 10/4/1981, Fonseca, W.N. 365.

Jacobina: 90km W de Jacobina na estrada para Delfino, logo após o entroncamento para Ourolândia 8/4/1999, Queiroz, L.P. et al. 5119.

Jeremoabo: 20km de Jeremoabo na BR-110 18/12/1993, Queiroz, L.P. et al. 3720.

?Porto Seguro: Estação Ecológica do Raso da Catarina 14/5/1981, Bautista H.P. 446.

?Porto Seguro: Estação Ecológica do Raso da Catarina 8/7/1983, Queiroz, L.P. 452.

?Porto Seguro: Estação Ecológica do Raso da Catarina 8/7/1983, Queiroz, L.P. 741.

Santa Brígida: 10km W do entroncamento de Santa Brígida com a BR-110, na região do Raso da Catarina. 19/12/1993, Queiroz, L.P. et al. 3737.

Sobradinho: Rodovia Sobradinho-Santa Sé, km 20 24/6/1983, Coradin, L. et al. 5982.

Uauá: 51km N de Monte Santo na estrada para Uauá 25/8/1996, Queiroz, L.P. et al. 4639.

Ceará

Crateús: Estrada Novo Oriente-São Miguel do Tapuio, km 77 19/6/1979, Coradin, L. et al. 2040.

Novo Oriente: Estrada Novo Oriente-São Miguel do Tapuio, km 62 19/6/1979, Coradin, L. et al. 2054.

Sobral: Banco Ativo de Germoplasma do CNP-Caprinos 30/6/1987, Coradin, L. et al. 7861.

Pernambuco

Buíque: Fazenda Laranjeiras 16/6/1995, Figueiredo, L. S. et al. 85.

Buíque: Fazenda Laranjeiras 19/5/1995, Figueiredo, L.S. et al. 53.

Caruaru: Murici, Brejo dos Cavalos, Parque Ecológico Municipal 10/10/1994, Mayo, S.J. et al. 1046.

Ibimirim: Estrada Ibimirim-Petrolândia 19/7/1995, Laurênio, A. et al. 88.

Petrolina: Área do CPATSA/EMBRAPA 23/6/1983, Coradin, L. et al. 5961.

Piauí

Jaicós: Start of trackway is 9km south of Jaicós along BR-407 to Petrolina, Lagoa Achada 8/1/1985, Lewis, G.P. et al. 1341.

Picos: 30km East of Picos 15/6/1962, Eiten, G. et al. 4918a.

São João do Piauí: Saco 14/4/1994, Nascimento, M.S.B. et al. 457.

São Raimundo Nonato: Vitorino, 12km E da Fundação Ruralista, ca. 220km ENE de Petrolina 23/1/1982, Lewis, G.P. et al. 1162.

São Raimundo Nonato: 0.5km E da Fundação Ruralista, 8–10km NNE of Curral Novo 16/1/1982, Lewis, G.P. et al. 1091.

Mun.?: Serra Branca. 1/1907, Ule, E. 7184.

Cratylia spectabilis Tul.
Bahia
   Livramento do Brumado: Km 5 rodovia Livramento
      do Brumado-Rio de Contas 19/7/1979, Mori, S.A. et
      al. 12276.
   Mun.?: Serra do Sincorá. 11/1906, Ule, E. 7308.
Crotalaria babiaensis Windler & S.G.Skinner
Bahia
   Gentio do Ouro: Serra de Santo Inácio, 18–30km na
      estrada Xique-Xique-Santo Inácio 17/3/1990,
      Carvalho, A.M. et al. 2873.
   Gentio do Ouro: 1.5km S of S. of São Inácio on the
      Gentio do Ouro road 24/2/1977, Harley, R.M. et al.
      19004.
   Gentio do Ouro: 3km S of São Inácio on the Gentio
      do Ouro road 27/2/1977, Harley, R.M. et al. 19156.
   Mundo Novo: Sentoré. 8/1912, Zehntner, D. s.n.
   Mun.?: 8km NW od Lagoinha (5.5km SW of Delfino)
      on the road to Minas do Mimoso 5/3/1974, Harley,
      R.M. et al. 16777.
   Mun.?: Serra do S. Ignácio. 2/1907, Ule, E. 7204.
Ceará
   Quixadá: 5/1912, Loefgren 915.
Pernambuco
   Buíque: Fazenda Laranjeiras 19/5/1995, Andrade, K.
      et al. 48.
Crotalaria brachycarpa Benth.
Bahia
   ?Jacobina: Serra Jacobina. 1837, Blanchet, J.S. 2678,
      TYPE, Crotalaria brachycarpa Benth.
   ?Remanso: Catinga bei Remanso. 1/1907, Ule, E. 7200.
Crotalaria aff. ***breviflora*** DC.
Bahia
   Rio de Contas: Pico das Almas, vertente leste, Junco
      21/12/1988, Harley, R.M. et al. 27644.
   Rio de Contas: Queiroz, próximo ao Pico das Almas
      21/2/1987, Harley, R.M. et al. 24588.
   Mun.?: Água Quente, Pico das Almas, vertente norte,
      vale ao lado da Serra do Pau Queimado
      21/12/1988, Harley, R.M. et al. 27345.
Crotalaria barleyi Windler & S.G.Skinner
Bahia
   Boninal: 20/6/1978, Brazão, J.E. 44.
   Campo Formoso: Água Preta, estrada Alagoinhas-
      Minas do Mimoso, km 15 26/6/1983, Coradin, L.
      et al. 6106.
   Piatã: 13/2/1987, Harley, R.M. et al. 24153.
   Rio de Contas: Barra do Brumado 7/4/1992,
      Hatschbach, G. et al. 56778.
   Rio de Contas: 10–13km ao norte da cidade na
      estrada para o povoado de Mato Grosso
      27/10/1988, Harley, R.M. et al. 25690.
   Rio de Contas: Vertente leste, 3km da Fazenda
      Brumadinho na estrada para Junco 19/12/1988,
      Harley, R.M. et al. 27614.
   Rio de Contas: 18km WNW along road from Vila do
      Rio de Contas to the Pico das Almas 21/3/1977,
      Harley, R.M. et al. 19796 HOLOTYPE, Crotalaria
      harleyi Windler & S.G.Skinner.
   Rio de Contas: 18km WNW along road from Vila do
      Rio de Contas to the Pico das Almas 21/3/1977,
      Harley, R.M. et al. 19796 ISOTYPE, Crotalaria
      harleyi Windler & S.G.Skinner.

   Umburanas: 16km NW of Lagoinha (5.5km SW of
      Delfino) on side road to Minas do Mimoso
      4/3/1974, Harley, R.M. et al. 16669.
Crotalaria cf. ***barleyi*** Winder & S.G.Skinner
Bahia
   Umburanas: Serra do Curral Feio (=Serra da
      Empreitada), Cachoeirinha, 10km NW de Delfino
      na estrada que sai pelo depósito de lixo 11/4/1999,
      Queiroz, L.P. et al. 5363.
Crotalaria boloseritea Nees & Mart.
Bahia
   Alagoinhas: Rodovia BR-101, Feira de Santana-
      Alagoinhas 27/5/1991, Cotias, A.L. s.n.
   Barra: Ibiraba, dunas arenosas na margem do Rio São
      Francisco. Rocha, P. 56.
   Brotas de Macaúbas: Margens do Rio São José,
      proximidades da cidade de Lençóis 10/9/1992,
      Coradin, L. et al. 8538.
   Cachoeira: Estação Pedra do Cavalo, vale dos Rio
      Paraguaçu e Jacuípe. 9/1980, Pedra Cavalo, G. 684.
   Campo Formoso: Estrada Alagoinhas-Água Preta, km
      3 26/6/1983, Coradin, L. et al. 6050.
   Conceição da Feira: Margem esquerda do Rio
      Paraguaçu. Carvalho, A.M. et al. 548.
   Iaçu: Fazenda Suíbra (Boa Sorte), 18km a leste da
      cidade, seguindo a ferrovia 13/3/1985, Noblick,
      L.R. 3675.
   Iaçu: 27/1/1979, Dobereiner, J. et al. 1491.
   Iraquara: 4km S de Água de Rega na estrada para
      Lagoa da Boa Vista 23/7/1993, Queiroz, L.P. et al.
      3378.
   Jacobina: Rodovia Jacobina-Senhor do Bonfim, km 3
      22/6/1987, Coradin, L. et al. 7717.
   Jacobina: Oeste de Jacobina, Serra do Tombador,
      estrada para Lagoa Grande 23/12/1984, Lewis, G.P.
      et al. CFCR 7497.
   Jussiape: Ibiquara, 13km de Jussiape na estrada para
      Morro Branco e Capão da Volta 15/11/1988,
      Harley, R.M. et al. 26448.
   Lençóis: 7km NE of Lençóis, and 3km S of main
      Seabra-Ibotirama road 23/5/1980, Harley, R.M. et
      al. 22434.
   Lençóis: Próximo a cidade 20/12/1981, Lewis, G.P. et
      al. 933.
   Lençóis: Estrada Lençóis-Rodovia BR-242, km 2
      5/7/1983, Coradin, L. et al. 6469.
   Lençóis: Estrada de Lençóis para BR-242, 5–6km ao N
      de Lençóis 19/12/1981, Lewis, G.P. et al. 867.
   Lençóis: Estrada de Lençóis para BR-242, 5–6km ao N
      de Lençóis 19/12/1981, Lewis, G.P. et al. 871.
   Lençóis: 22km na estrada de Lençóis para a BR-242
      19/3/1990, Carvalho, A.M. et al. 2922.
   Lençóis: Caminho para a cidade, próximo a entrada
      para Remanso 28/10/1978, Martinelli, G. et al.
      5308.
   Livramento do Brumado: 4km along estrada de terra
      from Livramento do Brumado to Rio de Contas
      28/3/1991, Lewis, G.P. et al. 1915.
   Livramento do Brumado: Just North of Livramento
      do Brumado on the road to Vila do Rio de
      Contas, below the Livramento waterfall on the
      Rio Brumado 23/3/1977, Harley, R.M. et al.
      19855.

Maracás: BA-026, Maracás-Contendas do Sincorá, km 6 14/2/1979, Mattos Silva, L.A. et al. 261.

Maracás: Fazenda Tanquinho, 20km N de Maracás no ramal para a Fazenda Santa Rita, na estrada para Planaltino 29/6/1993, Queiroz, L.P. et al. 3265.

Maracás: Km 7 da estrada Maracás-Contendas do Sincorá 9/2/1983, Carvalho, A.M. et al. 1557.

Milagres: Morro de Nossa Senhora dos Milagres 6/3/1977, Harley, R.M. et al. 19444.

Morro do Chapéu: 19.5km SE of the town of Morro do Chapéu on the BA-052 road to Mundo Novo by the Rio do Ferro Doido 2/3/1977, Harley, R.M. et al. 19290.

Mucugê: 11km S de Joào Correia, 2km E de Brejo de Cima, na estrada Abaíra-Mucugê 14/2/1992, Queiroz, L.P. 2631.

Santa Terezinha: 2km S de Santa Terezinha, entre Santa Terezinha e o entroncamento para Pedra Branca 11/4/1994, Queiroz, L.P. et al. 3812.

Mun.?: Rio Sào Francisco, Serra Açuruá. 1838, Blanchet, J.S. 2827.

Paraíba

Santa Rita: Usina São Joào, Tibirizinho, 20km do centro de Joào Pessoa 5/2/1992, Agra, M.F. et al. 1434.

Pernambuco

Buíque: Serra do Catimbau 18/10/1994, Araújo, A. 11.

Ibimirim: Ibimirim-Petrolândia 19/7/1995, Laurênio, A. et al. 89.

Jatiúca: 6km SW of Jatiúca on PE-92 27/1/1972, Pickersgill, B. et al. RU-72-33.

Rio Formoso: Engenho Sào Manoel 3/9/1954, Falcào, J.I.A. et al. 946.

Piauí

Oeiras: On the hill around the city of Oeiras. 4/1839, Gardner, G. 2105, SYNTYPE, Crotalaria holosericea Nees & Mart. var. grisea Benth.

Mun.?: Near Boa Esperança. 3/1839, Gardner, G. 2104.

Crotalaria cf. *holosericea* Ness & Mart.

Bahia

Senhor do Bonfim: Serra de Santana 26/12/1984, Mello-Silva, R. et al. CFCR 7589.

Crotalaria aff. *holosericea* Nees & Mart.

Bahia

Rio de Contas: 1km S of Rio de Contas on side road to W of road to Livramento do Brumado 15/1/1974, Harley, R.M 15083.

Caetité: Serra Geral de Caetité, 1.5km S of Brejinho das Ametistas 11/4/1980, Harley, R.M. et al. 21213.

Crotalaria incana L.

Bahia

Ilhéus: CEPEC, BR-415, km 22, Ilhéus-Itabuna, Quadra A 23/1/1986, Hage, J.L. et al. 1084.

Jacobina: Rodovia Jacobina-Senhor do Bonfim, km 7, margem do Rio Itapi 22/6/1987, Coradin, L. et al. 7721.

Mascote: BR-101, Itabuna-Eunápolis, km 109 16/7/1980, Coradin, L. et al. 2919.

Porto Seguro: Fonte dos Protomártires do Brasil 21/3/1974, Harley, R.M. et al. 17231.

Riachão do Jacuípe: Rio Toco, 14km suleste da cidade, BR-324 10/7/1985, Noblick, L.R. et al. 4115.

Unloc.: 1842, Glocker, E.F.von 168.

Unloc.: Blanchet, J.S. 146.

Crotalaria lanceolata E. Mey.

Bahia

Ilhéus: CEPEC, BR-415, km 22, Ilhéus-Itabuna 12/2/1978, Mori, S.A. et al. 9269.

Ilhéus: CEPEC, BR-415, km 22, Ilhéus-Itabuna, quadra E 20/5/1981, Hage, J.L. et al. 717.

Ilhéus: CEPEC, BR-415, km 22, Ilhéus-Itabuna 29/12/1981, Lewis, G.P. 992.

Crotalaria maypurensis Kunth

Bahia

Barreiras: 100km WSW of Barreiras 6/3/1972, Anderson, W.R. et al. 36689.

Barreiras: 23km W of Barreiras 3/3/1972, Anderson, W.R. et al. 36534.

Cocos: 5km S of Cocos 16/3/1972, Anderson, W.R. et al. 37072.

Correntina: Chapadào Ocidental, 20km N of Correntina, on the road to Inhaúmas 28/4/1980, Harley, R.M. et al. 21900.

Correntina: Chapadào Ocidental, 9km SE of Correntina, on the road to Jaborandi 27/4/1980, Harley, R.M. et al. 21821.

Correntina: Chapadào Ocidental, 15km SE of Correntina, on the road to Goiás 25/4/1980, Harley, R.M. et al. 21734.

Itacaré: Rodovia entre Itacaré e a BR-101 (BR-654), 22,8km de Itacaré 7/6/1978, Mori, S.A. et al. 10177.

Mun.?: BR-365, descida da Chapada dos Gerais, Buritizeiro 11/3/1995, Hatschbach, G. et al. 61757.

Piauí

Mun.?: Dry hill Paranagoá. 9/1839, Gardner, G. 2526.

Mun.?: Gurgêa. 8/1839, Gardner, G. 2527.

Mun.?: Gurgêa. 8/1839, Gardner, G. 2528.

Crotalaria micans Link

Bahia

Abaíra: Catolés, platô da Serra do Tromba, próximo a nascente do Rio de Contas 20/4/1996, Queiroz, L.P. et al. 5082.

Cascavel: Serra do Sincorá, 6km N of Cascavel on the road to Mucugê 25/3/1980, Harley, R.M. et al. 20939.

Correntina: Chapadào Ocidental, islets and banks of Rio Corrente by Correntina 23/4/1980, Harley, R.M. et al. 21651.

Jussiape: Margem do Rio de Contas, Cachoeira do Fraga 17/2/1987, Harley, R.M. et al. 24365.

Lençóis: BR-242, entre km 224 e 228, 20km NW de Lençóis 2/11/1979, Mori, S. 12974.

Lençóis: BR-242, 5km da estrada para Lençóis na direção Morro do Pai Inácio 21/12/1981, Lewis, G.P. et al. 969.

Lençóis: Mucugezinho, km 220 na BR-242 21/12/1981, Lewis, G.P. et al. 938.

Livramento do Brumado: Just Northe of Livramento do Brumado on the road to Vila do Rio de Contas 23/3/1977, Harley, R.M. et al. 19854.

Maraú: 6km N de Ubaitaba ao longo da BR-101 25/3/1989, Queiroz, L.P. et al. 2195.

Mascote: Km 599 da BR-101, Itabuna-Eunápolis 4/12/1981, Lewis, G.P. et al. 752.

Piatà: 13/2/1987, Harley, R.M. et al. 24164.

Rio de Contas: Middle NE slope of the Pico das Almas, 25km WNW of the Vila do Rio de Contas 18/3/1977, Harley, R.M. et al. 19636.

Umburanas: 18km NW of Lagoinha (which is 5.5km SW of Delfino) on side road to Minas do Mimoso 7/3/1974, Harley, R.M. et al. 16938.

Uruçuca: BR-101, Uruçuca-Itabuna 28/1/1979, Dobereiner, J. et al. 1496.

Crotalaria pallida Aiton
Bahia

Canavieiras: Estrada Una-Canavieiras, km 42 19/9/1982, Coradin, L. et al. 8677.

Ilhéus: Área próxima al CEPEC, ruta Ilhéus-Itabuna, BR-415, borde del camino 15/8/1996, Ferrucci, M.S. et al. 1074.

Ilhéus: CEPEC, BR-415, km 22, Ilhéus-Itabuna, Quadra I. 24/2/1981, Hage, J.L. 474.

Porto Seguro: Reserva Florestal de Porto Seguro, Est. Araripe, km 1500, lado esquerdo 26/4/1991, Farias, G.L. 456.

Remanso: 14/2/1972, Pickersgill, B. et al. RU-72-136.

Una: Estrada Una-Comandatuba, 3km SE de Una 3/12/1981, Lewis, G.P. et al. 749.

Ceará

Crato: Near Crato. 1928, Bolland, G. 10.

Fortaleza: Bolland, G. s.n.

Paraíba

Santa Rita: 20km do centro de João Pessoa, Tibirizinho, Usina São João 12/7/1990, Agra, M.F. et al. 1195.

Crotalaria pallida Aiton var. *obovata* (G. Don) Polhill
Bahia

Belmonte: On SW cutskirts of town 26/3/1974, Harley, R.M. et al. 17437.

Buerarema: BR-101, Itabuna-Eunápolis, km 17 16/7/1980, Coradin, L. et al. 2890.

Ilhéus: Praia 28/1/1979, Dobereiner, J. et al. 1498.

Ilhéus: CEPEC, BR-415, km 22, Ilhéus-Itabuna, quadra E 20/5/1981, Hage, J.L. et al. 718.

Crotalaria pilosa Mill.
Bahia

Senhor do Bonfim: Serra de Santana 26/12/1984, Mello-Silva, R. et al. CFCR 7591.

Piauí

Gilbués: Rodovia Correntes-Bom Jesus, 2km Leste de Gilbués 18/6/1983, Coradin, L. et al. 5849.

Crotalaria retusa L.
Bahia

Alcobaça: Estrada Alcobaça-Prado, 5km N de Alcobaça 8/12/1981, Lewis, G.P. et al. 821.

Caravelas: 18/8/1961, Duarte, A.P. 5906.

Ilhéus: Praia 28/1/1979, Dobereiner, J. et al. 1497.

Ilhéus: CEPEC, BR-415, km 22, Ilhéus-Itabuna, quadra C 5/8/1981, Hage, J.L. et al. 1165.

Ilhéus: CEPEC, BR-415, km 22, Ilhéus-Itabuna, quadra E 20/5/1981, Hage, J.L. et al. 719.

Ilhéus: CEPEC, BR-415, km 22, Ilhéus-Itabuna 12/2/1978, Mori, S.A. et al. 9270.

Ilhéus: Margem da Lagoa Encantada, Fazenda Caldeiras 10/8/1991, Sant'Ana, S.C. et al. 17.

Ipiaú: Fazenda Ranchinho 28/1/1979, Dobereiner, J. et al. 1494.

Porto Seguro: Parque Nacional Monte Pascoal, along shore at Pistolaçu, north of Corumbau 18/7/1997, Thomas, W.W. et al. 11652.

Salvador: Represa 13/5/1951, Travassos, O. 142.

Mun.?: Itapuã. 3/1961, Athayde, P. s.n.

Ceará

Iguatu: 18km from Iguatu on road to Suassuarana 2/3/1972, Pickersgill, B. et al. RU-72-275.

Itabuna: Road Itabuna-Buerarema, km 25 10/7/1964, Silva, N.T. 58350.

Tianguá: BR-222, Sobral-Tianguá, km 67, início da subida da Serra de Ibiapaba 30/6/1987, Coradin, L. et al. 7865.

Pernambuco

Recife: Bongi 22/8/1961, Pereira, E. 5746.

Rio Grande do Norte

Areia Branca: Praia de Upanema 14/8/1994, Silva, G.P. et al. 2480.

Crotalaria stipularia Desv.
Bahia

Ilhéus: BR-415, Itabuna-Ilhéus, km 23 15/7/1980, Coradin, L. et al. 2860.

Ilhéus: 9km ao sul de Ilhéus, estrada Ilhéus-Olivença, Cururupé 29/11/1981, Lewis, G.P. et al. 712.

Maraú: Coastal zone, about 5km N from turnin to Maraú, along the Campinho road 17/5/1980, Harley, R.M. et al. 22161.

São Sebastião do Passé: Área da Estação Experimental Sósthenes Miranda, km 62 da BR-324, quadra I 16/7/1983, Hage, J.L et al. 1715.

Uruçuca: 7.3km northe of Serra Grande on road to Itacaré, Fazenda Lagoa do Conjunto, Fazenda Santa Cruz 11/5/1993, Thomas, W.W. et al. 9865.

Pernambuco

Olinda: 10/1837, Gardner, G. et al. 968.

Rio Formoso: 28/8/1954, Falcão, J.I. et al. 877.

Unloc.: 1838, Gardner, G. 959.

Sergipe

Estância: BR-101, Aracaju-Estância, km 55 24/7/1980, Coradin, L. et al. 3358.

Crotalaria subdecurrens Mart. ex Benth.
Bahia

Correntina: Chapadão Ocidental, islets and banks of Rio Correntes by Correntina 23/4/1980, Harley, R.M. et al. 21679.

Crotalaria vespertilio Benth.
Piauí

Unloc.: 1841, Gardner, G. 2525.

Crotalaria vitellina Ker Gawl.
Bahia

Itamaraju: Fazenda Pau-brasil 5/12/1981, Lewis, G.P. & Carvalho, A.M. 763.

Ceará

Crato: Serra de Araripe, between Crato and Praya Grande. 2/1839, Gardner, G. 2411.

Crato: Rodovia Crato-Araripina, km 22, aeroporto desativado de Crato, Chapada do Araripe 24/6/1987, Coradin, L. et al. 7774.

Paraíba

Areia: Serra da Borborema, Chã do Jardim 8/6/1979, Fevereiro, V.P.B. 639.

Pernambuco

Bezerros: Parque Municipal de Serra Negra 12/04/1995, Marcon, A.B. et al. 40.

Bonito: Reserva Ecológica Municipal da Prefeitura de Bonito 8/5/1995, Menezes, E. et al. 86.

Caruaru: Murici, Brejo dos Cavalos, Parque Ecológico Municipal 14/7/1995, Sales de Melo, M.R.C. et al. 98.

Caruaru: Murici, Brejo dos Cavalos, Parque Ecológico Municipal 3/11/1994, Borges, M. et al. 43.

Caruaru: Murici, Brejo dos Cavalos, Parque Ecológico Municipal 2/12/1994, Travassos, Z. et al. 259.

Caruaru: Murici, Brejo dos Cavalos, Parque Ecológico Municipal 22/7/1994, Sales, M. et al. 225.

Crotalaria vitellina Ker Gawl. var. ***laeta*** (Mart. ex Benth.) Windler & S.G. Skinner

Bahia

Umburanas: 22km NW of Lagoinha (which is 5.5km SW of Delfino) on side road to Minas do Mimoso 6/3/1974, Harley, R.M. et al. 16859.

Ceará

Crato: Serra de Araripe, between Crato and Praya Grande. 1839, Gardner, G. 2411, LECTOTYPE, Crotalaria vitellina var. minor Benth.

Piauí

Unloc.: 1839, Gardner, G. 2103.

Crotalaria sp.

Bahia

Correntina: Fazenda Jatobá 2/3/1991, Viollati, L.G. et al. 200.

Morro do Chapéu: Estrada Morro do Chapéu-Jacobina 29/6/1996, Giulietti, A.M. et al. 3272.

Piauí

Corrente: Simplício, próximo ao Rio Paraim 9/3/1994, Nascimento, M.S.B. 518.

Cyclolobium brasiliense Benth.

Bahia

Canavieiras: Estrada Canavieiras-Pimenteiras-Ouricana-Sta. Maria Eterna, ramal com entrada 1km após Pimenteiras 26/10/1988, Mattos Silva, L.A. et al. 2612.

Guaratinga: 8/10/1966, Belém, P.R. et al. 2726.

Ilhéus: 1840, Blanchet, J.S. (Moricand, M.E.) 2319, TYPE - photo, Cyclolobium blanchetianum Tul.

Dalbergia acuta Benth.

Bahia

Barreiras: Estrada para o aeroporto de Barreiras, 5–15km a partir da sede do município 11/6/1992, Carvalho, A.M. 4046.

Barreiras: Estrada para o aeroporto de Barreiras, 5–15km a partir da sede do município 11/6/1992, Carvalho, A.M. et al. 3985.

Correntina: 10km N of Correntina on the Inhaúmas road 23/4/1980, Harley, R.M. et al. 21919.

Encruzilhada: 26km na estrada Encruzilhada-Divisópolis 9/1/1986, Carvalho, A.M. et al. 2114.

Encruzilhada: Saída para Divisópolis 25/5/1968, Belém, R.P. et al. 3656.

Ibotirama: BR-242, Ibotirama-Barreiras, km 86 7/7/1983, Coradin, L. et al. 6618.

Dalbergia catingicola Harms

Bahia

Brotas de Macaúbas: Km 29 on road BA-156 to Brotas de Macaúbas from BR-242 4/1/1994, Klitgaard, B.B. et al. 73.

Jequié: Km 19 da estrada Jequié-Contendas do Sincorá 23/12/1981, Lewis, G.P. et al. 980.

Jequié: 20km na estrada Jequié-Contendas do Sincorá 30/3/1986, Carvalho, A.M. et al. 2362.

Marcionílio Souza: Estrada para Maracás, km 4, próximo a casa de operário da fazenda 23/5/1989, Mattos Silva, L.A. et al. 2849.

Mun.?: Catinga bei Tambury. 10/1906, Ule, E. 7280, TYPE, Dalbergia catingicola Harms.

Dalbergia cearensis Ducke

Bahia

Brotas de Macaúbas: Distrito de Ouricuri, 2km E do povoado 5/4/1986, Carvalho, A.M. et al. 2430.

Mun.?: Serra Açuruá, Rio São Francisco. 1838, Blanchet, J.S. 2840, TYPE, Dalbergia variabilis Vogel var. bahiensis Hoehne.

Unloc.: Blanchet, J.S. 3674.

Ceará

Barro: Road from Fortaleza to Crato, BR-116, 38km S of Barro, km 499 13/2/1985, Gentry, A. et al. 50077.

Crato: 27/6/1946, Ducke, A. 1971.

Pernambuco

Buíque: Fazenda Laranjeiras 19/5/1995, Figueiredo, L.S. 52.

Floresta: Inajá, Reserva Biológica de Serra Negra 4/6/1995, Zickel, C. et al. 18.

Floresta: Inajá, Reserva Biológica de Serra Negra 9/3/1995, Gomes, A.P.S. et al. 7.

Floresta: Inajá, Reserva Biológica de Serra Negra 20/7/1995, Rodal, M.J.N. et al. 616.

Ibimirim: Estrada Ibimirim-Petrolândia 5/6/1995, Gomes, A.P.S. et al. 45.

Ibimirim: Estrada Ibimirim-Petrolândia 22/7/1995, Tschá, M.C. 161.

Piauí

Jaicós: 10km along trackway to Lagoa Achada, start of trackway is 9km south of Jaicós along BR-407 to Petrolina 8/1/1985, Lewis, G.P. et al. 1344.

Dalbergia decipularis Rizzini & A.Mattos

Bahia

Andaraí: Fazenda Boa Esperança 6/10/1966, Rizzini, C.T. et al. 470, ISOTYPE - photo, Dalbergia decipularis Rizzini & A.Mattos.

Andaraí: Fazenda Boa Esperança 6/10/1966, Rizzini, C.T. et al. s.n., ISOTYPE, Dalbergia decipularis Rizzini & Mattos.

Caetité: 28/10/1965, Duarte, A.P. 9541.

Itaberaba: 3/10/1966, Rizzini, C.T. et al. 472.

Jacobina: 20km na estrada Jacobina-Capim Grosso, Fazenda Pau d'alho 3/4/1986, Carvalho, A.M. et al. 2393.

?Seabra: Km 95 da BR-242 para Seabra 12/5/1976, Santos, T.S. 3115.

Dalbergia ecastaphyllum (L.) Taub.

Bahia

Alcobaça: Between Alcobaça and Caravelas, on the BA-001 highway, 23km S of Alcobaça, not far from coast 17/1/1977, Harley, R.M. et al. 18025.

Belmonte: 10km S da cidade 7/1/1981, Carvalho, A.M. et al. 477.

Camamu: Enseada de Camamu, 5km NE da sede do município, Ponta do Santo 24/7/1981, Carvalho, A.M. et al. 780.

Caravelas: 2km NE da cidade, na estrada para Ponta de Areia 5/9/1989, Carvalho, A.M. et al. 2439.

Ilhéus: 4km S de Pontal de Ilhéus, na estrada para Olivença 6/4/1986, Carvalho, A.M. et al. 2434.

Ilhéus: Km 3 a 4 da rodovia Pontal-Buerarema 14/1/1975, Santos, T.S. 2855.

Ilhéus: 8km na estrada Ilhéus-Olivença 9/10/1989, Carvalho, A.M. et al. 2556.

Maraú: Ponta do Mutá (Porto de Campinhos) 6/2/1979, Mori, S.A. et al. 11376.

Maraú: Porto de Campinhos 7/1/1982, Lewis, G.P. et al. 1028.

Nova Viçosa: Rio Pau Alto 5/3/1991, Farney, C. et al. 2660.

Santa Cruz Cabrália: 11km S of Santa Cruz Cabrália 17/3/1974, Harley, R.M. et al. 17096.

Santa Cruz Cabrália: Estrada Santa Cruz Cabrália-Povoado de Santo André, numa extensão de 3km 17/6/1980, Mattos Silva, L.A. et al. 858.

Una: 10km Se de Una, praia SE de Comandatuba 3/12/1981, Lewis, G.P. et al. 746.

Pernambuco

Jaboatão dos Guararapes: Barra da Jangada 2/11/1982, Paula, J.E. 1512.

Dalbergia foliolosa Benth.
Bahia

Caetité: 7km S de Caetité 4/4/1992, Hatschbach, G. et al. 56566.

Ilhéus: Mata da Esperança, entrada a 2 km a partir da antiga ponte do Rio Fundão 29/3/1995, Jardim, J.G. et al. 630.

Ilhéus: 15km na estrada Pontal-Buerarema 1/2/1994, Carvalho, A.M. et al. 4349.

Ilhéus: Estrada Pontal-Buerarema, km 23–30 3/7/1993, Carvalho, A.M. et al. 4277.

Itacaré: 8km SW of Itacaré along side road S from main Itacaré-Ubaitaba road, south of the mouth of the Rio de Contas 31/1/1977, Harley, R.M. et al. 18429.

Maraú: 22/1/1965, Pereira, E. et al. 9632.

Una: Reserva Biológica do Mico-leão, entrada no km 46 da rod. BA-001 Ilhéus-Una 28/1/1998, Carvalho, A.M. et al. 6470.

Valença: 10km na estrada para Orobó, partindo da BR-101-Valença 10/1/1982, Lewis, G.P. et al. 1064.

Dalbergia frutescens (Vell.) Britton
Bahia

Ilhéus: 10km na estrada Ilhéus-Olivença, ramal para a fazenda B. Manguinhos 6/4/1986, Carvalho, A.M. 2435.

Ilhéus: Km 6 da rodovia Pontal-Buerarema, 1km antes do Povoado do Couto 14/4/1986, Mattos Silva, L.A. et al. 2022.

Itacaré: 12km de Itacaré na estrada Itacaré-Taboquinhas 16/12/1992, Amorim, A.M. et al. 967.

Lajedinho: Entroncamento entrada para Lençóis-Itaberaba, BR-242, km 33 12/9/1992, Coradin, L. et al. 8585.

Una: Fazenda Santa Rosa, 9km de São José, estrada São José-Una 22/8/1991, Amorim, A.M. et al. 333.

Una: ReBio do Mico-leão, entrada no km 46 da BA-001, Ilhéus-Una, descida para a roda d'água 24/1/1996, Amorim, A.M. et al. 1903.

Dalbergia frutescens (Vell.) Britton var. *frutescens*
Bahia

Ilhéus: Ramal no km 7 da estrada Ilhéus-Oivença 11/2/1983, Carvalho, A.M. et al. 1620.

Ilhéus: Fazenda Cururupitanga, km 3 do ramal que liga Olivença ao povoado de Vila Brasil 6/10/1980, Mattos Silva, L.A. et al. 1228.

Itacaré: Estrada Itacaré-Taboquinhas, 12km de Itacaré 16/12/1992, Amorim, A.M. et al. 967.

Maracás: 8–18km S de Maracás, pela antiga rodovia para Jequié 15/2/1979, Santos, T.S. et al. 3474.

Maracás: BA-250, 24km E de Maracás, Fazenda dos Pássaros 4/5/1979, Mori, S.A. et al. 11782.

Porto Seguro: Parque Nacional do Monte Pascoal, Pico do Monte Pascoal 16/1/1974, Santos, T.S. 2718.

Porto Seguro: Estrada from Itabela on BR-101 to Trancoso on coast 18/5/1987, Lewis, G.P. et al. 1640.

Prado: On road from Itamaraju to Cumuruxatiba, 10.5km NE of turn off of road to Prado on toad to Cumuruxatiba 20/10/1993, Thomas, W.W. et al. s.n.

Una: Km 35 da rodovia Olivença-Una, próximo a Reserva Biológica do Mico-Leâo, 8km S da entrada 2/6/1981, Hage, J.L. et al. 809.

Valença: Estrada para Orobó, com entrada no km 3 da BR-101-Valença, km 3–10. 2/1983, Carvalho, A.M. et al. 1526.

Una: Reserva Biológica do Mico-leão, entrada no km 46 da BA-001, Ilhéus-Una 15/4/1993, Jardim, J.G. et al. 124.

Una: 13km N along road from Una to Ilhéus 23/1/1977, Harley, R.M. et al. 18175.

Uruçuca: Distrito de Serra Grande, 7.3km na estrada Serra Grande-Itacaré, Fazenda Lagoa do Conjunto, Fazenda Santa Cruz 19/7/1994, Carvalho, A.M. et al. 4561.

Valença: Estrada para Orobó, com entrada a 3km da BR-101-Valença, 3km ramal adentro 8/1/1986, Carvalho, A.M. et al. 2113.

Mun.?: BR-101, vale do Rio Mucuri 13/7/1968, Belém, R.P. 3865.

Mun.?: 20km de Cajazeiras, rumo à Teófilo Otoni, quase divisa de MG 29/1/1965, Pabst, G. 8696.

Unloc.: Blanchet, J.S. 3426.

Dalbergia frutescens var. *tomentosa* (Vogel) Benth.
Ceará

Crato: Roads near Crato. 10/1838, Gardner, G. 1537, HOLOTYPE, Triptolemea pubescens Benth.

Crato: Roads near Crato. 10/1838, Gardner, G. 1537, ISOTYPE, Triptolemea pubescens Benth.

Piauí

Mun.?: Dist. Paranagoá. 8/1841, Gardner, G. 2553.

Dalbergia glaucescens (Mart. ex Benth.)Benth.
Bahia

Iraquara: 4km S de Água de Rega na estrada para Lagoa da Boa Vista 22/7/1993, Queiroz, L.P. et al. 3375.

Unloc.: Blanchet, J.S. 3443.

Dalbergia hortensis Heringer, Rizzini & A.Mattos
Piauí

Mun.?: Fazenda Boa Ventura 26/7/1946, Heringer, E.P. 2397.

Dalbergia miscolobium Benth.

Bahia

Abaíra: Distrito de Catolés, estrada para Serrinha e
Bicota 20/4/1998, Queiroz, L.P. et al. 5047.

Abaíra: Entre Zulego-Samabaia. 5/2/1994. Ganev, W.
2965.

Barreiras: Close to Barreiras airport 24/7/1998, Ratter,
J.A. et al. 8038.

Barreiras: Km 30 da BR-242, Barreiras-Ibotirama
4/6/1991, Brito, H.S. et al. 337.

Barreiras: Estrada para o aeroporto de Barreiras,
5–15km a partir da sede do município 11/6/1992,
Carvalho, A.M. et al. 4049.

Barreiras: Km 30 da BR-242, Barreiras-Ibotirama
4/6/1991, Brito, H.S. et al. 337.

Barreiras: BR-020, 40km de Barreiras, estrada
Barreiras-Brasília 26/3/1984, Moreira, M.L. et al. 12.

Caetité: Estrada Caetité-Igaporã 30/3/1984, Brazão,
J.E.M. 293.

Caetité: 12–20km da cidade em direção a Brejinho das
Ametistas 8/3/1994, Souza, V.C. et al. CFCR 5356.

Correntina: 98km na BA-349, Correntina-Brasília
10/8/1996, Jardim, J.G. et al. 948.

Cristópolis: BR-242 10/9/1981, Hatschbach, G. 44141.

Espigao Mestre: 100km WSW of Barreiras 7/3/1972,
Anderson, W.R. et al. 36753.

Ibotirama: BR-242, Ibotirama-Barreiras, km 86
7/7/1983, Coradin, L. et al. 6643.

Lençóis: Estrada que liga Lençóis a BR-242, numa
extensão de 12km ao longo desta 18/5/1989,
Mattos Silva, L.A. et al. 2743.

Palmeiras: 8km W de Pai Inácio na BR-242 em
direção a Seabra 5/4/1986, Carvalho, A.M. et al.
2433.

Palmeiras: BR-242, 26km a oeste do entroncamento
para Lençóis no sentido Seabra 4/8/1994, Silva,
G.P. et al. 2429.

Piatã: Estrada Piatã-Inúbia, ca. 25km NW de Piatã
24/2/1994, Sano, P.T. et al. CFCR 14516.

Piatã: Estrada para Inúbia, ca. 31km 15/2/1987,
Harley, R.M. et al. 24294.

Rio de Contas: Riacho da Pedra de Amolar.
24/1/1994. Ganev, W. 2863.

Rio de Contas: 1km na estrada que leva à Cachoeira
do Fraga 23/3/1996, Jardim, J.G. et al. 765.

Rio de Contas: Em direção ao Rio Brumado, 5km de
Rio de Contas 13/12/1984, Lewis, G.P. et al. CFCR
6791.

Rio de Contas: 3km N of the town of Rio de Contas
21/1/1974, Harley, R.M. et al. 15371.

Santana: Estrada Santana-Lagoa Clara 30/3/1984,
Collares, J.E.R. et al. 129.

Seabra: 8km N de Seabra na estrada para Lagoa da
Boa Vista 22/6/1993, Queiroz, L.P. et al. 3332.

Seabra: 2km SW de Seabra na estrada para Lagoa da
Boa Vista, na encosta da Serra do Bebedor
22/7/1993, Queiroz, L.P. et al. 3368.

Mun.?: Morais D'Ithabira, Rio São Francisco. 1838,
Blanchet, J.S. 2874, SYNTYPE, Dalbergia
miscolobium Benth.

Piauí

Oeiras: Near Oeiras. 6/1839, Gardner, G. 2459,
LECTOTYPE, Dalbergia miscolobium Benth.

Dalbergia nigra (Vell.) Allemão ex Benth.

Bahia

Almadina: Rodovia Almadina-Ibitupã, entrada a 5km
W da sede do município, Fazenda Cruzeiro do Sul,
Serra do Sete-paus, ca. 8km da entrada 15/1/1998,
Jardim, J.G. et al. 1256.

Almadina: Fazenda Beija-flor, final do ramal a direita
da rodovia Almadina-Floresta Azul, ramal com
entrada no km 2 31/8/1978, Santos, T.S. et al. 3321.

Almadina: Fazenda Beija-flor, final do ramal a direita
da rodovia Almadina-Floresta Azul, ramal com
entrada no km 2 31/8/1978, Santos, T.S. et al. 3320.

Gandu: 10km S de Gandu na BR-101 2/4/1986,
Carvalho, A.M. et al. 2365.

Jussari: Fazenda Santo Antonio, by main gate
22/6/1991, Pennington, R.T. et al. 315.

Uruçuca: 9km N of Uruçuca on road to Itacaré
16/2/1986, Anderson, L. et al. 1676.

Dalbergia sissoo Roxb.

Bahia

Ilhéus: Área do CEPEC, km 22 da rodovia Ilhéus-
Itabuna (BR-415), próximo ao lago 13/3/1998,
Carvalho, A.M. 6491.

Ilhéus: CEPEC, BR-415, km 22, Ilhéus-Itabuna
5/11/1998, Carvalho, A.M. 6680.

Dalbergia sp.

Bahia

Livramento do Brumado: Km 31 on road Jussiape-
Livramento do Brumado 6/1/1994, Klitgaard, B.B.
et al. 82.

Deguelia sp. 1

Caetité: Serra Geral do Caitité, 1.5km S of Brejinhos
das Ametistas 11/4/1980, Harley, R.M. et al. 21253.

Deguelia sp. 2

Piauí

Oeiras: Roads near Oeiras. 5/1839, Gardner, G. 2118.

Deguelia sp. 3

Bahia

Formosa do Rio Preto: Estrada Barreiras-Correntes,
km 150 17/6/1983, Coradin, L. et al. 5780.

Ibotirama: BR-242, km 86, Ibotirama-Barreiras
7/7/1983, Coradin, L. et al. 6602.

Desmodium adscendens (Sw.)DC.

Bahia

Buerarema: BR-101, Itabuna-Eunápolis, km 17
16/7/1980, Coradin, L et al. 2895.

Cachoeira: BR-101, 1km N da ponte sobre o Rio
Paraguaçu, na entrada para a barragem Pedra do
Cavalo e estação de piscicultura 11/4/1994,
Queiroz, L.P. et al. 3808.

Cachoeira: Vale dos Rios Paraguaçu e Jacuípe,
Estação da EMBASA. 6/1980, Scardino et al. 140.

Ilhéus: Área do CEPEC, km 22 da rodovia Ilhéus-
Itabuna (BR-415). 24/9/1981, Hage, J.L. et al. 1378.

Una: Comandatuba, 10 km SE de Una. 3/12/1981,
Lewis, G.P. et al. 740.

Unloc.: In subhumilis. 1840, Sellow, F. s.n.

Desmodium affine Schlecht.

Bahia

Nova Viçosa: Rodovia BR 101, km 19 Nova Visçosa -
Posto da Mata. 20/5/1980, Mattos Silva, L.A. et al. 788.

Unloc.: Salzmann, P. s.n., SYNTYPE, Desmodium
albiflorum Salzm. ex Benth.

Desmodium axillare (Sw.) DC.
Bahia
  Ilhéus: Estrada Ilhéus-Olivença, Cururupé.
    29/11/1981, Lewis, G.P. et al. 703.
  Uruçuca: 15km NE de Uruçuca, Estrada Uruçuca-
    Serra Grande, Fazenda Santo Antonio 13/12/1981,
    Lewis, G.P. et al. 832.
  Unloc.: Salzmann, P. s.n.
Paraíba
  Areia: Mata do Pau Ferro, perto da Barragem
    Vaca Brava. 30/10/1980, Fevereiro, V.P.B.
    et al. M-79.
Pernambuco
  Bonito: Reserva Ecológica Municipal da Prefeitura de
    Bonito. 8/5/1995, Oliveira, M. et al. 38.
  Bonito: Reserva Ecológica Municipal da Prefeitura de
    Bonito. 8/5/1992, Sales, M.F. et al. 585.
  Caruaru: Murici, Brejo dos Cavalos, Parque Ecológico
    Municipal. 24/4/1994, Borges, M. s.n.
  Goiana: Cupissura 19/6/1955, Andrade-Lima, D. 55-
    2078.
Desmodium barbatum (L.) Benth.
Bahia
  Cachoeira: Vale dos Rios Paraguaçu e Jacuípe.
    17/2/1981, Scardino et al. 1076.
  Caém: 1km da BR-324 na estrada para Caém.
    22/8/1993, Queiroz, L.P. et al. 3553.
  Cairu: Rodovia Nilo Peçanha-Cairu, km 14–18.
    29/4/1980, Santos, T.S. et al. 3587.
  Canavieiras: Estrada Una-Canavieiras, km 42.
    19/9/1992, Coradin, L. et al. 8676.
  Belmonte: 3km S da cidade. 7/1/1981, Carvalho, A.M.
    et al. 449.
  Ilhéus: BR-415, Itabuna-Ilhéus, km 16 15/7/1980,
    Coradin, L. et al. 2853.
  Ilhéus: Estrada Ilhéus-Olivença, Cururupé.
    29/11/1981, Lewis, G.P. et al. 707.
  Ilhéus: Rodovia Ilhéus-Itabuna, km 22 (BR-415).
    23/1/1986, Hage, J. L. et al. 1816.
  Lençóis: Rodovia Lençóis-entroncamento BR-242,
    km 01. 21/6/1987, Coradin, L. et al. 7680.
  Maraú: Near Maraú 20km from road junction from
    Maraú to Ponta do Mutá. 3/2/1977, Harley, R.M.
    et al. 18536.
  Mundo Novo: 19,5km of Morro do Chapéu, Rio do
    Ferro Doido, Highway BA-052. 31/5/1980, Harley,
    R.M. et al. 22873.
  Nova Viçosa: Arredores da cidade. 20/10/1983,
    Hatschbach, G. et al. 47042.
  Prado: 12km S do Prado, estrada para Alcobaça.
    7/12/1981, Lewis, G.P. et al. 792.
  Salvador: Dunas de Itapuã. 2/7/1991, Queiroz, L.P.
    2532.
  Santa Cruz Cabrália: 5km south of Santa Cruz
    Cabrália. 18/3/1974, Harley, R.M. et al. 17127.
  Santa Cruz Cabrália: Estação Ecológica do Pau-Brasil.
    29/8/1983, Santos, F.S. 64.
  Una: Rodovia Una-Canavieiras, BA-001, km14,
    Comandatuba. 3/6/1981, Hage, J. L. et al. 835.
  Unloc.: 1842, Glocker, E.F.von 166.
Paraíba
  Areia: Chã do Jardim. 5/10/1979, Fevereiro, P.C.A.
    et al. 650.

Pernambuco
  Fernando de Noronha: Morro Branco. 1887
  Mun.?: Side of a marsh near Pernambuco. 11/1887,
    Gardner, G. 966.
Desmodium cf. **barbatum** (L.) Benth.
Alagoas
  Marechal Deodoro: APA de Santa Rita, Sítio Beira
    Mar. 18/9/1987, Lyra-Lemos, R.P. et al. 1363.
Desmodium discolor Vogel
Bahia
  Lençóis: Rodovia Lençóis-entroncamento BR-242, km
    1 21/6/1987, Coradin, L. et al. 7679.
  Senhor do Bonfim: Serra da Jacobina, West of Estiva,
    ca. 12km N of Senhor do Bonfim on the BA-130.
    1/3/1974, Harley, R.M. et al. 16608.
Desmodium distortum (Aubl.) J.F.Macbr.
Bahia
  Unlocalized.
Paraíba
  Santa Rita: Usina São João, Tibirizinho. 12/7/1990,
    Agra, M.F. et al. 1230.
Pernambuco
  Mun.?: Usina Capibaribe, próximo a casa. 29/8/1950,
    Andrade-Lima, D. 50-642.
  Unloc.: 10/1837, Gardner, G. 971.
Desmodium aff. **distortum** (Aubl.)J.F.Macbr.
Bahia
  Itaberaba: BR-242 3/10/1978, Coradin, L. et al. 1229.
  Santo Antonio de Jesus: BR-101, Cruz das Almas-
    Itabuna, km 44 24/7/1980, Coradin, L. et al. 3383.
Desmodium glabrum (Mill.) DC.
Bahia
  Bom Jesus da Lapa: Basin of the upper São Francisco
    River. 15/4/1980, Harley, R.M. et al. 21384.
  Correntina: Chapadão Ocidental da Bahia, Valley of
    the Rio Formoso. 24/4/1980, Harley, R.M. et al.
    21709.
  Livramento: 5km N along estrada de terra from
    Livramento to Brumado to Rio de Contas.
    16/4/1991, Lewis, G.P. et al. 1995.
Ceará
  Crato: Partindo de Crato, subindo a Serra do Araripe
    23/5/1980, Coradin, L. et al. 2528.
  Itapajé: BR-222, km 140 13/6/1979, Coradin, L. et al.
    1918.
Paraíba
  Esperança: Fazenda Jacinto, Tanque da Perua.
    18/8/1977, Fevereiro, P.C.A. et al. 356.
Pernambuco
  Caruaru: Murici, Brejo dos Cavalos, Parque Ecológico
    Municipal. 11/8/1994, Sales, M. et al. 242.
Piauí
  Coronel José Dias: Toca do Baixão da Pedra Furada,
    Parque Nacional da Serra da Capivara 9/8/1994,
    Silva, G.P. et al. 2453.
  Parnaíba: Fazenda Monte Alegre. 30/6/1994,
    Nascimento, M.S.B. 51.
  São João do Piauí: Porfírio 14/4/1994, Nascimento,
    M.S.B. 465.
Rio Grande do Norte
  Serra Negra do Norte: Entroncamento BR-226,
    rodovia para Patos, km 18 23/7/1980, Coradin, L.
    et al. 3253.

Desmodium incanum (Sw.) DC.
Bahia
　Aramari: Pasto da cisterna. 15/7/1981, Souza, H.F. 84.
　Caravelas: 2km NE da cidade, estrada para Ponta de
　　Areia. 5/9/1989, Carvalho, A.M. et al. 2446.
　?Feira de Santana: BR-324, km 37, Feira de Santana-
　　Salvador 1/10/1978, Coradin, L. et al. CFCR 1215.
　Ilhéus: CEPEC, BR-415, km 22, Quadra do Arboreto
　　18/11/1998, Paixão, J.L. et al. 104.
　Ilhéus: CEPEC, km 22 da rodovia Ilhéus-Itabuna.
　　25/4/1979, Mori, S.A. et al. 11740.
　Ilhéus: Pontal, Morro de Pernambuco, encosta voltada
　　para o mar. 15/1/1990, Carvalho, A.M. 2729.
　Juazeiro: BR-407, Petrolina-Salvador, km 98
　　10/4/1979, Coradin, L. et al. 1422.
　Mucugê: Rio Cumbuca, about 3km N of Mucugê on
　　the Andaraí road. 5/2/1974, Harley, R.M. et al.
　　15989.
　Porto Seguro: Parque Nacional Monte Pascoal.
　　23/3/1968, Vinha, S.G. et al. 101.
　Porto Seguro: Fonte dos Protomártires do Brasil.
　　21/3/1974, Harley, R.M. et al. 17235.
　Porto Seguro: Parque Nacional Monte Pascoal. Along
　　road from park entrance to Nature Conference
　　Center. 14/11/1996, Thomas, W.W. et al. 11352.
　Rio de Contas: About 3km of the town of Rio de
　　Contas. 21/1/1974, Harley, R.M. et al. 15357.
　Uruçuca: 14km NE Uruçuca, nova estrada 655
　　Uruçuca-Serra Grande 13/12/1981, Lewis, G.P. et al.
　　831.
　Unloc.: 1842, Glocker, E.F.von 161.
Ceará
　Mun.?: Quarmaranga, about 50 miles inland.
　　9/11/1925, Bolland, G. s.n.
Pernambuco
　Fernando de Noronha: 1887, Ridley, H.N. et al. 26.
Sergipe
　Curral dos Bois: BR-101, Aracaju-Maceió, km 9.
　　18/7/1980, Coradin, L. et al. 3052.
Desmodium aff. **incanum** (Sw.) DC.
Piauí
　Corrente: Branquinha (Lagoa) 9/3/1994, Nascimento,
　　M.S.B. 538.
Desmodium leiocarpum (Spreng.)G. Don
Bahia
　Mucuri: Arredores da cidade. 8/11/1986, Hatschbach,
　　G. et al. 50735.
　Nova Viçosa: Km 10 da rodovia Nova Viçosa-Posto
　　da Mata, a 300m da praia. 24/4/1973, Pinheiro, R.S.
　　2121.
Desmodium procumbens (Mill.) Hitchc.
Ceará
　Icó: Dry places below Icó. 8/1938, Gardner, G. 1544.
　Mun.?: Guarmaranga, about 50 miles inland.
　　9/11/1925, Bolland, G. s.n.
Pernambuco
　Caruaru: BR-232, Caruaru-Arcoverde, km 13
　　21/5/1980, Coradin, L. et al. 2459.
　Fernando de Noronha: 1887, Ridley, H.N. et al. 24.
　Fernando de Noronha: 1887, Ridley, H.N. et al. 37.
Piauí
　Oeiras: In a dry hill near Oeiras. 5/1839, Gardner, G.
　　2096.

Desmodium procumbens (Mill.) Hitchc. var.
procumbens
Bahia
　Cocos: Ca. 5km W of Cocos, near limestone
　　boulders. 17/3/1972, Anderson, W.R. et al. 37110.
Desmodium scorpiurus (Sw.)Desv.
Pernambuco
　Pombos: BR-232, Recife-Caruaru, km 65 20/5/1980,
　　Coradin, L. et al. 2440.
Desmodium tortuosum (Sw.) DC.
Bahia
　Cachoeira: BR-101, 1km N da ponte sobre o Rio
　　Paraguaçu, na entrada para a barragem Pedra do
　　Cavalo e estação de piscicultura 11/4/1994,
　　Queiroz, L.P. et al. 3809.
　Ilhéus: Sapetinga 4/10/1979, Mattos Silva, L.A. 625.
　Itaberaba: BR-242 3/10/1978, Coradin, L. et al. 1227.
　Itapebi: Ramal Itainbé-Itapebi, plantação de cacau.
　　10/11/1967, Pinheiro, R.S. et al. 403.
　Jequié: BR-116, Jequié-Feira de Santana, km 18
　　3/9/1981, Coradin, L. et al. 4797.
　Lençóis: Rodovia BR 242, cerca de 5km da estrada
　　para Lençois na direçãao Morro do Pai Inácio.
　　21/12/1981, Lewis, G.P. et al. 972.
Pernambuco
　Petrolina: Divisa PE-PI, BR-407 7/4/1979, Coradin, L.
　　et al. 1376.
Piauí
　Parnaíba: Barro Vermelho (Santa Isabel) 28/6/1994,
　　Nascimento, M.S.B. 20.
Desmodium aff. **tortuosum** (Sw.) DC.
Bahia
　Mascote: BR-101, Itabuna-Eunápolis, km 109
　　16/7/1980, Coradin, L. et al. 2915.
Ceará
　Canindé: BR-020, km 15, Canindé-Quixadá
　　15/6/1979, Coradin, L. et al. 1967.
Pernambuco
　Taquaritinga do Norte: BR-104, divisa PE-PB,
　　Caruaru, km 12 23/7/1980, Coradin, L.
　　et al. 3293.
Desmodium triflorum (L.)DC.
Bahia
　Ilhéus: CEPEC, km 22 da BR 415 Ilheus-Itabuna
　　30/1/1986, Hage, J.L. et al. 1861.
　Ilhéus: CEPEC, km 22 da BR 415 Ilheus-Itabuna
　　26/4/1989, Santos, T.S. 4508.
Ceará
　Tianguá: Rodovia Sobral-Tianguá, BR-222, km 67
　　30/6/1987, Coradin, L. et al. 7868.
Pernambuco
　Fernando de Noronha: 1887, Ridley, H.N.
　　et al. 25.
Piauí
　Bom Jesus: Rodovia Bom Jesus-Gilbués, 23km oeste
　　da cidade de Bom Jesus 20/6/1983, Coradin, L.
　　et al. 5890.
Desmodium uncinatum (Jacq.) DC.
Bahia
　Ilhéus: CEPEC, km 22 da BR 415 Ilheus-Itabuna
　　29/7/1981, Hage, J.L. et al. 1138.
　Ilhéus: CEPEC, km 22 da BR 415 Ilheus-Itabuna
　　6/9/1983, Santos, E.B. et al. 66.

Rio de Contas: Mato Grosso, 3km of small town of Mato Grosso on the road to Vila do Rio de Contas. 24/3/1977, Harley, R.M. et al. 19955.

Tapiramutá: Fazenda Abençoada 31/8/1981, Pereira, J.D.C.A. 55.

Mun.?: Água Quente, Pico das Almas, vertente norte, vale acima da Fazenda Silvina 22/12/1988, Harley, R.M. et al. 27333.

Desmodium sp.

Ceará

Crato: Rodovia Araripina-Crato, descida da serra para Crato 30/5/1980, Coradin, L. et al. 2537.

Dioclea bicolor Benth.

Ceará

Crato: Chapada do Araripe, Parque Nacional do Araripe, lower slopes of the Chapada, 10km SW of Crato along federal road BR-122 19/1/1983, Plowman, T. et al. 12735.

Crato: Estrada Araripina-Crato, Chapada do Araripe, 15km W de Crato 23/5/1980, Coradin, L. et al. 2517.

Mun.?: Serra do Araripe. 10/1839, Gardner, G. 1557.

Piauí

Teresina: BR-316, 24km S of Teresina in direction of Demerval Lobão 14/1/1985, Lewis, G.P. 1365.

Dioclea coriacea Benth.

Bahia

Barreiras: Estrada Barreiras-Ibotirama, km 19 8/9/1992, Coradin, L. et al. 8492.

Barreiras: Roda Velha, 15km S 3/3/1982, Oliveira, P.I. et al. 501.

Barreiras: Aeroporto, com entrada no km 6 na estrada para Brasília 1/6/1991, Brito, H.S. et al. 329.

Barreiras: 6km depois de Barreiras, 4km na estrada do aeroporto 3/6/1991, Brito, H.S. et al. 329.

Barreiras: Estrada para o aeroporto, 5–15km da sede do município 11/6/1992, Carvalho, A.M. et al. 4017.

Barreiras: Próximo a Cachoeira do Acaba-vida, ca. 19km da BR-242 na estrada para Cotias entrando na BR-242 a 70km W de Barreiras 9/6/1994, Queiroz, L.P. et al. 4105.

Correntina: 17km W da sede do município na rod. BA-349, no sentido Correntina-Brasília 10/8/1996, Jardim, J.G. et al. 904.

Correntina: Chapadão Ocidental, 15km SW of Correntina on the road to Goiás 25/4/1980, Harley, R.M. et al. 21771.

Formosa do Rio Preto: Fazenda Estrondo 22/4/1998, Azevedo, M.L.M. et al. 1334.

Ibotirama: BR-242, km 86, Ibotirama-Barreiras 7/7/1983, Coradin, L. et al. 6642.

São Desidério: BR-020, proximidades do posto de gasolina de Roda Velha 15/6/1983, Coradin, L. et al. 5711.

Mun.?: Congo do Padre (?Córrego do Padre). Pohl, J.E. s.n., ISOLECTOTYPE, Dioclea coriacea Benth.

Pernambuco

Mun.?: Santa Rosa. 9/1839, Gardner, G. 2823.

Piauí

Formosa do Rio Preto: Ca. 7km S do rio Gurgéia na estrada para Formosa do Rio Preto, BR-135 15/10/1994, Queiroz, L.P. et al. 4182.

Dioclea edulis Kuhlm.

Bahia

Porto Seguro: Km 18 da BR-05 15/9/1961, Duarte, A.P. 6195.

Porto Seguro: BR-367, 10km W de Porto Seguro, marge do Rio do Peixe 21/11/1978, Euponino, A. 382.

Dioclea glabra Mart. ex Benth.

Bahia

Riachão das Neves: Ca. 55km N de Riachão das Neves a ca. 12km N do povoado de Cariparé, na BR-135 (estrada Barreiras-Riachão das Neves) 13/10/1994, Queiroz, L.P. et al. 4131.

Riachão das Neves: 11km N de Riachão das Neves, na BR-135 (estrada Formosa do Rio Preto-Barreiras) 13/10/1994, Queiroz, L.P. et al. 4121.

Paraíba

João Pessoa: Campos da UFPB, aceiro da mata. 11/1992, Agra, M.F. 1492.

Dioclea grandiflora Mart. ex Benth.

Bahia

Bom Jesus da Lapa: Basin of Upper São francisco, just beyond Caldeirão, 32km NE from Bom Jesus da Lapa. 18/4/1980, Harley, R.M. et al. 21521.

Cafarnaum: Rodovia do Feijão 14/1/1977, Hatschbach, G. 39550.

Castro Alves: Povoado de Pedra Branca, 4km N de Pedra Branca 12/3/1993, Queiroz, L.P. et al. 3082.

Feira de Santana: 17km N do posto da polícia rodoviária na BR-116 23/3/1993, Queiroz, L.P. et al. 3100.

Feira de Santana: Campus da UEFS 21/2/1984, Noblick, L.R. et al. 2938.

?Gentio do Ouro: 4km N of São Inácio on road to Xique-Xique 25/2/1977, Harley, R.M. et al. 19054.

Iaçu: Fazenda Suibra, 18km Leste da cidade, seguindo a ferrovia 1/3/1985, Noblick, L.R. et al. 3553.

Jacobina: 13km N na BR-324 na estrada para Mirangaba 14/4/1999, Queiroz, L.P. et al. 5538.

Jequié: Chácara Provisão, 4km E de Jequié 6/5/1979, Mori, S.A. et al. 11836.

Jeremoabo: 10km N de Jeremoabo, na BR-110 18/12/1993, Queiroz, L.P. et al. 3722.

Juazeiro: North end of Serra da Jacobina at Flamengo, 11km south of Barrinha, ca. 52km northe of Senhor do Bonfim at Fazenda Pasto Bom 24/1/1993, Thomas, W.W. et al. 9650.

Maracás: Km 7 da estrada Maracás-Contendas do Sincorá 9/2/1983, Carvalho, A.M. et al. 1548.

Maracás: BA-026, 6km SW de Maracás 27/4/1978, Mori, S.A. et al. 10012.

Morro do Chapéu: 6km W de Morro do Chapéu, na BA-052 22/7/1993, Queiroz, L.P. et al. 3543.

Morro do Chapéu: 4/12/1980, Menezes, N.L. et al. CFCR 376.

Porto Seguro: Estação Ecológica do Raso da Catarina 25/6/1982, Queiroz, L.P. 349.

Riachão do Jacuípe: 30km na estrada Riachão do Jacuípe-Capim Grosso 14/3/1990, Carvalho, A.M. et al. 2770.

Santa Inês: 55km na direção Milagres-Jequié na BR-116 15/4/1990, Carvalho, A.M. et al. 3098.

Santa Terezinha: 5km W de Santa Terezinha, na estrada para Itatim 26/4/1994, Queiroz, L.P. et al. 3847.

Santa Terezinha: Ca. 2km S de Santa Terezinha, entre Santa Terezinha e o entroncamento para Pedra Branca 11/4/1994. Queiroz, L.P. et al. 3816.

Senhor do Bonfim: 64km N of Senhor do Bonfim on the BA-130 highway to Juazeiro 25/2/1974, Harley, R.M. et al. 16347.

Senhor do Bonfim: Serra de Santana 26/12/1984, Mello-Silva, R. et al. CFCR 7595.

Umburanas: 20km S de Delfino na estrada para Umburanas 13/4/1999, Queiroz, L.P. et al. 5467.

Umburanas: 16km NW of Lagoinha (which is 5.5km Sw of Delfino) on side road to Minas do Mimoso 8/3/1974, Harley, R.M. et al. 17003.

Xique-Xique: Rodovia Irecê-Xique Xique, BA-052, km 80 29/6/1983, Coradin, L. et al. 6264.

Ceará

Crato: Top of Chapada do Araripe, 10km S of Crato 13/2/1985, Gentry, A. et al. 50027.

Paraíba

Esperança: Próximo a Lagoa de Pedra 14/6/1979, Fevereiro, V.P.B. 641 (?841).

Esperança: Próximo de Lagoa de Pedra 14/6/1979, Fevereiro, V.P.B. 841 (?641).

Pernambuco

Floresta: Inajá, Reserva Ecológica de Serra Negra 8/3/1995, Silva, D.C. et al. 29.

Piauí

São Raimundo Nonato: Fundação Ruralista, 8–10km NNE de Curral Novo e 220km ENE de Petrolina 20/1/1982, Lewis, G.P. et al. 1134.

São Raimundo Nonato: Fundação Ruralista, 8–10km NNE de Curral Novo e 220km ENE de Petrolina 24/1/1982, Lewis, G.P. et al. 1163.

***Dioclea* aff. *grandiflora* Mart. ex Benth.**

Bahia

Maracás: Estrada para Contendas do Sincorá, 6km SW de Maracás 15/3/1980, Martinelli, G. et al. 6653.

***Dioclea lasiophylla* Mart. ex Benth.**

Bahia

Alagoinhas: BR-101, Alagoinhas-Entre Rios, km 18 17/7/1980, Coradin, L. et al. 3022.

Cachoeira: Mata a Ne da B. Bananeiras. 9/1980, Pedra Cavalo, G. 796.

Conde: Ca. 13km E do entroncamento para Conde com a BR-101, ao longo da BA-233 (Conde-Esplanada), ca 1km do povoado de Altamira 21/12/1993, Queiroz, L.P. et al. 3794.

Esplanada: Ca. 5km N de Esplanada, ao longo da BR-101 21/12/1993, Queiroz, L.P. et al. 3775.

Feira de Santana: Campus da UEFS 13/11/1996, Queiroz, L.P. 4726.

Gentio do Ouro: 5–6km S of São Inácio on the road to Gentio do Ouro 27/2/1977, Harley, R.M. et al. 19151.

Jacobina: Cachoeira do Aníbal, na saída da cidade no sentido Jacobina-Capim Grosso 25/10/1995, Jardim, J.G. et al. 704.

Rio Real: Ca. 2km E de Rio Real na BA-396, em direção a Jandaíra 20/12/1993, Queiroz, L.P. et al. 3758.

Salvador: Loteamento Alamedas da Praia, dunas de Itapuã 23/10/1992, Queiroz, L.P. et al. 2871.

Unloc.: Blanchet, J.S. 1162.

Piauí

Castelo do Piauí: Fazenda Cipó de Cima 13/6/1995, Nascimento, M.S.B. et al. 1065.

Sergipe

São Cristóvão: A 7km de São Cristóvão 19/9/1981, Ferreira, J.D.C. 137.

***Dioclea latifolia* Benth.**

Bahia

Barreiras: BR-020, 10km N de Barreiras 12/3/1979, Hatschbach, G. 42105.

Correntina: Chapadão Ocidental da Bahia, valley of Rio Formoso, 40km SE of Correntina 24/4/1980, Harley, R.M. et al. 21700.

Mortugaba: 8km da cidade em direção a Jacaraú 16/3/1994, Souza, V.C. et al. CFCR 5540.

Untraced Locality

San Izidro. Pohl, J.E. s.n., ISOTYPE, Dioclea latifolia Benth.

***Dioclea marginata* Benth.**

Bahia

Jacobina: Vila da Barra. 1840, Blanchet, J.S. 3085, TYPE, Dioclea marginata Benth.

***Dioclea megacarpa* Rolfe**

Piauí

Mun.?: Boa Esperança et Santa Anna das Mercês. 3/1839, Gardner, G. 2117, HOLOTYPE, Dioclea reflexa var. grandiflora Benth.

Mun.?: Boa Esperança et Santa Anna das Mercês. 3/1839, Gardner, G. 2117, ISOTYPE, Dioclea reflexa var. grandiflora Benth.

***Dioclea sclerocarpa* Ducke**

Piauí

Teresina: Av. Visconde de Parnaíba 25/8/1995, Nascimento, M.S.B. 1093.

***Dioclea violacea* Mart. ex Benth.**

Bahia

Caetité: Ca. 15km N de Caetité, na estrada para Maniaçu 28/10/1993, Queiroz, L.P. et al. 3646.

Caetité: 14km na estrada Caetité-Brumado 19/2/1992, Carvalho, A.M. et al. 3760.

Castro Alves: 1km após Pedra Branca, na subida da Serra da Jibóia 25/4/1994, Queiroz, L.P. et al. 3820.

Gentio do Ouro: Cerca de 20km E de Gentio do Ouro, na estrada para Mirirós 17/6/1994, Queiroz, L.P. et al. 3992.

Irecê: Ca. 16km E de Irecê, na BA-052 (Estrada do Feijão). 18/6/1994, Queiroz, L.P. et al. 4003.

Porto Seguro: 4/6/1962, Duarte, A.P. 6707.

Riachão das Neves: 23km N da BR-242, na estrada para Riachão das Neves (BR-135). 13/10/1994, Queiroz, L.P. et al. 4118.

Santa Cruz Cabrália: Antiga estrada para a Estação Ecológica do Pau-brasil 13/12/1991, Sant'Ana, S.C. et al. 125.

Umburanas: 20km S de Delfino na estrada para Umburanas 13/4/1999, Queiroz, L.P. et al. 5471.

Ceará

Crato: Near Crato. 9/1848, Gardner, G. 1559.

Paraíba

Areia: Chã do Jardim 8/6/1979, Fevereiro, V.P.B. 636.

Santa Rita: Usina São João, Tibirizinho, 20km do centro de João Pessoa 12/7/1990, Agra, M.F. et al. 1192.

Dioclea virgata (Rich.) Amshoff
Alagoas
  Porto Calvo: Bela vista a 6km da zona urbana
    23/11/1982, Lyra-Lemos, R.P. et al. 754.
Bahia
  Ilhéus: Entre os Povoados de Sambaituba e
    Campinho, pela antiga estrada de ferro, ao Norte
    de Ilhéus 8/8/1980, Mattos Silva, L.A. et al. 1018.
  Ilhéus: 40km N of Ilhéus on road to Serra Grande, at
    river marking boundary of município with Uruçuca
    17/10/1993, Thomas, W.W. et al. 9955.
  Lauro de Freitas: Próximo a entrada para Villas do
    Atlântico 13/10/1991, Queiroz, L.P. 2543.
  Salvador: Parque Metropolitano de São Bartolomeu,
    entre a Ilha Amarela e Pirajá, caminho para o
    prédio da polícia florestal 16/11/1997, Queiroz, L.P.
    4898.
  Salvador: 9/1946, Bondar, G. 3061.
  Santa Rita de Cássia: Estrada para Santa Rita de
    Cássia, margem do Rio Preto 17/6/1983, Coradin, L.
    et al. 5743.
  Ubaitaba: Rodovia Ubaitaba-Maraú, 1km do distrito
    de Faisqueira 4/9/1999, Carvalho, A.M. et al. 6724.
  Uruçuca: Distrito de Serra Grande, estrada Serra
    Grande-Ilhéus, a 3km do distrito 6/11/1991,
    Amorim, A. et al. 354.
  Valença: 18km na estrada para Orobó partindo da
    BR-101 10/1/1982, Lewis, G.P. et al. 1069.
  Mun.?: Área controle da Caraíba Metais 23/11/1982,
    Noblick, L.R. et al. 2121.
  Mun.?: Cruz de Cosma. 12/2/1835, Glocker, E.F.von
    s.n.
  Unloc.: Blanchet, J.S. 3015, TYPE, Dioclea lasiocarpa
    Benth.
Ceará
  Crato: Near Crato. 9/1838, Gardner, G. 1563.
  Mun.?: Riacho do Capim, Serra do Baturité. 9/1910,
    Ule, E. 9048.
Paraíba
  Areia: 18/9/1979, Fevereiro, V.P.B. et al. 647.
Pernambuco
  Caruaru: Murici, Brejo dos Cavalos, Parque Ecológico
    Municipal 2/12/1994, Sales, M. et al. 453.
  Olinda: 10/1837, Gardner, G. 970.
Piauí
  Unloc.: 8/1839, Gardner, G. 2544.
Dioclea sp.
Bahia
  Livramento do Brumado: 4km along estrada de terra
    from Livramento do Brumado to Rio de Contas
    28/3/1991, Lewis, G.P. et al. 1914.
Piauí
  Campo Maior: Antes da ponte de acesso á Fazenda
    Sol Posto 12/5/1995, Nascimento, M.S.B. 1045.
  Mun.?: Schingpflauze der Serra Nova. 1/1907, Ule, E.
    7169.
Diphysa robinioides Benth.
Bahia
  Ilhéus Area do CEPEC, Km 22 da rodovia Ilhéus-
    Itabuna (BR-415). Arboreto do CEPEC. 17/05/1985.
    Santos, T.S. 3972.
Diplotropis ferruginea Benth.
Bahia

Itambé: On road BR-415, Itambé-Vitória da
  Conquista. 2/1/1994, Klitgaard, B.B. et al. 62.
Vitória da Conquista: BA-265, Vitória da Conquista-
  Barra do Choça, 9km a leste de Vitória da
  Conquista 21/11/1978, Mori, S.A. et al. 11299.
Diplotropis incexis Rizzini & A.Mattos
Bahia
  Caravelas: 16/1/1992, Souza, V. 296.
  Itacaré: Ramal com entrada no km 4 da BA-654,
    Itacaré-Ubaitaba, lado esquerdo 19/4/1989, Mattos
    Silva, L.A. et al. 2700.
  Porto Seguro: BR-367, 53km W de Porto Seguro
    9/5/1980, Euponino, A. 475.
  Santa Cruz Cabrália: 15/7/1966, Belém, R.P. et al. 2573.
  Santa Cruz Cabrália: Estaçao Ecológica do Pau-brasil,
    16km W de Porto Seguro, área do Arboreto
    7/3/1983, Brito, H.S. et al. 195.
  Santa Cruz Cabrália: Estaçao Ecológica do Pau-brasil,
    16km W de Porto Seguro 23/8/1983, Santos, F.S. 17.
  Una: Fazenda São Rafael 11/1/1969, Santos, T.S. 336.
  Una: ReBio do Mico-leão, entrada no km 46 da BA-
    001, Ilhéus-Una, Picada da Bandeira 15/4/1993,
    Jardim, J.G. et al. 120.
  Una: ReBio do Mico-leão, entrada no km 46 da BA-
    001, Ilhéus-Una, Picada da Bandeira 8/3/1993,
    Amorim, A.M. et al. 1100.
Dipteryx alata Vogel
Piauí
  Bom Jesus: Rodovia Bom Jesus-Gilbués, 23km Oeste
    de Bom Jesus 20/6/1983, Coradin, L. et al. 5899.
Dipteryx odorata (Aubl.)Willd.
Pernambuco
  Recife: Dois Irmãos, parte alta da mata 26/12/1950,
    Andrade-Lima, D. 50-740.
Discolobium hirtum Benth.
Bahia
  Guanambi: Silva, J.S. 478.
  Iaçu: Fazenda Suíbra (Boa Sorte), 18km a leste da
    cidade, seguindo a ferrovia. 13/3/1985, Noblick,
    L.R. 3662.
  Jacobina: Serra da Jacobina. 1837, Blanchet, J.S.
    (Moricand, M.E.) 2692.
Piauí
  São João do Piauí: Porfírio (Lagoa). 4/4/1995,
    Alcoforado Filho, F.G. et al. 483.
Eriosema benthamianum Mart. ex Benth.
Bahia
  Mun.?: Rio São Francisco. Pohl, J.E. s.n.
Eriosema brevipes Grear
Bahia
  Palmeiras: Pai Inácio, BR-242, km 232, 15km NE de
    Palmeiras 29/2/1980, Mori, S.A. 13285.
Eriosema congestum Benth.
Bahia
  Rio de Contas: 5km N da cidade na entrada para
    Brumadinho 29/10/1993, Queiroz, L.P. et al. 3675.
  Rio de Contas: 9km ao norte da cidade na estrada
    para o povoado de Mato Grosso 26/10/1988,
    Harley, R.M. et al. 25631.
Piauí
  Mun.?: Dry hills dist. of Paranagoá. 9/1839, Gardner,
    G. 2541, ISOTYPE (fide Grear), Eriosema
    congestum Benth.

Eriosema crinitum (Kunth)G.Don var. ***crinitum***
Bahia
São Desidério: BR-020, km 50, entre Posse e
Barreiras 15/6/1983, Coradin, L. et al. 5694.
Ceará
Mun.?: Serra de Araripe. 10/1839, Gardner, G. 1549.
Eriosema crinitum (Kunth) G. Don var. ***stipulare***
(Benth.) Fortunato
Bahia
Espigão Mestre: 100km WSW of Barreiras 6/3/1972,
Anderson, W.R. et al. 36727.
Eriosema rufum (Kunth) G.Don var. ***rufum***
Bahia
Ilhéus: 6/1821, Riedel, L. 382.
Eriosema simplicifolium (Kunth) G.Don
Pernambuco
Mun.?: Rio Preto, Serra da Batalha. 9/1839, Gardner,
G. 2818.
Eriosema venulosum Benth.
Bahia
Correntina: Velha da Galinha, 12km abaixo da Cachoeira
da Fumaça 27/8/1995, Mendonça, R.C. et al. 2409.
Espigão Mestre: Rio Piau, 150km SW of Barreiras
13/4/1966, Irwin, H.S. et al. 14733.
Pernambuco
Mun.?: Rio Preto, Serra da Batalha. 9/1839, Gardner,
G. 2817, ISOTYPE, Eriosema venulosum Benth.
Erythrina fusca Lour.
Bahia
Ilhéus: Área do CEPEC, km 22 da rodovia Ilhéus-
Itabuna, BR 415 29/7/1981, Hage, J.L. et al. 1132.
Ilhéus: Área do CEPEC, km 22 da rodovia Ilhéus-
Itabuna, BR 415 29/7/1981, Hage, J.L. et al. 1131.
Ilhéus: Área do CEPEC, km 22 da rodovia Ilhéus-
Itabuna, BR 415 17/8/1983, Hage, J.L. 1740.
Ilhéus: Área do CEPEC, km 22 da rodovia Ilhéus-
Itabuna, BR 415 17/8/1983, Hage, J.L. 1739.
Erythrina poeppigiana (Walp.) O.F.Cook
Bahia
Uruçuca: Km 29 rodovia Itabuna-Uruçuca, BR-101
30/7/1981, Mattos Silva, L.A. et al. 1383.
Valença: 6 km da cidade, estrada que liga rodovia
BR-101 à Valença 8/1/1982, Lewis, G.P. et al. 1033.
Erythrina speciosa Andrews
Bahia
Ilhéus: Área do CEPEC, km 22 da rodovia Ilhéus-
Itabuna, BR 415 2/6/1982, Santos, T.S. 3757.
Santa Cruz Cabrália: Área da Estação Ecológica do
Pau-brasil, cerca de 16km de Porto Seguro
13/7/1985, Santos, F.S. 496.
Erythrina velutina Willd.
Bahia
Araci: Cerca de 7km N de Bahia na BR-116
23/3/1993, Queiroz, L.P. et al. 3105.
Cachoeira: Mata do Rio Jacuípe. 10/1980, Pedra
Cavalo, G. et al. 843.
Gentio do Ouro: Serra do Açuruá, estrada para
Xique-Xique, a 2km de Gentio do Ouro 10/9/1990,
Lima, H.C. et al. 3931A.
Irecê: 9km W do entroncamento para Irecê, na BA-
052 18/6/1994, Queiroz, L.P. et al. 4000.
Jacobina: Trecho Jacobina-Imburana, 10km de
Jacobina 23/12/1984, Lewis, G.P. et al. CFCR 7511.

Juazeiro: Rodovia Juazeiro-Sobradinho, km 19
24/6/1983, Coradin, L. et al. 5971.
?Juazeiro: Estrada de Juazeiro 22/10/1967, Duarte,
A.P. 10594.
Maracás: Rodovia BA-250, 13–25km a E de Maracás
18/11/1978, Mori, S.A. et al. 11141.
Nova Itarana: 30km de Planaltino na direção de Nova
Itarana 30/8/1996, Harley, R.M. et al. 28209.
Queimadas: 5–10km SE de Queimadas hacia Santa
Luz 1/12/1992, Arbo, M.M. et al. 5490.
Paraíba
Areia: Mata do Pau-ferro, Chã do Jardim 9/10/1980,
Fevereiro, V.P.B. et al. M-5-I.
Piauí
São Raimundo Nonato: Sede da Fundação Ruralista,
ca. 8–10km NNE de Curral Novo 18/1/1982, Lewis,
G.P. et al. 1115.
Erythrina velutina Willd. forma ***aurantica*** (Ridl.)
Krukoff
Pernambuco
Fernando de Noronha: 9/1891, Ridley, H.N. et al. 35,
TYPE, Erythrina aurantica Ridl.
Exostyles venusta Schott
Bahia
Caravelas: 16km na estrada Caravelas-Alcobaça
5/9/1989, Carvalho, A.M. et al. 2473.
Porto Seguro: Entre Ajuda e Porto Seguro 22/8/1961,
Duarte, A.P. 5970.
Flemingia macrophylla (Willd.) Merr.
Bahia
Ilhéus: CEPEC, BR-415, Ilhéus-Itabuna, quadra I.
17/2/1982, Hage, J.L. 1635.
Ilhéus: CEPEC, BR-415, Ilhéus-Itabuna, quadra F.
3/2/1981, Carvalho, A.M. et al. 512.
Ilhéus: CEPEC, BR-415, Ilhéus-Itabuna, quadra F.
10/6/1981, Hage, J.L. 959.
Ilhéus: CEPEC, BR-415, Ilhéus-Itabuna 20/2/1984,
Carvalho, A.M. 2088.
Galactia crassifolia (Benth.)Taub.
Bahia
Blanchet, J.S. 3678.
Galactia glaucescens Kunth
Bahia
Barreiras: Proximidades do Hotel Solar das
Mangueiras 19/6/1987, Coradin, L. et al. 7585.
Ceará
Cedro: 1837, Pohl, J.E. s.n.
Crato: On road near Crato. 9/1839, Gardner, G. 1556.
Piauí
Gilbués: Rodovia Correntes-Bom Jesus, 2km Leste de
Gilbués 18/6/1983, Coradin, L. et al. 5837.
Unloc.: 9/1839, Gardner, G. 2539.
Galactia jussiaeana Kunth
Bahia
Barreiras: Rio das Ondas 12/3/1979, Hatschbach, G.
42127.
Ipirá: Fazenda Macambira 12/5/1994, Dutra, E.A. 4.
Jacobina: Serra da Jacobina, Morro do Cruzeiro
23/12/1984, Lewis, G.P. et al. CFCR 7546.
Umburanas: 22km Nort-west of Lagoinha (wich is
5.5km SW of Delfino) on side road to Minas do
Mimoso 6/3/1974, Harley, R.M. et al. 16865.
?Mun.?: Rio São Francisco. 1838, Blanchet, J.S. 2877.

Piauí

Castelo do Piauí: Fazenda Cipó de Cima 13/6/1995, Nascimento, M.S.B. et al. 1062.

Oeiras: near the city of Oeiras. 3/1839, Gardner, G. 2110.

Teresina: 36km Northwest of Picos on BR-316 to Teresina 24/1/1993, Thomas, W.W. et al. 9614.

Galactia jussiaeana Kunth var. ***jussiaeana***

Ceará

Crato: In a dry place near Crato. 10/1838, Gardner, G. 1555.

Galactia jussiaeana Kunth var. ***glabrescens*** Benth.

Bahia

Caetité: Estrada Caetité-Bom Jesus da Lapa, km 22 18/4/1983, Carvalho, A.M. et al. 1835.

Correntina: Chapadão ocidental da Bahia, ca. 15km SW of Correntina on the road to Goiás 25/4/1980, Harley, R.M. et al. 21724.

Piauí

Picos: BR-316 from Picos to Teresina, 123km NNW of Valença, 73km SSE of Teresina 9/1/1985, Lewis, G.P. et al. 1352.

Mun.?: Serra Branca. 1/1907, Ule, E. 7431.

Galactia martii DC.

Bahia

Abaíra: Distrito de Catolés, entre a Mata do Cigarro e o Tijuquinho 19/4/1998, Queiroz, L.P. et al. 5006.

Barra da Estiva: Morro do Ouro, 9km ao S da cidade, na estrada para Ituaçu 16/11/1988, Harley, R.M. et al. 26466.

Barra da Estiva: Serra do Sincorá, W of Barra da Estiva, on the road to Jussiape 22/3/1980, Harley, R.M. et al. 20727.

Barra da Estiva: Estrada Barra da Estiva-Mucugê, km 7 4/7/1983, Coradin, L. et al. 6389.

Barra da Estiva: Ca. 14km N. of Barra da Estiva, near the Ibicoara road 2/2/1974, Harley, R.M. et al. 15851.

Barra da Estiva: Serra do Sincorá, of Serra de Ouro, to East of the Barra da Estiva-Ituaçu road, about 9km S of Barra da Estiva 24/3/1980, Harley, R.M. et al. 20865.

Barra da Estiva: Morro do Ouro, 9km ao S da cidade, na estrada para Ituaçu 16/11/1988, Harley, R.M. et al. 26466.

Barra da Estiva: Trecho Ituaçu-Barra da Estiva, a 8km de Barra da Estiva, Morro do Ouro 19/7/1981, Giulietti, A.M. et al. CFCR 1262.

Barra da Estiva: N Face of Serra de Ouro, 7km S of Barra da Estiva on the Ituaçu road. 30/1/1974, Harley, R.M. et al. 15678.

Barreiras: BR-020, 15km O de Roda Velha 10/3/1979, Hatschbach, G. 42050.

Morro do Chapéu: A 3km de Morro do Chapéu 26/8/1981, Gonçalves, L.M.C. 119.

Mortugaba: 8km da cidade em direção a Jacaraú 16/3/1994, Souza, V.C. et al. CFCR 5530.

Mucugê: Rodovia para Andaraí 16/6/1984, Hatschbach, G. 47977.

Mucugê: Estrada Mucugê-Guiné, a 5km de Mucugê 7/9/1981, Furlan, A. et al. CFCR 1971.

Mucugê: Cerca de 16km NW de Mucugê, na estrada para Boninal 15/2/1992, Queiroz, L.P. 2654.

Piatã: Próximo a Serra do Gentio 21/12/1984, Lewis, G.P. et al. CFCR 7359.

Piatã: Platô no alto da Serra da Tromba, ramal ao Sul da estrada Piatã-Inúbia, "caminho da ressaca" 2/11/1996, Queiroz, L.P. et al. 4709.

Rio de Contas: Fazendola 16/11/1996, Bautista, H.P. et al. 4326.

Rio de Contas: Subida para o Pico do Itubira, 28 km de Rio de Contas 14/11/1998, Oliveira, R.P. et al. 133.

São Desidério: BR-020, Entre Posse e Barreiras, km 50 15/6/1983, Coradin, L. et al. 5693.

Seabra: Serra do Bebedor, ca. 4km W de Lagoa da Boa Vista na estrada para Gado Bravo 22/6/1993, Queiroz, L.P. et al. 3343.

Galactia neesii DC.

Bahia

Rio de Contas: Estrada para a Serra da Caiambola, 25km de Rio de Contas 14/11/1998, Oliveira, R.P. et al. 72.

Galactia remansoana Harms

Bahia

Gentio do Ouro: Cerca de 20km de Xique-Xique, na estrada para Santo Inácio 16/6/1994, Queiroz, L.P. et al. 3957.

Umburanas: 16km NW of Lagoinha (which is 5.5km SW of Delfino) on side road to Minas do Mimoso 4/3/1974, Harley, R.M. et al. 16718.

Xique-Xique: Cerca de 16km de Xique-Xique, na estrada para Santo Inácio 16/6/1994, Queiroz, L.P. et al. 3950.

Xique-Xique: Dunas do Rio São Francisco 23/6/1996, Giulietti, A.M. et al. 2968.

Galactia cf. ***remansoana*** Harms

Ceará

Aiuaba: Estação Ecológica de Aiuaba 30/5/1996, Loiola, M.I.B. et al. 178.

Galactia aff. ***remansoana*** Harms

Bahia

Gentio do Ouro: Serra de Santo Inácio, ca. 18–30km na estrada de Xique-Xique para Santo Inácio 17/3/1990, Carvalho, A.M. et al. 2877.

Pernambuco

Buíque: Fazenda Laranjeiras 19/5/1995, Figueiredo, L.S. et al. 68.

Galactia rugosa (Benth.) Chodat & Hassl.

Pernambuco

Quipapá: Água Branca, Fazenda Pelada 122/7/1950, Lima, A. 50-593.

Galactia scarlatina (Benth.) Taub.

Bahia

Caetité: Serra Geral de Caitité, 9.5km S. of Caitité on road to Brejinhos das Ametistas 13/4/1980, Harley, R.M. et al. 21344.

Palmeiras: Serra dos Lençóis, Lower slopes of Morro do Pai Inácio, ca. 14.5km N.W. of Lençóis Just N. of the main Seabra-Itaberaba road 21/5/1980, Harley, R.M. et al. 22310.

Galactia aff. ***scarlatina*** (Benth.) Taub.

Bahia

Abaíra: Distrito de Catolés, mata na enconsta da Serra do Barbado 19/4/1996, Queiroz, L.P. et al. 5021.

Galactia striata (Jacq.) Urb.
Bahia
Cachoeira: Mata a NE da B. Bananeiras. 9/1980, Pedra Cavalo, G. et al. 792.
Cocos: Ca. 13km S of Cocos and 3km S of Rio Itaguarí 15/3/1972, Anderson, W.R. et al. 36984.
Dom Macedo Costa: Fazenda Mocambo 5/7/1985, Noblick, L.R. 3985.
Ilhéus: Área do CEPEC, km 22 da rodovia Ilhéus-Itabuna, BR 415 27/5/1981, Hage, J.L. et al. 767.
Jacobina: Serra do Tombador, estrada para Lagoa Grande 23/12/1984, Lewis, G.P. et al. CFCR 7494.
Livramento do Brumado: Ca. 4km along estrada de terra from Livramento do Brumado to Rio de Contas 28/3/1991, Lewis, G.P. et al. 1917.
Riachão de Jacuípe: 13km Suleste da cidade, BR-324 10/7/1985, Noblick, L.R. 4086.
Santa Cruz Cabrália, 11 km south of city, 17/3/1974, Harley, R.M. et al. 17094.
Rio Grande do Norte
Luís Gomes: BR-405, Luís Gomes-Pau dos Ferros, km 4 12/8/1994, Silva, G.P. et al. 2466.

Galactia texana (Scheele)A. Gray
Piauí
Corrente: Branquinha (casa) 9/3/1994, Nascimento, M.S.B. 540.
Corrente: Instituto Batista de Corrente (estrada do rio) 8/3/1994, Nascimento, M.S.B. 505.

Galactia sp.
Bahia
Barreiras: BR-242, Barreiras-Ibotirama, km 2 19/6/1987, Coradin, L. et al. 7594.
Ibotirama: Rio São Francisco, proximidades do Hotel Velho Chico 20/6/1987, Coradin, L. et al. 7626.
Lençóis: Rodovia Utinga-Bonito, km 23 21/6/1987, Coradin, L. et al. 7686.
Missão Velha: Rodovia Juazeiro-BR-116, km 23 27/6/1987, Coradin, L. et al. 7831.
Rio de Contas: Pico das Almas, vertente Norte 23/10/1988, Harley, R.M. et al. 25303.
Rio de Contas: Pico das Almas, vertente Norte 26/11/1988, Harley, R.M. et al. 26291.
Rio de Contas: Lower NE Slopes of the Pico das Almas, ca. 25km WNW of the Vila do Rio de Contas 20/3/1977, Harley, R.M. et al. 19740.
Ceará
Sobral: BAG-Forrageiras, CNP-Caprinos 30/6/1987, Coradin, L. et al. 7859.
Pernambuco
Petrolina: BR-122, Petrolina-Lagoa Grande, km 3 23/6/1987, Coradin, L. et al. 7750.

Geoffroea spinosa Jacq.
Bahia
?Jacobina: Serra Jacobina. 1837, Blanchet, J.S. 2650.
Ceará
Fortaleza: Rodovia de Maranguape 1/12/1955, Ducke, A. 2504.
?Crato: Between Crato et Icó, Rio San Francisco. 11/1838, Gardner, G. 1911.
Pernambuco
Unloc.: 1838, Gardner, G. 964.
Sergipe
Mun.?: Ilha de São Pedro. 2/1838, Gardner, G. 1415.

Gliricidia sepium (Jacq.) Walp.
Bahia
Ilhéus: CEPEC, BR-415, km 22, Ilhéus-Itabuna, Quadra B 18/8/1981, Hage, J.L. et al. 1212.
Ilhéus: CEPEC, BR-415, km 22, Ilhéus-Itabuna, Quadra E 10/8/1983, Santos, T.S. et al. 3870.

Harleyodendron unifoliolatum R.S.Cowan
Bahia
Ilhéus: Rodovia para Una, km 35, 5km após o entroncamento 6/9/1990, Lima, H.C. et al. 3869.
Ilhéus: 4km de Olivença na estrada para 4km de Ilhéus, 4km da estrada em direçao a Fazenda Duna Pequena 8/2/1982, Lewis, G.P. et al. 1179.
Itacaré: 4km SW of Itacaré on side road by small dam and hydroelectric generator by river, S of the mouth of the Rio de Contas 31/7/1977, Harley, R.M. et al. 18453A.
Itacaré: 8km SW of Itacaré along side road S from main Itacaré-Ubaitaba road, south of the mouth of the Rio de Contas 31/7/1977, Harley, R.M. et al. 18426, ISOTYPE, Harleyodendron unifoliolatum R.S.Cowan.
Itacaré: Near the mouth of the Rio de Contas 28/1/1977, Harley, R.M. et al. 18333.
Itacaré: Estrada Itacaré-Taboquinhas, 6km de Itacaré, Loteamento Marambaia 14/12/1992, Amorim, A.M. et al. 947.
Una: ReBio de Una, entrada no km 46 da BR-001, Ilhéus-Una 20/1/1999, Jardim, J.G. et al. 1967.
Una: ReBio do Mico-leao, entrada no km 46 da BA-001, Ilhéus-Una 14/4/1993, Amorim, A.M. et al. 1254.
Una: ReBio do Mico-leao, entrada no km 46 da BA-001, Ilhéus-Una, trilha paralela à área da Cabruca 23/2/1999, Jardim, J.G. et al. 2025.
Uruçuca: 7,3km N do Distrito de Serra Grande na BA-001, sentido Itacaré, Fazenda Lagoa, do Conjunto Santa Cruz 3/2/1999, Mansano, V.F. et al. 45.

Harpalyce brasiliana Benth.
Piauí
Unloc.: 5/1839, Gardner, G. 2111.

Harpalyce brasiliana Benth. var. **brasiliana**
Bahia
Barreiras: 6km após Barreiras, entrada à direita, 4km na estrada do Aeroporto 3/6/1991, Brito, H.S. et al. 319.
Sento Sé: 29/4/1981, Orlandi, R.P. 404.

Hymenolobium alagoanum Ducke
Alagoas
Maceió: Near Maceió. 4/1838, Gardner, G. 1274, HOLOTYPE, Hymenolobium nitidum var. minus Mart. ex Benth.
Bahia
Maraú: 5km SE of Maraú at the junction with the new road North to Ponta do Mutá 2/2/1977, Harley, R.M. et al. 18472.
Maraú: Km 51 da estrada Ubaitaba-Maraú 6/1/1982, Lewis, G.P. et al. 1015.
Maraú: Estrada Ubaitaba-Maraú ao km 54 7/3/1983, Carvalho, A.M. et al. 1652.
Maraú: Road Maraú-Ubaitaba, km 3 from junction to Maraú, side road on left, 1km down this road 23/5/1991, Pennington, R.T. et al. 226.

Paraíba
  Santa Rita: Usina São João, Tibirizinho, 20km do
    centro de João Pessoa. Agra, M.F. et al. 1411.
Hymenolobium janeirense Kuhlm. var. ***stipulatum***
  (N.F.Mattos) H.C.Lima
Bahia
  Itambé: On rd. BR-415, Itambé-Vitória da Conquista
    2/1/1994, Klitgaard, B.B. et al. 63.
  Lençóis: Estrada de Lençóis BR-242, 5–6km ao N de
    Lençóis 19/12/1981, Lewis, G.P. et al. 865.
Indigofera blanchetiana Benth.
Bahia
  Cafarnaum: Rodovia do Feijão 14/1/1977,
    Hatschbach, G. 39553.
  Jaguarari: 7/9/1981, Pinto, G.C.P. 337-81.
  Juazeiro: 71km south of Juazeiro on highway to Feira
    de Santana (1.2km S of vilLaje of Barrinha)
    8/3/1970, Eiten, G. et al. 10875.
  Juazeiro: North end of Serra da Jacobina at
    Flamengo, 11km south of Barrinha (52km north of
    Senhor do Bonfim) at Fazenda Pasto Bom
    24/1/1993, Thomas, W.W. et al. 9641.
  Senhor do Bonfim: 64km N of Senhor do Bonfim on
    the BA-130 highway to Juazeiro 24/2/1974, Harley,
    R.M. 16349.
  Sento Sé: 11/2/1972, Pickersgill, B. et al. RU-72-107.
  Umburanas: 26km NW of Lagoinha (which is 5.5km
    SW of Delfino) on side road to Minas do Mimoso
    7/3/1974, Harley, R.M. et al. 16922.
Indigofera hendecaphylla Jacq.
Bahia
  Ilhéus: CEPEC, BR-415, km 22, Ilhéus-Itabuna
    29/12/1981, Lewis, G.P. 991.
  Ilhéus: CEPEC, BR-415, km 22, Ilhéus-Itabuna,
    Quadra C 21/5/1981, Hage, J.L. et al. 728.
  Ilhéus: CEPEC, BR-415, km 22, Ilhéus-Itabuna,
    Quadra I 27/10/1981, Hage, J.L. et al. 1502.
Indigofera hirsuta L.
Alagoas
  Marechal Deodoro: APA de Santa Rita, Campo
    Grande 7/8/1987, Esteves, G.L. et al. 1997.
Bahia
  Cachoeira: Porto Castro Alves, Vale dos Rios
    Paraguaçu e Jacuípe. 6/1980, Pedra Cavalo, G. 278.
  Ibicaraí: 6km E de Ibicaraí, BR-415 24/3/1989,
    Queiroz, L.P. et al. 2190.
  Mun.?: Lagoa da Eugênia southern end near
    Camaleão 20/2/1974, Harley, R.M. et al. 16232.
Indigofera lespedezioides Kunth
Piauí
  Oeiras: Open campos near Oeiras. 6/1839, Gardner,
    G. 2463.
  Mun.?: Gurgéas. 8/1839, Gardner, G. 2542.
Indigofera microcarpa Desv.
Alagoas
  Maceió: Places about Maceió. 4/1838, Gardner, G. 1270.
  Marechal Deodoro: APA de Santa Rita, Sítio Beira Mar
    18/9/1987, Lemos, R.P.L. et al. 1351.
Bahia
  Barra: 500m da margem da esquerda do Rio São
    Francisco, logo após Ibotirama, 200m da ponte
    sobre o Rio São Francisco, BR-242 11/10/1994,
    Queiroz, L.P. et al. 4054.

Bom Jesus da Lapa: Rodovia para Malhada 5/4/1992,
    Hatschbach, G. et al. 56609.
Bom Jesus da Lapa: Rio das Rãs 15/2/1991,
    Hatschbach, G. et al. 55147.
Camaçari: Praia de Arembepe, próximo ao Piruí
    27/2/1993, Queiroz, L.P. 3069.
Ilhéus: Moricand, M.E. s.n.
?Jacobina: Serra Jacobina. 1837, Blanchet, J.S. 2712.
Paratinga: Estrada Paratinga-Bom Jesus da Lapa, km
    10 1/7/1983, Coradin, L. et al. 6327.
?Remanso: Taboleiro bei Remanso. 1/1907, Ule, E.
    7198.
Tucano: Caldas do Jorro, estrada que liga a sede do
    Distrito à estrada Araci-Tucano 2/3/1992, Carvalho,
    A.M. et al. 3881.
Unloc.: 1842, Glocker, E.F.von 179.
Ceará
  Icó: Bei Icó, am Lima Campos 19/11/1976, Bogner, J.
    1218-19.
Pernambuco
  Unloc.: 10/1837, Gardner, G. 974B.
Piauí
  São Raimundo Nonato: Sede da Fundaçao Ruralista,
    poço frança water hole, 8–10km NNE de Curral
    Novo, 220km ENE de Petrolina 18/1/1982, Lewis,
    G.P. et al. 1107.
Indigofera suffruticosa Mill.
Bahia
  Cachoeira: Barragem de Bananeiras, Vales dos Rios
    Jacuípe e Paraguaçu. 5/1980, Pedra Cavalo, G. 17.
  Cansanção: Camino a Queimadas 16/1/1997, Arbo,
    M.M. et al. 7290.
  Caravelas: 2km a NE da cidade, na estrada para Ponta
    de Areia 5/9/1989, Carvalho, A.M. et al. 2447.
  Ibotirama: BR-242, Ibotirama-Barreiras, km 30
    7/7/1983, Coradin, L. et al. 6587.
  Ilhéus: CEPEC, BR-415, km 22, Ilhéus-Itabuna,
    Quadra D 27/5/1981, Hage, J.L. et al. 765.
  Ilhéus: CEPEC, BR-415, km 22, Ilhéus-Itabuna,
    Quadra E 25/4/1979, Mori, S.A. et al. 11726.
  Ilhéus: CEPEC, BR-415, km 22, Ilhéus-Itabuna,
    Quadra C 21/5/1981, Hage, J.L. et al. 725.
  Ilhéus: Moricand, M.E. s.n.
  Ipecaetá: Fazenda Riachão, Serra Orobozinho, 1km
    da cidade 14/8/1985, Noblick, L.R. et al. 4344.
  Itamaraju: Fazenda Guanabara, 5km NW de Itamaraju
    6/12/1981, Lewis, G.P. et al. 789.
  Palmeiras: Preston, T.A. s.n.
  Porto Seguro: Parque Nacional de Monte Pascoal,
    próximo à Reserva Indígena de Barra Velha
    14/9/1998, Amorim, A.M. et al. 2560.
  Porto Seguro: Just North of Porto Seguro 21/3/1974,
    Harley, R.M. et al. 17274.
  Prado: Cumuruxatiba, 47km N of Prado on the coast
    18/1/1977, Harley, R.M. et al. 18059.
  Riachão do Jacuípe: Fazenda Sempre Verde
    22/6/1994, Dutra, E.A. 18.
  Umburanas: 26km NW of Lagoinha (which is 5.5km
    SW of Delfino) on side road to Minas do Mimoso
    7/3/1974, Harley, R.M. et al. 16911.
  Umburanas: 18km NW of Lagoinha (which is 5.5km
    SW of Delfino) on side road to Minas do Mimoso
    7/3/1974, Harley, R.M. et al. 16937.

Una: Estrada Una-Comandatuba, 3km SE de Una
3/12/1981, Lewis, G.P. et al. 750.

Vitória da Conquista: Ramal a 15km na estrada
Vitória da Conquista-Ilhéus 19/2/1992, Carvalho,
A.M. et al. 3809.

Paraíba

Unloc.: 10/1840, Gardner, G. 5434.

Pernambuco

Bezerros: Parque Municipal de Serra Negra
12/4/1995, Oliveira, M. et al. 27.

Bezerros: Parque Municipal de Serra Negra
12/4/1995, Tschá, M. et al. 68.

Caruaru: Murici, Brejo dos Cavalos, Parque Ecológico
Municipal 4/4/1995, Menezes, E. et al. 64.

Floresta: ReBio de Serra Negra 9/3/1995, Menezes, E.
et al. 44.

Floresta: ReBio de Serra Negra 9/3/1995, Menezes, E.
et al. 43.

Floresta: ReBio de Serra Negra 4/6/1995, Tschá, M. et
al. 118.

Petrolina: BR-428, Petrolina-Recife, km 31 23/6/1983,
Coradin, L. et al. 5959.

Mun.?: About Pernambuco. 10/1837, Gardner, G. 974A.

Rio Grande do Norte

Luís Gomes: BR-405, Luís Gomes-Pau dos Ferros, km
4 12/8/1994, Silva, G.P. et al. 2467.

Lablab purpureus (L.) Sweet

Bahia

Alagoinhas: Farm near Riacho da Guia VilLaje
23/6/1987, Lima, M.G.S. s.n.

Ilhéus: Área do CEPEC, km 22 rodovia Ilhéus-
Itabuna, BR-415, quadra B 18/8/1981, Hage, J.L. et
al. 1213.

Itacaré: Ramal da Torre da Embratel, com entrada no
km 15 da BR-654, 5,8km da entrada 6/6/1978,
Mori, S.A. et al. 10134.

Pernambuco

Fernando de Noronha: 1890, Ridley, H.N. et al. 34.

Lonchocarpus araripensis Benth.

Bahia

Caetité: 3km S de Caetité, na estrada para Maniaçu
28/10/1993, Queiroz, L.P. et al. 3622.

Caetité: 2km S de Caetité, na estrada para Brejinho
das Ametistas 27/10/1993, Queiroz, L.P. et al. 3580.

Porto Seguro: Estação Ecológica do Raso da Catarina
5/12/1983, Guedes, M.L.S. 854.

Ceará

Fortaleza: Aldeota 28/2/1955, Ducke, A. 2506.

Fortaleza: Estrada da Praia do Futuro 11/12/1954,
Ducke, A. 2377.

Fortaleza: Estrada da Praia do Futuro 24/11/1954,
Ducke, A. 2369.

Mun.?: Serra de Araripe. 10/1838, Gardner, G. 1536,
HOLOTYPE, Lonchocarpus araripensis Benth.

Mun.?: Serra de Araripe. 10/1838, Gardner, G. 1536,
ISOTYPE, Lonchocarpus araripensis Benth.

Pernambuco

Buíque: Fazenda Laranjeiras 20/5/1995, Laurênio, A. 58.

Inajá: Km 47 na estrada Placa-Ibimirim 19/9/1954,
Andrade-Lima, D. 54-1939.

Piauí

Bom Jesus: Rodovia Bom Jesus-Gilbués, 23km oeste
de Bom Jesus 20/6/1983, Coradin, L. et al. 5888.

Teresina: BR-326, 24km S of Teresina in directon of
Demerval Lobão 14/1/1985, Lewis, G.P. 1366.

Lonchocarpus campestris Mart. ex Benth.

Bahia

Jequié: Km 1193 da rodovia Rio-Bahia, 31 km S de
Jequié 16/10/1975, Hage, J.L. 110.

Manoel Vitorino: Estrada Manoel Vitorino-Catingal,
1–5km W de Manoel Vitorino 20/11/1978, Mori,
S.A. et al. 11229.

São Desidério: Mata próxima ao povoado do Sítio
Grande 14/10/1989, Silva, P.E.N. et al. 90.

Senhor do Bonfim: 49km N of Senhor do Bonfim on
BA-130 highway to Juazeiro 26/2/1974, Harley,
R.M. et al. 16377.

Lonchocarpus guilleminianus (Tul.) Malme

Bahia

Cachoeira: Vale dos Rios Jacuípe e Paraguaçu,
Barragem de Bananeiras. 12/1980, Pedra Cavalo, G.
1008.

Cachoeira: Vale dos Rios Jacuípe e Paraguaçu,
Barragem de Bananeiras. 2/1981, Pedra Cavalo, G.
1072.

Conceição da Feira: Margem esquerda do Rio
Paraguaçu 17/2/1981, Carvalho, A.M. et al. 543.

Conceição da Feira: Margem esquerda do Rio
Paraguaçu 17/2/1981, Carvalho, A.M. et al. 554.

Guaratinga: Estrada antiga Guaratinga-Eunápolis,
passando pela Fazenda Guarany 31/3/1989, Mattos
Silva, L.A. et al. 2680.

Ilhéus: CEPEC 9/11/1968, Almeida, J. et al. 215.

Tanquinho: 4km N de Tanquinho, camino a Candeal
e Ichu 2/12/1982, Arbo, M.M. et al. 5502.

Unloc.: Blanchet, J.S. 2554.

Lonchocarpus cf. ***guilleminianus*** (Tul.) Malme

Bahia

Salvador: Campus da UFBA, Ondina, em frente a
entrada do estacionamento do Instituto de Química
13/12/1992, Queiroz, L.P. 2975.

Lonchocarpus obtusus Benth.

Bahia

?Barreiras: Rodovia Barreiras-Itabuna, km 113
12/3/1991, Pereira, B.A.S. et al. 1587.

Bom Jesus da Lapa: Km 21 on rd. Bom Jesus da
Lapa-Ibotirama 4/1/1994, Klitgaard, B.B. et al. 69.

Marcionílio Souza: 11km O de Marcionílio Souza na
estrada para Itaeté 22/3/1988, Ginzbarg, S. et al. 807.

Morro do Chapéu: 29km al NE de Morro do Chapéu,
camino a Várzea Nova 17/1/1997, Arbo, M.M.
et al. 7453.

Morro do Chapéu: BA-426, 29km al NE de Morro do
Chapéu, camino a Várzea Nova. 17/1/1997, Arbo,
M.M. et al. 7453.

Piatã: Campo rupestre próximo à Serra do Gentio,
entre Piatã e Serra da Tromba 21/12/1984, Lewis,
G.P. et al. CFCR 7404.

Santa Inês: Rodovia Santa Inês a Rio Bahia aos 10km
7/7/1972, Pinheiro, R.S. 1856.

Mun.?: Rio São Francisco, Serra do Açuruá. 1838,
Blanchet, J.S. 2830, HOLOTYPE, Lonchocarpus
obtusus Benth.

Mun.?: Rio São Francisco, Serra do Açuruá. 1838,
Blanchet, J.S. 2830, ISOTYPE, Lonchocarpus
obtusus Benth.

Lonchocarpus praecox Mart. ex Benth.
Bahia
  Ibotirama: BR-242, 10km L de Ibotirama. 11/10/1981, Hatschbach, G. 44148.
Lonchocarpus sericeus (Poir.) Kunth ex DC.
Alagoas
  Mun.?: Common on the sandy of the Rio St. Francisco. 4/1838, Gardner, G. 1275.
Bahia
  Cansanção: On the Queimadas road 22/2/1974, Harley, R.M. et al. 16291.
  Casa Nova: 8/9/1981, Ferreira, J.D.C.A. 109.
Ceará
  Aiuaba: Estrada Aiuaba-Antonina do Norte 7/6/1984, Collares, J.E.R. et al. 192.
Piauí
  São Raimundo Nonato: Sede da Fundaçao Ruralista, 8–10km NNE de Curral Novo, 220km ENE de Petrolina 18/1/1982, Lewis, G.P. et al. 1110.
  São Raimundo Nonato: Sede da Fundaçao Ruralista, 8–10km NNE de Curral Novo, 220km ENE de Petrolina 18/1/1982, Lewis, G.P. et al. 1114.
Lonchocarpus virgilioides Benth.
Bahia
  Ipirá: 6km no ramal ao sul da Estrada do Feijao (BA-052), 34km da cidade de Ipirá 2/4/1993, Queiroz, L.P. et al. 3125.
  Jequié: Estrada Jequié-Lafayete Coutinho, 11–17km W de Jequié 19/11/1978, Mori, S.A. et al. 11226.
  Miguel Calmon: 6km N de Miguel Calmon na estrada para Urubu (=Lagoa de Dentro) 21/8/1993, Queiroz, L.P. et al. 2527.
Lonchocarpus sp.
Bahia
  Cachoeira: Mata a NE da B. Bananeiras, vale dos Rios Paraguaçu e Jacuípe. 11/1980, Pedra Cavalo, G. et al. 878.
  Crisópolis: BR-242, Barreiras-Ibotirama, km 65 8/9/1992, Coradin, L. et al. 8501.
  Ilhéus: CEPEC, BR-415, Ilhéus-Itabuna, km 22, quadra D 8/12/1981, Hage, J.L. 1547.
  Itacaré: Estrada Itacaré-Serra Grande, a partir de 6km da sede do município 7/11/1997, Amorim, A.M. et al. 2101.
  Itaju do Colônia: Km 8 da estrada Itaju-Pau brasil, 4km do ramal à direita 20/1/1969, Santos, T.S. 357.
  Tabocas do Brejo Velho: 5km to the N of Tabocas, which is 10km NW of Serra Dourada 1/5/1980, Harley, R.M. et al. 22003.
  Tucano: 7km NE de Tucano na estrada para Ribeira do Pombal, BR-410 18/12/1993, Queiroz, L.P. et al. 3712.
Luetzelburgia andrade-limae H.C.Lima
Bahia
  Maracás: Fazenda Cana Brava (9km N de Maracás), 3 km da sede 23/5/1991, Santos, E.B. et al. 300.
  Maracás: Fazenda Tanquinho, 20km N de Maracás no ramal para a Fazenda Santa Rita, na estrada para Planaltino 29/6/1993, Queiroz, L.P. et al. 3252.
Luetzelburgia auriculata (Allemão) Ducke
Bahia
  Miguel Calmon: 1km NE de Palmeiras, na estrada para Urubu (=Lagoa de Dentro) 20/8/1993, Queiroz, L.P. et al. 3512.

Riachão das Neves: 2km from Riachão das Neves in the direction of Barreiras 26/7/1998, Bridgewater, S. et al. S-1027.
  Unloc.: 1943, Luetzelburg, Ph.von 260, SYNTYPE - photo, Luetzelburgia pterocarpoides Harms.
Ceará
  Guaiúba: Fazenda Vila Bela 1/10/1955, Ducke, A. 2491.
Piauí
  Unloc.: 17/5/1822, Luetzelburg, Ph.von 5813, SYNTYPE - photo, Luetzelburgia pterocarpoides Harms.
  Bom Jesus: Rodovia Bom Jesus-Gilbués, 23km Oeste de Bom Jesus 20/6/1983, Coradin, L. et al. 5896.
  Campo Maior: Fazenda Sol Posto 22/8/1994, Nascimento, M.S.B. 153.
  Campo Maior: Fazenda Sol Posto 17/8/1995, Nascimento, M.S.B. 1086.
  Oeiras: Sede do Projeto Chapada Grande 10/6/1983, Castro, A.J. s.n.
  São Gonçalo do Gurguéia: 50km north of Corrente on BR-135 to Gilbués 19/7/1997, Ratter, J.A. et al. 7719.
  São Raimundo Nonato: 1km da sede da Fundaçao Ruralista, na estrada para Vitorino, 220km ENE de Petrolina 19/1/1982, Lewis, G.P. et al. 1130.
  São Raimundo Nonato: 1km da sede da Fundaçao Ruralista, na estrada para Vitorino, 220km ENE de Petrolina 19/1/1982, Lewis, G.P. et al. 1131.
Luetzelburgia cf. **auriculata** (Allemão) Ducke
Bahia
  Manuel Vitorino: BR-116, Ribeirão da Jibóia, próximo a Manoel Vitorino 1/6/1979, Araújo, A.P. 139.
Luetzelburgia bahiensis Yakovlev
Bahia
  Curaçá: Fazenda Cacimba 12/8/1983, Pinto, G.C.P. et al. 250-83.
  Jacobina: Estrada Jacobina-Umburanas, km 85 26/6/1983, Coradin, L. et al. 6033.
  Gentio do Ouro: Estrada Santo Inácio-Gameleira do Açuruá, km 20 30/6/1983, Coradin, L. et al. 6295.
  Morro do Chapéu: BA-052, km 349, próximo ao Rio Vereda, Fazenda 3M 9/9/1990, Lima, H.C. et al. 3919.
  Tiririca: Serra do Açuruá, estrada Rio Verde-Gentio do Ouro, 4–5km após Tiririca 9/9/1990, Lima, H.C. et al. 3926.
  Utinga: Blanchet, J.S. 2753, HOLOTYPE, Luetzelburgia bahiensis Yakovlev.
  Utinga: Blanchet, J.S. 2753, ISOTYPE, Luetzelburgia bahiensis Yakovlev.
Pernambuco
  Petrolina: 15/8/1983, Pinto, G.C.P. et al. 221-83.
Luetzelburgia cf. **trialata** Ducke
Bahia
  Maracás: Km 22 da rodovia Maracás-Pouso Alegre 8/7/1971, Pinheiro, R.S. 1447.
Lupinus crotalarioides Mart. ex Benth.
Bahia
  Rio de Contas: Pico das Almas, vertente leste, serras acima da Fazenda Brumadinho 7/11/1988, Harley, R.M. et al. 25975A.
  Unloc.: Martius, C.F.P.von s.n.
  Unloc.: Martius, C.F.P.von 1987.

Lupinus lutzelburgianus C.P.Sm.
Bahia
  Barra da Estiva: Estrada Ituaçu-Barra da Estiva, 8km
    de Barra da Estiva, Morro do Ouro 19/7/1981,
    Giulietti, A.M. et al. 1290.
  Rio de Contas: Pico das Almas, NW do Campo do
    Queiroz 29/11/1988, Harley, R.M. et al. 26684.
  Mun.?: Itubira. 7/1913, Luetzelburg, Ph.von 213, TYPE
    - photo, Lupinus lutzelburgianus Smith.
Lupinus subsessilis Benth.
Bahia
  Morro do Chapéu: 14/10/1981, Hatschbach, G.
    44253.
Machaerium aculeatum Rudd
Bahia
  Abaíra: Vertentes das serras ao oeste de Catolés,
    perto de Catolés de Cima 26/12/1988, Harley, R.M.
    et al. 27749.
  Ilhéus: Ramal da Fazenda São Salvador 18/3/1971,
    Pinheiro, R.S. 1167.
  Ilhéus: Rodovia Olivença-Maroim, 12km S de
    Olivença, margem do Rio Acuípe 16/2/1982, Mattos
    Silva, L.A. et al. 1504.
  Itiruçu: BA-250, ligando o entroncamento de
    Jaguaquara a Maracás (BR-116), km 6 29/2/1988,
    Mattos Silva, L.A. et al. 2217.
  Una: Ramal a direita no km 1 da estrada Una-
    Canavieiras, 3km ramal adentro 22/2/1992,
    Carvalho, A.M. et al. 3823.
Pernambuco
  Mun.?: Near Pernambuco. 1/1838, Gardner, G. s.n.
Machaerium acutifolium Vogel
Bahia
  Barra Estiva: About 2km from Estiva, about 12km N
    of Senhor do Bonfim on the BA-130 to Juazeiro
    27/2/1974, Harley, R.M. et al. 16517.
  Barreiras: Estrada para o aeroporto antigo, 18km de
    Barreiras a direita do Projeto Frutoeste 27/3/1985,
    Almeida, E.F. et al. 292.
  Bom Jesus da Lapa: Basin of the Upper São
    Francisco River, Fazenda Imbuzeiro da Onça, 8km
    from Bom Jesus da Lapa on by-road to Caldeirão
    19/4/1980, Harley, R.M. et al. 21528.
  Caetité: Rodovia para Bom Jesus da Lapa 17/6/1985,
    Hatschbach, G. et al. 50456.
  Ilhéus: Fazenda Theobroma, próxima a margem do
    Rio Santana, ramal com entrada 2km antes da Vila
    do Rio do Engenho 14/3/1987, Mattos Silva, L.A.
    et al. 2154.
  Jacobina: 85km na estrada Jacobina-Morro do
    Chapéu 22/2/1993, Jardim, J.G. et al. 31.
  Lafayete Coutinho: BA-890, 5km do entroncamento
    com a BR-116 6/5/1979, Mori, S.A. et al. 11825.
  Vitória da Conquista: 1km south of BR-415, 14km E
    of Vitória da Conquista 22/3/1996, Thomas, W.W.
    et al. 11103.
  Vitória da Conquista: 1km south of BR-415, 14km E
    of Vitória da Conquista 22/3/1996, Thomas, W.W.
    et al. 11100 .
  Tabocas do Brejo Velho: Chapadão Ocidental,
    5km to North of Tabocas, which is 10km NW
    of Serra Dourada 1/5/1980, Harley, R.M.
    et al. 21991.

Ceará
  Crato: 10km S of Crato 13/3/1985, Gentry, A. et al.
    50042.
  Crato: Near Villa do Crato. 1/1841, Gardner, G. 1933.
Pernambuco
  Mun.?: Serra da Batalha, Rio Preto. 9/1839, Gardner,
    G. 2825.
Piauí
  Valença: 20km from Valença to Lagoa do Sítio
    9/1/1985, Lewis, G.P. et al. 1346.
  Unloc.: 1841, Gardner, G. 1933.
Machaerium acutifolium Vogel var. **enneandrum**
  (Hoehne) Rudd
Bahia
  Morro do Chapéu: BA-052, km 349, próximo ao Rio
    Vereda 3/9/1990, Lima, H.C. et al. 3918.
  Morro do Chapéu: BA-426, 29km al NE de Morro do
    Chapéu, camino a Várzea Nova 17/1/1997, Arbo,
    M.M. et al. 7452.
  Morro do Chapéu: 16km along the Morro do Chapéu
    to Utinga road, SW of Morro do Chapéu 1/6/1980,
    Harley, R.M. et al. 22967.
  Morro do Chapéu: 48km da estrada de Riacho das
    Lajes-Morro do Chapéu, BA-426 3/4/1986,
    Carvalho, A.M. et al. 2408.
  Mucugê: Estrada Mucugê-Guiné 17/12/1984, Lewis,
    G.P. et al. CFCR 7102.
  Mucugê: 14km S de Mucugê 16/12/1984, Lewis, G.P.
    et al. CFCR 7009.
  Seabra: 26km N of Seabra, road to Água de Rega near
    Rio Riachão 23/2/1971, Irwin, H.S. et al. 30774.
  Vitória da Conquista: Estrada Vitória da Consquista-
    Brumado, km 125 17/9/1992, Coradin, L. et al. 8656.
Machaerium aff. **acutifolium** Vogel
Bahia
  Iraquara: 4km N de Água de Rega na estrada para
    Lagoa da Boa Vista 22/7/1993, Queiroz, L.P. et al.
    3379.
  Iraquara: 3km N de Água de Rega na estrada para
    Souto Soares, conhecido como Ladeira do Véio
    Dedé 22/7/1993, Queiroz, L.P. et al. 3397.
  ?Jacobina: 85km na estrada Jacobina-Morro do
    Chapéu 22/2/1993, Jardim, J.G. et al. 33.
  Seabra: Serra da Água de Rega, 26km N of Seabra,
    road to Água de Rega, near Rio Riachão 23/2/1971,
    Irwin, H.S. et al. 30829.
  Seabra: 10km W de Seabra na BR-242 22/6/1993,
    Queiroz, L.P. et al. 3330.
  Umburanas: 26km NW of Lagoinha on side road to
    Minas do Mimoso 7/3/1974, Harley, R.M. et al.
    16903.
Machaerium brasiliense Vogel
Bahia
  Morro do Chapéu: BA-426, 29km al NE de Morro do
    Chapéu, camino a Várzea Nova 17/1/1997, Arbo,
    M.M. et al. 7452.
  Santa Terezinha: 3km de Pedra Branca, Serra Pioneira
    21/5/1985, Noblick, L.R. 3738.
Machaerium condensatum Kuhlm. & Hoehne
Bahia
  Ilhéus: 2km NNE of Banco da Vitória on road leading
    to west edge of Mata da Esperança 28/9/1994,
    Thomas, W.W. et al. 10689.

Prado: On road from Itamaraju to Cumuruxatiba, 10.5km NE of turn off of road to Prado on road to Cumuruxatiba 20/10/1993, Thomas, W.W. et al. 10015.

Uruçuca: Distrito de Serra Grande, 3,5km na estrada Serra Grande-Itacaré 1/9/1993, Amorim, A.M. et al. 1330.

Uruçuca: Distrito de Serra Grande, 7.3km na estrada Serra Grande-Itacaré, Fazenda Lagoa do Conjunto, Fazenda Santa Cruz 11/9/1991, Carvalho, A.M. et al. 3507.

Machaerium floridum (Mart. ex Benth.) Ducke
Bahia

Caetité: Rodovia para Bom Jesus da Lapa 17/6/1986, Hatschbach, G. et al. 50458.

Macarani: Km 18 da rodovia Maiquinique-Itapetinga, Fazenda Lagoa 2/8/1978, Mattos Silva, L.A. et al. 189.

Maracás: 13–22km S de Maracás, pela antiga rodovia para Jequié 27/4/1978, Mori, S.A. et al. 10060.

Maracás: Kms 3–4 da nova rodovia para Jequié, com entroncamento no km 20 da BR-250 27/4/1978, Santos, T.S. et al. 3205.

Unloc.: 1828, Martius, C.F.P.von s.n., ISOTYPE, Drepanocarpus floridus Mart. ex Benth.

Machaerium fruticosum Hoehne
Bahia

Correntina: Chapadão ocidental da Bahia, Valley of the Rio Formoso, 40km SE of Correntina 24/4/1980, Harley, R.M. et al. 21697.

Mun.?: Monte Pascoal 3/10/1966, Belém, P.R. et al. 2703.

Machaerium cf. ***fruticosum*** Hoehne
Bahia

Rio de Contas: 18km N de Rio de Contas, próximo ao entroncamento para Brumadinho 29/10/1993, Queiroz, L.P. et al. 3686.

Machaerium hirtum (Vell.) Stellfeld
Alagoas

Tanque d'Arca: Fazenda Sabueiro 29/11/1982, Lyra-Lemos, R.P. et al. 773.

Bahia

Caém: 2km S de Caém, a 13km N da BR-324, na encosta oriental da serra 23/8/1993, Queiroz, L.P. et al. 3559.

Castro Alves: 9km E de Castro Alves na estrada de Sapeaçu a Santa Terezinha 12/3/1993, Queiroz, L.P. et al. 3073.

Correntina: Chapadão Ocidental da Bahia, islets and bank of the Rio Corrente by Correntina 23/4/1980, Harley, R.M. et al. 21655.

Feira de Santana: Serra do São José, Fazenda Boa Vista 28/1/1993, Queiroz, L.P. et al. 3043.

Ilhéus: Moricand, M.E. 2297.

Ilhéus: CEPEC, km 22 da BR-415, rodovia Ilhéus-Itabuna 23/2/1981, Hage, J.L. et al. 449.

Ilhéus: CEPEC, km 22 da BR-415, rodovia Ilhéus-Itabuna 30/7/1981, Hage, J.L. 1144.

Ilhéus: 20km na estrada Ilhéus-Uruçuca 16/2/1993, Carvalho, A.M. et al. 4131.

Jacobina: 13km N da BR-324 na estrada para Mirangaba 14/4/1999, Queiroz, L.P. et al. 5537.

Jequié: 20km na estrada Jequié-Contendas do Sincorá 30/3/1986, Carvalho, A.M. et al. 2363.

Jussari: 2,5km N de Palmira, na rodovia Palmira-Itaju, Fazenda São Roque 27/2/1999, Carvalho, A.M. et al. 6706.

Livramento do Brumado: 8km along estrada de terra from Livramento do Brumado to Rio de Contas 27/3/1991, Lewis, G.P. et al. 1905.

Marau: Estrada Ubaitaba-Porto do Campinhos, 7km N da entrada para Maraú em direção a Campinhos 7/1/1982, Lewis, G.P. et al. 1023.

Morro do Chapéu: Chapada Diamantina, BA-052, km 289 3/9/1990, Lima, H.C. et al. 3909.

Riachão das Neves: 28km N de Riachão das Neves, na estrada Formosa do Rio Preto (BR-135) 13/10/1994, Queiroz, L.P. et al. 4126,

Rio de Contas: Atrás da Igreja de Santana 8/3/2000, Giulietti, A.M. et al. 1923.

Tabocas do Brejo Velho: Chapadão Ocidental, 5km to North of Tabocas, which is 10km NW of Serra Dourada 1/5/1980, Harley, R.M. et al. 21990.

Paraíba

Areia: Mata do Pau-ferro 30/10/1980, Fevereiro, V.P.B. M-72.

Areia: Margem da estrada para Alagoa Grande 3/2/1992, Agra, M.F. et al. 1336.

Areia: Margem da estrada para Alagoa Grande 3/2/1992, Agra, M.F. et al. 1343.

Areia: Sítio de Paula e Vânia Fevereiro, perto do Sítio Lava Pés 19/1/1981, Fevereiro, V.P.B. et al. M-595.

Pernambuco

Island of Itamaracá. 12/1837, Gardner, G. 965.

Machaerium incorruptibile (Vell.) Benth.
Bahia

Jânio Quadros: 11km de ramal a direita, na estrada de acesso a Grajeru, ligando ao km 32 na estrada Pres. Jânio Quadros 19/11/1992, Sant'Ana, S.C. et al. 237.

Machaerium lanceolatum (Vell.) J.F.Macbr.
Bahia

Jussari: Rodovia Palmira-Jussari, km 2–5 3/5/1988, Mattos Silva, L.A. et al. 2386.

Lençóis: Chapada Diamantina, estrada para Recanto, 2km de Lençóis 3/9/1990, Lima, H.C. et al. 3968.

Rio de Contas: Ponte do Coronel, 13km na estrada para Mato Grosso 29/12/1997, Carvalho, A.M. et al. 6409.

Machaerium leucopterum Vogel
Bahia

Coaraci: Rodovia Coaraci-Almadina 8/3/1971, Pinheiro, R.S. et al. 1063.

Maracás: BA-026, 13–15km SW de Maracás 26/4/1978, Mori, S.A. 9975.

Machaerium aff. ***minutiflorum*** Tul.
Bahia

Tabocas do Brejo Velho: 5km to the North of Tabocas, which is 10km NW of Serra Dourada 1/5/1980, Harley, R.M. et al. 22013.

Machaerium nyctitans (Vell.) Benth.
Bahia

Almadina: Rodovia Almadina-Floresta 11/3/1971, Pinheiro, R.S. 1110.

Machaerium nyctitans (Vell.) Benth. var. **gardneri** (Benth.) Rudd

Bahia

Jacobina: Estrada Jacobina-Itaitu, 30km a partir da sede do município, na Cachoeira Pequena 21/2/1993, Amorim, A.M.A. et al. 1010.

Machaerium oblongifolium Vogel

Bahia

Santa Cruz Cabrália: Área da Estação Ecológica do Pau-brasil, 16km W de Porto Seguro, BR-367, Porto Seguro-Eunápolis 25/8/1988, Mattos Silva, L.A. et al. 2526.

Machaerium opacum Vogel

Bahia

Barreiras: 46km E da cidade 3/11/1987, Queiroz, L.P. et al. 2120.

Caetité: Rodovia para Bom Jesus da Lapa 17/6/1986, Hatschbach, G. et al. 50460.

Jequié: Entrada no ramal localizado ao SW do km 38 na rodovia Jequié-Contendas do Sincorá 15/2/1979, Santos, T.S. et al. 2489.

Rio de Contas: Pico das Almas, vertente leste, entre Junco e Fazenda Brumadinho, 8–11km N-O da cidade 27/11/1988, Harley, R.M. et al. 27018.

Machaerium ovalifolium Glaziou ex Rudd

Bahia

Santa Cruz Cabrália: Estrada velha para Santa Cruz Cabrália, entre a Estação Ecológica Pau-brasil e Santa Cruz Cabrália 17/5/1979, Mori, S.A. et al. 11870.

Ceará

Novo Oriente: Planalto da Ibiapaba, Baixa Fria 16/2/1991, Araújo, F.S. 287.

Novo Oriente: Planalto da Ibiapaba, Estrondo 5/1/1991, Araújo, F.S. 434.

Machaerium pedicellatum Vogel

Bahia

Itapebi: Fazenda Lombardia 8/11/1967, Pinheiro, R.S. et al. 373.

Machaerium aff. **pedicellatum** Vogel

Bahia

Almadina: Rodovia Almadina-Floresta 11/3/1971, Pinheiro, R.S. 1104.

Santa Cruz Cabrália: Estação Ecológica do Pau-brasil, 16km W de Porto Seguro 3/4/1979, Mattos Silva, L.A. et al. 327.

Santa Cruz Cabrália: Estação Ecológica do Pau-brasil, 16km W de Porto Seguro 18/6/1980, Mattos Silva, L.A. et al. 908.

Machaerium punctatum (Poir.) Pers.

Bahia

Bom Jesus da Lapa: Basin of the Upper São Francisco River, about 35km north of Bom Jesus da Lapa, on the road to Iboirama 19/4/1980, Harley, R.M. et al. 21553.

Caetité: Rodovia para Bom Jesus da Lapa 17/6/1986, Hatschbach, G. et al. 50464.

Caetité: 20km E de Caetité, camino a Brumado 20/11/1992, Arbo, M.M. et al. 5665.

Cafarnaum: 1km of Água de Rega, road to Cafarnaum 28/2/1981, Irwin, H.S. et al. 31262.

Lençóis: Entroncamento e entrada para Lençóis-Itaberaba, BR-242, km 13 11/9/1992, Coradin, L. et al. 8579.

Machaerium aff. **punctatum** (Poir.) Pers.

Bahia

Presidente Jânio Quadros: 11km de ramal a direita na estrada de acesso a Grajeru, ligando ao km 32 da estrada Presidente Jânio Quadros-Condeúba 19/11/1992, Sant'Ana, S.C. et al. 240.

Senhor do Bonfim: 20km da cidade no sentido Juazeiro 25/12/1984, Lewis, G.P. et al. CFCR 7572.

Uruçuca: Nova estrada Uruçuca-Serra Grande, 14km de Uruçuca 4/11/1978, Mori, S.A. et al. 11042.

Machaerium salzmannii Benth.

Bahia

Porto Seguro: Reserva da Brasil Holanda de Indústrias S.A., entrada no km 22 da rodovia Eunápolis-Porto Seguro, 9,5km da entrada 7/4/1994, Jardim, J.G. et al. 414.

Una: Reserva Biológica do Mico-leão, entrada no km 48 da BA-001 Ilhéus-Una, entorno da ReBio, margem do Rio Maruim 28/1/1998, Carvalho, A.M. et al. 6468.

Machaerium aff. **salzmannii** Benth.

Bahia

Santa Cruz Cabrália: Estação Ecológica do Pau-brasil, 16km W de Porto Seguro 2/3/1983, Brito, H.S. et al. 177.

Santa Cruz Cabrália: Área da Estação Ecológica do Pau-brasil, 16km W de Porto Seguro, BR-367, Porto Seguro-Eunápolis 8/12/1987, Santos, F.S. 751.

Una: Km 48 da estrada Ilhéus-Una 6/3/1983, Carvalho, A.M. et al. 1633.

Valença: Estrada para Orobó, com entrada no km 3 da BR-101-Valença, km 3–10 7/2/1983, Carvalho, A.M. et al. 1525.

Machaerium scleroxylon Tul.

Piauí

Corrente: 7km from Corrente on the road to Barreiras do Piauí, BR-135 19/7/1997, Ratter, J.A. et al. R-7710.

Machaerium sericiflorum Vogel

Bahia

Barra da Estiva: 13km ao leste da cidade na estrada para Triunfo do Sincorá 17/11/1988, Harley, R.M. et al. 26484.

Machaerium uncinatum (Vell.) Benth.

Bahia

Ibicaraí: Lado norte, plantação de cacau 4/3/1971, Pinheiro, R.S. 1056.

Machaerium sp.

Bahia

Almadina: Rodovia para Ibitupã. 12/3/1971, Pinheiro, R.S. 1142.

Almadina: Rodovia Almadina-Ibitupã, entrada 5km W da sede do município, Fazenda Cruzeiro do Sul, Serra do Sete-paus, 8km da entrada 21/1/1998, Jardim, J.G. et al. 1262.

Encruzilhada: Margem do Rio Pardo. 23/5/1968, Belém, R.P. 3604.

Ilhéus: Mata da Esperança, entrada a 2km a partir da antiga ponte do Rio Fundão 21/9/1994, Carvalho, A.M. et al. 4894.

Itambé: 40km da estrada de Itambé para Encruzilhada 9/1/1986, Carvalho, A.M. et al. 2117.

Jacobina: BR-324, 12km N de Jacobina, camino a Umburanas 17/1/1997, Arbo, M.M. et al. 7357.

Jussari: Fazenda Santo Antonio, km 16 road from BR-101 to Palmira, between Palmira and Jussari 18/5/1991, Pennington, R.T. 206.

Lençóis: Entroncamento BR-242-Boninal, km 14 14/9/1992, Coradin, L. et al. 8617.

Lençóis: Entroncamento BR-242-Boninal, km 14 14/9/1992, Coradin, L. et al. 8613.

Livramento do Brumado: 7.5km along estrada de terra from Livramento do Brumado to Rio de Contas 27/3/1991, Lewis, G.P. et al. 1908.

Maracás: 20km W de Maracás na estrada para Contendas do Sincorá 1/7/1993, Queiroz, L.P. et al. 3276.

Maracás: Fazenda Cana Brava 31/8/1996, Harley, R.M. et al. 28232.

Maracás: BA-026, a 6km SW de Maracás 17/11/1978, Mori, S.A. 11108.

Piatã: Próximo a Serra do Gentio, entre Piatã e Serra da Tromba 21/12/1984, Stannard, B. et al. 7403.

Poções: Zona da Serra do Capa Bode, km 6 da rodovia Poções-Nova Canaã 4/4/1988, Mattos Silva, L.A. et al. 2310.

Porto Seguro: Reserva Florestal de Porto Seguro, próximo ao aceito com Ari 5/7/1990, Folli, D.A. 1195.

Riachão das Neves: 28km N de Riachão das Neves, na estrada Formosa do Rio Preto (BR-135) 13/10/1994, Queiroz, L.P. et al. 4127.

Rio de Contas: 8km L da cidade na estrada para Jussiape 25/11/1988, Harley, R.M. et al. 27000.

Santa Cruz Cabrália: Estação Ecológica do Pau-brasil, 16km W de Porto Seguro 23/8/1983, Santos, F.S. 12.

Saúde: Cachoeira do Paulista, entrada no km 10 da estrada Saúde-Jacobina, 6km a partir da entrada 22/2/1993, Jardim, J.G. et al. 87a.

Vitória da Conquista: Ramal a 15km na estrada de Vitória da Conquista-Ilhéus 19/2/1992, Carvalho, A.M. et al. 3797.

Piauí

Teresina: 36km northwest of Picos on BR-316 to Teresina 24/1/1993, Thomas, W.W. et al. 9607.

Macroptilium atropurpureum (DC.) Urb.

Bahia

Barreiras: Rodovia Barreiras-Ibotirama, BR-242, km 2 19/6/1987, Coradin, L. et al. 7589.

Ilhéus: Área do CEPEC, km 22 da rodovia Ilhéus-Itabuna (BR-415) 30/6/1981, Hage, J.L. et al. 1010.

Macroptilium cf. ***atropurpureum*** (DC.) Urb.

Pernambuco

Taquaritinga do Norte: BR-104, divisa PE-PB-Caruaru, km 12. 7/1980, Coradin, L. et al. 3290.

Macroptilium aff. ***atropurpureum*** (DC.) Urb.

Rio Grande do Norte

Caicó: BR-226, Caicó-Pombal, km 4 23/7/1980, Coradin, L. et al. 3242.

Macroptilium bracteatum (Nees & Mart.) Maréchal & Baudet

Bahia

Anagê: Serra dos Pombos 14/5/1983, Hatschbach, G. 46342.

Barra: 52km W de Ibotirama, na BR-242 11/10/1994, Queiroz, L.P. et al. 4062.

Bom Jesus da Lapa: Basin of the Upper São Francisco River 15/4/1980, Harley, R.M. et al. 21381.

Cachoeira: Geolândia, vale dos Rios Paraguaçu e Jacuípe. 9/1980, Pedra Cavalo, G. et al. 680.

Caém: 1km na BR-324, na estrada para Caém 22/8/1993, Queiroz, L.P. et al. 3556.

Cafarnaum: 20km NW de Segredo, na BR-122, em direção a Cafarnaum 24/7/1993, Queiroz, L.P. et al. 3421.

Cafarnaum: 20km NW de Segredo, na BR-122, em direção a Cafarnaum 24/7/1993, Queiroz, L.P. et al. 3425.

Contendas do Sincorá: 22km Leste de Itanhaçu, estrada para Contendas do Sincorá 24/8/1981, Coradin, L. et al. 4147.

Correntina: Valley of the Rio Formoso, ca. 40km SE of Correntina 24/4/1980, Harley, R.M. et al. 21713.

Filadélfia: 6km from Filadélfia on the BA-385 to Itiúba 18/2/1974, Harley, R.M. et al. 16169.

Ituaçu: Morro da Mangueira 22/12/1983, Gouveia, E.P. 15-83.

Jacobina: Proximidades do Hotel 22/6/1987, Coradin, L. et al. 7700.

Jacobina: Estrada Jacobina-Laje do Batata, km 1 28/6/1983, Coradin, L. et al. 6153.

Jaguarari: Rodovia Juazeiro-Senhor do Bonfim, BR-407, km 100 25/6/1983, Coradin, L. et al. 6004.

Jequié: Km 20 da estrada Jequié-Contendas do Sincorá 23/12/1981, Lewis, G.P. et al. 987.

Juazeiro: BR-407, Petrolina-Salvador, km 100 10/4/1979, Coradin, L. et al. 1429.

Juazeiro: BR-407, Petrolina-Salvador, km 107 10/4/1979, Coradin, L. et al. 1431.

Livramento do Brumado: 4km along estrada de terra from Livramento do Brumado to Rio de Contas 28/3/1991, Lewis, G.P. et al. 1918.

Livramento do Brumado: Lagoa Vargem de Dentro, 8km Oeste da cidade 2/11/1988, Harley, R.M. et al. 25851.

Miguel Calmon: Arredores da cidade 26/6/1985, Noblick. L.R. 3870.

Milagres: 6/3/1977, Harley, R.M. et al. 19437.

Morro do Chapéu: 12km SE de Morro do Chapéu na BA-052 25/7/1993, Queiroz, L.P. et al. 3449.

Morro do Chapéu: 1km na BR-122, ao S do entroncamento com a BA-052 em direção a Cafarnaum 21/7/1993, Queiroz, L.P. et al. 3320.

Nova Itarama: Rodovia BR-116 16/7/1982, Hatschbach, G. et al. 45047.

Piritiba: 40km E de Morro do Chapéu ao longo da BA-052 19/6/1994, Queiroz, L.P. et al. 4044.

Piritiba: 25km N da BA-052, na BA-421 (Piritiba-Jacobina) 19/8/1993, Queiroz, L.P. et al. 3463.

Riachão das Neves: Estrada Barreiras-Correntes, km 73 16/6/1983, Coradin, L. et al. 5740.

Santa Teresinha: 6km NE do entroncamento da BR-116 com a BA-046, ao lado da BR-116 2/6/1993, Queiroz, L.P. et al. 3184.

Unloc.: Salzmann, P. s.n., TYPE, Phaseolus bracteatus Nees & Mart.

Ceará

    Crato: Estrada do Lameiro, km 5 desde o centro da cidade 25/6/1987, Coradin, L. et al. 7806.

    Crato: Subindo a Serra do Araripe, partindo de Crato 23/5/1980, Coradin, L. et al. 3527.

    Sobral: Banco ativo de germoplasma de forrageiras do Centro Nacional de Pesquisa de Caprinos 30/6/1987, Coradin, L. et al. 7860.

Paraíba

    Areia: Centro de Ciências Agrárias da Universidade Federal da Paraíba 5/9/1979, Fevereiro, V.P.B. 645.

Pernambuco

    Arcoverde: Serra das Varas 21/8/1955, Andrade-Lima, D. 55-21333.

Macroptilium* cf. *bracteatum (Nees & Mart.) Maréchal & Baudet

Bahia

    Ipirá: Fazenda Macambira 7/9/1994, Dutra, E.A. 40.

Macroptilium erythroloma (Mart. ex Benth.) Urb.

Bahia

    Ibicoara: Lagoa Encantada, 19km NE of Ibicoara near Brejão 1/2/1974, Harley, R.M. et al. 15808.

    Ipecaetá: Fazenda Riachão, Serra Orobozinho, 1km da cidade 14/8/1985, Noblick, L.R. et al. 4303.

    Maracás: Km 7 da estrada Maracás-Contendas do Sincorá 9/2/1983, Carvalho, A.M. et al. 1580.

Macroptilium gracile (Poepp. ex Benth.) Urb.

Bahia

    Aporá: 12km SE de Crisópolis na estrada para Acajutiba 26/8/1996, Queiroz, L.P. et al. 4658.

    Juazeiro: Martius, C.F.P.von s.n., TYPE - photo, Phaseolus campestris Benth. (1837), non Benth. (1859).

Ceará

    Icó: 8/1838, Gardner, G. 1541.

Pernambuco

    Buíque: Catimbau, Fazenda Esmeralda 18/10/1994, Sales, M.F. 415.

Piauí

    Campo Maior: Fazenda Sol Posto 12/6/1995, Nascimento, M.S.B. et al. 1036.

    Oeiras: Near Oeiras. 5/1839, Gardner, G. 2114.

    Oeiras: Near Oeiras. 5/1839, Gardner, G. 2115.

Untraced Locality

    Ribeirão Catinga. Pohl, J.E. s.n., TYPE, Phaseolus longepedunculatus Mart. ex Benth. var. subcoriaceus Benth.

Macroptilium lathyroides (L.) Urb.

Bahia

    Cachoeira: Estação Pedra do Cavalo, vale dos Rios Paraguaçu e Jacuípe. 9/1980, Pedra Cavalo, G. 713.

    Candeal: 8km al N de Tanquinho, camino a Ichu 15/1/1997, Arbo.M.M. et al. 7246.

    Feira de Santana: 26/6/1982, Lemos, M.J.S. 13.

    Itaberaba: Fazenda Santa Fé. 5/1994, Dutra, E.A. 8.

    Jacobina: Estrada Jacobina-Laje do Batata, km 1 28/6/1983, Coradin, L. et al. 6154.

    Jaguarari: BR-407, Juazeiro-Senhor do Bonfim, km 100 25/6/1983, Coradin, L. et al. 6005.

    Livramento do Brumado: 10km S of Livramento do Brumado on road to Brumado 3/4/1991, Lewis, G.P. et al. 1965.

    Milagres: Rodovia BR-116, 3km N de Milagres 16/7/1982, Hatschbach, G. et al. 45061.

    Milagres: Near Milagres, on road to Feira de Santana 5/3/1977, Harley, R.M. et al. 19470.

    Potiraguá: Ranch near Potiraguá 5/6/1979.

    ?Remanso: Im uper bei Remanso. 12/1906, Ule, E. 7150.

    Ribeira do Pombal: 19/5/1981, Bautista, H.P. 476.

    Santa Terezinha: 6km NE do entroncamento da BR-116 com a BA-046, ao lado da BR-116, trecho Iaçu-Itaberaba 2/6/1993, Queiroz, L.P. et al. 3190.

    Mun.?: Lagoa da Eugênia southern end near Cameleão 20/2/1974, Harley, R.M. et al. 16231.

Pernambuco

    Bonito: Reserva Ecológica Municipal da Prefeitura de Bonito, margem da estrada 15/3/1995, Menezes, E. et al. 51.

    Caruaru: Murici, Brejo dos Cavalos, Parque Ecológico Municipal, margem da estrada 4/4/1995, Menezes, E. et al. 66.

Piauí

    Castelo do Piauí: Fazenda Cipó de Cima 13/6/1995, Nascimento, M.S.B. et al. 1056.

    Parnaíba: Fazenda Monte Alegre 30/6/1994, Nascimento, M.S.B. 44.

    Teresina: EMBRAPA/CPAMN 13/3/1995, Nascimento, M.S.B. 1024.

Macroptilium martii (Benth.) Maréchal & Baudet

Bahia

    Barreiras: Rodovia Barreiras-Ibotirama, BR-242, km 12 19/6/1987, Coradin, L. et al. 7596.

    Curaçá: Sítio do Pedro 13/8/1983, Pinto, G.C.P. et al. 193-83.

    Gentio do Ouro: 24km S de Xique-Xique, na estrada para Santo Inácio 16/6/1994, Queiroz, L.P. et al. 3959.

    Livramento do Brumado: 4km along estrada de terra from Livramento do Brumado to Rio de Contas 28/3/1991, Lewis, G.P. et al. 1916.

    Livramento do Brumado: 10km S of Livramento do Brumado on road to Brumado 3/4/1991, Lewis, G.P. et al. 1966.

    Livramento do Brumado: 10km S of Livramento do Brumado on road to Brumado 25/3/1991, Lewis, G.P. et al. 1880.

    Remanso: On road to Campo Alegre 12/2/1972, Pickersgill, B. et al. RU-72-113.

    Mun.?: Mina Boquira, Morro Sobrado 2/4/1966, Castellanos, A. 26015.

Ceará

    Novo Oriente: Estrada Novo Oriente-São Miguel do Tapuio, km 77 19/6/1979, Coradin, L. et al. 2050.

    Sobral: BAG-Forrageiras, CNP-Caprinos 19/6/1979, Coradin, L. et al. 2087.

Pernambuco

    Petrolina: Aeroporto de Petrolina 7/9/1981, Ferreira, J.D.C.A. 106.

    Petrolina: Rodovia Petrolina-Recife, BR-428, km 31 23/6/1983, Coradin, L. et al. 5950.

    Serra Talhada: Estrada Serra Talhada-Salgueiro, km 1 22/5/1980, Coradin, L. et al. 2480.

Piauí

    São João do Piauí: Fazenda Experimental Octavio Domingues 13/4/1994, Nascimento, M.S.B. et al. 452.

    Unloc.: Martius, C.F.P von s.n., TYPE, Phaseolus martii Benth.

Macroptilium panduratum (Mart. ex Benth.)
Maréchal & Baudet
Ceará
Quixeramobim: 22km N of Quixeramobim. 4/3/1972, Pickersgill, B. et al. RU-72-285.
Piauí
Unloc.: 8/1841, Gardner, G. 2537.
Unloc.: 8/1841, Gardner, G. 2538.
Macroptilium sabaraense (Hoehne) V.P.Barbosa
Bahia
Manoel Vitorino: Rodovia Manoel Vitorino-Caatingal, km 4 16/2/1979, Mattos Silva, L.A. et al. 266.
Maracás: 6km SW de Maracás 16/3/1980, Carvalho, A.M. et al. 218.
Maracás: 26km na estrada Maracás-Tamburi 20/4/1983, Carvalho, A.M. et al. 1873.
Maracás: Estrada que liga Maracás a Contendas do Sincorá, 6km SW de Maracás 27/4/1978, Mori, S.A. et al. 10013.
Macroptilium sp.
Bahia
Cachoeira: BR-101, ca. 1km N da ponto sobre o Rio Paraguassu, na estrada para a barragem Pedra do Cavalo e estação de piscicultura 11/4/1994, Queiroz, L.P. et al. 3807.
Mun.?: Fazenda Barra Grande. 10/8/1983, Pinto, G.C.P. et al. 253-83.
Ceará
Sobral: BR-222, km 140, Fortaleza-Sobral 13/6/1979, Coradin, L. et al. 1913.
Piauí
Oeiras: Sandy places near Oeiras. 5/1839, Gardner, G. 2116.
Mucuna pruriens (L.)DC.
Bahia
Abaíra: Distrito de Catolés, encosta da Serra do Barbado 19/4/1996, Queiroz, L.P. et al. 5023.
Lençóis: Rio Lençois 10/4/1992, Hatschbach, G.M. et al. 56954B.
Riachão das Neves: 11km N de Riachão das Neves, na BR-135 11/10/1994, Queiroz, L.P. et al. 4122.
Pernambuco
Unloc.: 1872, Porter, T.A. s.n.
Mucuna sloanei Fawc. & Rendle
Bahia
Caravelas: 17/8/1961, Duarte, A.P. 5985.
Ilhéus: Distrito de Olivença, arredores do Rio Tororomba 19/6/1990, Queiroz, L.P. et al. 2848.
Ilhéus: Km 2 a 3 do ramal de baixo para o povoado de Sambaituba, com entrada no Distrito Industrial de Ilhéus 8/8/1980, Mattos Silva, L.A. et al. 1000.
Ilhéus: 5–6km SW de Olivença na estrada que liga Olivença ao povoado do Maruim 29/7/1993, Jardim, J.G. et al. 243.
Unloc.: Salzmann, P. s.n.
Mucuna urens (L.) Medik.
Bahia
Ilhéus: Lagoa Encantada 24/1/1980, Ferreira, V.F. et al. 1040.
Santa Luzia: Serra da Onça, 10.8km NE of Santa Luzia on Una-Santa Luzia road, then 4.2km N on road to Serra da Onça 21/11/1996, Thomas, W.W. et al. 11357.

Una: Estrada Ilhéus-Una, ca. 35km ao Sul de Olivença 2/12/1981, Lewis, G.P. et al. 732.
Myrocarpus fastigiatus Allemão
Alagoas
Arapiraca: Imediações do Morro do Porco ou Morro da Microondas 9/6/1981, Andrade-Lima, D. et al. 40.
Traipu: Serra das Maos 9/6/1981, Esteves, G.L. et al. 660.
Bahia
Boa Nova: 24/2/1973, Santos, T.S. 2591.
Castro Alves: Povoado Pedra Branca, 4km N deste. 12/3/1993, Queiroz, L.P. et al. 3087.
Castro Alves: Topo da Serra da Jibóia, em torno da torre de TV 18/6/1993, Queiroz, L.P. et al. 3244.
Pernambuco
Brejao: 1,5km depois de Brejao, na estrada para Bom Conselho 24/6/1968, Andrade-Lima, D. 68-5400.
Brejao: 1,5km depois da cidade 11/4/1968, Andrade-Lima, D. 68-5345.
Myrocarpus aff. fastigiatus Allemão
Bahia
Caetité: 15km N de Caetité, na estrada para Maniaçu 28/10/1993, Queiroz, L.P. et al. 3639.
Myrocarpus frondosus Allemão
Bahia
Eunápolis: Itabela, Guaratinga 4/7/1987, Santos, T.S. 887.
Una: Entrada a direita, no km 10,4 da rodovia Una-Ilhéus 26/8/1993, Jardim, J.G. et al. 257.
Una: ReBio do Mico-leao, entrada a direita, no km 10,4 da rodovia Una-Ilhéus 15/7/1993, Jardim, J.G. et al. 218.
Myroxylon balsamum (L.) Harms
Bahia
Itaju: Rodovia Palmira-Itaju 14/10/1967, Pinheiro, R.S. 280.
Mysanthus uleanus (Harms) G.P.Lewis & A.Delgado
Bahia
Gentio do Ouro: 25km de Xique-Xique, na estrada para Santo Inácio 16/6/1994, Queiroz, L.P. et al. 3966.
Morro do Chapéu: 1km E do entroncamento para Cafarnaum, na BA-052 22/8/1993, Queiroz, L.P. et al. 3536.
Mucugê: 11km S de João Correia, 2km E de Brejo de Cima, na estrada Abaíra-Mucugê 14/2/1992, Queiroz, L.P. 2630.
Rio de Contas: Estrada Real, parte mais baixa 1/1/2000, Giulietti, A.M. et al. 1619.
Seabra: Rodovia BR-242, 10km L de Seabra 13/10/1981, Hatschbach, G. 44222.
Sento Sé: 9/9/1981, Ferreira, J.D.C.A. 117.
Mysanthus uleanus (Harms) G.P.Lewis & A.Delgado var. **uleanus**
Bahia
Caetité: Brejinho das Ametistas 8/3/1994, Roque, N. et al. CFCR 14954.
Caetité: Serra Geral de Caetité, 1.5km S of Brejinho das Ametistas 11/4/1980, Harley, R.M. et al. 21229.
Cafarnaum: Rodovia do Feijão 14/1/1977, Hatschbach, G. 39554.
Campo Formoso: Estrada Alagoinhas-Água Preta, km 3 26/6/1983, Coradin, L. et al. 6047.

Gentio do Ouro: 1.5km S. of São Inácio on Gentio do Ouro road 24/2/1977, Harley, R.M. et al. 19010.

Gentio do Ouro: Serra de Santo Inácio, ca. 18–30km na estrada de Xique-Xique para Santo Inácio 17/3/1990, Carvalho, A.M. et al. 2894.

Ibotirama: Rodovia 242 Ibotirama-Barreiras, km 30 7/7/1983, Coradin, L. et al. 6573.

Livramento do Brumado: Km 5 da rodovia Livramento do Brumado-Rio de Contas 19/7/1979, Mori, S.A. et al. 12236.

Livramento do Brumado: About 4km along estrada de terra from Livramento do Brumado to Rio de Contas 28/3/1991, Lewis, G.P. et al. 1923.

Morro do Chapéu: Rodovia Morro do Chapéu-Irecê, km 21 29/6/1983, Coradin, L. et al. 6244.

Morro do Chapéu: 22km W of Morro do Chapéu 20/2/1971, Irwin, H.S. et al. 32633.

Palmeiras: Ca. Km 250 na rodovia BR-242 19/3/1990, Carvalho, A.M. et al. 2964.

Rio de Contas: About 3km S of Rio de Contas on the estrada de terra do Livramento do Brumado 2/4/1991, Lewis, G.P. et al. 1956.

Umburanas: 22km NW of Lagoinha (which is 5.5km SW of Delfino) on side road to Minas do Mimoso 6/3/1974, Harley, R.M. et al. 16875.

Mun.?: Serra do São Ignácio. 2/1904, Ule, E. 7215, ISOTYPE, Phaseolus uleanus Harms.

Ormosia arborea (Vell.) Harms
Bahia

Santa Cruz Cabrália: Estação Ecológica do Pau-brasil, 16km W de Porto Seguro, BR-367, Porto Seguro-Eunápolis 4/1986, Santos, F.S. 599-1.

Santa Cruz Cabrália: Estação Ecológica do Pa0u-brasil, 16km W de Porto Seguro, BR-367, Porto Seguro-Eunápolis, Arboreto, quadra 103 10/2/1989, Santos, F.S. 931.

Ormosia babiensis Monach.
Bahia

Seabra: 13/2/1987, Pirani, J.R. et al. 2010.

Paraíba

Areia: Escola de Agronomia do Nordeste 8/12/1953, Moraes, J.C. 893, TYPE - photo, Ormosia bahiensis Monachino.

Pernambuco

Goiana: Mata da Usina Santa Tereza, ao lado do antigo tabuleiro 3/2/1970, Andrade-Lima, D. 70-5695.

Ormosia coarctata Jacks.
Bahia

Maraú: Margem de Igarapé 3/5/1968, Belém, R.P. 2487.

Ormosia costulata (Miq.) Kleinh.
Bahia

Una: 3km na estrada Una-Ilhéus, estrada para Pedras 5/4/1995, Carvalho, A.M. et al. 6010.

Ormosia nitida Vogel
Bahia

Porto Seguro: 10km Oeste 19/7/1988, Hatschbach, G. et al. 52251.

Ormosia sp. nov. 1
Bahia

Canavieiras: Margem da rodovia Camacan-Canavieiras, 32km W de Canavieiras 8/9/1965, Belém, R.P. 1734.

Canavieiras: 18km na rodovia Canavieiras-Una, estrada para Santa Luzia, 3km adentro 11/3/1990, Carvalho, A.M. et al. 2744.

Ilhéus: 10km south of Ilhéus airport on road to Olivença, then 3km west 3/2/1993, Thomas, W.W. et al. 9739.

Ilhéus: Fazenda Barra do Manguinho, ramal com entrada no km 12 da rodovia Pontal-Olivença, lado direito, área de piaçava 29/9/1980, Mattos Silva, L.A. et al. 1124.

Maraú: Estrada Ubaitaba-Maraú, km 54, beira de córrego 7/3/1983, Carvalho, A.M. et al. 1650.

Maraú: 6/10/1965, Belém 1870.

Ormosia sp.
Bahia

Maraú: 6/10/1965, Belém, R.P. 1870.

Porto Seguro: Estaçao Ecológica do Pau-brasil, Arboretum 19/6/1991, Pennington, R.T. et al. 295.

Periandra coccinea (Schrad.) Benth.
Bahia

Andaraí: Km 8 da antiga estrada Andaraí-Mucugê 20/5/1989, Mattos Silva, L.A. et al. 2828.

Barra da Estiva: Ca. 6km N of Barra da Estiva not far from Rio Preto 29/1/1974, Harley, R.M. et al. 15660.

Barra do Choça: 7km West of Barra do Choça on the road to Vitória da Conquista 30/3/1977, Harley, R.M. et al. 20196.

Barreiras: BR-242, km 1.052, Brasília-Fortaleza 29/09/1978, Coradin, L. et al. 1195.

Bonito: Estrada Bonito-Utinga, 5km da cidade 11/11/1998, Carneiro-Torres, D.S. et al. 64.

Caetité: Na estrada para Brejinho das Ametistas 27/10/1993, Queiroz, L.P. et al. 3589.

Campo Formoso: Morro do Cruzeiro, east of town 31/1/1993, Thomas, W.W. et al. 9681.

Jacobina: Serra de Jacobina (Serra do Ouro), por tras do Hotel Serra do Ouro 20/8/1993, Queiroz, L.P. et al. 3477.

Jacobina: 2km a W da cidade, na estrada para Feira de Santana 3/4/1986, Carvalho, A.M. et al. 2368.

Jacobina: Jacobina-Umburanas, 10km NW Jacobina 23/12/1984, Lewis, G.P. et al. CFCR 7518.

Jacobina: Rodovia Jacobina-Laje do Batata, km 15 28/6/1983, Coradin, L. et al. 6162.

Jacobina: Ramal a direita a 5km na BA-052 28/8/1990, Hage, J.L. et al. 2285.

Jacobina: Serra do Tombador, 19km al NW de Jacobina, BR-324, al borde del camino 17/1/1997, Arbo, M.M. et al. 7393.

?Jacobina: Serra Jacobina. 1837, Blanchet, J.S. 2555, Possible SYNTYPE, Periandra coccinea (Schrad.) Benth.

Lençóis: Ca. 2km na estrada de Lençóis para a BR-242 19/3/1990, Carvalho, A.M. et al. 2915.

Lençóis: 8km NW de Lençois, estrada para Barro Branco 20/12/1981, Lewis, G.P. et al. 911.

Lençóis: Outskirts of town of Lençóis 18/12/1981, Lewis, G.P. et al. 863.

Lençóis: Caminho para Capão, por trás da Pousada de Lençois, 4km de Lençóis 26/4/1992, Queiroz, L.P. 5740.

Lençóis: Rodovia BR-242, ca. 5km da estrada para Lençois na direção Morro Pai Inácio 21/12/1981, Lewis, G.P. et al. 970.

Lençóis: Serra dos Lençóis, lower slopes of Morro do Pai Inácio, ca 14.5km N.W. of Lençois 26/5/1980, Harley, R.M. et al. 22661.

Livramento do Brumado: Km 5 da rodovia Livramento do Brumado-Rio de Contas 19–20/7/1979, Mori, S.A. et al. 12234.

Maracás: Fazenda Juramento, a 6km ao S de Maracás, pela antiga rodovia de Jequié 27/4/1978, Mori, S.A. et al. 10031.

Maracás: ca. 1km NE de Maracás, na Lajinha, ao lado do cruzeiro. 2/6/1993, Queiroz, L.P. et al. 3294.

Maracás: Cerca de 2km ao N de Maracás 12/10/1983, Carvalho, A.M. et al. 1961.

Maracás: 9/1906, Ule, E. 6950.

Miguel Calmon: Serra das Palmeiras, ca. 8km W do povoado de Urubu 21/8/1993, Queiroz, L.P. et al. 3521.

Morro do Chapéu: Estrada do Feijão 28/11/1980, Furlan, A. CFCR 252.

Mucugê: 9km S.W. Of Mucugê, on road from Cascavel 7/2/1974, Harley, R.M. et al. 16111.

Mucugê: Margem da estrada Andaraí- Mucugê, estrada velha, a 28km de Mucugê 21/7/1981, Pirani, J.R. et al. CFCR 1629.

Mucugê: Estrada Mucugê-Guiné, a 7km de Mucugê 7/9/1981, Pirani, J.R. et al. CFCR 2012.

Palmeiras: Chapada Diamantina, BR-242 11/9/1990, Lima, H.C. et al. 3964.

Rio de Contas: About 2km N of the town of Vila do Rio de Contas in flood plain of the Rio Brumado with river. 22/3/1977, Harley, R.M. et al. 19825.

Rio de Contas: Estrada Real para Livramento do Brumado 28/3/1996, Sena, T.S.N. 37.

Rio de Contas: 12–14km North of town of Rio de Contas, on the road to Mato Grosso 17/1/1974, Harley, R.M. et al. 15208.

Umburanas: 26km North West of Lagoinha (wich is 5.5 km S.W. Of Delfino) 7/3/1974, Harley, R.M. et al. 16921.

Unloc.: 29/9/1978, Schultz-Kraft, R. 7649.

Unloc.: Schultz-Kraft, R. 17020.

Ceará

Mun.?: Barra do Jardim. 12/1838, Gardner, G. 1932.

Pernambuco

Brejo da Madre de Deus: Fazenda Bituri 25/5/1995, Silva, D.C. et al. 59.

Buíque: Catimbau, Serra do Catimbau 18/10/1994, Travassos, Z. 221.

Buíque: Trilha das torres 18/10/1994, Lira, S.S. 10.

Caruaru: Murici, Brejo dos Cavalos, Parque Ecológico Municipal 12/8/1994, Sales, M. 250.

Caruaru: Murici, Brejo dos Cavalos, Parque Ecológico Municipal 2/12/1994, Tschá, M. et al. 02.

Floresta: Inajá, Reserva Biológica de Serra Negra 9/3/1995, Laurênio, A. et al. 05.

Floresta: Inajá, Reserva Biológica de Serra Negra 6/3/1995, Andrade, K. et al. 11.

Piauí

Bom Jesus: Rodovia Gilbués-Bom Jesus, 10km Oeste da cidade de Bom Jesus 20/6/1983, Coradin, L. et al. 5867.

Unloc.: 1841, Gardner, G. s.n.

Periandra mediterranea (Vell.) Taub.

Alagoas

Piaçabuçu: Estrada de Piaçabuçu em direção a Penedo. 25/8/1981, Staviski, M.N.R. et al. 851.

Bahia

Abaíra: 16/4/1994. França, F. 968

Abaíra: Guarda-Mor. 15/9/1993. Ganev, W. 2247.

Abaíra: Gerais do Pastinho. 4/6/1992. Ganev, W. 419.

Abaíra: Catolés de Cima - Bem Querer. 5/1/1993. Ganev, W. 1791.

Abaíra: Bicota, entre garimpo novo e Bicota. 15/12/1993. Ganev, W. 2677.

Abaíra: Serra do Atalho próximo ao caminho Velho de Inúbia-Cravada Ganev, W. 914A.

Abaíra: Base da encosta da Serra da Tromba. Pirani, J. R. H-51454.

Abaíra: Campo da Pedra Grande. Lughadha, E.Nic H-51012.

Alcoçaba: BR-255, ca. 6km a NW de Alcoçaba. 17/9/1978, Mori, S.A. et al. 10612.

Andaraí: Rodovia Andaraí-Mucugê, km 8. 20/5/1989, Mattos Silva, L.A. et al. 2803.

Barra da Estiva: Estrada Barra da Estiva-Mucugê, km 31 4/7/1983, Coradin, L. et al. 6440.

Barra da Estiva: Morro do Ouro. 9km ao S da cidade na estrada para Ituaçu. 16/11/1988, Harley, R.M. et al. 26461.

Barra da Estiva: 16km N of Barra da Estiva on the Paraguaçu road. 31/1/1974, Harley, R.M. et al. 15732.

Barra da Estiva: 8km S de Barra da Estiva, caminho a Ituaçu: morro do Ouro e Morro da Torre 23/11/1992, Arbo, M.M. et al. 5718.

Barra da Estiva: Serra da Jacobina, W of Estiva, ca 12km N. of Senhor do Bonfim. 28/2/1974, Harley, R.M. et al. 16548.

Barreiras: km 33 da estrada Roda Velha-Sítio Grande. 19/5/1984, Silva, S.B. et al. 348.

Barreiras: Estrada para o Aeroporto de Barreiras. 11/6/1992, Carvalho, A.M. et al. 4066.

Belmonte: Ramal para Mogiquiçaba, com entrada no km 76 da rodovia Itapebi-Belmonte. 9/7/1980, Mattos Silva, L.A. et al. 956.

Canavieiras: 19km de Santa Luzia, na estrada Santa Luzia-Canavieiras 12/10/1998, Sant'Ana, S.C. et al. 699.

Canavieiras: Rodovia Canavieiras-Camacã, BA-270, a 22km W de Canavieiras. 13/7/1978, Santos, T.S. et al. 3286.

Canavieiras: 18km to Betanha. 14/7/1964, Silva, N.T. 58390.

Caravelas: Próximo a estrada de Caravelas a Prado 8/7/1993, Folli, D.A. 1948.

Caravelas: Rodovia para Alcobaça 19/6/1985, Hatschbach, G. et al. 49505.

Espigão Mestre: ca. 100km WSW of Barreiras. 8/3/1972, Anderson, W.R. et al. 36845.

Ibotirama: BR-242, km 86 7/7/1983, Coradin, L. et al. 6610.

Ibotirama: Rodovia Barreiras-Brasilia, km 90 8/7/1983, Coradin, L. et al. 6658.

Itacaré: Estrada Serra Grande-Itacaré, ca 13km de Serra Grande. 1/9/1993, Amorim, A.M.A. et al. 1312.

Itacaré: Estrada que liga Serra Grande, Ramal km 13 que leva a Campinho Cheiroso. 26/8/1992, Amorim, A.M. et al. 690.

Itacaré: Campo Cheiroso, 14km N of Serra Grande off of road to Itacaré 15/11/1992, Thomas, W.W. et al. 9477.

Jacobina: 18/11/1986, Webster, G.L. et al. 25733.

Jacobina: Entrada a 8km na rodovia Jacobina-Capim Grosso, Distrito de Itaitu. 27/10/1995, Jardim, J.G. et al. 734.

Jacobina: Estrada Jacobina-Morro do Chapéu, ca. 24km a partir da sede do municipio. Serra do Tombador. 28/10/1995, Amorim, A. et al. 1813.

?Jacobina: Serra Jacobina. 1837, Blanchet, J.S. 2721.

Lençóis: Cerca 8km de Lençóis. 20/12/1981, Lewis, G.P. et al. 910.

Lençóis: Mucugezinho, km 220 ap. da rod. BR-242. 21/12/1981, Lewis, G.P. et al. 943.

Lençóis: Estrada para a Fazenda Remanso. Martinelli et al., G. 5359.

Maraú: BR-030, trecho Maraú-Porto de Campinhos. 13/6/1979, Mattos Silva, L.A. et al. 467.

Morro do Chapéu: 2km SE of Morro do Chapéu. 19/11/1986, Webster, G.L. et al. 25785.

Mucugê: 3km S de Mucugê, na estrada para Jussiape. 22/12/1979, Mori, S.A. et al. 13142.

Mucugê: 5km S de Mucugê. 22/1/1984, Hatschbach, G. 47482.

Mucugê: Perto do cemitério 16/12/1984, Lewis, G.P. et al. CFCR 6968.

Mucugê: 6/12/1980, Furlan, A. et al. CFCR 421.

Piatã: Próximo a Serra do Gentio. 21/12/1984, Lewis, G.P. et al. CFCR 7419.

Piatã: Estrada Inúbia-Piatã, Três morros. 8/9/1992. Ganev, W. 1037.

Porto Seguro: White sand 12km N of Porto Seguro. 27/7/1984, Webster, G.L. 25070.

Porto Seguro: Parque Nacional Monte Pascoal. Along shore at Pistolaçu north of Corumbau. 18/7/1997, Thomas, W.W. et al. 11644.

Rio de Contas: 9km N da cidade na estrada para o Povoado de Matro Grosso 26/10/1988, Harley, R.M. et al. 25669.

Rio de Contas: 16/5/1983, Hatschbach, G. 46456.

Rio de Contas: Estrada do Fraga, 2km SE da cidade 13/7/1985, Wanderley, M.G.L. et al. 868.

Rio de Contas: Pico das Almas, vertente Leste, 11–14km da cidade. 17/12/1988, Harley, R.M. et al. 25589.

Rio de Contas: 14km from Vila do Rio de Contas. 16/3/1977, Harley, R.M. et al. 19490.

Rio de Contas: Pico das Almas, Eastern slope, E side of Campo do Queiroz. 30/11/1988, Fothergill, J.M. 45.

Rio de Contas: Rodovia Livramento do Brumado-Rio de Contas, 10km NW de Rio de Contas. 19–20/7/1979, Mori, S.A. et al. 12320.

Rio de Contas: 12–14km Northe of town of Rio de Contas on the road to Mato Grosso. 17/1/1974, Harley, R.M. et al. 15199.

Rio de Contas: Estrada para a cachoeira do Fraga no Rio Brumado, a 3km de Rio de Contas. 22/7/1981, Furlan, A. et al. CFCR 1695.

Santa Cruz Cabrália: BR-500, 18,7km N de Santa Cruz Cabrália. 6/7/1979, Mori, S.A. et al. 12117.

Santa Cruz Cabrália: BR-367, a 18,7km ao N de Porto Seguro. 27/7/1978, Mori, S.A. et al. 10332.

Santa Cruz Cabrália: 11km S of Santa Cruz Cabrália. 17/1/1974, Harley, R.M. et al. 17061.

Seabra: Serra do Bebedor, ca. 14km W de Lagoa da Boa Vista. 22/6/1993, Queiroz, L.P. et al. 3348.

Umburanas: 16km North West of Lagoinha on side road to Minas do Mimoso. 4/3/1974, Harley, R.M. et al. 16670.

Umburanas: 16km North West of Lagoinha on side road to Minas do Mimoso. 8/3/1974, Harley, R.M. et al. 16997.

Una: Comandatuba, ca. 5km na estrada de Comandatuba 4/12/1992, Amorim, A. et al. 519.

Vitória da Conquista: Rodovia BA-265, trecho Vitória da Conquista-Barra do Choça. 21/11/1978, Mori, S.A. et al. 11290.

Vitória da Conquista: BR-265, trecho Vitória da Conquista-Barra do Choça, 9km de Vitória da Conquista. 4/3/1978, Mori, S.A. et al. 9438.

Mun.?: Água Quente, Pico das Almas. Vale ao NW do Pico. 29/11/1988, Harley, R.M. et al. 26697.

Ceará

Crato: CE-090, 8km of Crato. 15/2/1985, Gentry, A. et al. 50171.

Unloc.: 1839, Gardner, G. s.n.

Paraíba

Santa Rita: Usina Sào Joào, Tibirizinho. 12/7/1990, Agra, M.F. et al. 1214.

Pernambuco

Buíque: Catimbau, Trilha das Torres 16/9/1994, Rodal, M.J.N. 369.

Buíque: Catimbau, Serra do Catimbau 18/10/1994, Sales, M.F. 423.

Buíque: Catimbau, Serra do Catimbau 18/10/1994, Rodal, M.J.N. 440.

Buíque: Catimbau, Serra do Catimbau 18/10/1994, Menezes, E. 23.

Periandra mediterranea (Vell.) Taub. var. ***mucronata*** (Benth.) Burkart

Bahia

Morro do Chapéu: Estrada do Feijào 28/11/1980, Furlan, A. et al. CFCR 249.

Mucugê: Estrada Mucugê-Guiné, a 5km de Mucugê 7/9/1981, Furlan, A. et al. CFCR 1919.

Mucugê: Platô da Serra Sincorá 18/11/1942, Froes, R.L 20161.

Ceará

Mun.?: On the Serra de Araripe. 10/1838, Gardner, G. 1553.

Periandra aff. ***mediterranea*** (Vell.) Taub.

Bahia

Camaçari: BA-099 (Estrada do Coco), entre Arembepe e Monte Gordo 14/7/1983, Pinto, G.C.P. 305-83.

Periandra pujalu Emmerich & L.M. Senna

Bahia

Lençóis: 1km Leste da estrada Lençóis, BR-242, entrada no km 8 5/7/1983, Coradin, L. et al. 6483.

Lençóis: Serra dos Lençóis, ca. 4km N.E. of Lençóis by old road. 23/5/1980, Harley, R.M. et al. 22450.

Lençóis: Caminho de Lençóis para Barro Branco, atrás do cemitério de Lençóis 27/4/1992, Queiroz, L.P. 2753.

Palmeiras: Serras dos Lençóis, middle and upper
   slopes of Pai Inácio, ca. 15km N.W. of Lençóis
   24/5/1980, Harley, R.M. et al. 22496.
Unloc.: 23/8/1981, Schultz-Kraft, R.17023.

Platycyamus regnellii Benth.
Bahia
   Itabuna: BR-101, km 564 6/9/1989, Carvalho, A.M.
      et al. 2539.
   Jussari: BR-101, 2km N da estrada para Juçari
      10/5/1991, Lewis, G.P. et al. 2027.
   Jussari: 27/5/1966, Belém, R.P. et al. 2305.

Platymiscium floribundum Vogel
Bahia
   Castro Alves: Fazenda Marimbondo 13/4/1995,
      Queiroz, L.P. et al. 4318.
   Cravolândia: 2km W do povoado de Três Braços
      (Ilha Formosa), ao longo do Rio Preto 30/5/1994,
      França, F. et al. 1051.
   Jussari: 4km na estrada Jussari-Palmira 19/10/1990,
      Carvalho, A.M. et al. 3211.

Platymiscium floribundum Vogel var. **_floribundum_**
Bahia
   Cachoeira: Vales dos Rios Jacuípe e Paraguaçu, mata
      a L da B. Bananeiras. 9/1980, Pedra Cavalo, G. 776.
   Coaraci: 18km na estrada 5/2/1970, Santos, T.S. 577.
   Ibicaraí: Ibicaraí-Itapé, ao Sul 3/3/1971, Pinheiro, R.S.
      1051.
Pernambuco
   Tacaratu: 19/10/1981, Gonçalves, L.M.C. 237.

Platymiscium floribundum Vogel var. **_nitens_** (Vogel)
Klitgaard
Bahia
   Ilhéus: Rodovia Olivença-Maroim, 12km S de
      Olivença, margem do Rio Acuípe 16/2/1982, Mattos
      Silva, L.A. et al. 1411.
   Itaberaba: Fazenda Morro da Pedra 23/9/1981,
      Oliveira, E.L.P.G. 367.
   Itaberaba: Fazenda Morros 15/9/1984, Hatschbach, G.
      48207.
   Livramento do Brumado: 5km da cidade na estrada
      para Rio de Contas 25/10/1988, Harley, R.M. et al.
      25611.
Ceará
   Crato: Lagoa de Mato 31/8/1971, Gifford, D.R. et al.
      G-340.

Platymiscium floribundum Vogel var. **_obtusifolium_**
(Harms) Klitgaard
Bahia
   Abaíra: Estrada Catolés-Abaíra, 500m de Abaíra
      22/09/1992, Ganev, W. 1172.
   Abaíra: Engenho de Baixo, próximo ao Cruzeiro
      11/09/1992, Ganev, W. 1069.
   Abaíra: Km 23 on road Abaíra-Jussiape 6/1/1994,
      Klitgaard, B.B. et al. 80.
   Abaíra: 500m on road Abaíra-Catolés 6/1/1994,
      Klitgaard, B.B. et al. 77.
   Bom Jesus da Lapa: 16km na estrada Bom Jesus da
      Lapa-Ibotirama 10/6/1992, Carvalho, A.M. et al. 3960.
   Bom Jesus da Lapa: 8km da estrada Lapa-Ibotirama
      17/4/1983, Carvalho, A.M. et al. 1808.
   Brotas de Macaúbas: Km 29 on BA-156 to Brotas de
      Macaúbas from BR-242 4/1/1994, Klitgaard, B.B.
      et al. 71.

Jacobina: Serra do Tombador, 10km W de Curral
   Velho, este povoado a 1km W da BA-421
   (Jacobina-Piritiba), entrando a 14km S da BR-324,
   Fazenda Várzea da Pedra 21/8/1993, Queiroz, L.P.
   et al. 3509.
Jequié: Km 20 na estrada Jequié-Contendas do
   Sincorá 12/10/1983, Carvalho, A.M. et al. 1921.
Livramento do Brumado: 8km along estrada de terra
   from Livramento do Brumado to Rio de Contas
   27/3/1991, Lewis, G.P. et al. 1906.
Manoel Vitorino: Estrada Manoel Vitorino-Catingal,
   1–5km W de Manoel Vitorino 20/11/1978, Mori,
   S.A. et al. 11237.
Manoel Vitorino: Rodovia Manoel Vitorino-Catingal,
   km 26–30 16/2/1979, Mattos Silva, L.A. et al. 293.
Maracás: Fazenda Tanquinho, 20km N de Maracás no
   ramal para a Fazenda Santa Rita, na estrada para
   Planaltino 29/6/1993, Queiroz, L.P. et al. 3268.
Santa Rita de Cássia: Estrada para Santa Rita de
   Cássia, margem do Rio Preto, proximidades da
   cidade 17/6/1983, Coradin, L. et al. 5754.
Mun.?: Catinga bei Calderao. 10/1906, Ule, E. 7247,
   LECTOTYPE, Platymiscium obtusifolium Harms.
Ceará
   Aiuaba: Estação Ecológica de Aiuaba 21/7/1982,
      Viana, F.A. s.n.
   Crato: 29km W of Crato, CE-090, on N slopes of
      Chapada do Araripe 15/2/1985, Gentry, A. et al.
      50101.
   Fortaleza: Barro Vermelho 29/09/1955, Fernandes, A.
      s.n.
   Maranguape: Pé da serra 11/10/1954, Ducke, A. 2348.
   Maranguape: Pé da serra 11/10/1954, Ducke, A. 2349.
   Ubajara: Chapada da Ibiapaba, entre Ubajara e
      Cachoeira 29/11/1990, Fernandes, A. et al. s.n.
   Umari: Farias Nunes, Serra do Quincuncá 11/7/1990,
      Nunes, E. s.n.
   Mun.?: Sítio Santo Antonio, Serra da Merouca
      4/1/1955, Fernandes, A. et al. s.n.
Pernambuco
   Triunfo: Sítio Lagoa Nova, Serra da Baixa Verde
      27/10/1991, Ferraz, E. s.n.
Piauí
   Mun.?: Serra das Confusões 7/12/1980, Fernandes, A.
      s.n.

Platymiscium pubescens Micheli subsp. **_zehntneri_**
(Harms) Klitgaard
Bahia
   Barra: BR-242 10/10/1981, Hatschbach, G. 44145.
   Bom Jardim da Lapa: 18/6/1986, Hatschbach, G. et
      al. 50492.
   Brotas de Macaúbas: Distrito de Ouricuri, 2km E do
      povoado 5/5/1986, Carvalho, A.M. et al. 2432.
   Brotas de Macaúbas: Km 1 on rd BA-156, Brotas de
      Macaúbas-Ipupiara 5/1/1994, Klitgaard, B.B.
      et al. 74.
   Brotas de Macaúbas: Km 29 on rd BA-156 to Brotas
      de Macaúbas from BR-242 4/1/1994, Klitgaard, B.B.
      et al. 72.
   Caetité: Bei Barreira da Caatiga, Lapa 20/11/1912,
      Zehntner, L. 592.
   Caetité: 1913, Luetzelburg, Ph.von 4076.
   Ibipeba: Aleixo 4/4/1984, Bautista, H.P. et al. 929.

Riachão das Neves: 10/1912, Zehntner, L. 4011, LECTOTYPE - photo, Platymiscium zehntneri Harms.

Riachão das Neves: Boi Manso 26/12/1912, Zehntner, L. 470, ISOLECTOTYPE - photo, Platymiscium zehntneri Harms.

Tabocas do Brejo Velho: 5km to the North of Tabocas, which is 10km NW of Serra Dourada 1/5/1980, Harley, R.M. et al. 22004.

Platymiscium speciosum Vogel
Bahia

Ilhéus: Estrada Ponta-Buerarema, km 23–30 3/7/1993, Carvalho, A.M. et al. 4275.

Platypodium elegans Vogel
Bahia

Caculé: Km 43 da estrada Brumado-Caetité 14/4/1983, Carvalho, A.M. et al. 1712.

Caetité: 3km N de Caetité, na estrada para Maniaçu 28/10/1993, Queiroz, L.P. et al. 3625.

Caetité: 3km N de Caetité, na estrada para Maniaçu 28/10/1993, Queiroz, L.P. et al. 3619.

Caetité: 7km S de Caetité, na estrada para Brejinho das Ametistas 27/10/1993, Queiroz, L.P. et al. 3602.

Caetité: 7km al E de Caetité, camino a Brumado 22/1/1997, Arbo, M.M. et al. 7654.

Caetité: 20km de Caetité, camino a Brumado 20/11/1992, Arbo, M.M. 5664.

Ibotirama: Estrada Ibotirama-Bom Jesus da Lapa, km 8 1/7/1983, Coradin, L. et al. 6317.

Itamaraju: Fazenda São José de Baixo, 22km de Itamaraju, margem do Rio Pardo 27/1/1972, Pinheiro, R.S. 1783.

Mun.?: Rio São Francisco, Serra Açuruá. 1838, Blanchet, J.S. 2790.

Piauí

Jaicós: 11km along trackway to Lagoa Achada, start of trackway is 9km south of Jaicós along BR-407 to Petrolina 8/1/1985, Lewis, G.P. et al. 1345.

Mun.?: Between Boa Esperança and Santa Anna das Neves. 3/1839, Gardner, G. 2140.

Poecilanthe grandiflora Benth.
Bahia

Iraquara: 13/9/1956, Pereira, E. 2159.

Ceará

Granjeiro: Descida da Serrinha para Grangeiro, margem do Riacho do Boqueirão 17/10/1985, Fernandes, A. et al. s.n.

Poecilanthe itapuana G.P.Lewis
Bahia

Salvador: Dunas de Itapuã, arredores da Lagoa de Abaeté 5/5/1981, Lewis, G.P. et al. 2018.

Salvador: Dunas da Praia de Itapuã 16/2/1982, Ribeiro, R. et al. 347, HOLOTYPE - photo, Poecilanthe itapuana G.P.Lewis.

Salvador: Dunas da Praia de Itapuã 16/2/1982, Ribeiro, R. et al. 347, ISOTYPE, Poecilanthe itapuana G.P.Lewis.

Poecilanthe subcordata Benth.
Bahia

Correntina: Chapadão Ocidental da Bahia, 10km SW of Correntina, on the road to Goiás 26/4/1980, Harley, R.M. et al. 21805.

Cristópolis: BR-242 14/1/1977, Hatschbach, G. 39500.

Cristópolis: BR-242 10/10/1981, Hatschbach, G. 44400.

Poecilanthe ulei (Harms) Arroyo & Rudd
Bahia

Belmonte: Ramal para o Rio Ubu, com entrada no km 30 da rodovia Belmonte-Itapebi, 25km adentro, numa bifurcação a direita 27/9/1979, Mattos Silva, L.A. et al. 610.

Boa Vista: 3km após a balsa para travessia do Rio Paraguaçu, para João Amaro, na estrada para Boa Vista do Tupim 26/04/1994, Queiroz, L.P. et al. 3877.

Feira de Santana: Serra do São José, Fazenda Boa Vista 28/1/1993, Queiroz, L.P. et al. 3066.

Gentio do Ouro: Serra do Açuruá, estrada para Xique-Xique, a 2km de Gentio do Ouro 10/9/1990, Lima, H.C. et al. 3932.

Iaçu: Fazenda Suibra, 18km a leste da cidade, seguindo a ferrovia 12/3/1985, Noblick, L.R. et al. 3577.

Iaçu: Estrada Iaçu-Itaberaba, 8km de Iaçu 17/12/1981, Lewis, G.P. et al. 847.

Iaçu: 19/2/1986, Fernandes, A. et al. s.n.

Ilhéus: 6km southwest of Olivença on road to Vila Brasil 14/5/1995, Thomas, W.W. et al. 10910.

Ilhéus: CEPLAC, CEPEC 31/3/1965, Belém, R.P. et al. 596.

Ilhéus: CEPEC, BR-415, km 22, Ilhéus-Itabuna, quadra F 10/6/1981, Hage, J.L. 956.

Ilhéus: CEPEC, BR-415, km 22, Ilhéus-Itabuna, quadra H 20/5/1981, Hage, J.L. et al. 698.

Ilhéus: CEPEC, BR-415, km 22, Ilhéus-Itabuna, Fazenda Viana 11/2/1988, Hage, J.L. 2244.

Ilhéus: CEPEC, BR-415, km 22, Ilhéus-Itabuna, quadra D 5/3/1981, Hage, J.L. et al. 538.

Itiúba: Serra de Itiúba, about 6km E of Itiúba 19/2/1974, Harley, R.M. et al. 16206.

Itiúba: Serra de Itiúba, about 6km E of Itiúba 19/2/1974, Harley, R.M. et al. 16203.

Jacobina: Estrada Jacobina-Morro do Chapéu 14/3/1990, Carvalho, A.M. et al. 2789.

Jaguarari: Fazenda Belmonte, 8km no ramal após a BR-324 11/7/1993, Queiroz, L.P. et al. 3458.

Jaguarari: BR-407, Juazeiro-Senhor do Bonfim, km 100 20/6/1983, Coradin, L. et al. 6013.

Jequié: BR-330, Jequié-Ipiaú, 4km L de Jequié 14/7/1979, Mori, S.A. et al. 12205B.

Milagres: Estrada para Itaberaba, km 5 na BR-116, por Iaçu 17/12/1981, Lewis, G.P. et al. 835.

Muritiba: Vale do Rio Paraguaçu. 10/1950, Pinto, G.C.P. s.n.

Santa Teresinha: Estrada Santa Teresinha-Pedra Branca, 5km de Santa Terezinha 22/12/1992, Queiroz, L.P. et al. 3009.

Santa Teresinha: 4km E de Santa Teresinha em direção à Castro Alves 18/6/1993, Queiroz, L.P. et al. 3248.

Saúde: 11km S de Saúde, 23km N da BR-324 23/8/1993, Queiroz, L.P. et al. 3563.

Saúde: Cachoeira do Paulista, entrada no km 10 da estrada Saúde-Jacobina, 6km a partir da entrada 22/2/1993, Jardim, J.G. et al. 88.

Serra Preta: BA-052, 35km antes de Ipirá 3/9/1990, Lima, H.C. et al. 3874.

Teofilândia: Lado esquerdo da estrada, próximo a cerca da área do corpo F 21/4/1992, Souza, V. 321.

Tucano: 26/5/1981, Gonçalves, L.M.C. 91.

Tucano: 7km na estrada Tucano-Araci 28/2/1992, Carvalho, A.M. et al. 3830.

Tucano: 1,5km da rodovia que liga a BR-116 (Tucano-Araci) à Caldas do Jorro 7/1/1993, Mattos Silva, L.A. 2904.

Mun.?: Água Preta. 28/3/1937, Bondar, G. 2209.

Mun.?: Catinga bei Calderao. 10/1906, Ule, E. 7248, ISOTYPE, Machaerium ulei Harms.

Poiretia bahiana Cl.Müll.
Bahia

Jacobina: Rodovia Jacobina-Laje do Batata, km 15. 28/6/1983, Coradin, L. et al. 6168.

Lençóis: About 7–10km along the main Seabra-Itaberaba road, W of the Lençóis turning, by the Rio Mucugêzinho. 27/5/1980, Harley, R.M. et al. 22683.

Lençóis: Rodovia Brasília-Fortaleza (BR-242) 8km leste da estrada para Lençóis. 5/7/1983, Coradin, L. et al. 6524.

Miguel Calmon: Serras das Plameiras, ca. 8,5km W do povoado de Urubu, este a ca. 11km W de Miguel Calmon. 21/8/1993, Queiroz, L.P. et al. 3520.

Morro do Chapéu: Estrada do Feijào. 28/11/1980, Furlan, A. et al. CFCR 266.

Morro do Chapéu: Estrada Morro do Chapéu-Jacobina 29/6/1996, Giulietti, A.M. et al. 3274.

Morro do Chapéu: BR-052, vicinity of bridge over Rio Ferro Doido, ca. 18km E of Morro do Chapéu. Floodplain of River. 17/6/1981, Mori, S. et al. 14502.

Morro do Chapéu: Rio do Ferro Doido, 19,5km SE of Morro do Chapéu on the BA-052 highway to Mundo Novo. 31/5/1980, Harley, R.M. et al. 22841.

Morro do Chapéu: Rodovia BA-052, 8km L de Morro do Chapéu. 17/7/1979, Hatschbach, G. et al. 42421, ISOTYPE, Poiretia bahiana Cl. Müll.

Mucugê: 3km ao S de Mucugê, na estrada para Jussiape. 26/6/1979, Mori, S. et al. 12611.

Mucugê: Nova rodovia Mucugê-Andaraí. Coletas entre os km 0 e 10. Área do Parque Nacional da Chapada Diamantina. 19/5/1989, Mattos Silva, L.A. et al. 2768.

Mucugê: Margem da estrada Andaraí-Mucugê. Estrada nova à 4km de Mucugê. 21/7/1981, Giulietti, A.M. et al. CFCR 1670.

Palmeiras: Morro do Pai Inácio km 224 da rodovia BR-242. 19/12/1981, Lewis, G.P. et al. 888.

Palmeiras: Pai Inácio. BR-242, km 232, a cerca de 15km ao NE de Palmeiras. 31/10/1979, Mori, S. 12907.

Palmeiras: Lower slopes of Morro do Pai Inácio, ca. 14,5km NW of Lençóis just N of the main Seabra-Itaberaba road. 21/5/1980, Harley, R.M. et al. 22306.

Palmeiras: Middle and upper slopes of Pai Inácio ca. 15km NW of Lençóis, just N of the main Seabra-Itaberaba road. 24/5/1980, Harley, R.M. et al. 22511.

Poiretia aff. *latifolia* Vogel
Bahia

Morro do Chapéu: Sul-leste da cidade, lugar pedregoso. 16/11/1984, Noblick, L.R. 3518.

Poiretia punctata (Willd.) Desv.
Bahia

Barreiras: BR-242, km 1261-Brasília-Fortaleza, beira da estrada. 29/9/19778, Coradin, L. et al. 1200.

Brumado: Km 36 da estrada Brumado-Caetité. 14/4/1983, Carvalho, A.M. et al. 1685.

Caetité: Serra Geral de Caetité, ca. 3km from Caetité, S along the road to Brejinho das Ametistas. 10/4/1980, Harley, R.M. et al. 21181.

Campo Formoso: 5/9/1981, Pinto, G.C.P. 329/81.

Manoel Vitorino: Rodovia Manoel Vitorino-Caatingal, km 26–30. 16/2/1979, Mattos Silva, L.A. et al. 292.

Maracás: Rodovia BA-026, 13 a 15km ao SW de Maracás. 26/4/1978, Mori, S. et al. 9968.

Mucugê: Ca. 11km S de João Correia, 2km E de Brejo de Cima, na estrada Abaíra-Mucugê. 14/2/1992, Queiroz, L.P. 2635.

Piritiba: 31/5/1980, Noblick, L.R. 1884.

Rio de Contas: On road to Abaíra ca. 8km to N of the town of Rio de Contas. 18/1/1974, Harley, R.M. et al. 15243.

Umburanas: Serra do Curral Feio (=Serra da Empreitada), entrando para W a 20km S de Delfino na estrada para Umburanas 10/4/1999, Queiroz, L.P. et al. 5285.

Ceará

Araripe: Rodovia Nova Olinda-Campos Sales, km 84 24/5/1980, Coradin, L. et al. 2565.

Pernambuco

Caruaru: Murici, Brejo dos Cavalos, Parque Ecológico Municipal. 100km do povoado de Bambu. 13/8/1994, Sales, M.F. 269.

Inajá: Reserva Biológica de Serra Negra. 22/7/1995, Laurênio, A. et al. 106.

Inajá: Reserva Biológica de Serra Negra. 27/8/1994, Sales, M.F. 341.

Unloc.: 1838, Gardner, G. s.n

Psophocarpus palustris Desv.
Bahia

Unloc.: 1842, Glocker, E.F.von 162.

Unloc.: Glocker, E.F.von s.n.

Unloc.: Salzmann, P. s.n.

Pterocarpus monophyllus Klitgaard, L.P.Queiroz & G.P.Lewis
Bahia

Barra: Ibiraba (=Icatu), Santa Cruz, em frente ao Povoado de Ibiraba, no caminho para os Brejos 24/2/1997, Queiroz, L.P. 4825, HOLOTYPE - photo, Pterocarpus monophyllus Klitgaard, L.P.Queiroz & G.P.Lewis.

Barra: Ibiraba (=Icatu), Santa Cruz, em frente ao Povoado de Ibiraba, no caminho para os Brejos 24/2/1997, Queiroz, L.P. 4825, ISOTYPE, Pterocarpus monophyllus Klitgaard, L.P.Queiroz & G.P.Lewis.

Mun.?: Ibiraba, dunas arenosas na margem do Rio São Francisco. Rocha, P. 24.

Mun.?: Entre Lagoa do Padre e Brejo do Sal 11/8/1980, Sarmento, A.C. 606-80.

Pterocarpus robrii Vahl
Bahia

Camacan: Rodovia para Santa Luzia 20/8/1971, Santos, T.S. 1872.

Ilhéus: Km 8 da rodovia Pombal-Buerarema, 1km
após o Povoado do Couto 14/4/1986, Mattos Silva,
L.A. et al. 2026.

Ilhéus: 2km W of junction road to Vila Brasil and
road from Ilhéus to Una (BA-001), the junction ca
40km south of Ilhéus just north of Rio Jacuípe
10/5/1993, Thomas, W.W. et al. 9823.

Itaju do Colônia: 12km na estrada para Feirinha ao
lado W, margem esquerda do Rio Corró
23/10/1969, Santos, T.S. 435.

Santa Cruz Cabrália: Estação Ecológica do Pau-brasil,
16km W de Porto Seguro 23/8/1983, Santos, F.S.
02.

Santa Cruz Cabrália: Estação Ecológica do Pau-brasil,
16km W de Porto Seguro, BR-367 8/12/1987,
Santos, F.S. 739.

Una: Maruim, border of the Fazendas Maruim and
Dois de Julho, 33km SW of Olivença on road
Olivença-Buerarema 30/4/1981, Mori, S.A. et al.
13846.

Uruçuca: Estrada Uruçuca-Serra Grande, 28–30km NE
de Uruçuca 26/6/1979, Mori, S.A. 12040.

Pterocarpus cf. *robrii* Vahl
Bahia

Itacaré: Mata entre a Praia do Farol e a Praia da
Ribeira 14/12/1992, Amorim, A.M. et al. 958.

Itacaré: 11.6km S of junction with BA-654 at
"Loteamento Marambaia" on rd to Serra Grande,
the junction 6km W of Itacaré 2/5/1993, Thomas,
W.W. et al. 9773.

Pterocarpus villosus (Mart. ex Benth.) Benth.
Bahia

Bom Jesus da Lapa: Basin of the Upper São
Francisco River, about 35km N of Bom Jesus da
Lapa on the main road to Ibotirama 19/4/1980,
Harley, R.M. et al. 21569.

Contendas do Sincorá: 20km O na rodovia para
Contendas do Sincorá 21/11/1985, Hatschbach, G.
et al. 50066.

Livramento do Brumado: 3–5km da cidade na estrada
para Rio de Contas 12/12/1988, Harley, R.M. et al.
27138.

Paramirim: 12km da cidade, na estrada para
Livramento do Brumado 30/11/1988, Harley, R.M.
et al. 27031.

Mun.?: Catingas inter S. Antonio das Queimadas
(?PE) et Joazeiro. Martius, C.F.P.von s.n., TYPE -
photo, Amphymenium villosum Mart. ex
Benth.

Pterocarpus violaceus Vogel
Paraíba

Alagoa Nova: Em regiões agrestadas 2/1/1959,
Moraes, J.C. 2018.

Pterocarpus violaceus Vogel var. *angustifolia*
Benth.
Bahia

?Jacobina: Serra Jacobina. Blanchet, J.S. 3785, TYPE -
photo, Pterocarpus violaceus Vogel.

Pterocarpus zehntneri Harms
Bahia

Mun.?: Pedreiras. 1913, Luetzelburg, Ph.von s.d.,
LECTOTYPE - photo, Pterocarpus zehntneri
Harms.

Ceará

Ubajara: Norte de Ubajara, Juburuna 28/8/1992,
Araújo, F.S. s.n.

Piauí

Parnaguá: Próximo a Fazenda Conquista 3/4/1984,
Andrade, G.S. et al. 07.

Piripiri: Parque Nacional de Sete Cidades 30/1/1981,
Krapovickas, A. et al. 37205.

Teresina: 36km N of Picos on BR-316 to Teresina
24/1/1993, Thomas, W.W. et al. 9613.

Valença do Piauí: 27km from Valença do Piauí to
Lagoa do Sítio 9/1/1985, Lewis, G.P. et al. 1348.

Mun.?: Parque Nacional de Sete Cidades 30/1/1981,
Carvalho, A.M. et al. 510.

Pterodon abruptus (Moric.) Benth.
Bahia

Brotas de Macaúbas: Km 1 on road BA-156 Brotas de
Macaúbas-Ipupiara 5/1/1994, Klitgaard, B.B. et al. 75.

Caetité: Km 10 on BR-430, Caetité-Bom Jesus da Lapa
4/1/1994, Klitgaard, B.B. et al. 68.

Caetité: 15km N de Caetité, na estrada para Maniaçu
28/10/1993, Queiroz, L.P. et al. 3644.

Caetité: São Francisco, caminho para Lagoa Real
08/02/1997, Stannard, B. et al. 5232.

Caetité: Café Baiano, 9km E de Caetité em direção a
Brumado 07/03/1994, Souza, V.C. et al. CFCR 5331.

Caetité: 20km E de Caetité, camino a Brumado
20/11/1992, Arbo, M.M. et al. 5663.

Gentio do Ouro: Serra do Açuruá, estrada para
Xique-Xique, 2km antes de Gameleira do Açuruá
10/9/1990, Lima, H.C. et al. 3938.

Jânio Quadros: 8km depois de Maeatinga, no trecho
que liga o km 26 da estrada Anagê-Aracatu à Jânio
Quadros 19/11/1992, Sant'Ana, S.C. et al. 228.

Seabra: 3km na estrada para Gado Bravo, 18km W
do entroncamento para Seabra na BR-242
22/6/1993, Queiroz, L.P. et al. 3324.

Mun.?: Serra do Açuruá, Rio São Francisco. Blanchet,
J.S. 2805, HOLOTYPE, Commilobium abruptum
Moric.

Mun.?: Serra do Açuruá, Rio São Francisco. Blanchet,
J.S. 2805, ISOTYPE, Commilobium abruptum Moric.

Piauí

Jaicós: 7km along trackway to Lagoa Achada, start of
trackway is 9km south of Jaicós along BR-407 to
Petrolina 8/1/1985, Lewis, G.P. et al. 1339.

Picos: 19km east of city of Picos 6/3/1970, Eiten, G.
et al. 10838.

Mun.?: Catinga der Serra Branca. 2/1907, Ule, E.
7429.

Pterodon emarginatus Vogel
Bahia

Abaíra: Funil-próximo ao Rio da agua Suja.
16/12/1992. Ganev, W. 1651.

Abaíra: Estrada Ouro Verde-Funil, ca. 4 km de Ouro
Verde. 19/9/1992. Ganev, W. 1125.

Barreiras: 40km de Barreiras na BR-242 12/10/1994,
Queiroz, L.P. et al. 4106.

Barreiras: 30km W of Barreiras 3/3/1972, Anderson,
W.R. et al. 36520.

Barreiras: Estrada para Brasília, BR-242, km 20–22 a
partir da sede do município 12/6/1992, Amorim,
A.M. et al. 546.

Correntina: 30km N from Correntina, on the Inhaúmas road 29/4/1980, Harley, R.M. et al. 21935.

Formosa do Rio Preto: Estrada Barreiras-Correntes, km 150 17/6/1983, Coradin, L. et al. 5771.

Tabocas do Brejo Velho: 101km W de Ibotirama na BR-242 11/10/1994, Queiroz, L.P. et al. 4078.

Piauí

Mun.?: Paranagoá. 8/1839, Gardner, G. 2522.

Untraced Locality

Brejon. Pohl, J.E. s.n., HOLOTYPE, Commilobium polygalaeflorum Benth.

Brejon. ?Pohl, J.E. Probable ISOTYPE, Commilobium polygalaeflorum Benth.

Pueraria phaseoloides Benth.

Bahia

Belmonte: Estação Experimental Gregório Brondar, km 58 da rodovia Belmonte-Itapebi 16/5/1979, Mattos Silva, L.A. et al. 359.

Ilhéus: Área do CEPEC, km 22 da BR-415, Ilhéus-Itabuna 29/7/1981, Hage, J.L. et al. 1142.

Ilhéus: Área do CEPEC, km 22 da rodovia Ilhéus-Itabuna (BR-415) 18/8/1982, Hage, J.L. 1658.

Maraú: BR-030, trecho Ubaitaba-Maraú, 8km E de Ubaitaba 13/6/1979, Mori, S.A. et al. 12002.

Paraíba

Areia: Margem da rodovia PB-104 8/6/1979, Fevereiro, V.P.B. 640.

Rhynchosia edulis Griseb.

Bahia

Barra da Estiva: Side road 2km from Estiva, about 12km N of Senhor do Bonfim on the BA-130 to Juazeiro 27/2/1974, Harley, R.M. et al. 16514.

Rhynchosia melanocarpa Grear

Ceará

Mun.?: Serra de Araripe. 10/1838, Gardner, G. 1547.

Rhynchosia minima (L.) DC.

Bahia

Ilhéus: CEPEC, km 22 da BR-415, quadra E 25/4/1979, Mori, S.A. et al. 11727.

Ilhéus: Elevação logo apos a ponte Ilhéus-Pontal 27/11/1983, Carvalho, A.M. 2063.

Paraíba

Areia: Engenho Bom-Fim, propriedade do senhor Lauro Barbosa 2/9/1979, Fevereiro, V.P.B. 642.

Rio Grande do Norte

Luís Gomes: BR-405, Luís Gomes-Pau dos Ferros, km 4 12/8/1994, Silva, G.P. et al. 2465.

Rhynchosia minima (L.) DC. var. *minima*

Bahia

Bom Jesus da Lapa: Basin of the Upper São Francisco River 15/4/1980, Harley, R.M. et al. 21372.

Cachoeira: Vale dos Rios Jacuípe e Paraguaçu, Estação Pedra do Cavalo. 8/1980, Pedra Cavalo, G. et al. 640.

Ilhéus: CEPEC, km 22 da BR-415, quadra I 5/9/1983, Santos, E.B. et al. 58.

Ilhéus: CEPEC, km 22 da BR-415, quadra I 6/1/1982, Hage, J.L. et al. 1590.

Ilhéus: CEPEC, km 22 da BR-415, quadra I 30/6/1981, Hage, J.L. et al. 1012.

Ilhéus: CEPEC, km 22 da BR-415, quadra H 2/9/1981, Hage, J.L. et al. 1286.

Ilhéus: CEPEC, km 22 da BR-415 10/2/1978, Mori, S.A. et al. 9272.

Ilhéus: CEPEC, km 22 da BR-415 29/12/1981, Lewis, G.P. 996.

Unloc.: Salzmann, P. s.n.

Ceará

Aracati: 7/1838, Gardner, G. s.n.

Crato: Marsh bushy places near Crato. 9/1838, Gardner, G. 1540.

Icó: Bushy places near Icó. 8/1838, Gardner, G. 1546.

Pernambuco

Caruaru: Murici, Brejo dos Cavalos, Parque Ecológico Municipal 1/12/1994, Sales, M. et al. 445.

Fernando de Noronha: 1890, Ridley, H.N. 41.

Rhynchosia naineckensis Fortunato

Bahia

Livramento do Brumado: Just N of Livramento do Brumado on the road to Vila do Rio de Contas, below the Livramento waterfall on the Rio Brumado 23/3/1977, Harley, R.M. et al. 19871.

Rhynchosia phaseoloides (Sw.) DC.

Bahia

Ilhéus: Moricand, M.E. s.n.

Mucuri: Estrada Mucuri-Nova Viçosa, km 12 6/7/1993, Folli, D.A. 1933.

Porto Seguro: Fonte dos Protomártires do Brasil 21/3/1974, Harley, R.M. et al. 17218.

Unloc.: Salzmann, P. s.n.

Unloc.: Blanchet, J.S. s.n.

Paraíba

Areia: Chã do Jardim, Mata do Pau-ferro 19/10/1979, Fevereiro, V.P.B. et al. 662.

Sergipe

Estância: Praia do Abais 28/11/1993, Amorim, A.M. et al. 1553.

Rhynchosia reticulata (Sw.) DC. var. *kuntzei* (Harms ex Kuntze) Grear

Bahia

Jacobina: Ramal a direita a 5km na BA-052, Fazendinha do Boqueirão, 2km ramal adentro 28/8/1980, Hage, J.L. et al. 2288.

Riedeliella graciliflora Harms

Bahia

Bom Jesus da Lapa: Fazenda Serra Solta, próximo a Serra do Ramalho 15/8/1975, Andrade-Lima, D. et al. 75-6516.

Sesbania emerus (Aubl.) Urb.

Bahia

Tabocas do Brejo Velho: Chapadão Ocidental, 5km to the N of Tabocas, which is 10km NW of Serra Dourada 1/5/1980, Harley, R.M. et al. 21975.

Sesbania exasperata Kunth

Bahia

Cachoeira: Roncador, Vale dos Rios Jacuípe e Paraguaçu. 8/1980, Pedra Cavalo, G. 532.

Jacobina: Catuaba 4/7/1996, Giulietti, A.M. et al. 3391.

Paraíba

São Gonçalo: Uper fluv. Piranhas. 1936, Luetzelburg, Ph.von s.n.

Piauí

Bom Jesus: Proximidades do Hotel Boa Esperança em Bom Jesus 19/6/1983, Coradin, L. et al. 5865.

Mun.?: Dist. of Paranagoá. 9/1839, Gardner, G. 2540.

Sesbania sesban (L.) Merr. var. ***bicolor*** (Wight &
Arn.) F.W.Andrews
Bahia
   Caatiba: Km 17 ao Norte de Caatiba 2/8/1973,
      Pinheiro, R.S. 2221.
   Milagres: Morro de Couro or Morro São Cristóvao
      6/3/1977, Harley, R.M. et al. 19413.
Piauí
   Eliseu Martins: 21/6/1983, Coradin, L. et al. 5914.
Soemmeringia semperflorens Mart.
Bahia
   Unloc.: Martius, C.F.P.von s.n.
Sophora tomentosa L.
Bahia
   Itacaré: Entre a Praia do Farol e a Praia da Ribeira
      14/12/1992, Amorim, A.M. et al. 960.
   Prado: Prado-Mangue 2/5/1973, Pinheiro, R.S. 2165.
   Santa Cruz Cabrália: BR-500, Santa Cruz Cabrália-
      Porto Seguro, 18,7km de Santa Cruz Cabrália
      6/7/1979, Mori, S.A. et al. 12139.
Sophora tomentosa L. subsp. ***littoralis*** (Schrad.)
Yakovlev
Bahia
   Maraú: Ponta do Mutá (Porto de Campinhos)
      6/2/1979, Mori, S.A. et al. 11377.
   Porto Seguro: Parque Nacional de Monte Pascoal,
      cordões arenosos próximo à Reserva Indígena de
      Barra Velha 14/9/1998, Amorim, A.M. et al. 2555.
   Prado: Cumuruxatiba, 47km N of Prado on the coast
      18/10/1977, Harley, R.M. et al. 18065.
   Santa Cruz Cabrália: 11km S of Santa Cruz Cabrália
      17/3/1974, Harley, R.M. et al. 17084.
Sophora tomentosa L. subsp. ***occidentalis*** (L.)
Brummitt
Bahia
   Unloc.: Salzmann, P. s.n.
Stylosanthes angustifolia Vogel
Bahia
   ?Gentio do Ouro: Lagoa Itaparica 10km W of the
      São Inácio/Xique-Xique road at the turning
      13,1km N of São Inácio. 26/2/1977, Harley, R.M.
      et al. 19116.
   ?Remanso: Bei Remanso. 12/1906, Ule, E. 7372.
Piauí
   Castelo do Piauí: Fazenda Cipó de Cima. 13/6/1995,
      Nascimento, M.S.B. et al. 1054.
   Castelo do Piauí: Fazenda Cipó de Baixo. 19/4/1994,
      Nascimento, M.S.B. 205.
   Oeiras: Near the city of Oeiras. 5/1839, Gardner, G.
      2094.
Rio Grande do Norte
   Mossoró: Rodovia Grossos-Tibau, km 6. 12/8/1994,
      Silva, G.P. et al. 2474.
Stylosanthes capitata Vogel
Bahia
   Aracatu: Ca. 20km na rodovia de Brumado para
      Vitória da Conquista. 29/12/1989, Carvalho, A.M.
      et al. 2712.
   Correntina: 12km N of Correntina, on the road to
      Inhaúmas. 28/4/1980, Harley, R.M. et al. 21877.
   Feira de Santana: Campus da UEFS, gramado entre a
      guarita e a residência estudantil. 26/5/1992,
      Queiroz, L.P. 2865.

Formosa do Rio Preto: Estrada Barreiras-Correntes,
   km 150. 17/6/1983, Coradin, L. et al. 5777.
Ibotirama: Estrada Ibotirama-Bom Jesus da Lapa, km
   8. 1/7/1983, Coradin, L. et al. 6308.
Lençóis: 1km leste da estrada Lençóis/BR-242
   (entrada no km 8). 5/7/1983, Coradin, L. et al.
   6484.
Rio de Contas: 5km S of Rio de Contas on estrada de
   terra to Livramento do Brumado. 16/4/1991, Lewis,
   G.P. et al. 1990.
Senhor do Bonfim: Rodovia Senhor do Bonfim-
   Jacobina (BR-374), km 21. 25/6/1983, Coradin, L. et
   al. 6024A.
Paraíba
   Santa Rita: 20km do centro de João Pessoa, Usina
      São João, Tibirizinho. 12/7/1990, Agra, M.F. et al.
      1233.
Piauí
   Bom Jesus: Rodovia Gilbués-Bom Jesus, 10km oeste
      da cidade de Bom Jesus. 20/6/1983, Coradin, L. et
      al. 5868.
   Castelo do Piauí: Fazenda Cipó de Baixo. 19/4/1994,
      Nascimento, M.S.B. 202.
   Castelo do Piauí: Fazenda Cipó de Cima. 13/6/1995,
      Nascimento, M.S.B. et al. 1048.
   Corrente: Instituto Batista de Corrente, na estrada do
      rio. 8/3/1994, Nascimento, M.S.B. 503.
   Cristino Castro: Rodovia Bom Jesus-Canto do Buriti,
      km 44. 20/6/1983, Coradin, L. et al. 5905.
   Cristino Castro: Rodovia Bom Jesus-Canto do Buriti,
      km 44. 20/6/1983, Coradin, L. et al. 5903.
   Cristino Castro: Rodovia Bom Jesus-Canto do Buriti,
      km 103. 21/6/1983, Coradin, L. et al. 5909.
   São João do Piauí: Fazenda Experimental Otávio
      Domingues. 3/3/1994, Nascimento, M.S.B. et al.
      429.
Stylosanthes cf. ***capitata*** Vogel
Ceará
   Aiuaba: Distrito de Barra. Estação Ecológica de
      Aiuaba. Serra do Ermo. 5/6/1997, Barros, E.O. et
      al. 99.
Stylosanthes debilis M.B.Ferreira & Sousa Costa
Bahia
   Barra da Estiva: Estrada Barra da Estiva-Mucugê, km
      31. 4/7/1983, Coradin, L. et al. 6438.
   Barra da Estiva: Estrada Barra da Estiva-Mucugê, km
      7. 4/7/1983, Coradin, L. et al. 6383.
Stylosanthes cf. ***debilis*** M.B.Ferreira & Sousa Costa
Bahia
   Salvador: Dunas de Itapuã, atrás do Hotel Stella
      Maris, N do condomínio Alamedas da Praia.
      8/6/1993, Queiroz, L.P. 3209.
Stylosanthes guianensis (Aubl.) Sw.
Bahia
   Porto Seguro: Parque Nacional de Monte Pascoal.
      Along park road 1–2km east of path to peak and
      visitor center. Along road in forest. 17/7/1997,
      Thomas, W.W. et al. 11580.
   Unloc.: 31/10/1978, Schultz-Kraft, R. et al. 2068.
Stylosanthes guianensis (Aubl.) Sw. var. ***guianensis***
Bahia
   Barreiras: Estrada Barreiras-Corrente, km 45.
      16/6/1983, Coradin, L. et al. 5733.

Jacobina: Proximidades do Hotel Serra do Ouro. 27/6/1983, Coradin, L. et al. 6150.

Lençóis: BR-242, a 12km ao N de Lençóis. 1/3/1980, Mori, S. 13331.

Rio de Contas: Ca. 1km south of Mato Grosso on the road to Rio de Contas. 24/3/1977, Harley, R.M. et al. 19917.

Vitória (ES)-Bahia: 12/1836, s.c.790.

Pernambuco

Buíque: Catimbau: Fazenda Esmeralda. 18/10/1994, Travassos, Z. 215.

Buíque: Catimbau, Serra do Catimbau. 18/10/1994, Travassos, Z. 207.

Piauí

Gilbués: Rodovia Correntes-Bom Jesus, 2km leste da cidade de Gilbués. 18/6/1983, Coradin, L. et al. 5834.

Stylosanthes guianensis (Aubl.) Sw. var. **gracilis** (Kunth) Vogel

Bahia

Abaíra: Caminho Boa Vista-Riacho Fundo, pelo Toucinho 27/1/1994, Ganev, W. 2893.

Barra da Estiva: Estrada Barra da Estiva-Mucugê, km 31. 4/7/1983, Coradin, L. et al. 6427.

Barra da Estiva: 16km N of Barra da Estiva on the Paraguaçu road. 31/1/1974, Harley, R.M. et al. 15740.

Belmonte: 24km SW of Belmonte on road to Itapebi. 24/3/1974, Harley, R.M. et al. 17373.

Caetité: 18km W de Caetité 1/2/1963, Krapovickas, A. 29987.

Caetité: Serra Geral de Caetité, ca. 5km S from Caetité along the Brejinho das Ametistas road. 9/4/1980, Harley, R.M. et al. 21139.

Caetité: Km 6 da estrada Caetité-Brejinho das Ametistas. 15/4/1983, Carvalho, A.M. et al. 1748.

Caravelas: Ca. 17km na estrada de Caravelas para Nanuque. 6/9/1989, Carvalho, A.M. et al. 2513.

Feira de Santana: UEFS. 8/10/1982, Noblick, L.R. et al. 2068.

Ibicoara: Lagoa Encantada, 19km NE of Ibicoara near Brejão. 1/2/1974, Harley, R.M. et al. 15800.

Ilhéus: Fazenda Guanabara. Ramal com entrada no km 10 da rodovia Pontal-Olivença, lado direito. Coletas a 3km a O da entrada. 16/10/1980, Mattos Silva, L.A. et al. 1164.

Ilhéus: 10km S de Pontal (Ilhéus), camino a Olivença, local de extraccion de arena. 4/12/1992, Arbo, M.M. et al. 5550.

Ilhéus: 9km sul de Ilhéus, estrada Ilhéus-Olivença. Cururupé. 29/11/1981, Lewis, G.P. et al. 709.

Ilhéus: 3/1821, Riedel, L. 122.

Itacaré: Ca. 1km S of Itacaré. Margem da estrada. 7/6/1978, Mori, S. et al. 10170.

Lençóis: Ca. 8km NW de Lençóis. Estrada para Barro Branco. 20/12/1981, Lewis, G.P. et al. 914.

Lençóis: Rodovia Brasília-Fortaleza (BR-242) 8km leste da estrada para Lençóis. 5/7/1983, Coradin, L. et al. 6501.

Lençóis: Beira da estrada BR-242, entre o ramal à Lençóis e Pai Inácio. 19/12/1984, Lewis, G.P. et al. CFCR 7127.

Lençóis: Beira da estrada BR-242, entre o ramal à Lençóis e Pai Inácio. 19/12/1984, Lewis, G.P. et al. CFCR 7142.

Mucuri: 7km a NW de Mucuri. 14/9/1978, Mori, S. et al. 10496.

Palmeiras: Lower slopes of Morro do Pai Inácio, ca. 14,5km NW of Lençóis just of the main Seabra-Itaberaba road. 21/5/1980. Harley, R.M. et al. 22314.

Porto Seguro: Estrada de Arraial d'Ajuda para Trancoso. 20/4/1982, Carvalho, A.M. et al. 1268.

Porto Seguro: Estação Ecológica Pau-brasil. CEPLAC. 19/4/1982, Carvalho, A.M. et al. 1203.

Porto Seguro: Parque Nacional de Monte Pascoal. Along park road 1–2km east of path to peak and visitor center. Along road in forest. 17/7/1997, Thomas, W.W. et al. 11580.

Prado: 12km ao S de Prado, estrada para Alcobaça. 7/12/1981, Lewis, G.P. et al. 793.

Rio de Contas: 4km ao N da cidade na estrada para o povoado de Mato Grosso. 8/11/1988, Harley, R.M. et al. 26017.

Rio de Contas: Near Junco, ca. 15km WNW of the town of Rio de Contas. 22/1/1974, Harley, R.M. et al. 15606.

Salvador: Dunas de Itapuã, atras do Hotel Stella Mris, N do condomínio Alamedas da Praia. 8/6/1993, Queiroz, L.P. 3207.

Santa Cruz Cabrália: Entre Santa Cruz Cabrália e Porto Seguro, a 15km ao N da segunda. 27/11/1979, Mori, S. et al. 13013.

São Desidério: BR-020, entre Posses e Barreiras, km 50. 15/6/1983, Coradin, L. et al. 5692.

Una: Ca. 5km na estrada de Comandatuba. 4/12/1991, Amorim, A.M. et al. 502.

Valença: Camino a Guaibim, a 4km de la rodovia Valença-Nazaré. 14/1/1997, Arbo, M.M. et al. 7178.

Mun.?: Água Quente, Pico das Almas. Vale ao NW do Pico. 29/11/1988, Harley, R.M. et al. 26694.

Mun.?: Água Quente, Pico das Almas. Vertente oeste. Entre Paramirim das Crioulas e a face NNW do Pico. Local chamado Morro do Chapéu. 17/12/1988, Harley, R.M. et al. 27547.

Pernambuco

Mun.?: Serra do Catimbau. 18/10/1994, Travassos, Z. 206.

Sergipe

Santa Luzia do Itanhy: Ca. 2,5km do distrito de Crasto, na estrada para Santa Luzia do Itanhy. 6/10/1993, Sant'Ana, S.C. et al. 376.

Stylosanthes guianensis (Aubl.) Sw. var. **marginata** Hassl.

Bahia

Caetité: 18km da cidade, localidade de Santa Luzia 10/3/1994, Souza, V.C. et al. CFCR 5423.

Caetité: 12–20km da cidade em direção a Brejinho das Ametistas 8/3/1994, Souza, V.C. et al. CFCR 5366.

Rio de Contas: 7km da cidade em direção ao vilarejo de Bananal 5/3/1994, Roque, N. et al. CFCR 16882A.

São José: 16km E de São José 16/3/1994, Souza, V.C. et al. CFCR 5520.

Stylosanthes guianensis (Aubl.) Sw. var.
microcephala M.B.Ferreira & Sousa Costa
Bahia
  Jacobina: Serra do Tombador. 29/8/1981, Pinto,
    G.C.P. 28281.
Stylosanthes guianensis (Aubl.) Sw. var. ***pauciflora***
M.B.Ferreira & Sousa Costa
Bahia
  Bom Jesus da Lapa: Rodovia Igaporã-Caetité, km 8.
    2/7/1983, Coradin, L. et al. 6347.
  Ibotirama: Rodovia BR-242 (Ibotirama-Barreiras), km
    86. 7/7/1983, Coradin, L. et al. 6627.
  Lençóis: Estrada de Lençóis para BR-242, ca. 5–6km
    ao N de Lençóis. 19/12/1981, Lewis, G.P. et al. 870.
  Lençóis: 7km N de Lençóis, ao lado da BA-850.
    12/10/1987, Queiroz, L.P. et al. 1967.
  Lençóis: Serra da Chapadinha 8/7/1996, Giulietti,
    A.M. et al. 3500.
  Palmeiras: Serras dos Lençóis. Lower slopes of Morro
    do Pai Inácio. Ca. 14,5km NW of Lençóis, just N of
    the main Seabra-Itaberaba road. 23/5/1980, Harley,
    R.M. et al. 22479.
  São Desidério: BR-020. Proximidades do posto de
    gasolina de Roda Velha. 15/6/1983, Coradin, L. et
    al. 5708.
  Unloc.: Salzmann, P. s.n., SYNTYPE, Stylosanthes
    viscosa var. acutifolia Benth.
  ?Bahia-Minas Gerais: Ad Córrego do Jaraguá et Rio
    Jequitinhonha. 1836, Pohl, J.E. s.n., SYNTYPE,
    Stylosanthes guianensis var. subviscosa Benth.
Ceará
  Crato: 12km southwest of Crato on road to Exú,
    Pernambuco, Serra do Araripe. 30/7/1997, Thomas,
    W.W. et al. 11683.
Pernambuco
  Olinda: 10/1837, Gardner, G. 972, SYNTYPE,
    Stylosanthes viscosa var. acutifolia Benth.
  Mun.?: Santa Rosa, Rio Preto. 9/1839, Gardner, G.
    2826, SYNTYPE, Stylosanthes viscosa var. acutifolia
    Benth.
Piauí
  Bom Jesus: Rodovia Bom Jesus-Gilbués, 23km oeste
    da cidade de Bom Jesus. 20/6/1983, Coradin, L. et
    al. 5884.
Stylosanthes guianensis (Aubl.) Sw. var. ***vulgaris***
M.B.Ferreira & Sousa Costa
Bahia
  Lençóis: Rodovia Brasília-Fortaleza (BR-242) 8km
    leste da estrada para Lençóis. 5/7/1983, Coradin, L.
    et al. 6500.
  Lençóis: Beira da estrada BR-242, entre o ramal a
    Lençóis e Pai Inácio. 19/12/1984, Lewis, G.P. et al.
    CFCR 7144.
  Rio de Contas: Pico do Itubira. Ca. De 31km SW da
    cidade, caminho para Mata Grosso. 29/8/1998,
    Carvalho, A.M. et al. 6607.
  Mun.?: Água Quente, Pico das Almas. Vertente norte.
    Vale ao oeste da Serra do Pau Queimado.
    16/12/1988, Harley, R.M. et al. 27266.
Stylosanthes hamata (L.) Taub.
Bahia
  Iaçu: Rio Paraguaçu. 17/7/1982, Hatschbach, G. et al.
    45110.

Stylosanthes humilis Kunth
Bahia
  Bom Jesus da Lapa: Basin of the upper São Francisco
    river. Just beyond Calderão, ca. 32km NE from Bom
    Jesus da Lapa. 18/4/1980, Harley, R.M. et al. 21489A.
Pernambuco
  Fernando de Noronha: Vila dos Remédios.
    18/10/1955, Andrade-Lima, D. 55-2179.
Piauí
  São João do Piauí: Porfírio. 14/4/1994, Nascimento,
    M.S.B. et al. 464.
Rio Grande do Norte
  Luís Gomes: BR-405 Luíz Gomes-Pau dos Ferros, km
    4. 12/8/1994, Silva, G.P. et al. 2468.
Stylosanthes cf. ***humilis*** Kunth
Ceará
  Fortaleza: Coast-line, 20 miles inland, on the plains.
    9/11/1925, Bolland, G. s.n.
Piauí
  Parnaíba: Sabiazal. 28/6/1994, Nascimento, M.S.B. 7.
  Teresina: EMBRAPA/CPAMN, próximo ao curral das
    vacas. 22/5/1995, Nascimento, M.S.B. et al. 1013.
Stylosanthes leiocarpa Vogel
Bahia
  Barra da Estiva: Serra do Sincorá. 3–13km W of Barra
    da Estiva on the road to Jussiape. 23/3/1980,
    Harley, R.M. 20825.
  Lençóis: BR-242, 3–8km W del desvio a Lençóis.
    26/11/1992, Arbo, M.M. et al. 5796.
  Unloc.: Schultz-Kraft, R. et al. 2296, 2385, 2447, 2522,
    10094, 10097.
Stylosanthes macrocephala M.B.Ferreira & Sousa Costa
Bahia
  Barra da Estiva: Estrada Barra da Estiva-Mucugê, km
    31. 4/7/1983, Coradin, L. et al. 6437.
  Barra da Estiva: Serra do Sincorá, W of Barra da
    Estiva on the road to Jussiape. 23/3/1980, Harley,
    R.M. et al. 20822.
  Bom Jesus da Lapa: Rodovia Igaporã-Caetité, km 8.
    2/7/1983, Coradin, L. et al. 6345.
  Boninal: Estrada Boninal-Piatã, km 4. 6/7/1983,
    Coradin, L. et al. 6550.
  Caetité: Ca. 2km na estrada Caetité-Bom Jesus da
    Lapa. 19/4/1983, Carvalho, A.M. et al. 1841.
  Campo Formoso: Estrada Alogoinhas-Água Preta, km
    3. 26/6/1983, Coradin, L. et al. 6045.
  Cocos: 5km S of Cocos. 16/3/1972, Anderson, W.R. et
    al. 37085.
  Correntina: 12km N of Correntina, on the road to
    Inhaúmas. 28/4/1980, Harley, R.M. et al. 21876.
  Correntina: About 9km SE of Correntina, on road to
    Jaborandi. 27/4/1980, Harley, R.M. et al. 21850.
  Gentio do Ouro: Estrada São Inácio-Gameleira do
    Açuruá, km 20. 30/6/1983, Coradin, L. et al. 6293.
  Lençóis: Caminho para Capão (Caeté-Açu) por trás
    da Pousada de Lençóis, ca. 4km de Lençóis.
    26/4/1992, Queiroz, L.P. et al. 2741.
  Morro do Chapéu: Rodovia Morro do Chapéu-Irecê
    (BA-052), km 21. 29/6/1983, Coradin, L. et al. 6246.
  Paratinga: Estrada Paratinga-Bom Jesus da Lapa, km
    10. 1/7/1983, Coradin, L. et al. 6326.
  Rio de Contas: Mato Grosso. 7/4/1992, Hatschbach,
    G. et al. 56796.

Rio de Contas: Barra do Brumado. 7/4/1992, Hatschbach, G. et al. 56781.

Rio de Contas: About 3km N of the town of Rio de Contas. 21/1/1974, Harley, R.M. et al. 15364A.

Rio de Contas: On road to Abaíra ca. 8km to N of the town of Rio de Contas. 18/1/1974, Harley, R.M. et al. 15218.

Rio de Contas: Ca. 7km S of Rio de Contas on estrada de terra to Livramento do Brumado. 16/4/1991, Lewis, G.P. et al. 1993.

Rio de Contas: Between 2,5 and 5km S of Rio de Contas on side road to W of the road to Livramento do Brumado, leading to the Rio Brumado. 28/3/1977, Harley, R.M. et al. 20140.

São Desidério: BR-020. Proximidades do posto de gasolina de Roda Velha. 15/6/1983, Coradin, L. et al. 5707.

Urandi: Rodovia BR-122, próximo a divisa com Ouro Branco. 4/4/1992, Hatschbach, G. et al. 56529.

Pernambuco

?Buíque: Serra do Catimbau. 18/10/1994, Travassos, Z. 210.

Stylosanthes pilosa M.B.Ferreira & Sousa Costa

Bahia

Gentio do Ouro: Estrada São Inácio-Gameleira do Açuruá, km 20. 30/6/1983, Coradin, L. et al. 6291.

Morro do Chapéu: Localidade de Fedegoso. 28/8/1981, Ferreira, J.D.C.A. 43.

Xique-Xique: Estrada Xique-Xique/São Inácio, km 25. 30/6/1983, Coradin, L. et al. 6280.

Unloc.: 31/10/1978, Schultz-Kraft, R. et al. 2035, 2049, 2129.

Unloc.: Schultz-Kraft, R. et al. 1941, 2544, 2550, 2552.

Gentio do Ouro: 5,6km S of São Inácio on the road to Gentio do Ouro. 27/2/1977, Harley, R.M. et al. 19134, ISOTYPE, Stylosanthes bahiensis L.'t Mannetje & G.P.Lewis.

Pernambuco

?Buíque: Catimbau, Serra do Catimbau. 18/10/1994, Travassos, Z. 217.

Piauí

Correntes: Rodovia Correntes-Bom Jesus, km 34. 18/6/1983, Coradin, L. et al. 5821.

Unloc.: 1839, Gardner, G. 2093.

Stylosanthes cf. ***pilosa*** M.B.Ferreira & Sousa Costa

Bahia

Campo Formoso: Estrada Alagoinhas-Água Preta, km 3. 26/6/1983, Coradin, L. et al. 6046.

Morro do Chapéu: Rodovia Morro do Chapéu-Irecê (Ba-052), km 21. 29/6/1983, Coradin, L. et al. 6240.

Stylosanthes scabra Vogel

Alagoas

Maribondo: 17/9/1981, Orlandi, R.P. 547.

Bahia

Belmonte: Km 60 a 68 da rodovia Itapebi-Belmonte, 18 a 24km a leste de Barrrolândia. 9/7/1980, Mattos Silva, L.A. et al. 945.

Belmonte: Estação Experimental Gregório Bondar. CEPLAC. Barrolândia. 12/8/1981, Brito, H.S. et al. 81.

Bom Jesus da Lapa: Basin of the upper São Francisco river. Just beyond Calderão, ca. 32km NE from Bom Jesus da Lapa. 18/4/1980, Harley, R.M. et al. 21489.

Boninal: Estrada Boninal-Piatã, km 4. 6/7/1983, Coradin, L. et al. 6568.

Boninal: Estrada para Piatã, 52km sul da BR-242. 20/8/1981, Coradin, L. et al. 4351.

Cachoeira: BR-101, ca. 1km N da ponte sobre o Rio Paraguaçu, na entrada para a Barragem Pedra do Cavalo e estação de piscicultura. 11/4/1994, Queiroz, L.P. et al. 3810.

Correntina: Islets and banks of the Rio Corrente by Correntina. 23/4/1980, Harley, R.M. et al. 21622.

Dom Macedo Costa: Fazenda Mocambo. 5/7/1985, Noblick, L.R. et al. 3974.

Gentio do Ouro: São Inácio, 3km S of São Inácio on the Gentio do Ouro road. 27/2/1977, Harley, R.M. et al. 19159.

Iaçu: Rodovia BA-046. 17/7/1982, Hatschbach, G. et al. 45092.

Ilhéus: Área do CEPEC (Centro de Pesquisas do Cacau), km 22 da rodovia Ilhéus-Itabuna (BR-415). Quadra D. 27/5/1981, Hage, J.L. et al. 768.

Ilhéus: Área do CEPEC (Centro de Pesquisas do Cacau), km 22 da rodovia Ilhéus-Itabuna (BR-415). Quadra C. 21/5/1981, Hage, J.L. et al. 726.

Ilhéus: Área do CEPEC (Centro de Pesquisas do Cacau), km 22 da rodovia Ilhéus-Itabuna (BR-415). Quadra I. 1/7/1981, Hage, J.L. et al. 1017.

Ilhéus: Estrada Pontal-Buerarema, km 26. Local reconhecido por Repartimento. 27/7/1980, Carvalho, A.M. 260.

Ilhéus: Blanchet, J.S. s.n.

Irecê: Ca. 3km NW de Irecê, estrada para Xique-Xique. 18/2/1981, Bastos, B.C. 75.

?Irecê: Rodovia Irecê/Xique-Xique (BA-052), km 80. 29/6/1983, Coradin, L. et al. 6261.

Itamaraju: Fazenda Guanabara, 5km NW de Itamaraju. 6/12/1981, Lewis, G.P. et al. 782.

Jequié: Km 20 da estrada Jequié para Contendas do Sincorá. 23/12/1981, Lewis, G.P. et al. 983.

Lençóis: Rio Lençóis. 10/4/1992, Hatschbach, G. et al. 56954A.

Maracás: Rodovia Maracás-Contendas do Sincorá (BA-026), km 2. 14/2/1979, Mattos Silva, L.A. et al. 216.

Morro do Chapéu: Ca. 11km W de Morro do Chapéu na BA-052 (estrada do feijão). Margem da estrada. 21/8/1993, Queiroz, L.P. et al. 3531.

Mucugê: Perto do cemitério. 16/12/1984, Lewis, G.P. et al. CFCR 6979.

Palmeiras: Ca. Km 250 na rodovia BR-242. 19/3/1990, Carvalho, A.M. et al. 2962.

Santa Cruz Cabrália: Área da Estação Ecológica do Pau-brasil (ESPAB), ca. 16km a W de Porto Seguro, rodovia BR-367 (Porto Seguro-Eunápolis). 13/7/1985, Santos, F.S. 497.

Santa Cruz Cabrália: Área da Estação Ecológica do Pau-brasil (ESPAB), ca. 16km a W de Porto Seguro, rodovia BR-367 (Porto Seguro-Eunápolis). Área em frente à ESPAB, no lado da rodovia. 21/7/1987, Santos, F.S. et al. 634.

Santa Cruz Cabrália: Ramal para a Torre da Embratel com entrada no km 25,6 da rodovia BR-367 (Eunápolis-Porto Seguro). 4/7/1979, Mori, S. et al. 12065.

Santa Teresinha: Ca. 6km NE do entroncamento da BR-116, com a BA-046 (para Iaçu e Itaberaba), ao lado da BR-116. 2/6/1993, Queiroz, L.P. et al. 3188.

Senhor do Bonfim: Rodovia Senhor do Bonfim-Jacobina (BR-374), km 21. 25/6/1983, Coradin, L. et al. 6024.

Tucano: Distrito de Caldas do Jorro. Estrada que liga a sede do distrito à estrada Araci-Tucano. 2/3/1992, Carvalho, A.M. et al. 3878.

Uruçuca: 7,3km north of Serra Grande on road to Itacaré, Fazenda Lagoa do Conjunto Fazenda Santa Cruz. Transect study site. 11/5/1993, Thomas, W.W. et al. 9864.

Mun.?: Lagoa da Eugênia southern end near Camaleão. 20/2/1974, Harley, R.M. et al. 16248.

Mun.?: São Inácio, Serra de São Inácio. 1907, Ule, E. 7522.

Mun.?: Cruz de Cosma: Glocker, E.F.von 218.

Unloc.: Blanchet, J.S. 1217.

Paraíba

Santa Rita: Estrada para João Pessoa (BR-230). 9/1/1981, Fevereiro, V.P.B. et al. 509.

Pernambuco

Buíque: Fazenda Esmeralda. 18/10/1994, Travassos, Z. 214.

Buíque: Serra do Catimbau. 18/10/1994, Travassos, Z. 216.

Unloc.: 10/1837, Gardner, G. 973.

***Stylosanthes* aff. *scabra* Vogel**

Bahia

Jacobina: Rodovia Jacobina-Laje do Batata, km 15. 28/6/1983, Coradin, L. et al. 6171.

***Stylosanthes viscosa* Sw.**

Alagoas

Maragogi: 31/1/1991, Barros, C.S.S. et al. 43.

Bahia

Alcobaça: 12/1981, Lewis, G.P. et al. 810.

Andaraí: 5km south of Andaraí on road to Mucugê, by bridge over the Rio Paraguaçu. 12/2/1977, Harley, R.M. et al. 18569.

Barra da Estiva: Serra de Sincorá. W of Barra da Estiva on the road to Jussiape. 23/3/1980, Harley, R.M. et al. 20827.

Caetité: Serra Geral de Caetité, 1,5km S of Brejinho das Ametistas. 11/4/1980, Harley, R.M. et al. 21227.

Cafarnaum: Ca. 20km NW de Segredo na BR-122, em direção à Cafarnaum. 24/7/1993, Queiroz, L.P. et al. 3426.

Camaçari: Praia de Arembepe, próximo ao Piruí. No supra-litoral sobre pequenas dunas entre a zona da maré alta e as lagunas, à ca. 25m da zona de maré alta. 24/2/1993, Queiroz, L.P. 3070.

Gentio do Ouro: Estrada São Inácio-Gameleira do Açuruá, km 20. 30/6/1983, Coradin, L. et al. 6292.

Ibicoara: Lagoa Encantada, 19km NE of Ibicoara near Brejão. 1/2/1974, Harley, R.M. et al. 15775.

Ichu: 5km al S de Ichu, camino a Tanquinho. 15/1/1997, Arbo, M.M. et al. 7263.

Ilhéus: 6–8km W de la iglesia de Olivença. En camino de tierra, borde del camino. 14/8/1996, Ferrucci, M.S. et al. 1045.

Ilhéus: 9km sul de Ilhéus, estrada Ilhéus-Olivença. Cururupé. 29/11/1981, Lewis, G.P. et al. 708.

Itaberaba: UEP Paraguaçu (Pasto pangolaI). 16/6/1981, Bastos, B.C. 112.

Itacaré: Cidade de Itacaré. Atrás da Praia do Farol. Acesso pela Pousada dos Piratas. 15/7/1995, Carvalho, A.M. et al. 6034.

Ituaçu: Estrada Ituaçú-Barra da Estiva, a 13km de Ituaçu, próximo do Rio Lajedo. 18/7/1981, Giulietti, A.M. et al. CFCR 1215.

Jacobina: Proximidades do Hotel Serra do Ouro. 27/6/1983, Coradin, L. et al. 6147.

Jacobina: Proximidades do Hotel Serra do Ouro. 27/6/1983, Coradin, L. et al. 6148.

Jacobina: Proximidades do Hotel Serra do Ouro. 27/6/1983, Coradin, L. et al. 6149.

Jacobina: Serra de Jacobina, 5km E de Jacobina no caminho para Bananeira. 20/8/1993, Queiroz, L.P. et al. 3494.

Jacobina: Rodovia Jacobina-Laje do Batata, km 15. 28/6/1983, Coradin, L. et al. 6163.

Jaguarari: Rodovia Juazeiro-Senhor do Bonfim (BR-407), km 83. 25/6/1983, Coradin, L. et al. 5993.

Juazeiro: 71km south of Juazeiro on highway to Feira de Santana. (1.2km S of vilLaje of Barrinha.). 8/3/1970, Eiten, G. et al. 10878.

Lençóis: Ca. 8km NW de Lençóis. Estrada para Barro Branco. 20/12/1981, Lewis, G.P. et al. 913.

Livramento do Brumado: Ca. 4km along estrada de terra from Livramento do Brumado to Rio de Contas. 28/3/1991, Lewis, G.P. et al. 1912.

Maracás: Rodovia BA-026, a 6km a SW de Maracás. 17/11/1978, Mori, S. et al. 11095.

Maracás: Rodovia BA-026, a 6km a SW de Maracás. 27/4/1978, Mori, S. et al. 10006.

Maracás: Km 7 da estrada Maracás-Contendas do Sincorá. 9/2/1983, Carvalho, A.M. et al. 1541.

Maracás: Ca. 1km NE de Maracás, na Lajinha, ao lado do Cruzeiro. 2/6/1993, Queiroz, L.P. et al. 3286.

Maraú: Rodovia BR-030, trecho Ubaitaba/Maraú, 45–50km a leste de Ubaitaba. 12–13/6/1979, Mori, S. et al. 11982.

Morro do Chapéu: Rodovia Laje do Batata-Morro do Chapéu, km 66. 28/6/1983, Coradin, L. et al. 6220.

Morro do Chapéu: 26/8/1980, Bautista, H.P. 346.

Morro do Chapéu: 19,5km SE of the town of Morro do Chapéu on the BA-052 road to Mundo Novo, by the Rio Ferro Doido. 4/3/1977, Harley, R.M. et al. 19374.

Morro do Chapéu: Rodovia Morro do Chapéu-Irecê (BA-052), km 21. 29/6/1983, Coradin, L. et al. 6238.

Mucugê: 6/12/1980, Furlan, A. et al. CFCR 414.

Mucugê: 2–3km approximately SW of Mucugê on the road to Cascavel. 17/2/1977, Harley, R.M. et al. 18807.

Mucugê: Estrada Mucugê-Guiné, a 5km de Mucugê. 7/9/1981, Furlan, A. et al. CFCR 1957.

Mucugê: Estrada Andaraí-Mucugê, a 4–5km de Andaraí. 8/9/1981, Pirani, J.R. et al. CFCR 2087.

Mucugê: Mucugê about 2km along Andaraí road. 25/1/1980, Harley, R.M. et al. 20631.

Mucugê: By Rio Cumbuca ca. 3km S of Mucugê, near site of small dam on road to Cascavel. 4/2/1974, Harley, R.M. et al. 15926.

Mucuri: 7km a NW de Murcuri. 14/9/1978, Mori, S. et al. 10495.

Mucuri: 7km a NW de Murcuri. 14/9/1978, Mori, S. et al. 10494.

Porto Seguro: Parque Nacional de Monte Pascoal. North of Barra Velha. 18/7/1997, Thomas, W.W. et al. 11611.

Porto Seguro: Estrada Arraial d'Ajuda para Trancoso. 20/4/1982, Carvalho, A.M. et al. 1278.

Porto Seguro: Parque Nacional de Monte Pascoal. Along park road 1–2km east of path to peak and visitor center. 17/7/1997, Thomas, W.W. et al. 11567.

Rio de Contas: 1km antes do distrito de Mato Grosso 29/12/1997, Carvalho, A.M. et al. 6422.

Rio de Contas: About 3km N of the town of Rio de Contas. 21/1/1974, Harley, R.M. et al. 15364.

Salvador: Itapuã. 14/7/1983, Bautista, H.P. 792.

Salvador: 3km de la ciudad de Salvador, al oeste del aeropuerto. 12/11/1983, Callejas, R. et al. 1731.

Salvador: Ca. 35km NE of the city of Salvador, 3km NE of Itapuã. Dunes of white sand, in a distance of 1–2km from the shore. 30/8/1978, Morawetz, W. & M. 215-30878.

Salvador: Ca. 30km a N do centro da cidade. Dunas nos arredores da Lagoa do Abaeté. 22/5/1981, Carvalho, A.M. et al. 698.

Salvador: Itapuã. 14/07/1983, Bautista, H.P. et al. 792.

Santa Cruz Cabrália: 11km S of Santa Cruz Cabrália. 17/3/1974, Harley, R.M. et al. 17097.

Santa Cruz Cabrália: Km 15 da estrada Santa Cruz Cabrália-Porto Seguro. 5/11/1983, Callejas, R. et al. 1684.

São Desidério: BR-020. Proximidades do posto de gasolina de Roda Velha. 15/6/1983, Coradin, L. et al. 5709.

Una: Reserva Biológica do Mico-leão (IBAMA). Entrada no km 46 da rodovia BA-001 Ilhéus-Una. 16/7/1997, Amorim, A.M. 2082.

Una: Ramal à esquerda no km 14 da rodovia Una-Canavieiras. BA-001. Comandatuba. 3/6/1981, Hage, J.L. et al. 846.

Una: Estrada Una-Comandatuba, ca. 3km SE de Una. 3/12/1981, Lewis, G.P. et al. 748.

Una: Comandatuba, ca. 10km SE de Una. 3/12/1981, Lewis, G.P. et al. 743.

Una: Reserva Biológica do Mico-leão, entrada no km 46 da BA-001, Ilhéus-Una 16/7/1997, Amorim, A.M. et al. 2082.

Valença: Camino a Guaibim, a 3km de la rodovia Valença-Nazaré 13/1/1997, Arbo, M.M. et al. 7153.

Mun.?: Ca. 5km da BR-116 na BR-242. 14/6/1993, Queiroz, L.P. et al. 3315.

Unloc.: Glocker, E.F.von 163.

Unloc.: Glocker, E.F.von s.n.

Unloc.: Preston, T.A. s.n.

Unloc.: Wetherell s.n.

Paraíba

Remígio: Pedra dos Caboclos. 19/6/1977, Fevereiro, P.C.A. et al. 342.

Pernambuco

Buíque: Catimbau. 10/7/1995, Figueiredo, L. et al. 124.

Buíque: Catimbau, Serra do Catimbau. 18/10/1994, Travassos, Z. 208, 219.

Buíque: Catimbau, Serra do Catimbau. 19/10/1994, Travassos, Z. 223, 225.

Buíque: Catimbau, Serra do Catimbau. 18/10/1994, Menezes, E. 24.

Buíque: Catimbau, Serra do Catimbau. 17/10/1994, Menezes, E. 14.

Buíque: Catimbau, Serra do Catimbau. 17/10/1994, Souza, G.M. 45.

Buíque: Catimbau, Trilha das torres. 16/10/1994, Souza, G.M. 33.

Cabo de Santo Agostinho: Na ponta do farol, próximo ao farol antigo. 20/8/1952, Ducke, A. et al. 140.

Petrolina: Rodovia Petrolina-Recife (BR-428), km 31. 23/6/1983, Coradin, L. et al. 5949.

Piauí

São Gonçalo: Near São Gonçalo. 2/1839, Gardner, G. 2092.

Rio Grande do Norte

Mossoró: Rodovia Grossos-Tibau, km 6. 12/8/1994, Silva, G.P. et al. 2475.

Stylosanthes sp.

Bahia

Barra da Estiva: S de Barra da Estiva, camino a Ituaçu, Morro do Ouro y Morro da Torre. 23/11/1992, Arbo, M.M. et al. 5729.

Swartzia acutifolia Vogel

Bahia

Duas Barras: 5km de Duas Barras do Morro 31/8/1981, Orlandi, R.P. 478.

Swartzia alternifoliolata Mansano

Bahia

Belmonte: Estação Experimental Gregório Bondar 28/11/1987, Santos, T.S. 4324.

Swartzia apetala Raddi

Bahia

Belmonte: Rodovia Belmonte-Itapebi, km 26 27/9/1979, Mattos Silva, L.A. et al. 591.

Canavieiras: Rodovia Canavieiras-Santa Luzia, 2km a partir do início da estrada 21/1/1998, Amorim, A.M. et al. 2113.

Ilhéus: Fazenda Barra do Manguinho, km 12 da BA-001, Ilhéus-Olivença, areial em frente a sede da fazenda 23/2/1984, Mattos Silva, L.A. et al. 1703.

Ilhéus: Sambaituba, N do município sede, próximo da Cachoeira no Rio das Caldeiras 25/4/1993, Jardim, J.G. et al. 135.

Lençóis: 2km E of turn-off to Lençóis on BR-242 2/8/1998, Bridgewater, S. et al. 1031.

Lençóis: Chapada Diamantina, estrada para Recanto, 2km de Lençóis, Capetinga 12/9/1990, Lima, H.C. et al. 3980.

Nova Viçosa: Arredores da cidade 19/10/1983, Hatschbach, G. et al. 47018.

Prado: BA-284, Prado-Itamaraju, 65km NW de Prado 18/8/1978, Mori, S.A. et al. 10665.

Salvador: 30km N do centro da cidade, estrada para o aeroporto, arredores de Itapuã 24/5/1981, Carvalho, A.M. et al. 724.

Santa Cruz Cabrália: Estação Ecológica do Pau-brasil, 16km W de Porto Seguro 23/8/1983, Santos, F.S. 09.

Una: ReBio do Mico-leão, entrada no km 46 da BA-001, Ilhéus-Una, entorno da ReBio, margem do Rio Maruim, projeto de Eco-turismo do IESB 28/1/1998, Carvalho, A.M. et al. 6465.

Una: Estrada para o Distrito de Pedras, 7km a partir
da BA-001 que liga Ilhéus-Una 13/4/1172, Amorim,
A.M. et al. 1172.

Swartzia apetala Raddi var. ***apetala***
Bahia

Lençóis: 3km N pela rodovia que liga a BR-242
10/4/1992, Hatschbach, G. et al. 56962.

Lençóis: Serra dos Lençóis, 7km NE of Lençóis and
3km S of the main Seabra-Ibotirama road 23/5/1980,
Harley, R.M. et al. 22437.

Rio de Contas: On road to Abaíra, 8km to N of the town
of Rio de Contas 18/1/1974, Harley, R.M. et al. 15259.

Ubatã: Fazenda Rancho Alegre, 4km na estrada da
BR-101 para Ibirataia, 2km ramal adentro
25/3/1993, Carvalho, A.M. et al. 4225.

Swartzia apetala Raddi var. ***blanchetii*** (Benth.)
R.S.Cowan
Bahia

Ilhéus: Fazenda Guanabara (junto à Fazenda do
Manguinho), ramal com entrada no km 10 da
rodovia Ilhéus-Olivença, 4km à Oeste da rodovia
14/2/1986, Mattos Silva, L.A. et al. 1987.

Ilhéus: 10km south of Ilhéus (Pontal) on road to
Olivença, then 3km west, Fazenda Manguinho
30/1/1994, Thomas, W.W. et al. 10194.

Ilhéus: CEPEC, BR-415, km 22, Ilhéus-Itabuna, quadra
D 18/8/1981, Hage, J.L. et al. 1199.

Ilhéus: CEPEC, BR-415, km 22, Ilhéus-Itabuna, quadra
D 14/7/1981, Hage, J.L. et al. 1095.

Ilhéus: CEPEC, BR-415, km 22, Ilhéus-Itabuna, quadra
I 25/8/1981, Hage, J.L. et al. 1229.

Ilhéus: CEPEC, BR-415, km 22, Ilhéus-Itabuna, quadra
D 31/3/1981, Hage, J.L. 573.

Ilhéus: CEPEC, BR-415, km 22, Ilhéus-Itabuna, quadra I,
plantação de cacau 3/12/1987, Hage, J.L. et al. 2227.

Itacaré: 8km SW of Itacaré along side road south from
main Itacaré-Ubaitaba road, South of the mouth of the
Rio de Contas 31/1/1977, Harley, R.M. et al. 18435.

Uruçuca: 7.4km north of Serra Grande on road to
Itacaré 17/2/1994, Thomas, W.W. et al. 10395.

Unloc.: Martius, C.F.P.von 884.

Swartzia apetala Raddi var. ***subcordata*** R.S.Cowan
Alagoas

Maceió: 4/1838, Gardner, G. 1410.
Bahia

Alagoinhas: 7km N of limit of town of Alagoinhas on
BR-101 27/1/1993, Kallunki, J.A. et al. 382.

Ilhéus: Blanchet, J.S. 1897.

Rio Real: 2km E de Rio Real na BA-396, em direção a
Jandaíra 20/12/1993, Queiroz, L.P. et al. 3759.

Salvador: Lagoa de Abaeté, NE edge of the city of
Salvador 22/5/1981, Mori, S.A. et al. 14038.

Salvador: Coastal dunes 2km north of town of Itapuã
9/4/1980, Plowman, T. et al. 10055.

Salvador: 35km NE of the city of Salvador, 3km NE of
Itapuã 15/2/1981, Morawetz, W.&M. 18-15281.

Salvador: Dunas de Itapuã 2/12/1984, Guedes, M.L.
et al. 936.

Salvador: Dunas de Itapuã, 30km ao norte da cidade,
arredores do aeroporto 21/1/1987, Harley, R.M. et
al. 24109.

Salvador: Dunas de Itapuã, arredores da Lagoa de
Abaeté 5/5/1991, Lewis, G.P. et al. 2016.

Salvador: 30km a N da cidade, arredores do
aeroporto 2/1/1982, Lewis, G.P. et al. 1000.

Salvador: Dunas de Itapuã 15/6/1991, Pennington,
R.T. et al. 289.

Tucano: 27/5/1981, Gonçalves, L.M.C. 106.

Unloc.: Salzmann, P. s.n.
Sergipe

Estância: 19,4km da BR-101 em direçao à Praia do
Abais 28/11/1993, Amorim, A.M. et al. 1521.

Swartzia aff. ***apetala*** Raddi
Bahia

Lençóis: Serra dos Lençóis, 4km NE of Lençóis by old
road 23/5/1980, Harley, R.M. et al. 22466.

Swartzia babiensis R.S.Cowan
Bahia

Andaraí: 40km na estrada de Andaraí para a BR-242
13/4/1990, Carvalho, A.M. et al. 3020.

Lençóis: BR-242, 5–6km N de Lençóis 19/12/1981,
Lewis, G.P. et al. 864.

Lençóis: Desvio a Lençóis, 8km S de BR-242
26/11/1992, Arbo, M.M. et al. 5786.

Lençóis: Chapada Diamantina, estrada para Recanto,
2km de Lençóis, Capetinga 12/9/1990, Lima, H.C.
et al. 3979.

Lençóis: Estrada Lençóis-BR-242, numa extensão de
12km 18/5/1989, Mattos Silva, L.A. et al. 2763.

Lençóis: Beira da BR-242, entre o ramal a Lençóis
e Pai Inácio 19/12/1984, Lewis, G.P. et al.
CFCR 7126.

Lençóis: Serra dos Lençóis, 7km NE of Lençóis, and
3km S of main Seabra-Itaberaba road 23/5/1980,
Harley, R.M. et al. 22439.

Lençóis: About 7–10km along the main Seabra-
Itaberaba road, W of Lençóis turning, by the Rio
Mucugezinho 27/5/1980, Harley, R.M. et al. 22679,
ISOTYPE, Swartzia bahiensis R.S.Cowan.

Swartzia dipetala Willd. ex Vogel
Bahia

Belmonte: On SW outskirts of city 23/3/1974, Harley,
R.M. et al. 17301.

Ilhéus: 6km east of Pontal (Ilhéus) on road to
Buerarema 18/1/1993, Thomas, W.W. et al. 9559.

Ilhéus: Sambaitaba 17/1/1993, Thomas, W.W. et al. 9557.

Ilhéus: Rodovia Ilhéus-Ponta do Ramo-Itacaré, km
6–12 N de Ilhéus, próximo ao litoral 17/4/1986,
Mattos Silva, L.A. et al. 2049.

Maraú: 5km N de Saquaíra na rodovia para
Campinhos 2/2/2000, Jardim, J.G. et al. 2639.

Maraú: Estrada Ubaitaba-Ponta do Mutá,
entroncamento da estrada para Maraú 3/2/1983,
Carvalho, A.M. et al. 1439.

Maraú: 13/1/1967, Belém, R.P. et al. 3120.

Maraú: BR-030, 3km S de Maraú 7/2/1979, Mori, S.A.
et al. 11454.

Porto Seguro: Rodovia para o Povoado de Trancoso,
km 4–5 depois de Arraial d'ajuda 5/11/1983,
Callejas, R. et al. 1690.

Valença: Km 13 da estrada Valença-Guaibim
9/1/1982, Lewis, G.P. et al. 1042.

Swartzia flaemingii Raddi
Alagoas

Porto Calvo: Bela Vista, 6km da zona urbana
23/11/1982, Lyra-Lemos, R.P. et al. 757.

Bahia
Maraú: Rodovia Ubaitaba-Maraú, 45,5km E 1/2/2000, Jardim, J.G. et al. 2605.
Una: ReBio do Mico-leão, entrada no km 46 da BA-001, Ilhéus-Una, entrada a direita no km 10. 15/7/1993, Jardim, J.G. et al. 235.
Ceará
Barro: Road from Fortaleza to Crato, BR-116, 38km S of Barro, km 499 13/2/1985, Gentry, A. et al. 50078.
Pernambuco
Caruaru: Brejo dos Cavalos, Fazenda Caruaru 25/2/1994, Borges, M. et al. 05.

Swartzia flaemingii Raddi var. ***flaemingii***
Bahia
Encruzilhada: Margem do Rio Pardo 24/5/1968, Belém, R.P. 3636.
Encruzilhada: Margem do Rio Pardo 23/5/1968, Belém, R.P. 3609.
Espigão Mestre, 100km WSW of Barreiras 7/3/1972, Anderson, W.R. et al. 36758.

Swartzia flaemingii Raddi var. ***cognata*** R.S.Cowan
Bahia
Cairu: Rodovia Nilo Peçanha-Cairu, km 2 9/12/1980, Carvalho, A.M. et al. 362.
Coaraci: Plantação de cacau 30/11/1966, Belém, R.P. 3944, ISOTYPE - photo, Swartzia flaemingii Raddi var. cognata R.S.Cowan.
Itacaré: 2/9/1970, Santos, T.S. 1070.
Maraú: Coastal zone near Maraú 16/5/1980, Harley, R.M. et al. 22147.
Maraú: Km 1 da estrada para Maraú, entrada de estrada Maraú-Porto de Campinhos 6/1/1982, Lewis, G.P. et al. 1019.
Nilo Peçanha: Rodovia Nilo Peçanha-Cairu, km 2 22/11/1985, Mattos Silva, L.A. et al. 1966.

Swartzia flaemingii Raddi var. ***psilonema*** (Harms) R.S.Cowan
Bahia
Jacobina: 1840, Blanchet, J.S. 3117, ISOLECTOTYPE, Swartzia flaemingii Raddi var. psilonema (Harms) R.S.Cowan.
Piauí
Oeiras: Near the city of Oeiras. 5/1839, Gardner, G. 2141.
Valença do Piauí: 28km from Valença do Piauí to Lagoa do Sítio 9/1/1985, Lewis, G.P. et al. 1350.
Mun.?: In der Serra Branca. 1/1907, Ule, E. 7168, Remaining SYNTYPE, Swartzia psilonema Harms.

Swartzia macrostachya Raddi
Bahia
Alcobaça: Rodovia Teixeira de Freitas-Alcobaça, km 8, margem do Rio Itanhém 28/3/1989, Mattos Silva, L.A. et al. 2628.
Barreiras: Roda Velha, 3km N 3/3/1982, Oliveira, P.I. et al. 496.
Barreiras: Roda Velha 12/1/1977, Hatschbach, G. 39439.
Barreiras: Estrada para o Aeroporto, 5–15km a partir da sede do município 11/6/1992, Carvalho, A.M. et al. 3983.
Correntina: Km 5–10 na rodovia para Santa Maria da Vitória 17/3/1995, Hatschbach, G. et al. 61994.
Cristópolis: BR-242 14/1/1977, Hatschbach, G. 39506.

Cristópolis: Engenho Velho 13/7/1979, Hatschbach, G. et al. 42312.
Ibotirama: Rodovia Barreiras-Brasília, km 90 8/7/1983, Coradin, L. et al. 6661.
Ilhéus: 5–6km SW de Olivença na estrada Olivença-Povoado do Maruim 29/7/1993, Jardim, J.G. et al. 246.
Ilhéus: Distrito de Inema, Conjunto Santa Fé, Morro Correia sobre a fazenda, entrada da fazenda a 1,4km W de Inema. 20/2/1994, Carvalho, A.M. et al. 4399.
Ilhéus: CEPEC, plantação de cacau em remanescente de mata nativa 30/8/1979, Carvalho, A.M. 141.
Itabuna: 3km NW de Juçari 7/5/1978, Mori, S.A. et al. 10080.
Itabuna: 3km NW de Juçari 8/3/1978, Mori, S.A. et al. 9560.
Prado: On road to Itamaraju to Cumuruxatiba, 10.5km NE of turn off of road to Prado on road to Cumuruxatiba 20/10/1993, Thomas, W.W. et al. 10014.
Santa Cruz Cabrália: Área da Estação Ecológica do Pau-brasil, 16km W de Porto Seguro, BR-367, Porto Seguro-Eunápolis, arboreto da ESPAB, quadra 74 30/9/1987, Santos, F.S. 643.
Ubatã: BR-330, plantação de cacau próximo à Barragem do Funil (Rio de Contas), 33km SE de Ipiaú, trecho Ubatã-BR-101 6/3/1978, Mori, S.A. et al. 9546.
Una: ReBio do Mico-leão, entrada no km 46 da BA-001, Ilhéus-Una, Picada da Bandeira 15/4/1993, Jardim, J.G. et al. 118.
Una: ReBio do Mico-leão, entrada no km 46 da BA-001, Ilhéus-Una, Picada da Bandeira 27/7/1993, Carvalho, A.M. et al. 4301.
Una: ReBio do Mico-leão, entrada no km 46 da BA-001, Ilhéus-Una, Picada da Bandeira 8/3/1993, Amorim, A.M. et al. 1118.

Swartzia macrostachya Raddi var. ***macrostachya***
Bahia
Barreiras: Espigão Mestre, near Barreiras airport, 5km NW of Barreiras 4/3/1971, Irwin, H.S. et al. 31473.
Correntina: Chapadão Ocidental, 10km N of Correntina on the Inhaúmas road 29/4/1980, Harley, R.M. et al. 21917.
Correntina: Chapadão Ocidental, 15km SW of Correntina on the road to Goiás 25/4/1980, Harley, R.M. et al. 21740.
Ibicaraí: Itapé, lado sul, plantação de cacau 3/3/1971, Raimundo, S.P. 1044.
Itabuna: Saída para Uruçuca 15/5/1968, Belém, R.P. 3560.
Uruçuca: Escola Média de Agropecuária da Região Cacaueira, Reserva Gregório Bondar 20/5/1994, Thomas, W.W. et al. 10425.

Swartzia macrostachya Raddi var. ***riedelii*** R.S.Cowan
Bahia
Ilhéus: CEPEC, BR-415, km 22, Ilhéus-Itabuna, quadra D 2/4/1981, Hage, J.L. et al. 578.
Ilhéus: CEPEC, BR-415, km 22, Ilhéus-Itabuna, quadra C 25/2/1981, Hage, J.L. 488.
Ilhéus: CEPEC, plantação de cacau 11/3/1968, Santos, T.S. 384.

Itabuna: Entre São José dos Macucos e Itabuna 26/3/1943, Froés, R.L. 20039.

Una: Una-São José, coletas a 27 km de Una 14/5/1993, Amorim, A.M. et al. 1271.

Swartzia myrtifolia J.E.Sm. var. ***elegans*** (Schott) R.S.Cowan

Bahia

Itacaré: Estrada Itacaré-Taboquinha, ao lado do loteamento da Marambaia 20/11/1991, Amorim, A.M. et al. 381.

Itamaraju: Fazenda Pau-brasil 5/12/1981, Lewis, G.P. et al. 767.

Swartzia peremarginata R.S.Cowan

Bahia

Ilhéus: 8.9km SW of Olivença on road to Maruim (off road to Vila Brasil) 21/5/1995, Thomas, W.W. 10961.

Ilhéus: Road from Olivença to Serra das Trempes, 6km from Olivença 3/2/1993, Thomas, W.W. et al. 9715.

Ilhéus: Rodovia Ponta-Una-Canavieiras, BA-001, km 10 24/8/1978, Morawetz, W. & M. et al. 15-24878.

Una: ReBio do Mico-leão, entrada no km 46 da BA-001, Ilhéus-Una, Sede da ReBio 30/3/1994, Amorim, A.M. et al. 1626.

Una: ReBio do Mico-leão, entrada no km 46 da BA-001, Ilhéus-Una, Picada do Príncipe 30/8/1995, Carvalho, A.M. et al. 6074.

Una: Ilhéus-Una Highway, just N of bridge on Rio Acuipé, 30km S of Ilhéus 7/7/1984, Mori, S.A. et al. 16621.

Una: Estrada Olivença-Una, 26km S de Olivença 31/12/1979, Mori, S.A. et al. 13268.

?Una: Margem da rodovia Una-Olivença. 1/6/1966, Belém, R.P. et al. 2377, ISOTYPE - photo, Swartzia peremarginata R.S. Cowan.

Swartzia pickellii Killip ex Ducke

Alagoas

Coité do Nóia: Serra do Brejo 23/3/1983, Staviski, M.N.R. et al. 537.

Swartzia pinheiroana R.S.Cowan

Bahia

Maraú: BR-030, Maraú-Porto de Campinhos, 24km de Maraú, 19km L do entroncamento 13/6/1979, Mattos Silva, L.A. et al. 460.

Maraú: 7/8/1967, Vinha, S.G. et al. 62, ISOTYPE, Swartzia pinheiroana R.S.Cowan.

Swartzia reticulata Ducke

Bahia

Itacaré: 6km SW of Itacaré on side road south from the main Itacaré-Ubaitaba road, south of the mouth of the Rio de Contas 29/1/1977, Harley, R.M. et al. 18364.

Itacaré: 6km SW of Itacaré on side road south from the main Itacaré-Ubaitaba road, south of the mouth of the Rio de Contas 29/1/1977, Harley, R.M. et al. 18367.

Itacaré: Estrada Itacaré-Taboquinhas, 6km de Itacaré, Loteamento da Marambaia 14/12/1992, Amorim, A.M. et al. 919.

Uruçuca: 7.3km N of Serra Grande on road to Itacaré 7/5/1992, Thomas, W.W. et al. 9182.

Uruçuca: Estrada Uruçuca-Serra Grande, 28km NE de Uruçuca 2/12/1979, Mori, S.A. et al. 13060.

Swartzia simplex (Sw.) Spreng.

Bahia

Ilhéus: Fazenda Jairi, km 5 da rodovia Olivença-Una, lado direito 15/10/1980, Mattos Silva, L.A. et al. 1146.

Swartzia simplex (Sw.) Spreng. var. ***simplex***

Bahia

Una: Estação Experimental Lemos Maia, CEPLAC, lado oeste da sede nova da Estação 10/7/1980, Rylands, A. 18-1980.

Swartzia simplex (Sw.) Spreng. var. ***grandiflora*** (Raddi) R.S.Cowan

Bahia

Unloc: 1866, Blanchet, J.S. 3956.

Swartzia simplex (Sw.) Spreng. var. ***ochnacea*** (DC.) R.S.Cowan

Bahia

Cairu: Estrada Cairu-Ituberá, 8km S de Cairu 26/7/1981, Carvalho, A.M. et al. 794.

Canavieiras: Entrance W of the Distrito do Puxim, 7km from the entrance 12/8/2000, Torke, B.M. et al. 153.

Caravelas: Entre Barra de Caravelas e Ponta de Areia 17/3/1978, Mori, S.A. et al. 9633.

Itabuna: Juçari 20/7/1967, Pinheiro, R.S. 131.

Itamaraju: 5km W de Itamaraju 20/9/1978, Mori, S.A. et al. 10751.

Maracás: BA-250, Fazenda dos Pássaros, 24km E de Maracás 4/5/1979, Mori, S.A. et al. 11778.

Maracás: BA-250, 13–25km E de BA-250, Fazenda dos Pássaros, 24km E de Maracás, margem da estrada 18/11/1978, Mori, S.A. et al. 11151.

Maraú: BR-030, trecho Maraú-Porto de Campinhos, 7km de Maraú, 2km L do entroncamento 13/6/1979, Mattos Silva, L.A. et al. 442.

Nilo Peçanha: Rodovia Nilo Peçanha-Cairu, km 5, 4km Leste do entroncamento 19/9/1988, Mattos Silva, L.A. et al. 2539.

Porto Seguro: 28/8/1961, Duarte, A.P. 6011.

Porto Seguro: Parque Nacional Monte Pascoal, along road from park entrance to Nature Conference Center 14/11/1996, Thomas, W.W. et al. 11327.

Prado: Rodovia Cumuruxatiba-Prado, km 10 5/9/1986, Mattos Silva, L.A. et al. 2129.

Santa Cruz Cabrália: Arredores da Estação Ecológica do Pau-brasil (17km W de Porto Seguro), estrada velha de Santa Cruz Cabrália, 4–6km E da sede da Estação 18/10/1978, Mori, S.A. et al. 10826.

Una: ReBio do Mico-leão, entrada no km 46 da BA-001, Ilhéus-Una, picada paralela ao Rio Maruim 8/3/1993, Amorim, A.M. et al. 1143.

Una: ReBio do Mico-leão, entrada no km 46 da BA-001, Ilhéus-Una, picada paralela ao Rio Maruim 1/5/1997, Amorim, A.M. et al. 2015.

Swartzia sp.

Bahia

Amélia Rodrigues: 4km SE de Amélia Rodrigues 20/3/1987, Queiroz, L.P. et al. 1420.

Jussari: Fazenda de Santo Antonio 22/6/1991, Pennington, R.T. et al. 314.

Porto Seguro: Reserva Florestal de Porto Seguro, CVRD/BA, aceiro da CEPLAC, km 0,7, lado esquerdo 11/7/1988, Farias, G.L. 204.

Porto Seguro: Parque Nacional Monte Pascoal, 3km S of entrance along road on N side of park 6/2/1999, Thomas, W.W. et al. 12017.

Wenceslau Guimarães: 3km W of Nova Esperança, W edge de Reserva Estadual Wenceslau Guimarães 14/5/1992, Thomas, W.W. et al. 9267.

Sweetia fruticosa Spreng.

Bahia

Barreiras: Arredores de Barreiras, Fazenda Baraúna 2/1/1955, Black, G.A. 55-8016.

Tephrosia adunca Benth.

Ceará

Crato: In a dry road near Villa do Crato. 1/1839, Gardner, G. 2024.

Tephrosia candida (Roxb.)DC.

Bahia

Ilhéus: CEPEC, BR415, km 22, Ilhéus-Itabuna, Quadra I 17/2/1982, Hage, J.L. 1634.

Ilhéus: CEPEC, BR415, km 22, Ilhéus-Itabuna, Quadra D 2/4/1981, Hage, J.L. et al. 577.

Ilhéus: CEPEC, BR415, km 22, Ilhéus-Itabuna, Quadra D 17/6/1986, Hage, J.L. et al. 2087.

Ilhéus: CEPEC, BR415, km 22, Ilhéus-Itabuna, Quadra B 13/5/1981, Hage, J.L. et al. 678.

Ilhéus: Km 5 da estrada Ilhéus-Uruçuca 30/3/1986, Carvalho, A.M. et al. 2364.

Uruçuca: BR-101, próximo à Uruçuca 28/4/1978, Mori, S.A. et al. 10067.

Mun.?: BR-101, próximo a Ibirapiragi 11/4/1992, Hatschbach, G. et al. 56983.

Tephrosia cinerea (L.)Pers.

Bahia

?Jacobina: Serra Jacobina. 1839, Blanchet, J.S. 2694.

Tephrosia cinerea (L.)Pers. var. ***littoralis*** (Jacq.) Benth.

Pernambuco

Fernando de Noronha: 9/1873, Moseley, H.N. s.n.

Fernando de Noronha: ?Moseley, H.N. s.n.

Tephrosia cinerea var. ***villosior*** Benth.

Piauí

Mun.?: Dry hilly places at Retiro. 3/1839, Gardner, G. 2113.

Tephrosia egregia Sandwith

Ceará

Fortaleza: Antonio Bezerra, margem do Rio Maranguapinho 10/3/1956, Ducke, A. 2535.

Tephrosia noctiflora Boj. ex Bak.

Pernambuco

Bonito: Reserva Ecológica Municipal da Prefeitura de Bonito 15/3/1995, Menezes, E. et al. 59.

Tephrosia purpurea (L.) Pers.

Bahia

Antas: 24km N de Cícero Dantas ao longo da BR-410 18/12/1993, Queiroz, L.P. et al. 3718.

Itaberaba: Fazenda Santa Fé. 5/1994, Dutra, E.A. 7.

Piauí

Gilbués: Rodovia Correntes-Bom Jesus, 2km Leste de Gilbués 18/6/1983, Coradin, L. et al. 5846.

Tephrosia purpurea (L.) Pers. subsp. ***purpurea***

Bahia

Baixa Grande: Entroncamento com a BA-052 24/3/1994, Queiroz, L.P. et al. 3804.

Castro Alves: Fazenda Marimbondo 13/4/1995, Queiroz, L.P. et al. 4314.

Dom Basílio: 60km na estrada Brumado-Livramento do Brumado 13/3/1991, Brito, H.S. et al. 299.

Ipirá: Ao lado da ponte do Rio do Peixe, na BA-052 2/4/1993, Queiroz, L.P. et al. 3126.

?Porto Seguro: Raso da Catarina 24/10/1982, Guedes, L.S. 559.

Mun.?: Salgado do Melão 7/4/1972, Pickersgill, B. et al. RU-72-465.

Paraíba

São João do Rio do Peixe: Rodovia de acesso ao Hotel Brejo das Freiras, periferia da cidade 12/8/1994, Silva, G.P. et al. 2463.

Tephrosia purpurea (L.) Pers. subsp. ***leptostachya*** (DC.) Brummitt

Bahia

Unloc: Blanchet, J.S. s.n.

Piauí

Demerval Lobão: BR-326, 5km from Demerval Lobão in direction of Teresina, 350m from Riacho Marimbas 13/1/1985, Lewis, G.P. 1362.

Oeiras: Rocky places near Oeiras. 3/1839, Gardner, G. 2112.

Tephrosia sp.

Bahia

Itaeté: 30km de Itaeté na estrada para Marcionílio Souza 23/12/1999, Giulietti, A.M. et al. 1574.

Salvador: Dunas de Itapuã, próximo ao Condomínio Alameda da Praia, arredores da Lagoa do Urubu 15/10/1991, Queiroz, L.P. 2537.

Teramnus uncinatus (L.) Sw.

Bahia

Ilhéus: Área do CEPEC, km 22 da rodovia Ilhéus-Itabuna, BR 415 17/6/1986, Hage, J.L. et al. 2067.

Tipuana tipu (Benth.) Kuntze

Bahia

Maracás: Jardim do centro da cidade 3/3/1988, Mattos Silva, L.A. et al. 2307.

Trischidium alternum (Benth.) H.Ireland

Pernambuco

Recife: Dois Irmãos 10/2/1997, Arbo, M.M. et al. 7853.

Trischidium decipiens (R.S.Cowan) H.Ireland

Ceará

Novo Oriente: Miudinho, Ibiapaba 3/8/1990, Araújo, F.S. 125.

Viçosa do Ceará: Chapada da Ibiapaba 18/9/1988, Fernandes, A. s.n.

Trischidium limae (R.S.Cowan) H.Ireland

Bahia

Una: Reserva Biológica de Una. Picada do Marimbondo. 24/11/1996, Thomas, W.W. et al. 11416.

Trischidium molle (Benth.) H.Ireland

Bahia

Antas: 30km S de Jeremoabo na BR-110 20/12/1993, Queiroz, L.P. et al. 3746.

Bom Jesus da Lapa: BR-40 28/10/1965, Duarte, A.P. 9529.

Casa Nova: 10/9/1981, Ferreira, J.D.C.A. 120.

Correntina: 15km SW of Correntina on the road to Goiás 25/4/1980, Harley, R.M. et al. 21756.

Gentio do Ouro: Serra do Açuruá, estrada para Xique-Xique, 2km antes de Gameleira do Açuruá 10/9/1990, Lima, H.C. et al. 3939.

Gentio do Ouro: 5.6km S of São Inácio on the road
to Gentio do Ouro 27/2/1977, Harley, R.M.
et al. 19149.

Gentio do Ouro: 12km E of Gentio do Ouro on road
to Boa Vista and Ibipeba 22/2/1977, Harley, R.M.
et al. 18922.

Gentio do Ouro: Serra do Açuruá, estrada para
Xique-Xique, 2km antes de Gameleira do Açuruá
10/9/1990, Lima, H.C. et al. 3939.

Gentio do Ouro: Serra do Açuruá, estrada para
Xique-Xique, 2km antes de Gameleira do Açuruá
10/9/1990, Lima, H.C. et al. 3940.

Ibotirama: Proximidades do Hotel Velho Chico
9/9/1992, Coradin, L. et al. 8521.

Ibotirama: Rodovia Ibotirama-Oliveira do Brejinho,
km 6 12/3/1991, Pereira, B.A.S. et al. 1657.

Morro do Chapéu: BA-052, Morro do Chapéu-Irecê,
km 21 29/6/1983, Coradin, L. et al. 6256.

Morro do Chapéu: Distrito de Tamboril 4/4/1986,
Carvalho, A.M. et al. 2425.

Paramirim: Rio Paramirim, 4km da cidade na estrada
para Água Quente 30/11/1988, Harley, R.M. et al.
27038.

?Porto Seguro: Estação Ecológica do Raso da Catarina
11/6/1982, Queiroz, L.P. 735.

Santa Maria da Vitória: 4km from Santa Maria da
Vitória on the road to Correntina 24/7/1998, Ratter,
J.A. et al. R-8024VA.

São Desidério: Chapada do São Francisco, estrada
de terra entre Roda Velha e Estiva, 26,8km de
Roda Velha 7/11/1997, Oliveira, F.C.A.
et al. 871.

Tucano: Rodovia Ribeira do Pombal-Tucano, km 24
16/6/1994, Sant'Ana, S.C. et al. 509.

Tucano: 23km na estrada Tucano-Euclides da Cunha
22/3/1992, Carvalho, A.M. et al. 3933.

Utinga: 1838, Blanchet, J.S. 2774, LECTOTYPE,
Swartzia mollis Benth.

Utinga: 1838, Blanchet, J.S. 2774, ISOLECTOTYPE,
Swartzia mollis Benth.

Xique-Xique: Kms 6–8 da estrada Santo Inácio-Gentio
do Ouro, margem do rio, próximo a ponte
1/6/1991, Brito, H.S. et al. 318.

Ceará

Aracati: BR-304, km 61, Córrego de Ubarana
11/3/1979, Nunes, E. s.n.

Itaitinga: Pé do serrote 28/12/1956, Ducke, A.
2582.

Pacatuba: Itaitinga, Serrote da Pedreira 11/8/1955,
Ducke, A. 2467, LECTOTYPE, Swartzia cearensis
Benth.

Pacatuba: Itaitinga, Serrote da Pedreira 11/8/1955,
Ducke, A. 2467, ISOLECTOTYPE, Swartzia
cearensis Benth.

Pernambuco

Buíque: Catimbau, Trilha das Torres 16/3/1995,
Andrade, K. et al. 20.

Buíque: Catimbau, Trilha das Torres 16/9/1994,
Rodal, M.J.N. 370.

Ibimirim: Estrada Ibimirim-Petrolândia 5/6/1995,
Tschá, M.C. et al. 124.

Ibimirim: Estrada Ibimirim-Petrolândia 19/7/1995,
Sales, M.F. 634.

Vatairea macrocarpa (Benth.)Ducke
Bahia

Gentio do Ouro: Serra do Açuruá, estrada para
Xique-Xique, 10km antes de Santo Inácio 3/9/1990,
Lima, H.C. et al. 3951.

Ceará

Crato: Catingas near Crato. 9/1838, Gardner, G. 1539,
HOLOTYPE, Tipuana macrocarpa var. macrocarpa
Benth.

Crato: Catingas near Crato. 9/1838, Gardner, G. 1539,
ISOTYPE, Tipuana macrocarpa var. macrocarpa
Benth.

Vatairea cf. ***macrocarpa*** (Benth.)Ducke
Bahia

Una: Reserva Biológica do Mico-leão, entrada no km
46 da BA-001, Ilhéus-Una 5/7/1994, Sant'Ana, S.C.
et al. 531.

Una: Reserva Biológica do Mico-leão, entrada no km
46 da BA-001, Ilhéus-Una, Picada do Príncipe
14/9/1993, Amorim, A.M.A. et al. 1376.

Vataireopsis araroba (Aguiar) Ducke
Bahia

Caravelas: 40km na BR-101 para Caravelas 4/9/1989,
Carvalho, A.M. et al. 2437.

Ilhéus: Ramal da BR-101 para o Banco Central, após
o Posto S. Antonio 14/7/1973, Pinheiro, R.S. 2194.

Ilhéus: Martius, C.F.P.von s.n.

Itabuna: Rodovia Itabuna-Uruçuca 6/7/1965, Belém,
P.R. 1314.

Santa Cruz Cabrália: Estação Ecológica do Pau-
brasil, 16km W de Porto Seguro 29/8/1983,
Santos, F.S. 25.

Uruçuca: Distrito de Serra Grande, 3,5km na estrada
Serra Grande-Itacaré 1/9/1993, Amorim, A.M.A. et
al. 1331.

Uruçuca: Uruçuca-Ilhéus 24/7/1971, Pinheiro, R.S.
1506.

Unloc.: 12/8/1913.

Unloc.: 8/1/1891.

Vigna adenantha (G.F.Mey.) Maréchal, Mascherpa &
Stainier
Bahia

Cachoeira: Vale dos Rios Jacuípe e Paraguaçu, Estação
Pedra do Cavalo. 9/1980, Pedra Cavalo, G. 524.

Pernambuco

Mun.?: Formações secundárias da Serra Negra
12/10/1950, Andrade-Lima, D. 50-693.

Vigna aff. ***adenantha*** (G.F.Mey.) Maréchal, Mascherpa
& Stainier
Bahia

Feira de Santana: Serra de São José 20/9/1980,
Noblick, L.R. s.n.

Itamaraju: Fazenda Pau-brasil 5/12/1981, Lewis, G.P.
et al. 761.

Vigna candida (Vell.) Maréchal, Mascherpa & Stainier
Bahia

Ilhéus: CEPEC, BR-415, km 22, Ilhéus-Itabuna, quadra
I 26/7/1985, Santos, T.S. 3976.

Jaguarari: BR-407, Juazeiro-Senhor do Bonfim, km
100 25/6/1983, Coradin, L. et al. 6007.

Lençóis: Serras dos Lençóis, Serra do Brejão, 14km
SW of Lençóis, western face 22/5/1980, Harley,
R.M. et al. 22371.

Ceará
Mun.?: Riacho do Capim in Serra do Batiroté
(Baturité). 9/1910, Ule, E. 9049.
Paraíba
Areia: Mata do Pau-ferro, Chã do Jardim 10/10/1979,
Fevereiro, V.P.B. et al. 663.

Vigna cf. ***candida*** (Vell.) Maréchal, Mascherpa
& Stainier
Bahia
Umburanas: 35km NW of Lagoinha (5.2km SW of
Delfino) on side road to Minas do Mimoso
7/3/1974, Harley, R.M. et al. 16888.

Vigna caracalla (L.) Verdc.
Bahia
Cachoeira: Vale dos Rios Jacuípe e Paraguaçu, Estação
Pedra do Cavalo. 9/1980, Pedra Cavalo, G. 768.
Porto Seguro: Reserva Florestal de Porto Seguro
12/7/1988, Farias, G.L. 209.
Santa Cruz Cabrália: Antiga rodovia Estação Ecológica
do Pau-brasil-Santa Cruz, 5–7km NE da Estação
5/7/1979, Mori, S.A. et al. 12084.

Vigna firmula (Benth.) Maréchal, Mascherpa
& Stainier
Bahia
Correntina: 15km SW of Correntina on the road to
Goiás 24/4/1980, Harley, R.M. et al. 21754.
Espigão Mestre: Rio Piau, 150km SW of Barreiras
11/4/1966, Irwin, H.S. et al. 11857.
Ibotirama: Rodovia Barreiras-Brasília, km 90
8/7/1983, Coradin, L. et al. 6656.
Rio de Contas: Pico das Almas, vertente leste, Junco,
9–11km NO da cidade 6/11/1988, Harley, R,M. et
al. 25934A.
Ceará
Mun.?: Serra de Araripe. 10/1838, Gardner, G. 1554.

Vigna halophila (Piper) Maréchal, Mascherpa & Stainier
Bahia
Nilo Peçanha: Rodovia Nilo Peçanha-Cairu, km 4
22/11/1985, Mattos Silva, L.A. et al. 1977.
Salvador: Dunas de Itapuã, arredores da Lagoa do
Abaeté 19/10/1984, Noblick, L.R. et al. 3432.
Unloc.: Salzmann, P. s.n., TYPE, Phaseolus halophilus
Piper.

Vigna aff. ***halophila*** (Piper) Maréchal, Mascherpa &
Stainier
Bahia
Bom Jesus da Lapa: Basin of the Upper São Francisco
River 15/4/1980, Harley, R.M. et al. 21373.

Vigna longifolia (Benth.) Verdc.
Bahia
Ilhéus: 9/1821, Riedel, L. 522.
Unloc.: Salzmann, P.s.n., Probable SYNTYPE,
Phaseolus ovatus Benth. var. glabratus Benth.

Vigna luteola (Jacq.) Benth.
Bahia
Ilhéus: CEPEC, BR-415, km 22, Ilhéus-Itabuna, quadra
H 29/7/1981, Hage, J.L. et al. 1139.
Ilhéus: Av. Soares Lopes 3/5/1993, Thomas, W.W. et
al. 9794.
Maraú: Ponta do Mutá (perto de Campinhos)
6/2/1979, Mori, S.A. et al. 11363.
Maraú: Ponta do Mutá, 31km N from road from
Maraú 3/2/1977, Harley, R.M. et al. 18546.

Ribeira do Pombal: Fazenda Salgadinho, BR-110, 8km
S da cidade 1/3/1984, Noblick, L.R. 2962.
Salvador: Subida para o Condomínio Morada das
Árvores (Vila Laura) a partir da COBAL (antiga
estação rodoviária). 12/6/1994, Queiroz, L.P. 3895.

Vigna marina (Burm.) Merr.
Bahia
Porto Seguro: Just N of Porto Seguro 21/3/1974,
Harley, R.M. et al. 17272.
Porto Seguro: Estrada Porto Seguro-Santa Cruz Cabrália,
km 10 20/4/1982, Carvalho, A.M. et al. 1240.

Vigna peduncularis (Kunth) Fawc. & Rendle
Bahia
Feira de Santana: Estrada do Feijão, 16km da
cidade, Morro do Capim 17/9/1994, França, F. et
al. 1068.
Lençóis: BR-242, km 225, 15km NW of Lençóis
10/6/1981, Mori, S.A. et al. 14255.
Mucugê: 10–15km N of Mucugê on road to Andaraí
18/2/1977, Harley, R.M. et al. 18859.
Ceará
Mun.?: Coastal region at foot of mountain 8/6/1929,
Bolland, G. 34.
Paraíba
Santa Rita: Usina São João, Tibirizinho, 20km do centro
de João Pessoa 12/7/1990, Agra, M.F. et al. 1216.
Pernambuco
Mun.?: Praia Venda Grande 4/9/1949, Andrade-Lima,
D. 49-299.
Fernando de Noronha: 8/1890, Ridley, H.N. et al. 29.

Vigna peduncularis (Kunth) Fawc. & Rendle var.
peduncularis
Bahia
Correntina: Chapadão Ocidental, banks of the Rio
Corrente, by Correntina with marshy around and
some rock outcrops. 27/4/1980, Harley, R.M. et al.
21813.
Ipacaetá: Fazenda Riachão, Serra Orobozinho, 1km
da cidade 14/8/1985, Noblick, L.R. et al. 4284.
Jacobina: Estrada Jacobina-Laje do Batata, km 15
28/6/1983, Coradin, L. et al. 6174.
Mucugê: Campo de frente ao cemitério 20/7/1981,
Giulietti, A.M. et al. CFCR 1440.
Mun.?: Chapadão Ocidental, islets and banks of the
Rio Corrente, by Correntina 23/4/1980, Harley, R.M.
et al. 21648.

Vigna peduncularis (Kunth) Fawc. & Rendle var.
clitorioides (Mart. ex Benth.) Maréchal, Mascherpa
& Stainier
Bahia
Espigão Mestre, ca. 100km WSW of Barreiras
8/3/1972, Anderson, W.R. et al. 36828.

Vigna vexillata (L.) A.Rich.
Bahia
Cachoeira: Vale dos Rios Jacuípe e Paraguaçu,
Estação Pedra do Cavalo. 8/1980, Pedra Cavalo, G.
637.
Ilhéus: CEPEC, BR-415, km 22, Ilhéus-Itabuna, quadra
D 25/5/1979, Santos, T.S. 3504.
Ilhéus: CEPEC, BR-415, km 22, Ilhéus-Itabuna, quadra
H 6/9/1983, Santos, E.B. et al. 64.
Ilhéus: CEPEC, BR-415, km 22, Ilhéus-Itabuna, quadra
E 20/5/1981, Hage, J.L. et al. 721.

Salvador: Ondina, Campus da UFBA 27/10/1983, Pinto, G.C.P. 332-83.

Pernambuco

Caruaru: Murici, Brejo dos Cavalos, Parque Ecológico Municipal 1/12/1994, Travassos, Z. et al. 235.

Vigna sp.

Bahia

Lençóis: Serra da Chapadinha 8/7/1996, Giulietti, A.M. et al. 3507.

Zollernia glabra (Spreng.) Yakovlev

Bahia

Caravelas: Peruípe 19/6/1985, Hatschbach, G. et al. 49475.

Zollernia ilicifolia (Brongn.) Vogel

Alagoas

Quebrangulo: Reserva Biológica de Pedra Talhada. 3/1/1994, Cervi, A. et al. CA-7335.

Maceió: 2/1838, Gardner, G. 1408, TYPE, Zollernia latifolia Benth.

Bahia

Castro Alves: Fazenda Marimbondo 13/4/1995, Queiroz, L.P. et al. 4316.

Ilhéus: CEPEC, BR-415, km 22, Ilhéus-Itabuna 13/10/1981, Hage, J.L. et al. 1442.

Ipiaú: Estrada para Jequié 2/11/1970, Santos, T.S. 1264.

Itacaré: 8km S de Itacaré 16/10/1968, Almeida, J. et al. 163.

Itapé: Fazenda Santa Helena, margem direita do Rio Colinia, 16km de Itapé 20/10/1972, Pinheiro, R.S. 2022.

Jequié: 3km W de Jequié 19/11/1978, Mori, S.A. et al. 11197.

Zollernia magnifica A.M.Carvalho & Barneby

Bahia

Itacaré: Estrada Itacaré-Taboquinhas, 6km de Itacaré, Loteamento da Marambaia 14/12/1992, Amorim, A.M. et al. 891.

Itacaré: Loteamento da Marambaia, 6km SW de Itacaré, na estrada para a BR-101 16/2/1993, Carvalho, A.M. et al. 4116.

Zollernia modesta A.M.Carvalho & Barneby

Bahia

Ilhéus: 3km north of Rodoviária, Mata da Esperança, forest north of dam and reservoir 16/3/1996, Thomas, W.W. et al. 11053.

Prado: Reserva Florestal da Brasil de Holanda Indústrias S.A., the entrance at km 18 east fo Itamaraju on road to Prado, 8km from entrance 22/10/1993, Thomas, W.W. et al. 10152.

Porto Seguro: Reserva Biológica 8/3/1988, Farias, G.L. 180.

Porto Seguro: Km 9 da rodovia Porto Seguro-Eunápolis 8/2/1972, Euponino, A. 210, ISOTYPE, Zollernia modesta A.M.Carvalho & Barneby.

Una: ReBio do Mico-leão, entrada no km 46 da BA-001, Ilhéus-Una, entrada à direta no km 10,4 15/9/1993, Jardim, J.G. et al. 293.

Zollernia paraensis Huber

Ceará

Mun.?: Riacho do Capim in Serra de Baturité. 9/1910, Ule, E. 9046, TYPE, Zollernia ulei Harms.

Zornia brasiliensis Vogel

Alagoas

Piaçabuçu: Banks of the Rio São Francisco near Piassabussu. 3/1838, Gardner, G. 1273.

Bahia

Boa Vista do Tupim: Ca. 3km após a balsa para travessia do Rio Paraguaçú, para João Amaro, na estrada para Boa Vista do Tupim. 27/4/1994, Queiroz, L.P. et al. 3868.

Curaçá: Fazenda Tanquinho. 11/8/1983, Pinto, G.C.P. et al. 251-83.

Iaçu: BA-046, trecho Iaçu-Milagres, a 5km a E de Iaçu. 9/3/1980, Mori, S. 13433.

Iaçu: Rodovia BA-046. 17/7/1982, Hatschbach, G. et al. 45023.

Morro do Chapéu: Rodovia Laje do Batata-Morro do Chapéu, km 66. 28/6/1983, Coradin, L. et al. 6219.

Morro do Chapéu: Ca. 22km W of Morro do Chapéu. 20/2/1971, Irwin, H.S. et al. 32645.

Tucano: Ca. 7km na estrada Tucano para AracÍ. 28/2/1992, Carvalho, A.M. et al. 3832.

Piauí

Castelo do Piauí: Fazenda Cipó de Baixo. 19/4/1994, Nascimento, M.S.B. 221.

Zornia cearensis Huber

Piauí

Campo Maior: Fazenda Sol Posto. 12/6/1995, Nascimento, M.S.B. et al. 1039.

Campo Maior: Fazenda Sol Posto. 18/4/1994, Nascimento, M.S.B. 105.

Campo Maior: Fazenda Sol Posto. 21/4/1994, Nascimento, M.S.B. 121.

Zornia diphylla (L.) Pers.

Alagoas

Marechal Deodoro: 500km do entroncamento da BR-101 com AL-215. 31/7/1981, Lyra-Lemos, R.P. et al. 362.

Bahia

Aramari: Pasto da cisterna. 15/7/1981, Oliveira, E.L.P.G. 320.

Campo Formoso: 29/4/1981, Orlandi, R.P. 370.

Pernambuco

Buíque: Catimbau, Trilha das Torres. 17/10/1994, Travassos, Z. 212.

Buíque: Catimbau, Trilha das Torres. 19/10/1994, Travassos, Z. 228.

Buíque: Catimbau, Trilha das Torres. 17/10/1994, Silva, M.B.C. 252.

Buíque: Catimbau, Trilha das Torres. 19/10/1994, Menezes, E. 27.

Zornia echinocarpa (Moric.) Benth.

Bahia

Inhambupe: Margem da estrada entre Inhambupe e Alagoinhas. 6/3/1958, Andrade-Lima, D. 58-2900.

Paulo Afonso: Estação Ecológica do Raso da Catarina. 25/6/1982, Queiroz, L.P. 357.

Tucano: Rodovia Ribeira do Pombal-Tucano, km 24. 16/6/1994, Sant'Ana, S.C. et al. 525.

Unloc.: 1882, Blanchet, J.S. 1928.

Zornia flemmingioides Moric.

Bahia

Andaraí: South of Andaraí, along road to Mucugê near small town of Xique-Xique. 14/2/1977, Harley, R.M. et al. 18669.

Andaraí: Estrada Andaraí-Mucugê, 27km S de Andaraí, após atravessar o Rio Piaba. 21/7/1985, Wanderley, M.G.L. et al. 953.

Barra da Estiva: Camulengo. Povoado em baixo dos inselbergs ao S da Cadeia de Sincorá. Estrada Barra da Estiva-Triúnfo do Sincorá. Entrada km 17. 23/5/1991, Santos, E.B. et al. 286.

Jacobina: Serra da Jacobina (Toca da Areia) 5/7/1996, Bautista, H.P. et al. 3414.

Lençóis: Along BR-242, ca. 15km NW of Lençóis at km 225. 10/6/1981, Mori, S. et al. 14264.

Lençóis: 8–10km NW de Lençóis. Estrada para Barro Branco. 20/12/1981, Lewis, G.P. et al. 928.

Lençóis: Mucugezinho, km 220 aproximadamente da rodovia BR-242. 21/12/1981, Lewis, G.P. et al. 948.

Lençóis: Serra do Brejão, ca. 14km NW of Lençóis. Western face sandstone serra with horizontally bedded rocks. 22/5/1980, Harley, R.M. et al. 22381.

Lençóis: Serras dos Lençóis. About 7–10km along the main Seabra-Itaberaba road, W of the Lençóis turning, by the Rio Mucugezinho. 27/5/1980, Harley, R.M. et al. 22696.

Lençóis: Rodovia Brasília-Fortaleza (BR-242), 8km oeste da estrada para Lençóis. 5/7/1983, Coradin, L. et al. 6527.

Lençóis: Morro do Pai Inácio, ca. 26km da cidade. 18/7/1985, Cerati, T.M. 288.

Lençóis: Caminho de Lençóis para Barro Branco, atrás do cemitério de Lençóis, ca. 8km de Lençóis. 27/4/1992, Queiroz, L.P. et al. 2756.

Morro do Chapéu: Cachoeira do Rio Ferro Doido 5/3/1997, Silva, L.B. et al. 6029.

Morro do Chapéu: Ca. 2km E de Morro do Chapéu, na BA-052 (Estrada do Feijão). 22/8/1993, Queiroz, L.P. et al. 3547.

Morro do Chapéu: BR-052, 4–6km E of Morro do Chapéu. 18/6/1981, Mori, S. et al. 14541.

Morro do Chapéu: 19,5km SE of the town of Morro do Chapéu on the BA-052 road to Mundo Novo, by the Rio Ferro Doido. 4/3/1977, Harley, R.M. et al. 19370.

Morro do Chapéu: Rio do Ferro Doido, 19,5km SE of Morro do Chapéu on the BA-052 highway to Mundo Novo. 31/5/1980, Harley, R.M. et al. 22887.

Mucugê: Estrada nova Andaraí-Mucugê, a 3–4km de Mucugê. 8/9/1981, Furlan, A. et al. CFCR 1590.

Mucugê: Campo defronte ao cemitério. 20/7/1981, Giulietti, A.M. et al. CFCR 1409.

Mucugê: Serra do Sincorá, ca. 15km NW de Mucugê on the road to Guiné & Palmeiras. 26/3/1980, Harley, R.M. et al. 20996.

Mucugê: 10–12km ao NW de Mucugê, na estrada para Andaraí. 27/7/1979, Mori, S. et al. 12660.

Mucugê: 3km ao S de Mucugê, na estrada para Jussiape. 26/7/1979, Mori, S. et al. 12618.

Mucugê: 9km SW of Mucugê, on road from Cascavel. Waste ground by Rio Paraguaçu. 7/2/1974, Harley, R.M. et al. 16099.

Mucugê: Serra de São Pedro. Topo da serra. 17/12/1984, Lewis, G.P. et al. CFCR 7071.

Mucugê: Perto do cemitério. 16/12/1984, Lewis, G.P. et al. CFCR 6976.

Mucugê: Nova rodovia Mucugê-Andaraí. Coletas

entre os km 0 e 10. Área do Parque Nacional da Chapada Diamantina. 19/5/1989, Mattos Silva, L.A. et al. 2780.

Mucugê: Estrada Mucugê-Andaraí, 3–5km N de Mucugê, arredores dos "gerais do capa bode" 21/2/1994, Harley, R.M. CFCR et al. 14334.

Palmeiras: Ca. km 235 da BR-242. Pai Inácio. 13/4/1990, Carvalho, A.M. et al. 2997.

Mun.?: Serra do Sincorá. 11/1906, Ule, E. 7307.

Zornia gardneriana Moric.

Piauí

Oeiras: Near the city of Oeiras. 5/1839, Gardner, G. 2102, TYPE, Zornia gardneriana Moric.

Serra Branca [São Raimundo Nonato], 1907, Ule 7185.

Zornia gemella (Willd.)Vogel

Bahia

Belmonte: Ca. 4km SW of Belmonte, on road to Itapebi. 23/3/1974, Harley, R.M. et al. 17328.

Belmonte: On SW outskirts of town. 24/3/1974, Harley, R.M. et al. 17329A.

Una: Reserva Biológica do Mico-leão (IBAMA). Entrada no km 46 da rodovia BA-001 Ilhéus-Una. Próximo da sede, estrada para o Rio. 3/12/1993, Jardim, J.G. et al. 360.

Una: Ca. 5km na estrada Comandatuba. 4/12/1991, Amorim, A.M. et al. 523.

Paraíba

Santa Rita: 20km do centro de João Pessoa, Usina São João, Tibirizinho. 12/7/1990, Agra, M.F. et al. 1225.

Zornia cf. ***gemella*** (Willd.)Vogel

Piauí

Campo Maior: Fazenda Sol Posto. 21/4/1994, Nascimento, M.S.B. 134.

Unloc.: In der Serra Branca. 1/1907, Ule, E. 7185.

Zornia aff. ***gemella*** (Willd.)Vogel

Bahia

Campo Formoso: Estrada Alagoinhas-Água Preta, km 3. 26/6/1983, Coradin, L. et al. 6042.

Ilhéus: Área do CEPEC (Centro de Pesquisas do Cacau), km 22 rodovia Ilhéus-Itabuna, BR-415. 12/2/1978, Mori, S. et al. 9256.

Jacobina: Serra de Jacobina, por trás do Hotel Serra do Ouro. 20/8/1993, Queiroz, L.P. et al. 3476.

Lençóis: Estrada Lençóis-Rodovia BR-242, km 2. 5/7/1983, Coradin, L. et al. 6478.

Zornia glabra Desv.

Bahia

Belmonte: Ca. 4km SW of Belmonte, on road to Itapebi. 23/3/1974, Harley, R.M. et al. 17326A.

Caravelas: Ca. 2km a NE da cidade, na estrada para Ponta da Areia. 5/9/1989, Carvalho, A.M. et al. 2445.

Ilhéus: 9km sul de Ilhéus, estrada Ilhéus-Olivença. Cururupé. 29/11/1981, Lewis, G.P. et al. 705.

Ilhéus: Área do CEPEC (Centro de Pesquisas do Cacau), km 22 da Rodovia Ilhéus-Itabuna (BR-415). Quadra C. 29/5/1986, Hage, J.L. et al. 2012.

Ilhéus: Luschnath, B. 821.

Ilhéus: Estrada Pontal-Buerarema, coletas entre os km 23 e 30. 3/7/1993, Carvalho, A.M. et al. 4271.

Itabuna: 10km S de Pontal (Ilhéus), camino a Olivença, local de extraccion de arena. 12/4/1992, Arbo, M.M. et al. 5549.

Maraú: About 5km north from turning to Maraú, along the Campinho road. 17/5/1980, Harley, R.M. et al. 22159.

Maraú: Near Maraú. 16/5/1980, Harley, R.M. et al. 22135.

Rio de Contas: Ca. 1km S of Rio de Contas on side road to W of the road to Livramento do Brumado. 15/1/1974, Harley, R.M. et al. 15060.

Salvador: Dunas de Itapuã, ao lado do Condomínio Alamedas da Praia, em volta da lagoa do Urubu. 27/4/1993, Queiroz, L.P. 3131.

Santa Cruz Cabrália: 5km south of Santa Cruz Cabrália. 18/3/1974, Harley, R.M. et al. 17122.

Una: Ca. 5km na estrada Comandatuba. 4/12/1991, Amorim, A.M. et al. 523.

Una: Km 20 da rodovia Una-Rio Branco. 23/10/1967, Pinheiro, R.S. 297.

Unloc.: Luschnath, B. 401, TYPE, Zornia diphylla var. elatior Benth. in Mart.

Unloc.: Martius, C.F.P.von 1115.

Unloc.: 8276.

Zornia harmsiana Standl.
Bahia

Bom Jesus da Lapa: Basin of the upper São Francisco River, Just beyond Calderão, ca. 32km NE from Bom Jesus da Lapa. 18/4/1980, Harley, R.M. et al. 21512.

Remanso: Aterro do terminal pesqueiro da Barragem da Hidroelétrica de Sobradinho-Novo Remanso. 22/6/1983, Coradin, L. et al. 5934.

?Remanso: Bei Remanso. 12/1906, Ule, E. 7374, Type, Zornia gracilis Harms.

Piauí

São Raimundo Nonato: Serra do Cavaleiro. 5/5/1979, Del'Arco, M.R. 582.

São Raimundo Nonato: Estrada Canto do Buriti-Novo Remanso, km 30. 22/6/1983, Coradin, L. et al. 5925.

Zornia latifolia Sm.
Bahia

Andaraí: Rio Paraguaçu, 3km al S de Andaraí, camino a Mucugê 20/1/1997, Arbo, M.M. et al. 7547.

Belmonte: Ca. 4km SW of Belmonte, on road to Itapebi. 23/3/1974, Harley, R.M. et al. 17326.

Ilhéus: 6–8km W de la iglesia de Olivença. En camino de tierra. Borde de camino. 14/8/1996, Ferrucci, M.S. et al. 1046.

Mucugê: About 2km along Andaraí road. 25/1/1980, Harley, R.M. et al. 20587.

Ceará

Fortaleza: Coast-line, 20 miles inland, on the plains. 9/11/1925, Bolland, G. s.n.

Zornia latifolia Sm. var. *latifolia*
Bahia

Belmonte: On SW outskirts of town. 26/3/1974, Harley, R.M. et al. 17453A.

Zornia cf. *latifolia* Sm.
Bahia

Rio de Contas: Between 2,5 and 5km S of Rio de Contas on side road to W of the road to Livramento do Brumado, leading to the Rio Brumado. 28/3/1977, Harley, R.M. et al. 20113.

Umburanas: 26km north west of Lagoinha (which is 5,5km SW of Delfino) on side road to Minas do Mimoso. 7/3/1974, Harley, R.M. et al. 16927.

Zornia leptophylla (Benth.) Pittier
Bahia

Iaçu: Km 5 da rodovia para Milagres. 10/4/1992, Hatschbach, G. et al. 56979.

Zornia marajoara Huber
Bahia

Gentio do Ouro: Serra do Açuruá. Blanchet, J.S. 2842.

Gentio do Ouro: Estrada Xique-Xique/São Inácio, km 29. 30/6/1983, Coradin, L. et al. 6287.

Gentio do Ouro: São Inácio: 1,5km S of São Inácio on Gentio do Ouro road. 24/2/1977, Harley, R.M. et al. 18993.

Gentio do Ouro: Serra de São Inácio. 18–30km na estrada de Xique-Xique para São Inácio. 17/3/1990, Carvalho, A.M. et al. 2905.

Gentio do Ouro: Serra de São Inácio. 18–30km na estrada de Xique-Xique para São Inácio. 17/3/1990, Carvalho, A.M. et al. 2872.

?Gentio do Ouro: Serra de São Inácio. 2/1907, Ule, E. 7218.

Paramirim: 12km da cidade, na estrada para Livramento do Brumado. 30/11/1988, Harley, R.M. et al. 27029.

Zornia myriadena Benth.
Bahia

Andaraí: 5km south of Andaraí on road to Mucugê, by bridge over the Rio Paraguaçu. 12/2/1977, Harley, R.M. et al. 18568.

Ilhéus: Moricand, M.E. s.n.

Lençóis: Caminho para Capão (Caeté-Açu) por trás da Pousada de Lençóis, ca. 4km de Lençóis. 26/4/1992, Queiroz, L.P. et al. 2739.

Lençóis: Perto da cidade de Lençóis. 20/12/1981, Lewis, G.P. et al. 934.

Maracás: Rodovia BA-026, a 6km a SW de Maracás. 27/4/1978, Mori, S. et al. 10004.

Milagres: Morro do Curral or Morro São Cristovão. 6/3/1977, Harley, R.M. et al. 19419.

Monte Santo: 20/2/1974, Harley, R.M. et al. 16424.

Porto Seguro: Estrada Arraial d'Ajuda para Trancoso. 20/4/1982, Carvalho, A.M. et al. 1277.

Salvador: Boca do Rio. Dunas do Aeroclube. 9/3/1980, Noblick, L.R. 1714.

Santa Terezinha: Riacho Grande 4–5km à nordeste de Itatim. 16/5/1984, Noblick, L.R. et al. 3242.

Mun.?: Ca. 5km da BR-116, na BR-242. 14/6/1993, Queiroz, L.P. et al. 3313.

Unloc.: 9/10/1855, Glocker, E.F.von s.n.

Unloc.: Blanchet, J.S. 897.

Unloc.: Wetherell s.n.

Unloc.: Salzmann, P. s.n.

Pernambuco

Panelas: 16/9/1981, Ferreira, J.D.C.A. 128.

Zornia orbiculata Mohlenbr.
Bahia

Maracás: Ca. 1km NE de Maracás, na Lajinha, ao lado do Cruzeiro. 2/7/1993, Queiroz, L.P. et al. 3283.

Zornia reticulata Sm.
Bahia

Rio de Contas: Cachoeira do Fraga. 21/1/1997, Arbo, M.M. et al. 7597.

Urandi: Rodovia BR-122, próximo a divisa com
Ouro Branco. 4/4/1992, Hatschbach, G.
et al. 56533.

Piauí

Castelo do Piauí: Fazenda Cipó de Baixo. 19/4/1997,
Nascimento, M.S.B. 209.

***Zornia* cf. *reticulata* Sm.**

Piauí

Campo Maior: Fazenda Sol Posto. 12/6/1995,
Nascimento, M.S.B. et al. 1040.

***Zornia sericea* Moric.**

Bahia

Aracatu: Ca. 20km na rodovia de Brumado para
Vitória da Conquista. 29/12/1989, Carvalho, A.M.
et al. 2713.

Dom Basílio: Ca. 52km na rodovia de Brumado para
Livramento de Brumado, local chamado
Fazendinha. 28/12/1989, Carvalho, A.M. et al. 2690.

Jacobina: Serra de Jacobina. 1837, Blanchet, J.S. 2690,
LECTOTYPE, Zornia sericea Moric.

?Remanso: Bei Remanso. 12/1906, Ule, E. 7373.

Umburanas: 16km north west of Lagoinha (which is
5,5km SW of Delfino) on side road to Minas do
Mimoso. 8/3/1974, Harley, R.M. et al. 16955.

Pernambuco

Petrolina: 8,1km NNE of city of Petrolina. 8/3/1970,
Eiten, G. et al. 10870.

Piauí

Campo Maior: Fazenda Resolvido. 22/4/1994,
Nascimento, M.S.B. 146.

Castelo do Piauí: Fazenda Cipó de Baixo. 19/4/1994,
Nascimento, M.S.B. 204.

Oeiras: Near Oeiras. 4/1839, Gardner, G. 2100.

***Zornia* aff. *sericea* Moric.**

Bahia

Aracatu: Arredores. 14/5/1983, Hatschbach, G. 46385.

Bom Jesus da Lapa: Rio das Rãs. 15/2/1991,
Hatschbach, G. et al. 55176.

Bom Jesus da Lapa: Rio das Rãs. 15/2/1991,
Hatschbach, G. et al. 55161.

Bom Jesus da Lapa: Basin of the upper São Francisco
River. 4km N of Bom Jesus da Lapa, on the main
road to Ibotirama. 20/4/1980, Harley, R.M. et al.
21587.

Gentio do Ouro: 68km N of Gentio do Ouro on road
to and just S of São Inácio. 23/2/1977, Harley, R.M.
et al. 18978.

Gentio do Ouro: São Inácio: Lagoa Itaparica 10km W
of the São Inácio/Xique-Xique road at the turning
13,1km N of São Inácio. 26/2/1977, Harley, R.M. et
al. 19113.

Sobradinho: Arredores da residência dos engenheiros
da CHESF (Hidroelétrica de Sobradinho).
24/6/1983, Coradin, L. et al. 5976.

Xique-Xique: Estrada Xique-Xique/São Inácio, km 25.
30/6/1983, Coradin, L. et al. 6281.

***Zornia tenuifolia* Moric.**

Bahia

Unloc.: Blanchet, J.S. 3794, TYPE, Zornia tenuifolia
Moric.

Paraíba

Santa Rita: 20km do centro de João Pessoa, Usina São
João, Tibirizinho. 12/7/1990, Agra, M.F. et al. 1207.

***Zornia* aff. *tenuifolia* Moric.**

Bahia

Caetité: Local chamado Brejinho das Ametistas, 2km
a WS da sede do povoado. 15/4/1983, Carvalho,
A.M. et al. 1766.

Mun.?: Brejinho das Ametistas, Serra Geral de Caetité,
1,5km S of Brejinho das Ametistas. 11/4/1980,
Harley, R.M. et al. 21231.

***Zornia ulei* Harms**

Bahia

?Remanso: Bei Remanso. 1/1907, Ule, E. 7201, TYPE,
Zornia ulei Harms.

***Zornia* sp.**

Bahia

Andaraí: Above Andaraí 24/1/1980, Harley, R.M. et al.
20546.

Canavieiras: Km 10 da rodovia BA-270, que liga
Canavieiras à rodovia BR-101. 12/7/1978, Santos,
T.S. et al. 3252.

Ilhéus: 10km al S de Pontal (Ilhéus), y 2.5km al oeste
de la rodovia Ilhéus-Olivença. 12/1/1997, Arbo,
M.M. et al. 7125.

Ilhéus: Pontal, Morro de Pernambuco, encosta voltada
para o mar. 15/1/1990, Carvalho, A.M. 2728.

Ilhéus: Área do CEPEC (Centro de Pesquisas do
Cacau), km 22 rodovia Ilhéus-Itabuna (BR-415).
Quadra I. 24/9/1981, Hage, J.L. et al. 1380.

Ilhéus: Área do CEPEC (Centro de Pesquisas do
Cacau), km 22 rodovia Ilhéus-Itabuna (BR-415).
Quadra I. 6/1/1982, Hage, J.L. et al. 1584.

Lençóis: s.l. 7/3/1984, Noblick, L.R. 3005.

Maracás: Km 7 da estrada Maracás-Contendas
Sincorá. Afloramento rochoso do lado S da estrada.
9/2/1983, Carvalho, A.M. et al. 1550.

Maracás: Rodovia BA-026, a 6km a SW de Maracás.
27/4/1978, Mori, S. et al. 10003.

Maracás: 6km SW de Maracás. 16/3/1980, Carvalho,
A.M. et al. 225.

Maracás: 6km SW de Maracás. 16/3/1980, Carvalho,
A.M. et al. 219.

Maraú: Campinho. 3/2/1983, Carvalho, A.M. et al. 1441.

Maraú: Campinho. 3/2/1983, Carvalho, A.M. et al. 1445.

Morro do Chapéu: 19,5km SE of the town of Morro do
Chapéu on the BA-052 road to Mundo Novo, by the
Rio Ferro Doido. 4/3/1977, Harley, R.M. et al. 19366

Mucugê: Estrada Andaraí-Mucugê, próximo ao Rio
Paraguaçu. 21/7/1981, Pirani, J.R. et al. CFCR 1607.

Santa Cruz Cabrália: Estação Ecológica do Pau-Brasil,
ca. 16km a W de Porto Seguro. 23/8/1983, Santos,
F.S. 59.

Una: Reserva Biológica do Mico-leão (IBAMA).
Entrada no km 46 da rodovia BA-001 Ilhéus-Una.
Picada paralela ao Rio Maruim. 8–12/3/1993,
Amorim, A.M. et al. 1164.

Mun.?: Área controle da Caraíba Metais. 17/2/1983,
Noblick, L.R. et al. 2555.

Piauí

Correntes: Rodovia Correntes-Bom Jesus, km 34.
18/6/1983, Coradin, L. et al. 5825.

Cristino Castro: Rodovia Bom Jesus-Canto do Buriti,
km 103. 21/6/1983, Coradin, L. et al. 5912.

Oeiras: Near Oeiras. 4/1839, Gardner, G. 2101.

Lista de exsicatas

Agra, M.F. 681 – *Samanea inopinata*; 699 – *Clitoria guianensis* var. *guianensis*; 701 – *Mimosa somnians* var. *leptocaulis*; 722 – *Clitoria laurifolia*; 1131 – *Mimosa ophthalmocentra*; 1163 – *Centrosema brasilianum* var. *brasilianum*; 1166 – *Acacia farnesiana*; 1176 – *Cajanus cajan*; 1192 – *Dioclea violacea*; 1195 – *Crotalaria pallida*, 1207 – *Zornia tenuifolia*; 1214 – *Periandra mediterranea*; 1216 – *Vigna peduncularis*; 1220 – *Mimosa sensitiva*; 1225 – *Zornia gemella*; 1230 – *Desmodium distortum*; 1233 – *Stylosanthes capitata*; 1333 – *Senna georgica*; 1134 – *Caesalpinia gardneriana*; 1336 and 1343 – *Machaerium hirtum*; 1345 – *Bowdichia virgilioides*; 1411 – *Hymenolobium alagoanum*; 1434 – *Crotalaria holosericea*; 1489 – *Piptadenia moniliformis*; 1492 – *Dioclea glabra*; 1495 – *Chamaecrista ensiformis*; 1502 – *Bauhinia outimouta*; 1518 – *Chamaecrista ensiformis* var. *ensiformis*; 1537 – *Caesalpinia ferrea* var. *glabrescens*; 1541 – *Senna chrysocarpa*; 1542 – *Chamaecrista sp*; 1750 – *Mimosa acutistipula*.

Alcântara, M. s.n. – *Cajanus cajan*.

Alcoforado Filho, F.G. 301 – *Mimosa acutistipula* var. *acutistipula*; 302 – *Senna trachypus*; 304 – *Chamaecrista eitenorum* var. *eitenorum*; 321 – *Senna obtusifolia*; 327 – *Mimosa caesalpiniifolia*; 328 – *Parkinsonia aculeata*; 330 – *Mimosa acutistipula* var. *acutistipula*; 331 – *Cenostigma gardnerianum*; 332 – *Piptadenia moniliformis*; 339 – *Bauhinia subclavata*; 348 – *Mimosa verrucosa*; 349 – *Mimosa caesalpiniifolia*; 361 – *Piptadenia moniliformis*; 368 – *Mimosa acutistipula*; 369 – *Bauhinia subclavata*; 441 – *Senna lechriosperma*; 447 – *Piptadenia stipulacea*; 483 – *Discolobium hirtum*; 493 – *Bauhinia pentandra*; 1097 – *Acacia langsdorffii*.

Alencar, M.E. 1089 – *Bauhinia subclavata*.

Almeida, E.F. 34 – *Acacia kallunkiae*; 276 – *Chamaecrista desvauxii* var. *desvauxii*; 279 – *Mimosa verrucosa*; 282 – *Sclerolobium paniculatum*; 287 – *Bowdichia virgilioides*; 290 – *Senna cana*; 292 – *Machaerium acutifolium*.

Almeida, J. 104 – *Calliandra bella*; 117 – *Chamaecrista bahiae*; 140 – *Parkia bahiae*; 163 – *Zollernia ilicifolia*; 195 – *Chamaecrista duartei*; 208 – *Inga marginata*; 215 – *Lonchocarpus guilleminianus*; 344 *Senna siamea*; 346 – *Acacia polyphylla*; 356 – *Andira nitida*.

Almeida, K. 123 – *Albizia polycephala*.

Amorim, A.M. 333 – *Dalbergia frutescens*; 347 and 348 – *Andira nitida*; 354 – *Dioclea virgata*; 365 – *Inga pleiogyna*; 381 – *Swartzia myrtifolia* var. *elegans*; 393 – *Sclerolobium sp.*; 443 – *Bauhinia sp.nov. 9*; 478 – *Macrolobium rigidum*; 489 – *Inga capitata*; 501 – *Inga laurina*; 502 – *Stylosanthes guianensis* var. *gracilis*; 509 – *Chamaecrista ramosa* var. *ramosa*; 519 – *Periandra mediterranea*; 523 – *Zornia glabra*; 538 – *Sclerolobium paniculatum*; 546 – *Pterodon emarginatus*; 557 – *Mimosa velloziana*; 558 –

Chamaecrista ramosa var. *curvifolia*; 582 – *Plathymenia reticulata*; 583 – *Acacia* aff. *riparia*; 584 – *Stryphnodendron rotundifolium*; 690 – *Periandra mediterranea*; 692 – *Macrolobium rigidum*; 713 – *Chamaecrista cytisoides* var. *brachystachya*; 748 – *Aeschynomene histrix* var. *incana*; 891 – *Zollernia magnifica*; 898 – *Bauhinia forficata*; 919 – *Swartzia reticulata*; 921 – *Mimosa pigra*; 923 – *Chamaecrista amorimii*; 931 – *Chamaecrista duartei*; 935 – *Chamaecrista flexuosa*; 947 – *Harleyodendron unifoliolatum*; 956 – *Andira fraxinifolia*; 958 – *Pterocarpus* cf. *rohrii*; 960 – *Sophora tomentosa*; 967 – *Dalbergia frutescens*; 968 – *Albizia pedicellaris*; 969 – *Inga grazielae*; 978 – *Chaetocalyx scandens* var. *pubescens*; 986 – *Piptadenia paniculata*; 991 – *Albizia polycephala*; 992 – *Copaifera langsdorffii*; 997 – *Acacia tenuifolia*; 1009 – *Pseudopiptadenia bahiana*; 1010 – *Machaerium nyctitans* var. *gardneri*; 1022 – *Calliandra asplenioides*; 1029 – *Chamaecrista jacobinea*; 1038 – *Mimosa blanchetii*; 1046 – *Senna cana* var. *cana*; 1055 – *Andira fraxinifolia*; 1062 – *Chamaecrista barbata*; 1063 – *Caesalpinia ferrea* var. *ferrea*; 1100 – *Diplotropis incexis*; 1118 – *Swartzia macrostachya*; 1134 – *Senna affinis*; 1143 – *Swartzia simplex* var. *ochnacea*; 1149 – *Moldenhawera blanchetiana* var. *blanchetiana*; 1164 – *Zornia* sp.; 1167 – *Senna silvestris* var. *sapindifolia*; 1172 – *Swartzia apetala*; 1173 – *Inga laurina*; 1189 – *Inga subnuda*; 1238 – *Andira marauensis*; 1243 – *Sclerolobium densiflorum*; 1244 – *Dialium guianense*; 1245 – *Inga thibaudiana* subsp. *thibaudiana*; 1253 – *Mimosa pudica* var. *tetrandra*; 1254 – *Harleyodendron unifoliolatum*; 1265 *Bauhinia maximiliani*; 1271 – *Swartzia macrostachya* var. *riedelii*; 1288 – *Calliandra bella*; 1290 – *Chamaecrista duartei*; 1312 – *Periandra mediterranea*; 1323 – *Chamaecrista cytisoides* var. *brachystachya*; 1330 – *Machaerium condensatum*; 1331 – *Vataireopsis araroba*; 1335 *Chamaecrista duartei*; 1351 – *Bowdichia virgilioides*; 1361 – *Albizia pedicellaris*; 1362 – *Pseudopiptadenia contorta*; 1376 – *Vatairea* cf. *macrocarpa*; 1382 – *Peltogyne chrysopis*; 1387 – *Arapatiella psilophylla*; 1430 – *Peltogyne chrysopis*; 1481 – *Bowdichia virgilioides*; 1502 – *Mimosa pellita*; 1515 – *Chamaecrista cytisoides* var. *blanchetii*; 1521 – *Swartzia apetala* var. *subcordata*; 1544 – *Inga bollandii*; 1550 *Andira nitida*; 1553 – *Rhynchosia phaseoloides*; 1570 – *Inga* aff. *bollandii*; 1578 – *Inga bourgonii*; 1606 – *Chamaecrista ensiformis*; 1626 – *Swartzia peremarginata*; 1757 – *Camptosema coriaceum*; 1758 – *Calliandra viscidula*; 1780 – *Camptosema coriaceum*; 1781 – *Chamaecrista jacobinea*; 1791 – *Chamaecrista cytisoides* var. *blanchetii*; 1813 – *Periandra mediterranea*; 1822 – *Andira humilis*; 1896 – *Andira fraxinifolia*; 1899 – *Senna silvestris* var. *sapindifolia*; 1903 – *Dalbergia frutescens*; 1908 – *Andira marauensis*; 1962 –

Calliandra bella; 2015 – *Swartzia simplex* var. *ochnacea*; 2082 – *Stylosanthes viscosa*; 2101 – *Lonchocarpus* sp.; 2113 – *Swartzia apetala*; 2288 – *Goniorrhachis marginata*; 2296 – *Andira fraxinifolia*; 2543 – *Inga subnuda*; 2555 – *Sophora tomentosa* subsp. *littoralis*; 2560 – *Indigofera suffruticosa*; 2890 – *Inga capitata*.

Anderson, L. 1676 – *Dalbergia nigra*.

Anderson, W.R. 36407 – *Chamaecrista repens* var. *multijuga*; 36436 – *Copaifera luetzelburgii*; 36437 – *Mimosa somnians* var. *velascoensis*; 36483 – *Copaifera elliptica*; 36510 – *Camptosema coriaceum*; 36520 – *Pterodon emarginatus*; 36534 – *Crotalaria maypurensis*; 36567 – *Mimosa piptoptera*; 36628 – *Chamaecrista repens* var. *multijuga*; 36633 – *Mimosa piptoptera*; 36662 – *Calliandra dysantha* var. *dysantha*; 36668 – *Aeschynomene* aff. *brevipes*; 36689 – *Crotalaria maypurensis*; 36727 – *Eriosema crinitum* var. *stipulare*; 36750 – *Dimorphandra gardneriana*; 36753 – *Dalbergia miscolobium*; 36758 – *Swartzia flaemingii* var. *flaemingii*; 36763 – *Bowdichia virgilioides*; 36771 – *Sclerolobium paniculatum*; 36783 – *Chamaecrista cavalcantina*; 36791 – *Mimosa tenuiflora*; 36798 – *Centrosema venosum*; 36828 – *Vigna peduncularis* var. *clitorioides*; 36845 – *Periandra mediterranea*; 36864 – *Dimorphandra gardneriana*; 36917 – *Mimosa somnians* var. *viscida*; 36933 – *Mimosa sensitiva* var. *malitiosa*; 36942 – *Pterogyne nitens*; 36955 – *Coursetia rostrata*; 36977 – *Chamaecrista pascuorum*; 36984 – *Galactia striata*; 36986 – *Mimosa invisa* var. *invisa*; 36990 – *Mimosa ophthalmocentra*; 36992 – *Chaetocalyx longiflora*; 37027 *Chamaecrista pilosa* var. *luxurians*; 37072 – *Crotalaria maypurensis*; 37085 – *Stylosanthes macrocephala*; 37087 – *Aeschynomene histrix* var. *histrix*; 37110 – *Desmodium procumbens* var. *procumbens*.

Andrade, G.S. 7 – *Pterocarpus zehntneri*.

Andrade, K. 11 – *Periandra coccinea*; 12 – *Acacia tenuifolia*; 15 – *Caesalpinia microphylla*; 19 – *Chaetocalyx scandens* var. *pubescens*; 20 – *Trischidium molle*; 48 – *Crotalaria bahiensis*; 49 – *Peltogyne pauciflora*; 87 – *Piptadenia stipulacea*;97 – *Hymenaea martiana*.

Andrade-Lima, D. 40 – *Myrocarpus fastigiatus*; M-156 – *Senna quinquangulata*; M-160 – *Mimosa hirsutissima* var. *hirsutissima* 48-124 – *Chamaecrista apoucouita*; 49-299 – *Vigna peduncularis*; 50-542 – *Calliandra squarrosa*; 50-563 – *Senna pendula* var. *pendula*; 50-593 – *Galactia rugosa*; 50-642 – *Desmodium distortum*; 50-693 – *Vigna adenantha*; 50-740 – *Dipteryx odorata*; 51-944 – *Andira legalis*; 52-1136 – *Senna lechriosperma*; 53-1219 – *Cassia ferruginea*; 54-1939 – *Lonchocarpus araripensis*; 55-2000 and 55-2003 – *Aeschynomene* sp.; 55-2032 – *Mimosa modesta* var. *modesta*; 55-2078 – *Desmodium axillare*; 55-2179 – *Stylosanthes humilis*; 55-2030 – *Senna cana* var. *cana*; 55-21333 – *Macroptilium bracteatum*; 58-1680 – *Neptunia oleracea*; 58-2889 – *Calliandra squarrosa*; 58-2896 – *Mimosa lewisii*; 58-2907 – *Chamaecrista swainsonii*; 58-2909 – *Chamaecrista tenuisepala*; 58-2911 – *Chamaecrista*

pascuorum; 58-2913 – *Bauhinia* sp. nov. 2 subsp. nov.; 58-2914 – *Senna acuruensis* var. *catingae*; 58-2915 – *Senna harleyi*; 58-2916 – *Senna uniflora*; 58-2927 – *Chamaecrista repens* var. *multijuga*; 58-2923 – *Chamaecrista roraimae*; 58-2928 – *Senna cana*; 58-2900 – *Zornia echinocarpa*; 58-2910 – *Aeschynomene viscidula*; 58-2913 – *Bauhinia cacovia* var. *blanchetiana*; ; 62-4027 – *Acosmium dasycarpum*; 68-5345 and 68-5400 – *Myrocarpus fastigiatus*; 70-5695 – *Ormosia bahiensis*; 73-7522 – *Sclerolobium* cf. *densiflorum*; 75-6516 – *Riedeliella graciliflora*.

Araújo, A. 11 – *Crotalaria holosericea*; 177 – *Acacia* sp.

Araújo, A.D. 37 – *Caesalpinia laxiflora*.

Araújo, A.P. 36 – *Pseudopiptadenia brenanii*; 123 – *Parapiptadenia blanchetii*;139 *Luetzelburgia* cf. *auriculata*.

Araújo, A.S. 14 – *Calliandra erubescens*.

Araújo, F.S. s.n. – *Acacia langsdorffii*; s.n. – *Pterocarpus zehntneri*; 125 – *Trischidium decipiens*; 287 and 434 – *Machaerium ovalifolium*.

Araújo, J.S. 6 – *Inga pleiogyna*; 7 – *Mimosa carvalhoi*; 67 – *Inga capitata*; 109 – *Bowdichia virgilioides*; 128 – *Inga pleiogyna*.

Arbo, M.M. 5317 – *Acacia monacantha*; 5320 – *Mimosa ulbrichiana*; 5331 – *Acacia* aff. *riparia*; 5348 – *Cenostigma gardnerianum*; 5355 – *Chamaecrista arboae*; 5369 – *Senna cana* var. *cana*; 5380 – *Mimosa blanchetii*; 5387 – *Mimosa modesta*; 5399 – *Mimosa cordistipula*; 5414 – *Bauhinia acuruana*; 5437 – *Chamaecrista cytisoides* var. *blanchetii*; 5457 – *Senna rizzinii*; 5490 – *Erythrina velutina*; 5500 – *Parkinsonia aculeata*; 5502 – *Lonchocarpus guilleminianus*; 5509 – *Bowdichia virgilioides*; 5524 – *Inga ingoides*; 5632 – *Mimosa filipes*; 5549 – *Zornia glabra*; 5550 – *Stylosanthes guianensis* var. *gracilis*; 5554 – *Inga subnuda* subsp. *luschnathiana*; 5659 – *Poeppigia procera*; 5663 – *Pterodon abruptus*; 5664 – *Platypodium elegans*; 5665 – *Machaerium* cf. *punctatum*; 5669 – *Caesalpinia laxiflora*; 5685 – *Calliandra crassipes*; 5693 – *Caesalpinia* aff. *laxiflora*; 5718 – *Periandra mediterranea*; 5729 – *Stylosanthes* sp.; 5737 – *Mimosa modesta*; 5786 – *Swartzia bahiensis*; 5789 – *Abarema cochliacarpos*; 5796 – *Stylosanthes leiocarpa*; 5801 – *Calliandra* sp.; 7125 – *Zornia* sp.; 7127 – *Clitoria laurifolia*; 7151 – *Inga* aff. *pleiogyna*; 7153 – *Stylosanthes viscosa*; 7178 – *Stylosanthes guianensis* var. *gracilis*; 7187 – *Mimosa pudica* var. *tetrandra*; 7188 – *Centrosema brasilianum*; 7246 – *Macroptilium lathyroides*; 7263 – *Stylosanthes viscosa*; 7290 – *Indigofera suffruticosa*; 7357 – *Machaerium* sp.; 7393 – *Periandra coccinea*; 7436 – *Chaetocalyx scandens* var. *pubescens*; 7452 – *Machaerium acutifolium* var. *enneandrum*; 7453 – *Lonchocarpus obtusus*; 7506 – *Aeschynomene paniculata*; 7547 – *Zornia latifolia*; 7559 – *Aeschynomene paniculata*; 7597 – *Zornia reticulata*; 7654 – *Platypodium elegans*; 7849 – *Inga capitata*; 7853 – *Trischidium alternum*; 7862 – *Inga vera* subsp. *affinis*; 7865 – *Inga laurina*.

Assis, J.S. 357 – *Senna occidentalis*; 373 – *Chloroleucon dumosum*; 375 – *Caesalpinia gardneriana*.

Athayde, P. s.n. – *Crotalaria retusa*.

Azevedo, M.L.M. 1330 – *Camptosema sp.nov.* 2; 1334 – *Dioclea coriacea*.

Bamps, P. 5078 – *Andira humilis*.

Bandeira, F.P. 259 – *Parkinsonia aculeata*.

Barros, C.S.S. 42 – *Chamaecrista ramosa*; 43 – *Stylosanthes viscosa*; 84 – *Mimosa pigra* var. *pigra*; 181 – *Abarema cochliacarpos*.

Barros, E.O. 99 – *Stylosanthes* cf. *capitata*; 138 – *Piptadenia stipulacea*; 143 – *Mimosa ophthalmocentra*.

Bastos, B.C. 75 – *Stylosanthes scabra*; 76 – *Piptadenia stipulacea*; 83 – *Acacia bahiensis*; 112 – *Stylosanthes viscosa*; 154 – *Centrosema arenarium*; 156 – *Chloroleucon dumosum*.

Bautista, H.P. 346 – *Stylosanthes viscosa*; 421 – *Mimosa modesta* var. *ursinoides*; 446 – *Cratylia mollis*; 451 – *Copaifera cearensis*; 459 – *Chamaecrista belemii* var. *paludicola*; 473 – *Senna acuruensis* var. *acuruensis*; 476 – *Macroptilium lathyroides*; 792 – *Stylosanthes viscosa*; 798 – *Mimosa carvalhoi*; 813 – *Chamaecrista cytisoides* var. *blanchetii*; 825 – *Inga capitata*; 846 – *Acosmium diffusissimum*; 905 – *Diptychandra aurantiaca* subsp. *epunctata*; 929 – *Platymiscium pubescens* subsp. *zehntneri*; 3414 – *Zornia flemmingioides*; 4326 – *Galactia martii*.

Belém, R.P. 245 – *Inga pleiogyna*; 316 – *Chamaecrista belemii*; 541 – *Inga ingoides*; 558 – *Albizia polycephala*; 596 – *Poecilanthe ulei*; 615 and 621 – *Inga ingoides*; 707 – *Calliandra subspicata*; 714 – *Inga vera* subsp. *affinis*; 840 – *Tachigali paratyensis*; 903 – *Inga thibaudiana*; 997 – *Albizia pedicellaris*; 1162 – *Calliandra bella*; 1309 – *Inga striata*; 1314 – *Vataireopsis araroba*; 1320 – *Piptadenia adiantoides*; 1325 – *Calliandra subspicata*; 1380 – *Parapiptadenia ilheusana*; 1473 – *Acacia* aff. *pteridifolia*; 1663 – *Inga edulis*; 1734 – *Ormosia sp.nov.* 1; 1761 – *Inga edulis*; 1791 – *Zygia latifolia* var. *glabrata*; 1806 – *Calliandra subspicata*; 1822 – *Stryphnodendron pulcherrimum*; 1870 – *Ormosia sp.nov.*; 1886 – *Inga edulis*; 1888 – *Inga marginata*; 1890 – *Inga striata*; 2090 – *Abarema turbinata*; 2096 – *Abarema filamentosa*; 2176 – *Albizia pedicellaris*; 2209 – *Dialium guianense*; 2255 – *Moldenhawera floribunda*; 2305 – *Platycyamus regnellii*; 2331, 2345 and 2345 – *Piptadenia killipii* var. *cacaophila*; 2353 – *Mimosa velloziana*; 2357 – *Cratylia hypargyrea*; 2369 – *Calliandra bella*; 2370 – *Abarema jupunba* var. *jupunba*; 2377 – *Swartzia peremarginata*; 2443 – *Abarema filamentosa*; 2445 – *Andira fraxinifolia*; 2487 – *Ormosia coarctata*; 2555 – *Calliandra bella*; 2573 – *Diplotropis incexis*; 2577 – *Albizia pedicellaris*; 2579 – *Piptadenia paniculata*; 2591 and 2596 – *Andira fraxinifolia*; 2630 – *Inga blanchetiana*; 2649 – *Inga edulis*; 2656 – *Inga capitata*; 2703 – *Machaerium fruticosum*; 2709 – *Inga laurina*; 2726 – *Cyclolobium brasiliense*; 2930 – *Acacia polyphylla*; 2934 – *Moldenhawera floribunda*; 2942 – *Chloroleucon dumosum*; 2963 – *Moldenhawera floribunda*; 3004 – *Abarema cochliacarpos*; 3007 – *Stryphnodendron pulcherrimum*; 3049 – *Chamaecrista flexuosa*; 3085 – *Acosmium bijugum*; 3120 – *Swartzia dipetala*; 3172 – *Parkia bahiae*; 3213

– *Acosmium bijugum*; 3299 – *Inga laurina*; 3320 – *Stryphnodendron pulcherrimum*; 3473 – *Moldenhawera blanchetiana* var. *blanchetiana*; 3519 – *Abarema filamentosa*; 3560 – *Swartzia macrostachya* var. *macrostachya*; 3566 – *Senna multijuga* var. *verrucosa*; 3567 – *Senna alata*; 3568 – *Mimosa ceratonia* var. *pseudo-obovata*; 3580 – *Abarema filamentosa*; 3583 – *Senna splendida*; 3584 – *Bauhinia outimouta*; 3595 – *Piptadenia adiantoides*; 3596 – *Senna macranthera* var. *striata*; 3604 – *Machaerium* sp.; 3609 – *Swartzia flaemingii* var. *flaemingii*; 3625 and 3628 – *Bauhinia sp. nov.* 8; 3629 – *Melanoxylon brauna*; 3636 – *Swartzia flaemingii* var. *flaemingii*; 3643 – *Chamaecrista compitalis*; 3645 – *Pseudopiptadenia contorta*; 3654 – *Senna rugosa*; 3656 – *Dalbergia acuta*; 3658 – *Senna macranthera* var. *striata*; 3666 – *Mimosa adenophylla* var. *armandiana*; 3671 – *Chamaecrista compitalis*; 3841 – *Calopogonium caeruleum*; 3842 – *Inga thibaudiana*; 3851 – *Inga edulis*; 3854 – *Mimosa miranda*; 3861 – *Melanoxylon brauna*; 3865 – *Dalbergia frutescens* var. *frutescens*; 3944 – *Swartzia flaemingii* var. *cognata*.

Bezerra, P. s.n. – *Copaifera cearensis*.

Blanchet, J.S. s.n. – *Bowdichia virgilioides*; s.n. – *Chamaecrista eitenorum* var. *regana*; s.n. – *Mimosa pigra* var. *pigra*; s.n. – *Mimosa velloziana*; s.n. – *Rhynchosia phaseoloides*; s.n. – *Stylosanthes scabra*; s.n. – *Tephrosia purpurea* subsp. *leptostachya*; 146 – *Crotalaria incana*; 251 – *Chamaecrista flexuosa*; 390 – *Bowdichia virgilioides*; 397 – *Stryphnodendron pulcherrimum*;; 880 – *Aeschynomene evenia* var. *serrulata*; 897 – *Zornia myriadena*; 1162 – *Dioclea lasiophylla*; 1207 – *Chamaecrista nictitans*; 1217 – *Stylosanthes scabra*; 1551 – *Piptadenia adiantoides*; 1597 – *Senna multijuga* var. *verrucosa*; 1638 – *Bauhinia outimouta*; 1684 – *Inga pleiogyna*; 1721 – *Bauhinia microstachya*; 1732 – *Calopogonium velutinum*; 1836 – *Chamaecrista cytisoides* var. *brachystachya*; 1848 – *Albizia polycephala*; 1897 – *Swartzia apetala* var. *subcordata*; 1928 – *Zornia echinocarpa*; 1988 – *Cratylia hypargyrea*; 2114 – *Acosmium dasycarpum*; 2168 – *Chamaecrista desvauxii* var. *desvauxii*; 2319 – *Cyclolobium brasiliense*; 2387 – *Bauhinia integerrima*; 2401 – *Aeschynomene mollicula* var. *mollicula*; 2536 – *Chamaecrista desvauxii* var. *linearis*; 2549 (prob. 2649) – *Chamaecrista cytisoides* var. *blanchetii*; 2553 – *Senna spectabilis* var. *excelsa*; 2554 – *Lonchocarpus guilleminianus*; 2555 – *Periandra coccinea*; 2583 – *Camptosema coriaceum*; 2584 – *Calliandra blanchetii*; 2597 – *Mimosa cordistipula*; 2620 – *Calliandra viscidula*; 2632 – *Inga blanchetiana*; 2645 – *Acosmium dasycarpum*; 2646 – *Aeschynomene rostrata*; 2648 – *Hymenaea martiana*; 2649 – *Chamaecrista cytisoides* var. *blanchetii*; 2650 – *Geoffroea spinosa*; 2670 – *Pithecellobium diversifolium*; 2669 – *Arachis pusilla*; 2678 – *Crotalaria brachycarpa*; 2684 – *Caesalpinia microphylla*; 2659 – *Peltophorum dubium* var. *dubium*; 2667 – *Poeppigia procera*; 2690 – *Zornia sericea*; 2692 – *Discolobium hirtum*; 2694 – *Tephrosia cinerea*; 2697 – *Mimosa modesta* var. *modesta*; 2700 –

Neptunia plena; 2701 – *Piptadenia moniliformis*; 2705 – *Centrosema rotundifolium*; 2712 – *Indigofera microcarpa*; 2721 – *Periandra mediterranea*; 2723 – *Andira fraxinifolia*; 2747 – *Chamaecrista supplex*; 2748 – *Canavalia dictyota*; 2753 – *Luetzelburgia babiensis*; 2756 – *Albizia inundata*; 2761 – *Anadenanthera colubrina* var. *colubrina*; 2762 – *Enterolobium timbouva*; 2764 – *Zygia latifolia* var. *glabrata*; ; 2772 – *Acacia monacantha*; 2776 – *Blanchetiodendron blanchetii*; 2774 – *Trischidium molle*; 2784 – *Diptychandra aurantiaca* subsp. *epunctata*; 2790 – *Platypodium elegans*; 2796 – *Poeppigia procera*; 2798 – *Cenostigma gardnerianum*; 2805 – *Pterodon abruptus*; 2816 – *Calliandra sessilis*; 2825 – *Bauhinia acuruana*; 2827 – *Crotalaria holosericea*; 2830 – *Lonchocarpus obtusus*; 2833 – *Calliandra leptopoda*; 2840 – *Dalbergia cearensis*; 2842 – *Zornia marajoara*; 2850 – *Mimosa gemmulata* var. *adamantina*; 2851 – *Senna acuruensis*; 2853 – *Bauhinia flexuosa*; 2868 – *Parkia platycephala*; 2869 – *Mimosa verrucosa*; 2870 – *Mimosa acutistipula* var. *acutistipula*; 2874 – *Dalbergia miscolobium*; 2877 – *Galactia jussiaeana*; 2892 – *Chaetocalyx blanchetiana*; 2881 – *Copaifera coriacea*; 2890 – *Senna gardneri*; 2895 – *Senna cana* var. *cana*; 2897 – *Bauhinia pulchella*; 2899 – *Piptadenia moniliformis*; 2912 – *Mimosa invisa* var. *invisa*; 3012 – *Senna obtusifolia*; 3015 – *Dioclea virgata*; 3016 and 3017 – *Inga ingoides*; 3080 – *Sclerolobium aureum*; 3085 – *Dioclea marginata*; 3091 – *Copaifera coriacea*; 3092 – *Dimorphandra gardneriana*; 3093 – *Chamaecrista belemii* var. *paludicola*; 3096 – *Hymenaea eriogyne*; 3099 – *Poeppigia procera*; 3108 – *Peltogyne confertiflora*; 3113 – *Copaifera langsdorffii*; 3114 – *Acosmium dasycarpum*; 3117 – *Swartzia flaemingii*; 3130 – *Clitoria laurifolia*; 3135 – *Hymenaea courbaril* var. *longifolia*; 3136 – *Chloroleucon foliolosum*; 3137 – *Andira humilis*; 3144 – *Cenostigma gardnerianum*; 3146 – *Caesalpinia laxiflora*; 3150 – *Peltogyne pauciflora*; 3375 – *Plathymenia reticulata*; 3416 – *Moldenhawera brasiliensis*; 3426 – *Dalbergia frutescens* var. *frutescens*; 3443 – *Dalbergia glaucescens*; 3486 – *Senna splendida* var. *splendida*; 3672 – *Andira fraxinifolia*; 3674 – *Dalbergia cearensis*; 3678 – *Galactia crassifolia*; 3679 – *Mimosa blanchetii*; 3683 – *Calliandra calycina*; 3684 – *Mimosa ophthalmocentra*; 3687 – *Mimosa subenervis*; 3896 – *Calliandra aeschynomenoides*; 3710 – *Chamaecrista eitenorum*; 3708 – *Acacia polyphylla*; 3772 – *Acacia monacantha*; 3785 – *Pterocarpus violaceus* var. *angustifolia*; 3794 – *Zornia tenuifolia*; 3900 – *Calliandra depauperata*; 3956 – *Swartzia simplex* var. *grandiflora*.

Block, G.A. 55-18016 *Sweetia fruticosa*.

Bogner, J. 1191 – *Camptosema pedicellatum* var. *pedicellatum*; 1218-19 – *Indigofera microcarpa*.

Bolland, G. s.n. – *Centrosema brasilianum*; s.n. – *Chamaecrista hispidula*; s.n. – *Chamaecrista nictitans* var. *disadena*; s.n. – *Chamaecrista calycioides*; s.n. – *Clitoria stipularis* var. *latifolia*; s.n. – *Crotalaria pallida*; s.n. – *Desmodium incanum*; s.n. – *Desmodium procumbens*; s.n. – *Inga bollandii*; s.n.

– *Inga marginata*; s.n. – *Mimosa camporum*; s.n. – *Mimosa quadrivalvis* var. *leptocarpa*; s.n. – *Senna occidentalis*; s.n. – *Senna obtusifolia*; s.n. – *Senna splendida* var. *gloriosa*; s.n. – *Stylosanthes* cf. *humilis*; s.n. – *Stryphnodendron coriaceum*; s.n. – *Zornia latifolia*; 2 – *Senna quinquangulata*; 10 – *Crotalaria pallida*; 25 – *Senna pendula* var. *pendula*; 27 – *Inga bollandii*; 34 – *Vigna peduncularis*.

Bondar, G. 2209 – *Poecilanthe ulei*; 3061 – *Dioclea virgata*.

Borges, M. s.n. – *Desmodium axillare*; 5 – *Swartzia flaemingii*; 7 – *Acacia tenuifolia*; 21 – *Peltophorum dubium* var. *dubium*; 43 – *Crotalaria vitellina*.

Botelho, P. s.n. – *Copaifera cearensis*; s.n. – *Copaifera luetzelburgii*.

Brazão, J.E.M. 29 – *Acacia* aff. *riparia*; 44 – *Crotalaria harleyi*; 67 – *Calliandra viscidula*; 121 – *Calliandra longipinna*; 132 – *Anadenanthera* sp.; 223 – *Moldenhawera blanchetiana* var. *blanchetiana*; 273 – *Caesalpinia pluviosa* var. *intermedia*; 274 – *Acacia martiusiana*; 278 – *Senna spectabilis* var. *excelsa*; 282 – *Amburana cearensis*; 285 – *Piptadenia viridiflora*; 288 – *Acacia polyphylla*; 293 – *Dalbergia miscolobium*; 291 – *Piptadenia obliqua* subsp. *brasiliensis*.

Bridgewater, S. 601 – *Parkia platycephala*; 1027 – *Luetzelburgia auriculata*; 1031 – *Swartzia apetala*.

Brito, H.S. 4 – *Acacia martiusiana*; 18 – *Bauhinia rufa*; 36 – *Senna angulata* var. *miscadena*; 81 – *Stylosanthes scabra*; 94 – *Calopogonium velutinum*; 97 – *Piptadenia* aff. *fruticosa*; 121 – *Inga thibaudiana* subsp. *thibaudiana*; 148 – *Cranocarpus mezii*; 150 – *Senna splendida* var. *splendida*; 157 – *Dialium guianense*; 161 – *Centrosema pubescens*; 177 – *Machaerium* aff. *salzmannii*; 195 – *Diplotropis incexis*; 276 – *Mimosa ceratonia* var. *pseudo-obovata*; 285 – *Inga ciliata*; 288 – *Caesalpinia pluviosa* var. *sanfranciscana*; 291 – *Mimosa ophthalmocentra*; 292 – *Amburana cearensis*; 293 – *Caesalpinia laxiflora*; 294 – *Mimosa ophthalmocentra*; 295 – *Calliandra depauperata*; 296 – *Desmanthus virgatus*; 297 – *Senna uniflora*; 299 – *Tephrosia purpurea* subsp. *purpurea*; 300 – *Caesalpinia calycina*; 301 – *Senna aversiflora*; 302 – *Bauhinia flexuosa*; 308 – *Anadenanthera colubrina* var. *cebil*; 309 – *Caesalpinia pluviosa* var. *sanfranciscana*; 314 – *Mimosa verrucosa*; 315 – *Copaifera coriacea*; 316 – *Hymenaea eriogyne*; 317 – *Senna gardneri*; 318 – *Trischidium molle*; 319 – *Harpalyce brasiliana* var. *brasiliana*; 327 – *Mimosa sericantha*; 320 – *Chamaecrista juruenensis*; 321 – *Senna* sp.nov. 1; 324 – *Senna macranthera* var. *?pudibunda*; 326 – *Bauhinia pulchella*; 328 – *Senna cana* var. *cana*; 329 – *Dioclea coriacea*; 330 – *Calliandra dysantha* var. *dysantha*; 332 – *Peltogyne confertiflora*; 337 – *Dalbergia miscolobium*; 338 – *Bauhinia brevipes*; 339 – *Dimorphandra gardneriana*; 340 – *Bowdichia virgilioides*; 341 – *Parkia platycephala*; 342 – *Stryphnodendron rotundifolium*; 343 – *Stryphnodendron coriaceum*; 344 – *Hymenaea stigonocarpa* var. *pubescens*; 345 – *Mimosa* aff. *gemmulata*.

Brito, K.B. 51 – *Neptunia plena*.

Brochado, A.L. 174 – *Enterolobium timbouva*; 256 – *Caesalpinia ferrea* var. *ferrea*; 258 – *Pterogyne nitens*.

Burchell, W.J. 9883 – *Inga nobilis* subsp. *nobilis*.

Callejas, R. 1562 – *Caesalpinia pluviosa* var. *peltophoroides*; 1624 – *Inga striata*; 1662 – *Inga tenuis*; 1684 – *Stylosanthes viscosa*; 1690 – *Swartzia dipetala*; 1693 – *Abarema filamentosa*; 1731 – *Stylosanthes viscosa*; 1748 – *Chamaecrista cytisoides* var.*brachystachya*.

Campelo. J.E.G. 1100 – *Bauhinia glabra*.

Carauta, P. 998 – *Caesalpinia* cf. *microphylla*; 1699 – *Piptadenia moniliformis*.

Carneiro-Torres, D.S. 46 – *Camptosema coccineum*; 64 – *Periandra coccinea*.

Carvalho, A.M. 138 – *Poeppigia procera*; 141 – *Swartzia macrostachya*; 178 – *Andira carvalhoi*; 179 – *Chamaecrista onusta*; 182 – *Macrolobium rigidum*; 207 – *Inga pleiogyna*; 210 – *Senna pinheroi*; 218 – *Macroptilium sabaraense*; 219 and 225 – *Zornia* sp.; 260 – *Stylosanthes scabra*; 298 – *Bauhinia rufa*; 299 and 322 – *Inga subnuda* subsp. *subnuda*; 355 – *Inga thibaudiana* subsp. *thibaudiana*; 362 – *Swartzia flaemingii* var. *cognata*; 363 – *Brodriguesia santosii*; 377 – *Senna silvestris* var. *sapindifolia*; 404 – *Inga marginata*; 449 – *Desmodium barbatum*; 468 – *Inga laurina*; 477 – *Dalbergia ecastaphyllum*; 492 – *Chamaecrista amabilis*; 510 – *Pterocarpus zehntneri*; 512 – *Flemingia macrophylla*; 541 – *Anadenanthera* sp.; 542 – *Caesalpinia pyramidalis*; 543 – *Lonchocarpus guilleminianus*; 548 – *Crotalaria holosericea*; 554 – *Lonchocarpus guilleminianus*; 564 – *Pseudopiptadenia bahiana*; 585 – *Caesalpinia ferrea* var. *parvifolia*; 587 – *Parapiptadenia blanchetii*; 597 – *Acacia bahiensis*; 631 – *Abarema filamentosa*; 635 – *Inga subnuda* subsp. *subnuda*; 686 – *Macrolobium rigidum*; 690 – *Mimosa carvalhoi*; 698 – *Stylosanthes viscosa*; 709 – *Acosmium bijugum*; 724 – *Swartzia apetala*; 729 – *Acosmium bijugum*; 764 – *Andira fraxinifolia*; 769 – *Inga subnuda* subsp. *subnuda*; 780 – *Dalbergia ecastaphyllum*; 781 – *Senna splendida* var. *splendida*; 794 – *Swartzia simplex* var. *ochnacea*; 797 – *Abarema filamentosa*; 880 – *Andira nitida*; 996 – *Chamaecrista barbata*; 1009 – *Pithecellobium dulce*; 1080 – *Inga cayannensis*; 1085 – *Pseudopiptadenia contorta*; 1143 – *Canavalia dolichothyrsa*; 1179 – *Bauhinia outimouta*;1181 and 1192 – *Inga thibaudiana* subsp. *thibaudiana*; 1203 – *Stylosanthes guianensis* var. *gracilis*; 1237 – *Canavalia rosea*; 1240 – *Vigna marina*; 1244 – *Cratylia hypargyrea*; 1268 – *Stylosanthes guianensis* var. *gracilis*; 1277 – *Zornia myriadena*; 1278 – *Stylosanthes viscosa*; 1305 – *Bauhinia* sp.; 1354 – *Andira fraxinifolia*; 1391 – *Inga pleiogyna*; 1392 – *Brodriguesia santosii*; 1424 – *Moldenhawera blanchetiana* var. *blanchetiana*; 1439 – *Swartzia dipetala*; 1441 and 1445 – *Zornia* sp.; 1450 – *Abrus precatorius*; 1468 – *Stryphnodendron pulcherrimum*; 1480 – *Inga pleiogyna*; 1488 – *Macrolobium rigidum*; 1502 – *Mimosa medioxima*; 1525 – *Machaerium* aff. *salzmannii*; 1526 – *Dalbergia frutescens* var. *frutescens*; 1527 – *Moldenhawera blanchetiana* var. *multijuga*; 1541 – *Stylosanthes viscosa*; 1548 – *Dioclea grandiflora*; 1550

– *Zornia* sp.; 1557 – *Crotalaria holosericea*; 1577 – *Chamaecrista zygophylloides* var. *zygophylloides*; 1580 – *Macroptilium erythroloma*; 1585 – *Acacia bahiensis*; 1587 – *Senna acuruensis* var. *catingae*; 1588 – *Acacia bahiensis*; 1650 – *Ormosia* sp. nov. 1; 1656 – *Abarema filamentosa*; 1669 – *Chamaecrista bahiae*; 1697 – *Acacia* sp.; 1677 – *Senna uniflora*; 1696 – *Caesalpinia laxiflora*; 1700 – *Chloroleucon foliolosum*;1707 – *Senna spectabilis* var. *excelsa*; 1712 – *Platypodium elegans*; 1714 – *Senna splendida*; 1732 – *Bauhinia pulchella*; 1741 – *Copaifera langsdorffii*; 1744 – *Senna pendula*; 1745 – *Senna cana* var. *cana*; 1746 – *Mimosa gemmulata* var. *adamantina*; 1748 – *Stylosanthes guianensis* var. *gracilis*; 1758 – *Calliandra sessilis*; 1760 – *Bauhinia acuruana*; 1762 – *Calliandra macrocalyx*; 1763 – *Calliandra macrocalyx* var. *macrocalyx*; 1766 – *Zornia* aff. *tenuifolia*; 1769 – *Pseudopiptadenia brenanii*; 1784 – *Calliandra macrocalyx*; 1788 – *Hymenaea* sp.; 1805 – *Pterogyne nitens*; 1806 *Caesalpinia pluviosa* var. *sanfranciscana*; 1808 – *Platymiscium floribundum* var. *obtusifolium*; 1810 – *Calliandra macrocalyx*; 1811 – *Piptadenia moniliformis*; 1822 – *Hymenaea* sp.; 1823 – *Acosmium dasycarpum*; 1828 – *Bauhinia brevipes*; 1829 – *Mimosa foliolosa* var. *peregrina*; 1835 – *Galactia jussiaeana* var. *glabrescens*; 1841 – *Stylosanthes macrocephala*; 1845 *Coursetia rostrata*; 1847 – *Bauhinia aculeata*; 1860 – *Mimosa arenosa* var. *arenosa*; 1862 – *Acacia* sp.; 1863 – *Piptadenia stipulacea*; 1871 – *Bauhinia* sp. nov. 2 subsp. nov.; 1873 – *Macroptilium sabaraense*; 1913 – *Mimosa carvalhoi*; 1918 – *Bauhinia forficata*; 1919 – *Mimosa tenuiflora*; 1921 – *Platymiscium floribundum* var. *obtusifolium*; 1922 – *Samanea inopinata*; 1939 – *Chloroleucon foliolosum*; 1955 – *Mimosa tenuiflora*; 1961 – *Periandra coccinea*; 1965 – *Bowdichia virgilioides*; 1981 – *Chaetocalyx longiflora*; 1987 – *Senna acuruensis* var. *catingae*; 2036 – *Bauhinia pinheiroi*; 2063 – *Rhynchosia minima*; 2088 – *Flemingia macrophylla*; 2112 – *Bowdichia virgilioides*; 2113 – *Dalbergia frutescens* var. *frutescens*; 2114 – *Dalbergia acuta*; 2115 – *Bowdichia virgilioides*; 2117 – *Machaerium* sp.; 2359 – *Cratylia hypargyrea*; 2360 – *Bauhinia forficata*; 2361 – *Acacia bahiensis*; 2362 – *Dalbergia catingicola*; 2363 – *Machaerium hirtum*; 2364 – *Tephrosia candida*; 2365 – *Dalbergia nigra*; 2366 – *Moldenhawera brasiliensis*; 2367 – *Piptadenia moniliformis*; 2368 – *Periandra coccinea*; 2370 – *Parapiptadenia blanchetii*; 2371 – *Calliandra viscidula*; 2372 – *Camptosema coriaceum*; 2382 – *Inga cylindrica*; 2393 – *Dalbergia decipularis*; 2401 – *Chamaecrista cytisoides* var. *blanchetii*; 2406 – *Senna splendida*; 2408 – *Machaerium acutifolium* var. *enneandrum*; 2410 – *Amburana cearensis*; 2411 – *Caesalpinia pluviosa* var. *sanfranciscana*; 2413 – *Senna cana* var. *cana*; 2418 – *Pseudopiptadenia brenanii*; 2419 – *Piptadenia moniliformis*; 2421 – *Andira fraxinifolia*; 2424 – *Mimosa gemmulata* var. *adamantina*; 2425 – *Trischidium molle*; 2429 – *Mimosa irrigua*; 2430 – *Dalbergia cearensis*; 2432 – *Platymiscium pubescens* subsp. *zehntneri*; 2433 –

Dalbergia miscolobium; 2434 – *Dalbergia ecastaphyllum*; 2435 – *Dalbergia frutescens*; 2437 – *Vataireopsis araroba*; 2438 – *Cratylia hypargyrea*; 2439 – *Dalbergia ecastaphyllum*; 2445 – *Zornia glabra*; 2446 – *Desmodium incanum*; 2447 – *Indigofera suffruticosa*; 2466 – *Inga laurina*; 2473 – *Exostyles venusta*; 2487 – *Inga thibaudiana* subsp. *thibaudiana*; 2501 – *Albizia pedicellaris*; 2503 – *Macrolobium latifolium*; 2505 – *Sclerolobium* cf. *striatum*; 2513 – *Stylosanthes guianensis* var. *gracilis*; 2518 – *Chamaecrista hispidula*; 2539 – *Platycyamus regnellii*; 2544 – *Andira nitida*; 2546 – *Macrolobium rigidum*; 2547 – *Andira carvalhoi*; 2550 – *Inga subnuda* subsp. *subnuda*; 2551 – *Pseudopiptadenia contorta*; 2553 – *Stryphnodendron pulcherrimum*; 2554 – *Acacia olivensana*; 2556 – *Dalbergia ecastaphyllum*; 2557 – *Chamaecrista ramosa* var. *ramosa*; 2600 – *Acacia martiusiana*; 2601 – *Pseudopiptadenia contorta*; 2602 – *Piptadenia viridiflora*; 2621 – *Chamaecrista pascuorum*; 2633 – *Caesalpinia laxiflora*; 2638 – *Mimosa ophthalmocentra*; 2643 – *Piptadenia viridiflora*; 2645 – *Bauhinia flexuosa*; 2647 – *Senna acuruensis* var. *acuruensis*; 2649 – *Senna macranthera* var. *pudibunda*; 2650 – *Caesalpinia pluviosa* var. *sanfranciscana*; 2653 – *Bauhinia aculeata*; 2656 – *Peltophorum dubium* var. *dubium*; 2667 – *Caesalpinia laxiflora*; 2674 – *Amburana cearensis*; 2675 – *Calliandra depauperata*; 2690 – *Zornia sericea*; 2693 – *Caesalpinia calycina*; 2694 – *Acacia* sp.; 2712 – *Stylosanthes capitata*; 2713 – *Zornia sericea*; 2720 – *Piptadenia viridiflora*; 2792 – *Mimosa sensitiva*; 2798 – *Acacia monacantha*; 2726 – *Aeschynomene gracilis*; 2728 – *Zornia* sp.; 2729 – *Desmodium incanum*; 2730 – *Abrus precatorius*; 2744 – *Ormosia* sp. nov. 1; 2770 – *Dioclea grandiflora*; 2784 – *Acacia bahiensis*; 2789 – *Poecilanthe ulei*; 2809 – *Chamaecrista cytisoides* var. *blanchetii*; 2829 – *Senna* sp.; 2836 – *Calliandra sessilis*; 2866 – *Piptadenia moniliformis*; 2867 – *Mimosa tenuiflora*; 2872 – *Zornia marajoara*; 2873 – *Crotalaria bahiensis*; 2874 – *Chamaecrista desvauxii* var. *latifolia*; 2876 – *Mimosa ulbrichiana*; 2877 – *Galactia* aff. *remansoana*; 2884 – *Chamaecrista* sp.; 2886 – *Mimosa campicola* var. *campicola*; 2894 – *Mysanthus uleanus* var. *uleanus*; 2897 – *Bauhinia pulchella*; 2900 – *Hymenaea velutina*; 2905 – *Zornia marajoara*; 2915 – *Periandra coccinea*; 2922 – *Crotalaria holosericea*; 2923 – *Calliandra mucugeana*; 2924 – *Chamaecrista cytisoides* var. *micrantha*; 2930 – *Calliandra calycina*; 2937 – *Senna* sp.; 2941 – *Chamaecrista* sp.; 2962 – *Stylosanthes scabra*; 2964 – *Mysanthus uleanus* var. *uleanus*; 2969 – *Camptosema coriaceum*; 2970 – *Calliandra viscidula*; 2982 – *Chamaecrista* sp.; 2997 – *Zornia flemmingioides*; 2998 – *Calliandra asplenioides*; 3020 – *Swartzia bahiensis*; 3023 – Acacia langsdorffii; 3029 – *Stryphnodendron rotundifolium*; 3032 – *Piptadenia moniliformis*; 3036 – *Aeschynomene brasiliana* var. *brasiliana*; 3047 – *Senna* sp.; 3086 – *Camptosema coriaceum*; 3092 and 3094 – *Calliandra viscidula*; 3098 – *Dioclea grandiflora*; 3100 – *Senna macranthera* var. *micans*;

3111 – *Mimosa arenosa* var. *arenosa*; 3164 – *Cratylia hypargyrea*; 3180 – *Andira fraxinifolia*; 3211 – *Platymiscium floribundum*; 3212 – *Bauhinia integerrima*; 3214 – *Andira nitida*; 3229 – *Calliandra bahiana* var. *erythematosa*; 3241 – *Calliandra erubescens*; 3267 – *Acosmium bijugum*; 3308 – *Andira carvalhoi*; 3317 – *Mimosa carvalhoi*; 3348A – *Andira fraxinifolia*; 3503 – *Mimosa setosa* var. *paludosa*; 3504 – *Macrolobium latifolium*; 3505 – *Bauhinia maximiliani*; 3506 – *Albizia pedicellaris*; 3507 – *Machaerium condensatum*; 3610 – *Bauhinia* sp.nov. 9; 3651 – *Inga thibaudiana* subsp. *thibaudiana*; 3686 – *Calliandra sessilis*; 3687 – *Mimosa filipes*; 3697 – *Mimosa gemmulata*; 3708 – *Hymenaea stigonocarpa* var. *pubescens*; 3712 –*Bauhinia acuruana*; 3752 – *Acosmium dasycarpum*; 3760 – *Dioclea violacea*; 3777 – *Bauhinia* sp. nov. 2 subsp. nov.; 3788 – *Mimosa ophthalmocentra*; 3797 – *Machaerium* sp.; 3809 – *Indigofera suffruticosa*; 3823 – *Machaerium aculeatum*; 3825 – *Caesalpinia ferrea* var. *ferrea*; 3828 – *Caesalpinia pyramidalis*; 3830 – *Poecilanthe ulei*; 3832 – *Zornia brasiliensis*; 3857 – *Acacia farnesiana*; 3858 – *Desmanthus virgatus*; 3866 – *Poeppigia procera*; 3877 – *Pithecellobium diversifolium*; 3878 – *Stylosanthes scabra*; 3879 – *Caesalpinia pyramidalis*; 3881 – *Indigofera microcarpa*; 3882 – *Pithecellobium diversifolium*; 3891 – *Andira humilis*; 3896 – *Piptadenia moniliformis*; 3897 – *Mimosa lewisii*; 3923 – *Mimosa ophthalmocentra*; 3928 – *Acacia* aff. *riparia*; 3930 – *Poeppigia procera*; 3933 – *Trischidium molle*; 3940 – *Calliandra bella*; 3951 – *Piptadenia moniliformis*; 3952 – *Caesalpinia pyramidalis*; 3953 – *Piptadenia viridiflora*; 3957 – *Mimosa acutistipula*; 3958 – *Bauhinia* aff. *ungulata*; 3960 – *Platymiscium floribundum* var. *obtusifolium*; 3979 – *Copaifera langsdorffii*; 3980 – *Calliandra dysantha* var. *dysantha*; 3981 – *Bowdichia virgilioides*; 3983 – *Swartzia macrostachya*; 3984 – *Bauhinia brevipes*; 3985 – *Dalbergia acuta*; 3989 – *Dimorphandra gardneriana*; 3990 – *Plathymenia reticulata*; 4003 – *Chamaecrista juruenensis*; 4006 – *Bauhinia* sp.; 4017 – *Dioclea coriacea*; 4029 – *Mimosa pteridifolia*; 4031 – *Mimosa sericantha*; 4034 – *Bauhinia pulchella*; 4035 – *Bowdichia virgilioides*; 4038 – *Copaifera* sp.; 4045 – *Cenostigma macrophyllum*; 4046 – *Dalbergia acuta*; 4048 – *Camptosema* sp. nov. 2; 4049 – *Dalbergia miscolobium*; 4051 – *Chamaecrista juruenensis*; 4058 – *Senna cana*; 4064 – *Chamaecrista flexuosa*; 4066 – *Periandra mediterranea*; 4067 – *Camptosema* sp. nov. 2; 4074 – *Piptadenia viridiflora*; 4086 – *Calliandra bella*; 4102 – *Inga laurina*; 4114 – *Inga vera* subsp. *affinis*; 4116 – *Zollernia magnifica*; 4126 – *Bauhinia* sp. nov. 6; 4131 – *Machaerium hirtum*; 4152 – *Acacia bahiensis*; 4155 – *Hymenaea stigonocarpa* var. *pubescens*; 4158 – *Calliandra sessilis*; 4170 – *Mimosa misera*; 4182 – *Moldenhawera brasiliensis*; 4208 – *Calliandra viscidula*; 4225 – *Swartzia apetala* var. *apetala*; 4258 – *Calliandra bella*; 4271 – *Zornia glabra*; 4274 – *Mimosa sensitiva*; 4275 – *Platymiscium speciosum*; 4277 – *Dalbergia foliolosa*; 4289 – *Inga capitata*; 4301

– Swartzia macrostachya; 4306 – *Peltogyne chrysopis*; 4309 – *Pseudopiptadenia contorta*; 4337 – *Inga tenuis*; 4341 – *Bowdichia virgilioides*; 4348 – *Inga edulis*; 4349 – *Dalbergia foliolosa*; 4399 – *Swartzia macrostachya*; 4407 – *Bauhinia sp.nov.* 9; 4430 – *Senna multijuga* var. *lindleyana*; 4433 and 4493 – *Senna affinis*; 4561 – *Dalbergia frutescens* var. *frutescens*; 4568 – *Bauhinia maximiliani*; 4582 – *Bauhinia* aff. *forficata*; 4609 – *Calliandra bella*; 4654 – *Parkia pendula*; 4752 – *Bauhinia angulosa*; 4894 – *Machaerium* sp.; 5338 – *Goniorrhachis marginata*; 5339 – *Leucochloron limae*; 6008 – *Inga pleiogyna*; 6010 – *Ormosia costulata*; 6023 – *Dialium guianense*; 6034 – *Stylosanthes viscosa*; 6074 – *Swartzia peremarginata*; 6095 – *Arapatiella psilophylla*; 6141 – *Andira fraxinifolia*; 6157 – *Enterolobium gummiferum*; 6193 –*Dialium guianense*; 6197 – *Chamaecrista ensiformis*; 6204 – *Bauhinia maximilianii*; 6245 – *Mimosa gemmulata* var. *gemmulata*; 6259 – *Senna cana* var. *cana*; 6274 – *Copaifera* sp.; 6409 – *Machaerium lanceolatum*; 6422 – *Stylosanthes viscosa*; 6465 – *Swartzia apetala*; 6468 – *Machaerium salzmannii*; 6470 – *Dalbergia foliolosa*; 6475 – *Andira marauensis*; 6491 – *Dalbergia sissoo*; 6607 – *Stylosanthes guianensis* var. *vulgaris*; 6680 – *Dalbergia sissoo*; 6706 – *Machaerium hirtum*; 6724 – *Dioclea virgata*; 6747 – *Inga subnuda*; 12006 – *Calliandra bella*; 34021 – *Parkia platycephala*.

Carvalho, D. 6 – *Inga* sp.

Carvalho, J.A. 6 – *Amburana cearensis*.

Carvalho, J.H. 453 – *Piptadenia stipulacea*; 455 – *Acacia* sp.; 458 – *Acacia langsdorffii*; 459 – *Acacia riparia*.

Castellanos, A. 25811 – *Caesalpinia pyramidalis*; 25813 – *Pithecellobium diversifolium*; 25139 – *Mimosa arenosa*; 25946 – *Mimosa arenosa* var. *arenosa*; 25956 – *Mimosa invisa* var. *invisa*; 25977 – *Senna spectabilis* var. *excelsa*; 25988 – *Mimosa invisa* var. *invisa*; 26002 – *Senna obtusifolia*; 26015 – *Macroptilium martii*; 26026 – *Mimosa setosa* var. *paludosa*; 26061 – *Senna harleyi*.

Castro, A.J. s.n. – *Ateleia venezuelensis*; s.n. – *Luetzelburgia auriculata*; 6145 – *Cranocarpus gracilis*.

Cerati, T.M. 288 – *Zornia flemmingioides*; 297 – *Chamaecrista chapadae*; 314 – *Cleobulia multiflora*.

Cervi, A. CA-7335 – *Zollernia ilicifolia*.

Chagas, F. 54 – *Senna reticulata*.

Chase, A. 7695 – *Senna acuruensis* var. *acuruensis*.

Cisneiros, R. 2 – *Acacia piauhiensis*.

Collares, J.E.R. 109 – *Sclerolobium paniculatum*; 122 – *Stryphnodendron rotundifolium*; 123 – *Copaifera* sp.; 129 – *Dalbergia miscolobium*; 137 – *Copaifera* sp.; 140 – *Piptadenia stipulacea*; 143 – *Chamaecrista calycioides*; 144 – *Caesalpinia gardneriana*; 154 – *Centrosema pascuorum*; 156 – *Chamaecrista pilosa* var. *luxurians*; 161 – *Senna uniflora*; 163 – *Senna occidentalis*; 180 – *Senna spectabilis* var. *excelsa*; 186 – *Acacia riparia*; 192 – *Lonchocarpus sericeus*; 193 – *Chloroleucon foliolosum*; 195 – *Senna trachypus*; 197 – *Chamaecrista tenuisepala*; 201 – *Bauhinia* sp.; 203 – *Parkinsonia aculeata*.

Coradin, L. 1150 – *Centrosema venosum*; 1195 – *Periandra coccinea*; 1196 – *Centrosema arenarium*; 1199 – *Centrosema virginianum*; 1200 – *Poiretia punctata*; 1204 – *Centrosema virginianum*; 1211 – *Centrosema brasilianum* var. *angustifolia*; 1215 – *Desmodium incanum*; 1216 – *Calopogonium caeruleum*; 1227 – *Desmodium tortuosum*; 1229 – *Desmodium* aff. *distortum*; 1296 – *Aeschynomene viscidula*; 1370 – *Caesalpinia microphylla*; 1376 – *Desmodium tortuosum*; 1422 – *Desmodium incanum*; 1429 and 1431 – *Macroptilium bracteatum*; 1444 – *Aeschynomene viscidula*; 1946 – *Caesalpinia gardneriana*; 1947 – *Caesalpinia ferrea*; 1913 – *Macroptilium* sp.; 1918 – *Desmodium glabrum*; 1932 – *Centrosema brasilianum*; 1967 – *Desmodium* aff. *tortuosum*; 2040 – *Cratylia mollis*; 2050 – *Macroptilium martii*; 2054 – *Cratylia mollis*; 2087 – *Macroptilium martii*; 2440 – *Desmodium scorpiurus*; 2459 – *Desmodium procumbens*; 2470 – *Centrosema virginianum*; 2480 – *Macroptilium martii*; 2495 – *Aeschynomene scabra*; 2517 – *Dioclea bicolor*; 2528 – *Desmodium glabrum*; 2537 – *Desmodium* sp.; 2565 – *Poiretia punctata*; 2597 – *Aeschynomene histrix*; 2598 – *Centrosema brasilianum*; 2699 – *Centrosema venosum*; 2844 – *Centrosema plumieri*; 2847 – *Aeschynomene* aff. *falcata*; 2853 – *Desmodium barbatum*; 2857 – *Centrosema brasilianum*; 2860 – *Crotalaria stipularia*; 2866 and 2878 – *Centrosema brasilianum*; 2890 – *Crotalaria pallida* var. *obovata*; 2894 – *Centrosema virginianum*; 2895 – *Desmodium adscendens*; 2903 – *Aeschynomene evenia* var. *serrulata*; 2915 – *Desmodium* aff. *tortuosum*; 2919 – *Crotalaria incana*; 2922 – *Centrosema brasilianum*; 2927 – *Centrosema virginianum*; 2932 – *Centrosema plumieri*; 2939 – *Centrosema pubescens*; 2959 – *Centrosema virginianum*; 3022 – *Dioclea lasiophylla*; 3044 – *Centrosema brasilianum*; 3047 – *Canavalia* sp.; 3052 – *Desmodium incanum*; 3062 – *Centrosema pascuorum*; 3112 – *Centrosema brasilianum*; 3121 – *Aeschynomene americana*; 3127 – *Centrosema brasilianum*; 3149 – *Aeschynomene brasiliana*; 3153 – *Centrosema pascuorum*; 3188 – *Centrosema rotundifolium*; 3224 – *Arachis* aff. *sylvestris*; 3236 – *Centrosema* aff. *pascuorum*; 3242 – *Macroptilium* aff. *atropurpureum*; 3253 – *Desmodium glabrum*; 3256 – *Centrosema brasilianum* var. *angustifolia*; 3264 and 3282 – *Centrosema pascuorum*; 3290 – *Macroptilium* cf. *atropurpureum*; 3293 – *Desmodium* aff. *tortuosum*; 3313 – *Centrosema pascuorum*; 3314 – *Centrosema virginianum*; 3315 – *Centrosema brasilianum* var. *brasilianum*; 3324 – *Aeschynomene falcata*; 3345 – *Aeschynomene paniculata*; 3358 – *Crotalaria stipularia*; 3377 – *Centrosema virginianum*; 3383 – *Desmodium* aff. *distortum*; 3416 – *Aeschynomene brasiliana*; 3527 and 4147 – *Macroptilium bracteatum*; 4349 – *Aeschynomene viscidula*; 4351 – *Stylosanthes scabra*; 4354 – *Chaetocalyx longiflora*; 4391 – *Aeschynomene paniculata*; 4410 – *Aeschynomene brasiliana*; 4432 – *Aeschynomene brevipes*; 4435 – *Centrosema coriaceum*; 4444 – *Centrosema macrocarpum*; 4458 – *Aeschynomene* sp.; 4459 – *Centrosema virginianum*; 4460 – *Centrosema coriaceum*; 4757 – *Aeschynomene* sensitiva; 4797 – Desmodium tortuosum; 4799 – Centrosema macrocarpum; 4857 – Centrosema virginianum; 5692 – Stylosanthes guianensis var. gracilis; 5693 – Galactia martii; 5694 – Eriosema crinitum var. crinitum; 5696 – Senna aff. rugosa; 5698, 5699, 5700 and 5701 – Centrosema venosum; 5707 – Stylosanthes macrocephala; 5708 – Stylosanthes guianensis var. pauciflora; 5709 – Stylosanthes viscosa; 5711 – Dioclea coriacea; 5713 – Chamaecrista fagonioides var. macrocalyx; 5719 – Aeschynomene paucifolia; 5720 – Bauhinia brevipes; 5725 – Hymenaea courbaril; 5728 – Anadenanthera colubrina var. cebil; 5730 – Acacia aff. polyphylla; 5733 – Stylosanthes guianensis var. guianensis; 5736 – Mimosa acutistipula var. acutistipula; 5737 – Mimosa tenuiflora; 5738 – Caesalpinia bracteosa; 5740 – Macroptilium bracteatum; 5741 – Chaetocalyx longiflora; 5743 – Dioclea virgata; 5746 – Mimosa acutistipula var. acutistipula; 5749 – Bauhinia brevipes; 5750 – Mimosa verrucosa; 5754 – Platymiscium floribundum var. obtusifolium; 5756 – Piptadenia moniliformis; 5758 – Acacia aff. polyphylla; 5760 – Acacia polyphylla; 5763 – Aeschynomene benthamii; 5765 – Mimosa invisa var. invisa; 5767 – Anadenanthera colubrina var. cebil; 5771 – Pterodon emarginatus; 5773 – Mimosa pteridifolia; 5774 – Senna aff. rugosa; 5775 – Calliandra dysantha var. dysantha; 5777 – Stylosanthes capitata; 5778 – Senna trachypus; 5780 – Deguelia sp. 3; 5781 – Copaifera sp.; 5810 – Dimorphandra gardneriana; 5811 – Bauhinia acuruana; 5812 – Bauhinia subclavata; 5813 and 5816 – Bauhinia pulchella; 5818 – Camptosema sp. nov. 2; 5819 – Copaifera martii; 5820 – Bowdichia virgilioides; 5821 – Stylosanthes pilosa; 5823 – Copaifera martii; 5825 – Zornia sp.; 5834 – Stylosanthes guianensis var. guianensis; 5835 – Senna occidentalis; 5837 – Galactia glaucescens; 5839 – Senna alata; 5846 – Tephrosia purpurea; 5849 – Crotalaria pilosa; 5852 – Centrosema virginianum; 5854 – Bauhinia subclavata; 5855 – Aeschynomene brasiliana; 5856 – Calliandra parviflora; 5865 – Sesbania exasperata; 5866 – Neptunia plena; 5867 – Periandra coccinea; 5868 – Stylosanthes capitata; 5871 – Senna lechriosperma; 5872 – Cenostigma gardnerianum; 5873 – Hymenaea eriogyne; 5874 – Acacia langsdorffii; 5878 – Mimosa pigra var. pigra; 5883 – Senna trachypus; 5884 – Stylosanthes guianensis var. pauciflora; 5886 – Aeschynomene histrix var. histrix; 5888 – Lonchocarpus araripensis; 5890 – Desmodium triflorum; 5896 – Luetzelburgia auriculata; 5899 – Dipteryx alata; 5902 – Cenostigma gardnerianum; 5903 and 5905 – Stylosanthes capitata; 5907 – Piptadenia moniliformis; 5909 – Stylosanthes capitata; 5911 – Senna gardneri; 5912 – Zornia sp.; 5914 – Sesbania sesban var. bicolor; 5915 – Anadenanthera colubrina var. cebil; 5918 – Mimosa tenuiflora; 5919 – Senna martiana; 5925 – Zornia harmsiana; 5932 – Chamaecrista supplex; 5934 – Zornia harmsiana; 5936 – Piptadenia stipulacea; 5937 – Chamaecrista calycioides; 5941 – Caesalpinia microphylla; 5942 – Bauhinia aff. pulchella; 5947 – Mimosa ophthalmocentra; 5949 –

Stylosanthes viscosa; 5950 – Macroptilium martii; 5952 – Senna martiana; 5959 – Indigofera suffruticosa; 5960 – Senna form taxon "sturtii"; 5961 – Cratylia mollis; 5962 – Anadenanthera colubrina var. cebil; 5971 – Erythrina velutina; 5972 – Anadenanthera colubrina var. cebil; 5975 – Coursetia rostrata; 5976 – Zornia aff. sericea; 5978 – Mimosa ophthalmocentra; 5982 – Cratylia mollis; 5984 – Bauhinia pentandra; 5989 – Senna martiana; 5990 – Caesalpinia pyramidalis; 5993 – Stylosanthes viscosa; 5994 – Parkinsonia aculeata; 5996 – Peltophorum dubium var. dubium; 6000 – Centrosema virginianum; 6004 – Macroptilium bracteatum; 6005 – Macroptilium lathyroides; 6007 – Vigna candida; 6009 – Chaetocalyx scandens var. pubescens; 6010 – Canavalia dictyota; 6011 – Acacia bahiensis; 6012 – Piptadenia stipulacea; 6013 – Poecilanthe ulei; 6014 – Piptadenia stipulacea; 6015 – Senna splendida; 6016 – Caesalpinia pyramidalis; 6017 – Acacia bahiensis; 6019 – Mimosa arenosa var. arenosa; 6021 – Aeschynomene benthamii; 6024 – Stylosanthes capitata; 6024A – Stylosanthes scabra; 6033 – Luetzelburgia bahiensis; 6034 – Senna spectabilis var. excelsa; 6037 – Piptadenia stipulacea; 6040 – Chamaecrista swainsonii; 6042 – Zornia aff. gemella; 6043 – Chamaecrista flexuosa; 6045 – Stylosanthes macrocephala; 6046 – Stylosanthes cf. pilosa; 6047 – Mysanthus uleanus var. uleanus; 6048 – Mimosa sensitiva var. sensitiva; 6050 – Crotalaria holosericea; 6054 – Blanchetiodendron blanchetii; 6055 – Camptosema pedicellatum var. pedicellatum; 6056 – Peltogyne aff. pauciflora; 6059 – Calliandra bahiana; 6060 – Mimosa misera; 6064 – Bauhinia pulchella; 6070 – Chamaecrista jacobinea; 6071 – Senna cana var. cana; 6078 – Calliandra sessilis; 6089 – Centrosema coriaceum; 6094 – Mimosa irrigua; 6104 – Camptosema coriaceum; 6106 – Crotalaria harleyi; 6122 – Moldenhawera brasiliensis; 6147, 6148 and 6149 – Stylosanthes viscosa; 6150 – Stylosanthes guianensis var. guianensis; 6151 – Chamaecrista flexuosa; 6153 – Macroptilium bracteatum; 6154 – Macroptilium lathyroides; 6159 – Aeschynomene viscidula; 6162 – Periandra coccinea; 6163 – Stylosanthes viscosa; 6168 – Poiretia bahiana; 6170 – Chamaecrista desvauxii var. mollissima; 6171 – Stylosanthes aff. scabra; 6174 – Vigna peduncularis var. peduncularis; 6195 – Mimosa pigra var. debiscens; 6198 – Desmanthus virgatus; 6199 – Mimosa sensitiva var. sensitiva; 6200 – Senna pendula var. dolichandra; 6204 – Mimosa blanchetii; 6212 – Mimosa cordistipula; 6219 – Zornia brasiliensis; 6220 – Stylosanthes viscosa; 6221 – Chamaecrista cytisoides var. blanchetii; 6231 – Chamaecrista jacobinea; 6237 – Aeschynomene histrix var. histrix; 6238 – Stylosanthes viscosa; 6240 – Stylosanthes cf. pilosa; 6244 – Mysanthus uleanus var. uleanus; 6246 – Stylosanthes macrocephala; 6247 – Mimosa irrigua; 6251 – Piptadenia moniliformis; 6256 – Trischidium molle; 6261 – Stylosanthes scabra; 6264 – Dioclea grandiflora; 6270 – Caesalpinia laxiflora; 6280 – Stylosanthes pilosa; 6281 – Zornia aff. sericea; 6282 – Aeschynomene brasiliana var. brasiliana; 6287 – Zornia marajoara; 6291 – Stylosanthes pilosa; 6292 –

Stylosanthes viscosa; 6293 – *Stylosanthes macrocephala*; 6295 – *Luetzelburgia bahiensis*; 6300 – *Copaifera coriacea*; 6306 – *Cenostigma gardnerianum*; 6307 – *Mimosa verrucosa*; 6308 – *Stylosanthes capitata*; 6314 – *Mimosa acutistipula* var. *acutistipula*; 6315 – *Senna gardneri*; 6316 – *Piptadenia moniliformis*; 6317 – *Platypodium elegans*; 6326 – *Stylosanthes macrocephala*; 6327 – *Indigofera microcarpa*; 6330 – *Anadenanthera colubrina* var. *cebil*; 6331 – *Caesalpinia pluviosa* var. *sanfranciscana*; 6332 and 6336 – *Acacia* aff. *riparia*; 6337 – *Centrosema brasilianum*; 6341 – *Mimosa sensitiva* var. *sensitiva*; 6342 – *Centrolobium sclerophyllum*; 6343 – *Enterolobium timbouva*; 6345 – *Stylosanthes macrocephala*; 6347 – *Stylosanthes guianensis* var. *pauciflora*; 6349 – *Calliandra macrocalyx*; 6351 – *Bauhinia brevipes*; 6353 – *Bauhinia* sp. nov. 8; 6358 – *Centrolobium sclerophyllum*; 6381 – *Coursetia rostrata*; 6383 – *Stylosanthes debilis*; 6388 – *Calliandra asplenioides*; 6389 – *Galactia martii*; 6408 – *Centrosema* sp.; 6423 – *Senna splendida*; 6427 – *Stylosanthes guianensis* var. *gracilis*; 6437 – *Stylosanthes macrocephala*; 6438 – *Stylosanthes debilis*; 6440 – *Periandra mediterranea*; 6446 – *Chamaecrista repens* var. *multijuga*; 6463 – *Calliandra sessilis*; 6466 – *Cleobulia multiflora*; 6469 – *Crotalaria holosericea*; 6472 – *Anadenanthera colubrina* var. *colubrina*; 6475 – *Mimosa sensitiva* var. *sensitiva*; 6477 – *Mimosa quadrivalvis* var. *leptocarpa*; 6478 – *Zornia* aff. *gemella*; 6483 – *Periandra pujalu*; 6484 – *Stylosanthes capitata*; 6496 – *Camptosema coriaceum*; 6497 – *Bauhinia* aff. *straussiana*; 6500 – *Stylosanthes guianensis* var. *vulgaris*; 6501 – *Stylosanthes guianensis* var. *gracilis*; 6502 – *Clitoria laurifolia*; 6504 – *Centrosema brasilianum*; 6509 – *Camptosema coriaceum*; 6510 – *Andira fraxinifolia*; 6523 – *Aeschynomene lewisiana*; 6524 – *Poiretia bahiana*; 6527 – *Zornia flemmingioides*; 6544 – *Acacia* aff. *riparia*; 6550 – *Stylosanthes macrocephala*; 6559 – *Senna acuruensis* var. *acuruensis*; 6568 – *Stylosanthes scabra*; 6569 – *Acacia langsdorffii*; 6573 – *Mysanthus uleanus* var. *uleanus*; 6582 – *Chaetocalyx scandens* var. *pubescens*; 6585 – *Chaetocalyx blanchetiana*; 6587 – *Indigofera suffruticosa*; 6593 – *Peltophorum dubium* var. *dubium*; 6594 – *Bauhinia subclavata*; 6597 – *Piptadenia moniliformis*; 6602 – *Deguelia* sp. 3; 6610 – *Periandra mediterranea*; 6616 – *Senna cana* var. *cana*; 6618 – *Dalbergia acuta*; 6620 – *Bowdichia virgilioides*; 6621 – *Bauhinia acuruana*; 6622 – *Calliandra macrocalyx*; 6627 – *Stylosanthes guianensis* var. *pauciflora*; 6632 – *Sclerolobium paniculatum* var. *subvelutinum*; 6634 – *Senna* aff. *rugosa*; 6639 – *Bauhinia acuruana*; 6642 – *Dioclea coriacea*; 6643 – *Dalbergia miscolobium*; 6650 – *Mimosa sericantha*; 6655 – *Chamaecrista coradinii*; 6656 – *Vigna firmula*; 6658 – *Periandra mediterranea*; 6661 – *Swartzia macrostachya*; 7412 – *Aeschynomene paucifolia*; 7418 – *Chamaecrista orbiculata* var. *orbiculata*; 7584 – *Centrosema brasilianum*; 7585 – *Galactia glaucescens*; 7587 – *Chaetocalyx longiflora*; 7589 – *Macroptilium atropurpureum*; 7594 *Galactia* sp.; 7596 –

Macroptilium martii; 7606 – *Aeschynomene histrix*; 7612 – *Aeschynomene paniculata*; 7622 – *Centrosema brasilianum*; 7626 – *Galactia* sp.; 7628 – *Centrosema brasilianum*; 7638 – *Aeschynomene brasiliana*; 7664 – *Cleobulia multiflora*; 7668 – *Centrosema brasilianum*; 7669 – *Centrosema pubescens*; 7674 – *Aeschynomene brasiliana*; 7679 – *Desmodium discolor*; 7680 – *Desmodium barbatum*; 7686 – *Galactia* sp.; 7700 – *Macroptilium bracteatum*; 7702 – *Centrosema virginianum*; 7717 – *Crotalaria holosericea*; 7720 – *Cajanus cajan*; 7721 – *Crotalaria incana*; 7734 – *Centrosema arenarium*; 7736 – *Centrosema brasilianum*; 7738 – *Calliandra* sp.; 7739 – *Chamaecrista* sp.; 7742 – *Caesalpinia microphylla*; 7746 – *Aeschynomene brasiliana*; 7747 – *Caesalpinia laxiflora*; 7750 – *Galactia* sp.; 7761 – *Centrosema rotundifolium*; 7765 – *Aeschynomene viscidula*; 7768 – *Aeschynomene histrix* var. *densiflora*; 7774 – *Crotalaria vitellina*; 7790 – *Centrosema sagittatum*; 7796 and 7798 – *Centrosema brasilianum*; 7799 – *Centrosema* sp.; 7801 – *Calopogonium caeruleum*; 7803 – *Centrosema brasilianum*; 7806 – *Macroptilium bracteatum*; 7808 – *Centrosema sagittatum*; 7811 – *Calopogonium mucunoides*; 7814 – *Chaetocalyx* sp.; 7822 – *Centrosema sagittatum*; 7825 – *Centrosema brasilianum*; 7831 – *Galactia* sp.; 7834 – *Centrosema brasilianum*; 7837 – *Centrosema pascuorum*; 7840 and 7841 – *Centrosema brasilianum*; 7843 – *Calopogonium mucunoides*; 7845 – *Centrosema pascuorum*; 7846 – *Centrosema brasilianum*; 7852 – *Centrosema pascuorum*; 7854 – *Centrosema brasilianum*; 7859 – *Galactia* sp.; 7860 – *Macroptilium bracteatum*; 7861 – *Cratylia mollis*; 7862 – *Cratylia argentea*; 7863 – *Centrosema brasilianum*; 7864 – *Centrosema sagittatum*; 7865 – *Crotalaria retusa*; 7868 – *Desmodium triflorum*; 7869 – *Calopogonium mucunoides*; 7873 – *Centrosema sagittatum*; 7875 – *Centrosema brasilianum*; 7878 *Chamaecrista rotundifolia* var. *rotundifolia*; 7886, 7894 and 7904 – *Centrosema brasilianum*; 7920 – *Centrosema rotundifolium*; 8491 – *Calliandra macrocalyx*; 8492 – *Dioclea coriacea*; 8499 – *Copaifera luetzelburgii*; 8501 – *Lonchocarpus* sp.; 8513 – *Calliandra* sp.; 8514 and 8515 – *Calliandra macrocalyx*; 8521 – *Trischidium molle*; 8523 – *Cenostigma gardnerianum*; 8525 – *Piptadenia stipulacea*; 8530 – *Chamaecrista fagonioides* var. *macrocalyx*; 8531 – *Aeschynomene paniculata*; 8534 – *Aeschynomene histrix*; 8536 – *Chamaecrista repens* var. *multijuga*; 8538 – *Crotalaria holosericea*; 8549 – *Calliandra pubens*; 8557 – *Centrosema coriaceum*; 8579 – *Machaerium punctatum*; 8585 – *Dalbergia frutescens*; 8587 – *Centrolobium sclerophyllum*; 8594 – *Chaetocalyx scandens* var. *pubescens*; 8595 – *Camptosema coriaceum*; 8613 – *Machaerium* sp.; 8615 – *Aeschynomene* sp.; 8616 – *Chamaecrista zygophylloides* var. *colligans*; 8617 – *Machaerium* sp.; 8619 – *Calliandra sessilis*; 8624 – *Caesalpinia laxiflora*; 8629 – *Chamaecrista cytisoides* var. *confertiformis*; 8636 – *Acacia riparia*; 8637 – *Caesalpinia laxiflora*; 8644 – *Calliandra* sp.; 8650 – *Camptosema pedicellatum*; 8656 – *Machaerium acutifolium* var. *enneandrum*; 8668 – *Calliandra* bella; 8676 – *Desmodium barbatum*; 8677 – *Crotalaria pallida*; 8679 – *Centrosema brasilianum*; 8680 – *Aeschynomene sensitiva*; 8689 – *Piptadenia stipulacea*; 8690 – *Acacia bahiensis*; 8692 – *Canavalia brasiliensis*.

Cotias, A.L. s.n. – *Crotalaria holosericea*.

Crepaldi, I.C. 9 – *Acacia bahiensis*.

Curran, H.M. 28 – *Chloroleucon dumosum*.

Dawe, M.J. s.n. – *Centrosema brasilianum*; 9 – *Cenrosema brasilianum*; 24 – *Senna splendida* var. *gloriosa*.

Davidse, G. 11980 – *Mimosa xiquexiquensis*; 12113 – *Calliandra dysantha* var. *dysantha*.

Del'Arco, M.R. 417 – *Aeschynomene monteiroi*; 582 – *Zornia harmsiana*; 710 and 1148 – *Aeschynomene monteiroi*.

Dobereiner, J. 1446 – *Acacia bahiensis*; 1451 and 1467 – *Anadenanthera colubrina* var. *cebil*; 1483 – *Abarema cochliacarpos*; 1491 – *Crotalaria holosericea*; 1494 – *Crotalaria retusa*; 1496 – *Crotalaria micans*; 1497 – *Crotalaria retusa*; 1498 – *Crotalaria pallida* var. *obovata*.

Drouet, F. 2434 – *Mimosa tenuiflora*; 2614 – *Parkinsonia aculeata*.

Duarte, A.P. 5906 – *Crotalaria retusa*; 5970 – *Exostyles venusta*; 5985 – *Mucuna sloanei*; 6011 – *Swartzia simplex* var. *ochnacea*; 6142 – *Canavalia parviflora*; 6195 – *Dioclea edulis*; 6707 – *Dioclea violacea*; 6737 – *Canavalia rosea*; 8014 – *Chamaecrista duartei*; 9202 – *Abarema cochliacarpos*; 9364 – *Calliandra lintea*; 9521 – *Caesalpinia laxiflora*; 9529 – *Trischidium molle*; 9541 – *Dalbergia decipularis*; 10547 – *Canavalia brasiliensis*; 10555 – *Andira fraxinifolia*; 10594 – *Erythrina velutina*; 14174 – *Moldenhawera nutans*; 14179 – *Senna acuruensis*; 14180 – *Senna rizzinii*; 14181 – *Senna splendida*.

Duarte, L. 292 – *Senna splendida* var. *splendida*; 351 – *Senna aversiflora*; 471 – *Chamaecrista viscosa* var. *major*.

Ducke, A. s.n. – *Prosopis juliflora*; 62 – *Calliandra parvifolia*; 140 – *Stylosanthes viscosa*; 1965 *Amburana cearensis*; 1971 – *Dalbergia cearensis*; 2348 and 2349 – *Platymiscium floribundum* var. *obtusifolium*; 2368 – *Copaifera cearensis*; 2369 and 2377 – *Lonchocarpus araripensis*; 2397 – *Mimosa misera* var. *misera*; 2398 – *Aeschynomene brevipes*; 2445 – *Mimosa hirsutissima* var. *hirsutissima*; 2446 – *Copaifera cearensis* 2454 – *Calliandra sessilis*; 2467 – *Trischidium molle*; 2491 – *Luetzelburgia auriculata*; 2504 – *Geoffroea spinosa*; 2506 – *Lonchocarpus araripensis*; 2535 – *Tephrosia egregia*; 2542 – *Mimosa paraibana*; 2582 – *Trischidium molle*.

Dutra, E.A. 4 – *Galactia jussiaeana*; 7 – *Tephrosia purpurea*; 8 – *Macroptilium lathyroides*; 18 – *Indigofera suffruticosa*; 25 – *Canavalia brasiliensis*; 34 – *Calopogonium mucunoides*; 39 – *Bauhinia cheilantha* 40 – *Macroptilium* cf. *bracteatum*.

Eiten, G. 4918A – *Cratylia mollis*; 4921 – *Piptadenia moniliformis*; 4953 – *Mimosa tenuiflora*; 4990 – *Senna macranthera* var. *striata*; 5006 – *Senna uniflora*; 5008 – *Senna spectabilis* var. *excelsa*; 5011 – *Mimosa arenosa* var. *arenosa*; 5012 – *Senna macranthera* var. *striata* 10366 – *Hymenaea*

courbaril; 10828 – *Senna spectabilis* var. *excelsa*; 10829 – *Cenostigma gardnerianum*; 10830 – *Mimosa verrucosa*; 10831 – *Mimosa caesalpiniifolia*; 10832 – *Acacia* aff. *riparia*; 10834 – *Caesalpinia ferrea*; 10837 – *Bauhinia pentandra*; 10838 – *Pterodon abruptus*; 10839 – *Chamaecrista eitenorum* var. *eitenorum*; 10840 – *Piptadenia moniliformis*; 10843 – *Acacia langsdorffii*; 10850 – *Senna spectabilis* var. *excelsa*; 10854 – *Acacia polyphylla*; 10860 – *Caesalpinia ferrea* var. *parvifolia*; 10866 – *Senna martiana*; 10867 – *Mimosa verrucosa*; 10870 – *Zornia sericea*; 10872 – *Caesalpinia microphylla*; 10875 – *Indigofera blanchetiana*; 10878 – *Stylosanthes viscosa*; 10886 – *Senna acuruensis* var. *interjecta*.

Esteves, G.L. 660 – *Myrocarpus fastigiatus*; 1997 – *Indigofera hirsuta*.

Euponino, A. 210 – *Zollernia modesta*; 218 – *Peltogyne confertiflora*; 251 – *Abarema filamentosa*; 308 – *Abarema cochliacarpos*; 349 – *Mimosa ceratonia* var. *pseudo-obovata*; 374 – *Albizia pedicellaris*; 381 – *Centrosema virginianum*; 382 – *Dioclea edulis*; 409 – *Clitoria laurifolia*; 414 – *Andira nitida*; 475 – *Diplotropis incexis*; 476 – *Senna pendula* var. *glabrata*.

Falcão, J.I.A. 877 – *Crotalaria stipularia*; 946 – *Crotalaria holosericea*; 1192 – *Senna phlebadenia*.

Faria, E. 1 – *Mimosa arenosa* var. *arenosa*; 3 – *Mimosa tenuiflora*.

Farias, G.L. 159 – *Sclerolobium* sp.; 180 – *Zollernia modesta*; 193 – *Bauhinia rufa*; 204 – *Swartzia* sp.; 209 – *Vigna caracalla*; 235 – *Inga subnuda* subsp. *subnuda*; 339 – *Acacia grandistipula*; 430 – *Bauhinia rufa*; 437 – *Stryphnodendron pulcherrimum*; 446 – *Cratylia hypargyrea*; 456 – *Crotalaria pallida*.

Farney, C. 2610 – *Andira fraxinifolia*; 2615 and 2653 – *Andira nitida*; 2660 – *Dalbergia ecastaphyllum*.

Felfili, J.M. 198 – *Copaifera luetzelburgii*.

Fernandes, A. s.n. – *Acosmium parvifolium*; s.n. – *Aeschynomene benthamii*; s.n. – *Aeschynomene marginata*; s.n. – *Aeschynomene mollicula* var. *mollicula*; s.n. – *Aeschynomene monteiroi*; s.n. – *Ateleia venezuelensis*; s.n. – *Calliandra fernandesii*; s.n. – *Calliandra* aff. *spinosa*; s.n. – *Calliandra* aff. *parvifolia*; s.n. – *Inga vera* subsp. *affinis*; s.n. – *Moldenhawera brasiliensis*; s.n. – *Platymiscium floribundum* var. *obtusifolium*; s.n. – *Poecilanthe ulei*; s.n. – *Poecilanthe grandiflora*; s.n. – *Trischidium decipiens*; 253 – *Aeschynomene monteiroi*; 5644 – *Cranocarpus gracilis*.

Fernandez, M.M. 9 – *Acacia polyphylla*.

Ferraz, E. s.n. – *Platymiscium floribundum* var. *obtusifolium*; 272 – *Chaetocalyx scandens* var. *pubescens*.

Ferreira, J.D.C.A. 43 – *Stylosanthes pilosa*; 64 – *Blanchetiodendron blanchetii*; 74 – *Aeschynomene filosa*; 77 – *Caesalpinia microphylla*; 79 – *Mimosa adenophylla* var. *mitis*; 82 – *Chloroleucon extortum*; 91 – *Mimosa blanchetii*; 93 – *Chamaecrista ramosa*; 106 – *Macroptilium martii*; 109 – *Lonchocarpus sericeus*; 112 – *Anadenanthera colubrina* var. *cebil*; 117 – *Mysanthus uleanus*; 120 – *Trischidium molle*; 128 – *Zornia myriadena*; 137 – *Dioclea lasiophylla*.

Ferreira, M.S.G. 108 – *Acacia bahiensis*; 274 – *Aeschynomene mollicula* var. *mollicula*; 291 – *Centrosema arenarium*.

Ferreira, V.F. 1040 – *Mucuna urens*.

Ferrucci, M.S. 959 – *Inga aptera*; 1017 – *Inga vera* subsp. *affinis*; 1045 – *Stylosanthes viscosa*; 1046 – *Zornia latifolia*; 1074 – *Crotalaria pallida*; 1096 – *Centrosema coriaceum*.

Fevereiro, P.C.A. 342 – *Stylosanthes viscosa*; 356 – *Desmodium glabrum*; 369 – *Calopogonium velutinum*; 376 – *Centrosema arenarium*; 650 – *Desmodium barbatum*.

Fevereiro, V.P.B. 5-I – *Erythrina velutina*; M-37 – *Inga ingoides*; M-42 – *Senna georgica* var. *georgica*; M-57 – *Bauhinia outimouta*; M-61 – *Bowdichia virgilioides*; M-65 – *Enterolobium timbouva*; M-72 – *Machaerium hirtum*; M-79 – *Desmodium axillare*; M-80 – *Aeschynomene sensitiva* var. *sensitiva*; M-84 – *Centrosema arenarium*; M-93 – *Calopogonium velutinum*; M-106a – *Senna georgica* var. *georgica*; M-106b – *Senna quinquangulata*; M-115 – *Hymenaea courbaril*; M-143 – *Enterolobium timbouva*; M-152 – *Chamaecrista rotundifolia*; M-162 – *Hymenaea courbaril*; 565 – *Acacia farnesiana*; M-137 – *Anadenanthera colubrina* var. *cebil*; M-140 – *Peltophorum dubium* var. *dubium*; M-496 – *Senna occidentalis*; M-508 – *Chamaecrista flexuosa*; 509 – *Stylosanthes scabra*; 516 – *Chamaecrista ramosa*; M-594 – *Mimosa somnians* var. *somnians*; 595 – *Machaerium hirtum*; 611 – *Canavalia brasiliensis*; 636 – *Dioclea violacea*; 639 – *Crotalaria vitellina*; 640 – *Pueraria phaseoloides*; 641A – *Dioclea grandiflora*; 642 – *Rhynchosia minima*; 643 – *Calopogonium caeruleum*; 644 – *Centrosema plumieri*; 645 – *Macroptilium bracteatum*; 647 – *Dioclea virgata*; 662 – *Rhynchosia phaseoloides*; 663 – *Vigna candida*; 710 – *Senna spectabilis* var. *excelsa*; 714 – *Caesalpinia gardneriana*; 718 – *Senna* aff. *martiana*; 841A – *Dioclea grandiflora*.

Fierro, A.F. 2025 – *Caesalpinia pyramidalis*.

Figueiredo, L. 55 – *Acacia piauhiensis*; 85 – *Cratylia mollis*; 90 – *Poeppigia procera*; 124 – *Stylosanthes viscosa*.

Figueiredo, L.S. 33 – *Bauhinia acuruana*; 36 – *Piptadenia moniliformis*; 48 – *Piptadenia moniliformis*; 52 – *Dalbergia cearensis*; 53 – *Cratylia mollis*; 68 – *Galactia* aff. *remansoana*; 119 – *Caesalpinia ferrea*; 545 and 571 – *Bauhinia cheilantha*.

Figueiredo, M.A. s.n. – *Aeschynomene monteiroi*; 649 – *Acacia langsdorffii*; 926 – *Acacia polyphylla*.

Filgueiras, T.S. 1316 – *Bauhinia* aff. *platyphylla*.

Filho, C.B. s.n. – *Copaifera cearensis*.

Folli, D.A. 797 – *Inga thibaudiana* subsp. *thibaudiana*; 854 – *Stryphnodendron pulcherrimum*; 872 – *Inga capitata*; 950 – *Calliandra bella*; 994 and 1045 – *Pseudopiptadenia contorta*; 1053 – *Inga thibaudiana*; 1056 – *Chamaecrista flexuosa*; 1195 – *Machaerium* sp.; 1196 – *Bauhinia smilacina*; 1948 – *Periandra mediterranea*; 1150 – *Calliandra bella*; 1191 – *Piptadenia* aff. *fruticosa*; 1933 – *Rhynchosia phaseoloides*.

Fonseca, W.N. 365 – *Cratylia mollis*; 366 – *Calliandra depauperata*; 385 – *Mimosa ophthalmocentra*; 392 – *Mimosa gemmulata* var. *adamantina*; 394 – *Piptadenia moniliformis*; 395 – *Senna cana* var. *cana*; 397 – *Piptadenia moniliformis*; 403 – *Chamaecrista repens* var. *multijuga*; 409 – *Senna acuruensis* var. *acuruensis*.

Fothergill, J.M. 18 – *Calliandra* sp.; 45 – *Periandra mediterranea*; 92 – *Mimosa setosa* var. *paludosa*; 116 – *Mimosa filipes*.

Fotius 3230 – *Aeschynomene evenia* var. *evenia*; 3240 – *Aeschynomene viscidula*; 3418 – *Aeschynomene brevipes*.

França, F. 472 – *Senna spectabilis* var. *excelsa*; 895 – *Chamaecrista bahiae*; 966 – *Bauhinia pulchella*; 968 – *Periandra mediterranea*; 1051 – *Platymiscium floribundum*; 1060 – *Canavalia brasiliensis*; 1068 – *Vigna peduncularis*; 1153 – *Senna phlebadenia*; 1204 – *Camptosema coriaceum*; 1216 – *Senna alata*; 1236 – *Cranocarpus martii*; 1307 *Bauhinia pulchella*; 2258 – *Chamaecrista* cf. *glandulosa*; 2262 – *Mimosa acutistipula*; 2279 – *Senna cana*; 2903 – *Cratylia hypargyrea*.

França, V.C. s.n. – *Calliandra spinosa*.

Franco, J.H.A. s.n. – *Inga aptera*.

Freire, F.M.T. s.n. – *Martiodendron mediterraneum*.

Froés, R.L. 19962 – *Centrolobium microchaete*; 20024 – *Arapatiella psilophylla*; 20039 – *Swartzia macrostachya* var. *riedelii*; 20113 – *Mimosa gemmulata* var. *adamantina*; 20120 – *Calliandra viscidula*; 20137 – *Bowdichia virgilioides*; 20143 – *Anadenanthera colubrina* var. *colubrina*; 20161 – *Periandra mediterranea* var. *mucronata*; 20168 – *Calliandra mucugeana*; 20198 – *Andira fraxinifolia*.

Furlan, A. CFCR 240 – *Centrosema coriaceum*; CFCR 248 – *Mimosa cordistipula*; CFCR 249 – *Periandra mediterranea* var. *mucronata*; CFCR 252 – *Periandra coccinea*; CFCR 266 – *Poiretia bahiana*; CFCR 301 – *Camptosema coriaceum*; CFCR 374 – *Aeschynomene brevipes* var. *brevipes*; CFCR 397 – *Aeschynomene lewisiana*; CFCR 412 – *Camptosema coriaceum*; CFCR 414 – *Stylosanthes viscosa*; CFCR 416 – *Aeschynomene lewisiana*; CFCR 421 – *Periandra mediterranea*; CFCR 1574 – *Calliandra* sp.; 1590 – *Zornia flemmingioides*; CFCR 1678 – *Chamaecrista urophyllidia*; CFCR 1679 – *Chamaecrista desvauxii* var. *mollissima*; CFCR 1680 – *Aeschynomene vogelii*; CFCR 1692 – *Calliandra luetzelburgii*; CFCR 1693 – *Camptosema coriaceum*; CFCR 1695 – *Periandra mediterranea*; CFCR 1696 – *Calliandra nebulosa*; CFCR 1704 – *Chamaecrista rotundifolia* var. *grandiflora*; CFCR 1707 – *Chamaecrista desvauxii* var. *mollissima*; CFCR 1919 – *Periandra mediterranea* var. *mucronata*; CFCR 1933 – *Chamaecrista chapadae*; CFCR 1947 – *Chamaecrista mucronata*; CFCR 1949 – *Chamaecrista glaucofilix*; CFCR 1957 – *Stylosanthes viscosa*; CFCR 1971 – *Galactia martii*; CFCR 1986 – *Calliandra viscidula*; CFCR 2031 – *Chamaecrista ramosa* var. *parvifoliola*; CFCR 2056 – *Calliandra* sp.; CFCR 2116 – *Calliandra hirsuticaulis*.

Ganev, W. 92 – *Bauhinia pulchella*; 96 – *Mimosa piscatorum*; 246 – *Chamaecrista cytisoides*; 345 – *Camptosema coriaceum*; 419 – *Periandra mediterranea*; 473 and 481 – *Chamaecrista cytisoides*;

725 – *Periandra coriaceum*; 807 – *Camptosema coriaceum*; 914A – *Periandra mediterranea*; 968 – *Chamaecrista cytisoides*; 1000 – *Andira fraxinifolia*; 1037 – *Periandra mediterranea*; 1040 – *Camptosema coriaceum*; 1067 – *Pseudopiptadenia contorta*; 1069 – *Platymiscium floribundum* var. *obtusifolium*; 1125 – *Pterodon emarginatus*; 1172 – *Platymiscium floribundum* var. *obtusifolium*; 1179 – *Bowdichia virgilioides*; 1237 – *Stryphnodendron adstringens*; 1310 and 1351 – *Chamaecrista cytisoides*; 1362 – *Camptosema coriaceum*; 1379 – *Chamaecrista roraimae*; 1381 – *Plathymenia reticulata*; 1405 – *Chamaecrista cytisoides*; 1514 and 1552 – *Centrosema arenarium*; 1601 – *Anadenanthera colubrina* var. *colubrina*; 1651 – *Pterodon emarginatus*; 1652 – *Andira fraxinifolia*; 1671 – *Pseudopiptadenia contorta*; 1791 – *Periandra mediterranea*; 1813 – *Chamaecrista cytisoides*; 1848 – *Bowdichia virgilioides*; 1924 – *Chamaecrista cytisoides*; 2097 – *Bowdichia virgilioides*; 2171 – *Chamaecrista cytisoides*; 2173 – *Camptosema coriaceum*; 2236 – *Plathymenia reticulata*; 2247 – *Periandra mediterranea*; 2248, 2294 and 2329 – *Camptosema coriaceum*; 2351 – *Chamaecrista cytisoides*; 2428 – *Anadenanthera colubrina* var. *colubrina*; 2433 – *Bowdichia virgilioides*; 2506 – *Anadenanthera colubrina* var. *colubrina*; 2595 – *Chamaecrista cytisoides*; 2628 – *Mimosa hypoglauca* var. *hypoglauca*; 2666 – *Anadenanthera colubrina* var. *colubrina*; 2677 – *Periandra mediterranea*; 2700 – *Mimosa crumenarioides*; 2710 – *Camptosema coriaceum*; 2730 – *Chamaecrista cytisoides*; 2815 – *Chamaecrista roraimae*; 2863 – *Dalbergia miscolobium*; 2868 – *Chamaecrista roraimae*; 2893 – *Stylosanthes guianensis* var. *gracilis*; 2952 – *Camptosema coriaceum*; 2954 – *Chamaecrista cytisoides*; 2962 – *Anadenanthera colubrina* var. *colubrina*; 2965 – *Dalbergia miscolobium*; 3018 – *Chamaecrista cytisoides*; 3087– *Bauhinia pulchella*; 3143 – *Chamaecrista cytisoides*; 3187 – *Mimosa crumenarioides*; 3214 – *Camptosema coriaceum*; 3266 – *Chamaecrista cytisoides*; 3272 – *Plathymenia reticulata*; 3359 – *Bauhinia pulchella*; 3371 and 3391 – *Chamaecrista cytisoides*; 3485 – *Anadenanthera colubrina* var. *colubrina*.

Garcia, F.C.P. 716, 717, 730 and 732 – *Inga vera* subsp. *affinis*; 733 – *Inga subnuda*; 735 – *Inga pleiogyna*; 736 – *Inga grazielae*; 761 – *Inga thibaudiana* subsp. *thibaudiana*.

Gardner, G. s.n. – *Acacia riparia*; s.n. – *Chamaecrista nictitans* var. *pilosa*; s.n. – *Chamaecrista rotundifolia*; s.n. – *Chloroleucon acacioides*; s.n. – *Diptychandra aurantiaca* subsp. *epunctata*; s.n. – *Machaerium aculeatum*; s.n. – *Mimosa sensitiva* var. *sensitiva*; s.n. – *Periandra coccinea*; s.n. – *Poiretia punctata*; s.n. – *Rhynchosia minima* var. *minima*; 888 – *Chamaecrista ramosa* var. *ramosa*; 889 – *Mimosa pudica* var. *tetrandra*; 890 – *Mimosa arenosa* var. *arenosa*; 891 – *Leucaena leucocephala* subsp. *leucocephala*; 959 – *Crotalaria stipularia*; 964 – *Geoffroea spinosa*; 965 – *Machaerium hirtum*; 966 – *Desmodium barbatum*; 967 – *Chamaecrista rotundifolia*; 968 – *Crotalaria stipularia*; 969 –

Clitoria laurifolia; 970 – *Dioclea virgata*; 971 – *Desmodium distortum*; 972 – *Stylosanthes guianensis* var. *pauciflora*; 973 – *Stylosanthes scabra*; 974A – *Indigofera suffruticosa*; 974B – *Indigofera microcarpa*; 976 – *Aeschynomene sensitiva* var. *sensitiva*; 977 – *Acacia farnesiana*; 978 – *Piptadenia stipulacea*; 979 – *Mimosa bimucronata* var. *bimucronata*; 980 – *Mimosa polydactyla*; 981 – *Mimosa sensitiva* var. *sensitiva*; 981 and 982 – *Desmanthus virgatus*; 983 – *Mimosa pigra* var. *pigra*; 984 – *Inga laurina*; 985 – *Inga vera* subsp. *affinis*; 986 – *Stryphnodendron pulcherrimum*; 987 – *Bauhinia outimouta*; 988 – *Chamaecrista ramosa* var. *ramosa*; 989 – *Chamaecrista flexuosa*; 990 – *Senna georgica* var. *georgica*; 991 – *Chamaecrista ensiformis*; 1270 – *Indigofera microcarpa*; 1271 – *Aeschynomene histrix* var. *incana*; 1272 – *Aeschynomene brasiliana* var. *brasiliana*; 1273 – *Zornia brasiliensis*; 1274 – *Hymenolobium alagoanum*; 1275 – *Lonchocarpus sericeus*; 1276 – *Caesalpinia ferrea* var. *glabrescens*; 1277 – *Caesalpinia ferrea* var. *ferrea*; 1278 – *Caesalpinia pyramidalis* var. *pyramidalis*; 1279 – *Peltophorum dubium* var. *dubium*; 1280 – *Samanea tubulosa*; 1281 – *Acacia tenuifolia*; 1282 – *Chamaecrista cytisoides* var. *unijuga*; 1283 – *Senna spectabilis* var. *excelsa*; 1408 – *Zollernia ilicifolia*; 1410 – *Swartzia apetala* var. *subcordata*; 1415 – *Geoffroea spinosa*; 1536 – *Lonchocarpus araripensis*; 1537 – *Dalbergia frutescens* var. *tomentosa*; 1538 – *Andira vermifuga*; 1539 – *Vatairea macrocarpa*; 1540 – *Rhynchosia minima* var. *minima*; 1541 – *Macroptilium gracile*; 1542 – *Aeschynomene americana* var. *glandulosa*; 1543 – *Aeschynomene marginata* var. *marginata*; 1544 – *Desmodium procumbens*; 1546 – *Rhynchosia minima* var. *minima*; 1547 – *Rhynchosia melanocarpa*; 1549 – *Eriosema crinitum* var. *crinitum*; 1551 – *Clitoria laurifolia*; 1552 – *Camptosema pedicellatum* var. *pedicellatum*; 1553 – *Periandra mediterranea* var. *mucronata*; 1554 – *Vigna firmula*; 1555 – *Galactia jussiaeana* var. *jussiaeana*; 1556 – *Galactia glaucescens*; 1557 – *Dioclea bicolor*; 1558 – *Centrosema arenarium*; 1559 – *Dioclea violacea*; 1560 – *Chaetocalyx scandens* var. *pubescens*; 1561 – *Calopogonium mucunoides*; 1562 – *Cratylia argentea*; 1563 – *Dioclea virgata*; 1564 – *Calopogonium caeruleum*; 1565 – *Bauhinia heterandra*; 1566 – *Bauhinia outimouta*; 1567 – *Bauhinia ungulata*; 1568 – *Senna rizzinii*; 1569 – *Chamaecrista supplex*; 1570- *Senna uniflora*; 1571 – *Senna splendida* var. *gloriosa*; 1572 – *Chamaecrista repens* var. *multijuga*; 1573 – *Chamaecrista repens* var. *multijuga*; 1574 – *Chamaecrista ramosa* var. *curvifolia*; 1576 – *Caesalpinia ferrea*; 1577 – *Caesalpinia bracteosa*; 1578 – *Acosmium dasycarpum*; 1579 – *Enterolobium timbouva*; 1581 – *Calliandra umbellifera*; 1582 – *Parkia platycephala*; 1583 – *Inga laurina*; 1584 – *Anadenanthera colubrina* var. *cebil*; 1585 – *Mimosa tarda*; 1586 – *Mimosa leptantha*; 1587 – *Mimosa invisa* var. *invisa*; 1588 – *Mimosa arenosa* var. *arenosa*; 1589 – *Plathymenia reticulata*; 1911 – *Geoffroea spinosa*; 1912 – *Senna spectabilis* var. *excelsa*; 1929 –

Copaifera langsdorffii; 1932 – *Periandra coccinea*; 1933 – *Machaerium acutifolium*; 1934 – *Caesalpinia ferrea* var. *ferrea*; 1935 – *Senna spectabilis* var. *excelsa*; 1936 – *Cassia ferruginea*; 1937 – *Bauhinia breviloba*; 1938 – *Hymenaea courbaril* var. *longifolia*; 1939 – *Pterogyne nitens*; 1940 – *Acacia polyphylla*; 1941 – *Acacia tenuifolia*; 1942 – *Mimosa setosa* var. *paludosa*; 1943 – *Piptadenia stipulacea*; 1944 – *Dimorphandra gardneriana*; 1945 – *Stryphnodendron rotundifolium*; 1946 – *Chloroleucon dumosum*; 2024 – *Tephrosia adunca*; 2027 – *Chamaecrista viscosa* var. *major*; 2089 – *Copaifera martii*; 2090 – *Copaifera coriacea*; 2091 – *Arachis dardani*; 2092 – *Stylosanthes viscosa*; 2093 – *Stylosanthes pilosa*; 2094 – *Stylosanthes angustifolia*; 2095 – *Aeschynomene histrix* var. *incana*; 2096 – *Desmodium procumbens*; 2097 – *Aeschynomene brevipes*; 2098 – *Aeschynomene marginata* var. *marginata*; 2099 – *Aeschynomene marginata* var. *grandiflora*; 2100 – *Zornia sericea*; 2101 – *Zornia* sp.; 2102 – *Zornia gardneriana*; 2103 – *Crotalaria vitellina* var. *laeta*; 2104 and 2105 – *Crotalaria holosericea*; 2106 and 2107 – *Centrosema brasilianum*; 2108 – *Centrosema pascuorum*; 2109 – *Centrosema rotundifolium*; 2110 – *Galactia jussiaeana*; 2111 – *Harpalyce brasiliana*; 2112 – *Tephrosia purpurea* subsp. *leptostachya*; 2113 – *Tephrosia cinerea* var. *villosior*; 2114 and 2115 – *Macroptilium gracile*; 2116 – *Macroptilium* sp.; 2117 – *Dioclea megacarpa*; 2118 – *Deguelia* sp. 2; 2119 – *Senna trachypus*; 2120 – *Senna macranthera* var. *pudibunda*; 2121 – *Chamaecrista hispidula*; 2122 – *Chamaecrista brevicalyx* var. *brevicalyx*; 2123 – *Senna gardneri*; 2124 – *Senna lechriosperma*; 2125 – *Chamaecrista tenuisepala*; 2126 – *Chamaecrista fagonioides* var. *macrocalyx*; 2127 – *Chamaecrista repens* var. *multijuga*; 2128 – *Chamaecrista serpens* var. *serpens*; 2129 – *Chamaecrista supplex*; 2130 – *Chamaecrista calycioides*; 2131 – *Chamaecrista flexuosa* var. *flexuosa*; 2132 – *Mimosa ursina*; 2133 – *Mimosa poculata*; 2134 – *Mimosa misera* var. *misera*; 2135 – *Mimosa acutistipula* var. *acutistipula*; 2136 – *Mimosa verrucosa*; 2137 – *Mimosa caesalpiniifolia*; 2138 – *Calliandra leptopoda*; 2139 – *Piptadenia moniliformis*; 2140 – *Platypodium elegans*; 2141 – *Swartzia flaemingii* var. *psilonema*; 2142 – *Poeppigia procera*; 2144 – *Caesalpinia bracteosa*; 2145 – *Cenostigma gardnerianum*; 2146 – *Caesalpinia bracteosa*; 2147 – *Caesalpinia ferrea* var. *ferrea*; 2148 – *Caesalpinia gardneriana*; 2149 – *Martiodendron mediterraneum*; 2150 – *Bauhinia pulchella*; 2151 – *Bauhinia ungulata*; 2152 – *Bauhinia acuruana*; 2153 – *Bauhinia dubia*; 2154 – *Bauhinia subclavata*; 2155 – *Bauhinia cheilantha*; 2156 – *Bauhinia pentandra*; 2157 – *Bauhinia flexuosa*; 2158 – *Hymenaea stigonocarpa* var. *pubescens*; 2411 – *Crotalaria vitellina* var. *laeta*; 2451 – *Aeschynomene brasiliana*; 2452 – *Abrus precatorius* subsp. *africanus*; 2459 – *Dalbergia miscolobium*; 2461 – *Cratylia argentea*; 2463 – *Indigofera lespedezioides*; 2465 – *Peltogyne confertiflora*; 2522 – *Pterodon emarginatus*; 2523 – *Cenostigma gardnerianum*; 2524 – *Caesalpinia ferrea*; 2525 – *Crotalaria*

vespertilio; 2526, 2527 and 2528 – *Crotalaria maypurensis*; 2529 – *Bauhinia cupulata*; 2530 – *Bauhinia brevipes*; 2531 – *Bauhinia ungulata*; 2532 – *Bauhinia bauhinioides*; 2533 – *Hymenaea martiana*; 2537 and 2538 – *Macroptilium panduratum*; 2539 – *Galactia glaucescens*; 2540 – *Sesbania exasperata*; 2541 – *Eriosema congestum*; 2542 – *Indigofera lespedezioides*; 2543 – *Acosmium dasycarpum*; 2544 – *Dioclea virgata*; 2545 – *Calopogonium caeruleum*; 2546 – *Chamaecrista juruensis*; 2547 – *Chamaecrista acosmifolia* var. *acosmifolia*; 2548 – *Senna rugosa*; 2549 – *Senna pendula* var. *pendula*; 2550 – *Chamaecrista ramosa* var. *curvifolia*; 2551 – *Senna aculeata*; 2552 – *Andira vermifuga*; 2553 – *Dalbergia frutescens* var. *tomentosa*; 2554 – *Pithecellobium diversifolium*; 2555 – *Calliandra umbellifera*; 2556 – *Calliandra dysantha* var. *dysantha*; 2557 – *Albizia inundata*; 2558 – *Piptadenia viridiflora*; 2816 – *Andira humilis*; 2817 – *Eriosema venulosum*; 2818 – *Eriosema simplicifolium*; 2822 – *Clitoria simplicifolia*; 2823 – *Dioclea coriacea*; 2824 – *Camptosema coriaceum*; 2825 – *Machaerium acutifolium*; 2826 – *Stylosanthes guianensis* var. *pauciflora*; 2827 – *Cenostigma macrophyllum*; 2828 – *Chamaecrista desvauxii* var. *linearis*; 2829 – *Chamaecrista orbiculata* var. *orbiculata*; 2830 – *Mimosa sericantha*; 2831 – *Mimosa hirsutissima* var. *barbigera*; 2832 – *Mimosa polycephala* var. *polycephala*; 2833 – *Mimosa sericantha*; 2834 – *Enterolobium gummiferum*; 2835 – *Calliandra dysantha* var. *dysantha*; 5434 – *Indigofera suffruticosa*; 5439 – *Cassia ferruginea* var. *velloziana*; 5446 – *Anadenanthera peregrina*.

Gentry, A. 50027 – *Dioclea grandiflora*; 50032 – *Copaifera langsdorffii*; 50038 – *Dimorphandra gardneriana*; 50042 – *Machaerium acutifolium*; 50071 – *Piptadenia moniliformis*; 50077 – *Dalbergia cearensis*; 50078 – *Swartzia flaemingii*; 50084 – *Anadenanthera colubrina* var. *cebil*; 50101 – *Platymiscium floribundum* var. *obtusifolium*; 50107 – *Pterogyne nitens*; 50109 – *Acacia polyphylla*; 50110 – *Acacia tenuifolia*; 50125 – *Acacia bahiensis*; 50126 – *Poeppigia procera*; 50127 – *Amburana cearensis*; 50130 – *Caesalpinia bracteosa*; 50154 – *Senna macranthera* var. *striata*; 50159 – *Senna rizzinii*; 50164 – *Hymenaea courbaril*; 50165 – *Cassia ferruginea*; 50171 – *Periandra mediterranea*; 50173 – *Centrosema arenarium*; 50211 – *Bauhinia pentandra*.

Gifford, D.R. G-336 – *Parkinsonia aculeata*; G-340 – *Platymiscium floribundum* var. *nitens*.

Ginzbarg, S. 807 – *Lonchocarpus obtusus*.

Giulietti, A.M. CFCR 1203 – *Calliandra bella*; CFCR 1215 – *Stylosanthes viscosa*; CFCR 1226 – *Calliandra bahiana*; CFCR 1262 – *Galactia martii*; CFCR 1290 – *Lupinus lutzelburgianus*; CFCR 1305 – *Chamaecrista venulosa*; CFCR 1306 – *Calliandra* sp.; CFCR 1361 – *Calliandra mucugeana*; CFCR 1386 – *Chamaecrista desvauxii* var.*desvauxii*; CFCR 1401 – *Chamaecrista desvauxii* var. *graminea*; CFCR 1408 – *Calliandra viscidula*; CFCR 1409 – *Zornia flemmingioides*; CFCR 1436 – *Camptosema pedicellatum*; CFCR 1440 – *Vigna peduncularis* var. *peduncularis*; CFCR 1483 –

Sclerolobium paniculatum; CFCR 1484 – *Chamaecrista chapadae*; 1574 *Tephrosia* sp.; 1612 – *Acacia piauhiensis*; 1616 – *Aeschynomene martii*; 1619 – *Mysanthus uleanus*; CFCR 1670 – *Poiretia bahiana*; 1923 – *Machaerium hirtum*; 2968 – *Galactia remansoana*; 3272 – *Crotalaria* sp.; 3274 – *Poiretia bahiana*; 3391 – *Sesbania exasperata*; 3500 – *Stylosanthes guianensis* var. *pauciflora*; 3507 – *Vigna* sp.

Glaziou, A. 12619 – *Chamaecrista zygophylloides* var. *zygophylloides*.

Glocker, E.F.von s.n. – *Aeschynomene brasiliana*; s.n. – *Bowdichia virgilioides*; s.n. – *Dioclea virgata*; s.n. – *Psophocarpus palustris*; s.n. – *Stylosanthes viscosa*; s.n. – *Zornia myriadena*; 65 – *Chamaecrista nictitans* var. *pilosa*; 155 – *Chamaecrista ramosa* var. *ramosa*; 156 – *Chamaecrista serpens* var. *serpens*; 156 – *Inga ciliata*; 157 – *Chamaecrista hispidula*; 158 – *Mimosa bimucronata* var. *bimucronata*; 161 – *Desmodium incanum*; 162 – *Psophocarpus palustris*; 163 – *Stylosanthes viscosa*; 166 – *Desmodium barbatum*; 168 – *Crotalaria incana*; 171 – *Clitoria laurifolia*; 179 – *Indigofera microcarpa*; 165 – *Senna splendida* var. *splendida*; 175 – *Inga laurina*; 177 – *Mimosa polydactyla*; 178 – *Mimosa pigra* var. *dehiscens*; 218 – *Stylosanthes scabra*.

Gomes, A.P.S. 7 – *Dalbergia cearensis*; 14 – *Acacia piauhiensis*; 38 – *Poeppigia procera*; 45 – *Dalbergia cearensis*.

Gonçalves, L.M.C. 91 – *Poecilanthe ulei*; 106 – *Swartzia apetala* var. *subcordata*; 107 – *Copaifera cearensis*; 119 – *Galactia martii*; 200 – *Chamaecrista serpens* var. *serpens*; 209 – *Calliandra macrocalyx* var. *aucta*; 210 – *Senna gardneri*; 215 – *Peltogyne pauciflora*; 237 – *Platymiscium floribundum* var. *floribundum*.

Gottsberger, G. 12-3267 – *Camptosema coriaceum*; 13-7267 – *Andira cordata*.

Gouveia, E.P. 15-83 – *Macroptilium bracteatum*; 18-83 – *Senna spectabilis* var. *excelsa*; 33-83 – *Acacia tenuifolia*; 58-83 – *Senna spectabilis* var. *excelsa*; 61-83 – *Acacia bahiensis*; 66-83 – *Caesalpinia pyramidalis*.

Gregory, W.C. 12787 – *Arachis pintoi*; 12941, 12943 and 12946 – *Arachis dardani*.

Guedes, L.S. 552 – *Anadenanthera colubrina* var. *cebil*; 559 – *Tephrosia purpurea* subsp. *purpurea*.

Guedes, M.L. 551 – *Caesalpinia microphylla*; 905 – *Chamaecrista desvauxii* var. *latifolia*; PCD 2901 – *Bauhinia* sp.

Guedes, M.L.S. 854 – *Lonchocarpus araripensis*; 936 – *Swartzia apetala* var. *subcordata*; 2909 – *Aeschynomene* sp.; 4971 – *Bowdichia virgilioides*; 5343 – *Andira humilis*.

Guedes, T.M. s.n. – *Ateleia venezuelensis*; 362 – *Senna trachypus*; 373 – *Ateleia guaraya*; 498 – *Caesalpinia ferrea* var. *parvifolia*.

Guerra, M. s.n. – *Caesalpinia echinata*; s.n. – *Caesalpinia pluviosa* var. *peltophoroides*.

Hage, J.L. 23 – *Macrolobium latifolium*; 110 – *Lonchocarpus campestris*; 161 – *Cassia javanica*; 239 – *Cajanus cajan*; 246 – *Leucaena leucocephala* subsp. *leucocephala*; 305 – *Chloroleucon dumosum*;

310 – *Inga marginata*; 331 and 331 – *Inga ingoides*; 348 – *Adenanthera pavonina*; 449 – *Machaerium hirtum*; 467 – *Chamaecrista nictitans* var. *pilosa*; 474 – *Crotalaria pallida*; 488 – *Swartzia macrostachya* var. *riedelii*; 501 – *Senna bacillaris* var. *bacillaris*; 531 – *Inga ingoides*; 538 – *Poecilanthe ulei*; 549 – *Adenanthera pavonina*; 573 – *Swartzia apetala* var. *blanchetii*; 577 – *Tephrosia candida*; 578 – *Swartzia macrostachya* var. *riedelii*; 592 – *Mimosa polydactyla*; 621 – *Mimosa pudica*; 644 – *Senna reticulata*; 651 – *Bauhinia forficata*; 652 – *Clitoria fairchildiana*; 660 – *Piptadenia killipii* var. *cacaophila*; 678 – *Tephrosia candida*; 679 – *Senna siamea*; 680 – *Senna alata*; 698 – *Poecilanthe ulei*; 714 – *Calopogonium mucunoides*; 717 – *Crotalaria lanceolata*; 718 – *Crotalaria pallida* var. *obovata*; 719 – *Crotalaria retusa*; 720 – *Chamaecrista nictitans* var. *pilosa*; 721 – *Vigna vexillata*; 725 – *Indigofera suffruticosa*; 726 – *Stylosanthes scabra*; 728 – *Indigofera hendecaphylla*; 739 – *Inga ingoides*; 742 – *Inga pedunculata*; 765 – *Indigofera suffruticosa*; 767 – *Galactia striata*; 768 – *Stylosanthes scabra*; 771 – *Senna obtusifolia*; 772 – *Mimosa sensitiva*; 808 – *Chamaecrista duartei*; 809 – *Dalbergia frutescens* var. *frutescens*; 835 – *Desmodium barbatum*; 838 – *Chamaecrista ramosa* var. *ramosa*; 846 *Stylosanthes viscosa*; 849 – *Albizia pedicellaris*; 923 – *Leucaena leucocephala* subsp. *glabrata*; 931 – *Chamaecrista nictitans* var. *pilosa*; 935 – *Bauhinia rufa*; 956 – *Poecilanthe ulei*; 959 – *Flemingia macrophylla*; 985 – *Mimosa caesalpiniifolia*; 993 – *Calopogonium mucunoides*; 1003 – *Chamaecrista nictitans* var. *pilosa*; 1005 – *Centrosema plumieri*; 1010 – *Macroptilium atropurpureum*; 1012 – *Rhynchosia minima* var. *minima*; 1017 – *Stylosanthes scabra*; 1019 – *Cajanus cajan*; 1084 – *Crotalaria incana*; 1095 – *Swartzia apetala* var. *blanchetii*; 1119 – *Calopogonium mucunoides*; 1123 – *Centrosema plumieri*; 1124 – *Chamaecrista nictitans* var. *pilosa*; 1131 and 1132 – *Erythrina fusca*; 1135 – *Senna alata*; 1138 – *Desmodium uncinatum*; 1139 – *Vigna luteola*; 1140 – *Clitoria falcata*; 1142 – *Pueraria phaseoloides*; 1144 – *Machaerium hirtum*; 1159 – *Mimosa polydactyla*; 1160 – *Aeschynomene sensitiva* var. *sensitiva*; 1165 – *Crotalaria retusa*; 1167 – *Mimosa pudica*; 1173 – *Macrolobium latifolium*; 1181 – *Acacia monacantha*; 1199 – *Swartzia apetala* var. *blanchetii*; 1212 – *Gliricidia sepium*; 1213 – *Lablab purpureus*; 1218 – *Mimosa caesalpiniifolia*; 1229 – *Swartzia apetala* var. *blanchetii*; 1236 – *Inga aptera*; 1286 – *Rhynchosia minima* var. *minima*; 1303 – *Inga capitata*; 1316 – *Inga edulis*; 1332 – *Inga striata*; 1335 – *Andira anthelmia*; 1337 – *Inga aptera*; 1342 – *Aeschynomene evenia* var. *evenia*; 1347 – *Inga marginata*; 1354 – *Macrolobium latifolium*; 1372 – *Inga edulis*; 1378 – *Desmodium adscendens*; 1380 – *Zornia* sp.; 1413 – *Inga aptera*; 1414 – *Clitoria falcata*; 1428 – *Macrolobium latifolium*; 1435 – *Inga marginata*; 1436 – *Andira anthelmia*; 1441 – *Inga striata*; 1442 – *Zollernia ilicifolia*; 1455 – *Cassia grandis*; 1502 – *Indigofera hendecaphylla*; 1547 – *Lonchocarpus* sp.; 1553 – *Chamaecrista duartei*; 1584 – *Zornia* sp.; 1590 – *Rhynchosia minima* var. *minima*; 1598 –

Bauhinia integerrima; 1634 – *Tephrosia candida*; 1635 – *Flemingia macrophylla*; 1645 – *Parapiptadenia pterosperma*; 1646 – *Centrolobium tomentosum*; 1658 – *Pueraria phaseoloides*; 1683 – *Centrosema pubescens*; 1715 – *Crotalaria stipularia*; 1739 and 1740 – *Erythrina fusca*; 1751 – *Entada abyssinica*; 1816 – *Desmodium barbatum*; 1861 – *Desmodium triflorum*; 1880 – *Inga vera* subsp. *affinis*; 2012 – *Zornia glabra*; 2067 – *Teramnus uncinatus*; 2068 – *Centrosema plumieri*; 2082 – *Piptadenia killipii*; var. *cacaophila*; 2087 – *Tephrosia candida*; 2171 – *Inga edulis*; 2175 – *Bauhinia rufa*; 2179 – *Dimorphandra jorgei*; 2180 – *Samanea saman*; 2183 – *Adenanthera pavonina*; 2185 – *Macrolobium latifolium*; 2227 – *Swartzia apetala* var. *blanchetii*; 2235 – *Adenanthera pavonina*; 2244 – *Poecilanthe ulei*; 2245 – *Inga ingoides*; 2247 – *Inga marginata*; 2260 – *Inga edulis*; 2265 – *Peltophorum dubium* var. *dubium*; 2266 – *Anadenanthera colubrina* var. *cebil*; 2269 – *Pterogyne nitens*; 2274 – *Samanea inopinata*; 2275 – *Parapiptadenia blanchetii*; 2280 – *Acacia tenuifolia*; 2285 – *Periandra coccinea*; 2288 – *Rhynchosia reticulata* var. *kuntzei*; 2293 – *Mimosa gemmulata* var. *adamantina*; 2313 – *Chamaecrista cytisoides* var. *blanchetii*; 2336 – *Bauhinia acuruana*; 2346 – *Chamaecrista desvauxii*; 2347 – *Mimosa lewisii*.

Harley, R.M. 988 – *Senna cana* var. *cana*; 3282 – *Chaetocalyx scandens* var. *pubescens*; 3450 – *Chaetocalyx* sp.; 14215 and 14305 – *Camptosema coriaceum*; 14334 – *Zornia flemmingioides*; 15020 – *Senna harleyi*; 15022 – *Senna acuruensis* var. *catingae*; 15038 – *Chamaecrista flexuosa*; 15039 – *Calliandra sessilis*; 15043 – *Anadenanthera colubrina* var. *colubrina*; 15058 – *Chamaecrista rotundifolia* var. *rotundifolia*; 15060 – *Zornia glabra*; 15063 – *Chamaecrista brevicalyx* var. *brevicalyx*; 15072 – *Camptosema coriaceum*; 15074 – *Acacia* sp.; 15078 – *Chamaecrista repens* var. *multijuga*; 15083 – *Crotalaria* aff. *holosericea*; 15089 – *Calliandra lanata*; 15091 – *Chamaecrista cytisoides* var. *blanchetii*; 15101 – *Calliandra coccinea* var. *coccinea*; 15152 – *Senna macranthera* var. *micans*; 15199 – *Periandra mediterranea*; 15204 – *Chamaecrista pascuorum*; 15208 – *Periandra coccinea*; 15214 and 15215 – *Chamaecrista roraimae*; 15217 – *Senna cana* var. *phyllostegia*; 15218 – *Stylosanthes macrocephala*; 15242 – *Chaetocalyx* aff. *scandens* var. *pubescens*; 15243 – *Poiretia punctata*; 15245 – *Aeschynomene martii*; 15259 – *Swartzia apetala* var. *apetala*; 15295 – *Copaifera langsdorffii*; 15322 – *Acacia piauhiensis*; 15329 – *Inga laurina*; 15357 – *Desmodium incanum*; 15364 – *Stylosanthes viscosa*; 15364A – *Stylosanthes macrocephala*; 15368 – *Chamaecrista fagonioides* var. *macrocalyx*; 15369 – *Mimosa gemmulata* var. *adamantina*; 15370 – *Senna macranthera* var. *micans*; 15371 – *Dalbergia miscolobium*; 15373 – *Senna cana* var. *hypoleuca*; 15390 – *Sclerolobium paniculatum* var. *subvelutinum*; 15391 – *Acosmium dasycarpum*; 15416 – *Calliandra erubescens*; 15446 – *Mimosa aurivillus* var. *sordescens*; 15521 – *Calliandra crassipes*; 15526 – *Chamaecrista cytisoides* var. *blanchetii*; 15532 –

Calliandra longipinna; 15483 – *Senna acuruensis* var. *acuruensis*; 15568 – *Calliandra asplenioides*; 15579 – *Mimosa honesta*; 15599 – *Hymenaea stigonocarpa* var. *pubescens*; 15606 – *Stylosanthes guianensis* var. *gracilis*; 15617 – *Chamaecrista rotundifolia* var. *grandiflora*; 15624 – *Chamaecrista brevicalyx* var. *brevicalyx*; 15660 – *Periandra coccinea*; 15661 – *Senna cana* var. *hypoleuca*; 15677 – *Mimosa polydidyma*; 15678 – *Galactia martii*; 15687 – *Calliandra crassipes*; 15705 – *Mimosa modesta*; var. *modesta*; 15732 – *Periandra mediterranea*; 15740 – *Stylosanthes guianensis* var. *gracilis*; 15747 – *Calliandra asplenioides*; 15765 – *Calliandra* sp.; 15767 – *Chamaecrista desvauxii* var. *latistipula*; 15775 – *Stylosanthes viscosa*; 15787 – *Chamaecrista* sp.; 15800 – *Stylosanthes guianensis* var. *gracilis*; 15808 – *Macroptilium erythroloma*; 15843 – *Calliandra sessilis*; 15851 – *Galactia martii*; 15853 – *Calliandra longipinna*; 15875 – *Chamaecrista repens* var. *multijuga*; 15886 – *Chamaecrista flexuosa*; 15887 – *Chamaecrista ramosa*; 15895 – *Aeschynomene lewisiana*; 15917 – *Camptosema coriaceum*; 15926 – *Stylosanthes viscosa*; 15931, 15932 and 15933 – *Calliandra viscidula*; 15934 – *Calliandra cumbucana*; 15936 – *Chamaecrista cytisoides* var. *confertiformis*; 15937 – *Calliandra calycina*; 15959 – *Chamaecrista cytisoides* var. *confertiformis*; 15976 – *Mimosa sensitiva* var. *sensitiva*; 15978 – *Calliandra sessilis*; 15989 – *Desmodium incanum*; 15990 – *Centrosema coriaceum*; 15994 – *Senna cana* var. *cana*; 16019 – *Chamaecrista cytisoides* var. *confertiformis*; 16044 – *Chamaecrista chapadae*; 16045 – *Chamaecrista glaucofilix*; 16061 – *Calliandra renvoizeana*; 16092 – *Mimosa gemmulata* var. *adamantina*; 16095 – *Calliandra mucugeana*; 16099 – *Zornia flemmingioides*; 16111 – *Periandra coccinea*; 16144 – *Senna acuruensis* var. *acuruensis*; 16146 – *Peltogyne pauciflora*; 16147 – *Piptadenia moniliformis*; 16149 – *Acacia langsdorffii*; 16151 – *Senna spectabilis* var. *excelsa*; 16169 – *Macroptilium bracteatum*; 16170 – *Senna rizzinii*; 16188 – *Caesalpinia pyramidalis*; 16192 – *Caesalpinia ferrea* ?var. *glabrescens*; 16198 – *Parapiptadenia zehntneri*; 16203 and 16206 – *Poecilanthe ulei*; 16231 – *Macroptilium lathyroides*; 16232 – *Indigofera hirsuta*; 16248 – *Stylosanthes scabra*; 16252 – *Hymenaea courbaril* var. *longifolia*; 16265 – *Mimosa arenosa* var. *arenosa*; 16283 – *Centrosema virginianum*; 16285 – *Acacia bahiensis*; 16291 – *Lonchocarpus sericeus*; 16301 – *Caesalpinia microphylla*; 16304 and 16305 – *Mimosa ophthalmocentra*; 16306 – *Senna macranthera* var. *pudibunda*; 16308 – *Caesalpinia laxiflora*; 16314 – *Senna macranthera* var. *pudibunda*; 16321 – *Calliandra depauperata*; 16323 – *Senna martiana*; 16347 – *Dioclea grandiflora*; 16349 – *Indigofera blanchetiana*; 16350 – *Acacia piauhiensis*; 16377 – *Lonchocarpus campestris*; 16383 – *Acacia bahiensis*; 16400 – *Peltogyne pauciflora*; 16405 – *Chamaecrista hispidula*; 16410 – *Chamaecrista rotundifolia* var. *grandiflora*; 16414 – *Centrosema arenarium*; 16424 – *Zornia myriadena*; 16440 – *Chloroleucon foliolosum*; 16446 – *Caesalpinia pyramidalis*; 16451 – *Mimosa ophthalmocentra*; 16453 – *Parkinsonia aculeata*; 16458 – *Anadenanthera colubrina* var. *cebil*; 16466 – *Mimosa ophthalmocentra*; 16470 – *Aeschynomene martii*; 16481 – *Senna aversiflora*; 16493 – *Senna macranthera* var. *striata*; 16495 – *Caesalpinia ferrea* var. *ferrea*; 16497 – *Chaetocalyx* aff. *scandens* var. *pubescens*; 16498 – *Pterogyne nitens*; 16501 – *Mimosa pigra* var. *debiscens*; 16514 – *Rhynchosia edulis*; 16515 – *Piptadenia viridiflora*; 16517 – *Machaerium acutifolium*; 16521 – *Bauhinia* sp. nov. 1; 16540 – *Calliandra calycina*; 16544 – *Camptosema coriaceum*; 16548 – *Periandra mediterranea*; 16556 – *Chamaecrista jacobinea*; 16608 – *Desmodium discolor*; 16626 – *Anadenanthera colubrina* var. *cebil*; 16652 – *Chamaecrista jacobinea*; 16669 – *Crotalaria harleyi*; 16670 – *Periandra mediterranea*; 16684 – *Calliandra bahiana* var. *bahiana*; 16686 – *Centrosema arenarium*; 16686A – *Centrosema coriaceum*; 16692 – *Mimosa lewisii*; 16702 – *Chamaecrista jacobinea*; 16713 – *Senna cana* var. *cana*; 16714 – *Mimosa gemmulata* var. *adamantina*; 16718 – *Galactia remansoana*; 16721 – *Acacia* sp.; 16732 and 16733 – *Senna acuruensis* var. *acuruensis*; 16745 – *Senna rizzinii*; 16763 – *Chamaecrista barbata*; 16772 – *Chamaecrista zygophylloides* var. *colligans*; 16777 – *Crotalaria bahiensis*; 16779 – *Mimosa campicola* var. *planipes*; 16782 – *Hymenaea eriogyne*; 16785 – *Chamaecrista brevicalyx* var. *elliptica*; 16801 – *Piptadenia moniliformis*; 16802 – *Acacia* sp.; 16804 – *Bauhinia* sp. nov. 3; 16822 – *Senna macranthera* var. *micans*; 16834 – *Aeschynomene brevipes*; 16838 – *Camptosema coriaceum*; 16851 – *Mimosa blanchetii*; 16854 – *Copaifera langsdorffii*; 16858 – *Bauhinia pulchella*; 16859 – *Crotalaria vitellina* var. *laeta*; 16860 – *Chamaecrista* sp.; 16865 – *Galactia jussiaeana*; 16875 – *Mysanthus uleanus* var. *uleanus*; 16878 – *Chamaecrista cytisoides* var. *micrantha*; 16886 – *Senna spectabilis* var. *excelsa*; 16888 – *Vigna* cf. *candida*; 16903 – *Machaerium* aff. *acutifolium*; 16911 – *Indigofera suffruticosa*; 16921 – *Periandra coccinea*; 16922 – *Indigofera blanchetiana*; 16927 – *Zornia* cf. *latifolia*; 16937 – *Indigofera suffruticosa*; 16938 – *Crotalaria micans*; 16945 – *Chamaecrista rotundifolia* var. *grandiflora*; 16951 – *Piptadenia moniliformis*; 16955 – *Zornia sericea*; 16971 – *Calliandra calycina*; 16972 – *Calliandra feioana*; 16985 – *Calliandra bahiana* var. *bahiana*; 16997 – *Periandra mediterranea*; 17003 – *Dioclea grandiflora*; 17061 – *Periandra mediterranea*; 17064 – *Clitoria laurifolia*; 17065 – *Canavalia rosea*; 17084 – *Sophora tomentosa* subsp. *littoralis*; 17096 – *Dalbergia ecastaphyllum*; 17097 – *Stylosanthes viscosa*; 17105, 17107, 17108 and 17115 – *Chamaecrista ramosa* var. *ramosa*; 17122 – *Zornia glabra*; 17127 – *Desmodium barbatum*; 17128 – *Abrus precatorius*; 17203 – *Senna silvestris* var. *sapindifolia*; 17218 – *Rhynchosia phaseoloides*; 17220 – *Inga laurina*; 17222 – *Aeschynomene gracilis*; 17230 – *Mimosa pigra*; 17231 – *Crotalaria incana*; 17235 – *Desmodium incanum*; 17270 – *Centrosema virginianum*; 17272 – *Vigna marina*; 17274 – *Indigofera suffruticosa*; 17293 – *Centrosema*

brasilianum; 17301 – *Swartzia dipetala*; 17326 – *Zornia glabra*; 17326A – *Zornia latifolia*; 17328 and 17329 – *Zornia gemella*; 17342A – *Chamaecrista ramosa* var. *ramosa*; 17342 – *Chamaecrista ramosa* var. *curvifolia*; 17373 – *Stylosanthes guianensis* var. *gracilis*; 17398 – *Chamaecrista bahiae*; 17408 – *Abarema turbinata*; 17435 – *Aeschynomene evenia* var. *serrulata*; 17437 – *Crotalaria pallida* var. *obovata*; 17453A – *Zornia latifolia* var. *latifolia*; 17481 – *Chamaecrista* sp.; 17516 – *Senna quinquangulata* var. *quinquangulata*; 17541 – *Mimosa quadrivalvis* var. *leptocarpa*; 17581 – *Canavalia rosea*; 17614 – *Abarema turbinata*; 17623 – *Abarema filamentosa*; 17805 – *Chamaecrista ramosa*; 17816 – *Inga pleiogyna*; 17864 – *Inga suborbicularis*; 17879 – *Aeschynomene mollicula* var. *breviflora*; 17882 – *Cranocarpus mezii*; 17911 – *Bauhinia* sp. nov. 7; 17915 – *Cranocarpus mezii*; 17938 – *Chamaecrista hispidula*; 17952 – *Acosmium bijugum*; 17981 – *Inga laurina*; 18025 – *Dalbergia ecastaphyllum*; 18059 – *Indigofera suffruticosa*; 18063 – *Clitoria laurifolia*; 18064 – *Caesalpinia bonduc*; 18065 – *Sophora tomentosa* subsp. *littoralis*; 18068 – *Canavalia rosea*; 18071 – *Chamaecrista bahiae*; 18104 – *Acosmium bijugum*; 18175 – *Dalbergia frutescens* var. *frutescens*; 18277 – *Inga pleiogyna*; 18308 – *Senna quinquangulata*; 18333 – *Harleyodendron unifoliolatum*; 18364 and 18367 – *Swartzia reticulata*; 18375 – *Swartzia apetala* var. *blanchetii*; 18419 – *Inga pleiogyna*; 18426 – *Harleyodendron unifoliolatum*; 18429 – *Dalbergia foliolosa*; 18431 – *Moldenhawera blanchetiana* var. *blanchetiana*; 18435 – *Swartzia apetala* var. *blanchetii*; 18453A – *Harleyodendron unifoliolatum*; 18453 – *Inga capitata*; 18457 – *Centrosema brasilianum*; 18472 – *Hymenolobium alagoanum*; 18492 – *Inga pleiogyna*; 18493 – *Abarema jupunba* var. *jupunba*; 18518 – *Cranocarpus martii*; 18530 – *Clitoria laurifolia*; 18535 – *Chamaecrista onusta*; 18536 – *Desmodium barbatum*; 18537 – *Acosmium bijugum*; 18546 – *Vigna luteola*; 18567 – *Centrosema coriaceum*; 18568 – *Zornia myriadena*; 18569 – *Stylosanthes viscosa*; 18574 – *Senna cana* var. *phyllostegia*; 18584 – *Calliandra viscidula*; 18587 – *Camptosema coriaceum*; 18607 – *Chamaecrista cytisoides* var. *blanchetii*; 18621 – *Anadenanthera colubrina* var. *colubrina*; 18625 – *Senna acuruensis* var. *acuruensis*; 18626 – *Senna cana* var. *phyllostegia*; 18630 – *Calliandra sessilis*; 18632 – *Mimosa adenocarpa*; 18633 – *Mimosa ursina*; 18635 – *Inga cayannensis*; 18644 – *Hymenaea stigonocarpa* var. *stigonocarpa*; 18665 – *Chamaecrista cytisoides* var. *micrantha*; 18666 – *Chamaecrista glaucofilix*; 18669 – *Zornia flemmingioides*; 18676 – *Calliandra debilis*; 18697 – *Chamaecrista cytisoides* var. *confertiformis*; 18698 – *Calliandra viscidula*; 18742 – *Chamaecrista mucronata*; 18745 – *Calliandra calycina*; 18762 – *Calliandra mucugeana*; 18792 – *Chamaecrista cytisoides* var. *confertiformis*; 18807 – *Stylosanthes viscosa*; 18858 – *Aeschynomene brevipes* var. *brevipes*; 18859 – *Vigna peduncularis*; 18860 – *Calliandra calycina*; 18900 – *Mimosa modesta* var. *ursinoides*; 18902 – *Chamaecrista acosmifolia* var. *acosmifolia*;

18905 – *Chamaecrista ramosa* var. *ramosa*; 18906 – *Senna gardneri*; 18912 – *Piptadenia moniliformis*; 18922 – *Trischidium molle*; 18923 – *Canavalia dictyota*; 18933 – *Senna acuruensis* var. *acuruensis*; 18948 – *Bauhinia acuruana*; 18952 – *Chamaecrista zygophylloides* var. *zygophylloides*; 18962 – *Piptadenia stipulacea*; 18965 – *Acacia polyphylla*; 18966 – *Acacia* sp.; 18967 – *Mimosa acutistipula* var. *acutistipula*; 18968 – *Mimosa irrigua*; 18971 – *Mimosa tenuiflora*; 18973 – *Calliandra leptopoda*; 18977 – *Chamaecrista pascuorum*; 18978 – *Zornia* aff. *sericea*; 18988 – *Chamaecrista flexuosa* var. *flexuosa*; 18989 – *Aeschynomene histrix* var. *histrix*; 18992 – *Mimosa ulbrichiana*; 18993 – *Zornia marajoara*; 18995 – *Bauhinia pulchella*; 18997 – *Chamaecrista desvauxii* var. *latifolia*; 19000 – *Mimosa gemmulata* var. *adamantina*; 19004 – *Crotalaria bahiensis*; 19005 – *Cenostigma gardnerianum*; 19010 – *Mysanthus uleanus* var. *uleanus*; 19016 – *Hymenaea eriogyne*; 19021 – *Chamaecrista pascuorum*; 19051 – *Senna spectabilis* var. *excelsa*; 19054 – *Dioclea grandiflora*; 19069 – *Mimosa ulbrichiana*; 19075 – *Neptunia plena*; 19095 – *Parkinsonia aculeata*; 19103 – *Chamaecrista supplex*; 19112 – *Mimosa misera* var. *misera*; 19113 – *Zornia* aff. *sericea*; 19116 – *Stylosanthes angustifolia*; 19117 – *Mimosa glaucula*; 19123 –*Chamaecrista cuprea*; 19134 – *Stylosanthes pilosa*; 19137 – *Chamaecrista desvauxii* var. *latifolia*; 19138 – *Andira vermifuga*; 19143 – *Mimosa acutistipula* var. *acutistipula*; 19147 – *Copaifera coriacea*; 19149 – *Trischidium molle*; 19151 – *Dioclea lasiophylla*; 19153 – *Chamaecrista pascuorum*; 19154 – *Piptadenia moniliformis*; 19156 – *Crotalaria bahiensis*; 19159 – *Stylosanthes scabra*; 19160 – *Mimosa verrucosa*; 19163 – *Caesalpinia microphylla*; 19165 – *Caesalpinia pluviosa* var. *sanfranciscana*; 19172 – *Senna spectabilis* var. *excelsa*; 19176 – *Mimosa ophthalmocentra*; 19227 – *Calliandra erubescens*; 19228 – *Chamaecrista jacobinea*; 19231 – *Chamaecrista cytisoides* var. *blanchetii*; 19234 – *Mimosa lewisii*; 19246 – *Camptosema coriaceum*; 19264 – *Chamaecrista pascuorum*; 19277 – *Chamaecrista desvauxii* var. *desvauxii*; 19290 – *Crotalaria holosericea*; 19301 – *Chamaecrista flexuosa* var. *flexuosa*; 19302 – *Senna cana* var. *cana*; 19316 – *Mimosa campicola* var. *planipes*; 19317 – *Acacia martiusiana*; 19323 – *Senna macranthera* var. *micans*; 19334 – *Bauhinia* sp. *nov.* 3; 19352 – *Mimosa blanchetii*; 19357 – *Mimosa cordistipula*; 19366 – *Zornia* sp.; 19370 – *Zornia flemmingioides*; 19374 – *Stylosanthes viscosa*; 19394 – *Chamaecrista barbata*; 19397 – *Bauhinia* sp. *nov.* 8; 19413 – *Sesbania sesban* var. *bicolor*; 19414 – *Poeppigia procera*; 19415 – *Chamaecrista flexuosa* var. *flexuosa*; 19416 – *Aeschynomene scabra*; 19417 – *Chamaecrista belemii* var. *paludicola*; 19419 – *Zornia myriadena*; 19437 – *Macroptilium bracteatum*; 19439 – *Chamaecrista belemii*; 19444 – *Crotalaria holosericea*; 19446 – *Acacia* aff. *riparia*; 19449 – *Cajanus cajan*; 19450 – *Chaetocalyx scandens* var. *pubescens*; 19469 – *Mimosa arenosa* var. *arenosa*; 19470 – *Macroptilium lathyroides*; 19487 – *Mimosa*

hypoglauca var. *hypoglauca*; 19490 – *Periandra mediterranea*; 19491 – *Senna macranthera* var. *micans*; 19492 – *Senna cana* var. *hypoleuca*; 19516 – *Chamaecrista cytisoides* var. *blanchetii*; 19526 – *Calliandra fuscipila*; 19530 – *Camptosema pedicellatum* var. *nov.* 1; 19536 – *Senna macranthera* var. *micans*; 19537 – *Chamaecrista desvauxii* var. *mollissima*; 19538 – *Chamaecrista punctulifera*; 19548 – *Mimosa aurivillus* var. *sordescens*; 19636 – *Crotalaria micans*; 19698 – *Chamaecrista cytisoides* var. *blanchetii*; 19717 – *Calliandra bahiana* var. *erythematosa*; 19740 – *Galactia* sp.; 19784 – *Mimosa foliolosa* var. *peregrina*; 19796 – *Crotalaria harleyi*; 19802 – *Mimosa hypoglauca* var. *hypoglauca*; 19805 – *Stryphnodendron adstringens*; 19808 – *Hymenaea stigonocarpa* var. *pubescens*; 19809 – *Bauhinia acuruana*; 19810 – *Bauhinia pulchella*; 19813 – *Camptosema coriaceum*; 19819 – *Senna cana* var. *hypoleuca*; 19822 – *Calliandra lanata*; 19825 – *Periandra coccinea*; 19831 – *Hymenaea stigonocarpa* var. *pubescens*; 19839 – *Chamaecrista brevicalyx* var. *brevicalyx*; 19843 – *Chamaecrista rotundifolia* var. *grandiflora*; 19846 – *Acacia* aff. *riparia*; 19854 – *Crotalaria micans*; 19855 – *Crotalaria holosericea*; 19860 – *Mimosa pigra* var. *debiscens*; 19862 – *Mimosa tenuiflora*; 19869 – *Aeschynomene benthamii*; 19871 – *Rhynchosia naineckensis*; 19877 – *Inga marginata*; 19879 – *Acacia polyphylla*; 19881 – *Acacia piauhiensis*; 19886 – *Mimosa sensitiva* var. *sensitiva*; 19889 – *Hymenaea martiana*; 19917 – *Stylosanthes guianensis* var. *guianensis*; 19920 – *Aeschynomene sensitiva* var. *sensitiva*; 19921 – *Chamaecrista philippi*; 19928 – *Calliandra elegans*; 19955 – *Desmodium uncinatum*; 19962 – *Sclerolobium paniculatum* var. *subvelutinum*; 19971 – *Calliandra luetzelburgii*; 19978 – *Calliandra sessilis*; 19980 – *Calliandra coccinea* var. *coccinea*; 19987 – *Senna aversiflora*; 19988 – *Senna obtusifolia*; 20004 – *Coursetia vicioides*; 20006 – *Chamaecrista ramosa*; 20013 – *Senna spectabilis* var. *excelsa*; 20014 – *Acacia* aff. *riparia*; 20042 – *Mimosa filipes*; 20047 – *Mimosa setosa* var. *paludosa*; 20062 – *Aeschynomene paniculata*; 20064 – *Aeschynomene vogelii*; 20065 – *Mimosa guaranitica*; 20071 – *Mimosa setosa* var. *paludosa*; 20073 – *Calliandra luetzelburgii*; 20084 – *Camptosema coriaceum*; 20091 – *Calliandra bahiana* var. *erythematosa*; 20092 – *Calliandra nebulosa*; 20098 – *Aeschynomene paniculata*; 20113 – *Zornia* cf. *latifolia*; 20134 – *Mimosa sensitiva* var. *sensitiva*; 20137 – *Calliandra bahiana* var. *erythematosa*; 20138 – *Mimosa foliolosa* var. *peregrina*; 20140 – *Stylosanthes macrocephala*; 20141 – *Chamaecrista rotundifolia* var. *grandiflora*; 20146 – *Aeschynomene vogelii*; 20154 – *Anadenanthera colubrina* var. *colubrina*; 20161 – *Acacia martiusiana*; 20196 – *Periandra coccinea*; 20202 – *Senna spectabilis* var. *excelsa*; 20501 and 20509 – *Chamaecrista nictitans* var. *pilosa*; 20520 – *Chamaecrista zygophylloides* var. *colligans*; 20525 – *Senna acuruensis* var. *catingae*; 20535 – *Acacia bahiensis*; 20542 – *Calliandra hirtiflora* var. *ripicola*; 20546 – *Zornia* sp.; 20549 – *Chamaecrista repens* var. *multijuga*; 20550 – *Piptadenia moniliformis*; 20551 – *Calliandra sessilis*;

20568 – *Calliandra viscidula*; 20569 – *Chamaecrista cytisoides* var. *blanchetii*; 20572 – *Chamaecrista ramosa* var. *parvifoliola*; 20586 – *Aeschynomene lewisiana*; 20587 – *Zornia latifolia*; 20588 – *Chamaecrista chapadae*; 20595 – *Chamaecrista desvauxii* var. *graminea*; 20602 *Chamaecrista desvauxii* var. *latistipula*; 20604 – *Chamaecrista nictitans* var. *pilosa*; 20607 – *Camptosema coriaceum*; 20618 – *Chamaecrista cytisoides* var. *blanchetii*; 20627 – *Senna cana* var. *calva*; 20628 – *Chamaecrista cytisoides* var. *confertiformis*; 20631 – *Stylosanthes viscosa*; 20633 – *Calliandra mucugeana*; 20634 – *Chamaecrista rotundifolia* var. *grandiflora*; 20644 – *Calliandra viscidula*; 20653 – *Calliandra ganevii*; 20654 – *Calliandra calycina*; 20655 – *Chamaecrista rotundifolia* var. *rotundifolia*; 20668 – *Chamaecrista cytisoides* var. *confertiformis*; 20669 – *Pseudopiptadenia contorta*; 20670 – *Cassia ferruginea* var. *ferruginea*; 20683 – *Mimosa polydactyla*; 20726 – *Calliandra crassipes*; 20727 – *Galactia martii*; 20729 – *Piptadenia adiantoides*; 20731- *Calliandra sessilis*; 20735 – *Chamaecrista desvauxii* var. *mollissima*; 20743 – *Chamaecrista cytisoides* var. *blanchetii*; 20784 – *Calliandra asplenioides*; 20822 – *Stylosanthes macrocephala*; 20825 – *Stylosanthes leiocarpa*; 20827 – *Stylosanthes viscosa*; 20841 – *Senna macranthera* var. *micans*; 20865 – *Galactia martii*; 20867 – *Chamaecrista chapadae*; 20939 – *Crotalaria micans*; 20940 – *Mimosa lewisii*; 20941 – *Senna macranthera* var. *micans*; 20945 – *Mimosa gemmulata* var. *adamantina*; 20992 – *Chamaecrista ramosa* var. *parvifoliola*; 20994 – *Chamaecrista cytisoides* var. *confertiformis*; 20995 – *Mimosa honesta*; 20996 – *Zornia flemmingioides*; 21016 – *Calliandra viscidula*; 21033 – *Chamaecrista cytisoides* var. *confertiformis*; 21041 – *Calliandra calycina*; 21042 – *Calliandra viscidula*; 21050 – *Calliandra mucugeana*; 21051 – *Calliandra viscidula*; 21055 – *Calliandra hygrophila*; 21056 – *Senna cana* var. *calva*; 21059 and 21086 – *Senna cana* var. *cana*; 21088 – *Senna rugosa*; 21095 – *Senna obtusifolia*; 21096A – *Calliandra dysantha* × *nebulosa*; 21096B – *Calliandra sessilis*; 21105 – *Senna occidentalis*; 21111 – *Chamaecrista repens* var. *multijuga*; 21115 – *Hymenaea stigonocarpa* var. *stigonocarpa*; 21116A – *Calliandra dysantha* var. *dysantha*; 21116B – *Mimosa gemmulata* var. *adamantina*; 21121 – *Senna silvestris* var. *silvestris*; 21122 – *Mimosa filipes*; 21139 – *Stylosanthes guianensis* var. *gracilis*; 21157A – *Bauhinia acuruana*; 21157B – *Bauhinia brevipes*; 21158 – *Calliandra macrocalyx* var. *macrocalyx*; 21159 – *Copaifera* aff. *langsdorffii*; 21166 – *Acacia riparia*; 21167 – *Acacia* aff. *polyphylla*; 21168 – *Senna pendula* var. *glabrata*; 21179 – *Senna splendida* var. *gloriosa*; 21180 – *Mimosa sensitiva* var. *sensitiva*; 21181 – *Poiretia punctata*; 21183 – *Calliandra macrocalyx* var. *macrocalyx*; 21213 – *Crotalaria* aff. *holosericea*; 21214 – *Aeschynomene riedeliana*; 21223 – *Acacia* aff. *polyphylla*; 21227 – *Stylosanthes viscosa*; 21229 – *Mysanthus uleanus* var. *uleanus*; 21231 – *Zornia* aff. *tenuifolia*; 21252 – *Senna cana* var. *cana*; 21235 – *Plathymenia reticulata*; 21237 – *Bauhinia pulchella*; 21241 – *Senna silvestris* var. *silvestris*; 21242

– *Senna rugosa*; 21253 – *Deguelia* sp. 1; 21255 – *Senna splendida* var. *gloriosa*; 21257 – *Pseudopiptadenia brenanii*; 21272 – *Bauhinia acuruana*; 21283 – *Anadenanthera colubrina* var. *cebil*; 21285 – *Mimosa pithecolobioides*; 21288 – *Mimosa invisa* var. *invisa*; 21291 – *Acosmium dasycarpum*; 21303 – *Centrosema arenarium*; 21344 – *Galactia scarlatina*; 21345 – *Acacia* aff. *polyphylla*; 21346 – *Pseudopiptadenia brenanii*; 21349 – *Acacia langsdorffii*; 21358 – *Mimosa acutistipula* var. *acutistipula*; 21365 – *Senna uniflora*; 21372 – *Rhynchosia minima* var. *minima*; 21373 – *Vigna* aff. *halophila*; 21381 – *Macroptilium bracteatum*; 21383 – *Senna spectabilis* var. *excelsa*; 21384 – *Desmodium glabrum*; 21387 – *Pterogyne nitens*; 21389 – *Senna splendida* var. *gloriosa*; 21402 – *Mimosa tenuiflora*; 21409 – *Caesalpinia pluviosa* var. *sanfranciscana*; 21410 – *Senna acuruensis* var. *acuruensis*; 21415 – *Neptunia plena*; 21416 – *Mimosa tenuiflora*; 21420 – *Piptadenia stipulacea*; 21421 – *Chloroleucon foliolosum*; 21445 – *Centrosema virginianum*; 21450 – *Mimosa exalbescens*; 21458 – *Chloroleucon foliolosum*; 21467 – *Senna reticulata*; 21489B – *Stylosanthes humilis*; 21489A – *Stylosanthes scabra*; 21490 – *Chamaecrista supplex*; 21512 – *Zornia harmsiana*; 21516 – *Amburana cearensis*; 21518 – *Calliandra leptopoda*; 21519 – *Mimosa tenuiflora*; 21520 – *Acacia monacantha*; 21521 – *Dioclea grandiflora*; 21522 – *Acacia piauhiensis*; 21526 – *Piptadenia viridiflora*; 21528 – *Machaerium acutifolium*; 21530 – *Mimosa quadrivalvis* var. *leptocarpa*; 21531 – *Mimosa invisa* var. *invisa*; 21533 – *Piptadenia moniliformis*; 21537 – *Senna gardneri*; 21538 – *Senna acuruensis* var. *acuruensis*; 21539 – *Senna spectabilis* var. *excelsa*; 21551 – *Bauhinia flexuosa*; 21553 – *Machaerium punctatum*; 21555 – *Senna splendida* var. *gloriosa*; 21557 – *Bauhinia rufa*; 21564 – *Calliandra macrocalyx* var. *macrocalyx*; 21569 – *Pterocarpus villosus*; 21568 – *Piptadenia moniliformis*; 21570 – *Hymenaea martiana*; 21576 – *Acacia langsdorffii*; 21580 – *Chamaecrista rotundifolia* var. *rotundifolia*; 21586 – *Aeschynomene viscidula*; 21587 – *Zornia* aff. *sericea*; 21593 – *Anadenanthera colubrina* var. *cebil*; 21598 – *Bauhinia pentandra*; 21604 – *Mimosa invisa* var. *invisa*; 21605 – *Mimosa adenophylla* var. *armandiana*; 21608 – *Chaetocalyx longiflora*; 21609 – *Bauhinia rufa*; 21611 – *Senna pentagonia*; 21622 – *Stylosanthes scabra*; 21634 – *Hymenaea courbaril*; 21642 – *Mimosa somnians* var. *viscida*; 21643 – *Centrosema virginianum*; 21648 – *Vigna peduncularis* var. *peduncularis*; 21651 – *Crotalaria micans*; 21655 – *Machaerium hirtum*; 21661 – *Coursetia rostrata*; 21677 – *Bauhinia rufa*; 21678 – *Acacia polyphylla*; 21679 – *Crotalaria subdecurrens*; 21695 – *Caesalpinia pluviosa* var. *sanfranciscana*; 21697 – *Machaerium fruticosum*; 21700 – *Dioclea latifolia*; 21703 – *Senna spectabilis* var. *excelsa*; 21704 – *Acacia polyphylla*; 21707 – *Bauhinia rufa*; 21708 – *Desmanthus virgatus*; 21709 – *Desmodium glabrum*; 21713 – *Macroptilium bracteatum*; 21722 – *Copaifera* sp.; 21723 – *Bauhinia acuruana*; 21724 – *Galactia jussiaeana* var. *glabrescens*; 21725 – *Copaifera* sp.;

21726 – *Anadenanthera colubrina* var. *cebil*; 21731 – *Dimorphandra gardneriana*; 21733 – *Chamaecrista oligosperma*; 21734 – *Crotalaria maypurensis*; 21736 – *Mimosa hypoglauca allostegia*; 21740 – *Swartzia macrostachya* var. *macrostachya*; 21744 – *Senna rugosa*; 21749 – *Chamaecrista desvauxii* var. *langsdorffii*; 21754 – *Vigna firmula*; 21756 – *Trischidium molle*; 21762 – *Copaifera* aff. *luetzelburgii*; 21771 – *Dioclea coriacea*; 21778 – *Calliandra dysantha* var. *dysantha*; 21782 – *Cenostigma macrophyllum*; 21785 – *Aeschynomene histrix* var. *histrix*; 21788 – *Aeschynomene* aff. *paniculata*; 21789 – *Chamaecrista flexuosa*; 21793 – *Chamaecrista juruenensis*; 21795 – *Mimosa sericantha*; 21801 – *Cenostigma* aff. *gardnerianum*; 21803 – *Chamaecrista juruenensis*; 21805 – *Poecilanthe subcordata*; 21813 – *Vigna peduncularis* var. *peduncularis*; 21821 – *Crotalaria maypurensis*; 21824 – *Camptosema coriaceum*; 21829 – *Bauhinia brevipes*; 21832 – *Copaifera* sp.; 21850 – *Stylosanthes macrocephala*; 21851 – *Aeschynomene histrix* var. *incana*; 21857 – *Chamaecrista kunthiana*; 21862 – *Senna cana* var. *cana*; 21870 – *Chamaecrista viscosa* var. *major*; 21876 – *Stylosanthes macrocephala*; 21877 – *Stylosanthes capitata*; 21886 – *Copaifera* sp.; 21887 – *Aeschynomene paniculata*; 21893 – *Cenostigma macrophyllum*; 21894 – *Bauhinia acuruana*; 21900 – *Crotalaria maypurensis*; 21917 – *Swartzia macrostachya* var. *macrostachya*; 21919 – *Dalbergia acuta*; 21920 – *Parkia platycephala*; 21922 – *Camptosema coriaceum*; 21930 – *Chamaecrista ramosa* var. *curvifolia*; 21935 – *Pterodon emarginatus*; 21941 – *Mimosa piptoptera*; 21973 – *Acacia farnesiana*; 21975 – *Sesbania emerus*; 21976 – *Aeschynomene americana* var. *americana*; 21986 – *Coursetia rostrata*; 21990 – *Machaerium hirtum*; 21991 – *Machaerium acutifolium*; 22000 – *Piptadenia viridiflora*; 22003 – *Lonchocarpus* sp.; 22004 – *Platymiscium pubescens* subsp. *zehntneri*; 22007 – *Chloroleucon foliolosum*; 22013 – *Machaerium minutiflorum*; 22020 – *Acacia* aff. *riparia*; 22024 – *Chaetocalyx scandens* var. *pubescens*; 22130 – *Chamaecrista ramosa* var. *ramosa*; 22135 – *Zornia glabra*; 22142 – *Abarema filamentosa*; 22146 – *Abarema turbinata*; 22147 – *Swartzia flaemingii* var. *cognata*; 22154 – *Centrosema brasilianum*; 22159 – *Zornia glabra*; 22161 – *Crotalaria stipularia*; 22183 – *Senna splendida* var. *splendida*; 22210 – *Abarema filamentosa*; 22218 – *Chamaecrista flexuosa*; 22232 – *Cleobulia multiflora*; 22237 – *Chamaecrista eitenorum* var. *regana*; 22241 – *Chamaecrista fagonioides* var. *macrocalyx*; 22248 – *Piptadenia adiantoides*; 22254 – *Calliandra calycina*; 22270 – *Chamaecrista sincorana*; 22275 – *Mimosa lewisii*; 22288 – *Calliandra asplenioides*; 22289 – *Albizia pedicellaris*; 22305 – *Chamaecrista sincorana*; 22306 – *Poiretia bahiana*; 22310 – *Galactia scarlatina*; 22314 – *Stylosanthes guianensis* var. *gracilis*; 22347 – *Centrosema brasilianum*; 22371 – *Vigna candida*; 22381 – *Zornia flemmingioides*; 22414 – *Chamaecrista desvauxii* var. *mollissima*; 22417 – *Chamaecrista flexuosa*; 22434 – *Crotalaria holosericea*; 22436 – *Bauhinia* sp. *nov.* 4; 22437 –

Swartzia apetala var. *apetala*; 22439 – *Swartzia bahiensis*; 22448 – *Anadenanthera colubrina* var. *colubrina*; 22450 – *Periandra pujalu*; 22453 – *Senna reniformis*; 22466 – *Swartzia* aff. *apetala*; 22479 – *Stylosanthes guianensis* var. *pauciflora*; 22491 – *Mimosa palmetorum*; 22493 – *Calliandra mucugeana*; 22496 – *Periandra pujalu*; 22497 – *Camptosema pedicellatum* var. *nov.* 2; 22511 – *Poiretia bahiana*; 22516 – *Abarema cochliacarpos*; 22517 – *Chamaecrista chapadae*; 22537 – *Calliandra hirsuticaulis*; 22540 – *Chamaecrista chapadae*; 22541 – *Calliandra asplenioides*; 22544 – *Calliandra viscidula*; 22559 – *Chamaecrista cytisoides* var. *blanchetii*; 22571 – *Andira fraxinifolia*; 22614 – *Aeschynomene carvalhoi*; 22632 – *Albizia pedicellaris*; 22634 – *Chamaecrista ramosa* var. *parvifoliola*; 22641 – *Chamaecrista desvauxii* var. *mollissima*; 22645 – *Mimosa polydidyma*; 22657 – *Stryphnodendron rotundifolium*; 22661 – *Periandra coccinea*; 22676 – *Chamaecrista mucronata*; 22679 – *Swartzia bahiensis*; 22680 – *Aeschynomene lewisiana*; 22683 – *Poiretia bahiana*; 22689 and 22690 – *Senna cana* var. *calva*; 22696 – *Zornia flemmingioides*; 22712 – *Mimosa setosa* var. *paludosa*; 22724 – *Chamaecrista sincorana*; 22726 – *Mimosa setosa* var. *paludosa*; 22744 – *Mimosa blanchetii*; 22812 – *Mimosa mensicola*; 22815 – *Bauhinia* sp. *nov.* 3; 22817 – *Senna cana* var. *cana*; 22825 – *Mimosa campicola* var. *planipes*; 22838 – *Calliandra erubescens*; 22841 – *Poiretia bahiana*; 22845 – *Camptosema coriaceum*; 22861 – *Mimosa lewisii*; 22873 – *Desmodium barbatum*; 22884 – *Chamaecrista cytisoides* var. *blanchetii*; 22887 – *Zornia flemmingioides*; 22894 – *Chamaecrista desvauxii* var. *desvauxii*; 22912 – *Chamaecrista desvauxii* var. *graminea*; 22934 – *Mimosa cordistipula*; 22966 – *Bauhinia* sp. *nov.* 3; 22967 – *Machaerium acutifolium* var. *enneandrum*; 22973 – *Senna macranthera* var. *micans*; 22990 – *Abarema cochliacarpos*; 22996 and 22997 – *Mimosa mensicola*; 23006 – *Mimosa arenosa* var. *arenosa*; 23019 – *Camptosema pedicellatum* var. *pedicellatum*; 24108 – *Acosmium bijugum*; 24109 – *Swartzia apetala* var. *subcordata*; 24136 – *Calliandra bahiana*; 24138 – *Calliandra hirsuticaulis*; 24142 – *Calliandra coccinea*; 24153 – *Crotalaria harleyi*; 24164 – *Crotalaria micans*; 24224 – *Canavalia parviflora*; 24230 – *Calliandra sessilis*; 24234 – *Calliandra asplenioides*; 24262 – *Senna cana* var. *cana*; 24294 – *Dalbergia miscolobium*; 24326 – *Caesalpinia pluviosa* var. *intermedia*; 24335 and 24336 – *Anadenanthera colubrina* var. *colubrina*; 24337 – *Calliandra bahiana*; 24365 – *Crotalaria micans*; 24427 – *Calliandra fuscipila*; 24428 – *Calliandra bahiana*; 24581 – *Mimosa aurivillus* var. *sordescens*; 24588 – *Crotalaria* aff. *breviflora*; 24608 – *Senna macranthera* var. *micans*; 24619 – *Calliandra fuscipila*; 25303 – *Galactia* sp.; 25312 – *Calliandra luetzelburgii*; 25326 – *Calliandra hirsuticaulis*; 25349 – *Calliandra elegans*; 25350 – *Calliandra hirsuticaulis*; 25390 – *Mimosa hypoglauca* var. *hypoglauca*; 25589 – *Periandra mediterranea*; 25611 – *Platymiscium floribundum* var. *nitens*; 25612 –

Enterolobium contortisiliquum; 25631 – *Eriosema congestum*; 25632 – *Stryphnodendron adstringens*; 25669 – *Periandra mediterranea*; 25675 – *Sclerolobium paniculatum* var. *subvelutinum*; 25690 – *Crotalaria harleyi*; 25694 – *Chamaecrista cytisoides* var. *blanchetii*; 25718 – *Enterolobium gummiferum*; 25746 – *Calliandra semisepulta*; 25769 – *Camptosema* aff. *coriaceum*; 25771 – *Mimosa setosa* var. *paludosa*; 25830 – *Aeschynomene* aff. *brevipes*; 25851 – *Macroptilium bracteatum*; 25883 – *Camptosema pedicellatum* var. *nov.* 1; 25908 – *Aeschynomene vogelii*; 25934 – *Vigna firmula*; 25975 – *Lupinus crotalarioides*; 26106 – *Calliandra semisepulta*; 26017 – *Stylosanthes guianensis* var. *gracilis*; 26028 – *Aeschynomene carvalhoi*; 26032 – *Camptosema coriaceum*; 26150 – *Calliandra luetzelburgii*; 26157 – *Calliandra hirsuticaulis*; 26234 – *Chamaecrista punctulifera*; 26236 – *Chamaecrista pascuorum*; 26289 – *Mimosa filipes*; 26291 – *Galactia* sp.; 26370 – *Mimosa aurivillus* var. *sordescens*; 26439 – *Acacia monacantha*; 26448 – *Crotalaria holosericea*; 26461 – *Periandra mediterranea*; 26466 – *Galactia martii*; 26484 – *Machaerium sericifolium*; 26500 – *Abarema cochliacarpos*; 26556 – *Centrosema brasilianum*; 26684 – *Lupinus lutzelburgianus*; 26693 – *Camptosema coriaceum*; 26694 – *Stylosanthes guianensis* var. *gracilis*; 26697 – *Periandra mediterranea*; 26698 – *Chamaecrista cytisoides* var. *blanchetii*; 26967 – *Andira humilis*; 26985 – *Caesalpinia calycina*; 27000 – *Machaerium* sp.; 27018 – *Machaerium opacum*; 27022 – *Diptychandra aurantiaca* subsp. *epunctata*; 27027 – *Poeppigia procera*; 27029 – *Zornia marajoara*; 27031 – *Pterocarpus villosus*; 27038 – *Trischidium molle*; 27055 – *Chamaecrista axilliflora*; 27069 – *Bauhinia aculeata*; 27070 – *Aeschynomene martii*; 27073 – *Chamaecrista zygophylloides* var. *zygophylloides*; 27075 – *Chamaecrista pascuorum*; 27119 – *Acacia* aff. *riparia*; 27123 – *Acosmium fallax*; 27137 – *Diptychandra aurantiaca* subsp. *epunctata*; 27138 – *Pterocarpus villosus*; 27177 – *Chamaecrista punctulifera*; 27195 – *Chamaecrista pascuorum*; 27227 – *Chamaecrista punctulifera*; 27240 – *Mimosa aurivillus* var. *sordescens*; 27266 – *Stylosanthes guianensis* var. *vulgaris*; 27326 – *Camptosema pedicellatum* var. *nov.* 1; 27333 – *Desmodium uncinatum*; 27345 – *Crotalaria* aff. *breviflora*; 27362 – *Calliandra lanata*; 27376 – *Calliandra erubescens*; 27538 – *Calliandra lanata*; 27547 – *Stylosanthes guianensis* var. *gracilis*; 27611 – *Calliandra parvifolia*; 27614 – *Crotalaria harleyi*; 27644 – *Crotalaria* aff. *breviflora*; 27715 – *Chamaecrista roraimae*; 27716 – *Chamaecrista repens* var. *multijuga*; 27718 – *Copaifera langsdorffii*; 27726 – *Senna aversiflora*; 27741 – *Acacia* aff. *riparia*; 27746 – *Calliandra bahiana* var. *bahiana*; 27749 – *Machaerium aculeatum*; 27750 – *Anadenanthera colubrina* var. *colubrina*; 27753 – *Calliandra erubescens*; 27800 – *Mimosa hypoglauca* var. *hypoglauca*; 27814 – *Calliandra fuscipila*; 27817 – *Calliandra semisepulta*; 27823 – *Acacia* aff. *riparia*; 27855 – *Blanchetiodendron blanchetii*; 27856 – *Mimosa irrigua*; 27861 – *Acacia piauhiensis*; 28209 –

Erythrina velutina, 28232 – *Machaerium* sp.; 28249 – *Camptosema pedicellatum*; 28252 – *Calliandra macrocalyx*; 28255 – *Bowdichia virgilioides*; 28257 – *Acacia langsdorffii*; 28274 – *Calliandra parvifolia*; 28346 – *Camptosema coriaceum*; 28353 – *Camptosema* cf. *pedicellatum*; 28354 – *Acacia langsdorffii*; H-50106 – *Bauhinia pulchella*; 50112 – *Aeschynomene brevipes*; H-50529 – *Anadenanthera colubrina* var. *colubrina*; 50549 – *Andira fraxinifolia*; 50671 – *Aeschynomene brevipes*; 50678 – *Mimosa filipes*; H-50946 – *Anadenanthera colubrina* var. *colubrina*.

Hatschbach, G. s.n. – *Chamaecrista juruenensis*; 39439 – *Swartzia macrostachya*; 39477 – *Andira cordata*; 39487 – *Mimosa pithecolobioides*; 39490 – *Piptadenia moniliformis*; 39500 – *Poecilanthe subcordata*; 39506 – *Swartzia macrostachya*; 39550 – *Dioclea grandiflora*; 39552 – *Coursetia rostrata*; 39553 – *Indigofera blanchetiana*; 39554 – *Mysanthus uleanus* var. *uleanus*; 39556 – *Mimosa irrigua*; 39578 – *Mimosa blanchetii*; 39622 – *Abarema cochliacarpos*; 39662 – *Calliandra sessilis*; 42050 – *Galactia martii*; 42053 – *Calliandra dysantha* var. *dysantha*; 42092 – *Mimosa acutistipula* var. *acutistipula*; 42105 – *Dioclea latifolia*; 42108 – *Piptadenia moniliformis*; 42127 – *Galactia jussiaeana*; 42282 – *Chamaecrista paniculata*; 42295 – *Mimosa sericantha*; 42298 – *Stryphnodendron coriaceum*; 42301 – *Parkia platycephala*; 42304 – *Chamaecrista juruenensis*; 42309 – *Calliandra dysantha* var. *dysantha*; 42312 – *Swartzia macrostachya*; 42314 – *Piptadenia moniliformis*; 42332 – *Mimosa verrucosa*; 42371 – *Mimosa blanchetii*; 42421 – *Poiretia bahiana*; 42436 – *Calliandra erubescens*; 42461 – *Acacia* sp.; 44141 – *Dalbergia miscolobium*; 44142 – *Calliandra dysantha* var. *dysantha*; 44145 – *Platymiscium pubescens* subsp. *zehntneri*; 44148 – *Lonchocarpus praecox*; 44155 – *Senna splendida* var. *gloriosa*, 44159 – *Inga vera* subsp. *affinis*; 44166 – *Enterolobium timbouva*; 44195 – *Abarema cochliacarpos*; 44219 – *Centrosema coriaceum*; 44222 – *Mysanthus uleanus*; 44229 – *Senna pendula* var. *dolichandra*; 44253 – *Lupinus subsessilis*; 44400 – *Poecilanthe subcordata*; 45023 – *Zornia brasiliensis*; 45034 – *Senna macranthera* var. *striata*; 45047 – *Macroptilium bracteatum*; 45061 – *Macroptilium lathyroides*; 45092 – *Stylosanthes scabra*; 45107 – *Aeschynomene sensitiva* var. *sensitiva*; 45110 – *Stylosanthes hamata*; 45124 – *Andira fraxinifolia*; 46342 – *Macroptilium bracteatum*; 46345 – *Senna obtusifolia*; 46347 – *Mimosa ophthalmocentra*; 46365 – *Acacia bahiensis*; 46368 – *Cratylia bahiensis*; 46376 – *Caesalpinia laxiflora*; 46381 – *Senna macranthera* var. *pudibunda*; 46385 – *Zornia* aff. *sericea*; 46395 – *Caesalpinia ferrea* var. *ferrea*; 46407 – *Senna cana* var. *hypoleuca*; 46416 – *Chamaecrista rotundifolia* var. *grandiflora*; 46437 – *Calliandra lanata*; 46439 – *Chamaecrista rupestrium*; 46456 – *Periandra mediterranea*; 46466 – *Calliandra coccinea* var. *coccinea*; 46480 – *Chamaecrista cytisoides* var. *confertiformis*; 46500 – *Chamaecrista multinervia*; 46501 – *Calliandra luetzelburgii*; 46515 – *Calliandra* *babiana* var. *erythematosa*; 46538 – *Mimosa velloziana*; 46565 – *Chamaecrista barbata*; 46535 – *Chaetocalyx subulatus*; 46541 – *Camptosema pedicellatum* var. *pedicellatum*; 46544 – *Camptosema coriaceum*; 46556 – *Chamaecrista acosmifolia* var. *euryloba*; 46560 – *Cratylia babiensis*; 46567 – *Senna splendida* var. *gloriosa*; 46569 – *Calliandra macrocalyx* var. *macrocalyx*; 47015 – *Inga vera* subsp. *affinis*; 47018 – *Swartzia apetala*; 47022 – *Chamaecrista ramosa* var. *lucida*; 47037 – *Centrosema arenarium*; 47042 – *Desmodium barbatum*; 47054 – *Chamaecrista hispidula*; 47349 – *Mimosa quadrivalvis* var. *leptocarpa*; 47351 – *Acacia martiusiana*; 47424 – *Calliandra sessilis*; 47441 – *Acosmium dasycarpum*; 47406 – *Mimosa gemmulata* var. *adamantina*; 47442 – *Anadenanthera colubrina* var. *colubrina*; 47462 – *Mimosa lewisii*; 47469 – *Calliandra viscidula*; 47474 – *Calliandra mucugeana*; 47482 – *Periandra mediterranea*; 47492 – *Chamaecrista chapadae*; 47511 – *Calliandra hygrophila*; 47515 – *Calliandra calycina*; 47531 – *Chamaecrista cytisoides* var. *confertiformis*; 47760 – *Clitoria selloi*; 47774 and 47789 – *Abarema filamentosa*; 47873 – *Caesalpinia calycina*; 47876 – *Calliandra asplenioides*; 47888 – *Piptadenia adiantoides*; 47910 – *Calliandra viscidula*; 47965 – *Aeschynomene vogelii*; 47967 – *Centrosema coriaceum*; 47970 – *Mimosa setosa* var. *paludosa*; 47977 – *Galactia martii*; 47987 – *Mimosa ceratonia* var. *interior*; 47990 – *Calliandra renvoizeana*; 48001 – *Mimosa pudica* var. *tetrandra*; 48062 – *Calliandra hirtiflora* var. *ripicola*; 48207 – *Platymiscium floribundum* var. *nitens*; 48258 – *Chamaecrista cytisoides* var. *confertiformis*; 48273 – *Calliandra calycina*; 48323 – *Calliandra hirsuticaulis*; 48338 – *Sclerolobium* aff. *paniculatum*; 48339 – *Inga capitata*; 48345 – *Abarema cochliacarpos*; 48347 – *Calliandra longipinna*; 48350 – *Calliandra parvifolia*; 48351 – *Mimosa misera* var. *subidermis*; 48368 – *Chloroleucon dumosum*; 48369 – *Aeschynomene martii*; 48370 – *Caesalpinia laxiflora*; 48374 – *Calliandra harrisii*; 48748 – *Andira nitida*; 49475 – *Zollernia glabra*; 49481 – *Andira fraxinifolia*; 49505 – *Periandra mediterranea*; 49508 – *Mimosa hirsutissima* var. *hirsutissima*; 50029 – *Acacia bonariensis*; 50041 – *Mimosa tenuiflora*; 50066 – *Pterocarpus villosus*; 50078 – *Calliandra depauperata*; 50081 – *Caesalpinia calycina*; 50102 – *Piptadenia moniliformis*; 50149 – *Pseudopiptadenia contorta*; 50158 – *Chamaecrista brevicalyx* var. *brevicalyx*; 50159 – *Poeppigia procera*; 50166 – *Senna aversiflora*; 50167 – *Sclerolobium rugosum*; 50432 – *Senna acuruensis* var. *catingae*; 50434 – *Caesalpinia calycina*; 50439 – *Chloroleucon foliolosum*; 50447 – *Senna macranthera* var. *pudibunda*; 50456 – *Machaerium acutifolium*; 50458 – *Machaerium floridum*; 50460 – *Machaerium opacum*; 50464 – *Machaerium punctatum*; 50467 – *Senna cana* var. *cana*; 50468 – *Piptadenia viridiflora*; 50485 – *Senna splendida* var. *gloriosa*; 50492 – *Platymiscium pubescens* subsp. *zebntneri*; 50503 – *Calliandra macrocalyx* var. *macrocalyx*; 50518 – *Cenostigma gardnerianum*; 50537 – *Chamaecrista orbiculata*;

50735 – *Desmodium leiocarpum*; 50747 – *Mimosa ceratonia* var. *pseudo-obovata*; 52246 – *Inga capitata*, 52251 – *Ormosia nitida*; 52731 – *Mimosa extensa* var. *extensa*; 53348 – *Senna acuruensis* var. *catingae*; 53353 – *Caesalpinia calycina*; 53355 – *Parkinsonia aculeata*; 53356 – *Mimosa tenuiflora*; 53363 – *Piptadenia viridiflora*; 53364 – *Aeschynomene vogelii*; 53377 – *Enterolobium gummiferum*; 53394 – *Calliandra nebulosa*; 53406 – *Stryphnodendron adstringens*; 53446 – *Mimosa setosa* var. *paludosa*; 53454 – *Chamaecrista urophyllidia*; 53466 – *Bauhinia maximilianii*; 53496 – *Arapatiella psilophylla*; 53503 – *Cranocarpus mezii*; 55147 – *Indigofera microcarpa*; 55159 – *Caesalpinia laxiflora*; 55161 and 55176 – *Zornia* aff. *sericea*; 55117 – *Mimosa gemmulata* var. *adamantina*; 55193 – *Mimosa hexandra*; 55200 – *Mimosa weddelliana*; 56522 – *Cratylia babiensis*; 56529 – *Stylosanthes macrocephala*; 56533 – *Zornia reticulata*; 56535 – *Senna macranthera* var. *pudibunda*; 56537 – *Senna harleyi*; 56540 – *Mimosa acutistipula*; 56543 – *Mimosa somnians* var. *somnians*; 56551 – *Mimosa filipes*; 56566 – *Dalbergia foliolosa*; 56573 – *Mimosa ursina*; 56596 – *Mimosa pseudosepiaria*; 56599 – *Chamaecrista supplex*; 56601 – *Piptadenia moniliformis*; 56609 – *Indigofera microcarpa*; 56635 – *Centrosema arenarium*; 56640 – *Aeschynomene paniculata*; 56649 – *Chamaecrista supplex*; 56669 – *Mimosa guaranitica*; 56717 – *Calliandra erubescens*; 56735 – *Mimosa foliolosa* var. *peregrina*; 56778 – *Crotalaria harleyi*; 56781 and 56796 – *Stylosanthes macrocephala*; 56820 – *Senna cana* var. *hypoleuca*; 56830 – *Acacia babiensis*; 56871 – *Chamaecrista cytisoides* var. *confertiformis*; 56880 – *Abarema cochliacarpos*; 56889 – *Mimosa honesta*; 56891 – *Mimosa polydidyma*; 56901 – *Chamaecrista cytisoides* var. *confertiformis*; 56906 – *Mimosa lewisii*; 56908 – *Calliandra asplenioides*; 56922 – *Chaetocalyx subulatus*; 56927 – *Senna rizzinii*; 56931 – *Chamaecrista eitenorum* var. *regana*; 56954A – *Stylosanthes scabra*; 56954B – *Mucuna pruriens*; 56962 – *Swartzia apetala* var. *apetala*; 56976 – *Aeschynomene filosa*; 56979 – *Zornia leptophylla*; 56980 – *Canavalia dictyota*; 56983 – *Tephrosia candida*; 56996 – *Aeschynomene americana*; 61757 – *Crotalaria maypurensis*; 61901 – *Caesalpinia pluviosa* var. *sanfranciscana*; 61982 – *Goniorrhachis marginata*; 61994 – *Swartzia macrostachya*; 63289 – *Inga capitata*; 65164 – *Chloroleucon foliolosum*; 65799 – *Mimosa ophthalmocentra*; 65896 – *Calliandra depauperata*; 65914 – *Acacia* aff. *amazonica*; 65945 – *Bauhinia flexuosa*; 68426 – *Enterolobium monjollo*; 68559 – *Acacia grandistipula*.

Heringer, E.P. 752 – *Acosmium parvifolium*; 3255 – *Canavalia cassidea*; 3326 – *Clitoria laurifolia*; 2397 – *Dalbergia hortensis*; 3412 – *Abarema jupunba* var. *jupunba*; 3422A – *Aeschynomene sensitiva* var. *sensitiva*; 3423 – *Mimosa pigra*; 3459 – *Mimosa bimucronata* var. *bimucronata*; 18667 – *Parkia platycephala*.

Hind, D.J.N. 53 – *Mimosa pigra* var. *dehiscens*; H-50909 – *Chamaecrista cytisoides*.

Inácio, E. 47 – *Piptadenia stipulacea*; 48 – *Bauhinia pentandra*.

Irwin, H.S. 31 – *Machaerium acutifolium*; 33 – *Machaerium* aff. *acutifolium*; 71 – *Andira vermifuga*; 87a – *Machaerium* sp.; 88 – *Poecilanthe ulei*; 90 – *Andira marauensis*; 360 – *Zornia gemella*; 391 – *Clitoria selloi*; 568 – *Andira anthelmia*; 592 – *Andira carvalhoi*; 630 – *Dalbergia foliolosa*; 704 – *Dioclea lasiophylla*; 734 – *Periandra mediterranea*; 756 – *Andira nitida*; 765 – *Dalbergia miscolobium*; 904 – *Dioclea coriacea*; 948 – *Dalbergia miscolobium*; 11857 – *Vigna firmula*; 14601 – *Chamaecrista fagonioides* var. *macrocalyx*; 14606 – *Senna rugosa*; 14618 – *Stryphnodendron rotundifolium*; 14619 – *Copaifera martii*; 14670 – *Senna silvestris* var. *velutina*; 14687 – *Stryphnodendron coriaceum* ; 14688 – *Mimosa hypoglauca* var. *allostegia*; 14691 – *Mimosa piptoptera*; 14693 – *Chamaecrista repens* var. *multijuga*; 14697 – *Mimosa somnians* var. *longipes*; 14733 – *Eriosema venulosum*; 14734 – *Dimorphandra gardneriana*; 14790 – *Copaifera luetzelburgii*; 14800 – *Chamaecrista viscosa* var. *major*; 14809 – *Chamaecrista huntii* var. *correntina*; 14811 – *Mimosa sericantha*; 14859 – *Bowdichia virgilioides*; 14878 – *Copaifera* sp.; 14899 – *Senna cana* var. *cana*; 14913 – *Senna rugosa*; 14914 – *Mimosa guaranitica*; 14916 – *Copaifera martii*; 14920 – *Chamaecrista repens* var. *multijuga*; 14921 – *Mimosa somnians* var. *viscida*; 14927 – *Aeschynomene histrix* var. *incana*; 30666 – *Chamaecrista pascuorum*; 30678 – *Mimosa morroensis*; 30712 – *Senna aversiflora*; 30724 – *Chamaecrista barbata*; 30731 – *Chamaecrista zygophylloides* var. *colligans*; 30774 – *Machaerium acutifolium* var. *enneandrum*; 30775 – *Mimosa gemmulata* var. *adamantina*; 30784 – *Mimosa campicola* var. *planipes*; 30798 – *Chamaecrista chapadae*; 30804 – *Pseudopiptadenia contorta*; 30829 – *Machaerium* aff. *acutifolium*; 30880 – *Mimosa campicola* var. *planipes*; 30905 – *Mimosa honesta*; 30986 – *Mimosa ophthalmocentra*; 30987 – *Pseudopiptadenia brenanii*; 30988 – *Mimosa lewisii*; 31036 – *Sclerolobium* cf. *rugosum*; 31107 – *Mimosa sensitiva* var. *sensitiva*; 31115 – *Mimosa somnians* var. *somnians*; 31165 – *Senna acuruensis* var. *acuruensis*; 31171 – *Piptadenia irwinii* var. *irwinii*; 31172 – *Pseudopiptadenia brenanii*; 31179 – *Melanoxylon brauna*; 31193 – *Chamaecrista roraimae*; 31194 – *Mimosa irrigua*; 31218 – *Blanchetiodendron blanchetii*; 31228 and 31229 – *Acacia langsdorffii*; 31244 – *Chamaecrista eitenorum* var. *regana*; 31249 – *Pseudopiptadenia contorta*; 31255 – *Albizia polycephala*; 31262 – *Machaerium punctatum*; 31281 – *Chamaecrista supplex*; 31334 – *Mimosa somnians* var. *velascoensis*; 31339 – *Mimosa hirsutissima* var. *grossa*; 31356 – *Mimosa piptoptera*; 31375 – *Copaifera martii*; 31378 and 31379 – *Cenostigma gardnerianum*; 31381 – *Chamaecrista juruensis*; 31422 – *Mimosa dichroa*; 31431 – *Mimosa* aff. *hypoglauca*; 31433 – *Mimosa piptoptera*; 31439 – *Mimosa somnians* var. *leptocaulis*; 31458 – *Chamaecrista acosmifolia* var. *acosmifolia*; 31459 –

Calliandra dysantha var. *dysantha*; 31469 – *Mimosa pteridifolia*; 31468 – *Mimosa ursina*; 31473 – *Swartzia macrostachya* var. *macrostachya*; 31475 – *Copaifera* sp.; 31523 – *Mimosa somnians* var. *velascoensis*; 31541 – *Aeschynomene histrix* var. *densiflora*; 31556 – *Mimosa somnians* var. *velascoensis*; 31582 – *Mimosa acutistipula* var. *acutistipula*; 31596 – *Calliandra parviflora*; 32266 – *Mimosa multiceps*; 32332 – *Camptosema pedicellatum* var. *pedicellatum*; 32441 – *Mimosa modesta* var. *ursinoides*; 32442 – *Chamaecrista rotundifolia* var. *grandiflora*; 32245 – *Chamaecrista cytisoides* var. *blanchetii*; 32481 – *Chamaecrista jacobinea*; 32498 – *Mimosa lewisii*; 32523 – *Mimosa setosa* var. *paludosa*; 32552 – *Mimosa mensicola*; 32571 – *Calliandra bahiana* var. *bahiana*; 32578 – *Mimosa campicola* var. *planipes*; 32631 – *Chamaecrista swainsonii*; 32633 – *Mysanthus uleanus* var. *uleanus*; 32636 – *Mimosa multiceps*; 32645 – *Zornia brasiliensis*; 32650 – *Mimosa cordistipula*; 32651 – *Chamaecrista zygophylloides* var. *colligans*; 32652 – *Mimosa campicola* var. *planipes*.

Jardim, J.G. 30 – *Acacia langsdorffii*; 31 – *Machaerium acutifolium*; 33 – *Machaerium* aff. *acutifolium*; 36 – *Mimosa gemmulata*; 71 – *Andira vermifuga*; 80 – *Piptadenia moniliformis*; 86 – *Inga vera* subsp. *affinis*; 87a – *Machaerium* sp.; 88 – *Poecilanthe ulei*; 90 – *Andira marauensis*; 101 – *Senna affinis*; 108 – *Inga unica*; 118 – *Swartzia macrostachya*; 120 – *Diplotropis incexis*;124 – *Dalbergia frutescens* var. *frutescens*; 126 – *Abarema jupunba* var. *jupunba*; 135 – *Swartzia apetala*; 136 – *Andira fraxinifolia*; 137 – *Mimosa bimucronata*; 188 – *Albizia pedicellaris*; 218 – *Myrocarpus frondosus*; 235 – *Swartzia flaemingii*; 243 – *Mucuna sloanei*; 246 – *Swartzia macrostachya*; 257 – *Myrocarpus frondosus*; 293 – *Zollernia modesta*; 294 – *Arapatiella emarginata*; 313 – *Inga stipularis*; 315 – *Inga hollandii*; 355 – *Albizia pedicellaris*; 378 – *Bauhinia maximilianii*; 400 – *Bauhinia outimouta*; 408 – *Arapatiella psilophylla*; 414 – *Machaerium salzmannii*; 447 – *Inga tenuis*; 468 – *Senna phlebadenia*; 574 – *Macrolobium rigidum*; 590 – *Acacia polyphylla* var. *giganticarpa*; 665 – *Inga* aff. *filiformis*; 685 – *Macrolobium latifolium*; 811a – *Bauhinia maximilianii*; 811 – *Macrolobium latifolium*; 815 – *Inga thibaudiana*; 816 – *Senna macranthera* var. *nervosa*; 884 – *Zygia divaricata*; 703 – *Plathymenia reticulata*; 707 – *Inga cylindrica*; 906 – *Mimosa sericantha*; 923 – *Senna gardneri*; 1053 – *Bauhinia* sp.; 1057 – *Senna splendida* var. *splendida*; 1058 – *Aeschynomene americana*; 1060 – *Aeschynomene gracilis*; 1064 – *Bauhinia microstachya*; 1112 – *Pseudopiptadenia contorta*; 1125 – *Inga subnuda*; 1161 – *Albizia pedicellaris*; 1198 – *Camptosema coriaceum*; 1236 – *Inga thibaudiana*; 1256 – *Dalbergia nigra*; 1261 – *Pseudopiptadenia contorta*; 1262 – *Machaerium* sp.; 1967 and 2025 – *Harleyodendron unifoliolatum*; 2605 – *Swartzia flaemingii*; 2639 – *Swartzia dipetala*; 2662 – *Inga capitata*.

Jesus, J.A. 345 – *Senna acutisepala*; 438 – *Bauhinia microstachya*.

Kallunki, J.A. 38 – *Swartzia apetala* var. *subcordata*; 381 – *Centrosema brasilianum* var. *angustifolia*; 418 – *Acosmium bijugum*; 523 – *Chamaecrista ensiformis* var. *plurifoliolata*; 540 – *Cranocarpus martii*; 583 – *Bauhinia pinheiroi*.

Kirkbride Jr., J.H. 4618 – *Chamaecrista ramosa* var. *ramosa*; 4624 – *Acosmium bijugum*.

Klitgaard, B.B. 62 – *Diplotropis ferruginea*; 63 – *Hymenolobium janeirense* var. *stipulatum*; 64 – *Andira fraxinifolia*; 65 – *Poeppigia procera*; 66 – *Apuleia leiocarpa*; 67 – *Bowdichia virgilioides*; 68 – *Pterodon abruptus*; 69 – *Lonchocarpus obtusus*; 70 – *Diptychandra aurantiaca* subsp. *epunctata*; 71 – *Platymiscium floribundum* var. *obtusifolium*; 72 – *Platymiscium pubescens* subsp. *zehntneri*; 73 – *Dalbergia catingicola*; 74 – *Platymiscium pubescens* subsp. *zehntneri*; 75 – *Pterodon abruptus*; 77 – *Platymiscium floribundum* var. *obtusifolium*; 78 – *Coursetia rostrata*; 79 – *Amburana cearensis*; 80 – *Platymiscium floribundum* var. *obtusifolium*; 81 – *Pterogyne nitens*; 82 – *Dalbergia* sp.

Klotzsch, J.F. s.n. – *Chamaecrista ensiformis* var. *ensiformis*; 244 – *Chamaecrista fagonioides*.

Krapovickas, A. 29987 – *Stylosanthes guianensis* var. *gracilis*; 30166 – *Aeschynomene paniculata*; 37205 – *Pterocarpus zehntneri*.

Langenheim, J.H. 5632 – *Hymenaea rubriflora*; 5642 – *Hymenaea courbaril* var. *stilbocarpa*; 5644 – *Hymenaea aurea*.

Lanna, J.P.S. 705 – *Acacia piauhiensis*; 706 – *Mimosa gemmulata* var. *adamantina*; 713 – *Pseudopiptadenia contorta*; 1445 – *Piptadenia loefgreniana*.

Laurênio, A. 5 – *Periandra coccinea*; 12 – *Caesalpinia pyramidalis* var. *diversifolia*; 23 – *Bauhinia acuruana*; 55 – *Caesalpinia microphylla*; 58 – *Lonchocarpus araripensis*; 66 – *Chaetocalyx scandens* var. *pubescens*; 71 – *Pithecellobium diversifolium*; 78 – *Poeppigia procera*; 87 – *Caesalpinia microphylla* 88 – *Cratylia mollis*; 89 – *Crotalaria holosericea*; 102 – *Acacia riparia*; 106 – *Poiretia punctata*; 113 – *Caesalpinia microphylla*; 115 – *Poeppigia procera*.

Leal, C.G. 106 – *Chamaecrista nictitans*.

Lee, Y.T. 82 – *Hymenaea courbaril* var. *villosa*; 95 – *Hymenaea courbaril* var. *longifolia*; 108 – *Hymenaea stigonocarpa* var. *pubescens*; 110 – *Hymenaea courbaril* var. *longifolia*; 115 – *Hymenaea velutina*; 124 and 125 – *Hymenaea martiana*; 127 – *Hymenaea rubriflora*.

Lemos, M.J.S. 13 – *Macroptilium lathyroides*.

Lewis, G.P. 699 – *Clitoria laurifolia*; 700 – *Abarema filamentosa*; 701 – *Cajanus cajan*; 702 – *Chamaecrista flexuosa*; 703 – *Desmodium axillare*; 705 – *Zornia glabra*; 707 – *Desmodium barbatum*; 708 – *Stylosanthes viscosa*; 709 – *Stylosanthes guianensis* var. *gracilis*; 710 and 711 – *Chamaecrista nictitans* var. *pilosa*; 712 – *Crotalaria stipularia*; 714 – *Inga subnuda* subsp. *subnuda*; 716 – *Stryphnodendron pulcherrimum*; 717 – *Bowdichia virgilioides*; 719 – *Macrolobium latifolium*; 720 – *Chamaecrista desvauxii* var. *latifolia*; 721 – *Inga subnuda* subsp. *subnuda*; 730 – *Chamaecrista duartei*; 731 – *Acacia* sp.; 732 – *Mucuna urens*; 733 – *Piptadenia adiantoides*; 734 – *Mimosa*

bimucronata var. *bimucronata*; 735 – *Bauhinia* sp. nov. 7; 738 – *Clitoria laurifolia*; 740 – *Desmodium adscendens*; 743 – *Stylosanthes viscosa*; 744 – *Inga laurina*; 745 – *Andira fraxinifolia*; 746 – *Dalbergia ecastaphyllum*; 748 – *Stylosanthes viscosa*; 749 – *Crotalaria pallida*; 750 – *Indigofera suffruticosa*; 752 – *Crotalaria micans*; 758 – *Chamaecrista glandulosa* var. *brasiliensis*; 761 – *Vigna* aff. *adenantha*; 763 – *Crotalaria vitellina*; 767 – *Swartzia myrtifolia* var. *elegans*; 772 – *Pseudopiptadenia warmingii*; 773 – *Mimosa polydactyla*; 774 – *Pseudopiptadenia contorta*; 775 – *Macrolobium latifolium*; 776 – *Dialium guianense*; 778 – *Arapatiella psilophylla*; 779 – *Mimosa pigra* var. *pigra*; 782 – *Stylosanthes scabra*; 785 – *Caesalpinia pulcherrima*; 788 – *Senna occidentalis*; 789 – *Indigofera suffruticosa*; 790 – *Abarema filamentosa*; 792 – *Desmodium barbatum*; 793 – *Stylosanthes guianensis* var. *gracilis*; 798 – *Inga laurina*; 799 and 800 – *Senna australis*; 806 – *Acosmium bijugum*; 808 – *Chamaecrista hispidula*; 809 – *Chamaecrista flexuosa*; 810 – *Stylosanthes viscosa*; 812 – *Andira legalis*; 816 – *Chamaecrista hispidula*; 821 – *Crotalaria retusa*; 822 – *Clitoria fairchildiana*; 825 – *Arapatiella psilophylla*; 828 – *Aeschynomene sensitiva* var. *sensitiva*; 829 – *Bauhinia outimouta*; 830 – *Mimosa polydactyla*; 831 – *Desmodium incanum*; 832 – *Desmodium axillare*; 833 – *Aeschynomene gracilis*; 835 – *Poecilanthe ulei*; 836 and 837 – *Caesalpinia pyramidalis*; 840 – *Coursetia rostrata*; 841 – *Mimosa tenuiflora*; 843 – *Senna spectabilis* var. *excelsa*; 845 – *Acacia langsdorffii*; 846 – *Peltogyne pauciflora*; 847 – *Poecilanthe ulei*; 848 – *Albizia pedicellaris*; 849 – *Chamaecrista sincorana*; 850 – *Camptosema coriaceum*; 852 – *Calliandra hirsuticaulis*; 853 – *Calliandra calycina*; 854 – *Mimosa lewisii*; 855 – *Stryphnodendron rotundifolium*; 863 – *Periandra coccinea*; 864 – *Swartzia bahiensis*; 865 – *Hymenolobium janeirense* var. *stipulatum*; 866 – *Chamaecrista flexuosa*; 867 – *Crotalaria holosericea*; 868 – *Camptosema coriaceum*; 869 – *Inga ciliata*; 870 – *Stylosanthes guianensis* var. *pauciflora*; 871 – *Crotalaria holosericea*; 872 – *Calliandra lintea*; 874 – *Bauhinia* aff. *straussiana*; 877 – *Anadenanthera colubrina* var. *colubrina*; 879 – *Senna cana* var. *phyllostegia*; 880 – *Calliandra paterna*; 881 – *Aeschynomene carvalhoi*; 884 – *Chamaecrista rotundifolia* var. *rotundifolia*; 888 – *Poiretia bahiana*; 907 – *Mimosa setosa* var. *paludosa*; 908 – *Calliandra calycina*; 910 – *Periandra mediterranea*; 911 – *Periandra coccinea*; 912 – *Camptosema coriaceum*; 913 – *Stylosanthes viscosa*; 914 – *Stylosanthes guianensis* var. *gracilis*; 915 – *Stryphnodendron polyphyllum* var. *villosum*; 922 – *Senna cana* var. *calva*; 928 – *Zornia flemmingioides*; 929 – *Mimosa lewisii*; 930 – *Calliandra hirtiflora* var. *ripicola*; 931 – *Calliandra calycina*; 932 – *Chamaecrista sincorana*; 933 – *Crotalaria holosericea*; 934 – *Zornia myriadena*; 935 – *Chamaecrista rotundifolia* var. *rotundifolia*; 936 – *Mimosa sensitiva* var. *sensitiva*; 938 – *Crotalaria micans*; 943 – *Periandra mediterranea*; 947 – *Chamaecrista mucronata*; 948 – *Zornia* flemmingioides; 949 – *Aeschynomene lewisiana*; 950 – *Centrosema coriaceum*; 951 – *Albizia pedicellaris*; 958 – *Calliandra parvifolia*; 960 – *Calliandra paterna*; 962 – *Aeschynomene carvalhoi*; 968 – *Chamaecrista repens* var. *multijuga*; 969 – *Crotalaria micans*; 970 – *Periandra coccinea*; 972 – *Desmodium tortuosum*; 974 and 975 – *Acacia bahiensis*; 976 – *Senna macranthera* var. *striata*; 977 – *Mimosa gemmulata* var. *gemmulata*; 978 – *Mimosa ophthalmocentra*; 979 – *Senna spectabilis* var. *excelsa*; 980 – *Dalbergia catingicola*; 981 – *Desmanthus virgatus*; 982 – *Albizia polycephala*; 983 – *Stylosanthes scabra*; 984 – *Bauhinia forficata*; 985 – *Pseudopiptadenia bahiana*; 986 – *Centrosema virginianum*; 987 – *Macroptilium bracteatum*; 988 – *Entada abyssinica*; 989 – *Cassia javanica* var. *indochinensis*; 990 – *Clitoria fairchildiana*; 991 – *Indigofera hendecaphylla*; 992 – *Crotalaria lanceolata*; 993 – *Chamaecrista nictitans* var. *pilosa*; 994 – *Aeschynomene evenia* var. *serrulata*; 995 – *Aeschynomene gracilis*; 996 – *Rhynchosia minima* var. *minima*; 997 – *Inga pedunculata*; 998 – *Calliandra riparia*; 1000 – *Swartzia apetala* var. *subcordata*; 1002 – *Acosmium bijugum*; 1003 – *Chamaecrista ramosa* var. *ramosa*; 1004 – *Chamaecrista cytisoides* var. *brachystachya*; 1005 – *Moldenhawera nutans*; 1007 – *Mimosa lewisii*; 1010 – *Acosmium bijugum*; 1012 – *Chamaecrista ramosa* var. *ramosa*; 1015 – *Hymenolobium alagoanum*; 1018 – *Brodriguesia santosii*; 1019 – *Swartzia flaemingii* var. *cognata*; 1022 – *Stryphnodendron pulcherrimum*; 1023 – *Machaerium hirtum*; 1025 – *Abarema turbinata*; 1024 – *Chamaecrista onusta*; 1026 – *Macrolobium rigidum*; 1027 – *Abrus precatorius*; 1028 – *Dalbergia ecastaphyllum*; 1030 – *Inga thibaudiana* subsp. *thibaudiana*; 1032 – *Mimosa pigra* var. *pigra*; 1033 – *Erythrina poeppigiana*; 1034 – *Mimosa bimucronata* var. *bimucronata*; 1035 – *Inga pleiogyna*; 1036 – *Macrolobium rigidum*; 1037 – *Chamaecrista ensiformis* var. *ensiformis*; 1038 – *Brodriguesia santosii*; 1040 – *Parkia bahiae*; 1042 – *Swartzia dipetala*; 1043 – *Parkia pendula*; 1044 – *Inga laurina*; 1056 – *Abarema filamentosa*; 1057 – *Inga pleiogyna*; 1061 – *Albizia pedicellaris*; 1062 – *Moldenhawera blanchetiana* var. *multijuga*; 1063 – *Stryphnodendron pulcherrimum*; 1064 – *Dalbergia foliolosa*; 1065 – *Bauhinia* sp. nov. 2; 1066 – *Chamaecrista desvauxii* var. *latistipula*; 1067 – *Mimosa medioxima*; 1068 – *Chamaecrista amabilis*; 1069 – *Dioclea virgata*; 1070 – *Inga subnuda*; 1071 – *Senna quinquangulata*; 1072 – *Caesalpinia microphylla*; 1074 – *Mimosa nothopteris*; 1075 – *Calliandra depauperata*; 1076 – *Mimosa tenuiflora*; 1077 – *Aeschynomene martii*; 1078 – *Anadenanthera colubrina* var. *cebil*; 1079 – *Piptadenia viridiflora*; 1080 – *Amburana cearensis*; 1081 – *Anadenanthera colubrina* var. *cebil*; 1082 – *Poeppigia procera*; 1083 – *Aeschynomene monteiroi*; 1085 – *Prosopis juliflora*; 1087 – *Chloroleucon foliolosum*; 1091 – *Cratylia mollis*; 1093 – *Piptadenia moniliformis*; 1094 – *Mimosa acutistipula* var. *acutistipula*; 1095 – *Caesalpinia bracteosa*; 1096 – *Senna spectabilis* var. *excelsa*; 1099 – *Caesalpinia bracteosa*; 1100 –

Anadenanthera colubrina var. *cebil*; 1101 – *Mimosa ophthalmocentra*; 1102 – *Caesalpinia ferrea*; 1104 – *Piptadenia moniliformis*; 1105 – *Bauhinia cheilantha*; 1106 – *Bauhinia flexuosa*; 1107 – *Indigofera microcarpa*; 1110 – *Lonchocarpus sericeus*; 1111 – *Caesalpinia ferrea* var. *glabrescens*; 1112 – *Caesalpinia ferrea*; 1113 – *Senna spectabilis* var. *excelsa*; 1114 – *Lonchocarpus sericeus*; 1115 – *Erythrina velutina*; 1116 – *Calliandra depauperata*; 1118 – *Caesalpinia ferrea*; 1120 – *Parkinsonia aculeata*; 1121 – *Piptadenia viridiflora*; 1123 – *Hymenaea martiana*; 1125 – *Poeppigia procera*; 1127 – *Mimosa tenuiflora*; 1130 and 1131 – *Luetzelburgia auriculata*; 1132 – *Calliandra depauperata*; 1133 – *Pithecellobium dulce*; 1134 – *Dioclea grandiflora*; 1135 – *Aeschynomene monteiroi*; 1143 – *Piptadenia moniliformis*; 1145 – *Mimosa acutistipula* var. *acutistipula*; 1148 – *Bauhinia flexuosa*; 1149 – *Caesalpinia bracteosa*; 1153 – *Calliandra depauperata*; 1158 – *Bauhinia pentandra*; 1160 – *Senna occidentalis*; 1161 – *Mimosa quadrivalvis* var. *leptocarpa*; 1162 – *Cratylia mollis*; 1163 – *Dioclea grandiflora*; 1165 – *Chamaecrista duartei*; 1167 – *Abarema filamentosa*; 1170 – *Senna silvestris* var. *sapindifolia*; 1174 – *Abarema turbinata*; 1179 – *Harleyodendron unifoliolatum*; 1338 – *Poeppigia procera*; 1339 – *Pterodon abruptus*; 1340 – *Acacia* aff. *riparia*; 1341 – *Cratylia mollis*; 1342 – *Cenostigma gardnerianum*; 1343 – *Senna trachypus*; 1344 – *Dalbergia cearensis*; 1345 – *Platypodium elegans*; 1346 – *Machaerium acutifolium*; 1347 – *Chamaecrista eitenorum* var. *eitenorum*; 1348 – *Pterocarpus zehntneri*; 1349 – *Dimorphandra gardneriana*; 1350 – *Swartzia flaemingii* var. *psilonema*; 1351 – *Sclerolobium paniculatum*; 1352 – *Galactia jussiaeana* var. *glabrescens*; 1353 – *Canavalia brasiliensis*; 1355 – *Sclerolobium paniculatum*; 1358 – *Cenostigma macrophyllum*; 1359 – *Chamaecrista ensiformis* var. *maranonica*; 1361 – *Chamaecrista flexuosa*; 1362 – *Tephrosia purpurea* subsp. *leptostachya*; 1365 – *Dioclea bicolor*; 1366 – *Lonchocarpus araripensis*; 1367 – *Parkia platycephala*; 1639 – *Caesalpinia echinata*; 1640 – *Dalbergia frutescens* var. *frutescens*; 1644 – *Caesalpinia pluviosa* var. *cabraliana*; 1645 – *Albizia pedicellaris*; 1857 – *Caesalpinia pluviosa* var. *sanfranciscana*; 1858 – *Caesalpinia calycina*; 1859 – *Coursetia rostrata*; 1860 – *Caesalpinia pluviosa* var. *sanfranciscana*; 1861 – *Caesalpinia laxiflora*; 1862 – *Caesalpinia pluviosa* var. *sanfranciscana*; 1863 – *Coursetia rostrata*; 1864 – *Caesalpinia calycina*; 1865 – *Caesalpinia pluviosa* var. *sanfranciscana*; 1866 – *Bauhinia flexuosa*; 1867 – *Anadenanthera colubrina*; var. *cebil*; 1868 – *Peltophorum dubium* var. *dubium*; 1869 – *Calliandra depauperata*; 1870 – *Chloroleucon foliolosum*; 1871 – *Mimosa tenuiflora*; 1872 – *Aeschynomene martii*; 1873 – *Caesalpinia laxiflora*; 1874 – *Senna macranthera* var. *pudibunda*; 1875 – *Mimosa ophthalmocentra*; 1876 – *Amburana cearensis*; 1877 – *Chamaecrista supplex*; 1878 – *Bauhinia flexuosa*; 1879 – *Coursetia rostrata*; 1880 – *Macroptilium martii*; 1882 – *Hymenaea martiana*; 1883 – *Chamaecrista pascuorum*; 1884 – *Calliandra leptopoda*; 1885 – *Caesalpinia calycina*; 1886 – *Mimosa adenophylla*; 1887 – *Neptunia plena*; 1888 – *Mimosa ophthalmocentra*; 1889 – *Aeschynomene viscidula*; 1890 – *Centrosema brasilianum* var. *brasilianum*; 1891 – *Inga vera* subsp. *affinis*; 1892 and 1896 – *Caesalpinia pluviosa* var. *sanfranciscana*; 1897 and 1898 – *Anadenanthera colubrina* var. *colubrina*; 1899 – *Pseudopiptadenia brenanii*; 1901 – *Pterogyne nitens*; 1902 – *Acacia langsdorffii*; 1904 – *Aeschynomene martii*; 1905 – *Machaerium hirtum*; 1906 – *Platymiscium floribundum* var. *obtusifolium*; 1907 – *Copaifera langsdorffii*; 1908 – *Machaerium* sp.; 1909 – *Goniorrhachis marginata*; 1910 – *Albizia polycephala*; 1911 – *Senna acuruensis* var. *acuruensis*; 1912 – *Stylosanthes viscosa*; 1914 – *Dioclea* sp.; 1913 – *Mimosa gemmulata* var. *gemmulata*; 1915 – *Crotalaria holosericea*; 1916 – *Macroptilium martii*; 1917 – *Galactia striata*; 1918 – *Macroptilium bracteatum*; 1921 – *Mimosa ursina*; 1922 – *Mimosa quadrivalvis* var. *leptocarpa*; 1923 – *Mysanthus uleanus* var. *uleanus*; 1925 – *Centrosema pascuorum*; 1926 – *Acacia* sp.; 1927 – *Calliandra leptopoda*; 1930 – *Aeschynomene martii*; 1932 – *Caesalpinia pluviosa* var. *sanfranciscana*; 1934 – *Senna aversiflora*; 1939 – *Calliandra depauperata*; 1941 – *Chamaecrista flexuosa*; 1942 – *Chamaecrista repens* var. *multijuga*; 1943 – *Mimosa guaranitica*; 1944 – *Chamaecrista fagonioides* var. *macrocalyx*; 1945 – *Senna cana* var. *hypoleuca*; 1946 – *Mimosa filipes*; 1949 – *Calliandra bahiana* var. *erythematosa*; 1951 – *Bauhinia pulchella*; 1953 – *Chamaecrista cytisoides* var. *micrantha*; 1955 – *Camptosema coriaceum*; 1956 – *Mysanthus uleanus* var. *uleanus*; 1958 – *Desmanthus virgatus*; 1959 – *Canavalia dictyota*; 1962 – *Acosmium fallax*; 1964 – *Chaetocalyx brasiliensis*; 1965 – *Macroptilium lathyroides*; 1966 – *Macroptilium martii*; 1967 – *Calliandra depauperata*; 1969 – *Senna macranthera* var. *pudibunda*; 1972 – *Chloroleucon foliolosum*; 1975 – *Aeschynomene viscidula*; 1976 – *Goniorrhachis marginata*; 1977 – *Aeschynomene vogelii*; 1978 – *Camptosema coriaceum*; 1979 – *Mimosa setosa* var. *paludosa*; 1986 – *Calliandra bahiana* var. *erythematosa*; 1990 – *Stylosanthes capitata*; 1991 – *Centrosema arenarium*; 1992 – *Senna aristeguietae*; 1993 – *Stylosanthes macrocephala*; 1994 – *Goniorrhachis marginata*; 1995 – *Desmodium glabrum*; 1996 – *Coursetia rostrata*; 1997 – *Amburana cearensis*; 1998 – *Caesalpinia laxiflora*; 2000 – *Caesalpinia calycina*; 2002 – *Amburana cearensis*; 2005 – *Caesalpinia pluviosa* var. *sanfranciscana*; 2006 – *Aeschynomene soniae*; 2007 – *Caesalpinia laxiflora*; 2008 – *Caesalpinia pluviosa* var. *sanfranciscana*; 2009 – *Mimosa invisa* var. *invisa*; 2010 – *Calliandra leptopoda*; 2012 – *Caesalpinia laxiflora*; 2014 – *Mimosa carvalhoi*; 2015 – *Mimosa lewisii*; 2016 – *Swartzia apetala* var. *subcordata*; 2017 – *Inga pleiogyna*; 2018 – *Poecilanthe itapuana*; 2019 – *Caesalpinia pluviosa* var. *cabraliana*; 2020 – *Abarema filamentosa*; 2025 – *Calliandra bella*; 2026 – *Bauhinia microstachya*; 2027 – *Platycyamus regnellii*; 2028 – *Cratylia hypargyrea*; CFCR 6718 – *Caesalpinia laxiflora*; CFCR 6719 – *Mimosa ophthalmocentra*; CFCR 6720 – *Caesalpinia calycina*; CFCR 6727 – *Mimosa ophthalmocentra*; CFCR 6728 – *Desmanthus virgatus*; CFCR 6730 – *Senna harleyi*; CFCR 6733 – *Acacia martiusiana*; CFCR 6736 – *Mimosa quadrivalvis* var. *leptocarpa*; CFCR 6741 – *Hymenaea martiana*; CFCR 6787 – *Chamaecrista repens* var. *multijuga*; CFCR 6788 – *Calliandra bahiana*; CFCR 6789 – *Calliandra erubescens*; CFCR 6790 – *Chamaecrista axilliflora*; CFCR 6791 – *Dalbergia miscolobium*; CFCR 6792 – *Acacia* aff. *riparia*; CFCR 6793 – *Chamaecrista brevicalyx* var. *brevicalyx*; CFCR 6795 – *Calliandra coccinea*; CFCR 6796 – *Calliandra lanata*; CFCR 6797 – *Mimosa foliolosa* var. *peregrina*; CFCR 6798 – *Chamaecrista cytisoides* var. *blanchetii*; CFCR 6799 – *Calliandra sessilis*; CFCR 6800 – *Bauhinia pulchella*; CFCR 6801 – *Mimosa filipes*; CFCR 6802 – *Chamaecrista roraimae*; CFCR 6893 – *Calliandra hirsuticaulis*; CFCR 6894 – *Calliandra bahiana*; CFCR 6895 – *Calliandra luetzelburgii*; CFCR 6896 – *Calliandra fuscipila*; CFCR 6897 – *Chamaecrista pascuorum*; CFCR 6898 – *Calliandra luetzelburgii*; CFCR 6901 – *Mimosa foliolosa* var. *peregrina*;CFCR 6902 – *Bauhinia* sp.; CFCR 6903 – *Mimosa hypoglauca* var. *hypoglauca*; CFCR 6904 – *Calliandra erubescens*; CFCR 6905 – *Mimosa guaranitica*; CFCR 6939 – *Acacia piauhiensis*; CFCR 6940 – *Poeppigia procera*; CFCR 6941 – *Acacia langsdorffii*; CFCR 6963 – *Calliandra mucugeana*; CFCR 6968 *Periandra mediterranea*; CFCR 6976 – *Zornia flemmingioides*; CFCR 6979 – *Stylosanthes scabra*; CFCR 6992 – *Chamaecrista zygophylloides* var. *zygophylloides*; CFCR 7002 – *Pseudopiptadenia brenanii*; CFCR 7009 – *Machaerium acutifolium* var. *enneandrum*; CFCR 7018 – *Calliandra viscidula*; CFCR 7035 – *Aeschynomene brevipes* var. *brevipes*; CFCR 7037 – *Chamaecrista cytisoides* var. *confertiformis*; CFCR 7039 – *Calliandra hygrophila*; CFCR 7040 – *Calliandra mucugeana*; CFCR 7071 – *Zornia flemmingioides*; CFCR 7087 – *Chamaecrista chapadae*; CFCR 7090 – *Calliandra mucugeana*; CFCR 7091 – *Chamaecrista cytisoides* var. *blanchetii*; CFCR 7095 – *Calliandra hygrophila*; CFCR 7099 – *Mimosa lewisii*; CFCR 7100 – *Calliandra sessilis*; CFCR 7101 – *Pseudopiptadenia brenanii*; CFCR 7102 – *Machaerium acutifolium* var. *enneandrum*; CFCR 7112 – *Stryphnodendron rotundifolium*; CFCR 7124 – *Mimosa lewisii*; CFCR 7126 – *Swartzia bahiensis*; CFCR 7127 – *Stylosanthes guianensis* var. *gracilis*; CFCR 7128 – *Calliandra calycina*; CFCR 7131 – *Mimosa adenocarpa*; CFCR 7142 – *Stylosanthes guianensis* var. *gracilis*; CFCR 7144 – *Stylosanthes guianensis* var. *vulgaris*; CFCR 7248 – *Calliandra involuta*; 7267 – *Inga cylindrica*; CFCR 7309 – *Aeschynomene lewisiana*; CFCR CFCR 7320 – *Calliandra calycina*; CFCR 7327 – *Aeschynomene lewisiana*; CFCR 7328 – *Centrosema coriaceum*; CFCR 7344 – *Albizia pedicellaris*; CFCR 7359 – *Galactia martii*; CFCR 7391 – *Calliandra asplenioides*; CFCR 7392 – *Mimosa crumenarioides*; CFCR 7393 – *Mimosa modesta* var. *ursinoides*; CFCR 7395 – *Calliandra coccinea*; CFCR 7396 – *Mimosa hypoglauca* var.

allostegia; CFCR 7398 – *Calliandra lanata*; CFCR 7399 – *Pterogyne nitens*; CFCR 7400 – *Senna acuruensis* var. *acuruensis*; CFCR 7401 – *Chamaecrista brevicalyx* var. *brevicalyx*; CFCR 7402 – *Acacia martiusiana*; CFCR 7404 – *Lonchocarpus obtusus*; CFCR 7416 – *Acosmium dasycarpum*; CFCR 7417 – *Calliandra sessilis*; CFCR 7419 – *Periandra mediterranea*; CFCR 7420 – *Centrosema venosum*; CFCR 7421 – *Chamaecrista repens* var. *multijuga*; CFCR 7491 – *Mimosa tenuiflora*; CFCR 7492 – *Mimosa sensitiva* var. *sensitiva*; CFCR 7494 – *Galactia striata*; CFCR 7495 – *Chamaecrista swainsonii*; CFCR 7496 – *Mimosa somnians* var. *somnians*; CFCR 7497 – *Crotalaria holosericea*; CFCR 7509 – *Chamaecrista cytisoides* var. *blanchetii*; CFCR 7510 – *Chamaecrista desvauxii* var. *mollissima*; CFCR 7511 – *Erythrina velutina*; CFCR 7518 – *Periandra coccinea*; CFCR 7544 – *Calliandra pubens*; CFCR 7545 – *Chamaecrista jacobinea*; CFCR 7546 – Galactia jussiaeana; CFCR 7547 – *Senna rugosa*; CFCR 7572 – *Machaerium* aff. *punctatum*; CFCR 7585 – *Inga capitata*; CFCR 7586 – *Aeschynomene elegans* var. *elegans*; CFCR 7627 – *Calliandra calycina*; CFCR 7635 – *Camptosema coriaceum*; CFCR 7646 – *Chamaecrista jacobinea*.

Lima, D.P. 13109 – *Aeschynomene martii*; 13147 – *Mimosa tenuiflora*; 13152 – *Acacia bahiensis*; 13157 – *Mimosa hexandra*.

Lima, H.C. 730 – *Moldenhawera brasiliensis*; 3866 – *Andira anthelmia*; 3867 – *Inga subnuda*; 3868 – *Calliandra bella*; 3869 – *Harleyodendron unifoliolatum*; 3870 – *Abarema jupunba* var. *jupunba*; 3871 – *Mimosa tenuiflora*; 3873 – *Acacia bahiensis*; 3874 – *Poecilanthe ulei*; 3876 – *Chaetocalyx scandens* var. *pubescens*; 3877 – *Leucochloron limae*; 3878 – *Bauhinia cheilantha*; 3879 – *Caesalpinia laxiflora*; 3880 – *Senna cana*; 3881 – *Chamaecrista repens* var. *multijuga*; 3882 – *Mimosa gemmulata* var. *adamantina*; 3883 – *Calliandra erubescens*; 3884 – *Acacia martiusiana*; 3886 – *Senna rugosa*; 3887 – *Bauhinia acuruana*; 3889 – *Camptosema pedicellatum* var. *pedicellatum*; 3890 – *Piptadenia viridiflora*; 3891 – *Mimosa mensicola*; 3892 – *Camptosema coriaceum*; 3894 – *Abarema cochliacarpos*; 3896 – *Calliandra sessilis*; 3899 – *Chamaecrista cytisoides* var. *blanchetii*; 3901 – *Mimosa blanchetii*; 3902 – *Abarema cochliacarpos*; 3903 – *Chamaecrista cytisoides* var. *blanchetii*; 3908 – *Acacia riparia*; 3909 – *Machaerium hirtum*; 3910 – *Piptadenia stipulacea*; 3911 – *Hymenaea courbaril* var. *longifolia*; 3912 – *Blanchetiodendron blanchetii*; 3913 – *Canavalia brasiliensis*; 3918 – *Machaerium acutifolium* var. *enneandrum*; 3919 – *Luetzelburgia bahiensis*; 3920 – *Chamaecrista hispidula*; 3922 – *Acacia bahiensis*; 3923 – *Piptadenia viridiflora*; 3924 – *Caesalpinia laxiflora*; 3926 – *Luetzelburgia bahiensis*; 3927 – *Caesalpinia microphylla*; 3928 – *Cenostigma gardnerianum*; 3929 – *Senna gardnerii*; 3931A – *Erythrina velutina*; 3932 – *Poecilanthe ulei*; 3933 – *Chloroleucon dumosum*; 3934 – *Hymenaea martiana*; 3935 – *Mimosa irrigua*; 3936 – *Diptychandra aurantiaca* subsp. *epunctata*, 3938 – *Pterodon abruptus*; 3939 and 3940 – *Trischidium molle*; 3942 – *Mimosa verrucosa*; 3943 – *Andira vermifuga*; 3946 – *Mimosa ulbrichiana*; 3947 –

Hymenaea eriogyne; 3948 – *Peltogyne pauciflora*; 3949 – *Copaifera coriacea*; 3950 – *Cenostigma gardnerianum*; 3951 – *Vatairea macrocarpa*; 3953 – *Calliandra pilgeriana*; 3954 – *Prosopis juliflora*; 3955 – *Parkinsonia aculeata*; 3956 – *Mimosa lewisii*; 3957 – *Piptadenia moniliformis*; 3962 – *Senna macranthera* var. *micans*; 3963 – *Senna rizzinii*; 3964 – *Periandra coccinea*; 3965 – *Abarema cochliacarpos*; 3966 – *Camptosema coriaceum*; 3968 – *Machaerium lanceolatum*; 3971 – *Calliandra lintea*; 3973 – *Camptosema coriaceum*; 3974 – *Senna reniformis*; 3978 – *Copaifera langsdorffii*; 3979 – *Swartzia bahiensis*; 3980 – *Swartzia apetala*; 3981 – *Senna ensiformis*; 3982 – *Bowdichia virgilioides*.

Lima, M.G.S. s.n. – *Lablab purpureus*.

Lima-Verde, L.W. 293 – *Acacia polyphylla*; 352 – *Chloroleucon dumosum*; 369 – *Acacia polyphylla*; 374, 394 and 823 – *Acacia langsdorffii*.

Linhares, F. s.n. – *Copaifera cearensis*.

Lira, S.S. 10 – *Periandra coccinea*.

Lobão, D.E. 3 – *Plathymenia reticulata*.

Loefgren, J.A.C. 915 – *Crotalaria bahiensis*.

Loiola, M.I.B. 176 – *Mimosa filipes*; 178 – *Galactia* cf. *remansoana*; 225 – *Centrosema schottii*; 256 – *Inga vera* subsp. *affinis*; 262 – *Acacia polyphylla*.

Lucena, M.F.A. 04 – *Camptosema pedicellatum* var. *pedicellatum*.

Luetzelburg, Ph.von s.n. – *Calliandra fuscipila*; s.n. – *Pterocarpus zehntneri*; s.n. – *Sesbania exasperata*; 152 – *Calliandra luetzelburgii*; 213 – *Lupinus lutzelbergianus*; 260 – *Luetzelburgia auriculata*; 301 – *Chamaecrista cytisoides* var. *blanchetii*; 349 – *Caesalpinia bonduc*; 362 *Bauhinia* cf. *cheilantha*; 371 – *Mimosa modesta* var. *ursinoides*; 787 – *Neptunia plena*; 1351 – *Calliandra* aff. *dysantha*; 1418 – *Prosopis ruscifolia*; 2558 – *Aeschynomene sensitiva*; 12526 – *Aeschynomene filosa*; 4017 – *Calliandra* aff. *dysantha* 4076 – *Platymiscium pubescens* subsp. *zehntneri*; 4093 – *Parapiptadenia zehntneri*; 5813 – *Luetzelburgia auriculata*; 6121 – *Sclerolobium paniculatum*; 12299 – *Calliandra luetzelburgii*; 12503 – *Hymenaea stigonocarpa* var. *pubescens*; 25851 – *Inga vera* subsp. *affinis*; 26827 – *Caesalpinia gardneriana*.

Lughadha, E. Nic H-50770 – *Chamaecrista cytisoides*; H-51012 – *Periandra mediterranea*.

Luschnath, B. s.n. – *Aeschynomene brasiliana* var. *brasiliana*; s.n. – *Bowdichia virgilioides*; s.n. – *Calliandra subspicata*; s.n. – *Chamaecrista duartei*; s.n. – *Moldenhawera floribunda*; s.n. – *Moldenhawera lushnathiana*; s.n. – *Sclerolobium guianense*; s.n. – *Senna pendula* var. *glabrata*; 26 – *Inga capitata*; 45 – *Inga ciliata*; 143 – *Inga capitata*; 401 – *Zornia glabra*; 719 – *Senna splendida* var. *splendida*; 812 – *Inga capitata*; 814 – *Senna pendula* var. *pendula*; 815 – *Chamaecrista nictitans*; 816 – *Chamaecrista apoucouita*; 819 – *Senna splendida* var. *splendida*; 821 – *Zornia glabra*; 822 – *Aeschynomene evenia* var. *serrulata*; 824 – *Senna silvestris* var. *sapindifolia*; 835 – *Bowdichia virgilioides*; 833 – *Chamaecrista fagonioides* var. *macrocalyx*; 834 – *Chamaecrista nictitans* var. *pilosa*; 836 – *Calopogonium velutinum*; 837 – *Inga ciliata* subsp. *ciliata*; 838 – *Acacia tenuifolia*; 1322 – *Acosmium bijugum*.

Lyra-Lemos, R.P. 295 – *Pterogyne nitens*; 362 – *Zornia diphylla*; 590 – *Chamaecrista nictitans*; 754 – *Dioclea virgata*; 757 – *Swartzia flaemingii*; 761 – *Bauhinia forficata*; 773 – *Machaerium hirtum*; 1351 – *Indigofera microcarpa*; 1363 – *Desmodium* cf. *barbatum*; 2856 – *Parkia pendula*.

Maas, P.J.M. 6996 – *Cranocarpus mezii*; 7017 – *Inga capitata*; 7026 – *Stryphnodendron pulcherrimum*.

Machado, J.W.B. 315 – *Copaifera* sp.; 333 – *Sclerolobium paniculatum*.

Mansano, V.F. 45 – *Harleyodendron unifoliolatum*.

Marcon, A.B. 40 – *Crotalaria vitellina*.

Martinelli, G. 5308 – *Crotalaria holosericea*; 5359 – *Periandra mediterranea*; 5501 – *Andira fraxinifolia*; 6070 – *Calliandra* sp.; 6653 – *Dioclea* aff. *grandiflora*; 11044 – *Calliandra bella*.

Martins, P. s.n. – *Senna lechriosperma*.

Martius, C.F.P.von s.n. – *Abarema cochliacarpos*; s.n. – *Abarema filamentosa*; s.n. – *Aeschynomene ciliata*; s.n. – *Aeschynomene martii*; s.n. – *Bauhinia dumosa*; s.n. – *Bowdichia virgilioides*; s.n. – *Caesalpinia ferrea* var. *ferrea*; s.n. – *Caesalpinia laxiflora*; s.n. – *Calliandra crassipes*; s.n. – *Calliandra dysantha*; s.n. – *Calliandra fasciculata*; s.n. – *Calliandra hirtiflora*; s.n. – *Calliandra leptopoda*; s.n. – *Calliandra longipinna*; s.n. – *Calliandra sessilis*; s.n. – *Cranocarpus martii*; s.n. – *Lupinus crotalarioides*; ; s.n. – *Machaerium floridum*; s.n. – *Macroptilium gracile*; s.n. – *Macroptilium martii*; s.n. – *Martiodendron mediterraneum*; s.n. – *Moldenhawera floribunda*; s.n. – *Mimosa sensitiva* var. *sensitiva*; s.n. – *Mimosa ursina*; s.n. – *Mimosa xanthocentra* var. *subsericea*; s.n. – *Pterocarpus villosus*; s.n. – *Piptadenia adiantoides*; s.n. – *Piptadenia ramosissima*; s.n. – *Soemmeringia semperflorens*; s.n. – *Vataireopsis araroba*; 405 – *Chamaecrista ramosa* var. *ramosa*; 884 – *Swartzia apetala* var. *blanchetii*; 1094 – *Inga laurina*; 1095 – *Inga capitata*; 1115 – *Zornia glabra*; 1127 – *Bowdichia virgilioides*; 1145 – *Aeschynomene evenia* var. *serrulata*; 1512 – *Mimosa hypoglauca* var. *hypoglauca*; 1882 – *Calliandra nebulosa*; 1974 – *Mimosa honesta*; 1987 – *Lupinus crotalarioides*; 2182 – *Bauhinia integerrima*; 2210 – *Chamaecrista desvauxii* var. *latifolia*; 2274 – *Caesalpinia microphylla*; 2288 – *Copaifera coriacea*; 2316 – *Mimosa modesta* var. *modesta*; 2322 – *Aeschynomene martii*.

Marx, R.B. s.n. – *Calliandra mucugeana*.

Matos, A.F. s.n. – *Apuleia grazielana*.

Matos, F.J. s.n. – *Copaifera rigida*.

Mattos Silva, L.A. 81 – *Bauhinia* sp. nov. 5; 189 – *Machaerium floridum*; 190 – *Acacia riparia*; 191 – *Camptosema isopetalum*; 209 – *Caesalpinia pluviosa* var. *peltophoroides*; 216 – *Stylosanthes scabra*; 249 – *Blanchetiodendron blanchetii*; 251 – *Mimosa arenosa*; 252 – *Chamaecrista rotundifolia* var. *grandiflora*; 261 – *Crotalaria holosericea*; 266 – *Macroptilium sabaraense*; 276 – *Mimosa gemmulata* var. *gemmulata*; 292 – *Poiretia punctata*; 293 – *Platymiscium floribundum* var. *obtusifolium*; 327 – *Machaerium* aff. *pedicellatum*; 340 – *Andira legalis*; 345 – *Parapiptadenia pterosperma*; 359 – *Pueraria phaseoloides*; 418 – *Senna multijuga* var. *verrucosa*;

442 – *Swartzia simplex* var. *ochnacea*; 444 – *Abarema jupunba* var. *jupunba*; 453 – *Brodriguesia santosii*; 460 – *Swartzia pinheiroana*; 467 – *Periandra mediterranea*; 505 – *Bauhinia* sp. nov. 6; 517 – *Piptadenia* aff. *fruticosa*; 518 – *Abarema turbinata*; 529 – *Bauhinia pinheiroi*; 535 – *Canavalia* sp.; 536 – *Bauhinia forficata* var. nov.; 591 – *Swartzia apetala*; 599 – *Andira fraxinifolia*; 610 – *Poecilanthe ulei*; 612 – *Chamaecrista* sp.; 617 – *Abarema filamentosa*; 625 – *Desmodium tortuosum*; 665 – *Cranocarpus mezii*; 703 – *Acacia langsdorffii*; 777 – *Abarema filamentosa*; 788 – *Desmodium affine*; 802 – *Centrosema arenarium*; 811 – *Canavalia rosea*; 824 – *Cranocarpus mezii*; 827 – *Calliandra bella*; 843 – *Canavalia rosea*; 858 – *Dalbergia ecastaphyllum*; 872 – *Andira nitida*; 908 – *Machaerium* aff. *pedicellatum*; 911 – *Hymenaea rubriflora*; 945 – *Stylosanthes scabra*; 956 – *Periandra mediterranea*; 1000 – *Mucuna sloanei*; 1006 – *Clitoria falcata*; 1018 – *Dioclea virgata*; 1090 – *Andira nitida*; 1100 – *Clitoria selloi*; 1124 – *Ormosia* sp. nov. 1; 1146 – *Swartzia simplex*; 1164 – *Stylosanthes guianensis* var. *gracilis*; 1185 – *Moldenhawera lushnathiana*; 1199 – *Andira carvalhoi*; 1222 – *Inga sp*; 1228 – *Dalbergia frutescens* var. *frutescens*; 1296 – *Bauhinia maximilianii*; 1312 – *Bauhinia rufa*; 1329 – *Moldenhawera blanchetiana* var. *blanchetiana*; 1354 – *Andira fraxinifolia*; 1368 – *Senna pendula*; 1376 – *Inga subnuda* subsp. *subnuda*; 1383 – *Erythrina poeppigiana*; 1393 – *Andira carvalhoi*; 1411 – *Platymiscium floribundum* var. *nitens*; 1499 – *Albizia pedicellaris*; 1504 – *Machaerium aculeatum*; 1507 – *Inga thibaudiana* subsp. *thibaudiana*; 1521 – *Inga subnuda* subsp. *subnuda*; 1527 – *Chamaecrista ramosa* var. *ramosa*; 1557 – *Moldenhawera blanchetiana* var. *blanchetiana*; 1569 – *Inga capitata*; 1571 – *Bauhinia forficata* var. nov.; 1602 – *Chamaecrista cytisoides* var. *micrantha*; 1603 – *Calliandra viscidula*; 1618 – *Calliandra mucugeana*; 1635 – *Mimosa polydidyma*; 1669 – *Mimosa bimucronata* var. *bimucronata*; 1703 – *Swartzia apetala*; 1715 – *Clitoria laurifolia*; 1719 – *Abarema filamentosa*; 1757 – *Inga aptera*; 1810 – *Andira nitida*; 1877 – *Andira carvalhoi*; 1878 – *Moldenhawera lushnathiana*; 1883 – *Abarema filamentosa*; 1943 – *Chamaecrista* sp.; 1966 – *Swartzia flaemingii* var. *cognata*; 1977 – *Vigna halophila*; 1987 – *Swartzia apetala* var. *blanchetii*; 1995 – *Cranocarpus mezii*; 2022 – *Dalbergia frutescens*; 2026 – *Pterocarpus robrii*; 2049 – *Swartzia dipetala*; 2052 – *Acosmium tenuifolium*; 2093 – *Chamaecrista ramosa* var. *ramosa*; 2102 – *Andira fraxinifolia*; 2129 – *Swartzia simplex* var. *ochnacea*; 2151 – *Bauhinia* sp.; 2154 – *Machaerium acutifolium*; 2164 – *Dialium guianense*; 2200 – *Abarema turbinata*; 2204 – *Inga pleiogyna*; 2217 – *Machaerium aculeatum*; 2296 – *Poeppigia procera*; 2307 – *Tipuana tipu*; 2310 – *Machaerium* sp.; 2326 – *Bauhinia microstachya*; 2342 – *Peltophorum dubium* var. *dubium*; 2386 – *Machaerium lanceolatum*; 2461 – *Moldenhawera floribunda*; 2491 – *Inga capitata*; 2496 – *Abarema filamentosa*; 2526 – *Machaerium*

oblongifolium; 2532 – *Bauhinia* cf. *integerrima*; 2539 – *Swartzia simplex* var. *ochnacea*; 2600 – *Calliandra bella*; 2612 – *Cyclolobium brasiliense*; 2620 – *Inga capitata*; 2628 – *Swartzia macrostachya*; 2659 – *Abarema filamentosa*; 2680 – *Lonchocarpus guilleminianus*; 2687 – *Parapiptadenia pterosperma*; 2700 – *Diplotropis incexis*; 2703 – *Sclerolobium densiflorum*; 2732 – *Caesalpinia pluviosa* var. *peltophoroides*; 2735 – *Coursetia rostrata*; 2736 – *Pterogyne nitens*; 2740 – *Cleobulia multiflora*; 2743 – *Dalbergia miscolobium*; 2763 – *Swartzia bahiensis*; 2768 – *Poiretia bahiana*; 2779 – *Camptosema coriaceum*; 2780 – *Zornia flemmingioides*; 2803 – *Periandra mediterranea*; 2806 – *Stryphnodendron rotundifolium*; 2816 – *Calliandra mucugeana*; 2822 – *Bowdichia virgilioides*; 2824 – *Chamaecrista cytisoides* var. *blanchetii*; 2828 – *Periandra coccinea*; 2840 – *Acacia polyphylla*; 2847 – *Caesalpinia pyramidalis*; 2849 – *Dalbergia catingicola*; 2904 – *Poecilanthe ulei*; 2925 – *Moldenhawera lushnathiana*; 2936 – *Bauhinia* aff. *forficata*; 2959 – *Inga capitata*; 2985 – *Chamaecrista cytisoides* var. *blanchetii*; 3001 – *Mimosa somnians* var. *somnians*.

Mayo, S.J. 719 – *Cratylia hypargyrea*; 1046 – *Cratylia mollis*.

Melo, E. 978 – *Chamaecrista sincorana*; 997 – *Chamaecrista cytisoides*; 1004 – *Camptosema coriaceum*; 1088 – *Mimosa tenuiflora*.

Melo, L.M.R. 125 – *Piptadenia stipulacea*; 131 – *Chamaecrista nictitans*.

Mello-Silva, R. 795 – *Calliandra crassipes*; CFCR 7589 – *Crotalaria* cf. *holosericea*; CFCR 7591 – *Crotalaria pilosa*; CFCR 7592 – *Aeschynomene histrix* var. *histrix*; CFCR 7595 – *Dioclea grandiflora*.

Mendonça, R.C. 2409 – *Eriosema venulosum*; 3403 – *Andira cordata*.

Menezes, E. 14 – *Stylosanthes viscosa*; 23 – *Periandra mediterranea*; 24 – *Stylosanthes viscosa*; 27 – *Zornia diphylla*; 43 and 44 – *Indigofera suffruticosa*; 48 – *Piptadenia moniliformis*;51 – *Macroptilium lathyroides*; 59 – *Tephrosia noctiflora*; 64 – *Indigofera suffruticosa*; 66 – *Macroptilium lathyroides*; 84 – *Acacia tenuifolia*; 86 – *Crotalaria vitellina*.

Menezes, N.L. CFCR 376 – *Dioclea grandiflora*; CFCR 1453 – *Chamaecrista cytisoides* var. *blanchetii*.

Menezes 135 – *Stryphnodendron pulcherrimum*.

Middleton s.n. – *Senna occidentalis*.

Moraes, J.C. 893 – *Ormosia bahiensis*; 1979 – *Chamaecrista brevicalyx* var. *brevicalyx*; 1982 – *Anadenanthera colubrina* var. *colubrina*; 1998 – *Chamaecrista hispidula*; 1999 – *Piptadenia viridiflora*; 2018 – *Pterocarpus violaceus*; 2127 – *Arachis sylvestris*; 2038 – *Piptadenia moniliformis*; 2185 – *Mimosa paraibana*.

Morawetz, W. 11 – *Inga subnuda* subsp. *subnuda*; 11-31878 – *Chamaecrista ramosa* var. *ramosa*; 15-12281 – *Acosmium bijugum*; 15-24878 – *Swartzia peremarginata*; 17-17281 – *Acosmium bijugum*; 18-24878 – *Clitoria selloi*; 215-30878 – *Stylosanthes viscosa*; 18-15281 – *Swartzia apetala* var. *subcordata*; 19-17281 – *Chamaecrista ramosa* var. *ramosa*; 110-15281 and 110-24878 – *Macrolobium rigidum*; 118-19281 and 118-19281 – *Acosmium bijugum*.

Moreira, M.L. 5 – *Acacia polyphylla*; 12 – *Dalbergia miscolobium*.

Mori, S.A. 9256 – *Zornia* aff. *gemella*; 9269 – *Crotalaria lanceolata*; 9270 – *Crotalaria retusa*; 9271 – *Chamaecrista nictitans* var. *disadena*; 9272 – *Rhynchosia minima* var. *minima*; 9290 – *Senna occidentalis*; 9293 – *Canavalia cassidea*; 9338 – *Moldenhawera blanchetiana* var. *blanchetiana*; 9343 – *Chamaecrista nictitans* var. *disadena*; 9372 – *Acacia amazonica*; 9372 – *Peltophorum dubium* var. *dubium*; 9373 – *Acacia kallunkiae*; 9374 – *Albizia polycephala*; 9393 – *Centrolobium tomentosum*; 9411 – *Anadenanthera colubrina* var. *colubrina*; 9412 – *Senna macranthera*; 9428 – *Senna spectabilis* var. *excelsa*; 9431 – *Abarema cochliacarpos*; 9438 – *Periandra mediterranea*; 9453 – *Chamaecrista desvauxii* var. *mollissima*; 9477 – *Senna spectabilis* var. *excelsa*; 9485 – *Mimosa sensitiva* var. *malitiosa*; 9486 – *Acacia* aff. *riparia*; 9496 – *Piptadenia obliqua* subsp. *brasiliensis*; 9497 – *Senna harleyi*; 9501 – *Piptadenia irwinii* var. *unijuga*; 9505 – *Acacia piauhiensis*; 9510 – *Bauhinia* sp. nov. 2 subsp. nov.; 9513 – *Chamaecrista pascuorum*; 9514 – *Chamaecrista repens* var. *multijuga*; 9519 – *Piptadenia obliqua* subsp. *brasiliensis*; 9521 – *Piptadenia viridiflora*; 9523 – *Apuleia leiocarpa*; 9533 – *Mimosa ophthalmocentra*; 9541 – *Centrosema virginianum*; 9546 – *Swartzia macrostachya*; 9560 – *Swartzia macrostachya*; 9575 – *Acacia polyphylla* var. *giganticarpa*; 9592 – *Abarema filamentosa*; 9633 – *Swartzia simplex* var. *ochnacea*; 9652 – *Chamaecrista ramosa* var. *ramosa*; 9703 – *Chamaecrista ramosa* var. *curvifolia*; 9705 – *Inga laurina*; 9708 – *Senna australis*; 9790 – *Senna silvestris* var. *sapindifolia*; 9837 – *Arapatiella psilophylla*; 9912 – *Moldenhawera blanchetiana* var. *blanchetiana*; 9913 – *Calliandra bella*; 9926 – *Chamaecrista rotundifolia* var. *grandiflora*; 9930 – *Chamaecrista zygophylloides* var. *zygophylloides*; 9931 – *Aeschynomene racemosa*; 9935 – *Senna cana* var. *phyllostegia*; 9636 – *Dimorphandra jorgei*; 9963 – *Senna spectabilis* var. *excelsa*; 9964 – *Senna pendula* var. *glabrata*; 9968 – *Poiretia punctata*; 9975 – *Machaerium leucopterum*; 9991 – *Cratylia bahiensis*; 9999 – *Senna macranthera* var. *pudibunda*; 10003 – *Zornia* sp.; 10004 – *Zornia myriadena*; 10006 – *Stylosanthes viscosa*; 10012 – *Dioclea grandiflora*; 10013 – *Macroptilium sabaraense*; 10031 – *Periandra coccinea*; 10043 – *Senna macranthera* var. *micans*; 10047 – *Copaifera langsdorffii*; 10051 – *Melanoxylon brauna*; 10060 – *Machaerium floridum*; 10067 – *Tephrosia candida*; 10069 – *Senna macranthera* var. *micans*; 10170 – *Stylosanthes guianensis* var. *gracilis*; 10177 – *Crotalaria maypurensis*; 10078 – *Canavalia parviflora*; 10080 – *Swartzia macrostachya*; 10088 – *Senna occidentalis*; 10091 – *Senna multijuga* var. *verrucosa*; 10134 – *Lablab purpureus*; 10319 – *Arapatiella psilophylla*; 10321 – *Chamaecrista bahiae*; 10332 – *Periandra mediterranea*; 10340 – *Abarema filamentosa*; 10347 – *Chamaecrista ramosa*; 10392 – *Clitoria selloi*; 10403 – *Senna pendula* var. *glabrata*; 10409 – *Bauhinia rufa*; 10410 – *Senna multijuga* var. *verrucosa*; 10439 – *Macrolobium latifolium*; 10486 –

Chamaecrista ramosa; 10494 and 10495 – *Stylosanthes viscosa*; 10496 – *Stylosanthes guianensis* var. *gracilis*; 10555 – *Zygia latifolia* var. *glabrata*; 10576 – *Senna australis*; 10580 – *Inga capitata*; 10582 – *Acosmium bijugum*; 10588 – *Abarema filamentosa*; 10612 – *Periandra mediterranea*; 10626 – *Andira fraxinifolia*; 10631 – *Inga thibaudiana* subsp. *thibaudiana*; 10665 – *Swartzia apetala*; 10670 – *Arapatiella psilophylla*; 10734 – *Bauhinia forficata*; 10736 – *Inga tenuis*; 10738 – *Inga ciliata*; 10751 – *Swartzia simplex* var. *ochnacea*; 10788 – *Bauhinia forficata var. nov.*; 10807 – *Inga pedunculata*; 10826 – *Swartzia simplex* var. *ochnacea*; 10890 – *Stryphnodendron pulcherrimum*; 10939 – *Bowdichia virgilioides*; 11042 – *Machaerium* aff. *punctatum*; 11080 – *Aeschynomene marginata* var. *marginata*; 11086 – *Blanchetiodendron blanchetii*; 11095 – *Stylosanthes viscosa*; 11108 – *Machaerium* sp.; 11110 – *Mimosa tenuiflora*; 11138 – *Samanea inopinata*; 11141 – *Erythrina velutina*; 11144 – *Pseudopiptadenia contorta*; 11151 – *Swartzia simplex* var. *ochnacea*; 11178 – *Inga* aff. *congesta*; 11197 – *Zollernia ilicifolia*; 11213 – *Acacia bahiensis*; 11215 – *Anadenanthera colubrina* var. *cebil*; 11224 – *Piptadenia obliqua* subsp. *brasiliensis*; 11225 – *Mimosa gemmulata* var. *gemmulata*; 11226 – *Lonchocarpus virgilioides*; 11229 – *Lonchocarpus campestris*; 11237 – *Platymiscium floribundum* var. *obtusifolium*; 11247 – *Anadenanthera peregrina*; 11264 – *Pseudopiptadenia contorta*; 11290 – *Periandra mediterranea*; 11291 – *Acosmium dasycarpum*; 11299 – *Diplotropis ferruginea*; 11314 – *Abarema langsdorfii*; 11315 – *Stryphnodendron pulcherrimum*; 11316 – *Calliandra parvifolia*; 11327 – *Inga cylindrica*; 11335 – *Bauhinia forficata*; 11444 – *Moldenhawera blanchetiana* var. *blanchetiana*; 11336 – *Acacia tenuifolia*; 11238 – *Acacia bahiensis*; 11350 – *Inga thibaudiana* subsp. *thibaudiana*; 11363 – *Vigna luteola*; 11376 – *Dalbergia ecastaphyllum*; 11377 – *Sophora tomentosa* subsp. *littoralis*; 11402 – *Chamaecrista fagonioides* var. *macrocalyx*; 11403 – *Chamaecrista ramosa* var. *ramosa*; 11409A and 11419 – *Acosmium bijugum*; 11427 – *Parkia bahiae*; 11454 – *Swartzia dipetala*; 11604 – *Chamaecrista supplex*; 11637 – *Mimosa polydactyla*; 11681 – *Abarema filamentosa*; 11726 – *Indigofera suffruticosa*; 11727 – *Rhynchosia minima*; 11740 – *Desmodium incanum*; 11773 – *Senna splendida* var. *splendida*; 11778 – *Swartzia simplex* var. *ochnacea*; 11780 – *Acacia langsdorffii*; 11782 – *Dalbergia frutescens* var. *frutescens*; 11783 – *Senna acutisepala*; 11787 – *Bauhinia microstachya*; 11825 – *Machaerium acutifolium*; 11829 – *Chaetocalyx scandens* var. *pubescens*; 11830 – *Senna acuruensis* var. *acuruensis*; 11836 – *Dioclea grandiflora*; 11837 – *Piptadenia obliqua* subsp. *brasiliensis*; 11852 – *Albizia polycephala*; 11861 – *Calliandra bella*; 11870 – *Machaerium ovalifolium*; 11871 – *Senna angulata* var. *miscadena*; 11896 – *Dialium guianense*; 11897 – *Bauhinia maximilianii*; 11914 – *Senna siamea*; 11982 – *Stylosanthes viscosa*; 11995 – *Brodriguesia santosii*; 12002 – *Pueraria phaseoloides*; 12008 – *Canavalia dolichothyrsa*; 12040 – *Pterocarpus rohrii*;

12065 – *Stylosanthes scabra*; 12084 – *Vigna caracalla*; 12117 – *Periandra mediterranea*; 12134 – *Canavalia rosea*; 12139 – *Sophora tomentosa*; 12171 – *Pseudopiptadenia contorta*; 12173 – *Acacia* sp.; 12188 – *Pseudopiptadenia bahiana*; 12191 – *Samanea inopinata*; 12205A – *Albizia polycephala*; 12205B – *Poecilanthe ulei*; 12211 – *Chaetocalyx scandens* var. *pubescens*; 12218 – *Senna macranthera* var. *striata*; 12223 – *Pseudopiptadenia bahiana*; 12233 – *Calopogonium caeruleum*; 12234 – *Periandra coccinea*; 12236 – *Mysanthus uleanus* var. *uleanus*; 12247 – *Blanchetiodendron blanchetii*; 12276 – *Cratylia spectabilis*; 12286 – *Senna cana* var. *hypoleuca*; 12297 – *Calliandra nebulosa*; 12320 – *Periandra mediterranea*; 12325 – *Chamaecrista cytisoides* var. *confertiformis*; 12366 – *Chamaecrista urophyllidia*; 12417 – *Mimosa setosa* var. *paludosa*; 12456 – *Chamaecrista venulosa*; 12492 – *Chamaecrista desvauxii* var. *mollissima*; 12495 – *Chamaecrista ramosa* var. *ramosa*; 12567 – *Senna cana* var. *calva*; 12584 – *Chamaecrista cytisoides* var. *blanchetii*; 12608 – *Chamaecrista glaucofilix*; 12611 – *Poiretia bahiana*; 12618 – *Zornia flemmingioides*; 12658 – *Chamaecrista chapadae*; 12660 – *Zornia flemmingioides*; 12682 – *Chamaecrista chapadae*; 12711 – *Arapatiella psilophylla*; 12725 – *Macrolobium latifolium*; 12743 – *Bauhinia forficata*; 12759 – *Macrolobium latifolium*; 12762 – *Inga* sp.; 12884 – *Bauhinia* aff. *angulosa*; 12899 – *Camptosema pedicellatum var. nov.* 2; 12907 – *Poiretia bahiana*; 12965 – *Chamaecrista mucronata*; 12974 – *Crotalaria micans*; 12992 – *Hymenaea aurea*; 13006 – *Abarema cochliacarpos*; 13013 – *Stylosanthes guianensis* var. *gracilis*; 13029 – *Caesalpinia pluviosa* var. *cabraliana*; 13048 – *Parapiptadenia pterosperma*; 13060 – *Swartzia reticulata*; 13117 – *Copaifera langsdorffii*; 13139 – *Calliandra hygrophila*; 13142 – *Periandra mediterranea*; 13153 – *Chamaecrista cytisoides* var. *confertiformis*; 13184 – *Camptosema coriaceum*; 13206 – *Peltophorum dubium* var. *dubium*; 13236 – *Caesalpinia ferrea* var. *glabrescens*; 13260 – *Macrolobium latifolium*; 13262 – *Senna silvestris* var. *sapindifolia*; 13268 – *Swartzia peremarginata*; 13273 – *Mimosa arenosa* var. *arenosa*; 13274 – *Acacia* aff. *riparia*; 13275 – *Acacia piauhiensis*; 13276 – *Acacia* aff. *riparia*; 13285 – *Eriosema brevipes*; 13312 – *Calliandra mucugeana*; 13317 – *Senna cana* var. *phyllostegia*; 13318 – *Calliandra asplenioides*; 13326 – *Chamaecrista ramosa* var. *parvifoliola*; 13331 – *Stylosanthes guianensis* var. *guianensis*; 13375 – *Senna cana* var. *hypoleuca*; 13387 – *Mimosa gemmulata* var. *adamantina*; 13416 – *Senna cana* var. *cana*; 13417 – *Piptadenia moniliformis*; 13433 – *Zornia brasiliensis*; 13442 – *Mimosa ophthalmocentra*; 13445 – *Senna uniflora*; 13446 – *Senna harleyi*; 13461 – *Senna cana* var. *cana*; 13463 and 13470 – *Calliandra macrocalyx* var. *macrocalyx*; 13505 – *Anadenanthera colubrina* var. *colubrina*; 13611 – *Calliandra fuscipila*; 13652 and 13689 – *Abarema filamentosa*; 13846 – *Pterocarpus rohrii*; 14029 – *Inga capitata*; 14036 – *Inga pleiogyna*; 14038 – *Swartzia apetala* var. *subcordata*; 14063 – *Mimosa carvalhoi*; 14086 –

Acosmium bijugum; 14133 – Cranocarpus martii; 14164 – Senna phlebadenia; 14180 – Moldenhawera lushnathiana; 14200 and 14207 – Caesalpinia pyramidalis; 14225 – Mimosa ophthalmocentra; 14229 – Pithecellobium diversifolium; 14235 – Piptadenia moniliformis; 14236 – Senna rizzinii; 14237 – Acacia bahiensis; 14240 – Senna rizzinii; 14244 – Caesalpinia ferrea; 14249 – Bauhinia rufa; 14255 – Vigna peduncularis; 14264 – Zornia flemmingioides; 14268 – Aeschynomene brevipes; 14275 – Centrosema pubescens; 14284 – Chamaecrista desvauxii var. linearis; 14285 – Calliandra calycina; 14290 – Chamaecrista mucronata; 14292 – Senna cana var. phyllostegia; 14302 – Senna reniformis; 14321 – Senna rugosa; 14325 – Stryphnodendron sp.; 14329 – Chamaecrista ramosa var. parvifoliola; 14341 and 14353 – Calliandra mucugeana; 14399 – Calliandra calycina; 14400 – Calliandra lintea; 14403 – Senna cana var. phyllostegia; 14407 – Chamaecrista desvauxii var. linearis; 14423 – Senna pendula var. glabrata; 14433 – Pterogyne nitens; 14434 – Bauhinia sp. nov. 2 subsp. nov.; 14437 – Mimosa blanchetii; 14454 – Calliandra erubescens; 14490 – Senna aversiflora; 14495 – Calliandra erubescens; 14502 – Poiretia bahiana; 14512 – Chamaecrista jacobinea; 14522 – Mimosa cordistipula; 14524 – Mimosa lewisii; 14528 – Chamaecrista desvauxii var. graminea; 14541 – Zornia flemmingioides; 14547 – Camptosema coriaceum; 16621 – Swartzia peremarginata.

Moricand, M.E. s.n. – Bauhinia outimouta; s.n. – Chamaecrista hispidula; s.n. – Indigofera microcarpa; s.n. – Indigofera suffruticosa; s.n. – Moldenhawera blanchetiana var. blanchetiana; s.n. – Rhynchosia phaseoloides; s.n. – Zornia myriadena; 1832 – Inga laurina; 2167 – Chamaecrista ramosa var. ramosa; 2297 – Machaerium hirtum; 2362 – Macrolobium latifolium; 2536 – Chamaecrista desvauxii var. graminea; 2701 – Piptadenia moniliformis; 3128 – Chamaecrista ramosa; var. curvifolia; 3154 – Hymenaea stigonocarpa var. stigonocarpa.

Moseley, H.N. s.n. – Senna obtusifolia; s.n. – Tephrosia cinerea var. littoralis.

Moura, O.T. 663 – Bowdichia virgilioides.

Nascimento, M.S.B. 7 – Stylosanthes cf. humilis; 18 – Centrosema pascuorum; 20 – Desmodium tortuosum; 44 – Macroptilium lathyroides; 46 – Centrosema pascuorum; 48 – Aeschynomene sp.; 49 – Centrosema pubescens; 51 – Desmodium glabrum; 55 – Aeschynomene aff. brasiliana; 104 – Mimosa hirsutissima var. hirsutissima; 105 – Zornia cearensis; 119 – Mimosa hirsutissima var. hirsutissima; 121 – Zornia cearensis; 130 – Piptadenia stipulacea; 131 – Mimosa caesalpiniifolia; 133 – Canavalia brasiliensis; 134 – Zornia cf. gemella; 139 – Senna occidentalis; 141 – Senna trachypus; 145 – Aeschynomene paniculata; 146 – Zornia sericea; 148 – Mimosa hirsutissima var. hirsutissima; 152 – Andira fraxinifolia; 153 – Luetzelburgia auriculata; 163 – Aeschynomene evenia var. evenia; 201 – Mimosa verrucosa; 202 – Stylosanthes capitata; 204 – Zornia sericea; 205 – Stylosanthes angustifolia; 209 – Zornia reticulata; 210 – Mimosa camporum; 211 – Mimosa

ursina; 212 – Bauhinia dubia; 215 – Bauhinia subclavata; 221 – Zornia brasiliensis; 222 – Mimosa caesalpiniifolia; 229 – Chamaecrista calycioides; 242 – Chamaecrista desvauxii var. latifolia; 425 – Bauhinia pentandra; 429 – Stylosanthes capitata; 433 – Chamaecrista sp.; 452 – Macroptilium martii; 457 – Cratylia mollis; 464 – Stylosanthes humilis; 465 – Desmodium glabrum; 470 – Caesalpinia ferrea; 473 – Bauhinia subclavata; 503 – Stylosanthes capitata; 505 – Galactia texana; 514 – Mimosa sp.; 515 – Chamaecrista rotundifolia var. rotundifolia; 516 – Chamaecrista sp.; 518 – Crotalaria sp.; 528 – Bauhinia subclavata; 538 – Desmodium aff. incanum; 540 – Galactia texana; 545 – Cenostigma gardnerianum; 546 – Senna lechriosperma 1012 – Parkia platycephala; 1013 – Stylosanthes cf. humilis; 1015 – Caesalpinia ferrea; 1016 – Cratylia argentea; 1024 – Macroptilium lathyroides; 1025 – Bauhinia forficata var. platypetala; 1035 – Calliandra aff. fernandesii; 1036 – Macroptilium gracile; 1037 – Chamaecrista aff. serpens; 1039 – Zornia cearensis; 1040 – Zornia cf. reticulata; 1042 – Centrosema brasilianum; 1043 – Senna obtusifolia; 1045 – Dioclea sp.; 1048 – Stylosanthes capitata; 1050 – Senna trachypus; 1054 – Stylosanthes angustifolia; 1056 – Macroptilium lathyroides; 1057 – Centrosema brasilianum; 1058 – Mimosa hirsutissima; 1059 – Mimosa sensitiva; 1060 – Aeschynomene aff. evenia; 1062 – Galactia jussiaeana; 1065 – Dioclea lasiophylla; 1071 – Calopogonium mucunoides; 1073 – Mimosa quadrivalvis var. leptocarpa; 1074 – Mimosa sensitiva var. sensitiva; 1075 – Mimosa sp.; 1077 – Albizia niopoides var. niopoides; 1078 – Cratylia argentea; 1080 – Bauhinia pulchella; 1086 – Luetzelburgia auriculata; 1093 – Dioclea sclerocarpa.

Neuwied s.n. – Calliandra squarrosa; 44 – Moldenhawera floribunda.

Noblick, L.R. s.n. – Vigna aff. adenantha; 1714 – Zornia myriadena; 1722 – Chamaecrista desvauxii var. brevipes; 1884 – Poiretia punctata; 2068 – Stylosanthes guianensis var. gracilis; 2082 – Mimosa tenuiflora; 2121 – Dioclea virgata; 2145 – Chamaecrista pascuorum; 2253 – Clitoria fairchildiana; 2299 – Andira legalis; 2316 – Chamaecrista aff. onusta; 2415 – Andira humilis; 2555 – Zornia sp.; 2590 – Aeschynomene sensitiva var. sensitiva; 2804 – Centrosema coriaceum; 2808 – Calliandra calycina; 2841 – Calliandra parvifolia; 2849 – Mimosa lewisii; 2886 – Calliandra mucugeana; 2919 – Piptadenia moniliformis; 2921 – Andira humilis; 2938 – Dioclea grandiflora; 2962 – Vigna luteola; 2963 – Piptadenia moniliformis; 3005 – Zornia sp.; 3034 – Chamaecrista eitenorum var. regana; 3056 – Albizia pedicellaris; 3129 – Chaetocalyx scandens var. pubescens; 3142 – Mimosa brevipinna; 3164 – Aschynomene martii; 3242 – Zornia myriadena; 3432 – Vigna halophila; 3518 – Poiretia aff. latifolia; 3534 – Andira humilis; 3545 – Caesalpinia pyramidalis; 3552 – Chamaecrista belemii; 3553 – Dioclea grandiflora; 3569 – Chamaecrista repens var. multijuga; 3577 – Poecilanthe ulei; 3590 – Centrosema virginianum; 3626 – Chaetocalyx scandens var. pubescens; 3644 –

Peltogyne pauciflora; 3645 – *Aeschynomene filosa*; 3651 – *Neptunia plena*; 3662 – *Discolobium hirtum*; 3675 – *Crotalaria holosericea*; 3738 – *Machaerium brasiliense*; 3739 – *Senna multijuga* var. *verrucosa*; 3754 – *Camptosema pedicellatum* var. *pedicellatum*; 3770 – *Calliandra dysantha* var. *dysantha*; 3870 – *Macroptilium bracteatum*; 3927 – *Senna aversiflora*; 3966 – *Chamaecrista nictitans* var. *pilosa*; 3974 – *Stylosanthes scabra*; 3980 – *Pseudopiptadenia bahiana*; 3985 – *Galactia striata*; 4028 and 4039 – *Aeschynomene evenia* var. *evenia*; 4041 – *Canavalia dictyota*; 4045 – *Senna pendula* var. *dolichandra*; 4046 – *Senna splendida* var. *splendida*; 4057 – *Aeschynomene evenia* var. *evenia*; 4083 – *Aeschynomene mollicula* var. *mollicula*; 4086 – *Galactia striata*; 4101 – *Chamaecrista serpens*; 4104 – *Senna aversiflora*; 4115 – *Crotalaria incana*; 4121 – *Acacia* sp.; 4135 – *Aeschynomene evenia* var. *evenia*; 4136 – *Senna aversiflora*; 4146 – *Chamaecrista nictitans* var. *pilosa*; 4221 – *Senna aversiflora*; 4283 – *Aeschynomene mollicula* var. *mollicula*; 4284 – *Vigna peduncularis* var. *peduncularis*; 4300 – *Chamaecrista nictitans* var. *pilosa*; 4303 – *Macroptilium erythroloma*; 4315 – *Aeschynomene mollicula* var. *mollicula*; 4344 – *Indigofera suffruticosa*; 4427 – *Chamaecrista* sp.; 4430 – *Andira nitida*; 4457 – *Chamaecrista* sp.; 4470 – *Aeschynomene paniculata*.

Nunes, E. s.n. – *Bowdichia virgilioides*; s.n. – *Platymiscium floribundum* var. *obtusifolium*; s.n. – *Trischidium molle*.

Nuscheler, M. 10 – *Melanoxylon brauna*.

Oliveira, E.L.P.G. 196 – *Piptadenia viridiflora*; 210 – *Desmanthus virgatus*; 217 – *Mimosa ophthalmocentra*; 246 – *Canavalia dictyota*; 269 – *Chloroleucon dumosum*; 290 – *Mimosa invisa* var. *invisa*; 320 – *Zornia diphylla*; 339 – *Aeschynomene evenia* var. *evenia*; 367 – *Platymiscium floribundum* var. *nitens*.

Oliveira, F.C.A. 871 – *Trischidium molle*; 912 – *Andira humilis*.

Oliveira Filho, L.C. 36 – *Pseudopiptadenia brenanii*; 102 – *Chamaecrista acosmifolia* var. *acosmifolia*; 156 – *Piptadenia obliqua* subsp. *brasiliensis*.

Oliveira, M. 27 – *Indigofera suffruticosa*; 38 – *Desmodium axillare*.

Oliveira, P.I. 496 – *Swartzia macrostachya*; 501 – *Dioclea coriacea*.

Oliveira, R.P. 72 – *Galactia neesii*; 133 – *Galactia martii*.

Orlandi, R.P. 370 – *Zornia diphylla*; 376 – *Aeschynomene marginata*; 388 – *Mimosa irrigua*; 389 – *Mimosa adenophylla* var. *mitis*; 390 – *Calliandra depauperata*; 404 – *Harpalyce brasiliana* var. *brasiliana*; 428 – *Poeppigia procera*; 442 – *Mimosa sensitiva* var. *sensitiva*; 453 – *Parapiptadenia zehntneri*; 478 – *Swartzia acutifolia*; 479 – *Mimosa cordistipula*; 500 – *Camptosema pedicellatum* var. *pedicellatum*; 501 – *Acacia tenuifolia*; 525 – *Caesalpinia microphylla*; 529 – *Senna martiana*; 531 – *Hymenaea velutina*; 547 – *Stylosanthes scabra*.

Pabst, G. 8696 – *Dalbergia frutescens* var. *frutescens*.

Paixão, J.L. 104 – *Desmodium incanum*.

Passos, L. 5408 – *Bowdichia virgilioides*.

Paula, J.E. 1175 – *Mimosa bimucronata* var. *bimucronata*; 1286 – *Desmanthus virgatus*; 1391 – *Prosopis juliflora*; 1476 – *Piptadenia viridiflora*; 1482 – *Piptadenia moniliformis*; 1483 – *Mimosa tenuiflora*; 1484 – *Mimosa ophthalmocentra*; 1512 – *Dalbergia ecastaphyllum*; 1805 – *Sclerolobium* sp.; 3289 – *Chamaecrista* sp.

Pearson, H.P.N. 16 – *Senna occidentalis*; 26 – *Anadenanthera colubrina* var. *cebil*; 37 – *Caesalpinia microphylla*; 44 – *Caesalpinia bracteosa*; 58 – *Caesalpinia microphylla*; 59 – *Piptadenia viridiflora*; 60 – *Caesalpinia ferrea*; 61 – *Poeppigia procera*; 63 – *Cenostigma gardnerianum*.

Pedra do Cavalo, G. 2 – *Caesalpinia pyramidalis*; 17 – *Indigofera suffruticosa*; 27 – *Acacia polyphylla*; 87 – *Senna obtusifolia*; 143 – *Chamaecrista rotundifolia*; 157 – *Chaetocalyx scandens* var. *pubescens*; 195 – *Mimosa pudica*; 278 – *Indigofera hirsuta*; 285 – *Chamaecrista swainsonii*; 296 – *Senna aversiflora*; 346 – *Calopogonium caeruleum*; 356 – *Bauhinia rufa*; 364 – *Senna macranthera* var. *striata*; 370 – *Mimosa sensitiva* var. *sensitiva*; 378 – *Centrosema virginianum*; 383 – *Mimosa arenosa*; 495 – *Acacia polyphylla*; 507 – *Mimosa ceratonia* var. *pseudo-obovata*; 524 – *Vigna adenantha*; 532 – *Sesbania exasperata*; 626 – *Senna macranthera* var. *striata*; 631 – *Mimosa sensitiva* var. *sensitiva*; 637 – *Vigna vexillata*; 640 – *Rhynchosia minima* var. *minima*; 647 – *Chamaecrista nictitans* var. *pilosa*; 648 – *Canavalia parviflora*; 653 – *Centrolobium microchaete*; 677 – *Zygia latifolia* var. *glabrata*; 680 – *Macroptilium bracteatum*; 684 – *Crotalaria holosericea*; 713 – *Macroptilium lathyroides*; 763 – *Chloroleucon dumosum*; 768 – *Vigna caracalla*; 776 – *Platymiscium floribundum* var. *floribundum*; 792 – *Galactia striata*; 796 – *Dioclea lasiophylla*; 843 – *Erythrina velutina*; 863 – *Inga vera* subsp. *affinis*; 878 – *Lonchocarpus sp*; 1008 and 1072 – *Lonchocarpus guillleminianus*; 910 – *Mimosa pigra*; 930 – *Bauhinia forficata*; 944 – *Pseudopiptadenia bahiana*; 1054 – *Peltophorum dubium* var. *dubium*; 1055 – *Anadenanthera colubrina* var. *cebil*; 1058 – *Chamaecrista ensiformis* var. *plurifoliolata*; 1067 – *Anadenanthera colubrina* var. *cebil*; 1096 – *Parapiptadenia blanchetii*; 1102 – *Caesalpinia ferrea* var. *parvifolia*; 1129 – *Goniorrhachis marginata*.

Pedrosa, R. s.n. – *Pseudopiptadenia bahiana*.

Pennington, R.T. 181 – *Andira carvalhoi*; 183 – *Andira anthelmia*; 184 and 185 – *Andira carvalhoi*; 186, 187, 188, 189, and 190 – *Andira nitida*; 191 – *Andira legalis*; 192 – *Andira nitida*; 193 – *Inga subnuda* subsp. *subnuda*; 194 – *Andira fraxinifolia*; 195 – *Bauhinia* cf. *integerrima*; 197 – *Andira carvalhoi*; 198 and 199 – *Andira nitida*; 200, 201 and 202 – *Andira fraxinifolia*; 203 – *Andira nitida*; 204 – *Andira fraxinifolia*; 205 – *Andira anthelmia*; 206 – *Machaerium* sp.; 207 – *Andira fraxinifolia*; 208 – *Andira anthelmia*; 209 – *Andira nitida*; 210 – *Inga thibaudiana* subsp. *thibaudiana*; 211 – *Andira fraxinifolia*; 212 – *Andira anthelmia*; 213 – *Andira fraxinifolia*; 214 and 215 – *Andira legalis*; 216 and 217 – *Andira carvalhoi*; 221, 222 and 223 – *Andira nitida*; 224 – *Hymenolobium alagoanum*; 225 –

Andira nitida; 226 – *Hymenolobium alagoanum*; 227 – *Andira anthelmia*; 228 – *Andira fraxinifolia*; 229 – *Andira carvalhoi*; 231 – *Andira fraxinifolia*; 232 and 233 – *Andira carvalhoi*; 235 – *Andira nitida*; 236 – *Andira fraxinifolia*; 237 – *Andira nitida*; 238 – *Andira anthelmia*; 239, 240, 241 and 242 – *Andira humilis*; 244 – *Pterogyne nitens*; 245 – *Camptosema coriaceum*; 246 and 247 – *Andira humilis*; 248, 249, 250 and 251 – *Andira fraxinifolia*; 253 and 254 – *Senna spectabilis* var. *excelsa*; 256, 257 and 258 – *Andira vermifuga*; 260 – *Cenostigma gardnerianum*; 259 – *Andira vermifuga*; 261, 262, 263 and 264 – *Andira cordata*; 265 – *Andira vermifuga*; 266, 267, 268 and 269 – *Andira humilis*; 270, 271, 272 and 273 – *Andira vermifuga*; 274, 275 and 276 – *Andira fraxinifolia*; 277 – *Chamaecrista eitenorum* var. *regana*; 278, 279 and 280 – *Andira fraxinifolia*; 281 and 282 – *Andira anthelmia*; 283, 284 and 285 – *Andira fraxinifolia*; 286 – *Andira anthelmia*; 287 – *Andira fraxinifolia*; 288 – *Andira nitida*; 289 – *Swartzia apetala* var. *subcordata*; 290, 291 and 292 – *Andira nitida*; 293 – *Centrolobium* sp.; 294 – *Andira anthelmia*; 295 – *Ormosia* sp.; 296 – *Dimorphandra jorgei*; 297 – *Andira anthelmia*; 298 and 299 – *Andira fraxinifolia*; 300 and 301 – *Andira nitida*; 302 and 303 – *Andira fraxinifolia*; 304 – *Andira nitida*; 305 – *Andira legalis*; 306 – *Andira ormosioides*; 307 and 308 – *Andira legalis*; 309 – *Andira ormosioides*; 310 – *Andira legalis*; 311 – *Andira nitida*; 312 – *Andira anthelmia*; 313 – *Andira nitida*; 314 – *Swartzia* sp.; 315 – *Dalbergia nigra*; 316 – *Andira nitida*.

Pereira, B.A.S. 1578 – *Pterogyne nitens*; 1587 – *Lonchocarpus obtusus*; 1601 – *Dimorphandra gardneriana*; 1616 – *Copaifera luetzelburgii*; 1641 – *Caesalpinia ferrea* var. *ferrea*; 1645 – *Cenostigma gardnerianum*; 1657 – *Trischidium molle*.

Pereira, E. 2001 – *Pseudopiptadenia bahiana*; 2015 – *Camptosema coriaceum*; 2054 – *Cleobulia multiflora*; 2159 – *Poecilanthe grandiflora*; 2184 – *Calliandra hirtiflora* var. *ripicola*; 5746 – *Crotalaria retusa*; 9551 – *Chamaecrista ensiformis* var. *plurifoliolata*; 9558 – *Moldenhawera floribunda*; 9566 – *Stryphnodendron pulcherrimum*; 9632 – *Dalbergia foliolosa*; 9652 – *Pseudopiptadenia brenanii*; 9657 – *Chamaecrista ensiformis*; 9658 – *Senna cana* var. *phyllostegia*; 9725 – *Caesalpinia pyramidalis*; 9751 – *Peltophorum dubium* var. *dubium*; 9752 – *Senna acuruensis* var. *catingae*; 9753 – *Caesalpinia ferrea* var. *parvifolia*; 9763 – *Caesalpinia calycina*; 10117 – *Camptosema pedicellatum* var. *pedicellatum*.

Pereira, J.D.C.A. 55 – *Desmodium uncinatum*.

Pereira, J.M. s.n. – *Arachis* sp.; s.n. – *Clitoria falcata*.

Pickel, D.B. 227 – *Senna spectabilis* var. *excelsa*; 259 – *Senna occidentalis*; 862 – *Chamaecrista cytisoides* var. *brachystachya* 1754 – *Senna uniflora*; 3057 – *Senna splendida* var. *gloriosa*; 3415 – *Senna phlebadenia*.

Pickersgill, B. RU-72-33 – *Crotalaria holosericea*; RU-72-81 – *Arachis triseminata*; RU-72-82 – *Senna uniflora*; RU-72-83 – *Senna occidentalis*; RU-72-107 – *Indigofera blanchetiana*; RU-72-113 – *Macroptilium martii*; RU-72-136 – *Crotalaria pallida*; RU-72-186 and

RU-72-259 – *Arachis dardani*; RU-72-261 – *Mimosa quadrivalvis* var. *leptocarpa*; RU-72-275 – *Crotalaria retusa*; RU-72-282 – *Arachis dardani*; RU-72-285 – *Macroptilium panduratum*; RU-72-374 – *Arachis dardani*; RU-72-450 – *Centrosema schottii*; RU-72-462 – *Chamaecrista serpens* var. *serpens*; RU-72-465 – *Tephrosia purpurea* subsp. *purpurea*.

Pinheiro, R.S. 4 – *Caesalpinia pluviosa* var. *paraensis*; 131 – *Swartzia simplex* var. *ochnacea*; 280 – *Myroxylon balsamum*; 297 – *Zornia glabra*; 373 – *Machaerium pedicellatum*; 379 – *Pseudopiptadenia bahiana*; 403 – *Desmodium tortuosum*; 413 – *Enterolobium glaziovii*; 451 – *Acacia polyphylla* var. *giganticarpa*; 1044 – *Swartzia macrostachya* var. *macrostachya*; 1051 – *Platymiscium floribundum* var. *floribundum*; 1054 – *Bauhinia monandra*; 1055 – *Albizia polycephala*; 1056 – *Machaerium uncinatum*; 1063 – *Machaerium leucopterum*; 1104 – *Machaerium* aff. *pedicellatum*; 1109 – *Senna macranthera* var. *nervosa*; 1110 – *Machaerium nyctitans*; 1120 – *Centrolobium microchaeta*; 1121 – *Inga blanchetiana*; 1142 – *Machaerium* sp.; 1162 – *Pseudopiptadenia contorta*; 1167 – *Machaerium aculeatum*; 1180 – *Bauhinia integerrima*;1182 – *Mimosa pigra* var. *pigra*; 1247 – *Senna multijuga* var. *verrucosa*; 1302 – *Andira fraxinifolia*; 1350 – *Bauhinia* sp. *nov.* 2; 1353 – *Moldenhawera blanchetiana* var. *blanchetiana*; 1363 – *Bauhinia maximilianii*; 1367 – *Canavalia parviflora*; 1447 – *Luetzelburgia* cf. *trialata*; 1506 – *Vataireopsis araroba*; 1667 – *Macrolobium rigidum*; 1671 – *Moldenhawera lushnathiana*; 1720 – *Hymenaea oblongifolia* var. *latifolia*; 1768 – *Chamaecrista aspleniifolia*; 1783 – *Platypodium elegans*; 1800 – *Senna formosa*; 1802 – *Goniorrhachis marginata*; 1828 – *Desmanthus virgatus*; 1850 – *Chamaecrista ensiformis* var. *ensiformis*; 1856 – *Lonchocarpus obtusus*; 1869 – *Melanoxylon brauna*; 1972 – *Macrolobium latifolium*; 2022 – *Zollernia ilicifolia*; 2081 – *Bauhinia pinheiroi*; 2121 – *Desmodium leiocarpum*; 2165 – *Sophora tomentosa*; 2183 – *Andira fraxinifolia*; 2194 – *Vataireopsis araroba*; 2209 – *Inga congesta*; 2221 – *Sesbania sesban* var. *bicolor*; 2240 – *Inga leptantha*; 2253 – *Inga* sp.

Pinto, G.C.P. s.n. – *Diptychandra aurantiaca* subsp. *epunctata*; s.n. – *Poecilanthe ulei*; 321 – *Pseudopiptadenia contorta*; 282-81 – *Stylosanthes guianensis* var. *microcephala*; 302-81 – *Chamaecrista desvauxii*; 313-81 – *Centrosema arenarium*; 329-81 – *Poiretia punctata*; 337-81 – *Indigofera blanchetiana*; 342-81 – *Centrosema brasilianum*; 354-81 *Hymenaea velutina*; 99-83 – *Mimosa ophthalmocentra*; 193-83 – *Macroptilium martii*; 205-83 – *Senna martiana*; 221-83 – *Luetzelburgia bahiensis*; 229-83 – *Acacia bahiensis*; 235-83 – *Aeschynomene monteiroi*; 250-83 – *Luetzelburgia bahiensis*; 251-83 – *Zornia brasiliensis*; 253-83 – *Macroptilium* sp.; 288-83 – *Desmanthus virgatus*; 305-83 – *Periandra* aff. *mediterranea*; 332-83 – *Vigna vexillata*.

Pirani, J.R. CFCR 471 – *Piptadenia moniliformis*; CFCR 1606 – *Centrosema brasilianum*; CFCR 1607 – *Zornia* sp.; CFCR 1614 – *Mimosa pudica*; CFCR 1619 – *Senna cana* var. *calva*; CFCR 1629 – *Periandra coccinea*;

CFCR 1630 – *Cleobulia multiflora*; CFCR 1643 – *Chamaecrista cytisoides* var. *blanchetii*; CFCR 1651 – *Calliandra mucugeana*; CFCR 1667 – *Chamaecrista punctulifera*; CFCR 1896 – *Chamaecrista desvauxii* var. *desvauxii*; 1983 – *Senna silvestris* var. *silvestris*; 1985 – *Calliandra asplenioides*; 2009 – *Abarema cochliacarpos*; 2010 *Ormosia bahiensis*; 2012 – *Periandra coccinea*; 2013 – *Acacia tenuifolia*; CFCR 2068 – *Piptadenia moniliformis*; CFCR 2072 – *Chamaecrista flexuosa*; CFCR 2078 – *Chamaecrista cytisoides* var. *blanchetii*; CFCR 2087 – *Stylosanthes viscosa*; CFCR 2090 – *Centrosema coriaceum*; CFCR 2098 – *Camptosema coriaceum*; CFCR 2109 – *Mimosa adenocarpa*; CFCR 2152 – *Mimosa hypoglauca* var. *hypoglauca*; 2662 – *Stryphnodendron pulcherrimum*; CFCR 7262 – *Calliandra hirsuticaulis*; CFCR 7265 – *Mimosa polydidyma*; CFCR 7266 – *Mimosa hypoglauca* var. *hypoglauca*; H-51377 – *Chamaecrista roraimae*; H-51454 – *Periandra mediterranea*.

Pires, J.M. 7314 – *Centrosema rotundifolium*; 58109 – *Acacia farnesiana*; 58113 – *Zygia latifolia* var. *glabrata*; 58139 – *Mimosa somnians* var. *somnians*.

Plowman, T. 10055 – *Swartzia apetala* var. *subcordata*; 12735 – *Dioclea bicolor*; 13949 – *Abarema filamentosa*.

Pohl, J.E. s.n. – *Dioclea coriacea*; s.n. – *Dioclea latifolia*; s.n. – *Dioclea rufescens*; s.n. – *Eriosema benthamianum*; s.n. – *Galactia glaucescens*; s.n. – *Macroptilium gracile*; s.n. – *Pterodon emarginatus*; s.n. – *Stylosanthes guianensis* var. *pauciflora*; 907 – *Chamaecrista rotundifolia*.

Porter, T.A. s.n. – *Mucuna pruriens*.

Preston, T.A. s.n. – *Centrosema arenarium*; s.n. – *Chamaecrista flexuosa*; s.n. – *Chamaecrista rotundifolia* var. *rotundifolia*; s.n. – *Indigofera suffruticosa*; s.n. – *Mimosa quadrivalvis* var. *leptocarpa*; s.n. – *Senna obtusifolia*; s.n. – *Stylosanthes viscosa*.

Prince Maximilian – see Neuwied

Queiroz, L.P. 295 – *Chamaecrista* sp.; 300 – *Aeschynomene martii*; 310 – *Piptadenia stipulacea*; 313 – *Piptadenia moniliformis*; 348 – *Calliandra aeschynomenoides*; 349 – *Dioclea grandiflora*; 456 – *Chamaecrista brevicalyx* var. *brevicalyx*; 357 – *Zornia echinocarpa*; 392 – *Chaetocalyx scandens* var. *pubescens*; 436 – *Mimosa tenuiflora*; 452 – *Cratylia mollis*; 460 – *Senna rizzinii*; 551 – *Caesalpinia microphylla*; 556 – *Copaifera cearensis*; 735 – *Trischidium molle*; 740 – *Senna rizzinii*; 741 – *Cratylia mollis*; 756 – *Acacia* cf. *riparia*; 764 – *Mimosa lewisii*; 870 – *Macrolobium rigidum*; 872 – *Mimosa carvalhoi*; 1006 – *Canavalia parviflora*; 1109 – *Bauhinia aculeata*; 1167 – *Peltophorum dubium* var. *dubium*; 1168 – *Inga vera* subsp. *affinis*; 1176 – *Camptosema coriaceum*; 1201 – *Moldenhawera brasiliensis*; 1420 – *Swartzia* sp.; 1543 – *Acacia* aff. *riparia*; 1610 – *Andira fraxinifolia*; 1627 – *Caesalpinia pyramidalis*; 1652 – *Chamaecrista barbata*; 1710 – *Senna obtusifolia*; 1736 – *Chaetocalyx* aff. *scandens* var. *pubescens*; 1737 – *Mimosa arenosa*; 1845 – *Calliandra viscidula*; 1920 – *Inga marginata*; 1922 – *Calliandra hirsuticaulis*; 1967 – *Stylosanthes guianensis* var. *pauciflora*; 2028 – *Sclerolobium paniculatum* var. *subvelutinum*; 2082 –

Stryphnodendron rotundifolium; 2112 – *Cenostigma* cf. *gardnerianum*; 2120 – *Machaerium opacum*; 2134 – *Inga vera* subsp. *affinis*; 2190 – *Indigofera hirsuta*; 2195 – *Crotalaria micans*; 2198 – *Acacia bahiensis*; 2484 – *Caesalpinia ferrea*; 2489 – *Acosmium bijugum*; 2518 – *Caesalpinia pyramidalis*; 2525 – *Macrolobium rigidum*; 2527 – *Lonchocarpus virgilioides*; 2531 – *Chamaecrista* cf. *duartei*; 2532 – *Desmodium barbatum*; 2534 – *Calliandra parvifolia*; 2535 – *Andira nitida*; 2537 – *Tephrosia* sp.; 2541 – *Centrosema brasilianum* var. *brasilianum*; 2543 – *Dioclea virgata*; 2544 – *Enterolobium contortisiliquum*; 2609 – *Senna acuruensis* var. *acuruensis*; 2612 – *Mimosa sensitiva*; 2623 – *Acacia* aff. *riparia*; 2626 – *Acacia langsdorffii*; 2630 – *Mysanthus uleanus*; 2631 – *Crotalaria holosericea*; 2635 – *Poiretia punctata*; 2647 – *Senna cana* var. *calva*; 2654 – *Galactia martii*; 2739 – *Zornia myriadena*; 2741 – *Stylosanthes macrocephala*; 2745 – *Calliandra viscidula*; 2749 – *Aeschynomene brevipes*; 2751 and 2752 – *Calliandra nebulosa*; 2753 – *Periandra pujalu*; 2755 – *Chamaecrista desvauxii* var. *latistipula*; 2756 – *Zornia flemmingioides*; 2757 – *Chamaecrista sincorana*; 2760 – *Mimosa adenocarpa*; 2766 – *Mimosa lewisii*; 2847 – *Cratylia hypargyrea*; 2848 – *Mucuna sloanei*; 2865 – *Stylosanthes capitata*; 2871 – *Dioclea lasiophylla*; 2876 – *Cassia javanica* var. *indochinensis*; 2877 – *Bowdichia virgilioides*; 2878 – *Cassia grandis*; 2890 – *Chamaecrista swainsonii*; 2894 – *Chamaecrista serpens*; 2905 – *Chamaecrista rotundifolia* var. *rotundifolia*; 2907 – *Senna phlebadenia*; 2924 – *Aeschynomene mollicula* var. *mollicula*; 2937 – *Inga pedunculata*; 2945 – *Chamaecrista* cf. *belemii*; 2957 – *Andira fraxinifolia*; 2961 – *Desmanthus virgatus*; 2975 – *Lonchocarpus* cf. *guilleminianus*; 2987 – *Stryphnodendron pulcherrimum*; 3009 – *Poecilanthe ulei*; 3016 – *Acacia bahiensis*; 3017 – *Anadenanthera colubrina* var. *cebil*; 3021 – *Acacia langsdorffii*; 3027 – *Caesalpinia ferrea* var. *parvifolia*; 3031 – *Desmanthus virgatus*; 3034 – *Bauhinia aculeata*; 3037 – *Acacia bahiensis*; 3040 – *Caesalpinia pyramidalis*; 3043 – *Machaerium hirtum*; 3058 – *Anadenanthera colubrina* var. *cebil*; 3066 – *Poecilanthe ulei*; 3067 – *Acacia bahiensis*; 3069 – *Indigofera microcarpa*; 3070 – *Stylosanthes viscosa*; 3072 – *Caesalpinia ferrea* var. *parvifolia*; 3073 – *Machaerium hirtum*; 3074 – *Albizia polycephala*; 3075 – *Senna spectabilis* var. *excelsa*; 3076 – *Caesalpinia pyramidalis*; 3079 – *Acacia tenuifolia*; 3080 – *Anadenanthera colubrina*; 3081 – *Acacia riparia*; 3082 – *Dioclea grandiflora*; 3084 – *Caesalpinia pyramidalis*; 3087 – *Myrocarpus fastigiatus*; 3090 – *Albizia polycephala*; 3091 – *Inga subnuda* subsp. *subnuda*; 3098 – *Chamaecrista pascuorum*; 3100 – *Dioclea grandiflora*; 3101 and 3103 – *Acacia bahiensis*; 3105 – *Erythrina velutina*; 3106 – *Canavalia brasiliensis*; 3107 – *Acacia piauhiensis*; 3109 – *Desmanthus virgatus*; 3113 –*Parkinsonia aculeata*; 3114 – *Caesalpinia pyramidalis*; 3115 – *Piptadenia stipulacea*; 3117 – *Acacia farnesiana*; 3119 – *Albizia polycephala*; 3120 – *Acacia bahiensis*; 3122 – *Caesalpinia pyramidalis*; 3123 – *Mimosa arenosa* var. *arenosa*; 3124 – *Caesalpinia ferrea* var. *parvifolia*; 3125 – *Lonchocarpus virgilioides*; 3126 – *Tephrosia purpurea* subsp. *purpurea*; 3127 – *Senna spectabilis* var. *excelsa*; 3131 – *Zornia glabra*; 3138 – *Chamaecrista* cf. *belemii*; 3180 – *Caesalpinia ferrea*; 3181 – *Mimosa somnians* var. *somnians*; 3182 – *Caesalpinia echinata*; 3184 – *Macroptilium bracteatum*; 3188 – *Stylosanthes scabra*; 3189 – *Canavalia brasiliensis*; 3190 – *Macroptilium lathyroides*; 3194 – *Albizia polycephala*; 3195 – *Acacia langsdorffii*; 3200 – *Acacia polyphylla*; 3207 – *Stylosanthes guianensis* var. *gracilis*; 3209 – *Stylosanthes* cf. *debilis*; 3212 – *Mimosa somnians* var. *somnians*; 3238 – *Senna multijuga* var. *verrucosa*; 3239 – *Piptadenia* sp.nov.; 3244 – *Myrocarpus fastigiatus*; 3247 – *Mimosa arenosa* var. *arenosa*; 3248 – *Poecilanthe ulei*; 3251 – *Acacia bahiensis*; 3252 – *Luetzelburgia andrade-limae*; ; 3256 – *Piptadenia* cf. *irwinii*; 3263 – *Senna macranthera* var. *micans*; 3264 – *Canavalia brasiliensis*; 3265 – *Crotalaria holosericea*; 3266 – *Mimosa tenuiflora*; 3267 – *Senna acuruensis* var. *catingae*; 3268 – *Platymiscium floribundum* var. *obtusifolium*; 3269 – *Acacia bahiensis*; 3275 – *Senna acuruensis* var. *catingae*; 3276 – *Machaerium* sp.; 3283 – *Zornia orbiculata*; 3286 – *Stylosanthes viscosa*; 3289 – *Chamaecrista swainsonii*; 3294 – *Periandra coccinea*; 3309 – *Desmanthus virgatus*; 3312 – *Chamaecrista serpens* var. *serpens*; 3313 – *Zornia myriadena*; 3314 – *Chamaecrista pascuorum*; 3315 – *Stylosanthes viscosa*; 3317 – *Senna rizzinii*; 3318 – *Mimosa sensitiva*; 3319 – *Piptadenia adiantoides*; 3320 – *Macroptilium bracteatum*; 3321 – *Senna macranthera* var. *micans*; 3322 – *Mimosa tenuiflora*; 3323 – *Calliandra macrocalyx*; 3324 – *Pterodon abruptus*; 3325 – *Pseudopiptadenia contorta*; 3326 – *Acacia langsdorffii*; 3327 – *Pseudopiptadenia brenanii*; 3328 – *Mimosa gemmulata* var. *adamantina*; 3229 – *Chamaecrista belemii* var. *belemii*; 3330 – *Machaerium* aff. *acutifolium*; 3331 *Chamaecrista philippi*; 3332 – *Dalbergia miscolobium*; 3333 – *Mimosa ophthalmocentra*; 3334 – *Calliandra hirsuticaulis*; 3342 – *Mimosa* cf. *foliolosa*; 3343 *Galactia martii*; 3344 – *Mimosa polydidyma*; 3346 – *Mimosa gemmulata* var. *adamantina*; 3348 – *Periandra mediterranea*; 3350 – *Chamaecrista cytisoides* var. *blanchetii*; 3351 – *Camptosema coriaceum*; 3352 – *Chamaecrista ramosa* var. *parvifoliola*; 3359 – *Calliandra asplenioides*; 3361 – *Senna cana* var. *cana*; 3363 – *Abarema cochliacarpos*; 3364 – *Senna rugosa*; 3365 – *Camptosema coriaceum*; 3366 – *Pseudopiptadenia contorta*; 3367 – *Melanoxylon brauna*; 3368 – *Dalbergia miscolobium*; 3369 – *Chamaecrista cytisoides* var. *micrantha*; 3370 – *Piptadenia stipulacea*; 3371 – *Clitoria laurifolia*; 3373 – *Hymenaea* sp.; 3374 – *Senna cana* var. *cana*; 3375 – *Dalbergia glaucescens*; 3377 – *Mimosa gemmulata* var. *adamantina*; 3378 – *Crotalaria holosericea*; 3379 – *Machaerium* aff. *acutifolium*; 3380 – *Chamaecrista ramosa* var. *parvifoliola*; 3382 – *Chamaecrista philippi*; 3383 – *Camptosema coriaceum*; 3384 – *Mimosa* cf. *campicola*; 3387 – *Pseudopiptadenia contorta*; 3388 – *Mimosa irrigua*; 3389 – *Mimosa ophthalmocentra*; 3390 – *Machaerium* aff. *acutifolium*; 3391 – *Bauhinia* cf. *cheilantha*; 3392 – *Acacia riparia*; 3393 – *Pseudopiptadenia contorta*; 3394 – *Melanoxylon*

brauna; 3395 – *Chamaecrista eitenorum* var. *regana*; 3396 – *Mimosa ophthalmocentra*; 3397 – *Machaerium* aff. *acutifolium*; 3398 – *Acacia langsdorffii*; 3399 – *Senna cana* var. *cana*; 3402 – *Senna macranthera* var. *micans*; 3403 – *Copaifera langsdorffii*; 3405 – *Bauhinia* sp. nov. 8; 3406 – *Blanchetiodendron blanchetii*; 3407 – *Albizia polycephala*; 3409 – *Senna spectabilis* var. *excelsa*; 3410 – *Acacia bahiensis*; 3411 and 3413 – *Pterogyne nitens*; 3414 – *Chamaecrista fagonioides* var. *fagonioides*; 3415 – *Mimosa tenuiflora*; 3416 – *Piptadenia moniliformis*; 3417 – *Enterolobium timbouva*; 3418 – *Piptadenia viridiflora*; 3420 – *Caesalpinia pluviosa* var. *sanfranciscana*; 3421 – *Macroptilium bracteatum*; 3422 – *Acacia langsdorffii*; 3423 – *Chloroleucon foliolosum*; 3424 – *Mimosa ophthalmocentra*; 3425 – *Macroptilium bracteatum*; 3426 – *Stylosanthes viscosa*; 3427 – *Caesalpinia pluviosa* var. *sanfranciscana*; 3428 – *Mimosa* aff. *misera*; 3430 – *Mimosa cordistipula*; 3431 – *Chamaecrista ramosa* var. *parvifoliola*; 3432 – *Mimosa blanchetii*; 3433 – *Chamaecrista flexuosa* var. *flexuosa*; 3435 – *Chamaecrista jacobinea*; 3436 – *Camptosema coriaceum*; 3437 – *Chamaecrista cytisoides* var. *blanchetii*; 3442 – *Calliandra sessilis*; 3443 – *Senna rizzinii*; 3444 – *Bowdichia virgilioides*; 3445 – *Mimosa lewisii*; 3446 – *Senna cana* var. *cana*; 3448 – *Mimosa pudica*; 3449 – *Macroptilium bracteatum*; 3452 – *Canavalia brasiliensis*; 3453 – *Pterogyne nitens*; 3454 – *Samanea inopinata*; 3458 – *Poecilanthe ulei*; 3461 – *Canavalia brasiliensis*; 3462 – *Senna rizzinii*; 3463 – *Macroptilium bracteatum*; 3464 – *Acacia polyphylla*; 3465 – *Pterogyne nitens*; 3466 – *Albizia polycephala*; 3467 – *Blanchetiodendron blanchetii*; 3468 – *Senna acuruensis* var. *catingae*; 3469 – *Bauhinia dumosa*; 3470 – *Moldenhawera brasiliensis*; 3471 – *Calliandra viscidula*; 3472 – *Camptosema coriaceum*; 3474 – *Chamaecrista desvauxii* var. *graminea*; 3476 – *Zornia* aff. *gemella*; 3477 – *Periandra coccinea*; 3478 – *Mimosa arenosa* var. *arenosa*; 3479 – *Mimosa pudica* var. *tetrandra*; 3487 – *Mimosa subenervis*; 3488 – *Calliandra viscidula*; 3491 – *Moldenhawera brasiliensis*; 3494 – *Stylosanthes viscosa*; 3497 – *Chamaecrista* cf. *jacobinea*; 3500 – *Piptadenia irwinii* var. *irwinii*; 3501 – *Bauhinia smilacina*; 3502 – *Pseudopiptadenia contorta*; 3503 – *Acacia polyphylla*; 3504 – *Senna acuruensis* var. *catingae*; 3505 – *Samanea inopinata*; 3506 – *Acacia polyphylla*; 3507 – *Enterolobium timbouva*; 3508 – *Caesalpinia* cf. *pyramidalis*; 3509 – *Platymiscium floribundum* var. *obtusifolium*; 3510 – *Acacia bahiensis*; 3512 – *Luetzelburgia auriculata*; 3513 and 3514 – *Abarema cochliacarpos*; 3516 – *Centrosema coriaceum*; 3517 – *Calliandra erubescens*; 3518 – *Chamaecrista desvauxii* var. *desvauxii*; 3520 – *Poiretia bahiana*; 3521 – *Periandra coccinea*; 3526 – *Senna rizzinii*; 3528 – *Pseudopiptadenia contorta*; 3529 – *Acacia bahiensis*; 3531 – *Stylosanthes scabra*; 3532 – *Prosopis juliflora*; 3533 – *Mimosa tenuiflora*; 3534 – *Piptadenia viridiflora*; 3535 – *Piptadenia moniliformis*; 3536 – *Mysanthus uleanus*; 3537 – *Acacia langsdorffii*; 3540 – *Calliandra bahiana* var. *bahiana*; 3541 – *Abarema cochliacarpos*; 3542 – *Bowdichia virgilioides*; 3543 – *Dioclea grandiflora*; 3544 – *Chamaecrista cytisoides* var. *blanchetii*; 3547 – *Zornia flemmingioides*; 3548 – *Camptosema coriaceum*; 3549 – *Senna cana* var. *cana*; 3550 – *Blanchetiodendron blanchetii*; 3551 – *Centrosema virginianum*; 3552 – *Aeschynomene histrix* var. *densiflora*; 3553 – *Desmodium barbatum*; 3554 – *Chamaecrista nictitans* var. *disadena*; 3555 – *Chamaecrista absus* var. *absus*; 3556 – *Macroptilium bracteatum*; 3557 – *Samanea inopinata*; 3558 – *Senna rizzinii*; 3559 – *Machaerium hirtum*; 3560 – *Peltophorum dubium* var. *dubium*; 3561 – *Mimosa arenosa* var. *arenosa*; 3562 – *Caesalpinia pyramidalis*; 3563 – *Poecilanthe ulei*; 3564 – *Acacia farnesiana*; 3565 – *Canavalia brasiliensis*; 3566 – *Mimosa somnians* var. *somnians*; 3567 – *Piptadenia stipulacea*; 3568 – *Pterogyne nitens*; 3569 – *Acacia polyphylla*; 3570 – *Mimosa diplotricha*; 3571 – *Calopogonium velutinum*; 3575 – *Mimosa gemmulata* var. *adamantina*; 3578 – *Acacia langsdorffii*; 3580 – *Lonchocarpus araripensis*; 3584 – *Calliandra macrocalyx*; 3589 – *Periandra coccinea*; 3592 – *Bowdichia virgilioides*; 3593 – *Inga laurina*; 3596 – *Copaifera langsdorffii*; 3597 – *Camptosema pedicellatum*; 3602 – *Platypodium elegans*; 3609 – *Plathymenia reticulata*; 3614 – *Hymenaea courbaril* var. *stilbocarpa*; 3615 – *Hymenaea martiana*; 3617 – *Senna splendida* var. *gloriosa*; 3619 – *Platypodium elegans*; 3620 – *Acacia* cf. *riparia*; 3622 – *Lonchocarpus araripensis*; 3625 – *Platypodium elegans*; 3637 – *Piptadenia viridiflora*; 3638 – *Chloroleucon foliolosum*; 3639 – *Myrocarpus* aff. *fastigiatus*; 3643 – *Acacia langsdorffii*; 3644 – *Pterodon abruptus*; 3645 – *Cassia ferruginea* var. *ferruginea*; 3646 – *Dioclea violacea*; 3647 – *Pseudopiptadenia contorta*; 3648 – *Pseudopiptadenia brenanii*; 3653 – *Diptychandra aurantaica* subsp. *epunctata*; 3654 – *Caesalpinia laxiflora*; 3655 – *Piptadenia viridiflora*; 3656 – *Mimosa pigra* var. *pigra*; 3657 – *Acacia polyphylla*; 3658 – *Hymenaea martiana*; 3660 – *Calopogonium mucunoides*; 3663 – *Hymenaea courbaril* var. *stilbocarpa*; 3665 – *Plathymenia reticulata*; 3667 – *Chamaecrista rotundifolia* var. *grandiflora*; 3672 – *Senna cana* var. *hypoleuca*; 3673 – *Camptosema coriaceum*; 3675 – *Eriosema congestum*; 3676 – *Plathymenia reticulata*; 3680 – *Chamaecrista cytisoides* var. *micrantha*; 3681 – *Mimosa foliolosa* var. *peregrina*; 3682 – *Camptosema* aff. *coccineum*; 3683 – *Chamaecrista brevicalyx* var. *brevicalyx*; 3686 – *Machaerium* cf. *fruticosum*; 3687 – *Sclerolobium paniculatum* var. *subvelutinum*; 3690 – *Mimosa quadrivalvis* var. *leptocarpa*; 3691 – *Bowdichia virgilioides*; 3693 – *Caesalpinia calycina*; 3694 – *Mimosa adenophylla* var. *armandiana*; 3698 – *Caesalpinia laxiflora*; 3699 – *Senna acuruensis* var. *catingae* 3701 – *Samanea inopinata*; 3711 – *Bowdichia virgilioides*; 3712 – *Lonchocarpus* sp.; 3718 – *Tephrosia purpurea*; 3720 – *Cratylia mollis*; 3722 – *Dioclea grandiflora*; 3737 – *Cratylia mollis*; 3743 – *Acacia bahiensis*; 3746 – *Trischidium molle*; 3756 – *Mimosa lewisii*; 3757 – *Piptadenia moniliformis*; 3758 – *Dioclea lasiophylla*; 3759 – *Swartzia apetala* var. *subcordata*; 3761 and 3767 – *Bowdichia virgilioides*; 3775 and 3794 – *Dioclea lasiophylla*; 3804 – *Tephrosia purpurea* subsp. *purpurea*; 3807 – *Macroptilium* sp.;

3808 – *Desmodium adscendens*; 3809 – *Desmodium tortuosum*; 3810 – *Stylosanthes scabra*; 3811 – *Aeschynomene mollicula* var. *mollicula*; 3812 – *Crotalaria holosericea*; 3813 – *Piptadenia stipulacea*; 3815 – *Acacia* sp.; 3816 – *Dioclea grandiflora*; 3819 – *Acacia* sp.; 3820 – *Dioclea violacea*; 3823 – *Sclerolobium* sp. 3827 – *Senna macranthera*; 3830 – *Mimosa* sp.; 3833 – *Mimosa ceratonia* var. *pseudo-obovata*; 3836 – *Centrosema virginianum*; 3837 – *Chamaecrista pascuorum*; 3841 – *Chamaecrista* sp.; 3846 – *Mimosa quadrivalvis* var. *leptocarpa*; 3847 – *Dioclea grandiflora*; 3848 – *Canavalia brasiliensis*; 3850 – *Poeppigia procera*; 3852 – *Acacia* sp.; 3856 – *Bauhinia* sp.; 3857 – *Goniorrhachis marginata*; 3858 – *Mimosa arenosa* var. *arenosa*; 3866 – *Peltophorum dubium* var. *dubium*; 3867 – *Caesalpinia ferrea* var. *parvifolia*; 3868 – *Zornia brasiliensis*; 3870 – *Bauhinia* cf. *forficata*; 3873 – *Acacia bahiensis*; 3875 – *Senna acuruensis* var. *catingae*; 3877 – *Poecilanthe ulei*; 3883 – *Piptadenia stipulacea*; 3884 – *Caesalpinia pyramidalis*; 3894 – *Bauhinia* cf. *forficata*; 3895 – *Vigna luteola*; 3897 – *Prosopis juliflora*; 3914 – *Anadenanthera colubrina* var. *cebil*; 3922 – *Piptadenia moniliformis*; 3944 – *Mimosa tenuiflora*; 3950 and 3957 – *Galactia remansoana*; 3959 – *Macroptilium martii*; 3966 – *Mysanthus uleanus*; 3945 – *Caesalpinia laxiflora*; 3978 – *Piptadenia moniliformis*; 3985 – *Mimosa irrigua*; 3992 – *Dioclea violacea*; 3993 – *Cratylia mollis*; 3995 – *Coursetia rostrata*; 4000 – *Erythrina velutina*; 4003 – *Dioclea violacea*; 4004 – *Canavalia brasiliensis*; 4008 – *Senna cana* var. *cana*; 4025 – *Mimosa blanchetii*; 4044 – *Macroptilium bracteatum*; 4054 – *Indigofera microcarpa*; 4055 – *Albizia inundata*; 4059 – *Acacia polyphylla*; 4062 – *Macroptilium bracteatum*; 4065 – *Acacia langsdorffii*; 4069 – *Calliandra macrocalyx* var. *macrocalyx*; 4070 – *Copaifera rigida*; 4073 – *Piptadenia moniliformis*; 4074 – *Copaifera langsdorffii*; 4075 – *Sclerolobium paniculatum* var. *subvelutinum*; 4076 – *Calliandra dysantha* var. *dysantha*; 4078 – *Pterodon emarginatus*; 4082 – *Parkia platycephala*; 4083 – *Sclerolobium paniculatum* var. *subvelutinum*; 4091 – *Sclerolobium* cf. *paniculatum*; 4101 – *Cenostigma gardnerianum*; 4105 – *Dioclea coriacea*; 4106 – *Pterodon emarginatus*; 4107 – *Copaifera* sp.; 4111 – *Sclerolobium paniculatum* var. *subvelutinum*; 4114 – *Hymenaea* sp.; 4116 – *Piptadenia viridiflora*; 4118 – *Dioclea violacea*; 4119 – *Bauhinia* sp.; 4121 – *Dioclea glabra*; 4122 – *Mucuna pruriens*; 4126 – *Machaerium hirtum*; 4127 – *Machaerium* sp.; 4130 – *Cenostigma gardnerianum*; 4131 – *Dioclea glabra*; 4134 – *Acacia* sp.; 4139 – *Hymenaea courbaril* var. *courbaril*; 4140 – *Cassia ferruginea* var. *ferruginea*; 4141 – *Acacia* sp.; 4147 – *Chamaecrista ramosa*; 4158 – *Cenostigma gardnerianum*; 4162 and 4165 – *Sclerolobium paniculatum* var. *paniculatum*; 4182 – *Dioclea coriacea*; 4314 – *Tephrosia purpurea* subsp. *purpurea*; 4316 – *Zollernia ilicifolia*; 4318 – *Platymiscium floribundum*; 4338 – *Cleobulia multiflora*; 4346 – *Chamaecrista cytisoides*; 4405 – *Camptosema coriaceum*; 4540 and 4577 – *Senna macranthera*; 4607 – *Caesalpinia ferrea*; 4613 – *Caesalpinia pyramidalis*; 4619 – *Senna macranthera* var. *striata*; 4624 – *Acacia*

babiensis; 4625 – *Caesalpinia ferrea*; 4631 –
Caesalpinia microphylla; 4639 – *Cratylia mollis*; 4641 –
Piptadenia moniliformis; 4642 – *Piptadenia stipulacea*;
4643 – *Senna acuruensis*; 4658 – *Macroptilium gracile*;
4663 – *Mimosa arenosa* var. *arenosa*; 4694 –
Camptosema cf. *pedicellatum*; 4696 – *Camptosema
coriaceum*; 4670 – *Senna macranthera*; 4703 –
Stryphnodendron adstringens; 4709 – *Galactia martii*;
4726 – *Dioclea lasiophylla*; 4727 – *Camptosema
coriaceum*; 4825 – *Pterocarpus monophyllus*; 4898 –
Dioclea virgata; 5006 – *Galactia martii*; 5021 –
Galactia aff. *scarlatina*; 5023 – *Mucuna pruriens*; 5034
– *Aeschynomene vogelii*; 5044 – *Camptosema* sp. *nov.*
3; 5046 – *Camptosema* sp. *nov.* 1; 5047 – *Dalbergia
miscolobium*; 5051 – *Camptosema coriaceum*; 5082 –
Crotalaria micans; 5109 – *Cleobulia multiflora*; 5117 –
Coursetia rostrata; 5119 – *Cratylia mollis*; 5174 –
Camptosema coriaceum; 5258 and 5264 – *Camptosema
pedicellatum* var. *pedicellatum*; 5285 – *Poiretia
punctata*; 5290 – *Chaetocalyx scandens* var. *pubescens*;
5294 – *Chaetocalyx subulatus*; 5363 – *Crotalaria* cf.
harleyi; 5467 – *Dioclea grandiflora*; 5471 – *Dioclea
violacea*; 5484 – *Centrosema arenarium*; 5533 –
Camptosema coriaceum; 5537 – *Machaerium hirtum*;
5538 – *Dioclea grandiflora*; 5740 – *Periandra
coccinea*.

Raimundo, S.P. – see Pinheiro, R.S.

Ramalho, F.B. 176 – *Chloroleucon foliolosum*.

Ratter, J.A. 2707 and 2708 – *Caesalpinia pyramidalis*;
R-2708 – *Piptadenia moniliformis*; R-6521 –
Copaifera sp.; 7710 – *Machaerium scleroxylon*; R-
7713 – *Bauhinia brevipes*; R-7718 – *Dimorphandra
mollis*; R-7719 – *Luetzelburgia auriculata*; R-7720 –
Hymenaea aff. *eriogyne*; R-7724V – *Andira cordata*;
R-7751 – *Caesalpinia bracteosa*; R-7769 –
Dimorphandra gardneriana; R-8024VA – *Trischidium
molle*; 8038 – *Dalbergia miscolobium*; R-8044 –
Stryphnodendron coriaceum.

Rezende, A.V. 42 – *Sclerolobium* sp.; 61 – *Copaifera*
sp. – 70 *Sclerolobium* sp.; 71 – *Bauhinia* sp.; 94 and
95 – *Chamaecrista* sp.; 119 – *Bauhinia* sp.; 293 –
Chamaecrista sp.

Ribeiro, A.J. 27 – *Abarema filamentosa*; 32 – *Mimosa
gemmulata* var. *adamantina*; 38 – *Mimosa
mensicola*; 40 – *Camptosema pedicellatum* var.
pedicellatum; 44 – *Senna cana* var. *cana*; 51 –
Camptosema pedicellatum var. *pedicellatum*.

Ribeiro, R. 347 – *Poecilanthe itapuana*.

Ridley, H.N. 24 – *Desmodium procumbens*; 25 –
Desmodium triflorum; 26 – *Desmodium incanum*; 27
– *Cajanus cajan*; 29 – *Vigna peduncularis*; 30 –
Aeschynomene evenia var. *evenia*; 34 – *Lablab
purpureus*; 35 – *Erythrina velutina* forma *aurantica*;
37 – *Desmodium procumbens*; 41 – *Rhynchosia
minima* var. *minima*.

Riedel, L. 122 – *Stylosanthes guianensis* var. *gracilis*;
134 – *Aeschynomene brasiliana* var. *brasiliana*; 252 –
Chaetocalyx brasiliensis; 382 – *Eriosema rufum* var.
rufum; 444 – *Inga pleiogyna*; 522 – *Vigna longifolia*;
Inga subnuda subsp. *subnuda*; 584 – *Mimosa setosa*
var. *paludosa*; 690 – *Inga capitata*; 767 – *Inga
pleiogyna*; 804 – *Arapatiella psilophylla*; 2914 – *Inga
vera* subsp. *affinis*.

Rizzini, C.T. s.n. – *Caesalpinia ferrea* var. *parvifolia*;
s.n. – *Dalbergia decipularis*; ; 470 and 472 –
Dalbergia decipularis; 1059 – *Cleobulia multiflora*.

Rocha, P. 5 – *Copaifera coriacea*; 15 – *Chamaecrista
ramosa*; 24 – *Pterocarpus monophyllus*; 56 –
Crotalaria holosericea.

Rodal, M.J.N. 275 – *Calliandra aeschynomenoides*;
306 – *Piptadenia stipulacea*; 353 – *Acacia riparia*;
369 – *Periandra mediterranea*; 370 – *Trischidium
molle*; 396 – *Inga edulis*; 418 – *Calliandra
aeschynomenoides*; 421 – *Acacia piauhiensis*; 436 –
Calliandra aeschynomenoides; 440 – *Periandra
mediterranea*; 483 – *Albizia polycephala*; 493 –
Piptadenia moniliformis; 500 – *Cajanus cajan*; 501
– *Bauhinia acuruana*; 511 – *Acacia piauhiensis*;
531 – *Caesalpinia calycina*; 536 – *Poeppigia
procera*; 537 – *Piptadenia stipulacea*; 540 –
Bauhinia acuruana; 568 – *Inga thibaudiana* subsp.
thibaudiana; 574 – *Chloroleucon foliolosum*; 600 –
Piptadenia stipulacea; 613 – *Albizia polycephala*;
602 – *Caesalpinia microphylla*; 615 – *Acacia
babiensis*; 614 – *Acacia tamarindifolia*; 616 –
Dalbergia cearensis.

Roque, N. CFCR 14910 and CFCR 14911 – *Acosmium
dasycarpum*; CFCR 14954 – *Mysanthus uleanus* var.
uleanus; CFCR 14963 – *Camptosema pedicellatum*;
CFCR 15021 – *Chamaecrista cytisoides*; CFCR 16882A
– *Stylosanthes guianensis* var. *marginata*.

Rugel, F. 106 – *Senna occidentalis*.

Rylands, A. s.n. – *Inga capitata*; 15 – *Inga subnuda*
subsp. *subnuda*; 19 – *Inga pleiogyna*; 18-1980 –
Swartzia simplex var. *simplex*; 26-1980 – *Dialium
guianense*.

Sakpov, O.A. 41 – *Caesalpinia bracteosa*.

Sales, M. – see Sales, M.F.

Sales, M.F. 225 – *Crotalaria vitellina*; 242 –
Desmodium glabrum; 250 – *Periandra coccinea*; 269
– *Poiretia punctata*; 287 – *Acacia tenuifolia*; 341 –
Poiretia punctata; 412 – *Camptosema pedicellatum*
var. *pedicellatum*; 415 – *Macroptilium gracile*; 417 –
Aeschynomene histrix var. *densiflora*; 423 –
Periandra mediterranea; 444 – *Aeschynomene
sensitiva* var. *sensitiva*; 445 – *Rhynchosia minima* var.
minima; 453 – *Dioclea virgata*; 521 – *Hymenaea
martiana*; 585 – *Desmodium axillare*; 611 – *Albizia
polycephala*; 625 – *Acacia tamarindifolia*; 633 –
Piptadenia moniliformis; 634 – *Trischidium molle*.

Sales de Melo, M.R.C. 41 and 45 – *Piptadenia
stipulacea*; 98 – *Crotalaria vitellina*; 101 – *Andira
fraxinifolia*;

Salzmann, P. s.n. – *Aeschynomene ciliata*; s.n. –
Aeschynomene elegans; s.n. – *Andira anthelmia*; s.n.
– *Andira nitida*; s.n. – *Bowdichia virgilioides*; s.n. –
Calopogonium mucunoides; s.n. – *Calopogonium
velutinum*; s.n. – *Canavalia dictyota*; s.n. –
Centrosema pubescens; s.n. – *Centrosema
virginianum*; s.n. – *Chamaecrista desvauxii* var.
desvauxii; s.n. – *Chamaecrista ramosa* var. *ramosa*;
s.n. – *Chamaecrista serpens*; s.n. – *Desmodium
affine*; s.n. – *Desmodium axillare*; s.n. – *Inga
capitata*; s.n. – *Inga ingoides*; s.n. – *Inga laurina*; s.n.
– *Inga subnuda* subsp. *subnuda*; s.n. – *Inga striata*;
s.n. – *Inga thibaudiana* subsp. *thibaudiana*; s.n. –

Macroptilium bracteatum; s.n. – *Macrolobium latifolium*; s.n. – *Mimosa bimucronata* var. *bimucronata*; s.n. – *Mimosa pigra* var. *pigra*; s.n. – *Mimosa pudica* var. *tetrandra*; s.n. – *Mimosa somnians* var. *somnians*; s.n. – *Mucuna sloanei*; s.n. – *Psophocarpus palustris*; s.n. – *Rhynchosia minima* var. *minima*; s.n. – *Rhynchosia phaseoloides*; s.n. – *Senna splendida*; s.n. – *Sophora tomentosa* subsp. *occidentalis*; s.n. – *Stylosanthes guianensis* var. *pauciflora*; s.n. – *Stryphnodendron pulcherrimum*; s.n. – *Swartzia apetala* var. *subcordata*; s.n. – *Tamarindus indica*; s.n. – *Vigna halophila*; s.n. – *Vigna longifolia*; s.n. – *Zornia myriadena*.

Sano, P.T. CFCR 14516 – *Dalbergia miscolobium*.

Sant'Ana, S.C. 17 – *Crotalaria retusa*; 36 – *Caesalpinia echinata*; 38 – *Dialium guianense*; 113 – *Andira nitida*; 125 – *Dioclea violacea*; 141 – *Chamaecrista cytisoides* var. *brachystachya*; 143 – *Abarema filamentosa*; 228 – *Pterodon abruptus*; 231 – *Acacia* aff. *riparia*; 233 – *Piptadenia viridiflora*; 234 – *Piptadenia obliqua* subsp. *brasiliensis*; 237 – *Machaerium incorruptibile*; 240 – *Machaerium* aff. *punctatum*; 281 – *Dialium guianense*; 346 – *Inga pleiogyna*; 376 – *Stylosanthes guianensis* var. *gracilis*; 398 – *Senna phlebadenia*; 435 – *Inga capitata*; 464 – *Bauhinia outimouta*; 465 – *Inga ciliata*; 495 – *Chamaecrista swainsonii*; 509 – *Trischidium molle*; 525 – *Zornia echinocarpa*; 527 – *Piptadenia moniliformis*; 531 – *Vatairea* cf. *macrocarpa*; 586 – *Caesalpinia echinata*; 699 – *Periandra mediterranea*; 913 – *Inga subnuda* subsp. *luschnathiana*.

Santos, E. s.n. – *Pseudopiptadenia contorta*.

Santos, E.B. 56 – *Macrolobium latifolium* 58 – *Rhynchosia minima* var. *minima*; 63 – *Centrosema plumieri*; 64 – *Vigna vexillata*; 66 – *Desmodium uncinatum*; 161 – *Inga pleiogyna*; 216 – *Inga leptantha*; 274 – *Calliandra asplenioides*; 275 – *Chamaecrista mucronata*; 286 – *Zornia flemmingioides*; 296 – *Senna macranthera* var. *pudibunda*; 300 – *Luetzelburgia andrade-limae*.

Santos, F. 673 – *Enterolobium contortisiliquum*.

Santos, F.S. 1 – *Inga aptera*; 2 – *Pterocarpus robrii*; 3 – *Centrolobium tomentosum*; 4 – *Centrolobium sclerophyllum*; 9 – *Swartzia apetala*; 12 – *Machaerium* sp.; 14 – *Caesalpinia pluviosa* var. *cabraliana*; 17 – *Diplotropis incexis*; 19 – *Macrolobium latifolium*; 25 – *Vataireopsis araroba*; 38 – *Inga thibaudiana* subsp. *thibaudiana*; 41 – *Bauhinia rufa*; 59 – *Zornia* sp.; 64 – *Desmodium barbatum*; 107 – *Adenanthera pavonina*; 170 – *Albizia pedicellaris*; 181 – *Dimorphandra jorgei*; 289 – *Copaifera* sp.; 449 – *Senna ferruginea* var. *ferruginea*; 496 – *Erythrina speciosa*; 497 – *Stylosanthes scabra*; 532 – *Caesalpinia pluviosa* var. *peltophoroides*; 599 – *Ormosia arborea*; 621 – *Arapatiella psilophylla*; 623 – *Pterogyne nitens*; 634 – *Stylosanthes scabra*; 643 – *Swartzia macrostachya*; 645 – *Caesalpinia pluviosa* var. *peltophoroides*; 736 – *Inga aptera*; 739 *Pterocarpus robrii*; 751 – *Machaerium* aff. *salzmannii*; 754 – *Caesalpinia echinata*; 824 – *Inga edulis*; 882 – *Sclerolobium* sp.; 930 – *Caesalpinia pluviosa* var. *cabraliana*; 931 – *Ormosia arborea*.

Santos, M.M. 71 – *Sclerolobium paniculatum*; 73 – *Piptadenia moniliformis*.

Santos, T.S. 299 – *Albizia pedicellaris*; 327 – *Parkia bahiae*; 328 – *Peltogyne confertiflora*; 336 – *Diplotropis incexis*; 342 – *Chamaecrista eitenorum* var. *eitenorum*; 348 – *Acacia tenuifolia*; 357 – *Lonchocarpus* sp.; 384 – *Swartzia macrostachya* var. *riedelii*; 406 – *Chamaecrista aspidiifolia*; 407 – *Acosmium lentiscifolium*; 421 – *Peltogyne pauciflora*; 435 – *Pterocarpus robrii*; 436 – *Acacia bahiensis*; 577 – *Platymiscium floribundum* var. *floribundum*; 746 – *Acacia piptadenioides*; 887 – *Myrocarpus frondosus*; 1006 – *Macrolobium latifolium*; 1017 – *Inga tenuis*; 1070 – *Swartzia flaemingii* var. *cognata*; 1118 – *Inga subnuda* subsp. *subnuda*; 1178 and 1222 – *Inga blanchetiana*; 1257 – *Pseudopiptadenia bahiana*; 1264 – *Zollernia ilicifolia*; 1291 – *Acacia polyphylla*; 1306 – *Caesalpinia pluviosa* var. *paraensis*; 1386 – *Arapatiella psilophylla*; 1400 – *Albizia pedicellaris*; 1584 – *Tachigali paratyensis*; 1592 – *Bauhinia* sp. *nov.* 8; 1659 – *Pseudopiptadenia contorta*; 1872 – *Pterocarpus robrii*; 1968 – *Inga tenuis*; 2130 – *Pterogyne nitens*; 2168 – *Brodriguesia santosii*; 2173 – *Moldenhawera blanchetiana* var. *blanchetiana*; 2201 – *Schizolobium parahyba* var. *parahyba*; 2236 – *Piptadenia santosii*; 2255 – *Goniorrhachis marginata*; 2415 – *Abarema filamentosa*; 2419 – *Sclerolobium rugosum*; 2488 – *Acacia santosii*; 2489 – *Machaerium opacum*; 2492 – *Zapoteca filipes*; 2573 – *Acosmium fallax*; 2584 – *Acacia polyphylla*; 2591 – *Myrocarpus fastigiatus*; 2718 – *Dalbergia frutescens* var. *frutescens*; 2729 – *Piptadenia santosii*; 2795 – *Macrolobium latifolium*; 2802 – *Moldenhawera blanchetiana* var. *blanchetiana*; 2855 – *Dalbergia ecastaphyllum*; 2872 – *Moldenhawera blanchetiana* var. *blanchetiana*; 2953 – *Peltophorum dubium* var. *dubium*; 3045 – *Cranocarpus martii*; 3083 – *Cassia grandis*; 3115 – *Dalbergia decipularis*; 3205 – *Machaerium floridum*; 3252 – *Zornia* sp.; 3261 – *Andira fraxinifolia*; 3286 – *Periandra mediterranea*; 3320 and 3321 – *Dalbergia nigra*; 3335 – *Sclerolobium* cf. *striatum*; 3474 – *Dalbergia frutescens* var. *frutescens*; 3478 – *Pseudopiptadenia contorta*; 3490 – *Hymenaea martiana*; 3504 – *Vigna vexillata*; 3525 – *Cranocarpus martii*; 3547 – *Inga pedunculata*; 3562 – *Aeschynomene* aff. *falcata*; 3565 – *Inga subnuda*; 3587 – *Desmodium barbatum*; 3695 – *Chamaecrista duartei*; 3719 – *Canavalia dolichothyrsa*; 3757 – *Erythrina speciosa*; 3836 – *Copaifera* sp.; 3849 – *Adenanthera pavonina*; 3850 – *Parapiptadenia pterosperma*; 3857 – *Parapiptadenia ilheusana*; 3870 – *Gliricidia sepium*; 3871 – *Anadenanthera peregrina*; 3872 – *Entada abyssinica*; 3873 – *Mimosa caesalpiniifolia*; 3972 – *Diphysa robinioides*; 3976 – *Vigna candida*; 3983 – *Acacia polyphylla* var. *giganticarpa*; 4303 – *Parapiptadenia ilheusana*; 4324 – *Swartzia alternifoliolata*; 4335 – *Pseudopiptadenia contorta*; 4341 – *Inga laurina*; 4344 – *Inga thibaudiana* subsp. *thibaudiana*; 4347 – *Parapiptadenia pterosperma*; 4351 – *Inga aptera*; 4353 – *Bauhinia forficata*; 4484 – *Pseudosamanea guachapele*; 4508 – *Desmodium triflorum*; 4514 – *Cassia fistula*; 4565 – *Chamaecrista amabilis*.

Sarmento, A.C. 606-80 – *Pterocarpus monophyllus*; 737 – *Bauhinia aculeata*; 741 – *Acacia riparia*; 758 – *Acacia farnesiana*.

Scardino 140 – *Desmodium adscendens*; 1076 – *Desmodium barbatum*.

Schomburgk, R. 2837 – *Chamaecrista viscosa*.

Schultz-Kraft, R. 1941, 2035 and 2049 – *Stylosanthes pilosa*; 2068 – *Stylosanthes guianensis*; 2129 *Stylosanthes pilosa*; 2296, 2385, 2447 and 2522 – *Stylosanthes leiocarpa*; 2544, 2550 and 2552 – *Stylosanthes pilosa*; 7649 – *Periandra coccinea*; 8394 – *Desmanthus virgatus*; 10094 and 10097 – *Stylosanthes leiocarpa*; 17020 – *Periandra coccinea*; 17023 – *Periandra pujalu*.

Sellow, F. s.n. – *Acosmium bijugum*; s.n. – *Aeschynomene gracilis*; s.n. – *Chaetocalyx scandens* var. *pubescens*; s.n. – *Chamaecrista fagonioides* var. *fagonioides*; s.n. – *Chamaecrista ramosa* var. *ramosa*; s.n. – *Cratylia hypargyrea*; s.n. – *Desmodium adscendens*; s.n. – *Hymenaea martiana*; s.n. – *Macrolobium latifolium*; s.n. – *Senna multijuga* var. *verrucosa*; s.n. – *Senna reniformis*; s.n. – *Senna silvestris* var. *sapindifolia*; 822 – *Calliandra bella*; 1941 – *Camptosema coriaceum*.

Sena, T.S.N. 6 – *Centrosema arenarium*; 37 – *Periandra coccinea*.

Silva, A.G. 419 – *Albizia pedicellaris*.

Silva, D.C. 29 – *Dioclea grandiflora*; 59 – *Periandra coccinea*; 63 – *Acacia polyphylla*.

Silva, F.C. 34 – *Stryphnodendron coriaceum*; 43 – *Parkia platycephala*; 44 – *Piptadenia moniliformis*; 47 – *Chamaecrista ensiformis*; 71 – *Piptadenia stipulacea*; 73 – *Senna georgica*; 77 – *Mimosa caesalpiniifolia*; 81 – *Centrosema brasilianum*; 96 – *Cratylia argentea*; 97 – *Mimosa sensitiva* var. *sensitiva*; 346 – *Senna velutina*.

Silva, F.C.E. 63 – *Martiodendron mediterraneum*.

Silva, G.P. 2429 – *Dalbergia miscolobium*; 2434 – *Mimosa ophthalmocentra*; 2437 – *Piptadenia moniliformis*; 2439 – *Caesalpinia pyramidalis*; 2440 – *Mimosa hexandra*; 2441 – *Mimosa tenuiflora*; 2444 – *Senna occidentalis*; 2449 – *Piptadenia moniliformis*; 2453 – *Desmodium glabrum*; 2455 – *Senna martiana*; 2460 – *Piptadenia stipulacea*; 2461 – *Canavalia brasiliensis*; 2463 – *Tephrosia purpurea* subsp. *purpurea*; 2465 – *Rhynchosia minima*; 2466 – *Galactia striata*; 2467 – *Indigofera suffruticosa*; 2468 – *Stylosanthes humilis*; 2470 – *Senna uniflora* 2471 – *Canavalia brasiliensis*; 2472 – *Centrosema pascuorum*; 2473 – *Piptadenia stipulacea*; 2474 – *Stylosanthes angustifolia*; 2475 – *Stylosanthes viscosa*; 2476 – *Mimosa somnians* var. *somnians*; 2477 – *Centrosema pascuorum*; 2480 – *Crotalaria retusa*; 3102 – *Parapiptadenia zehntneri*.

Silva, J.S. 478 – *Discolobium hirtum*; 488 – *Mimosa filipes*.

Silva, L.B. 6029 – *Zornia flemmingioides*.

Silva, M.B.C. 252 – *Zornia diphylla*.

Silva, N.T. 58135 – *Andira fraxinifolia*; 58350 – *Crotalaria retusa*; 58390 – *Periandra mediterranea*; 58419 and 58420 – *Moldenhawera blanchetiana* var. *blanchetiana*.

Silva, P.E.N. 68 – *Parkia platycephala*; 82 – *Anadenanthera colubrina* var. *cebil*; 90 – *Lonchocarpus campestris*.

Silva, R.M. CFCR 7573 – *Piptadenia viridiflora*; CFCR 7593 – *Chamaecrista barbata*; CFCR 7594 – *Blanchetiodendron blanchetii*; CFCR 7596 – *Albizia polycephala*.

Silva, S.B. 179 – *Calliandra nebulosa*; 286 – *Mimosa verrucosa*; 319 – *Senna occidentalis*; 320 – *Mimosa caesalpiniifolia*; 321 – *Cenostigma gardnerianum*; 323 – *Acacia polyphylla*; 324 – *Caesalpinia pyramidalis*; 325 – *Piptadenia moniliformis*; 3332 – *Senna spectabilis* var. *excelsa*; 39 – *Sclerolobium paniculatum*; 340 – *Mimosa pteridifolia*; 342 – *Senna cana*; 344 – *Chamaecrista ramosa* var. *curvifolia*; 348 – *Periandra mediterranea*; 351 – *Pterogyne nitens*; 353 – *Andira cordata*; 362 – *Sclerolobium paniculatum*; 366 – *Piptadenia moniliformis*; 367 – *Mimosa acutistipula* var. *acutistipula*; 371 – *Stryphnodendron adstringens*; 372 – *Andira cordata*; *Pseudopiptadenia brenanii*; 378 – *Chamaecrista ramosa* var. *curvifolia*; 379 – *Chamaecrista* sp.; 382 – *Chamaecrista orbiculata*; 384 – *Sclerolobium paniculatum*.

Sobrinho, V. s.n. – *Chamaecrista apoucouita*; s.n. – *Senna cana* var. *cana*; s.n. – *Senna splendida* var. *gloriosa*.

Sobral, M. 5532 – *Calliandra bella*; 5758 – *Mimosa polydactyla*.

Souza, G. 385 – *Abarema* aff. *filamentosa*.

Souza, G.M. 33 and 45 – *Stylosanthes viscosa*; 61 – *Acacia riparia*.

Souza, H.F. 84 – *Desmodium incanum*.

Souza, J.P. s.n. – *Acacia* cf. *riparia*.

Souza, V. 254 – *Caesalpinia pluviosa* var. *cabraliana*; 260 – *Inga marginata*; 296 – *Diplotropis incexis*; 320 – *Caesalpinia* aff. *laxiflora*; 321 – *Poecilanthe ulei*; 323 – *Senna macranthera* var. *striata*; 326 – *Canavalia dictyota*; 328 – *Chloroleucon foliolosum*; 333 – *Senna spectabilis* var. *excelsa*; 338 – *Anadenanthera colubrina* var. *cebil*; 339 – *Parapiptadenia* aff. *zehntneri*.

Souza, V.C. CFCR 5217 – *Aeschynomene carvalhoi*; CFCR 5520 – *Stylosanthes guianensis* var. *marginata*; CFCR 5331 – *Pterodon abruptus*; CFCR 5356 – *Dalbergia miscolobium*; CFCR 5366 – *Stylosanthes guianensis* var. *marginata*; CFCR 5382 – *Coursetia rostrata*; CFCR 5423 – *Stylosanthes guianensis* var. *marginata*; CFCR 5530 – *Galactia martii*; CFCR 5540 – *Dioclea latifolia*.

Stannard, B.L. 5232 – *Pterodon abruptus*; 7403 – *Machaerium* sp.; H-51855 – *Mimosa crumenarioides*; H-52117 – *Camptosema coriaceum*.

Staviski, M.N.R. 537 – *Swartzia pickelii*; 851 – *Periandra mediterranea*; 925 – *Caesalpinia pyramidalis*.

Tavares, M. s.n. – *Copaifera luetzelburgii*.

Taylor, N.P. 1344 – *Inga pleiogyna*; 1361 – *Caesalpinia pyramidalis*; 1373 – *Caesalpinia microphylla*; 1601 – *Chamaecrista cytisoides* var. *micrantha*.

Thomas, W.W. 6015 – *Chamaecrista ramosa* var. *ramosa*; 9109 – *Inga edulis*; 9182 – *Swartzia reticulata*; 9218 – *Inga capitata*; 9267 – *Swartzia* sp.; 9386 – *Calliandra bella*; 9469 – *Andira nitida*;

9471 – *Inga pleiogyna*; 9475 – *Macrolobium rigidum*; 9477 – *Periandra mediterranea*; 9479 – *Chamaecrista cytisoides* var. *brachystachya*; 9544 – *Andira fraxinifolia*; 9557 and 9559 – *Swartzia dipetala*; 9607B – *Machaerium* sp.; 9611 – *Piptadenia moniliformis*; 9613 – *Pterocarpus zehntneri*; 9614 – *Galactia jussiaeana*; 9615 – *Cenostigma gardnerianum*; 9617 – *Caesalpinia microphylla*; 9618 – *Mimosa ophthalmocentra*; 9621 – *Calliandra depauperata*; 9628 – *Senna martiana*; 9629 – *Senna macranthera* var. *pudibunda*; 9633 – *Mimosa ophthalmocentra*; 9639 – *Caesalpinia ferrea* var. *ferrea*; 9640 – *Anadenanthera colubrina*; 9641 – *Indigofera blanchetiana*; 9650 – *Dioclea grandiflora*; 9681 – *Periandra coccinea*; 9686 – *Chamaecrista hispidula*; 9710 – *Chamaecrista duartei*; 9715 – *Swartzia peremarginata*; 9737 – *Ormosia* sp. nov. 1; 9754 – *Inga* aff. *exfoliata*; 9773 – *Pterocarpus* cf. *rohrii*; 9787 – *Calliandra bella*; 9794 – *Vigna luteola*; 9823 – *Pterocarpus rohrii*; 9848 – *Calliandra bella*; 9859 – *Abarema filamentosa*; 9864 – *Stylosanthes scabra*; 9865 – *Crotalaria stipularia*; 9881 – *Andira nitida*; 9890 – *Acacia lacerans*; 9894 – *Senna angulata* var. *miscadena*; 9909 – *Inga thibaudiana* subsp. *thibaudiana*; 9933 – *Piptadenia* cf. *fruticosa*; 9955 – *Dioclea virgata*; 9958 – *Canavalia parviflora*; 9965 – *Abarema filamentosa*; 9992 – *Arapatiella psilophylla*; 10014 – *Swartzia macrostachya*; 10015 – *Machaerium condensatum*; 10026 – *Cranocarpus mezii*; 10030 – *Dalbergia frutescens* var. *frutescens*; 10152 – *Zollernia modesta*; 10056 – *Abarema filamentosa*; 10094 – *Acacia polyphylla*; 10120 – *Inga thibaudiana* subsp. *thibaudiana*; 10122 – *Senna splendida* var. *splendida*; 10161 – *Pseudopiptadenia contorta*; 10194 – *Swartzia apetala* var. *blanchetii*; 10213 – *Piptadenia paniculata*; 10214 – *Albizia polycephala*; 10225 – *Inga striata*; 10395 – *Swartzia apetala* var. *blanchetii*; 10411 – *Canavalia parviflora*; 10412 – *Bauhinia maximilianii*;10425 – *Swartzia macrostachya* var. *macrostachya*; 10566 – *Dialium guianense*; 10689 – *Machaerium condensatum*; 10735 – *Sclerolobium densiflorum*; 10770 – *Inga* aff. *filiformis*; 10801 – *Inga laurina*; 10815 – *Copaifera* sp.; 10910 – *Poecilanthe ulei*; 10950 – *Andira carvalhoi*; 10961 – *Swartzia peremarginata*; 10999 – *Inga thibaudiana*; 11053 – *Zollernia modesta*; 11000 – *Inga laurina*; 11100 – *Machaerium acutifolium*; 11101 – *Piptadenia paniculata*; 11103 – *Machaerium acutifolium*; 11106 – *Piptadenia stipulacea*; 11108 – *Pterogyne nitens*; 11146 – *Inga thibaudiana*; 11153 – *Senna affinis*; 11196 – *Andira anthelmia*; 11265 – *Aeschynomene benthamii*; 11286 – *Inga* aff. *suborbicularis*; 11297 – *Inga exfoliata*; 11300 – *Inga pedunculata*; 11327 – *Swartzia simplex* var. *ochnacea*; 11334 – *Inga striata*; 11342 – *Cleobulia* cf. *multiflora*; 11352 – *Desmodium incanum*; 11357 – *Mucuna urens*; 11416 – *Trischidium limae*; 11467 – *Inga pleiogyna*; 11567 – *Stylosanthes viscosa*; 11579 – *Senna affinis*; 11580 – *Stylosanthes guianensis* var. *gracilis*; 11611 – *Stylosanthes viscosa*; 11626 – *Chamaecrista ramosa* var. *ramosa*; 11641 – *Senna pendula* var. *glabrata*; 11644 – *Periandra mediterranea*; 11645 – *Caesalpinia bonduc*; 11652 – *Crotalaria retusa*; 11683 – *Stylosanthes guianensis* var. *pauciflora*; 11731 – *Inga striata*; 12017 – *Swartzia* sp.; 12108 – *Inga pleiogyna*.

Torke, B.M. 153 – *Swartzia simplex* var. *ochnacea*.

Travassos, O. 142 – *Crotalaria retusa*.

Travassos, Z. 206 – *Stylosanthes guianensis* var. *gracilis*; 207 – *Stylosanthes guianensis* var. *guianensis*; 208 – *Stylosanthes viscosa*; 210 – *Stylosanthes macrocephala*; 212 – *Zornia diphylla*; 214 – *Stylosanthes scabra*; 215 – *Stylosanthes guianensis* var. *guianensis*; 216 – *Stylosanthes scabra*; 217 – *Stylosanthes pilosa*; 219 *Stylosanthes viscosa*; 221 – *Periandra coccinea*; 223 and 225 – *Stylosanthes viscosa*; 228 – *Zornia diphylla*; 232 – *Parkinsonia aculeata*; 235 – *Vigna vexillata*; 259 – *Crotalaria vitellina*.

Tschá, M.C. 2 – *Periandra coccinea*; 3 – *Inga striata*; 16 – *Acacia tenuifolia*; 43 – *Inga vera* subsp. *affinis*; 46 – *Caesalpinia microphylla*; 68 and 118 – *Indigofera suffruticosa*; 124 – *Trischidium molle*; 126 – *Piptadenia stipulacea*; 161 – *Dalbergia cearensis*.

Ule, E. 6949 – *Aeschynomene racemosa*; 6950 – *Periandra coccinea*; 6953 – *Pseudopiptadenia contorta*; 6954 – *Mimosa setosa* var. *paludosa*; 6955 – *Anadenanthera colubrina* var. *colubrina*; 6956 – *Mimosa tenuiflora*; 7133 – *Calliandra sincorana*; 7150 – *Macroptilium lathyroides*; 7155 – *Cenostigma gardnerianum*; 7156 – *Acosmium parvifolium*; 7159 – *Hymenaea maranhensis*; 7162 – *Bauhinia subclavata*; 7168 – *Swartzia flaemingii* var. *psilonema*; 7169 – *Dioclea* sp.; 7184 – *Cratylia mollis*; 7185 – *Zornia gardneriana*; 7189 – *Chamaecrista eitenorum* var. *eitenorum*; 7196 – *Caesalpinia microphylla*; 7197 – *Caesalpinia ferrea*; 7198 – *Indigofera microcarpa*; 7200 – *Crotalaria brachycarpa*; 7201 – *Zornia ulei*; 7203 – *Calliandra macrocalyx*; 7204 – *Crotalaria bahiensis*; 7209 – *Bauhinia pulchella*; 7215 – *Mysanthus uleanus* var. *uleanus*; 7218 – *Zornia marajoara*; 7220 – *Camptosema coriaceum*; 7247 – *Platymiscium floribundum* var. *obtusifolium*; 7248 – *Poecilanthe ulei*; 7249 – *Coursetia rostrata*; 7250 – *Senna acuruensis* var. *catingae*; 7276 – *Chloroleucon foliolosum*; 7277 – *Bauhinia aculeata*; 7278 – *Aeschynomene martii*; 7280 – *Dalbergia catingicola*; 7307 – *Zornia flemmingioides*; 7308 – *Cratylia spectabilis*; 7310 – *Calliandra sincorana*; 7312 – *Calliandra hirsuticaulis*; 7372 – *Stylosanthes angustifolia*; 7373 – *Zornia sericea*; 7374 – *Zornia harmsiana*; 7379 – *Chamaecrista desvauxii* var. *latifolia*; 7380 – *Bauhinia acuruana*; 7381 – *Piptadenia moniliformis*; 7382 – *Mimosa verrucosa*; 7383 – *Mimosa pseudosepiaria*; 7384 – *Mimosa hexandra*; 7385 – *Calliandra leptopoda*; 7386 – *Calliandra macrocalyx* var. *macrocalyx*; 7387 – *Mimosa modesta* var. *ursinoides*; 7388 – *Mimosa setuligera*; 7389 – *Mimosa hirsuticaulis*; 7390 – *Mimosa misera* var. *misera*; 7429 – *Pterodon abruptus*; 7431 – *Galactia jussiaeana* var. *glabrescens*; 7432 – *Copaifera langsdorffii*; 7433 – *Acosmium parvifolium*; 7434 – *Chamaecrista* *brevicalyx* var. *brevicalyx*; 7437 – *Mimosa filipes*; 7438 – *Mimosa poculata*; 7440 – *Calliandra ulei*; 7441 – *Acacia langsdorffii*; 7442 – *Acacia piauhiensis*; 7522 – *Stylosanthes scabra*; 7523 – *Aeschynomene brasiliana*; 7524 – *Bauhinia cheilantha*; 7525 – *Copaifera coriacea*; 7526 – *Chamaecrista pascuorum*; 7527 – *Chamaecrista flexuosa*; 7528 – *Mimosa campicola* var. *campicola*; 7529 – *Mimosa ulbrichiana*; 7530 – *Calliandra pilgerana*; 7531 – *Pithecellobium diversifolium*; 7532 – *Mimosa gemmulata* var. *adamantina*; 7569 – *Mimosa modesta* var. *ursinoides*; 7573 – *Calliandra squarrosa*; 9046 – *Zollernia paraensis*; 9047 – *Inga ingoides*; 9048 – *Dioclea virgata*; 9049 – *Vigna candida*; 9050 – *Mimosa arenosa* var. *arenosa*; 9051 – *Centrosema brasilianum*; 9052 – *Bauhinia outimouta*.

Valls, J.F.M. 6655 – *Arachis pusilla*; 7065 and 7126 – *Arachis sylvestris*; 7166 – *Arachis dardani*; 10969 – *Arachis sylvestris*; 11006 – *Arachis dardani*; 11022 – *Arachis pusilla*.

Vaillaut, P. 18 – *Acacia* aff. *riparia*.

Vasconcellos, D. s.n. – *Senna occidentalis*.

Vaz, A.M.S.F. 711 – *Bauhinia glabra*.

Verboom, W.G. 3215 – *Neptunia plena*.

Viana, F.A. s.n. – *Platymiscium floribundum* var. *obtusifolium*.

Viégas, O. s.n. – *Bowdichia virgilioides*.

Vinha, S.G. 62 – *Swartzia pinheiroana*; 84 – *Mimosa bimucronata* var. *bimucronata*; 101 – *Desmodium incanum*.

Viollati, L.G. 163 – *Copaifera* sp.; 186 – *Senna rugosa*; 194 *Copaifera* sp.; 200 – *Crotalaria* sp.

Voeks, R. 68 – *Albizia pedicellaris*; 71 – *Abarema filamentosa*; 102 – *Andira marauensis*.

Walter, B.M.T. 492 – *Acosmium dasycarpum*.

Wanderley, M.G.L. 873 – *Chamaecrista cytisoides* var. *brachystachya*; 868 – *Periandra mediterranea*; 953 – *Zornia flemmingioides*.

Webster, G.L. 25070 – *Periandra mediterranea*; 25080 – *Chamaecrista ramosa* var. *ramosa*; 25118 – *Chamaecrista fagonioides* var. *macrocalyx*; 25666 – *Bowdichia virgilioides*; 25693 – *Bauhinia aculeata*; 25713 – *Camptosema coriaceum*; 25733 and 25785 – *Periandra mediterranea*; 25787 – *Chamaecrista jacobinea*.

Wetherell, M. s.n. – *Chamaecrista ramosa* var. *ramosa*; s.n. – *Stylosanthes viscosa*; s.n. – *Zornia myriadena*.

Williams s.n. – *Calliandra parvifolia*.

Winder, J.A. s.n. – *Mimosa bimucronata* var. *bimucronata*; s.n. – *Mimosa pigra*.

Zárete, E.L.P. 243 – *Centrosema schottii*.

Zehntner, L. s.n. – *Crotalaria bahiensis*; 470 and 592 - 4011 – *Platymiscium pubescens* subsp. *zehntneri*; 726 – *Tamarindus indica*; 4011 – *Platymiscium pubescens* subsp. *zehntneri*.

Zickel, C. 18 – *Dalbergia cearensis*; 21 – *Caesalpinia microphylla*.